普通高等教育"十一五"国家级规划教材
高分子科学与工程系列教材

高分子加工原理与技术
第二版

王小妹　阮文红　编

化学工业出版社
·北京·

本书系统地介绍了塑料、橡胶、化学纤维的成型加工的专业基础知识，重点放在介绍高分子材料加工的经典理论、基本概念、成型方法和工艺、成型设备的特点。具体内容包括成型原理、成型原料、混合与塑化、高分子材料主要成型加工技术、高分子材料二次加工技术和高分子材料加工技术新进展。

本书为高等学校高分子材料专业本科生教材，也可供高分子材料生产和加工企业技术人员参考。

图书在版编目（CIP）数据

高分子加工原理与技术/王小妹，阮文红编. —2版. —北京：化学工业出版社，2014.5（2025.2重印）
普通高等教育"十一五"国家级规划教材　高分子科学与工程系列教材
ISBN 978-7-122-20047-1

Ⅰ.①高…　Ⅱ.①王…②阮…　Ⅲ.①高分子材料-生产工艺-高等学校-教材　Ⅳ.①TQ316

中国版本图书馆CIP数据核字（2014）第047021号

责任编辑：杨　菁　　　　　　　　　　　　文字编辑：徐雪华
责任校对：边　涛　　　　　　　　　　　　装帧设计：史利平

出版发行：化学工业出版社（北京市东城区青年湖南街13号　邮政编码100011）
印　　装：北京捷迅佳彩印刷有限公司
787mm×1092mm　1/16　印张27　字数610千字　2025年2月北京第2版第7次印刷

购书咨询：010-64518888　　　　　　　　　售后服务：010-64518899
网　　址：http://www.cip.com.cn
凡购买本书，如有缺损质量问题，本社销售中心负责调换。

定　　价：76.00元　　　　　　　　　　　　　　　　　　版权所有　违者必究

第二版前言

高分子材料是以高分子化合物为基础的材料，高分子材料已与金属材料、无机非金属材料一样，成为科学技术、经济建设中的重要材料。高分子材料是通过制造成各种制品来实现其使用价值的，因此从应用角度来讲，对高分子材料赋予形状为主要目的成型加工技术有着重要的意义。近年来随着高分子材料新品种的不断涌现，制备高性能化和多功能化高分子制品的要求逐年提高，高分子加工技术不断改进和推陈出新，高分子加工科学得到了迅速发展，成为具有重要实用意义的科学分支。

高分子材料的加工是将高分子转变成实用材料或制品的一种工程技术，通过学习和掌握高分子材料成型加工原理、技术以及生产控制因素，可以加深对高聚物加工、结构和性能的正确理解，熟知影响制品性能的各种因素，指导人们选择和运用合适的加工设备、加工方法和加工工艺，并以最低的成本和能耗，实现较高的劳动生产率，获得合乎要求的、高质量的高分子制品。

本书可为从事高分子材料研究和生产的科研人员和工程技术人员提供有价值的参考，也可用作高等院校和科研院所攻读高分子科学和材料专业的本科生和硕士研究生的教学用书，使读者能够了解高分子加工的基本原理、设备配型和工艺技术，高分子制品的加工-结构-性能关系，从而对高分子材料制品生产过程有一全面的了解。本书在编写过程中，在全面阐述成熟的基础理论和基本工艺的前提下，力求书中的理论内容与生产实践紧密结合。在内容上，尽可能系统全面、拓宽专业范围，编排合理。本书按高分子材料主要成型加工技术、其他成型加工技术、二次加工技术等分类介绍高分子加工原理和技术，使读者易于理解，并能一目了然。2006 年本书第一版出版以后，受到读者欢迎，重印 4 次，为此，我们在保持第一版原有特色的基础上，根据近年来的教学实践，对全书内容进行重新编排，删去一些陈旧的内容，由十章整理为七章，在最后一章，向读者介绍高分子加工的最新研究成果，以及加工技术的最新进展。与第一版相比，本版内容更加简明，力求突出重点，更适于作为教学材料；同时与时俱进，总结了高分子加工技术的最新研究进展，以开拓读者的视野。

本书第 1、2、3、第 5 章的 5.4、5.5 节和第 6 章的 6.1～6.4、第 7 章的 7.1 节由王小妹编写，第 4 章、第 5 章的 5.1～5.3 节及第 7 章的 7.2、7.3 节由阮文红编写。本书的编写得到"聚合物复合及功能材料"教育部重点实验室、中山大学化学与化学工程学院同事们的支持和大力帮助，也得到国内外高分子界同仁的关心。在此我们表示衷心的感谢！

由于编者水平有限，编写时间短促，书中的疏漏和不妥之处在所难免，敬请读者批评指正。

王小妹　阮文红
2014 年 1 月于中山大学

第一版前言

高分子材料是当前人类使用的主要材料之一，在国民经济中占有重要地位。近年来，高分子材料的新品种不断涌现，制备高性能化和多功能化高分子制品的要求逐年提高，带动高分子加工技术不断改进和推陈出新，使高分子加工科学得到了迅速发展，成为具有重要实用意义的科学分支。

高分子材料只有通过高分子加工，才能具有使用价值，而且高分子制品的性能可以说是由成型加工过程最终确定的。所以通过学习和掌握高分子加工原理和技术，可以加深对高聚物加工、结构和性能的正确理解，指导人们以最低的成本和能耗，实现较高的劳动生产率，获得合乎要求的、高质量的高分子制品。

同时学科间的交叉也亟待编写一本依托于材料类一级平台上的高分子加工教材，使材料类及相关专业本专科教师、学生，高分子生产和加工企业技术人员及培训学员能够了解高分子加工的基本原理、设备配型和工艺技术，高分子制品的加工-结构-性能关系，从而对高分子材料制品生产过程有一全面的了解。为此，本书作者在汲取国内外高分子加工著作精华的基础上，认真学习高分子加工科学的新成果，力图使本书在科学思路和内容编排上具有以下的特点：①作为基础性教材，内容尽可能系统和全面。通过介绍高分子加工的基本概念、经典理论、配方设计、混合与塑化技术，使读者获得扎实的高分子加工基础知识；②拓宽专业范围，涉及面广。有别于以往着重单一塑料成型加工的教材，内容涉及塑料、橡胶、化学纤维等高分子材料的加工原理和技术；③编排合理，体现科学思路。在对基本概念和成型原理进行介绍的基础上，主要按热塑性材料、热固性材料、复合材料、高分子溶液、化学纤维和橡胶等分类介绍高分子加工原理和技术，对高分子制品的二次加工也有所涉及，使读者易于理解，并能一目了然；④紧跟学科发展的前沿。扼要地总结介绍高分子加工的最新研究成果和研究方法，以开拓读者的视野。

本书第1、2、3、4、9章和第10章的10.3、10.4、10.5由王小妹编写，第5、6、7、8章和第10章的10.1、10.2由阮文红编写。作为我校编写的高分子科学与工程系列教材之一，本书的编写得到"聚合物复合及功能材料"教育部重点实验室、中山大学化学与化学工程学院高分子研究所和材料科学研究所同事们的支持和大力帮助，也得到国内高分子界同仁的关心。在此我们表示衷心的感谢！

由于作者水平有限，编写时间短促，本书难免有错误之处，敬请读者批评指正。

王小妹　阮文红
2006年2月于中山大学

目 录

第1章 绪论 ·· 1
　1.1 高分子材料的分类及性质 ·· 1
　1.2 高分子材料成型加工及其重要性 ··· 3
　1.3 高分子材料成型工业的回顾与展望 ·· 6
　　1.3.1 高分子材料工业的初创期 ·· 6
　　1.3.2 高分子材料工业的发展期 ·· 7
　　1.3.3 高分子材料全面发展时期及发展方向 ·· 7
　1.4 我国高分子材料工业的发展现状 ··· 8

第2章 高分子材料成型原理 ·· 10
　2.1 高分子材料的加工性能 ·· 10
　　2.1.1 高分子材料的熔融性能 ·· 10
　　2.1.2 高分子材料的流变性能 ·· 13
　　2.1.3 高分子材料的成型性能 ·· 41
　2.2 高分子材料加工中的结构变化 ··· 46
　　2.2.1 高分子材料的结晶 ··· 47
　　2.2.2 高分子材料的取向 ··· 51
　　2.2.3 高分子材料的降解 ··· 55
　　2.2.4 高分子材料的交联 ··· 58

第3章 成型原料、混合与塑化 ··· 60
　3.1 高分子原料 ·· 60
　　3.1.1 橡胶 ·· 60
　　3.1.2 塑料 ·· 61
　　3.1.3 纤维 ·· 63
　3.2 添加剂 ·· 65
　　3.2.1 稳定剂 ··· 65
　　3.2.2 增塑剂 ··· 73
　　3.2.3 填充剂 ··· 76
　　3.2.4 润滑剂 ··· 78
　　3.2.5 交联剂及偶联剂 ·· 80
　　3.2.6 其他助剂 ·· 82
　3.3 混合与塑化设备 ··· 87

  3.3.1 间歇式混合与塑化设备 ……………………………………………… 88
  3.3.2 连续式混合与塑化设备 ……………………………………………… 92
 3.4 混合与塑化 …………………………………………………………………… 94
  3.4.1 混合与塑化的方法 …………………………………………………… 94
  3.4.2 混合机理 ……………………………………………………………… 96
  3.4.3 混合与塑化工艺 ……………………………………………………… 101

第4章 高分子材料主要成型加工技术 …………………………………………… 113
 4.1 挤出成型 …………………………………………………………………… 113
  4.1.1 挤出成型设备 ………………………………………………………… 113
  4.1.2 挤出成型理论 ………………………………………………………… 125
  4.1.3 挤出成型工艺及控制 ………………………………………………… 139
  4.1.4 热塑性和热固性塑料挤出成型技术特点 …………………………… 144
  4.1.5 典型制品的挤出成型 ………………………………………………… 147
 4.2 注射成型 …………………………………………………………………… 158
  4.2.1 注射成型设备 ………………………………………………………… 159
  4.2.2 注射成型原理 ………………………………………………………… 169
  4.2.3 注射成型工艺及控制 ………………………………………………… 178
  4.2.4 热塑性和热固性塑料注射成型技术特点 …………………………… 187
  4.2.5 典型制品的注射成型 ………………………………………………… 195
 4.3 压延成型 …………………………………………………………………… 199
  4.3.1 压延成型设备 ………………………………………………………… 199
  4.3.2 压延成型原理 ………………………………………………………… 204
  4.3.3 压延成型工艺及控制 ………………………………………………… 211
 4.4 中空吹塑 …………………………………………………………………… 219
  4.4.1 中空吹塑设备 ………………………………………………………… 220
  4.4.2 挤出吹塑 ……………………………………………………………… 226
  4.4.3 注射吹塑 ……………………………………………………………… 228
  4.4.4 中空吹塑成型工艺及控制 …………………………………………… 231
 4.5 泡沫塑料成型 ……………………………………………………………… 234
  4.5.1 塑料发泡方法及其特点 ……………………………………………… 235
  4.5.2 泡沫塑料成型过程及原理 …………………………………………… 235
  4.5.3 泡沫塑料成型设备和选用 …………………………………………… 238
 4.6 流延成型 …………………………………………………………………… 242
  4.6.1 流延成型用溶液的配制 ……………………………………………… 242
  4.6.2 流延成型设备 ………………………………………………………… 243
  4.6.3 流延成型工艺 ………………………………………………………… 247

第5章 高分子材料其他成型加工技术 …………………………………………… 251

5.1　模压成型 …………………………………………………………… 251
　　5.1.1　模压成型设备 …………………………………………………… 251
　　5.1.2　模压成型原理 …………………………………………………… 253
　　5.1.3　模压成型工艺 …………………………………………………… 254
　　5.1.4　热塑性和热固性塑料模压成型技术特点 ……………………… 260
5.2　层压成型 …………………………………………………………… 264
　　5.2.1　浸渍 ………………………………………………………………… 265
　　5.2.2　压制成型工艺 …………………………………………………… 265
　　5.2.3　热处理和后加工 ………………………………………………… 267
5.3　涂覆 …………………………………………………………………… 267
　　5.3.1　塑性溶胶的配制 ………………………………………………… 269
　　5.3.2　直接涂覆 ………………………………………………………… 270
　　5.3.3　间接涂覆 ………………………………………………………… 272
5.4　纺丝成型 …………………………………………………………… 273
　　5.4.1　纺丝成型设备 …………………………………………………… 273
　　5.4.2　纺丝成型原理 …………………………………………………… 275
　　5.4.3　纺丝成型工艺 …………………………………………………… 282
5.5　橡胶的成型加工 …………………………………………………… 293
　　5.5.1　橡胶的硫化 ……………………………………………………… 295
　　5.5.2　橡胶的模压成型 ………………………………………………… 302
　　5.5.3　橡胶的压出成型 ………………………………………………… 302
　　5.5.4　橡胶的注射成型 ………………………………………………… 307

第6章　高分子材料二次加工技术 ……………………………………… 313

6.1　热成型 ………………………………………………………………… 313
　　6.1.1　热成型的选材原则 ……………………………………………… 313
　　6.1.2　热成型设备和模具 ……………………………………………… 315
　　6.1.3　热成型的基本方法 ……………………………………………… 317
　　6.1.4　热成型工艺及控制 ……………………………………………… 323
6.2　机械加工 …………………………………………………………… 324
　　6.2.1　高分子制品的机械加工性能 …………………………………… 325
　　6.2.2　高分子制品的机械加工方法 …………………………………… 326
6.3　表面整饰 …………………………………………………………… 344
　　6.3.1　机械修饰 ………………………………………………………… 344
　　6.3.2　表面处理 ………………………………………………………… 346
　　6.3.3　表面涂饰 ………………………………………………………… 363
6.4　焊接和粘接 ………………………………………………………… 371
　　6.4.1　高分子制品的常用焊接方法 …………………………………… 371

6.4.2　高分子制品的粘接理论 ·· 376
　　　6.4.3　胶黏剂的选用 ·· 380
　　　6.4.4　粘接工艺 ··· 382
第7章　高分子材料加工技术新进展 ·· 384
　7.1　IMD模内装饰技术 ·· 384
　　　7.1.1　IMD片材 ·· 384
　　　7.1.2　油墨 ·· 385
　　　7.1.3　塑料粒子 ··· 385
　　　7.1.4　IMD的成型工序及设备 ·· 385
　7.2　纳米复合材料成型技术 ·· 386
　7.3　主要加工技术新进展 ··· 389
　　　7.3.1　挤出成型技术 ·· 389
　　　7.3.2　注射成型技术 ·· 398
　　　7.3.3　压延成型技术 ·· 411
　　　7.3.4　中空吹塑成型技术 ··· 413
　　　7.3.5　纺丝成型技术 ·· 417
　　　7.3.6　涂覆成型技术 ·· 419
参考文献 ··· 422

第1章 绪论

高分子材料是继金属材料和无机非金属材料之后出现的新一代有机聚合物材料。随着20世纪初高分子科学的建立和石油化工的蓬勃兴起,形成了新型而庞大的高分子材料工业。高分子材料具有许多其他材料不可比拟的突出性能,在尖端技术、国防建设和国民经济各个领域已成为不可缺少的材料。目前三大合成高分子材料(合成树脂、合成纤维、合成橡胶)的世界年产量中80%以上为合成树脂及塑料,发展十分迅速,其在材料领域的地位日益突出。

高分子材料包括天然高分子(棉、麻、毛、丝、角、革、胶等天然材料以及动植物机体细胞)及合成聚合物材料。进入21世纪,复合材料和功能材料将是发展重点。

高分子材料成型加工是一门科学与工程紧密结合的交叉学科,本课程学习目的是:了解材料的特性,确定最适宜加工条件,制取最佳性能产品;为合成具有预期性能的树脂和助剂提供理论依据;提高制品性能,为高新技术的突破提供关键材料。

1.1 高分子材料的分类及性质

通常人们将材料分为金属材料、无机非金属材料和有机聚合物材料(亦称为高分子材料,指塑料、橡胶弹性体和纤维)三大类。

目前有机合成高分子材料的品种和数量已大大超过了天然有机高分子材料和无机高分子材料,而且随着合成工业的发展和新的聚合反应方法的出现,其品种和数量还将继续增加。高分子材料的分类方法有多种,可按反应类型、化学结构和所用原料类别等进行分类。其分类见图1-1。

按所用原料类别分类是以制造聚合物时所使用的起始材料或单体的来源为根据,如聚乙烯、聚丙烯、聚氯乙烯、聚苯乙烯、聚碳酸酯、聚对苯二甲酸乙二酯、环氧树脂、氨基树脂、酚醛树脂;按反应类型分类是基于合成聚合物时使用的聚合反应类型(加聚和缩聚)的不同为依据,加聚反应为链增长机理如合成像聚乙烯、聚丙烯等加成聚合物,缩聚反应受逐步增长机理控制,合成像环氧树脂、酚醛树脂等缩聚物;但应用最多的是从化学结构考虑,将高分子材料按其热行为分为热塑性高分子材料(像聚乙烯、聚丙烯)和热固性高分子材料(像酚醛树脂、环氧树脂)两种。从材料的使用角度考虑,这种分类便于认识高聚物的特性。按用途和性能分,又可将塑料分为通用塑料(聚乙烯、聚丙烯、聚氯乙烯、聚苯乙烯、聚甲基丙烯酸甲酯等)和工程塑料(聚酰胺、聚碳酸酯、聚甲醛、聚苯醚、聚四氟乙烯等)。

有机合成高分子材料可用作塑料(如聚乙烯、聚丙烯、聚氯乙烯)、橡胶(如丁苯橡

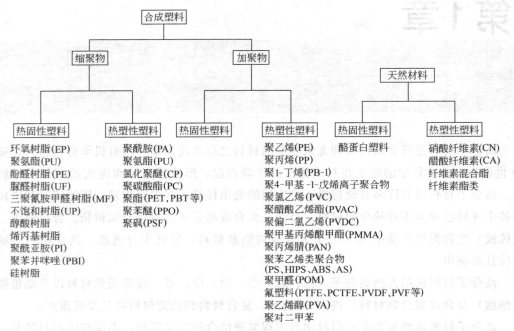

图 1-1 按反应类型、化学结构对塑料分类

胶、聚丁二烯、二元和三元乙丙共聚物)和纤维(如聚对苯二甲酸乙二酯、尼龙、聚丙烯腈),它们的分子量一般为 $10^4 \sim 10^7$。一个特定的聚合物应归入上述三种类型的哪一类,可根据其聚合物的力学参数和热转变温度而定。塑料可能是半结晶或结晶的,因而往往颇硬而韧(如聚碳酸酯),也可能是无定形而呈脆性和玻璃状的(如聚苯乙烯)。橡胶是无定形或半结晶的线型聚合物,含有可防止流动的交联键、缠结或微晶区。它们在小小外力作用下显示出长程可逆延伸性。纤维是半结晶或结晶聚合物,具有高熔点和高拉伸强度,能取向和纺丝。许多结晶聚合物既可用作塑料又可用作纤维,如聚对苯二甲酸乙二酯、尼龙、聚丙烯等。聚乙烯、聚四氟乙烯、聚苯乙烯、聚甲基丙烯酸甲酯、酚醛树脂、脲醛树脂、三聚氰胺-甲醛树脂等只能是塑料。丁苯橡胶、聚丁二烯、乙丙橡胶、丁基橡胶、氯丁橡胶、丁腈橡胶和聚异戊二烯则是橡胶弹性体。热转变温度(玻璃化温度 T_g、室温 T_r、熔点 T_m)和力学性能(弹性模量、拉伸强度、伸长率)可方便地用来区分塑料、橡胶和纤维,其见表 1-1。

按照加工时材料受热行为,可将所有的聚合物分为热塑性和热固性高分子材料两大类。热塑性高分子材料本身多为长链大分子、线型或支链聚合物。当加热此类材料超过一定温度时,材料就软化,进而产生流动,很少有化学反应发生,仅仅是物理的熔融过程;当温度降至一定温度时,材料就硬化恢复原来的状态;再受热又可软化,冷却再变硬;这类材料在某些特定溶剂的作用下还可溶解,成为高分子树脂溶液,溶剂挥发后,材料仍可回复到原来的状态。所谓热塑性高分子材料就是能反复进行上述过程的高分子材料。例如:聚乙烯、聚丙烯、聚氯乙烯、聚偏氯乙烯、聚乙烯醇、聚碳酸酯等均为热塑性高分子材料。

表 1-1 聚合物的热转变和力学性能

参数	聚合物		
	塑料	橡胶	纤维
热转变① 力学性能	（低压聚乙烯） $T_g \geq T_r + 75℃$（玻璃状） $T_g < T_r, T_m > T_r$（结晶）	（丁苯橡胶） $T_g + 75℃ \leq T_r$	（尼龙） $T_m > T_r + 150℃$
弹性模量/MPa②	$10 \sim 10^2$	$0.1 \sim 1$	$10^3 \sim 10^4$
伸长率/%③	$100 \sim 200$	1000	$10 \sim 30$
拉伸强度/MPa④	$20 \sim 40$	28	$460 \sim 870$（与牵伸比有关）
断裂伸长率/%	$15 \sim 100$	580	$19 \sim 32$

① 玻璃化温度 T_g 是一种无定形材料从玻璃状脆性转变为黏性的温度范围的中点。
② 弹性变形时应力与应变之比，也称为弹性系数。
③ 材料受拉伸应力时长度增加的百分数，是延伸性的量度。
④ 材料受拉时产生的最大应力，是极限强度的量度。
注：资料来源：[美] M.D.贝贾尔编. 塑料聚合物科学与工艺学. 贾德民，姚钟尧译. 广州：华南理工大学出版社, 1991.

热固性高分子材料是由较低分子量的线性结构物质构成。但一经加热，材料首先软化，呈现出流动性，随即发生缩聚反应，脱出小分子物质并生成中间缩聚物，进而该中间缩聚物分子间发生交联反应，生产具三维交联的体型结构高分子化合物，最终固化成为不熔、不溶的高分子材料。酚醛树脂、脲醛树脂、环氧树脂等均为热固性高分子材料。其比较见表 1-2。

表 1-2 热塑性高分子材料和热固性高分子材料的对比

项目	热塑性高分子材料	热固性高分子材料
分子结构	线性及支链大分子	线性大分子,固化后成为三维交联的体型结构大分子
热行为	受热可融化,冷却又变硬,可反复此过程	制成制品后即成为不溶不熔的材料
重复加工性	再次受热,仍可软化、熔融,反复多次加工	受热不熔融,达到一定温度分解破坏,不能反复加工
溶解性	可溶于特定的溶剂	仅在某些溶剂中溶胀
成型方法	可用注射、挤出、压延、热成型等方法加工,也可用机械加工的方法加工	可用模压、层压成型及机械加工等方法加工
透明性	多数材料能制成透明制品	制品几乎不透明
可回收性	大多数材料可回收再次使用	材料成型已形成三维体型结构,不溶不熔,故不能回收再次使用

1.2 高分子材料成型加工及其重要性

高分子材料已广泛应用于国民经济各个领域中，成为与钢材、水泥、木材并驾齐驱的基础材料。高分子材料是通过制造各种制品来实现其使用价值的，因此从应用角度来讲，对高分子材料赋予形状为主要目的的成型加工技术有着重要的意义。高分子材料是一定配合的高分子化合物（由主要成分树脂或橡胶和次要成分添加剂组成）在成型设备中，受一定温度和压力的作用熔融塑化，然后通过模塑制成一定形状，冷却后在常温下能保持既定形状的材料制品。因此，材料组成、成型加工方法和成型机械及模具决定了高分子材料制品的性能。塑料是高分子材料中最大的一类材料，其次是合成纤维。世界塑料原料（树脂）产量在1950年仅为200万吨，到1991年全世界塑料产量已突破1亿吨，2004年已突破2.1亿吨，2010年已突破3亿吨。全球塑料产量超过1000万吨的国家有5个，即中国、美国、德国、日本和韩国。

塑料工业共包含塑料生产（包括树脂和半成品的生产）和塑料制品生产（也称为塑料成型工业或加工工业）两个系统。这两个系统是相辅相成、互相依赖的。没有塑料的生产，就没有塑料制品的生产，其理由是十分明显的。但没有塑料制品的生产，塑料就不会成为生产或生活资料。要生产一个合格的塑料制品，除了要对塑料性能提出要求外，尚需要有一个合理的成型方法，否则难以达到目的。显而易见，塑料成型是塑料工业和其他工业联系的桥梁。塑料生产和塑料制品生产是一个系统的两个连续部分，其联系用图1-2来表示。

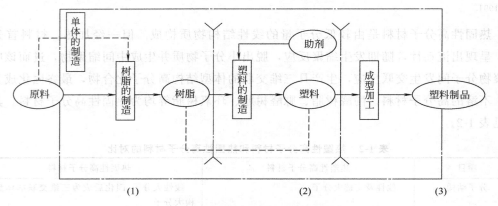

图1-2 从塑料至塑料制品的生产流程示意图

从图1-2可见：从塑料至塑料制品的生产流程共分为三个连续部分。图中长方形表示过程；椭圆形表示原料、中间产物或成品；实线箭头表示流程前进的方向；虚线箭头表示该段流程前进的另一种方式。据上所述，当知（1）和（3）两部分是分别属于树脂和塑料制品两个生产部门的，而生产部门也确实是这样划分的。至于第2部分，按理也应属于树脂部门，但一般较大的成型工厂为了方便，也有将这部分归入自己的生产范围。这样，除能满足它自己对塑料在配方上的多样性要求外，还可以简化仓库的管理。

成型加工技术不仅要适应化学结构不断变化的各种新型高分子材料的出现，而且要通过成型加工，在材料制品中实现甚至优化体现材料性能的分子聚集架构，还要发展诸如在工程学层次上操纵分子链进行高分子材料成型加工的新技术。高分子材料成型加工就是利用一切可以实施的方法，使其成为具有一定外形而又有使用价值的物件或定型材料。

高分子材料成型加工一般由原料准备、成型、机械加工、修饰和装配等连续过程组成，也可将机械加工、修饰和装配称为后加工，如图1-3。

聚合物材料常以颗粒形式供给加工者，高分子材料成型是在一系列的准备性操作之后才进行。首先将多种聚合物和各种添加剂通过搅拌、剪切力使其混合为一个均匀度和分散

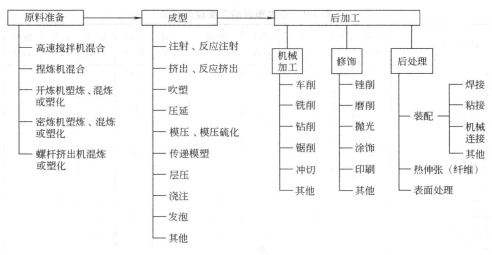

图 1-3　高分子材料成型加工过程

度高的整体。对常温下处于玻璃态或结晶态的固体塑料或纤维与添加剂的共混料制作方式是：在常温下或略高于室温条件下，在混合设备中首先进行初混合，然后再移至高温混炼设备中，使树脂达到黏流态进行混炼。而橡胶常温下处于高弹态，呈现弹性体状态，故橡胶与添加剂的共混可在黏弹态或黏流态，靠混炼设备提供的强力剪切、掺混进行混炼。

成型是将各种形态的聚合物（粉料、粒料、溶液或分散体）制成所需形状的制品的过程，是一切高分子材料制品或型材生产的必经过程。在各种塑料成型方法中多数采用挤出成型和注射成型，前者约占40%，后者约占30%。表1-3表示各种成型方法的适应性，表1-4表示各种塑料的主要成型方法。橡胶材料要先成型，再硫化，最后做成制品。制作纤维的高分子材料一般要先成型为毛坯，再经拉伸取向，然后缠绕即成单根纤维。

表 1-3　各种成型方法的适应性

	成型方法	成型时剪切速率范围/s^{-1}	成型时的压力/MPa	制品实例
一次成型	挤出成型	$10^2 \sim 10^3$	几～几十	片、薄板、薄膜、管、棒、网、异型材、电线电缆
	注射成型	$10^3 \sim 10^4$	高压:50～200 低压:<30	齿轮、日用品、保险杠、浴缸、型框
	模压成型	1～10	几	蜜胺餐具、连接器件
	传递模塑成型		10～20	电器制品（零件）
	层压成型		高压>5,低压0～5	化妆板、安全帽
	吹塑成型		几	瓶、罐、鼓状物
	压延成型	10～10^2		PVC人造革
	发泡成型		零点几～几	隔热材料、PS泡沫、托盘
	拉伸			PET膜、OPP
	其他（浇铸成型、回转成型、RIM等）	约10		
二次成型	加热加压成型（真空成型、加压成型、冲压成型）		约0.1 零点几 几	容器、罩、托盘、广告牌、汽车顶板、混凝土、型框
	粘接（含溶接）、机械加工（切断、穿孔、弯曲）、表面处理（涂装、表面硬化、静电植绒、印刷等）			

表 1-4 各种塑料的主要成型方法

塑料名称	注射成型	挤出成型	吹塑成型	模压成型	传递模塑成型	压延成型	发泡成型	层压成型	浇铸成型	搪塑成型	回转成型
聚乙烯	☆	☆	☆	△			☆				△
聚丙烯	☆	☆	☆	△			△				△
聚氯乙烯	△	☆	△	△		☆			☆	△	△
聚偏二氯乙烯		☆	△								
聚苯乙烯	☆	☆	☆	△			☆				
ABS	☆	☆	△	△			☆				
聚甲基丙烯酸甲酯	☆	☆	△						☆		△
聚氨酯	☆						☆		☆		
酚醛树脂	☆			☆	☆			☆	☆		
脲醛树脂	☆			☆	☆			☆	☆		
三聚氰胺甲醛树脂	△			☆	☆			☆			
不饱和聚酯	△			☆				☆	☆		
DAP	△			☆				☆			
环氧树脂	△			☆	☆			☆	☆		
有机硅树脂				☆			△	☆	☆		
聚酰胺	☆	☆	△	△							
聚碳酸酯	☆	☆	△	△					☆		
聚甲醛	☆	☆	△	△							
聚苯醚	☆	☆									
聚四氟乙烯	△	△		☆							

注：☆—优，△—良。

由表 1-3 和表 1-4 可知，各种高分子材料都有其相适应的成型加工方法，究竟采用哪种成型方法，除取决于高分子化合物的特性外，还与成型机械有关。除加工技术外，生产成本和制品质量都应列为重点考虑因素。

高分子材料加工中，制品经成型或成型-硫化后，还要经过后加工工段方可作为成品出厂。如成型-硫化后的橡胶制品要经过修边、整形；塑料制品有时要经过修饰、机械加工、装配等后加工工段；纤维制品有时要经过热伸张定型及表面处理。这些后加工过程是根据制品的要求来取舍的，也就是说，不是每件制品都需完整地经过这些过程。机械加工是指在成型后的工件上钻眼、切螺纹、车削或铣削等，用来完成成型过程所不能完成或完成得不够准确的一些工作。修饰是为美化塑料制品的表面或外观，也有其他目的，如为提高塑料制品的介电性能要求它具有高度光滑的表面。装配是将各个已经完成的部件连接或配套使其成为一个完整制品的过程。

1.3 高分子材料成型工业的回顾与展望

从远古以来，高分子材料就是人类赖以生存的重要原材料之一，从第一个人工半合成的高分子化合物算起，高分子工业已经历了一百多年的历史，习惯上可将其分为三个阶段。

1.3.1 高分子材料工业的初创期

在 1850 年以前重点是天然聚合物的利用和组成的阐明，1820 年 Hancock 橡胶塑炼机和 1839 年 Goodyear 橡胶的硫化，是橡胶工业发展长河中的一个重要的里程碑。

第一个半合成的高分子材料出现于 1869 年，Hyatt 发明了硝酸纤维素用樟脑增塑后的赛璐珞，然后通过挤出成型、注射成型实现各种制品的工业化，标志着热塑性塑料时代的到来。现代挤出机和注射机的原型由 20 世纪 30 年代确定。

1909 年 Bakeland 第一个合成了酚醛树脂热固性塑料。随后又开发了氨基塑料。1920 年 Staudinger 提出了高分子的概念，并开展了大量的实验验证。

1.3.2　高分子材料工业的发展期

这一时期约从 20 世纪 30 年代到 70 年代。在这一时期不仅开发了大多数塑料，而且在中空吹塑、浇铸成型、压延成型等工艺技术和机械方面也取得了显著的进展。塑料的商业重要性在此时期内按指数规律发展，这在很大程度上得益于聚合科学、生产工艺学、结构-性能关系和应用设计的发展。1930 年 Carother 发现了尼龙，在 1939 年作为一种纤维和热塑性工程塑料进入市场。在 1939~1940 年，发展了缩聚反应理论创建了乳液合成理论，氯丁橡胶、丁苯橡胶的工业化产品投入使用。1953 年，Ziegler-Natta 催化剂的发明，极大地推动了高分子材料工业的发展。如目前使用的绝大多数通用热塑性塑料（聚乙烯、聚丙烯、聚氯乙烯、聚苯乙烯等）、工程塑料（ABS、聚甲醛、聚苯醚、聚砜、含氟含硅化合物等）及橡胶（顺丁橡胶、异戊橡胶、丁腈橡胶、乙丙橡胶、丁基橡胶等）在这一阶段相继问世并工业化。

在 1960~1969 年，大量新型高分子材料的涌现，促进了高分子物理研究的进展。各种实验手段的探索，各种近代研究方法（如 NMR、GPC、IR、UV、电镜、动态黏弹谱等）的应用，揭示了高分子的结构（分子量、分子量分布、支化、交联、结晶、取向、凝聚态等）与性能（物理性能、黏弹性、加工流变性能等）的内在关系，这为高分子共混理论的建立和新的成型加工技术的开发提供了理论依据。

1.3.3　高分子材料全面发展时期及发展方向

这一时期约从 20 世纪 70 年代至今。由于前一阶段高分子化合物的生产技术已成熟，产量大幅度增长，塑料年产量已突破 1 亿吨。在这一阶段，高分子材料的开发已从大规模地合成新的高分子化合物转向通过采用各种方法对已有的高聚物进行改性。高分子合金化技术、反应性加工技术、振动技术、电磁动态成型技术、在线检测及自动控制技术、气体辅助技术、高分子化合物/无机物复合材料及纳米材料规模化应用等关键技术已成为开发重点。注意发展在材料表面引入分子、纳米粒子的超临界流体溶胀技术，制备分子链有序排列的大面积高分子光电功能薄膜或纳米纤维的外场辅助制膜成纤技术，适用于超分子体系制备的成型加工技术，以及计算模拟技术在成型加工中的应用等技术，这些都是很有战略意义的。聚合物加工过程中聚合物结构（取向、结晶、晶态结构等）的调控；聚合物纳米材料制备新技术及相关理论；多层、多组分聚合物的共挤出、共注塑技术和理论；环境友好、生物可降解高分子材料的制备、加工以及废弃高分子材料的回收利用技术等已引起人们密切关注及重视。

近二十年来，流变学理论发展迅速，其在聚合物加工中的应用为成型加工原理的建立、分析改进生产工艺、合理地进行配方设计和开发新的加工工程技术打下了基础。

高分子材料加工的主要目标是高生产率、高性能、低成本和快捷交货。传统的高分子材料主要成型加工方法有挤出成型、注射成型、吹塑成型和压延成型四大类。随着高分子加工产业的不断发展，高分子材料制品逐渐向着小尺寸、薄壁、轻质方面发展；高分子材料成型加工方面，从大规模向较短研发周期的多品种转变，并向低能耗、全回收、零排放等方向发展。因此，在高分子材料加工成型的发展过程中，逐渐形成了几种新型的高分子材料加工成型方法。如固相挤出、反应挤出成型、反应注射成型、塑料激光塑性成形技术、半结晶塑料激光焊接技术、激光烧结技术和3D快速成型技术等。

信息、生物、能源、环境等技术的发展，呼唤新材料。面向21世纪，高分子材料结构与性能研究上将深入微观和亚微观的尺度，建立定量和半定量的关系，通过功能化、复合化和精密化发现新的性能和新的应用领域。

1.4 我国高分子材料工业的发展现状

我国的高分子材料工业经历了由小变大、由弱变强的发展历程。目前合成纤维等原材料的产量已跃居世界首位，塑料年产量和橡胶年消耗量仅次于美国，位居世界第二位。国内高分子材料产品基本能满足国民经济发展和人民生活水平提高的需求，已成为国民经济和社会发展的强大物质基础。

中国塑料制品行业蓬勃发展，成为世界塑料增长极。目前我国塑料消费量超过6000万吨，占世界塑料消费总量2.38亿吨的1/4强，超过美国居世界第一。人均消费46kg，超过了世界40kg的平均水平，成为真正的世界塑料生产、消费、进出口大国。

我国在塑料加工新技术、聚合物纳米材料制备新技术、加工过程中聚合物结构的调控、聚合物反应性加工等方面具有特色，受到国际同行的关注。与国外先进国家的差距主要是对聚合物加工过程的基础理论研究不够深入；在聚合物加工过程的计算机模拟、在线检测以及废弃高分子材料回收利用和高分子绿色工程的实施等方面需要大力加强。

尽管经过多年努力，目前我国已是世界合成树脂和塑料制品生产大国之一，但我国仍存在高分子材料产业结构、技术结构及产品结构不合理的问题，劳动生产率低，高附加值产品不能完全自给，产品品种比较单一，专用料少，创新能力弱和缺乏市场竞争能力，综合技术水平和整体素质不高，与发达国家相比有如下三方面差距：

(1) 技术结构不合理

聚烯烃HDPE、LDPE的气相、溶液和浆液聚合工艺装备全部引进，高密度聚乙烯、大型聚丙烯生产装置大都引进。纤维-纺织-后加工一体化新产品开发体系和鞣性生产体系尚未建立。石化、化纤只有10%～38%工艺装备达到国际先进水平，落后装备仍是高分子材料工业的主要生产手段。改造、淘汰落后装备技术，提高高分子材料工业技术和装备水平已成为21世纪的重要任务。

(2) 产业结构不合理

长期短缺经济形成的卖方市场，在改革开放后市场经济引导下，高分子材料工业很快形成了一批低水平的重复建设，加上改革开放前的技术装备，大都是装备能力小、工艺技术落后、消耗大、污染重、产品质量差、成本高的落后生产力，庞大的落后企业致使我国高分子材料工业劳动生产力与国外相比差距较大，劳动生产率约为发达国家的10%，为世界平均水平的30%，产业结构不合理是我国主要高分子材料缺乏竞争力的症结。

(3) 产品结构不合理

约50%的合成树脂、纤维和橡胶需要进口。品种单一，以普通、低产值材料为主，高性能、高附加值材料不能生产，造成高分子材料工业通用材料供大于求，高档产品依靠进口的局面，我国传统高分子材料工业必须调整产品结构，提高质量，开发品种，提高市场竞争能力。我国国民经济保持快速发展，高分子材料的消费量仍将持续增长，为材料工业的调整和发展创造了有利条件。随着我国加入WTO，全球经济一体化进程的加速，传统材料能否占领不断增长的国内外市场，关键在于材料工业自身的竞争能力，我国材料工业面临着良好机遇与严峻挑战。用现代技术改造传统材料工业，调整产业结构/技术结构/产品结构，提高质量/发展品种/增加效益。加快技术创新和结构调整，这是21世纪我国要实现由"材料大国"转变为"材料强国"的必由之路。

第2章 高分子材料成型原理

高分子材料只有通过加工成型才能获得所需的形状、结构与性能,成为有实用价值的材料与制品。在加工成型过程中,高分子材料将呈现出各种物理和化学变化,而这些变化与高分子材料的结构有关。而且通过加工成型还可改变高分子材料的内部结构,提高材料的性能。因此,充分认识高分子材料在各种外界条件下所表现的物理、化学变化行为,对合理设计配方、发展工艺以及对成型设备提出技术要求,都是非常重要的。

本章将着重讨论高分子材料的加工性能、流变性能、成型性能、熔融性能(加热与冷却)及其在成型中的物理和化学变化。

2.1 高分子材料的加工性能

2.1.1 高分子材料的熔融性能

大多数成型操作由热软化的或熔融的聚合物的流动和变形组成,因此,为成型操作而进行的聚合物准备工作通常包括熔融或加热阶段。众所周知,热传递有热传导、对流和辐射三种形式,热传导是最常见和最重要的提高固体温度并使之熔融的方式。在传导熔融中,传热速率主要取决于导热系数、温差以及热源和熔融固体间的有效接触面积。

2.1.1.1 聚合物的熔融过程

聚合物的熔融过程是完成对固体聚合物的熔化和融合,使其转变为聚合物熔体的过程。当聚合物吸收大量热量时,聚合物大分子之间的活动能大于分子之间的作用力,聚合物的链节及整个大分子链产生自由运动,随着大分子链吸收能量的不断增加,当有外力时,出现大分子链的流动,这时聚合物转变为黏流状态。

聚合物成型过程中,流动变形是必不可少的,而熔体的流动必将产生剪切摩擦热。因此,在加工成型过程中,聚合物熔融的能量来源于两个方面:一个是聚合物开始熔融提供的热量,称为外热,一般是由安装在设备外面的加热器提供的,主要以热传导的形式把热量传递给固体聚合物;还有一个就是由于流动产生的大分子之间、大分子和设备之间的剪切摩擦热,称为内热。剪切摩擦热与设备的结构、设备运转的速度以及聚合物本身的性能有关。

剪切摩擦内热在聚合物成型加工中是普遍存在的,例如塑料在挤出机中的熔融过程、橡胶在密炼机中的塑炼和混炼等,这种熔融方法称为有强制熔体移走的传导熔融,如图2-1所示。

该方法熔体的强制移走,为进一步的热传导提供了方便。同时在熔体移走过程中,由于设备的运动,熔体被拖曳或受到压力的作用,使高黏性的聚合物熔体产生大量的剪切摩擦热量,为聚合物的熔融提供了能量。但是这种方法的熔融必须考虑其内热和外热的比例协调,否则容易造成聚合物的过热分解或塑化不良。

还有一种无熔体移走的传导过程的熔融，即熔融所需的全部热量由接触或暴露表面提供，基本没有内热，熔融速率只由传导项决定。例如在滚塑中，聚合物粉料被熔结，在热成型中，片（板）被加热软化。它是通过与热表面直接接触，或者通过对流辐射将热能提供给固体，如图 2-2 所示。

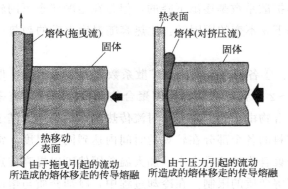

图 2-1　有熔体移走的传导熔融　　　　　图 2-2　无熔体移走的传导熔融

有强制熔体移走的传导熔融和无熔体移走的传导熔融是聚合物加工中主要的两种熔融方法，大部分的熔融以前者为主。

2.1.1.2　热扩散系数及其影响因素

聚合物在成型加工中为使流动和成型，必须加热和冷却。任何物料加热与冷却的难易是由温度或热量在物料中的传递速度决定的，而传递速度又取决于物料的固有性能——热扩散系数 α，这一系数定义为：

$$\alpha = k/C_p \cdot \rho \tag{2-1}$$

式中，k 为导热系数；C_p 为定压热容；ρ 为密度。某些材料的热性能见表 2-1。

表 2-1　某些材料的热性能（常温）

材　料	C_p/[cal/(g·℃)]	$k/10^{-4}$[cal/(cm²·s·℃)]	$\alpha/\times 10^4$(cm²/s)
聚酰胺	0.40	5.5	12
聚乙烯（高密度）	0.55	11.5	13.5
聚乙烯（低密度）	0.55	8.0	16
聚丙烯	0.46	3.3	8
聚苯乙烯	0.32	3.0	10
聚氯乙烯（硬）	0.24	5.0	15
聚氯乙烯（软）	0.3~0.5	3.0~4.0	8.5~6.0
ABS 塑料	0.38	5.0	11
聚甲基丙烯酸甲酯	0.35	4.5	11
聚甲醛	0.35	5.5	11
聚碳酸酯	0.30	4.6	13
聚砜	0.3	6.2	16
酚甲醛塑料（木粉填充）	0.35	5.5	11
酚甲醛塑料（矿物填充）	0.30	12	22
脲甲醛塑料	0.4	8.5	14
蜜胺塑料	0.4	4.5	8
醋酸纤维素	0.4	6	12
玻璃	0.2	20	37
钢材	0.11	1100	950
铜	0.092	10000	1200

注：1cal/(g·℃) = 4.1868×10³ J/(kg·K)，1cal/(cm²·s·℃) = 4.1868×10⁴ W/(m²·K)。

热扩散系数可表示物体在加热或冷却过程时各部分温度趋向一致的能力。表 2-1 所列的热扩散系数仅为常温状态下的,如果需要准确计算加工温度范围内各种聚合物的热扩散系数是颇为麻烦的。因为式(2-1)中几个因素都随温度而变化。但是从试验数据统计结果可知,在较大温度范围内各种聚合物的热扩散系数的变化幅度并不很大,通常不到两倍。虽然各种聚合物由玻璃态至熔融态的热扩散系数是逐渐下降的,但是在熔融状态下的较大温度范围内几乎保持不变。在熔融状态下 α 不变的原因是:比热容随温度上升的趋势恰为密度随温度下降的趋势所抵消。

由表 2-1 中数据可以得出如下结论:①各种聚合物的热扩散系数相差并不很大,但与铜和钢相比,则相差很多,几乎要小 1~2 个数量级。这说明聚合物热传导的传热速率很小,冷却和加热都不容易;②黏流态聚合物由于黏度很高,对流传热速率也很小。基于这两种原因,在成型过程中,要使一批塑料的各个部分在较短的时间内达到同一温度,常需要很复杂的设备和很大的消耗。③由于聚合物的热导率小,加大温差固然可以提高传热速率,但又受到局部高温易引起聚合物降解变质的限制。在冷却过程中,冷却介质与熔体之间的温差太大,会产生内应力而使制品的物理力学性能变劣。

有结晶倾向的聚合物在相态转变时要吸收或放出更多的热量。从图 2-3 中所示聚乙烯和聚苯乙烯两种聚合物的热焓随温度的变化情况可以得到说明。结晶聚合物相态转变时,比热容有突变,而非结晶聚合物的比热容变化则比较缓和,见图 2-4。

2.1.1.3 聚合物的摩擦热对流动的影响

由于聚合物熔体的黏度都很大,因此在成型过程中熔体流动时,会因内摩擦而产生显著的热量。此摩擦热在单位体积的熔体中产生的速率 Q 为:

$$Q = \frac{1}{J}\tau\dot{\gamma} = \frac{1}{J}\eta_a\dot{\gamma}^2 \tag{2-2}$$

式中,τ 为剪切应力;$\dot{\gamma}$ 为剪切速率;η_a 为表观黏度;J 为热功当量。

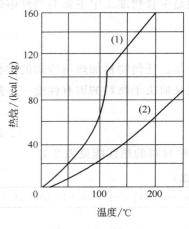

图 2-3 聚乙烯(1)和聚苯乙烯(2)的热焓图

用摩擦热加热塑料是通过挤出机或注射机的螺杆与料筒的相对旋转运动等途径来实现的。由于聚合物的表观黏度随摩擦升温而降低,使物料熔体烧焦的可能性不大,而且塑化效率高,塑化均匀。

由式(2-2)所决定的摩擦热与剪切速率的平方成正比,而剪切速率的分布又以管中心处最低、管壁处最大,这就使得在导管中流动的熔体由于摩擦生热而在径向呈现温度梯度。另一方面,由于聚合物的黏度大,沿导管内流动方向上存在着较大的压力降,因而熔体在沿流动方向上表观黏度减小,体积逐渐膨胀。膨胀消耗热能,使液体的温度降低。由于受到管壁的限制和管壁处存在着较大的摩擦力,液体的膨胀率必然是中心最大而管壁处最小,所以中心部分的冷却效应比管壁附近要大。这样,摩擦和膨胀双重作用的结果都使液体温度分布由中心区域向管壁附近区域递增:

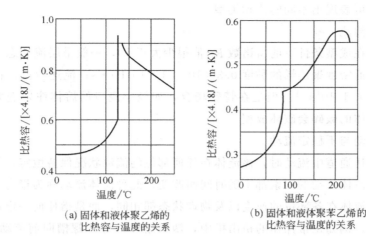

(a) 固体和液体聚乙烯的
比热容与温度的关系

(b) 固体和液体聚苯乙烯的
比热容与温度的关系

图 2-4 聚乙烯 (a) 和聚苯乙烯 (b) 的比热容与温度的关系

$$\frac{t-t_w}{t_0-t_w}=\left[1+\left(\frac{2}{m+1}\right)\overline{at}\right]\left[1-\left(\frac{y}{R}\right)^{m+3}\right]-\left[\frac{(m+3)^2}{2m+1}\overline{at}\right]\left[1-\left(\frac{y}{R}\right)^2\right] \quad (2-3)$$

式中　t——距管的任意半径处的温度；

　　　t_w——管壁的温度；

　　　t_0——管中心的温度；

　　　$\overline{at}$——导管横截面上温度与热膨胀系数乘积的平均值；

　　　R——圆管半径；

　　　t_0-t_w——热膨胀系数 $\alpha=0$ 时液体中心温度与管壁温度之差。

图 2-5 是由式(2-3)所绘制的图形，不难看出，聚合物的假塑性愈强，冷却效应使中心区温度降低也愈显著，而在 $r=(0.6\sim 0.8)R$ 的区域内温度最高。管壁附近区域内温度不是最高的原因在于管壁的短程传热所致。

2.1.2 高分子材料的流变性能

流变学理论作为一门新兴的科学理论，与高分子材料科学的任一分支均有密切的关系。对聚合物加工材料加工成型而言，流变学与工艺原理结合在一起，成为设计和控制材料配方及加工工艺的条件，是获取制品最佳的外观和内在质量的重要手段。对聚合物加工模具和机械的设计而言，流

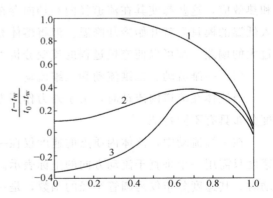

图 2-5 不同 $\overline{at}$ 值的指数定律液体沿管子半径方向上的温度分布

1—$m=1$, $\overline{at}=0$; 2—$m=1$, $\overline{at}=0.3$;
3—$m=4$, $\overline{at}=0.3$

变学为设计提供了必需的数学模型和被加工材料的流动性质，是进行计算机辅助设计（CAD）的重要理论基础之一。

2.1.2.1 流动类型

高分子材料熔体由于在成型条件下的流速、外部作用力形式、流道几何形状和热量传

递情况的不同，可表现出不同的流动类型。

(1) 层流和湍流

聚合物熔体在成型条件下的雷诺数 Re 值很少大于10，一般呈层流状态。由于聚合物熔体黏度高，如低密度聚乙烯的黏度 $0.3\times10^2\sim1\times10^3\mathrm{Pa\cdot s}$；流速较低，在加工过程中剪切速率一般不大于 $10^4\mathrm{s}^{-1}$。但是在特殊场合，如经小浇口的熔体注射进大型腔，会出现弹性湍流，熔体的破碎会破坏成型。

(2) 稳定流动与不稳定流动

凡流体在输送通道中流动时，该流体在任何部位的流动状况保持恒定，不随时间而变化，即一切影响流体流动的因素都不随时间而改变，此种流体流动称为稳定流动。所谓稳定流动，并非是流体在各部位的速度以及物理状态都相同，而是指任何一定部位，它们均不随时间而变化。例如正常操作的挤出机中，塑料熔体沿螺杆螺槽向前流动属稳定流动，因其流速、流量、压力和温度分布等参数均不随时间而变动。

凡流体在输送通道中流动时，其流动状况都随时间而变化，即影响流动的各种因素都随时间而变动，此种流动称之不稳定流动。例如在注射模塑的充模过程中，塑料熔体的流动属于不稳定流动。因为此时在模腔内的流动速率、温度和压力等各种影响流动的因素均随时间变化。通常把熔体的充模流动看作典型的不稳定流动。

(3) 等温流动和非等温流动

等温流动是指流体各处的温度保持不变情况下的流动。在等温流动情况下，流体与外界可以进行热量传递，但传入和输出的热量应保持相等。

在塑料成型的实际条件下，聚合物流体的流动一般均呈现非等温状态。一方面是由于成型工艺要求将流道各区域控制在不同的温度下；另一方面是由于黏性流动过程中有生热和热效应，这些都使其在流道径向和轴向存在一定的温度差。塑料注射模塑时，熔体在进入低温的模具后就开始冷却降温。但将熔体充模流动阶段当作等温流动过程处理并不会有过大的偏差，却可以使充模过程的流变分析大为简化。

(4) 一维流动、二维流动和三维流动

当流体在流道内流动时，由于外力作用方式和流道几何形状的不同，流体内质点的速度分布具有不同特征。

在一维流动中，流体内质点的速度仅在一个方向上变化，即在流道截面上任何一点的速度只需用一个垂直于流动方向的坐标表示。例如，聚合物熔体在等截面圆管内作层状流动时，其速度分布仅是圆管半径的函数，是一种典型的一维流动。

在二维流动中，流道截面上各点的速度需要两个垂直于流动方向的坐标表示。流体在矩形截面通道中流动时，其流速在通道的高度和宽度两个方向均发生变化，是典型的二维流动。

流体在截面变化的通道中流动，如锥形通道，其质点速度不仅沿通道截面的纵横两个方向变化，而且也沿主流动方向变化。即流体的流速要用三个相互垂直的坐标表示，因而称为三维流动。

二维流动和三维流动的规律在数学处理上，比一维流动要复杂很多。有的二维流动，如平行板狭缝通道和间隙很小的圆环通道中的流动，按一维流动作近似处理时不会有很大的误差。

(5) 拉伸流动和剪切流动

流体流动时，即使其流动状态为层状稳态流动，流体内各处质点的速度并不完全相同。按照流体内质点速度分布与流动方向关系，可将聚合物加工时的熔体的流动分为两类，如图 2-6(a) 所示，称为拉伸流动；另一类是质点速度仅沿着与流动方向垂直的方向发生变化，如图 2-6(b) 所示，称为剪切流动。前者是一个平面两个质点的距离拉长，后者是一个平面在另一个平面的滑动。

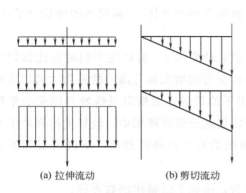

图 2-6　拉伸流动和剪切流动的速度分布
（长箭头所指为流体流动方向）

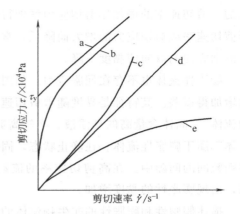

图 2-7　各类型流体的流动曲线
a—宾汉流体；b、e—假塑性流体；c—膨胀性流体；d—牛顿型流体

通常研究的拉伸流动有单轴拉伸和双向拉伸。单轴拉伸的特点是一个方向被拉长，其余两个方向则相对缩短，如合成纤维的拉丝成型。双向拉伸时两个方向被同时拉长，另一个方向则缩小，如塑料的中空吹塑、薄膜生产等。

(6) 拖曳流动和压力流动

剪切流动按其流动的边界可分为拖曳流动和压力流动。由边界的运动而产生的流动，如运转滚筒表面对流体的剪切摩擦而产生流动，即为拖曳流动。而边界固定，由外压力作用于流体而产生的流动，称为压力流动。聚合物熔体注射成型时，在流道内的流动属于压力梯度引起的剪切流动。

2.1.2.2　非牛顿型流动

如图 2-7 所示的流动曲线中，流体的剪切应力和剪切速率之间呈现非线性的曲线关系。凡不服从牛顿黏性定律的流体称为非牛顿型流体。非牛顿型流体的流动称作非牛顿型流动。这些流体在一定温度下，其剪切应力与剪切速率不成正比关系，其黏度不是常数，而是随剪切应力或剪切速率而变化的非牛顿黏度 η。黏性系统的非牛顿型流体，其剪切速率仅依赖于所施加的剪切应力，而与剪切应力所施加时间长短无关。此类非牛顿型黏性流体可分为宾汉流体、膨胀性流体和假塑性流体。

如图 2-7 曲线 a 所示，宾汉流体在流动前存在一个剪切屈服应力 τ_y，只有当剪切应力

高于 τ_y 时，宾汉流体才开始流动。因此，宾汉流体的流变方程为：

$$\tau - \tau_y = \dot{\gamma} \quad (\tau > \tau_y) \tag{2-4}$$

宾汉流体所以有这样的流变行为，原因是此种流体在静止时内部有凝胶性结构。当外加剪切应力超过 τ_y 时，这种结构才完全崩溃，然后产生不能恢复的塑性流动。一些聚合物在良溶剂中的浓溶液和聚氯乙烯的凝胶性糊塑料的流变行为，属于宾汉流体。泥浆、牙膏、油漆和沥青等也属于宾汉流体。

假塑性流体是非牛顿型流体中最常见的一种。橡胶和绝大多数聚合物的浓溶液及其塑料的熔体和溶液，都属于假塑性流体（见图2-7曲线b、e），此种流体的流动曲线是非线性的。剪切速率的增加比剪切应力增加得快，并且不存在屈服应力。因此其特征是黏度随着剪切速率或剪切应力的增大而降低，常称为"剪切变稀的流体"。高聚物的细长分子链，在流动方向的取向使黏度下降。

膨胀性流体也不存在屈服应力。如图2-7所示流动曲线c，剪切速率的增加比剪切应力增加得慢些。其特征是黏度随着剪切速率或剪切应力的增大而升高，故称为"剪切增稠的流体"。固体含量高的悬浮液、在较高剪切速率下的聚氯乙烯糊以及碳酸钙填充的塑料熔体都属于膨胀性流体。在静止状态，固体粒子密集地分布在液相中，较好地排列并填充在颗粒间的间隙中。在高剪切速率的流动时，颗粒沿着各自液层滑动，不进入层间的空隙，出现膨胀性的黏度增加。

描述假塑性和膨胀性的非牛顿流体的流变行为，用如下的幂律函数方程：

$$\tau = K \dot{\gamma}^n \tag{2-5}$$

式中　　K——流体稠度，Pa·s；

　　　　n——流动指数，也称非牛顿指数。

流体的 K 值愈大，流体愈黏稠。流动指数 n 可用来判断流体与牛顿型流体的差别程度。n 值离整数1越远，则呈非牛顿性能愈明显。对于假塑性流体 $n<1$；对于膨胀性流体 $n>1$；而对于牛顿流体 $n=1$，此时 K 相当于 μ，牛顿型流体的流变方程是：

$$\tau = K \dot{\gamma} \tag{2-6}$$

试将幂律函数方程与式(2-6)作比较，将式(2-5)改写为：

$$\tau = (K \dot{\gamma}^{n-1}) \dot{\gamma} \tag{2-7}$$

令：

$$\eta_a = K \dot{\gamma}^{n-1} \tag{2-8}$$

则幂律方程式(2-5)可写成：

$$\tau = \eta_a \dot{\gamma} \tag{2-9}$$

式中，η_a 称为非牛顿型流体的表观黏度，单位是 Pa·s。显然，在给定温度和压力下，对于非牛顿型流体，其 η_a 不是常量，它与剪切速率有关。倘若是牛顿流体，η_a 就是牛顿黏度 μ。

幂律方程还有另一种变换形式。将式(2-5)变成：

$$\dot{\gamma} = \left(\frac{1}{K}\right)^{\frac{1}{n}} \tau^{\frac{1}{n}} \tag{2-10}$$

令
$$m = \frac{1}{n}$$
则
$$\left(\frac{1}{K}\right)^{\frac{1}{n}} = \left(\frac{1}{K}\right)^m = \left(\frac{1}{K^m}\right) \tag{2-11}$$
又令
$$k = \frac{1}{K^m}$$
则有
$$\dot{\gamma} = k\tau^m \tag{2-12}$$

式中，k 为流动度，或流动常数；m 为流动指数的倒数。

必须指出，稠度 K 和流动指数 n 与温度有关。稠度 K 随温度的增加而减小；而流动指数 n 值随温度升高而增大。在塑料加工的可能的剪切速率范围内，n 不是常数。但是，对于某种塑料加工过程，熔体流动的速率范围不是很宽广，允许在相应的较窄的剪切速率范围内，将 n 视为近似常数。几种主要的成型操作中，塑料所受到的剪切速率范围见表2-2。

表 2-2　几种成型加工的剪切速率

熔体成型		糊塑料成型	
成型方法	剪切速率/s^{-1}	成型方法	剪切速率/s^{-1}
浇注、压制	1~10	涂层	10^2~10^3
压延、开炼、密炼	10~10^2	注射	10^3~10^5
挤出、涂覆	10^2~10^3		

通常所见的塑料熔体黏度范围为 10~10^7 Pa·s，分散体的黏度约在 1Pa·s。绝大多数热塑性熔体呈现假塑性的流变行为。

还必须指出，在常见的塑料成型条件下，大多数聚合物熔体呈现假塑性的流变行为。但在很低的剪切速率下，剪切应力随剪切速率上升而线性升高，具有黏度一定的牛顿型流体的特征。但只有将糊塑料刮涂时，才处于该剪切速率的范围。在很高的剪切速率下，聚合物熔体呈现最低的极限黏度值，也呈现不依赖剪切速率的恒定黏度。但在此高剪切速率下，聚合物易出现降解。塑料成型加工极少在此剪切速率区域内进行。

以上描述的是热塑性聚合物的流变特性，热固性聚合物在成型过程中的黏度变化与之有本质不同。热固性聚合物黏度除对温度有强烈的依赖性外，同样也受剪切速率的影响；但还受到交联反应程度的影响。

2.1.2.3　时间依赖性流体

这类流体的流变特征除与剪切速率与剪切应力的大小有关外，还与时间应力的时间长短有关，即在恒温、恒剪切力作用下，其黏度随所加应力持续时间而变化（增大或减小，前者为震凝流体，后者为触变性流体），直至达到平衡为止。由于液体中的粒子或分子并未发生永久性的变化，所以，这种变化是可逆的。而且，对给定应变来说，较低应力较长作用时间与较大应力较短作用时间是等效的。此外，当流体的弹性不可忽略时，其应变还表现出滞后效应，即在流体中增加应力与降低应力这两个过程的应变曲线不重合。

目前，对这类流体流动的研究还不太充分，一般认为，产生触变行为是因为液体静止时聚合物粒子间形成了一种类似凝胶的非永久性的次价交联点，表现出很大黏度。当系统受到外力作用而破坏这一暂时交联点时，黏度即随着剪切持续时间而下降。产生震凝性的原因，可解释为流体中的不对称粒子（椭球形线团）在剪切力场的速度作用下，取向排列形成暂时次价交联点所致，这种缔合使黏度不断增加而形成凝胶状，一旦外力作用终止，暂时交联点也相应消失，黏度重新降低。在塑料成型中，只有少数聚合物的溶液或悬浮液属触变性液体，涂料、油墨等具有这种性质。至于震凝性液体，如石膏与水混合的某些浆糊状物，在塑料成型中并不多见。

2.1.2.4 拉伸流动

拉伸流动对高聚物的成型加工具有重要意义。合成纤维的熔融纺丝与拉伸黏度密切相关。在中空吹塑、热成型和薄膜生产中，与双轴拉伸黏度有关。况且，拉伸流动常寓于高聚物熔体各种成型流动之中。图 2-8 挤棒或纤维拉丝，是在无约束条件下牵引拉伸使制品伸长变细。在拉伸流动区，流体质点的速度仅沿流动方向发生变化，属于拉伸流动。

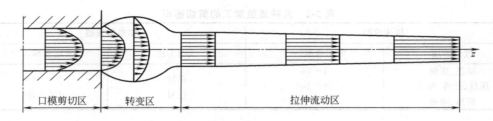

图 2-8　挤棒或拉丝过程中的拉伸流动

如果引起聚合物熔体的流动不是剪切应力而是拉伸应力时，仿照式（2-6）即有拉伸黏度：

$$\lambda = \frac{\sigma}{\dot{\varepsilon}} \tag{2-13}$$

式中，$\dot{\varepsilon}$ 为拉伸应变速率；σ 为拉伸应力或真实应力，是按拉伸时真正断面积计算的。拉伸流动的概念可由图 2-9 来说明，一个流体单元由位（1）变至位（2）时，形状发生了不同于剪切流动的变化，长度从原长 l_0 变至 $l_0 + \mathrm{d}l$。

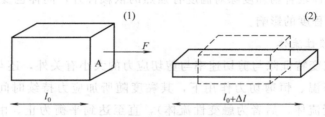

图 2-9　拉伸流动示意图

由于拉伸应变 ε 为：

$$\varepsilon = \int_{l_0}^{l} \frac{dl}{l} = \ln \frac{l}{l_0} \tag{2-14a}$$

故拉伸应变速率 $\dot{\varepsilon}$ 为：

$$\dot{\varepsilon} = \frac{d\varepsilon}{dt} = \frac{d[\ln(l/l_0)]}{dt} = \frac{1}{l} \times \frac{dl}{dt} \tag{2-14b}$$

拉伸黏度随所拉应力是单向、双向等而异，这是剪切黏度所没有的。

假塑性流体 η_a 随 $\dot{\gamma}$ 增大而下降，而拉伸黏度则不同，有降低、不变、升高三种情况。这是因为拉伸流动中，除了由于解缠结而降低黏度外，还有链的拉直和沿拉伸轴取向，使拉伸阻力、黏度增大。因此，拉伸黏度随 $\dot{\varepsilon}$ 的变化趋势，取决于这两种效应哪一种占优势。低密度聚乙烯、聚异丁烯和聚苯乙烯等支化聚合物，由于熔体中有局部弱点，在拉伸过程中形变趋于均匀化，又由于应变硬化，因而拉伸黏度 λ 随拉伸应变速率增大而增大；聚甲基丙烯酸甲酯、ABS、聚酰胺、聚甲醛、聚酯等低聚合度线型高聚物的 λ 则与 $\dot{\varepsilon}$ 无关；高密度聚乙烯、聚丙烯等高聚合度线型高聚物，因局部弱点在拉伸过程中引起熔体的局部破裂，所以 λ 随 $\dot{\varepsilon}$ 增大而降低。应指出的是，聚合物熔体的剪切黏度随应力增大而增大，即使有下降，其幅度也远比剪切黏度小。因此，在大应力下，拉伸黏度往往要比剪切黏度大 100 倍左右，而不是像低分子流体那样 $\lambda = 3\eta$。由此可以推断，拉伸流动成分只需占总形变的 1%，其作用就相当可观，甚至占支配地位，因此拉伸流动不容忽视。在成型过程中，拉伸流动行为具有实际指导意义，如在吹塑薄膜或成型中空容器型坯时，采用拉伸黏度随拉伸应力增大而上升的物料，则很少会使制品或半制品出现应力集中或局部强度变弱的现象。反之则易于出现这些现象，甚至发生破裂。几种热塑性塑料的拉伸应力-拉伸黏度的实测数据见图 2-10。

2.1.2.5 影响高聚物熔体黏度的因素

大多数聚合物熔体属于假塑性流体，黏性剪切流动中，黏度是受各种因素影响的变量。描述聚合物熔体黏度的函数关系为：

$$\eta = F(\dot{\gamma}, T, p, M, \cdots) \tag{2-15}$$

式中，$\dot{\gamma}$ 为剪切速率，它是剪切应力 τ 的函数；T 为温度；p 为静压力，它本身是体积的函数；M 为聚合物的分子参数，如相对分子质量（M_w）、相对分子质量分布等；省略号包括各种助剂和添加剂等。显然，建立这样的方程是不现实的。以下讨论主要的变量，是假设其他变量不变为前提的。

（1）剪切速率的影响

聚合物熔体的一个显著特征是具有非牛顿行为，其黏度随剪切速率的增加而下降。这种黏度下

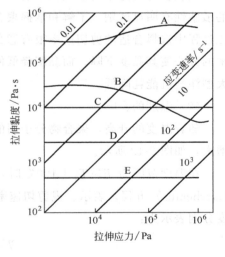

图 2-10 几种热塑性塑料熔体在常压下的拉伸应力-拉伸黏度关系
A—低密度聚乙烯（170℃）；
B—乙丙共聚物（230℃）；
C—聚甲基丙烯酸甲酯（230℃）；
D—聚甲醛（200℃）；
E—尼龙 66（285℃）
图中塑料均为指定产品，数据仅供参考

降趋势，延续到剪切速率变化的多个数量级。在高剪切速率下熔体黏度比低剪切速率下的黏度小几个数量级。不同聚合物熔体在流动过程中，随剪切速率的增加，黏度下降的程度是不相同的。如图 2-11 所示，低剪切速率下低密度聚乙烯和聚苯乙烯的黏度比聚砜和聚碳酸酯大；但在高剪切速率下，低密度聚乙烯和聚苯乙烯的黏度比聚砜和聚碳酸酯小。

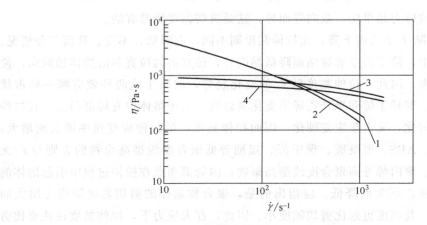

图 2-11 聚合物熔体黏度与剪切速率的关系
1—低密度聚乙烯（210℃）；2—聚苯乙烯（200℃）；
3—聚砜（375℃）；4—聚碳酸酯（315℃）

从黏度剪切速率的依赖性来说，一般橡胶对剪切速率的敏感性要比塑料大。不同塑料的敏感性有明显区别。了解和掌握聚合物熔体黏度对剪切速率的依赖性，对聚合物成型加工过程中选择合适的剪切速率很有意义。对剪切速率敏感性大的塑料，可采用提高剪切速率的方法使其黏度下降。而黏度降低使聚合物熔体容易通过浇口而充满模具型腔，也可使大型注塑机能耗降低。

（2）温度的影响

随着温度的升高，聚合物分子间的相互作用力减弱，聚合物熔体的黏度降低，流动性增大，如图 2-12 所示。

在温度范围为 $T>T_g+100℃$ 时，聚合物熔体黏度对温度的依赖性可用阿雷尼厄斯（Arrhenius）方程来表示。视剪切速率恒定或剪切应力恒定的黏性流动的活化能不同，黏度分别表示为：

$$\eta = A \exp(E_{\dot{\gamma}}/RT) \tag{2-16a}$$

$$\eta = A' \exp(E_{\tau}/RT) \tag{2-16b}$$

式中　A、A'——与材料性质、剪切速率和剪切应力有关的常数；
　　　$E_{\dot{\gamma}}$、E_{τ}——在恒定剪切速率和恒定剪切应力下的黏流活化能，J/mol；
　　　R——气体常数，8.32J/(mol·K)；
　　　T——热力学温度，K。

对于服从幂律方程的流体，经推导可得活化能 $E_{\dot{\gamma}}$、E_{τ} 与流动指数 n 有关系：

$$E_{\dot{\gamma}} = nE_{\tau} \tag{2-17}$$

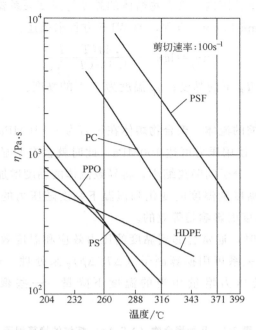

图 2-12 聚合物熔体黏度与温度的关系

活化能是分子链流动是时用于克服分子间作用力,以便更换位置所需要的能量;或每摩尔运动单元流动时所需要的能量。故活化能越大,黏度对温度越为敏感。温度升高时,其黏度下降越明显。

一些聚合物熔体在一定的剪切速度下的活化能见表 2-3。此表数据为特定品种物料在某个温度下的 E_γ 值。比较 E_γ 值大小可知,对活化能较小的聚合物,如 PE 和 POM 等,用升高温度来提高成型时的流动性其效果有限;而增高温度来提高 PMMA 和 PC 等活化能较高物料的流动性是可行的。

表 2-3 几种聚合物熔体的活化能

聚合物	$\dot{\gamma}/\text{s}^{-1}$	$E_\gamma/(\text{kJ/mol})$	聚合物	$\dot{\gamma}/\text{s}^{-1}$	$E_\gamma/(\text{kJ/mol})$
POM(190℃)	$10^1 \sim 10^2$	26.4~28.5	PMMA(190℃)	$10^1 \sim 10^2$	159~167
PE(MI 2.1,150℃)	$10^2 \sim 10^3$	28.9~34.3	PC(250℃)	$10^1 \sim 10^2$	167~188
PP(250℃)	$10^1 \sim 10^2$	41.8~60.1	NBR	10^1	22.6
PS(190℃)	$10^1 \sim 10^2$	92.1~96.3	NR	10^1	1.1

将式(2-16)取对数,则有:

$$\ln\eta = \ln A + \frac{E_\gamma}{RT} \qquad (2\text{-}18a)$$

$$\ln\eta = \ln A' + \frac{E_\tau}{RT} \qquad (2\text{-}18b)$$

视 $\ln\eta$ 为 $1/T$ 的函数,在温度不太大的范围内,可根据所得的直线的斜率来求出相应的 E_γ 或 E_τ。

在较低的温度 ($T_g \sim T_g + 100℃$),聚合物熔体的黏度与温度的关系已不再符合阿雷尼厄斯方程的。在此温度范围内，聚合物熔体的黏度与温度关系要用维廉斯、兰特尔和费里（Williams、Lardel and Ferry）方程，即 WLF 方程来描述：

$$\ln\eta_T = \lg\eta_g - \frac{17.44(T-T_g)}{51.6+(T-T_g)} \quad (2\text{-}19)$$

式中，η_g 是玻璃化温度 T_g 下的黏度；η_T 温度为 T 下的黏度。

(3) 压力的影响

聚合物熔体是可压缩的流体。聚合物熔体在压力为 1～10MPa 下成型，其体积压缩量小于 1%。注塑加工时，使用压力可达 100MPa，此时就会有明显的体积压缩。体积压缩必然引起自由体积减小，分子间距离缩小，将导致流体的黏度增加，流动性降低。

在测定恒定压力下黏度随温度的变化和恒温下黏度随压力的变化后，得知压力增加 Δp 与温度下降 ΔT 对黏度的影响是等效的。

在聚合物熔体成型时，通常会遇到黏度的压力效应和温度效应同时起作用。压力和温度对黏度影响的等效关系可用换算因子 $(\Delta T/\Delta p)_\eta$ 来处理。这一换算因子可确定与产生黏度变化所施加的压力增量相当的温度下降量。一些聚合物熔体的换算因子见表 2-4。

表 2-4 几种聚合物 $(\Delta T/\Delta p)_\eta$ 熔体的换算因子

聚合物	$(\Delta T/\Delta p)_\eta/(\text{℃/MPa})$	聚合物	$(\Delta T/\Delta p)_\eta/(\text{℃/MPa})$
聚氯乙烯	0.31	共聚甲醛	0.51
聚酰胺 66	0.32	低密度聚乙烯	0.53
聚甲基丙烯酸甲酯	0.33	硅烷聚合物	0.67
聚苯乙烯	0.40	聚丙烯	0.86
高密度聚乙烯	0.42		

例如，低密度聚乙烯在 167℃ 下的黏度要在 100MPa 压力下维持不变，需升高多少温度。由表 2-4 上换算因子 0.53℃/MPa，温度升高为：

$$\Delta T = 0.53 \times (100-0.1) \approx 53\text{℃}$$

换言之，此熔体在 220℃ 和 100MPa 时的流动行为与在 167℃ 和 0.1MPa 时的流动行为相同。

挤出成型加工的压力比注射成型大致小一个数量级，因此，挤出压力使熔体黏度增加，大致相当于加工温度下降了几度。

(4) 分子参数和结构的影响

① 相对分子质量（M_w） 聚合物熔体的黏性流动主要是分子链之间发生的相对位移。因此相对分子质量越大，流动性差，黏度较高。反之，黏度较低些。

在给定的温度下，聚合物熔体的零剪切黏度 η_0 随相对分子质量增加呈指数关系增大，如图 2-13 所示。而且在它们的关系中存在一个临界的相对分子质量 M_c。零剪切黏度 η_0 与重均相对分子质量 $\overline{M}_w$ 之间的关系为：

$$\eta_0 \propto \overline{M}_w^x \quad (2\text{-}20)$$

当 $\overline{M}_w \leqslant M_c$ 时，$x = 1\sim1.5$；当 $\overline{M}_w > M_c$ 时，$x = 3.4$。

表 2-5 列出了几种聚合物的临界相对分子质量 M_c。此关系说明了相对分子质量越高，

则非牛顿型流动行为愈强。反之，低于 M_c 时，聚合物熔体表现为牛顿型流体。

表 2-5　几种聚合物的临界相对分子质量 M_c

聚合物	临界相对分子质量 M_c	聚合物	临界相对分子质量 M_c
线型聚合物	4000	聚异丁烯	17000
聚苯乙烯	38000	硅橡胶	30000

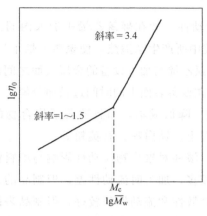 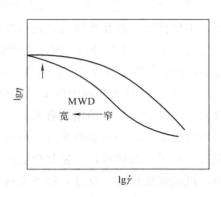

图 2-13　聚合物熔体黏度与相对分子质量的关系　　图 2-14　MWD 对聚合物熔体黏度的影响

② 相对分子质量分布（MWD）　聚合物在相对分子质量相同情况下，表征相对分子质量分散性的 MWD 影响熔体的流动性，如图 2-14 所示。从成型加工观点来看，相对分子质量分布宽的聚合物，其流动性较好，易于加工，但此材料的拉伸强度较低。

③ 支化　当相对分子质量相同时，分子链是直链型还是支链型及其支化程度，对黏度影响很大。

虽然一般生胶的分子链是直链型的，但也有一定程度的支化。在聚合过程中若转化率和温度较高，则容易产生支链。高的支化程度会导致凝胶形成，使合成橡胶变硬，流动性差。在炼胶过程中，由于机械和氧等作用，也有可能产生支链。改变分子链的形状，会使流动性能发生变化。

熔体流动速率相近的两种聚合物在流动性上也会有很大差异，如图 2-15 所示。在较高的剪切速率下，支链型低密度聚乙烯的黏度比直链型的高密度聚乙烯低。按照比切（Bueche）理论，支化聚合物的黏度比相同相对分子质量的线型聚合物的黏度要小一些。黏度的减小，主要是由于支化分子的无规运动在熔体中弥散的体积较线型分子小。

长链支化对熔体黏度的影响较为复杂。在低于临界相对分子质量 M_c 时，有相同相对分子质量的长支链聚合物比线型聚合物的黏度低。而高于 M_c 时，在低剪切速率下，长支链聚合物有较

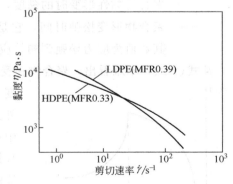

图 2-15　高、低密度聚乙烯的黏度与剪切速率的关系

高的黏度；但在高剪切速率下，长支链聚合物的黏度较低。

(5) 添加剂的影响

显著影响流动性能的添加剂有增塑剂、润滑剂和填料等。

① 增塑剂　加入增塑剂会降低成型过程中熔体的黏度。增塑剂的类型和用量不同，黏度的变化就有差异。聚氯乙烯黏度随增塑剂用量的增加而下降。但加入增塑剂后，其制品的机械性能及热性能会随之改变。

② 润滑剂　聚合物中加入润滑剂可以改善流动性。如在聚氯乙烯中加入内润滑剂硬脂酸，不仅使熔体的黏度降低，还可控制加工过程中所产生摩擦热，使聚氯乙烯不易降解。在聚氯乙烯中加入少量外润滑剂聚乙烯脂，可使聚氯乙烯与加工设备的金属表面之间形成弱边界层，使熔体容易与设备表面剥离，不致因黏附在设备表面上的时间过长而分解。

③ 填料　塑料和橡胶中的填料不但填充空间、降低成本，而且改善了聚合物的某些物理和机械性能。常见的填料有炭黑、碳酸钙、陶土、钛白粉、石英粉等。

填料的加入，一般会使聚合物的流动性降低。填料对聚合物流动性影响与填料粒径大小有关。粒子小的填料，会使其分散所需的能量较多，加工时流动性差，但制品的表面较光滑，机械强度较高。反之，粒子大的填料，其分散性和流动性都较好，但制品表面较粗糙，机械强度下降。此外，填充的聚合物的流动性还受众多因素的影响。例如，填料的类型及用量、表面处理剂的类型及填料与聚合物基体之间相互作用等。

2.1.2.6　聚合物熔体的弹性

聚合物在成型过程中，因外在条件的改变而发生聚集态的变化，伴随这些变化的是聚合物不仅具有液态的黏流性，而且还具有固态的弹性。黏性形变和弹性形变与时间依赖关系可用下式来表示：

$$\varepsilon = \varepsilon_1 + \varepsilon_2 + \varepsilon_3 = \sigma/E_1 + \sigma/E_2(1 - e^{-t/\tau}) + \sigma t/\eta_3 \tag{2-21}$$

式中　σ——物料所受外力，Pa；

t——外力作用时间，s；

E_1——聚合物的普弹形变模量，Pa；

E_2——聚合物的高弹形变模量，Pa；

η_3——聚合物黏性形变时的黏度，Pa·s；

τ——聚合物形变松弛时间，它是聚合物高弹形变的黏度与模量的比值（η_3/E_2），其数值为应力松弛到初始应力值的 $1/e$（即 36.79%）所需的时间。

从式(2-21)不难看出，聚合物在受到外力作用时，其总的形变 ε 由不可逆的黏性形变 ε_3 和可恢复的弹性形变（ε_1 与 ε_2）所组成。一旦外力移去时，普弹形变即可瞬时恢复；在弹性形变中占主导地位的推迟高弹形变，将因在弹性恢复时长链分子主链的弯曲和延伸受到内在黏性阻滞而不能瞬时恢复；而黏性形变则作为永久形变存留于聚合物材料中。其蠕变曲线见图 2-16。

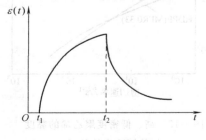

图 2-16　聚合物的蠕变曲线

聚合物的弹性行为不仅影响塑料制品质量，而且直接影响聚合物的成型加工。

(1) 弹性模量

式(2-21)中所提及的弹性模量是表征聚合物弹性行为程度的重要的物理量。随材料所受外力的不同,相应地有剪切弹性模量与拉伸弹性模量,其定义为:

$$G = \tau/\gamma_R \tag{2-22a}$$

$$E = \sigma/\varepsilon_R \tag{2-22b}$$

式中 G——聚合物的切变模量;

E——聚合物的拉伸弹性模量;

τ——聚合物所受的剪切应力;

σ——聚合物所受的拉伸应力;

γ_R——聚合物的剪切应变;

ε_R——聚合物的拉伸弹性形变。

从弹性模量定义式可以看出,凡弹性模量大的材料,受力时其弹性形变就小,其弹性行为对聚合物加工影响也小。

实验证明,在定温下绝大多数聚合物的弹性模量都是随着应力的增大而上升的。图2-17所示为六种聚合物的剪切弹性模量和剪切应力的关系。

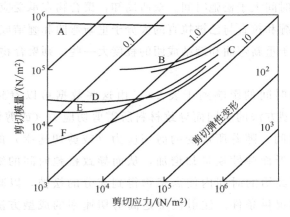

图 2-17 六种聚合物在大气压力下的剪切弹性模量和剪切应力的关系

A—尼龙 66 (285℃);B—尼龙 11 (220℃);C—甲醛共聚物 (200℃);D—低密度聚乙烯 (190℃);

E—聚甲基丙烯酸甲酯 (230℃);F—乙丙共聚物 (230℃)

注:此处所列塑料均为指定产品,数据仅供参考

在应力为 $10^6 N/m^2$ 以下范围内,聚合物的剪切弹性模量约为 $10^3 \sim 10^6 N/m^2$,切应变的最高限值约为 6,而拉伸弹性形变的最高限值只有 2。在单向拉伸应力不大于 $10^6 N/m^2$ 时,拉伸模量等于剪切弹性模量的三倍。

(2) 成型过程中的外力、温度、作用时间对聚合物弹性形变的影响

从式(2-21)可知,增大成型时的外力,固然可以增大弹性变形,但外力的增大更能迅速增加黏性变形。因为弹性变形是随时间而衰减的,黏性变形却随时间成正比例地递增。可见,增大外力或外力作用时间,能使可逆变形部分转变为不可逆变形。即使在黏流

温度以下（$T_g \sim T_f$），若以较大的外力和较长的作用时间施加于高弹态的材料，则聚合物的大分子因作强制性流动而产生不可逆的塑性变形。这是因为根据时温等效原理，增大外力和作用时间相当于降低了聚合物的流动温度，迫使大分子间产生解缠和滑移。因此，塑性变形和黏性变形有相似的性质，但一般认为前者发生于聚合物固体，后者发生于聚合物液体。对不希望材料有很大流变性的中空吹塑，压塑成型以及单丝、薄膜的热拉伸等，都可以适当的提高外力，在 $T_g \sim T_f$ 之间成型加工。调整应力和应力作用时间，并配合适当的温度，就能使材料由弹性变形向塑性变形转变。

从式(2-21)还可以看出，当成型温度上升时，黏度 η_2 和 η_3 都将降低，从而导致高弹形变 ε_2 和黏性形变 ε_3 的增加；而且，随着时间的延伸，黏性形变的比例逐渐增大。当成型温度上升到 T_f（或 T_m）以上时，聚合物处于黏流态。此时，聚合物黏度低，流动性好，易于成型，多数聚合物成型是在黏流态下进行的。黏性形变是黏流态聚合物的主要形变，但也表现出一定程度的弹性行为。当温度降低到 T_f 以下时，聚合物处于高弹态，其形变主要是弹性形变。

(3) 松弛时间对聚合物弹性形变的影响

由于松弛过程的存在，聚合物材料的形变必然落后于应力的变化，这种滞后效应在聚合物成型过程中是普遍存在的。为了消除或减小聚合物的弹性形变，必然增大成型周期，以使材料变形经历的时间大于松弛时间。众所周知，聚合物在承受应力的过程中，会形成一种大分子线团被解缠和拉直与已被拉直的大分子重新弯曲和缠结成团的动态平衡。如果有足够时间允许大分子重新弯曲和缠结成团的程度大一些，则聚合物的总变形中的弹性变形势必退居次要地位。

成型方法对松弛时间的影响列于表 2-6。由这些数据可以看到：在相同成型温度（230℃）下，由于成型方法的不同而导致材料所需剪切应力（或剪切速率）的不同，从而得出不同的松弛时间。随着所承受的剪切应力（或剪切速率）的增大，绝大多数聚合物熔体的黏度将降低而弹性模量却增加，从而导致松弛时间的缩短。松弛时间的缩短，不仅可以在形变经历的时间内使高聚物得到充分的松弛，以减少弹性变形，而且可以为缩短成型周期提供条件。注射模塑是高剪切速率的成型方法，其松弛时间要比聚合物变形所经历的时间小得多，其成型周期还包括其他辅助性环节。在挤出过程中，为减小聚合物弹性变形，应适当加长挤出机头、口模的平直部分，以延长材料变形所经历的时间。

表 2-6 成型方法对松弛时间的影响

成型方法	原材料	最大剪切速率/s^{-1}	成型温度 T/℃	最大剪应力 τ/Pa	黏度 η/Pa·s	弹性模量/Pa	松弛时间/s	变形经历时间/s
注射	PMMA	10^5	230	9×10^5	9	2.1×10^5	4.3×10^{-3}	2
挤出	PMMA	10^3	230	3×10^5	—	—	2.5×10^{-3}	20
挤出	PP	10	230	0.27×10^5	—	—	0.4	20
挤出吹塑	PP	0.03	230	—	3.6×10^4	4.6×10^3	3	5

还应指出，在有些成型过程（如熔体在变截面通道内的流动）中，聚合物由于同时受到剪切和拉伸的双重作用，所以其剪切弹性和拉伸弹性变形的效应是叠加的。区别聚合物

弹性属性（剪切性的还是拉伸性的）的概念是松弛时间。根据成型过程中聚合物所经历的过程中分别求出剪切和拉伸的松弛时间，两者比较，松弛时间较长者表明其弹性形变占优势。实验表明，若两者应力在 $10^3 Pa$ 数量级以下，在大多数注射和挤出成型中，拉伸和剪切两种松弛时间近于相等。在较高的应力下，拉伸弹性形变总是比切应变占优势；两者的差异程度，与材料的性质有关。

2.1.2.7 聚合物熔体在管隙中的流动分析

在成型过程中，经常需要让塑料通过管道（包括模具中的流道），以便对它加热、冷却、加压和成型。弄清塑料流体在流道内流动时的流率与压力降的关系，以及沿着流道截面上的流速分布是很重要，因为这些对设计模具和设备、了解已有设备的工作性能以及进行制品和工艺设计都很有帮助。

圆形通道在注射模和挤出模中最为常见。它又可分为等截面的圆管通道和圆锥形通道。

(1) 圆管通道

圆管通道具有形状简单，易于加工制造，且聚合物熔体在其中流动只是一维剪切流动。

① 幂律流体基本方程　由于大多数聚合物熔体都是非牛顿流体，它们在圆形通道中的流动，显然不能用前述的牛顿型流体流动方程来描述。考虑到非牛顿流体的特性，在流体方程式推导的过程中，须引入流动指数或称非牛顿指数 n。

如图 2-18 所示，任意半径 r 位置上和管壁上的剪应力及其分布，仍可由该流体单元上的力平衡关系推得：

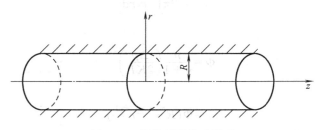

图 2-18　圆管通道流动模型

$$\tau = \frac{r \Delta p}{2L} \quad (2\text{-}23a)$$

$$\tau_w = \frac{R \Delta p}{2L} \quad (2\text{-}23b)$$

$$\tau = \tau_w \left(\frac{r}{R} \right) \quad (2\text{-}23c)$$

可以看出，以上三式均与牛顿流体的相应方程式相同，将式(2-5)的幂律函数关系代入后得：

$$\tau = \frac{r \Delta p}{2L} = -K \dot{\gamma}^n = -K \left(\frac{dv_z}{dr} \right)^n$$

经移项，化为：

$$dv_z = -\left(\frac{\Delta p}{2KL}\right)^{\frac{1}{n}} r^{\frac{1}{n}} dr \tag{2-24}$$

积分后得：

$$v_z = -\frac{n}{n+1}\left(\frac{\Delta p}{2KL}\right)^{\frac{1}{n}} r^{\frac{n+1}{n}} + C$$

积分常数 C，根据 $r=R$，$v_z=0$ 这一边界条件求得：

$$v_z = \frac{n}{n+1}\left(\frac{\Delta p}{2KL}\right)^{\frac{1}{n}} (R^{\frac{n+1}{n}} - r^{\frac{n+1}{n}}) \tag{2-25a}$$

或：

$$v_z = \frac{n}{n+1}\left(\frac{\Delta p}{2KL}\right)^{\frac{1}{n}} R^{\frac{n+1}{n}} \left[1-\left(\frac{r}{R}\right)^{\frac{n+1}{n}}\right] \tag{2-25b}$$

在管中心处 $r=0$ 时，$v_z = v_{max}$。$r=0$ 代入到式(2-25b)，则得：

$$v_{max} = \frac{n}{n+1}\left(\frac{\Delta p}{2KL}\right)^{\frac{1}{n}} R^{\frac{n+1}{n}} \tag{2-26}$$

由式(2-26)置入式(2-25b)，可得：

$$v_z = v_{max}\left[1-\left(\frac{r}{R}\right)^{\frac{n+1}{n}}\right] \tag{2-27}$$

由以上推导可知，非牛顿聚合物熔体的体积流率 q_v 应近似等于：

$$q_v \cong \sum_{r=0}^{r=R} v_z 2\pi r \Delta r$$

取极限，即为：

$$q_v = 2\pi \int_0^R v_z r dr \tag{2-28a}$$

令：

$$\Phi = \frac{n}{n+1}\left(\frac{\Delta p}{2KL}\right)^{\frac{1}{n}} \tag{2-28b}$$

则式(2-25a)有：

$$v_z = \Phi(R^{\frac{n+1}{n}} - r^{\frac{n+1}{n}}) \tag{2-29}$$

将式(2-29)代入式(2-28a)得：

$$q_v = 2\pi\Phi\int_0^R (R^{\frac{n+1}{n}} - r^{\frac{n+1}{n}}) r dr = 2\pi\Phi\left[\int_0^R R^{\frac{n+1}{n}} r dr - \int_0^R r^{\frac{2n+1}{n}} dr\right]$$

经积分，得：

$$q_v = \frac{\pi(n+1)}{3n+1} \Phi R^{\frac{3n+1}{n}} \tag{2-30}$$

将式(2-28b)代入式(2-30)，并化简得：

$$q_v = \frac{\pi n}{3n+1}\left(\frac{\Delta p}{2KL}\right)^{\frac{1}{n}} R^{\frac{3n+1}{n}} \tag{2-31}$$

此式为非牛顿流体在圆形等截面通道中流动之最重要的基本表达式，称为幂律流体基本方程。

② 基本方程的讨论 式(2-31)的幂律基本方程可引出非牛顿流体的一系列的特征方

程式，讨论如下述。

a. 对于牛顿流体来说，$n=1$，于是式(2-31)变换成：

$$q_v = \frac{\pi R^4 \Delta p}{8KL}$$

或：

$$K = \frac{\pi R^4 \Delta p}{8 q_v L}$$

可写成牛顿黏度μ的表达式：

$$\mu = \frac{\pi R^4 \Delta p}{8 q_v L} \tag{2-32}$$

这就是哈根-泊萧叶方程。

b. 将式(2-31)除以πR^2，便得到非牛顿流体在等截面圆管中的平均流速，即：

$$\bar{v} = \frac{q_v}{\pi R^2} = \frac{n}{3n+1}\left(\frac{\Delta p}{2KL}\right)^{\frac{1}{n}} R^{\frac{n+1}{n}} \tag{2-33}$$

将前式(2-26)除式(2-33)，得

$$\frac{\bar{v}}{v_{\max}} = \frac{n+1}{3n+1}$$

故非牛顿流体有：

$$\bar{v} = \frac{n+1}{3n+1} v_{\max} \tag{2-34}$$

对牛顿流体$n=1$时，则有：

$$\bar{v} = \frac{1}{2} v_{\max} = \frac{\Delta p R^2}{8\mu L} \tag{2-35a}$$

$$v_{\max} = \frac{\Delta p R^2}{4\mu L} \tag{2-35b}$$

c. 将式(2-31)两边各n次幂，整理后得：

$$q_v^n = \left(\frac{\pi n}{3n+1}\right)^n \left(\frac{\Delta p}{2KL}\right) R^{3n+1}$$

故

$$\left(\frac{q_v}{\pi R^3}\right)^n K = \left(\frac{n}{3n+1}\right)^n \left(\frac{\Delta p R}{2L}\right)$$

移项后得：

$$\frac{\Delta p R}{2L} = K\left(\frac{3n+1}{n} \times \frac{q_v}{\pi R^3}\right)^n \tag{2-36a}$$

或

$$\tau_w = K\left(\frac{3n+1}{n} \times \frac{q_v}{\pi R^3}\right)^n \tag{2-36b}$$

将幂律方程式(2-5) $\tau = K\dot{\gamma}^n$ 代入式(2-36b)中，可解得：

$$\dot{\gamma}_T = \frac{3n+1}{n} \times \frac{q_v}{\pi R^3} \tag{2-36c}$$

上式中 $\dot{\gamma}_T$ 称为非牛顿流体的真实剪切速率。

由式(2-36a)，可得非牛顿流体 τ-γ 的关系式：

$$\tau_w = K\left(\frac{3n+1}{4n}\right)^n \dot{\gamma}_a^n \tag{2-37a}$$

在工程实际中，使用式(2-37a) 常觉不便，故常用：

$$\tau_w = K' \dot{\gamma}_a^n \tag{2-37b}$$

也即：

$$\frac{\Delta p R}{2L} = K'\left(\frac{4q_v}{\pi R^3}\right)^n \tag{2-37c}$$

此式是毛细管流变测试聚合物熔体的幂律参数 K' 和 n 的实验方程。

由式(2-37c)，可解得非牛顿流体在等圆截面通道中的压力降：

$$\Delta p = \left(\frac{4}{\pi}\right)^n \frac{2K'Lq_v^n}{R^{3n+1}} \tag{2-38}$$

d. 将表观剪切速率 $\dot{\gamma}_a = \frac{4q_v}{\pi R^3}$ 代入式(2-36c)，即有：

$$\dot{\gamma}_T = \left(\frac{3n+1}{4n}\right)\dot{\gamma}_a$$

该雷比诺维茨修正式在已知流动指数 n 条件下，可计算非牛顿流体的真实剪切速率 $\dot{\gamma}_T$。显然，对牛顿流体 $n=1$ 时，有 $\dot{\gamma}_T = \dot{\gamma}_a$。

e. 将基本方程式(2-31) 重排，可得非牛顿流体在等截面圆形通道中产生压力降的表达式，即：

$$\Delta p = 2K\left(\frac{3n+1}{\pi n}q_v\right)^n R^{-(3n+1)} L \tag{2-39}$$

③ 柱塞流动 牛顿流体在圆管中的速度分布呈抛物线。而非牛顿流体的流速分布为柱塞流动 (plug flow)，如图 2-19 所示。

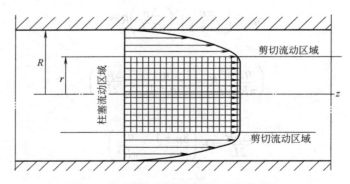

图 2-19 圆形流动的柱塞流动速度分布

a. 非牛顿流体的流动速度分布曲线形状随流动指数 n 值不同而异。将式(2-25a) 除以式(2-33) 得：

$$\frac{v_z}{\bar{v}} = \left(\frac{3n+1}{n+1}\right)\left[1-\left(\frac{r}{R}\right)^{\frac{n+1}{n}}\right] \tag{2-40}$$

并作如图 2-20 所示曲线。由图可知，牛顿流体 $n=1$ 时，分布曲线为抛物线形；膨胀性流体 $n>1$，速度分布曲线变得较为陡峭突起，n 值越大，越接近于锥形；假塑性流体 $n<1$ 时，分布曲线较抛物线平坦，n 值愈小，管中心部分的速度分布平直，曲线形状类似于柱塞，称此为柱塞流动。

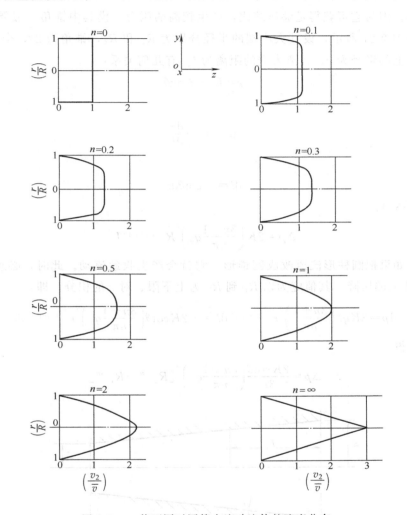

图 2-20　n 值不同时圆管中流动流体的速度分布

b. 柱塞流动混合不良。聚合物熔体在柱塞流动中，受到剪切作用很小，均化作用差，制品性能低，对于多组分物料加工尤为不利，如图 2-19 所示。因此，对于多组分典型柱塞流动的 PVC 和 PP，必须通过螺杆甚至双螺杆挤出，方能达到满意的效果。

c. 剪应力呈线性分布，最大剪应力和最大剪切速率均集中在管壁上。

d. 流体在管中的流速及其体积流率 q_v，均随管径和压降的增大而增加，随流体黏度和管长的增加而减少。

e. 曾假定在管壁的流速为零，但实际上熔体在管壁上有滑移现象。此外，熔体在管内流动过程中，还伴随有聚合物相对分子质量的分级效应。相对分子质量较低的级分在流动中逐渐趋于管壁附近，使这一区域流体黏度降低，流速进一步增加；相对分子质量较大的级分，则趋向于管的中心，使其流体黏度增加，流速减缓。由于上述两种原因，熔体的流动速率在实际上比计算值大。

(2) 圆锥形通道

注塑模的主流道和挤圆棒口模等均为圆锥形通道。在挤出成型中使用圆锥形口模能制止流动缺陷。因为它可获得足够压缩比，产生较高的压力。模具中锥角一般要小 10°。圆锥形通道如图 2-21 所示，设其大小端的半径分别为 R_1 和 R_2，锥角为 2θ，全长为 L。取其任意位置上的半径为 r，且离大端的距离为 l。有几何关系：

$$r = R_1 - l\tan\theta \tag{2-41a}$$

又有：

$$\tan\theta = -\frac{\mathrm{d}r}{\mathrm{d}l}$$

故

$$\mathrm{d}l = -\cot\theta\,\mathrm{d}r \tag{2-41b}$$

由式(2-39)：

$$\Delta p = 2K\left(\frac{3n+1}{n\pi}q_\mathrm{v}\right)^n R^{-(3n+1)}L$$

分析可知，如果把圆柱形流道改成圆锥形，它就会产生收敛流动。此时，必须考虑与 $\mathrm{d}r$ 对应长度 $\mathrm{d}l$ 上的压降。其值应为以 R_1 到 R_2 为上下限、对 r 的积分，即：

$$\mathrm{d}p = 2Kq_\mathrm{v}^n\left(\frac{3n+1}{n\pi}\right)^n r^{-(3n+1)}\mathrm{d}l = -2K\cot\theta\left(\frac{3n+1}{n\pi}q_\mathrm{v}\right)^n r^{-(3n+1)}\mathrm{d}r$$

经积分化简得：

$$\Delta p = \frac{2K\cot\theta}{3n}\left(\frac{3n+1}{n\pi}q_\mathrm{v}\right)^n [R_2^{-3n} - R_1^{-3n}] \tag{2-42a}$$

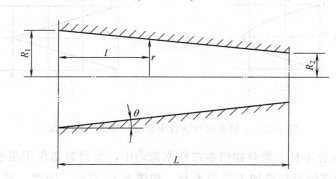

图 2-21 圆锥形通道

若以 $\cot\theta = \dfrac{L}{R_1 - R_2}$，代入式(2-42a) 得：

$$\Delta p = \frac{2KL}{3n[R_1 - R_2]}\left(\frac{3n+1}{n\pi}q_\mathrm{v}\right)^n [R_2^{-3n} - R_1^{-3n}] \tag{2-42b}$$

若以 $K' = K\left(\dfrac{3n+1}{4n}\right)^n$ 的 K' 置换以上两式中 K [当 $n = 0.2 \sim 0.8$ 时，$K' = (1.149 \sim 1.045)K$，K' 为表观稠度，K 为液体稠度] 可得聚合物熔体在圆锥形通道中流动时的又

一组压降计算式：

$$\Delta p = \frac{2K'\cot\theta}{3n}\left(\frac{4}{\pi}\right)^n q_v^n [R_2^{-3n} - R_1^{-3n}] \tag{2-43a}$$

$$\Delta p = \frac{2K'L}{3n[R_1 - R_2]}\left(\frac{4}{\pi}\right)^n q_v^n [R_2^{-3n} - R_1^{-3n}] \tag{2-43b}$$

(3) 聚合物熔体在狭缝通道中的流动

在聚合物流变学的流动分析方程中，狭缝通道是矩形通道的特例。习惯上，截面的宽度 W 与厚度 h 之比，$W/h<12$ 或 6 时应考虑作矩形处理。狭缝通道忽略了两侧面方向上的黏性阻力，假定熔体在无限宽的两平板之间作压力流动。那些厚度 h 比宽度 W 小得多的挤板或挤膜的口模，还有挤管所用的环隙口模等，都是典型的狭缝通道。注射模具的矩形分流道及侧浇口等，属矩形通道。但矩形通道的流动分析方程很复杂。倘若借用狭缝通道计算式，会有一定的误差。W/h 愈接近 1，误差愈大。

非牛顿流体在狭缝通道中流动的剪切速率为：

$$\dot{\gamma} = \frac{4n+2}{n}\frac{q_v}{Wh^2} \tag{2-44a}$$

当 $n=1$ 时，便得到牛顿流体在狭缝通道中的表观剪切速率：

$$\dot{\gamma}_a = \frac{6q_v}{Wh^2} \tag{2-44b}$$

聚合物熔体在狭缝通道中体积流量：

$$q_v = \frac{2n}{2n+1}\left(\frac{\Delta p}{KL}\right)^{\frac{1}{n}} W \left(\frac{h}{2}\right)^{\frac{2n+1}{n}} \tag{2-45a}$$

由此式，对流程长 L 的压力降计算式为：

$$\Delta p = \left(\frac{4n+2}{n}\right)^n q_v^n \frac{2KL}{W^n h^{2n+1}} \tag{2-45b}$$

同样，在 $n=1$ 时有牛顿流体在狭缝通道中流量和压降计算式：

$$q_v = \frac{\Delta p W h^3}{12KL} \tag{2-46a}$$

$$\Delta p = \frac{12KL q_v}{Wh^3} \tag{2-46b}$$

此时稠度 K 等于牛顿黏度 μ。

此外，对于厚度 h 方向有线性变化的窄楔形流道，对于宽度 W 方向有线性变化的宽楔形流道，或两个方向均有线性变化的鱼尾形流道，它们各自的流量和降压计算式可参见有关参考书。

(4) 计算示例

从高分子材料制品的设计开始，在工艺分析和模具设计的整个过程，已广泛运用了计算机技术。尤其在注射和挤出工艺方面，计算机辅助工程和辅助设计及辅助制造 CAE/CAD/CAM 的各种计算机软件，在生产中得到成熟的应用。在塑料件的三维造型后，进行加工工艺条件下的流动和冷却分析，可获得最佳的产品设计，合理的工艺拟定和先进的模具设计，从而确保了制品生产的质量。

常用的注射和挤出的计算机分析软件,是基于聚合物流变学和传热学的理论,应用现代计算机技术进行数值分析。下述的注射模型腔压力的分析计算式示例,具体应用了本章的流变学的基础知识,有助于掌握实际的计算方法,也可体验 CAE/CAD 技术的实用意义。

用 ABS 在国产 100cm³ 注塑机上,生产体积 $V=427$cm³ 的收录机中框。有如图 2-22 的浇注系统。若熔体温度 $T_m=220$℃,注射压力 $p_0=80$MPa。问熔体经注射机和模具的流道后,在塑件型腔的最大充模压力多少?问所需锁模力多大?

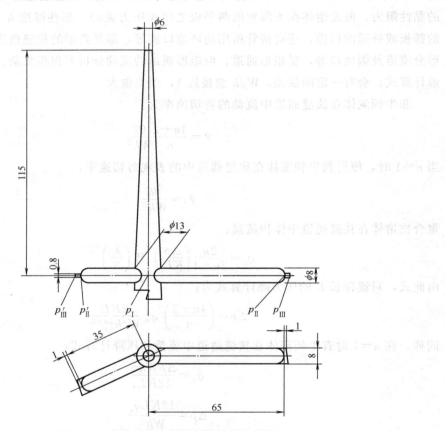

图 2-22 某收录机中框注射模的浇注系统

[解] ① 采用上海高桥化工厂生产的 IMT-100ABS。由相关手册查得:熔体剪切速率 $\dot{\gamma}=10^2 \sim 10^3$s⁻¹ 时,流动指数 $n=0.34$,表观稠度 $K'=19500$Pa·s$=1.95$N·s/cm²。正常的注射条件下,料筒和模具的分流道中熔体的剪切速率 $\dot{\gamma}$ 在此范围内。注射机的喷嘴和模具的主流道有 $\dot{\gamma}=10^3 \sim 10^4$s⁻¹,查得 $n=0.27$,$K'=3.17$N·s/cm²。模具的矩形浇口有 $\dot{\gamma}=10^4 \sim 10^5$s⁻¹,查得 $n=0.18$,$K'=7.27$N·s/cm²。

② 在常态的充模速度下,充填 427cm³ 注射量的注射时间 $t=4$s。可得体积流率:

$$q_v = \frac{V}{t} = \frac{427}{4} = 107 (\text{cm}^3/\text{s})$$

③ 求熔体在注射机的料筒和喷嘴中的压力损失 Δp_1 和 Δp_2。已知此注射机的料筒半

径 $R_1=4.0$ cm；料筒里螺杆前贮料长度 $L_1=22.5$ cm。喷嘴半径为 $R_2=0.275$ cm，长 $L_2=2.0$ cm。

代入熔体在圆锥形通道中的压降计算式(2-43b)，有料筒中的压降：

$$\Delta p_1 = \frac{2K'L_1}{3n(R_1-R_2)}\left(\frac{4}{\pi}\right)^n q_v^n (R_2^{-3n}-R_1^{-3n})$$

$$= \frac{2\times 1.95\times 22.5}{3\times 0.34\times (4.0-0.275)}\left(\frac{4}{\pi}\right)^{0.34}\times 107^{0.34}\times (0.275^{-3\times 0.34}-4.0^{-3\times 0.34})$$

$$=428.5\text{N/cm}^2=4.29\ (\text{MPa})$$

代入熔体在圆管通道中的压降计算式(2-39)，有注射机喷嘴中的压降：

$$\Delta p_2 = 2K\left(\frac{3(n+1)}{\pi n}q_v\right)^n R^{-(3n+1)}L = \left(\frac{4}{\pi}\right)^n \frac{2K' q_v^n L}{R^{3n+1}}$$

$$=\left(\frac{4}{\pi}\right)^{0.27}\frac{2\times 3.17\times 107^{0.27}\times 2}{0.275^{3\times 0.27+1}}=4.95\ (\text{MPa})$$

④ 求熔体在模具浇注系统的压力损失，以得知射入型腔的熔体压力。用式(2-43b)计算模具的锥形主流道熔体的压力降。由图 2-22，主流道小端 $R_2=0.3$ cm，大端 $R_1=0.65$ cm，长 $L=11.55$ cm。

$$\Delta p_3 = \frac{2\times 3.17\times 11.5}{3\times 0.27(0.65-0.3)}\left(\frac{4}{\pi}\right)^{0.27} 107^{0.27}(0.3^{-3\times 0.27}-0.65^{-3\times 0.27})=18.87\ (\text{MPa})$$

进入右侧的圆锥面分流道熔体，有 $L_s=6.5$ cm，$R_s=0.4$ cm，用式(2-39)计算压力降。由于流道分叉，各分流道流量 $q_s=\dfrac{q_v}{2}=\dfrac{107}{2}=53.5$（cm³/s）

$$\Delta p_4 = \left(\frac{4}{\pi}\right)^n \frac{2K' q_s^n L_s}{R_s^{3n+1}} = \left(\frac{4}{\pi}\right)^{0.34}\frac{2\times 1.95\times 53.5^{0.34}\times 6.5}{0.4^{3\times 0.34+1}}=6.78\ (\text{MPa})$$

熔体进入左侧的分流道 $L'_s=3.5$ cm。其压降 $\Delta p'_4$ 比右侧小。

$$\Delta p'_4 = \left(\frac{4}{\pi}\right)^{0.34}\frac{2\times 1.95\times 53.5^{0.34}\times 3.5}{0.4^{3\times 0.34+1}}=3.65\ (\text{MPa})$$

流经矩形浇口熔体，有 $W=0.8$ cm，$h=0.08$ cm，$L_G=0.1$ cm。查得 $n=0.18$，$K'=7.27$ N·s/cm²，先换算成：

$$K = K'\left(\frac{4n}{3n+1}\right)^n = 7.27\left(\frac{4\times 0.18}{3\times 0.18+1}\right)^{0.18}=6.34\ (\text{N·s/cm}^2)$$

用熔体在狭缝通道中的压降式(2-45b)，近似计算矩形浇口中压力降。

$$\Delta p_5 = \left(\frac{4n+2}{n}\right)^n q_v^n \frac{2KL_G}{W^n h^{2n+1}} = \left(\frac{4\times 0.18+2}{0.18}\right)^{0.18}\times 53.5^{0.18}\times \frac{2\times 6.34\times 0.1}{0.8^{0.18}\times 0.08^{2\times 0.18+1}}$$

$$=1.37\ (\text{MPa})$$

⑤ 从注射压力 $p_0=80$ MPa 始，由上各段的压降可知：

右侧浇口熔体注入型腔压力：

$$p_{\text{III}} = p_0 - \Delta p_1 - \Delta p_2 - \Delta p_3 - \Delta p_4 - \Delta p_5$$

$$= 80 - 4.29 - 4.95 - 18.87 - 6.78 - 1.37 = 43.7\ (\text{MPa})$$

左侧浇口熔体注入型腔压力：

$$p'_{\text{III}} = p_0 - \Delta p_1 - \Delta p_2 - \Delta p_3 - \Delta p'_4 - \Delta p_5$$
$$= 80 - 4.29 - 4.95 - 18.87 - 3.65 - 1.37 = 46.9 \text{ (MPa)}$$

⑥ 校核分型面上锁模力。由图 2-22，浇注系统在分型面上的投影面积 $A_s = \pi \times 0.65^2 + 0.8(6.5+3.5) + 0.8 \times 0.1 \times 2 = 9.49 (\text{cm}^2) = 9.49 \times 10^2 \text{ (mm}^2)$

图示各处压力：$p_{\text{I}} = 51.9\text{MPa}$、$p_{\text{II}} = 45.11\text{MPa}$、$p'_{\text{II}} = 48.2\text{MPa}$、$p_{\text{III}} = 43.7\text{MPa}$、$p'_{\text{III}} = 46.9\text{MPa}$。取平均值 $p_{\text{cp}} = 50\text{MPa}$。

得浇注系统熔体的胀模力：

$$p_s = p_{\text{cp}} A_s = 50 \times 9.49 \times 10^2 = 47.5 \text{ (kN)}$$

由塑件图可知塑件在分型面胀模作用面积是 $A_P = 156 \times 10^2 \text{ (mm}^2)$。型腔压力低于熔体射出浇口的压力 p_{III} 和 p'_{III}，现取平均值 $p'_{\text{cp}} = 40\text{MPa}$。得塑件型腔的胀模力：

$$p_P = p'_{\text{cp}} A_P = 40 \times 156 \times 10^2 = 624 \text{ (kN)}$$

已知此台注射机具有的最大锁模力是 400t，折合 3924kN，大于所需锁模力 624+48=672 (kN)。

本例题假定聚合物熔体为等温流动。但实际上，聚合物熔体在模具通道中流动是非等温的。首先，由于固化成型制品要求对模具进行冷却。模具通道壁上各处温度是不均匀的，其次，聚合物熔体在流动过程中黏滞性的剪切变形，其损耗能量转变为热，从而使熔体的温度升高。此外，模具向外界空间散热，致使模具和熔体温度降低。同理，在相似状态下的塑料机械中的熔体流动也都属于非等温流动。各种模具的几何通道和各种加工条件下的非等温的聚合物熔体流动分析，可参见有关专著。

2.1.2.8 流动缺陷

塑料流体在流道中流动时，常因种种原因使流动出现不正常现象或缺陷。这种缺陷如果发生在成型时中，则常会使制品的外观质量受到损伤，例如表面出现闷光、麻面、波纹以致裂纹等，有时制品的强度或其他性能也会裂变。这些现象与工艺条件、高聚物的非牛顿性、端末效应、离模膨胀和熔体破裂有关。

(1) 管壁上的滑移

在分析聚合物流体在流道内的流动时，往往都有一个前提：贴近管壁一层的流体是不流动的（如水和甘油等低分子物在管内的流动，就是这种情况）。但是许多实验证明，塑料熔体在高剪切应力下的流动并非如此，贴近管壁处的一层流体会发生间断的流动，或称滑移。这样管内的整个流动就成为不稳定流动，即在熔体流程特定点上的质点加速度不等于零，或 $\partial v / \partial t \neq 0$。显然，这种滑移不仅会影响流率的稳定和在无滑移前提下的计算结果（通常比实际结果小 5% 左右），而且还说明了挤出过程中为何有时会发生挤出物出模膨胀不均以及几何形状相同或相似的仪器测定的同一种样品的流变数据不尽相同的原因。实验证明，滑移的程度不仅与聚合物品种有关，而且还与采用的润滑剂和管壁的性质有关。

(2) 末端效应

如前述，不管是用哪种截面流道的流动方程，都只能用于稳态流动的流体，但是在流体由大管或贮槽流入小管后的最初一段区域内（见图 2-23 所示进口区），流体的流动不是稳态流动。这段管长 L，对高聚物熔体而言，根据试验确定大约等于 $0.03 \sim 0.05 ReD$，

Re 为雷诺数，D 为管径。

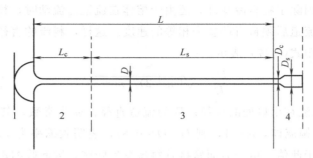

图 2-23 液体在圆管内流动分区图
1—大管或贮槽出口区；2—小管进口区；3—小管稳态流动区；4—小管出口区

高聚物熔体从料筒进入口模的模型如图 2-24。在料筒末端的转角处，有次级环形流动。试验研究表明，LDPE 和 PS 在口模入口处产生明显的涡流。入口角 α 较大的 HDPE 和 PP 等则无此现象发生。这种入口处所产生的不同现象，取决于高聚物的品种与其入口角 α。各种高聚物熔体的入口角 α，见表 2-7。而且实验数据又表明：入口角 α 随熔体的入口速度而异。通常入口速度越大，α 角越小，易产生漩涡。在图 2-23 中这一段管长的压力降总比用式(2-31)算出的大，其原因在于：熔体由大管流入小管时，必须变形以适应在新的流道内流动。但聚合物熔体具有弹性，对变形具有抵抗能力，因此就须消耗适当的压力降，来完成在这段管内的变形。其次，熔体各点的速度在大小管内是不同的，为调整速度，也要消耗一定的压力降。实验证明，在一般情况下，如果将式(2-31) 中 L 改为 $(L+3D)$ 来计算压力降，则由上面两种情况引起的压力降就可被包括在内。当然，也可用巴拉斯 (Barus) 的方法进行严格的入口校正，读者可查阅有关资料，此处不再赘述。

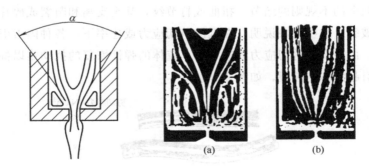

图 2-24 入口模型

表 2-7 若干高聚物熔体的入口角 α

高聚物	剪切速率 $\dot{\gamma}=133s^{-1}$		$\beta=\dfrac{料筒直径}{口模直径}$	高聚物	剪切速率 $\dot{\gamma}=133s^{-1}$		$\beta=\dfrac{料筒直径}{口模直径}$
	$\alpha\pm5°$	温度/℃			$\alpha\pm5°$	温度/℃	
LDPE	30~50	180	7.2	PS	90	180	7.2
LDPE	28	190	20.0	PP	130	180	7.2
LDPE	30~40	183	5.3	PMMA	126	180	7.2
HDPE	130	180	7.2	PA66	90	270	7.2
HDPE	144	190	20.0				

塑料熔体从流道流出时，料流有先收缩后膨胀的现象。如果是牛顿流体则只有收缩而无膨胀。收缩的原因除了物料冷却外，还由于熔体在流道内流动时，料流径向上各点的速度不相等，当流出流道后须自行调整为相等的速度。这样，料流的直径就会发生收缩，理论上收缩的程度可用式(2-47)表示：

$$\frac{D_c}{D} = \sqrt{(m+2)/(m+3)} \qquad (2-47)$$

式中，D_c 是料流在出口处的直径；D 为流道直径；m 为常数，其意义同指数定律中的 m 一致。对于牛顿流体，$m=1$，则 $D_c/D=0.87$，表明收缩率为 13%。如果是假塑性流体，则收缩率小于此值。由于后面紧接着料流发生膨胀，因此收缩现象常不易观察到。

被挤出的聚合物熔体断面积远比口模断面积大，称为离模膨胀。挤出物的膨胀是由于弹性回复造成的。如果是单纯的弹性回复而且熔体组分均匀，温度恒定和符合流动规律，则这种膨胀可以通过复杂计算求得。但是实际过程中这种情况极少。圆形流道中的聚合物熔体，其相对膨胀率约在 30%~100% 之间。

(3) 弹性对层流的干扰

塑料熔体在成型过程中的雷诺数通常均小于 10，故不应出现湍流。但事实却不尽然。因为它具有弹性，熔体在管内流动时，其可逆的弹性形变是在逐渐回复的。如果回复太大或过快，则流动单元的运动就不会限制在一个流动层，势必引起湍流，通常称为弹性湍流。弹性湍流的发生也有一定规律，对塑料熔体的剪切流动来说，只有当 γ_R [见式(2-22a)] 的值超过 4.5~5 时才会发生。

(4) 熔体破裂

在高聚物加工时，熔体剪切速率较低时挤出物具有光滑表面和均匀形状。当剪切速率达到某值时，挤出物表面失去光泽且表面粗糙，类似于橘皮纹。当挤压速率再升高时，挤出物表面出现众多的不规则的结节、扭曲或竹节纹，甚至支离和断裂成碎片或柱段。这种现象称为熔体破裂。这些现象说明，在低的剪切应力或速率下，各种因素引起的扰动被熔体黏性所抑制。而在高的剪切应力或速率下，流体的弹性恢复的扰动难以抑制，且发展成不稳定流动，引起流体的破裂，如图 2-25。

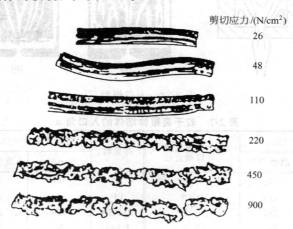

图 2-25 PMMA 于 170℃下不同剪切应力所发生的不稳定流动的挤出物

鲨鱼皮（sharkskin）主要特征是挤出物周边具有周期性的皱褶波纹。但这些波纹并不影响挤出物的内部材料结构。它与熔体破裂有关，也是一种不稳定流动的挤出物，但与熔体破裂有区别。

① 鲨鱼皮症　它易于发生在 LLDPE 塑料，当挤出速度较快时，薄膜会失去光泽，透明度变差继而出现不规则波纹。当流速继续增加时，会出现有序而有周期性的鲨鱼皮症状。造成鲨鱼皮症状的原因有以下四个因素。

a. 主要是由于熔体在口模壁上滑移和口模对挤出物产生周期性拉伸作用的结果。

b. 存在一个临界挤出速率。由图 2-26 可知，表观临界剪切速率 $\dot{\gamma}_{cr}$ 和口模半径 R 的乘积是常数。有：

$$\dot{\gamma}_{cr} R = 常数 \tag{2-48}$$

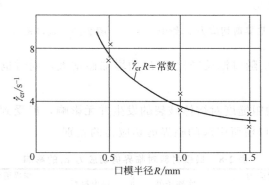

图 2-26　口模半径 R 与 $\dot{\gamma}_{cr}$ 的关系

这就意味着，口模径向尺寸愈大，其临界速率 $\dot{\gamma}_{cr}$ 较低些，易产生"鲨鱼皮症"。

c. 临界挤出速率随挤塑温度的增加而变大，但与口模的表面粗糙度无关。因此，升高温度是挤塑成功的有效办法。

d. 鲨鱼皮的出现与聚合物的相对分子质量关系不大。但相对分子质量分布窄的聚合物比分布宽的，其关系更为密切。

② 熔体破裂的影响因素　熔体破裂不仅在挤出物外观出现畸变、支离和断裂，而且还深入到挤出物内部结构。对产生此种严重破坏的原因，有两种看法：一种认为是由于熔体流动时，在口模壁上出现了滑移现象和熔体中弹性恢复所引起；另一种看法是，在口模内由于熔体各处受应力作用的历史不尽相同，因而在离开口模后所出现的弹性恢复就不可能一致。如果弹性恢复力不为熔体强度所容忍，就会引起熔体破裂。

熔体破裂现象是聚合物熔体所产生弹性应变和弹性恢复的总结果，是一种整体现象。以下一些因素影响着熔体破裂的出现。

a. 发生不稳定流动现象所确定的临界剪切应力应为 10^5 Pa（即 $10N/cm^2$）数量级，并随着温度的升高而略有增加。图 2-27 为临界剪切应力 τ_{cr} 对温度的依赖关系。

b. 口模的入口角对临界剪切速率的影响较大。如图 2-28 所示，将入口角从 180°改为 30°，其临界剪切速率 $\dot{\gamma}_{cr}$ 提高了 10 倍多。因此在设计口模模唇时，提供一个合适的入口角，使用流线型的结构是防止聚合物熔体滞留并防止挤出物不稳定的有效方法。

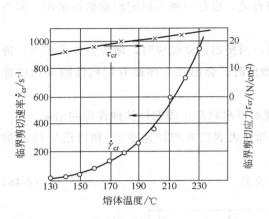
图 2-27 PE熔体温度对临界剪切应力 τ_{cr} 影响

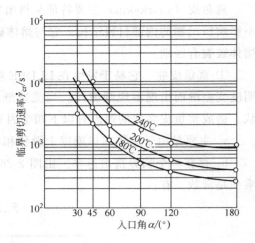
图 2-28 入口角与临界剪切速率 $\dot{\gamma}_{cr}$ 的关系

c. 临界剪切速率 $\dot{\gamma}_{cr}$ 随口模长径比 L/D 的增加而增大，同时也随温度的升高而增大，如图2-27所示。

d. 口模工作表面的粗糙度对熔体破裂的发生并无影响，但受到口模制造材料的影响。表2-8给出了不同材料口模所引起的临界剪切应力的差别。

表 2-8 口模材料对临界剪切应力 τ_{cr} 的影响

口模材料	临界剪切应力 τ_{cr} /(N/cm²)	实验条件	口模材料	临界剪切应力 τ_{cr} /(N/cm²)	实验条件
黄铜	15.5	聚合物 LDPE	铜镍合金	13.5	入口角180°
PA66+炭黑	15.5	MFR2.0	低碳钢	13.5	$R=0.5$mm
紫铜	15.0	熔体温度150℃	磷青铜	12.0	$L=6.35$mm
PA+50%玻纤	14.0	口模	银钢	9.2	$L/D\approx 6$

e. 工业用聚合物的临界剪切应力在 $10^5 \sim 10^6$ Pa 范围内，但随聚合物品种而变化，即便是相同的聚合物也随其品级而异。表2-9呈现若干聚合物的临界剪切应力和临界剪切速率。

表 2-9 工业用聚合物的临界剪切应力与临界剪切速率

聚合物	熔体温度 $T/℃$	临界剪切应力 τ_{cr}/(N/cm²)	临界剪切速率 $\dot{\gamma}_{cr}$/s⁻¹	聚合物	熔体温度 $T/℃$	临界剪切应力 τ_{cr}/(N/cm²)	临界剪切速率 $\dot{\gamma}_{cr}$/s⁻¹
LDPE				PP	200	10.0	350
MER2.1	150	15~20	50		260	10.0	1200
MFR2.0	190	13.0	600	PVC	210	25.0	100
HDPE					188	20.0	400
$\overline{M}_n 4\times 10^4$	200	25~30	—	PMMA	200	40.0	260
$\overline{M}_n 15.5\times 10^4$	240	30.0	—	PA66	275	90.0	2.8×10^5
PS	190	9.0	300	PB	100	2.0	7
	210	14.8	2140				

f. 临界剪切应力依赖于重均相对分子质量 $\overline{M}_w$，但与相对分子质量分布无关。弗拉肖波洛斯（Vlachopoulos）等人提出了临界剪切应力 τ_{cr} 与 $\overline{M}_w$ 的方程。有：

PS	$\tau_{cr}=7.96+1.164\times 10^6/\overline{M}_w$	(2-49a)
PP	$\tau_{cr}=8.92+1.435\times 10^6/\overline{M}_w$	(2-49b)
HDPE	$\tau_{cr}=8.10+1.061\times 10^6/\overline{M}_w$	(2-49c)
LDPE	$\tau_{cr}=5.52+0.430\times 10^6/\overline{M}_w$	(2-49d)

由于临界剪切应力随温度略有增加。图 2-29 给出 τ_{cr}/T 与 $1/\overline{M}_w$ 间的关系，表明了线型聚合物 PE、PP 和 HDPE 都为一条直线，即可用下述计算式表示：

$$\tau_{cr}/T=1.717\times 10^{-2}+2.67\times 10^3/\overline{M}_w \qquad (2\text{-}50a)$$

对于支链聚合物 LDPE，可用下式：

$$\tau_{cr}/T=1.317\times 10^{-2}+1.005\times 10^3/\overline{M}_w \qquad (2\text{-}50b)$$

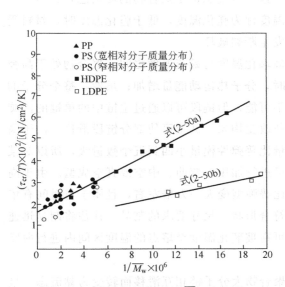

图 2-29 临界剪应力 τ_{cr} 对 $\overline{M}_w$ 的关系

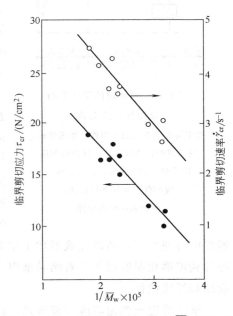

图 2-30 PP 临界剪切速率 $\dot{\gamma}_{cr}$ 对 $\overline{M}_w$ 的关系

g. 临界剪切速率随相对分子质量增加而降低。如图 2-30 所示，临界剪切速率 $\dot{\gamma}_{cr}$ 与重均相对分子质量 $\overline{M}_w$ 间有负斜率关系。即相对分子质量大的聚合物，在较低的剪切速率时就会发生熔体破裂。对于高速模塑来说，临界剪切速率 $\dot{\gamma}_{cr}$ 值显得特别重要。一般说来，相对分子质量越小，临界剪切速率越大。因此，相对分子质量低的聚合物适宜于高速模塑。

h. 就某些聚合物而言，尤其是 HDPE，有较高的流动范围。即使超过正常的临界剪切速率，也不会引起挤出物的畸变，适宜实现高速挤出。

2.1.3　高分子材料的成型性能

2.1.3.1　聚合物的聚集态及其加工性

由于聚合物的大分子结构和分子热运动特点，可以将聚合物划分为结晶态、玻璃态、高弹态、黏流态等聚集态。聚合物聚集态的多样性导致其成型加工的多样性，见图 2-31。

聚合物可以从一种聚集态转变为另一种聚集态，这种转变取决于聚合物的分子结构、

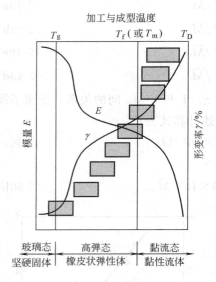

图 2-31 聚合物的聚集态与
成型性能的关系
加工与成型方法的适应性：熔融纺丝，
注射成型，薄膜吹塑，挤出成型压
延成型，中空吹塑，真空和压力
成型薄膜和纤维热拉伸，
薄膜和纤维冷拉伸

体系的组成以及所受应力和环境温度。当聚合物及其组成一定时，聚集态的转变主要与温度有关。了解这些转变的本质和规律对合理选择成型方法和正确制定工艺条件是必不可少的。

在玻璃化温度下，聚合物处于玻璃态（或结晶态），是坚硬的固体。此时，由于分子运动能量低，链段运动被凝结，只能使主链内的键长和键角有微小的改变；在宏观上表现为聚合物在受力方向上有很小的普弹性变形，由于弹性模量高，形变值小，所以处于玻璃态的聚合物只能进行一些车、铣、削、刨等机械加工。这一聚集态也是聚合物的使用态，材料使用的下限温度称为脆化温度，低于脆化温度时，材料受力容易发生断裂破坏。

在玻璃化温度与黏流温度之间，聚合物处于高弹态。此时，分子热运动能量增加；虽然，整个分子的运动仍不可能，但链段可以通过主链中的单键的内旋转而不断改变构象，甚至可使部分链段滑移。由于高弹性模量比普弹性模量小四到五个数量级，所以对某些材料可进行加压、弯曲、中空或真空成型。由于高弹形变比普弹型变大一万倍左右，且属于与时间有依赖性的可逆形变，所以在成型加工中为求得符合形状、尺寸要求的制品，往往将制品迅速冷却到玻璃化温度以下。对结晶型聚合物，可在玻璃化温度至熔点的温度区间内进行薄膜吹塑和纤维拉伸。

继续升温至黏流温度（或熔点）以上，聚合物大分子链相互滑移而转变为黏流态。呈黏流态的聚合物熔体在黏流温度以上稍高的温度范围内，常用来进行压延成型和某些挤出、吹塑成型。比黏流温度更高的温度，使聚合物大分子热运动大大激化，产生不可逆黏性形变占绝对优势，这一温度范围常用于进行纺丝、注射、挤出、吹塑、贴合等成型加工。过高的温度使聚合物黏度降低会给成型带来困难并使产品质量变劣；当温度高到分解温度时，会引起聚合物的分解变质。

2.1.3.2 聚合物的可挤压性

可挤压性是指聚合物通过挤压作用形变时获得一定形状并保持这种形状的能力。在塑料成型过程中，常见的挤压作用有物料在挤出机和注射机料筒中、压延机辊筒间以及在模具中所受到的挤压作用。

衡量聚合物可挤压性的物理量是熔体的黏度（剪切黏度和拉伸黏度）。熔体黏度过高，则物料通过形变而获得形状的能力差（固态聚合物是不能通过挤压成型的）；反之，熔体黏度过低，虽然物料具有良好的流动性，易获得一定形状，但保持形状的能力较差。因此，适宜的熔体黏度，是衡量聚合物可挤压性的重要标志。

聚合物的可挤压性不仅与其分子结构、相对分子质量和组成有关,而且与温度、压力等成型条件有关。评价聚合物挤压性的方法,是测定聚合物的流动度(黏度的倒数),通常简便实用的方法是测定聚合物的熔体流动速率;熔体流动速率是与一定条件下熔体流动度成正比,熔体流动速率测定仪如图 2-32 所示。在给定温度和给定剪切应力(一定负荷)下,10min 内聚合物经出料孔挤出的克数,以 MFR 表示。由于实测的熔体流动速率其剪切速率仅为 $10^{-2} \sim 10^{-1} s^{-1}$,远比实际注射或挤出成型中通常的剪切速率($10^{-2} \sim 10^{-4} s^{-1}$)要低,因此,MFR 不能说明实际成型时聚合物的流动情况。由于方法简便易行,对成型塑料的选择和适用性有参考价值。表 2-10 列出某些成型方法与材料的熔体流动速率的对应关系。

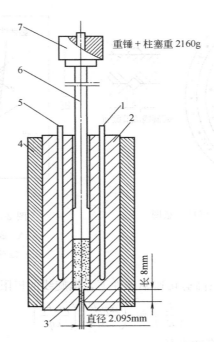

图 2-32 熔体流动速率测定仪示意图
1—热电偶测温管;2—料筒;3—出料孔;
4—保温层;5—加热器;6—柱塞;7—重锤

表 2-10 某些成型方法与材料的熔体流动速率的对应关系

加工方法	产品	所需材料的(MFR)	加工方法	产品	所需材料的(MFR)
挤出成型	管材	<0.1		瓶(玻璃状)	1~2
	片材、瓶 薄壁管	0.1~0.5	注射成型	胶片(流延膜)	9~15
	电线电缆	0.1~1		模压制件	1~2
	薄片			薄壁制件	3~6
	单丝(纯)	0.5~1	涂布	涂敷纸	9~15
	多股丝或纤维	≈1	真空成型	制件	0.2~0.5

2.1.3.3 聚合物的可模塑性

聚合物在温度和压力作用下发生形变并在模具型腔中模制成型的能力,称为可模塑性。

注射、挤出、模压等成型方法对聚合物的可模塑性要求是：能充满模具型腔获得制品所需尺寸精度，有一定的密实度，满足制品合格的使用性能等。

可模塑性主要取决于聚合物本身的属性（如流变性、热性能、物理力学性能以及热固性塑料的化学反应性能等），工艺因素（温度、压力、成型周期等）以及模具的结构尺寸。

聚合物的可模塑性通常用图 2-33 所示的螺旋流动试验来判断。聚合物熔体在注射压力作用下，由阿基米德螺旋形槽的模具的中部进入，经流动而逐渐冷却硬化为螺旋线，以螺旋线的长度来判断聚合物流动性的优劣。

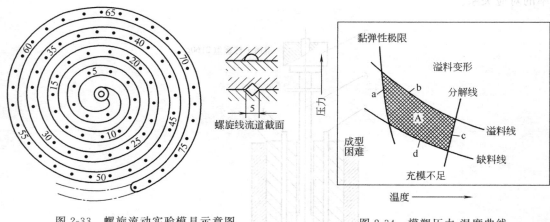

图 2-33　螺旋流动实验模具示意图

图 2-34　模塑压力-温度曲线
A—成型区域；a—表面不良线；
b—溢料线；c—分解线；d—缺料线

HOIMES 等人提出了在高剪切速率条件下，螺旋线的极限长度 L 有如下函数关系式：

$$\left(\frac{L}{d}\right)^2 = c\left(\frac{\Delta p d^2}{\Delta t}\right)\left(\frac{\rho \Delta H}{\lambda \eta}\right) \tag{2-51}$$

式中　d——螺槽横截面的有效直径；

Δp——压力降；

Δt——熔体与螺槽壁间的温度差；

ρ——固态聚合物的密度；

ΔH——聚合物熔体与固体间的热焓差；

λ——固态聚合物的导热系数；

η——聚合物熔体的黏度；

c——常数，由螺旋线截面的几何形状决定。

从式（2-51）不难看出，聚合物的可模塑性（即 L 的长度）与加工条件 $\Delta p/\Delta t$ 有关，也与聚合物的流变性、热性能 $\rho \Delta H/\lambda \eta$ 有关，还与螺槽的截面尺寸、形状（cd^2）有关。螺旋线愈长，聚合物的流动性愈好。

螺旋流动实验的意义在于帮助人们了解聚合物的流变性质，确定压力、温度、模塑周期等最佳工艺条件，反映聚合物相对分子质量和配方中各助剂的成分和用量以及模具结构，尺寸对聚合物可模塑性的影响。

在此，需要指出的是：为求得较好的可模塑性，要注意各影响因素之间的相互匹配和相互制约的关系；在提高可模塑性的同时，要兼顾到诸因素对制品使用性能的影响。从图 2-34 压力-温度曲线图中可以看出：压力过高会引起溢料，压力过低则充模不足成型困难；温度过高会使制品收缩率增大，甚至引起聚合物的分解，温度过低则物料流动困难，交联反应不足，制品性能变劣。所以，图 2-34 中四条曲线所构成的面积，才是模塑的最佳区域。

2.1.3.4 聚合物的可纺性

常规的纺丝方法有三种，即熔融纺丝、湿法纺丝和干法纺丝。聚合物的可纺性是指材料经成型加工为连续的固态纤维的能力。

熔体可纺性的根本原因，在于大分子的缠结以及流体大分子本性造成该体系的拉伸黏度（或巨大的"熔体强度"），和在纺丝拉伸过程的拉伸流动中所导致的取向。由高拉伸黏度形成的力可以显著地超过表面张力，并使丝的拉伸流动稳定。可纺性主要取决于聚合物材料的流变性、熔体黏度、拉伸比、喷丝孔尺寸和形状、挤出丝条与冷却介质之间传质和传热速率、熔体的热化学稳定性等。当熔体以速度 v 从喷丝板毛细孔流出后，形成稳定细流。细流的稳定性可用下式表示：

$$L_{max}/d = 36v\eta/\gamma \tag{2-52}$$

式中　L_{max}——熔体细流的最大稳定长度；
　　　d——喷丝板孔直径；
　　　η——熔体黏度；
　　　γ——表面张力。

从式(2-52)可以看出，聚合物具有可纺性，在于其熔体黏度较高（约 $10^4 Pa \cdot s$）、表面张力较小（约为 $0.025N/m$）所致。纺丝过程中，由于拉伸定向以及随着冷却作用而使熔体黏度增大，都有利于拉丝熔体强度的提高，从而提高熔体细流的稳定性。

在纤维工业中，还常用拉伸比的最大值（卷绕速度最大值 v_L 与熔体从板孔中流出速率 γ 之比）来表示材料的可纺性。实验表明，最大拉伸比随聚合物的数均相对分子质量的增大而增大。当重均相对分子质量固定时，相对分子质量分布越窄（M_w 与 M_n 之比值越小），则材料就越可纺。

2.1.3.5 聚合物的可延性

非晶形或半结晶聚合物在受到压延或拉伸时变形的能力称为可延性。利用聚合物的可延性，通过压延和拉伸工艺可生产片材、薄膜和纤维。

聚合物的可延性取决于材料产生塑性变形的能力和应变硬化作用。形变能力与固态聚合物的长链结构和柔性（内因）及其所处的环境温度（外因）有关，而应变硬化作用则与聚合物的取向程度有关。图 2-35 为等速拉伸条件下测得的非晶态聚合物拉伸断裂状态图，下面以脆化温度 T_b、玻璃化温度 T_g 及黏流温度 T_f（或 T_m）等几个特征温度所划分的温度区间来讨论温度对可延性的影响。

当温度低于脆化温度时，材料呈脆性，此时断裂应力 σ_b 小于屈服应力 σ_y（见图 2-36

曲线①），玻璃态聚合物不能发生强迫高弹形变，只能发生因分子键长、键角变化所引起的高模量小变形（相对形变小于 10%）的弹性行为，属于可恢复的普弹形变。

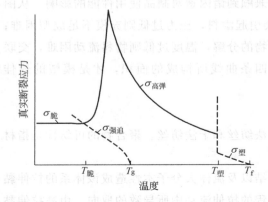

图 2-35　非晶态聚合物的断裂状态图
$T_脆$—脆折温度；T_g—玻璃化温度；$T_塑$—塑性形变温度；
$\sigma_脆$—脆折强度；$\sigma_塑$—屈服应力（流动极限）；
$\sigma_{强迫}$—强迫高弹性极限；$\sigma_{高弹}$—高弹性材料的强度

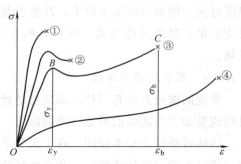

图 2-36　玻璃态聚合物在不同温度下的应力-应变曲线

当温度高于脆化温度而仍低于玻璃化温度时，材料具有韧性，此时断裂应力大于屈服应力（见图 2-36 曲线②、③），在外力作用下，被冻结的高分子链段开始运动，出现了强迫高弹态所具有的不可恢复的大形变（见图 2-36 曲线③）。当温度高于玻璃化温度而低于黏流温度时，材料在外力作用下产生宏观的不可恢复的塑性与延伸形变（见图 2-36 曲线④），在形变过程中，材料被拉伸而变细、变薄。

在拉伸过程中，材料有时会出现截面形状突然变细的"细颈"现象。这种现象可解释为在拉伸时由于拉伸发热使温度升高材料变软而形变加速（称"应变软化"）所致。微观的解释是材料在屈服应力作用下，其结构单元（链段、大分子、微晶）因拉伸而取向；取向程度愈高，大分子间的作用力愈大，引起聚合物黏度升高，使形变趋于稳定而不再发展；此时，材料的弹性模量增加，抵抗形变的能力增大，引起形变的应力也相应地提高；这种现象称为"应力硬化"。这样，在拉伸应力作用下，模量较低的取向部分会进一步取向，以取得全长范围都均匀拉伸的制品。

2.2　高分子材料加工中的结构变化

由于聚合物的大分子特性，使它具有与其相适应的宽构象谱。通常它也具有由一种构象变为另一种构象的能力，这种变化在加工温度下只需极短的时间，但在使用温度下却需要很长时间。在聚合物加工期间，结构变化往往是随机的、难以了解并被认为是不可避免的，甚至在某些情况下，被认为是必然的弊病（尤其是当它使制品的尺寸稳定性受到影响时）。另一方面，在纤维生产（先纺丝后拉伸）和薄膜的挤出中，如相对分子质量低的 PE，采用熔体挤出多段拉伸（拉伸比≤30），拉伸后的强度为 1~1.5GPa，拉伸模量为 40~70GPa；而相对分子质量为 $1×10^6$~$5×10^6$ 的超高分子量 PE（其拉伸比可大于

200），拉伸后，拉伸强度可达 3GPa，拉伸模量为 172GPa。形态研究表明，普通 PE 是半结晶的柔性链高分子化合物，这些弯折的链对强度没有贡献。而拉伸后，形成了高度结晶取向的分子束组成的拉伸链 PE，取向度接近 100%（见图 2-37），充分发挥了碳-碳主链的高结合强度，其性能超过了常用的 Kevlar 纤维和碳纤维。因此，在成型过程中，聚合物会发生一系列的物理和化学变化，这些变化对塑料制品的加工性能和使用性能会产生

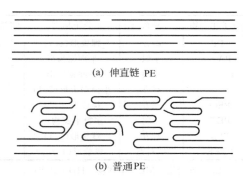

图 2-37 拉伸链 PE 和普通 PE 纤维的分子形态

有利或有害的影响。根据制品性能和用途的需要控制高分子材料的结构变化，具有很大实际意义。

2.2.1 高分子材料的结晶

聚合物能否结晶和结晶能力的差别，其根本原因是不同聚合物具有不同的结构特征，大分子排列的有规整性，在长度上能形成高度有序的晶格。当然不可能要求大分子链节全部都是规整的排列，而是指不规整部分少（如支链、交链或结构上的其他不规整性），而且要有合理的长度。

众所周知，线型高分子化合物可分为结晶性高分子化合物（如 PE、PP、PA、POM、PET 等）和非晶态（又称无定形）高分子化合物（如 PS、PVC、PC、PSF 等）。必须指出，在通常条件下所获得的结晶性高分子化合物并不是 100% 的完全结晶的。高分子化合物的结晶能力首先与分子链的结构有关，其次也与成型条件、后处理方式与添加成核剂等有关。

2.2.1.1 聚合物链结构与结晶性

聚合物的链结构指链的对称性，取代基类型、数量与对称性，链的规整性，柔韧性，分子间作用力等。有利于结晶性的因素有：

① 链结构简单，重复结构单元较小，相对分子质量适中；
② 主链上不带或只带极少的支链；
③ 主链化学对称性好，取代基不大且对称；
④ 规整性好；
⑤ 高分子链的刚柔性及分子间作用力适中。

表 2-11 列出了某些结晶性高分子化合物的特征数据。由表 2-11 可知，尽管各种高分子化合物结晶形态不同，但以斜方晶型、单斜晶型、三斜晶型为主。

表 2-11 某些结晶性高分子化合物的特征数据

高分子化合物	晶系	分子构型	结晶密度/(g/cm³)	结晶弹性模量/GPa	通常的结晶度[①]/%
PE	斜方	平面锯齿形	0.997	240	65(LD) 85～95(HD)
IPP	单斜或三斜	螺旋形(3/1)	0.95	34	45～60(MD) 70(HD)

续表

高分子化合物	晶系	分子构型	结晶密度/(g/cm³)	结晶弹性模量/GPa	通常的结晶度①/%
SPP	斜方	螺旋形(4/1)	0.93		
PA-6	单斜	平面锯齿形	1.24	142	20~25
PA-66	三斜	平面锯齿形	1.24		30~35
	斜方	平面锯齿形(2/1)	1.70		
PEO	三方	螺旋形(9/5)	1.50	53	70~80
PET	三斜	多数平面构形	1.46	125	10~30
PPS	斜方	螺旋形(2/1)	1.44		55~65
PTFE	拟六方	螺旋形(13/6)	2.35		50~80

① LD—低密度，MD—中密度，HD—高密度。

2.2.1.2 聚合物的结晶度

由于结晶的不完全，在结晶聚合物中通常总是包含晶区和非晶区两个部分，对这种状态作定量描述的物理量是结晶度，结晶度定义为：不完全结晶的聚合物中晶相所占的质量分数（或体积分数）。

应当指出，由于结晶聚合物中同时存在着不同程度的有序状态，晶区与非晶区的界限不明确，再加以各种测试方法对晶区与非晶区的理解不同，所以测得的结晶度差别很大。因此在提出聚合物的结晶度时，必须说明测试的方法。尽管如此，但从应用观点出发，其中仍然存在着合理的一致性。

常用的聚合物结晶度的测定方法有量热法、密度法、X 射线法、红外光谱法、水解法、核磁共振法等。其中最常用和最简单的方法是密度法。若令 ρ_1 和 ρ_2 分别为完全结晶与完全结晶的密度，ρ 为测定的试样的密度，则所测试样的结晶度的质量分数 ω 可用下式计算：

$$w=\frac{\rho_1}{\rho}\left(\frac{\rho-\rho_2}{\rho_1-\rho_2}\right)\times100 \tag{2-53}$$

用密度法测结晶度是通过带有刻度的密度梯度管来实现的。管内装有两种相对密度不同的互溶液体，互溶液体能使被测试样浸润，但又不使它溶解、溶胀或与之发生反应。由于管细而长，密度不同的两种溶体在管内扩散较慢，从而形成了相对稳定的自上而下的密度梯度。测出试样在管内的高度，即可在预先做好的密度-梯度标准曲线上找出相对应的密度。完全非晶密度的试样 ρ_2 可从聚合物熔体的密度-温度曲线外推测量温度而得到，也可从熔体淬火获得完全非结晶试样测的。完全结晶物质的密度 ρ_1 由晶体结构参数进行计算。

2.2.1.3 成型方法与结晶性

将聚合物熔体经过急冷，使其温度骤然降低到玻璃化温度以下，大分子链在尚未能排成有序阵列就丧失了运动能力，所以是无序的，成为非结晶。当然，这种急冷需要一定的时间，加之制件内部温度不能立即降到玻璃化温度以下，因此，制件中难免仍有晶体存在。若聚合物的熔体不是急冷，而是缓慢冷却，则可得到晶态聚合物。

聚合物熔体冷却时发生的结晶过程，是大分子链段重新排入晶格并由无序变为有序的松弛过程。大分子的热运动有利于分子的重排运动，而分子的内聚能又是形成结晶结构所必需的，两者有适当的比值是大分子进行结晶所必需的热力学条件。因此，结晶过程只能发生在玻璃化温度和熔融温度之间。而且，最大的结晶速度都在靠近熔点以下的高温一侧。图 2-38 所示为 PA6 的结晶温度和结晶速度的关系。PA6 的熔点约为 220℃，T_g 约 50℃，其最大的结晶速率的温度约在 135℃。成型条件对结晶度的影响极大，影响的因素如下：

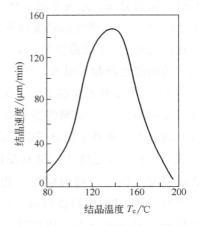

图 2-38　PA6 的结晶温度和结晶速度的关系

① 熔融温度和熔融时间　熔体中残存的晶核数量和大小与成型温度有关，也影响结晶速度。成型温度越高，即熔融温度高，如熔融时间长，则残存的晶核少，熔体冷却时主要以均相成核形成晶核，故结晶速度慢，结晶尺寸较大；反之，如熔融温度低，熔融时间短，则残存晶核，熔体冷却时会引起异相成核作用，结晶速度快，结晶尺寸小而均匀，有利于提高机械性能和热变形温度。

② 成型压力　成型压力增加，应力和应变增加，结晶度随之增加，晶体结构、形态、结晶大小等也发生变化。

③ 冷却速度　成型时冷却速度（从 T_m 降低到 T_g 以下温度的速度）影响制品能否结晶、结晶速度、结晶度、结晶形态和大小等。冷却速度越快，结晶度越小。通常，采用中等的冷却速度，冷却温度选择在 T_g 至最大结晶速度的温度之间。

因此，应按所需制品的特性，选择合适的成型工艺，控制不同的结晶度。如用作薄膜的 PE，要求韧性、透明性较好，结晶度低；而作塑料制品使用时，拉伸强度和刚性是主要指标，结晶度应高些。又如通常情况下高结晶度的 POM 是白色不透明的，结晶度在 70%~80% 之间，强度较大；但当制作薄制品，成型后剧冷，使其在非晶体条件下固化，则可得到透明且柔韧的材料。

2.2.1.4　成型后后处理方法与结晶性

先介绍几个术语：

① 二次结晶　是指一次结晶后，在残留的非晶区和结晶不完整的部分区域内，继续结晶并逐步完善的过程。这个过程相当缓慢，有时可达几年，甚至几十年。

② 后结晶　是指一部分来不及结晶的区域，在成型后继续结晶的过程。在这一过程中，不形成新的结晶区域，而在球晶界面上使晶体进一步长大，是初结晶的继续。

③ 后收缩　指制品脱模后，在室温下存放 1h 后所发生的、到不再收缩时为止的收缩率。如 PP 注射品的收缩率为 1%~2%。制品在室温存放时会发生后收缩。其中后收缩总量的 90%，约在制品脱模后 6h 内完成，剩下的 10% 约在 10 天内完成。通常，制品脱模后 24h 可基本定型。

以上情况的出现，将引起晶粒变粗、产生内应力，造成制品曲挠、开裂等弊病，冲击韧性变差。因此，在成型加工后，为消除热历史引起的内应力，防止后结晶和二次结晶，提高结晶度，稳定结晶形态，改善和提高制品性能和尺寸稳定性，往往要对大型或精密制品进行退火处理。退火是将试样加热到熔点以下的某一温度（一般控制在制品使用温度以下10~20℃，或热变形温度以下10~20℃为宜），以等温或缓慢变温的方式使结晶逐渐完善化的过程。PA的薄壁制品采用快速冷却，为微小的球晶，结晶度仅为10%；对模塑制品，采用缓慢冷却再退火，可得尺寸较大的球晶，结晶度在50%~60%。一般成型条件下的PS，热变形温度在70~80℃，当选择退火温度为77℃，退火时间为150min后，热变形温度为85℃；而当将退火时间延长到1000min后，则热变形温度可达90℃。显然，长时间退火，有利于高分子链段重排。

另一种方法是淬火（又称骤冷）。淬火是指熔融状态或半熔融状态的结晶性高分子，在该温度下保持一段时间后，快速冷却使其来不及结晶，以改善制品的冲击性能。如PCTFE是优良的耐腐蚀材料。通常情况下，结晶度可达85%~90%，密度、硬度、刚性均较高，但不耐冲击，用作涂层时容易剥落。采用淬火，可使结晶度降低（仅35%~40%左右），冲击韧性提高，成为较理想的化工设备防腐涂料。低结晶度的PCTFE的冲击强度为$37kJ/m^2$，伸长率为190%；而中等结晶度的PCTFE相应的为$17kJ/m^2$和125%。显然，淬火后冲击韧性提高了许多，且可在120℃以下使用，不会有大的变化。

2.2.1.5 成核剂与结晶性

为提高结晶速度，促进微晶生成，需添加成核剂。由于成形微晶，制品透明性提高。成核剂的熔点应比高分子化合物高，并与其有一定的相容性，不致使制品物性降低太大。玻纤增强的PET与玻纤增强的PBT相比，热变形温度、弹性模量高，但冲击韧性和成形性差，其最大的缺点是结晶温度高（PET约140℃，而PBT约80℃），结晶速度慢。因此，其成型周期长、生产成本高。为此，可通过共聚合或加入成核剂进行改性。现在已可将最大结晶温度降至80℃。表2-12为成核剂的应用实例。由表可知，成核剂DBS（二苄基山梨糖醇）广泛应用于PP中，一般用量为PP的0.2%~0.3%。目前，约有70%的PP使用成核剂。表2-13为成核剂对PA6结晶速度和球晶大小的影响。

表2-12 成核剂的应用实例

高分子化合物	成核剂
PP	滑石粉、有机羧酸盐、有机磷酸盐、DBS及同系物
PA6	滑石粉、陶土、PA66、磷酸二氢钠
PET	安息香酸钠盐、滑石粉、钛白粉、陶土、二氧化硅

表2-13 成核剂对PA6结晶速度和球晶大小的影响

成核剂	用量/%	200℃时结晶速度/min^{-1}	150℃结晶时球晶大小/μm
PA6本体		0.05	50~60
PA66	0.2	0.1	10~15
	1.0	0.1	4~5
对苯二甲酸乙二酯	0.2	0.154	10~15
	1.0	0.154	4~5
磷酸铝	0.05	0.154	10~15
	0.1	0.154	4~5

除成核剂外，其他低分子化合物，如增塑剂、水、炭黑等均会对高分子化合物的结晶性有或多或少的影响。

2.2.1.6 结晶对性能的影响

由于完全结晶与完全无定形的试样很难制得,所以结晶对聚合物性能的影响只能根据结晶度的不同进行比较。结晶过程中分子链敛集作用使聚合物的体积收缩,密度增大。密度增大意味着分子间引力增加,分子集中而有序,这就使得晶态聚合物的某些物理力学性能(如弹性模量、硬度、屈服强度等)随着结晶度的增加而提高;而聚合物的伸长率、冲击韧性随着结晶度的提高而降低。结晶度增大,还会使材料变脆,见表2-14。

表 2-14 不同结晶度聚乙烯的性能

性能	结晶度/%			
	65	75	85	95
相对密度	0.91	0.93	0.94	0.96
熔点/℃	105	120	125	130
拉伸强度/MPa	1.4	18	25	40
伸长率/%	500	300	100	20
冲击强度/(kJ/m^2)	54	27	21	16
硬度/GPa	1.3	2.3	3.6	7.0

绝大多数晶态聚合物在玻璃化温度与熔点之间的温度区域内会出现屈服点,在拉伸时出现细颈现象;而结晶度小则不出现屈服点,在拉伸时也无细颈现象。

物质的折射率与密度有关,光线通过聚合物晶区时,在晶区表面上必然发生反射和折射而不能直接通过,因此,结晶与非结晶两相并存的聚合物呈乳白色,不透明,如聚乙烯、尼龙等。当结晶度减小时,透明度增加。完全非结晶的聚合物,通常是透明的,如有机玻璃,聚苯乙烯等。当然,并不是所有的含晶聚合物都不透明,例如某一种聚合物,其晶相密度与非晶相密度非常接近,或者当结晶小到光波长的1/2以下时,这时即使有结晶也是透明的,如聚4-甲基-1-戊烯。在等规的聚丙烯中加入成核剂,可以得到含小球晶的透明制品。

结晶度的增加还会改变聚合物的热性能。当结晶度达20%时,聚合物的"刚硬化"作用使大分子链非晶部分变短,链段的位移与取向难于进行;结晶度大于40%时,微晶的密度如此之大,以致形成了贯穿整个材料的连续晶相,使材料的软化点和热畸变温度等热性能均得到提高,材料的使用温度可以从玻璃化温度提高到结晶熔点。

结晶性塑料成型时,由于形成结晶,成型收缩率较高。加入玻璃纤维或无机填料可以使成型收缩率变小。结晶性塑料熔融成型时易产生缩孔状凹斑或空洞。

聚合物结晶度的增加,透水性、透氧性变小。结晶度对耐溶剂性,吸水性,化学反应活性等也有影响。

2.2.2 高分子材料的取向

聚合物分子和某些纤维状填料,由于结构上悬殊的不对称性,在成型过程中受到剪切流动或受力拉伸时不可避免地沿受力方向作平行排列,称为取向作用。取向态与结晶态都与大分子的有序性有关,但它们的有序程度不同,取向是一维或二维有序,而结晶是三维有序。取向可分为单轴取向或双轴取向。

取向过程是大分子链或链段的有序化过程，而热运动却是使大分子趋向紊乱无序，即解取向过程。取向需靠外力场的作用才得以实现，而解取向却是一个自发过程。取向态在热力学上是一种非平衡态，一旦除去外力，链段或分子链便自发解取向而恢复原状。因此，欲获得取向材料，必须在取向后迅速降温到玻璃化温度以下，将分子链或链段的运动冻结起来。当然，这种冻结属于热力学非平衡态，只有相对的稳定性，时间拉长、特别是温度升高或聚合物被溶剂溶胀时，仍然要发生解取向。

取向过程可分为两种，一种是大分子链、链段和纤维填料在剪切流动过程中沿流动方向的流动取向；另一种是分子链、链段、晶片、晶带等结构单元在拉伸应力作用下沿受力方向的拉伸取向。链段取向可以通过单键的内旋转造成的链段运动来完成，在高弹态进行；而整个大分子链的取向需要大分子各链段的协同运动才能实现，只有在黏流态才能进行。取向过程是链段运动的过程，必须克服聚合物内部的黏滞阻力。链段与大分子两种运动单元所受的阻力大小不同，因而取向过程的速度也不同。在外力作用下最早发生的是链段的取向，进一步才发展成为大分子链取向。

（1）流动取向

流动取向是伴随聚合物熔体或浓溶液的流动而产生的。一方面由于在管道或型腔中沿垂直于流动方向上各不同部位的流动速度不相同，由于存在速度差，卷曲的分子受到剪切力的作用，将沿流动方向舒展伸直和取向；另一方面，由于熔体温度很高，分子热运动剧烈，也存在解取向作用。因各部位流动速度的差异和冻结时各部位的温度不同，从管壁到中心部位取向度并不相同，图 2-39 为液晶聚合物流动取向后取向度分布。由图可知，次表层的取向度最高。

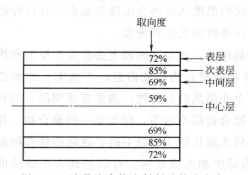

图 2-39　液晶聚合物注射制品的取向度

为改善制品的性能，在聚合物中常加入一些纤维状或粉状填料，由于这些填料几何形状的不对称性，在注射模塑或传递模塑的流动过程中，纤维轴与流动方向总会形成一定夹角，其各部位所处的剪切应力不同，直至填料的长轴方向与流动方向完全相同为止而取向。关于纤维状填料的取向，以压制扇形片状物为例来说明，见图 2-40。经测试表明，扇形试样在切向方向上的抗拉强度总是大于径向方向上的，而在切向方向上的收缩率和后收缩率又往往小于径向。基于实测和显微分析的结果，可推断出填料在模压过程中的位置变更情况是按图 2-40 中的 1 至 6 的顺序进行的：含有纤维填料的流体的流线自浇口处沿半径方向散开，在模腔的中心部分流速最大，当熔体前沿遇到阻断力（如模壁）后，其流动方向改变为阻断力垂直，最后填料形成同心环似的排列。

（2）拉伸取向

仅受一个方向作用力引起的拉伸取向为单轴拉伸取向（单向拉伸）；同时受两个相互垂直方向的作用力引起的拉伸取向为双轴拉伸取向（双向拉伸）。

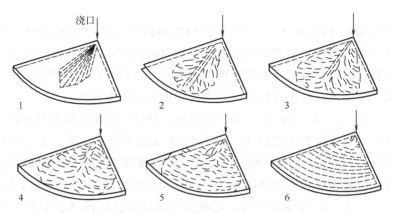

图 2-40　注射成型时聚合物熔体中纤维填料在扇形制件中的流动取向过程

对于无定形高分子的取向，包括链段的取向和大分子链的取向两个部分，两个过程同时进行，但速率不同。主要受高弹拉伸、塑性拉伸或黏性拉伸所致。结晶性高分子的拉伸取向包括晶区的取向和非晶区的取向，两个过程同时进行，但速率不同，晶区取向发展很快，非晶区取向发展较慢，在晶区取向达到最大时，非晶区取向才达到中等程度。晶区取向包括结晶的破坏、链段的重排和重结晶以及微晶的取向等，还伴随有相变发生。随着拉伸取向的进行，结晶度会有所提高。

聚合物的三种拉伸示意见图 2-41。高弹拉伸发生在玻璃化温度附近及拉伸应力小于屈且应力（$\sigma<\sigma_y$）的情况下，拉伸时的取向主要是链段的形变和位移，这种链段取向程度低，取向结构不稳定。

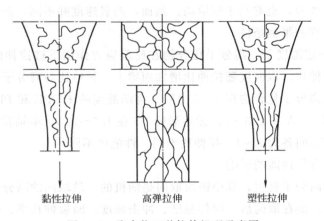

黏性拉伸　　　高弹拉伸　　　塑性拉伸

图 2-41　聚合物三种拉伸机理示意图

当拉伸应力大于屈服应力时，塑性拉伸在玻璃化温度附近即可发生，此时，拉伸应力 σ 部分用于克服屈服应力，剩余应力（$\sigma-\sigma_y$）是引起塑性拉伸的有效应力，它迫使高弹态下大分子作为独立结构单元发生解缠和滑移，使材料由弹性形变发展为塑性形变，从而得到高而稳定的取向结构。在工程技术上，塑性拉伸多在玻璃化温度到熔融温度之间，随着温度的升高，材料的模量和屈服应力均降低，所以在较高的温度下可降低拉伸应力和增大拉伸率。温度足够高时，材料的屈服强度几乎不显，在较小的外力下即可得到均匀而稳定的取向结构。

黏性拉伸发生在 T_f（或 T_m）以上，此时很小的应力就能引起大分子链的解缠和滑移；由于在高温下解取向发展很快的缘故，有效取向程度低。黏性拉伸与剪切流动引起的取向作用有相似性，但两者的应力与速度梯度的方向迥然不同：剪切应力作用时，速度梯度在垂直于流线方向上；拉应力作用时，速度梯度在拉伸方向上。

热拉伸取向在 $T_g \sim T_f$（或 T_m）范围内进行，拉伸应控制在结晶尽可能少的温度下进行，对结晶性高分子必须先加热到 T_m 以上，以保证结晶全部消失。无定形高分子无此问题，但应加热到 T_g 以上，会出现明显的收缩。热收缩薄膜就是依此原理制造的。如不希望有热收缩性，可在保持拉伸的情况下，将制品在最大结晶速度的温度下处理一段时间，使达到一定的结晶度，再冷却至室温，此时所得制品有良好的热稳定性。当拉伸发生在 T_g 以上并愈靠近 T_g 时，如拉伸倍数愈大，拉伸速度和拉伸后冷却速度愈快，则取向程度愈高。冷拉伸是指在室温下进行的拉伸。

(3) 影响聚合物取向的因素

① 聚合物的结构　链结构简单，柔性大，相对分子质量较低的高分子化合物有利于取向，也容易解取向；结晶性高分子取向结构稳定性优于无定形高分子；复杂结构的高分子化合物取向较难，但解取向也难，当施以较大应力拉伸取向后结构稳定性也好。

② 低分子化合物　增塑剂、溶剂等低分子化合物，使高分子化合物的 T_g、T_f 降低，易于取向，取向应力和温度也显著下降，但同时解取向能力也变大。

③ 温度　取向和解取向都与分子链的松弛有关。温度升高使熔体黏度降低、松弛时间缩短，既有利于取向，也有利于解取向。然而，两者速度并不同，高分子材料的有效取向取决于这两种过程的平衡条件。

④ 拉伸比　一定温度下，高分子化合物在屈服应力作用下被拉伸的倍数，即拉伸前后的长度比，称拉伸比。取向度随拉伸比增加而增大。拉伸比与高分子化合物的结构与物理性能有关。多数高分子化合物在 4~5 之间。高结晶度的 HDPE 和 PP 拉伸比为 5~10；结晶度不同的 PET、PA 在 2.5~5；无定形的 PS 在 1.5~3.5。单轴拉伸时拉伸比为 3~10；双轴拉伸两个方向各为 3~4。拉伸比不同，性能也不同。

(4) 取向对聚合物性能的影响

对于未取向的高分子材料，其中链段取向是随机的，没取向的高分子材料的物理机械性能各向是同性的。而在取向后，拉伸强度、冲击强度、断裂伸长率、弹性模量、透气性等性能会有很大提高。单轴取向时，取向方向（纵向）和垂直于取向方向（横向）强度不一样，纵向强度增加，横向减少；拉伸取向能提高高分子材料（如聚苯乙烯、聚甲基丙烯酸甲酯等脆性材料）的韧性；流动取向后，制品沿流动方向的力学强度高于垂直方向上的强度。例如在注射模塑制品中，沿流动方向的拉伸强度约为垂直方向上的 1~3 倍，冲击强度则为 1~10 倍；对于结晶性高分子，由于拉伸后结晶度增加，玻璃化温度增加，对高度取向和高结晶度的高分子，玻璃化温度约升高 25℃。表 2-15 为拉伸方法对 PET 薄膜机械性能的影响。

表 2-15 拉伸方法对 PET 薄膜机械性能的影响

项　目	未拉伸	纵向拉伸	双向拉伸	双向拉伸和后拉伸
拉伸模量/GPa				
纵	2.47	8.95	4.58	7.04
横	2.47	1.78	4.58	3.52
拉伸强度/GPa				
纵	52.8	290	176	267
横	52.8	49.3	176	119
断裂伸长率/%				
纵	>500	48	120	52
横	>500	445	120	250
5%伸长时的拉伸强度/GPa				
纵	—	232	102	186
横	—	52.8	102	77.5

2.2.3　高分子材料的降解

高分子材料在成型、贮存或使用过程中，由外界因素——物理的（热、力、光、电、超声波、核辐射等）、化学的（氧、水、酸、碱、胺等）及生物的（霉菌、昆虫等）作用下所发生的聚合度减小的过程，称为降解。高分子材料在成型过程中的降解比在贮存过程中遇到的外界作用要强烈，后者降解过程进行比较缓慢，又称为老化。但降解的实质是相同的，都是断链、交联、主链化学结构改变、侧基改变以及上述四种作用的综合。在以上的许多作用中，一般会产生活泼自由基中间产物从而使高分子材料结构发生变化。对成形来说，在正常操作的情况下，热降解是主要的，由力、氧和水引起的降解居于次要地位，而光、超声波、核辐射的降解则是很少。

随着高分子材料的降解，材料的性能变劣、变色、变软发黏，甚至丧失机械强度；严重的降解会使高分子材料炭化变黑，产生大量的分解物质，从加热料筒中喷出，使成型过程不能顺利进行。老化过程中，由降解所产生的活性中心往往会引起交联，使材料丧失弹性、变脆、不溶和不熔。虽然大多数降解对材料起破坏作用，但有时未来某种特殊需要，而使高分子材料降解，如对天然橡胶的"塑炼"就是通过机械作用降解以提高塑性的。机械作用降解还可以使高分子化合物之间进行接枝或嵌段聚合制备共聚物，对高分子材料进行改性和扩展其应用范围。

2.2.3.1　热降解

由过热而引起高分子材料的降解称为热降解。热降解属自由基链式反应，首先从分子中最薄弱的化学键开始。关于化学键的强弱次序一致认为：

C—F>C—H（烯和烷）>C—C（脂链）>C—Cl 在聚合物主链中各种 C—C 键的强度是：

$$\cdots C-C-C\cdots > \cdots C-\underset{C}{\overset{C}{C}}-C\cdots > \cdots C-\underset{C}{\overset{C}{C}}-C\cdots$$

因此，与叔碳原子或季碳原子相邻的键都是不很稳定的。C—C 键若与 C=C 键形成 β-位置的关系，则不论它是处在主链或侧链上，都会造成该链的相对不稳定性。

仲氢原子一般都较叔氢原子稳定。叔氢原子与氮原子一样，其所以不稳定，是由于它们很容易被传递反应移去的关系。

含有芳环主链和全同立构的聚合物热降解的倾向都比较小。

乙烯类聚合物的降解，通常认为是自由基的链式反应，同样也具有引发、增长、传递和终止等几个基本步骤，但历程不完全相同，这因为降解反应中所生的自由基以及其活性都与原来聚合物的结构有关。表2-16列出聚苯乙烯和聚氯乙烯的热降解历程，以便比较。

表2-16 聚苯乙烯和聚氯乙烯的热降解历程

聚苯乙烯的热降解	聚氯乙烯的热降解
(1) 引发 $\cdots CH_2 \cdot CH\phi - CH_2 CH\phi \cdots \longrightarrow$ $\cdots CH_2 CH\phi \cdot + \cdot CH_2 CH\phi \cdots$	(1) 引发 $\cdots CHClCH_2 CHClCH_2 \cdots \longrightarrow$ $\cdots CHClCH_2 \dot{C}HCH_2 \cdots + Cl \cdot$
(2) 增长(也称传播) $\cdots CH_2 CH\phi - CH_2 CH\phi \cdot \longrightarrow$ $\cdots CH_2 CH\phi \cdot + CH_2 = CH\phi$, 等	(2) 增长(也称传播) $\cdots CH_2 CHClCH_2 CHCl \cdot + \cdot Cl$ $\cdots CH_2 CHCl\dot{C}HCHCl + HCl$ $\cdots CH_2 CHCHCHCl \cdots \longrightarrow$ $\cdots CH_2 CHClCH = CHCH_2 \cdots Cl \cdot$
(3) 传递 $\cdots CH\phi CH_2 CH\phi \cdot CH_2 \cdot +$ $\cdots CH\phi CH_2 CH\phi CH_2 - CH\phi CH_2 \cdots$ $\longrightarrow \cdots CH\phi CH_2 \cdot CH\phi CH_3 +$ $\cdots CH\phi CH_2 \phi = CH_2 + \cdot CH\phi CH_2 \cdots$	(3) 传递 ——————
(4) 终止 $R \cdot + R' \cdot \longrightarrow RR'$ (聚合物)	(4) 终止 $Cl \cdot + Cl \cdot \longrightarrow Cl_2$ $R \cdot + R' \cdot \longrightarrow RR'$ (聚合物) $R \cdot + Cl \cdot \longrightarrow RCl$ (聚合物)

注：ϕ—苯环。

能引起聚合物发生热降解的杂质，本质上就是降解中的催化剂。它是随聚合物的种类不同而不同的。不同杂质促使聚合物的降解历程也不同。

2.2.3.2 力降解

聚合物在成型过程中常因粉碎、研磨、高速搅拌、混炼、挤压、注射等而受到剪切和拉伸应力。这些应力在条件适当的情况下是可以使聚合物分子链发生断裂反应的。引起断裂反应的难易不仅与聚合物的化学结构有关，而且也与聚合物所处的物理状态有关。此外，断裂反应常有热量发生，如果不及时排除，则热降解将同时发生。在塑料成型中，除特殊情况外，一般都不希望力降解的发生，因为它常能劣化制品的性能。由力降解产生的断裂链段的性质通常都是自由基性质的。这种自由基将通过再结合、链的歧化、链传递以及与自由基受体的作用而失去活性。

在大量实验结果的基础上，有关力降解的通性可以归为以下几条：

① 聚合物相对分子质量越大的，越容易发生力降解。

② 施加的应力愈大时，降解速率也愈大，而最终生成的断裂分子链段却愈短。

③ 一定大小的应力，只能使分子断裂到一定的长度。当全部分子链都已断裂到施加的应力所能降解的长度后，力降解将不再继续。

④ 聚合物在升温与添有增塑剂的情况下，力降解的倾向趋弱。

2.2.3.3 氧化降解

在常温下，绝大多数聚合物都能和氧气发生极为缓慢的作用，只有在热、紫外辐射等的联合作用下，氧化作用才比较显著。联合作用的降解历程很复杂，而且随聚合物的种类不同，反应的性质也不同。不过在大多数情况下，氧化是以链式反应进行的。聚合物首先通过热或其他能源的引发形成自由基。随之自由基与氧结合形成过氧化自由基，过氧化自由基又与聚合物作用形成过氢氧化物和另一个自由基。这两步即为链传递作用。化学反应式如下：

$$RH \xrightarrow{\text{热或其他能源}} R\cdot + H\cdot \quad (\text{引发作用})$$

$$\left. \begin{array}{l} R\cdot + O_2 \longrightarrow ROO\cdot \\ ROO + \cdot RH \longrightarrow ROOH + R\cdot \end{array} \right\} (\text{链传递作用})$$

引发作用也能由聚合物与氧直接作用而形成。这种作用每发生在聚合物分子链结构的"弱点"处。再者，由引发作用形成的 ROOH 化合物也能通过分解而形成自由基。化学反应式如下：

$$RH + O_2 \longrightarrow R\cdot + \cdot OOH$$

$$ROOH \longrightarrow RO\cdot + \cdot OH$$

链终止作用都是以再化合的方式进行，最终形成交联的稳定化合物。如：

$$\left. \begin{array}{l} R\cdot + R\cdot \longrightarrow \\ ROO\cdot + R\cdot \longrightarrow \\ ROO\cdot + ROO\cdot \longrightarrow \\ RO\cdot + R\cdot \longrightarrow \end{array} \right\} \text{稳定生成物}$$

经氧化形成的结构物（如酮、醛、过氧化物等），在电性能上，常比原来聚合物的低，且容易受光的降解。当这些化合物进一步发生化学作用时，则将引起断链、交联和支化等作用，从而降低或增高相对分子质量。就最后制品来说，凡受过氧化作用的必会变色、变脆、拉伸强度和伸长率下降、熔体的黏度发生变化，甚至还会发出气味。但是由于化学过程过于复杂，目前就是一些比较常用的聚合物，如聚氯乙烯，其氧化降解历程也只能给出一些定性的概念。不管如何，从总的来说，任何降解作用速率在氧气存在下总是加快，而且反应的类型增多。在解决实际问题时，通常是根据实测的结果。图 2-42 所示的形式就是其中的一种。另一种重要方式就是在一定条件下（如在空气中）的降解速率与温度的关系。

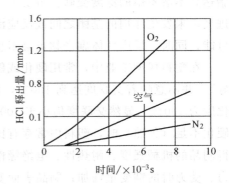

图 2-42 聚氯乙烯在氧气、空气和氮气中的热降解（190℃）

2.2.3.4 水降解

如果聚合物分子结构中存有能被水解的化学基团，如酰胺类（—$\overset{\overset{\displaystyle O}{\|}}{C}$—NH—）、酯类（—$\overset{\overset{\displaystyle O}{\|}}{C}$—O—）、腈类（—C≡N）、缩醛类（—O—CHR—O—）以及某些酮类；或者当聚

合物经过氧化而具有可以水解的基团时，都可能被水所降解。如果这些基团是在主链上，则降解后的聚合物性能往往不如降解前的。如果是在支链上，则所受的损害较小。

2.2.3.5 防止降解的措施

在成型过程中，为避免或减少高分子材料的降解通常采用以下措施：

① 树脂进厂时，进行严格的检验，使用合格的原材料；

② 对水敏感的原材料，在成型前进行干燥，使含水量降到所要求的含量以内；

③ 确定合理的工艺条件，针对高分子材料对热和应力的敏感性的差异，合理选择成型温度、压力和时间，使各工艺条件达到最优匹配。

④ 设计模具和选用设备要求结构合理，尽量避免流道中存在死角及流道过长，改善加热与冷却装置的效率。

⑤ 为增强高分子材料对降解反应的抵御能力，在配方中加入稳定剂。

2.2.4 高分子材料的交联

线性大分子链之间以新的化学键连接、形成三维网状或体型结构的反应称为交联。热固性树脂在未交联前与热塑性树脂相似，同属于线性聚合物，前者在分子链中带有反应基团（如羟基、羧基等官能团）或反应活点（如不饱和键等）。成型时，这些分子通过自带的反应基团的作用或自带反应活点与交联剂（硬化剂）的作用而交联在一起。已发生作用的基团或活点对原有反应基团或活点的比值称为交联度。

交联度随着交联反应发展而增大。工业上习惯将热固性树脂交联过程分为三个阶段：①甲阶。此阶段树脂具有良好的可溶、可熔性；②乙阶。分子间产生部分交联键和形成交联。此时树脂的可溶、可熔性下降，但仍然可塑；③丙阶。此阶段分子具有网状结构，树脂达到不溶不熔的深度交联。事实上，交联反应是很难完成的。因为随着交联反应过程的进展，未发生作用的基团之间或反应活点与交联键之间的接触机会愈来愈少，以致变为不可能；同时，反应气体副产物也会阻止反应的进行。

在塑料成型工业中，常用硬化或熟化来代替交联一词。所谓"硬化得好"或"熟化得好"，并不意味着交联度达到100%，而是指交联度发展到一种最为适宜的程度（此时硬化度为100%，显然交联度仍小于100%），以致制品的物理力学性能达到最佳的境界。当硬化不足（欠熟）时，塑料中常存有比较多的可溶性低分子物，而且交联作用也不够，使得制品的机械强度、耐热性、电绝缘性、耐化学腐蚀性等下降；而热膨胀、后收缩、内应力、受力时的蠕变量增加；制品表面变暗，容易产生裂纹或翘曲等，吸水量增大。硬化过度（过熟）时，会引起制品变色、起泡、发脆、力学强度不高等。

过熟或欠熟均属成型时的交联度控制不当。交联度和交联反应进行的速度除依赖于反应物本身的结构及配方外，还受应力、温度及固化时间等外界条件的影响。聚合物反应基团或反应活点数目的增加，有利于交联度的提高。成型过程中由于应力的作用，诸如使物料流动、搅拌等扩散因素的增加，都能增加反应基团或反应活点间的接触，从而有利于加速交联反应和提高交联度。酚醛塑料的注射模塑比压缩模塑周期短，其原因就在于此。固化温度和固化时间是交联过程中两个重要的控制因素。随着固化温度的升高，聚合物的交联时间缩短，而固化时间的延长会提高聚合物的交联度。

不难理解，温度过高时，由于固化速率过快物料来不及充满模腔就已经固化，或传热不均造成固化不均；温度过低不仅会延长成型周期，还会造成制品的欠熟。因此对固化温度和固化时间等工艺条件的匹配优化，对交联反应是至关重要的。

交联聚合物和线型聚合物相比，其力学强度、耐热性、耐溶剂性、化学稳定性和制品的形状稳定性均有所提高。通过模压、铸塑、传递模塑及注射模塑等成型方法，生产各种热固性塑料制品，使热固性聚合物得到了广泛的应用。通过交联，对某些热塑性聚合物进行改性，也获得发展。如高密度聚乙烯的长期使用温度在100℃左右，经辐射交联后，使用温度可提高到135℃（在无氧条件下可高达200～300℃）。此外，交联还可以提高聚乙烯的耐环境应力开裂的性能。

第3章 成型原料、混合与塑化

3.1 高分子原料

高分子材料一般指塑料、橡胶弹性体和纤维三大类。塑料、橡胶弹性体和纤维制品的主要成分是聚合物树脂。高分子成型用的树脂品种繁多，外观状态也不同，有粉状的、粒状的、液体状和糊状（分散体）树脂，树脂决定了高分子产品的基本性能。原料不同，在成型加工中采用的工艺条件也不同。

3.1.1 橡胶

生胶是橡胶的原料，橡胶的主要性能由生胶决定。生胶按照来源和用途主要分为天然橡胶和合成橡胶。主要商品橡胶、特性及用途见表 3-1。

表 3-1 橡胶特性及用途

橡胶名称	特　性	用　途
天然橡胶		
烟片胶(RSS)	呈棕色，综合性能好，保持期长，是天然胶中物理机械性能最好的品种	轮胎、胶管、胶带、胶鞋和各种工业用杂品
风干胶片(ACS)	浅黄色胶片，物理机械性能较烟片胶稍低	白色、浅色或彩色的橡胶制品
颗粒胶(GR)	颗粒胶粒子大小为 1~5mm	应用范围更广，是天然橡胶生产产量最大的橡胶产品
合成橡胶		
丁苯橡胶(SR)	丁苯橡胶的加工性能不如天然橡胶好，不结晶，非自补强橡胶	应用最广的通用合成橡胶，制轮胎、运输带、传动带、胶管、电缆、胶鞋、胶辊、胶布等
顺丁橡胶(BR)	弹性好，玻璃化温度低（-105℃）。耐低温性好，耐磨性优于天然橡胶和丁苯橡胶	很少单独使用，常与天然橡胶、丁苯橡胶和氯丁橡胶并用，适于制汽车轮胎、耐寒橡胶制品、缓冲材料、胶鞋、胶带、胶管
乙丙橡胶(EPR)	耐热性好，长期使用温度为 150℃，耐老化性能优异，化学稳定性好	用于耐臭氧、耐老化、耐腐蚀、耐水、电气绝缘等方面的需要，如轮胎的胎侧材料、耐热运输带、电线、电缆、耐化学品腐蚀的密封制品、减震材料、轨道枕垫、门窗密封条、高压锅密封圈、建筑防水卷材等
丁腈橡胶(NBR)	耐油性良好，耐热性优于天然、顺丁和丁苯橡胶，耐磨性、气密性和导电性也很好，是一种半导体橡胶	制造耐油制品，如输油胶管、耐油胶鞋、手套、各种密封制品，还可制抗静电制品，如纺织橡胶皮辊等
丁基橡胶(IIR)	优异的气密性，化学稳定性高，它的耐气候老化、耐臭氧、耐热老化和耐酸、耐碱腐蚀性仅次于乙丙橡胶	制气密性要求高的制品，如充气轮胎的内胎、加工中用的水胎、无内胎轮胎的气密层、电线、电缆、槽罐衬里、减震器等

续表

橡胶名称	特性	用途
氯丁橡胶	含卤素的橡胶,有自熄性。综合性能较好,耐气候、耐热耐臭氧老化性仅次于乙丙橡胶和丁腈橡胶	制耐气候老化、耐油、阻燃等制品,如建筑防水卷材、建筑密封条、轮胎胎侧材料、耐热输送带、耐化学腐蚀胶带、胶管、电线、电缆包皮、门窗密封条、胶辊、胶板、胶黏剂等
氟橡胶(FPM)	无毒、无臭、难燃,属离火自熄性橡胶。耐油、耐高温性能可,可在200～250℃下长期工作,有突出的耐氧化酸(发烟硫酸、硝酸)的特性,耐臭氧、耐辐射	制尖端技术工业部门的耐高温、耐腐蚀、耐油、耐高真空和耐辐射的防护制品和密封部件,如飞机输油管、热空气导管、高温高压液体胶管、机械液压系统等密封件
硅橡胶	耐高低温性能都很好,耐寒性很好,可在-100～300℃下长期工作,表面张力极低,与大多数材料都不能粘接	制各种密封材料、电气绝缘材料、防震材料、胶管、垫圈垫片、耐热、耐寒、耐油材料等
聚氨酯橡胶	高强度、高弹性和高硬度是其他橡胶无法相比,耐磨性、耐寒性、耐油性、耐氧化性能好,黏合性能很好	用作耐油、耐磨、耐压、密封件、胶辊、衬里、冲裁模、齿形带、皮碗、防水材料,胶黏剂、油漆涂料树脂
丙烯酸酯橡胶	耐热氧老化性能和耐油性能优异,耐寒、耐水、耐溶剂性能差	用作耐高温、耐油制品。如橡胶油封、O形圈、垫片和胶管。其中用量最大的是汽车变速密封、活塞杆密封、火花塞帽、加热器和散热器软管等
再生胶	耐老化性能好、耐油、耐酸、碱性能好,但本身力学性能和耐磨耗性能差。加工性能好,流动性好,收缩膨胀率小,硫化速度快	替代生胶来制造橡胶制品,可单独使用,也可作掺合料使用。用于防水卷材、防水涂料、密封腻子、胶管、胶带、胶板、沥青路面掺合料、地下管道和防护料等
胶乳		
天然胶乳	制造工艺有:浸渍和压出。针对不同的需要,有一系列天然胶乳的改性品种	用作医用卫生制品,医用手套、避孕套、导管、气球、可进行纤维涂覆、喷涂及胶黏剂等
合成胶乳		
丁苯胶乳	较天然胶乳有较好的耐磨性、耐热性和强度	轮胎帘线浸胶、纸张浸渍、胶乳涂料、涂层、纤维处理、胶黏剂、建筑用胶乳沥青、胶乳水泥
羧基丁苯胶乳	引入羧基团,较丁苯胶乳的耐油性和胶膜强度提高	用作织物的涂覆、无纺布处理、纸张加工、印花、人造革、防雨布、泡沫橡胶、胶黏剂
丁腈胶乳	随丙烯腈含量增加,耐油性、耐化学品性,与纤维、皮革等极性物质的黏合力增大	用于纸张加工、表面涂层、无纺布、石棉制品添加剂及胶黏剂等,可制成耐油手套、薄膜、胶管
氯丁胶乳	黏合强度好,耐油、耐溶剂、耐热、耐臭氧,成膜性能良好	用于纸张处理、浸渍制品、涂料、胶黏剂,可制成家用手套、海绵橡胶和织物涂胶

3.1.2　塑料

依据化学结构及热行为,常将塑料分为热塑性高分子材料(像聚乙烯、聚丙烯、聚氯乙烯)和热固性高分子材料(像酚醛树脂、环氧树脂、不饱和聚酯)两种。主要商品塑料、特性和用途见表3-2。

表 3-2　塑料特性及用途

塑料名称	特　性	用　途
低密度聚乙烯（LDPE）	质地柔韧、耐低温、耐环境性好，应力开裂，难黏合和印刷，抗张强度低	包装盖、垃圾袋、服装袋、拉伸包装、农膜、碗、玩具、印刷薄膜、电线电缆外皮、通讯电缆
高密度聚乙烯（HDPE）	机械性能如拉伸、压缩、弯曲强度高于LDPE，耐候性差，应力开裂，热稳定差，热膨胀大，易燃	奶瓶、容器、桶、货盘、座椅、易处理注射器、管材、型材、日用和工业用品、薄膜、发泡制品
聚丙烯（PP）	机械性能、耐热性能良好，低温脆性，易燃，经过适当的增强或改性即可作为工程塑料用	印刷薄膜、医疗用具、地毯背衬、食品和纺织品捆扎、装饰带、盘管、帽、盖、电池盒、泵外壳、汽车挡泥板
聚氯乙烯（PVC）	无明显的熔点，热稳定较差，成型时需加稳定剂，热分解放出HCl，受硫污染，比其他塑料密度高，溶剂敏感性，耐酸、碱、盐	软管、薄膜、人造革、电线电缆外皮、硬管、板材、型材、鞋材、墙纸、地板
聚苯乙烯（PS）	优异的介电性能、耐电弧性和高频绝缘性很好，吸水率低，耐热和耐溶剂性差，脆性，易燃	活动刀具、发泡和非发泡杯、人造黄油桶、蛋盒、花瓶、百叶窗、室内门、帽盖、灯罩、空调外壳
丙烯腈-丁二烯-苯乙烯（ABS）	物理机械性能、低温抗冲击性、化学稳定性好，成型收缩率低，耐酸、碱、盐，无毒、无味，耐溶剂性差	用于管道、齿轮、轴承、叶片、仪表盘、（电视机）壳体、冰箱内衬、帽、扶手、体育器材、替代木材制造建筑材料和家具
聚甲基丙烯酸甲酯（PMMA）	在塑料中有最佳透光率（达90%～92%），冲击强度比玻璃好得多，不易破碎。对碱和溶剂敏感，应力开裂，耐擦伤性差，易燃	替代聚碳酸酯作航空用材、室外标牌、照相机镜头、天窗、电视屏、汽车尾灯、人体及动物模型材料
酚醛树脂（PF）	电绝缘性良好，耐热、耐燃，但耐碱和氧化性能差，冲击强度低，加工成型需用填料	电路断路器、开关设备、配电盘盖、保险丝盒、刹车面衬胶、胶合板、装饰层压板、纽扣
脲甲醛树脂（UF）	耐油、耐溶剂、耐电弧，硬度大，可与某些纤维素及填料粘接，强度大，固化速度快，但耐热性差，性脆	其模塑粉可制餐具、容器、纽扣、家用电器插座、开关、照明器具、刀柄、瓶盖、坐便器
三聚氰胺甲醛树脂（MF）	着色性好，硬度高，难燃、自熄、耐电弧，但冲击强度、耐热性、耐水性较脲甲醛树脂好	用于耐电弧、防爆电器设备，如矿井用电气开关、灭弧罩、电动工具的绝缘配件、蜜胺塑料餐具
环氧树脂（EP）	对金属和非金属有突出的粘接力，化学稳定性好，耐酸、碱、溶剂、耐热、耐水。机械强度高，尺寸稳定性好，有良好的电性能	可用于电子工业做包封、包装材料、浇铸电机定子、变压器、线圈、化工管道、隔热吸音材料、胶黏剂、涂料等
不饱和聚酯树脂（UP）	消耗量的65%～75%用于玻璃钢，力学性能优异，某些指标接近有色金属甚至钢铁水平	制造小型船舶、耐酸、耐碱、耐盐的贮罐、浴缸、凉水槽、槽车、管、泵、阀门，也可制作波纹瓦、家具等
聚氨酯树脂（PUR）	聚氨酯泡沫塑料具有保温、绝热、隔音性能，良好的粘接性、耐酸、耐碱、耐臭氧、耐油、耐寒	飞机、车厢、房屋等保温、隔音、减震的各种材料，化工管线的绝热、保温、冷藏保温材料，地下工程防渗漏材料，家具、服装的保护和包装
有机硅树脂	热塑弹性体的力学强度超过许多普通橡胶，高强度、高弹性、高耐磨性在橡胶中是很突出，耐高温、耐低温性能、优良的电绝缘性，良好的耐老化性、突出的表面活性、憎水防潮和生理惰性	用作轮胎、胶辊、胶带、垫圈、胶管、密封件、电缆护套纺织机械零件。用作航天、航空、电器工业中制备耐高温零部件的优良材料，电器配电盘、电阻换向开关和各种电器接插件、耐酸、碱试验台面

续表

塑料名称	特 性	用 途
聚酰胺（PA）	力学性能优异，耐磨性、坚韧性和自润滑性能突出，耐溶剂、耐油，对酸、碱、盐和许多腐蚀介质都很稳定。吸水性较大，尺寸稳定性较差	用于汽车仪表、食品蒸煮袋、包装薄膜、纺织、地毯、轮胎帘线、体育器材、齿轮和轴承、刷子、仪表外壳
聚对苯二甲酸乙二酯（PET）	力学强度好，吸水率低，化学稳定性好，耐浓酸，但不耐碱，耐溶剂性差，成型难	用作电影胶片、X光片、磁带、录像袋带、电容器膜、工业和食品包装膜
聚对苯二甲酸丁二酯（PBT）	力学强度好，耐磨性好，有自润滑性，吸水率低，电绝缘性优良，耐电弧性好	汽车及精密仪器零部件、挡泥板、化油器、齿轮、外壳、开关、电视机反馈变压器、接插件
聚碳酸酯（PC）	力学性能、冲击强度特别突出而蠕变特小，热性能、电性能、尺寸稳定性均佳，耐油、耐酸但不耐碱	用于光碟、薄膜、容器、管、板、瓶、飞机、车船挡风玻璃、防护罩、安全帽、广告灯箱
聚甲醛（POM）	结晶度高达75%～85%，有优异的刚性，拉伸强度高于锌和黄铜，接近钢材，耐酸、碱和紫外光差，无自熄性，难黏合	电动剃刀架、拉链、浮球阀、按钮喷雾器、瓶、洗涤盆和水龙头、草地喷洒器、电话按钮、电气开关设备
聚苯醚（PPO）	力学性能优良，耐温性好，耐水性好，湿性低，尺寸稳定性好，电性能优良，溶剂敏感性	用作线圈骨架、插座、印刷电路板、耐蒸汽、耐化学腐蚀的泵体、泵叶、管道，可反复消毒的外科手术器械
聚四氟乙烯（PTFE）	耐高、低温性能优异，摩擦系数低，难粘接，耐化学腐蚀能力极强，对强酸、强碱、强氧化剂和有机溶剂都不发生反应，俗称"塑料王"	化工衬里，泵、阀门、密封填料和垫片，生胶带，位移支承滑块、抗粘辊、脱模剂、润滑剂高频电气绝缘、电线电缆

3.1.3 纤维

纤维是形态学上的概念，是指长度与截面积直径之比较大、具有一定柔性和强度的细长物体。由于新型纤维材料的不断出现，要给纤维一个确切的定义很困难。按原料进行分类，纤维通常可分为天然纤维（包括植物纤维和动物纤维）和化学纤维（包括人造纤维和合成纤维）。

纤维的结构特征，决定了纤维所具有的某些性能。所谓纤维的结构，是指构成纤维不同层次的结构单元，当它们处于平衡态时所具有的空间排列特征。首先是构成纤维的高分子化合物的长链分子的原子或原子团组成及其在空间的排列位置，这是纤维的一次结构，也称纤维的链结构或分子结构。纤维的二次结构特征，则指处于平衡态时组成该纤维的高聚物长链分子相互间的几何排列特征，也称纤维的聚集态结构或超分子结构。纤维的三次结构特征，指纤维中尺度比超分子结构更大一些单元的特征。例如，纤维中多重原纤的排列，纤维断面的结构、组成和形状，以及可能存在于纤维中的空洞、裂隙、微孔的大小和分布等，也称纤维的形态结构。纤维的性质受一次至三次结构的影响。化学性质（包括染色性）只与一次结构有关，物理性能则由二次和三次结构决定。

成纤高聚物一般都为线形结构，其长链高分子链节的化学构成，是该高聚物长链化学结构的主要表征。主要纤维的化学结构如表3-3所示。

表 3-3 常见各种典型成纤高聚物的链节结构

纤维	链节结构	生成用单体
棉花①	(纤维素链节结构)	(葡萄糖单体)
羊毛②	$\left[-N(H)-CH(R)-C(=O)-\right]$	$H_2N-CH(R)-COOH$
涤纶	$\left[-OC-C_6H_4-CO-O-CH_2-CH_2-O-\right]$	$HOOC-C_6H_4-COOH$③ $HO-CH_2-CH_2-OH$
锦纶	$\left[-N(H)-(CH_2)_5-C(=O)-\right]$	$HN-(CH_2)_5-CO$ (环)
腈纶④	$\left[-CH_2-CH(CN)-\right]$	$CH_2=CH(CN)$
维纶⑤	$\sim CH_2-CH-CH_2-CH-CH_2-CH\sim$ 其中含 $-O-CH_2-O-$ 和 $-OH$	$CH_2=CH(OCOCH_3)$
丙纶	$\left[-CH_2-CH(CH_3)-\right]$	$CH_2=CH(CH_3)$
氯纶	$\left[-CH_2-CH(Cl)-\right]$	$CH_2=CH(Cl)$

① 也是天然纤维麻类和化学纤维中黏胶纤维、铜氨纤维等的链节结构。
② 也是蚕丝等天然蛋白质纤维的链节结构。
③ 也可取用（DMT）为生成用单体。
④ 长链分子中还含有少量（7%~9%）第二单体和第三单体的构成单元。
⑤ 长链分子中约有 30% 的羟基与甲醛缩合成六元环，其余约 70% 羟基被保留。

成纤高聚物链节的化学构成，对所得纤维的化学反应性、染色性、热稳定性、对日光-大气的稳定性等有重要影响。一般来说，主链中只含 C—C 键的碳链类成纤高聚物耐化学试剂的稳定性较好；杂链类成纤高聚物中的酯键、酰胺键，对水解反应比较敏感，水解能使它们发生降解。但是，如果在这类键的附近引入苯环，会对其水解起抑制作用；如果主链中引进众多的苯环，则有助于提高所得纤维的热稳定性。

此外，成纤高聚物化学结构中的侧取代基的性质，对所得纤维的各种物理、化学性质有明显的影响。例如，羟基等亲水性基团的存在，有助于提高纤维的吸湿性；氰基的存在，有助于提高所得纤维的耐日光-大气稳定性；卤素取代基的存在，有助于提高纤维的难燃性。

3.2 添加剂

高分子材料用添加剂是各种高分子材料在合成与加工过程中所需加入的各种辅助性化学物质，简称助剂，也称添加剂、配合剂等。添加剂是实现高分子材料成型加工工艺过程并最大限度地发挥高分子材料制品的性能或赋予其某些特殊功能必不可少的辅助成分。辅助只是相对于实现高分子材料制品的重要性而言。

几乎所有的材料都需要助剂，其种类比聚合物多得多，在一定程度上添加剂决定着聚合物应用的可能性与适用范围。例如：聚氯乙烯在接近90℃开始分解，随温度升高，分解速度加快，当其分解量不到0.1%时，其颜色就开始变黄，最后变成黑色，而聚氯乙烯的加工温度一般在150~230℃，如果不加热稳定剂、抗氧剂等防护用添加剂，聚氯乙烯则不可能加工应用。为了使塑料制品具有柔韧性，就必须加入一定量的增塑剂；加入发泡剂则可制成泡沫材料；加入阻燃剂则可改善阻燃性能等。因此，添加剂能使树脂易于加工，能直接影响产品的性能和使用寿命，在一定程度上可以弥补树脂本身的缺陷，给以制品各种宝贵的性能。实践告诉我们，没有添加剂工业的配合，就没有高分子材料工业。

不同的材料加工方法或应用范围不同，加入的助剂种类和用量也不同。多数助剂的用量都比较小，通常其用量为聚合物量的百分之几到千分之几，也有用到万分之几。根据塑料的使用目的和加工工艺不同（即要求解决的问题不同），所用的添加剂种类也不同。表3-4是根据作用功能对添加剂的分类。应当注意，添加剂的使用必须以不损害塑料的原有性能为前提。一般增塑剂、热稳定剂、抗冲击改性剂和润滑剂主要用于PVC中。抗氧剂、光稳定剂、抗静电剂、防粘连剂和增滑剂主要用于聚烯烃。

表 3-4 添加剂按照作用功能的分类

改 性 功 能	塑料添加剂类型
稳定化	热稳定剂、抗氧剂、紫外线吸收剂、防霉剂
柔软化、轻量化	增塑剂、发泡剂
提高加工性	润滑剂、加工助剂、增塑剂
改善表面性能	润滑剂、增白剂、光亮剂、防粘连剂、滑爽剂
防静电	抗静电剂
着色	着色剂
难燃化、不燃化	阻燃剂、不燃剂、填充剂
提高强度、硬度	填充剂、增强剂、补强剂、交联剂、偶联剂

3.2.1 稳定剂

凡在成型加工和使用期间为有助于材料性能保持原始值或接近原始值而在塑料配方中加入的物质成为稳定剂。它可制止或抑制聚合物因受外界因素（光、热、细菌、霉菌以至简单的长期存放等）所引起的破坏作用。按老化的方式不同，通常将稳定剂分为热稳定剂、光稳定剂、抗氧剂、抗臭氧剂和生物抑制剂等。

3.2.1.1 热稳定剂

热稳定剂是一种能防止聚合物在热影响下产生降解作用的物质。对于热稳定差、容易产生热降解的聚合物，在加工时，必须添加热稳定剂，提高其耐热性，才能使它在加工成型中不分解,并保持塑料制品在贮存和使用中的热稳定性。如果不加说明,热稳定剂专指聚氯乙烯及氯乙烯共聚物所用之稳定剂,它的开发和生产一开始就与PVC工业紧密联系在一起,并且成为PVC加工和应用的前提条件。热稳定剂的消耗量为树脂产量的2%~4%。

(1) 聚氯乙烯的热降解

不稳定的原因在于分子内部存在薄弱环节,如支链结构、分子的端基双键以及残留于聚合物中的杂质(如引发剂等),使分子链上产生了许多缺陷,其分子结构可表示如下:

$$\underset{\underset{}{}}{R-\overset{O}{\underset{\|}{C}}-O-CH_2-\underset{\underset{Cl}{|}}{CH}-CH_2-\underset{\underset{Cl}{|}}{\overset{\overset{Cl-CH}{|}}{\underset{|}{C}}}-CH_2-\underset{\underset{Cl}{|}}{CH}-CH_2\cdots CH-\underset{\underset{Cl}{|}}{CH}}$$

聚氯乙烯分子中的氧,一部分是以过氧化物引发剂被还原而生成的,另一部分是由于在聚合过程中与空气中的氧化作用而生产的。此外,由于在分子中存在有叔碳原子及双键,严重影响了聚氯乙烯的稳定性,引起了聚合物的降解反应。聚氯乙烯在热作用下的降解是一连锁的自由基反应,使分子中不断放出氯化氢气体,其分子结构随着脱氯化氢反应的进行,逐渐产生了很多共轭双键,成为多烯结构,它的颜色也逐渐由白色→微红→粉红→浅黄→褐色→红棕→红黑→黑色。一般认为分子中有7~8个共轭双键时,即产生颜色,如果共轭双键数大于10个时就开始变黄,若有羰基生成,它对变色的影响更大。

(2) 热稳定剂的作用机理

由于PVC热降解机理十分复杂,因此热稳定剂的作用机理也十分复杂,众说不一。综合目前的研究结果,热稳定剂的作用机理归纳如下:

① 捕捉降解时放出的HCl 这类稳定剂能吸收或中和聚氯乙烯树脂分解放出的氯化氢,生产无害的化合物而起稳定作用。通常有有机酸的金属皂类、某些无机酸的碱式盐类、环氧化合物、胺类、金属醇盐、酚盐及金属硫醇盐等。

② 置换不稳定氯原子 不稳定氯原子在PVC降解过程中扮演重要角色。因此,最有效的稳定剂应在PVC发生降解作用之前,与PVC分子上脱HCl的引发部位——不稳定氯原子发生取代反应,用对热更稳定的基团将其置换。可采用重金属羧酸盐和碱金属羧酸盐或碱土金属羧酸盐、环氧化合物复合,用协同作用提高稳定效能。

③ 钝化具有催化作用的金属氯化物 亚磷酸三元酯等一类稳定剂具有中和或钝化某些树脂杂质、痕量金属污染物、引发剂残余物等的作用,使PVC树脂热稳定性提高。

④ 防止自动氧化 金属硫醇盐等还具有分解氢过氧化物的二次抗氧剂效应;酚类抗氧剂能阻止脱HCl,亦表现出热稳定剂的作用;虽然热稳定剂可被过氧化物分解,但并用的酚类抗氧剂可捕获自由基,有利于改善稳定效能。

⑤ 与共轭双键结构起加成作用 利用一种稳定基团与PVC链上的不饱和双键起加成反应,从而抑制脱HCl,使共轭多烯的双键打开,而起消色作用。例如金属硫醇盐与HCl反应生成的硫醇可与双键发生加成反应,在PVC链上形成稳定的硫醚键,同时使共轭多烯的双键数目减少而消色。

⑥ 能与自由基起反应 自由基是引起PVC颜色变深的主要原因，通过反应除去自由基，可以使PVC消色，能与HCl结合的稳定剂或稳定体系都具有这一能力。

（3）主要热稳定剂的特性

热稳定剂包括盐基性铅盐、金属皂类和盐类、有机锡化合物等主稳定剂和环氧化合物、亚磷酸酯、多元醇等有机辅助稳定剂。表3-5列出常见的热稳定剂及其特性。

表3-5 常见的热稳定剂及其特性

种　类	特　性
盐基性铅盐 如：三盐基硫酸铅、二盐基亚磷酸铅、二盐基苯二甲酸铅、三盐基马来酸铅、硅酸铅、硅胶共沉淀物等	热稳定性好，电绝缘性好，有润滑性，价廉，有毒。不能用于接触食品的制品，不能制造透明制品。耐候性较差，易被硫化物污染，生成黑色硫化铅，应防止粉尘飞扬
金属皂类 如：硬脂酸、$C_8 \sim C_{16}$饱和脂肪酸、油酸等不饱和脂肪酸、蓖麻油酸等取代脂肪酸的Ca、Ba、Cd、Zn、Mg盐	起中和作用，加工性能好，兼有润滑性，相容性差，用量多时会喷霜，Pb、Cd皂有硫化污染。 Cd、Zn皂能捕捉HCl，取代烯丙基氯原子，但生成的金属氯化物对脱HCl有催化作用，加速降解，$ZnCl_2$会发生"锌烧" Ca、Ba、Mg皂能捕捉HCl，无取代烯丙基氯原子作用，不能抑制着色，生成的氯化物不会促进脱HCl。 上述两类组合有协同作用，与有机稳定剂有协同作用。Ba/Zn为低毒性组合，Cd/Zn为无毒性组合，并可辅以环氧化合物、亚磷酸酯、多元醇等
有机锡类 (1)含硫有机锡：如十二硫醇二正丁基锡、S,S'-二羟基乙酸异辛酯由二正辛基锡、β-巯基丙酸二正辛基锡、硫醇甲基锡或辛基锡等 (2)有机锡羧酸盐：二月桂酸二丁基锡、马来酸二丁基锡或二正辛基锡、马来酸单丁酯二丁基锡等	取代烯丙基氯原子，捕捉HCl，与双键加成，抗氧化作用，良好的耐热性和透明性，有些品种可用于食品包装和饮用水管。含硫有机锡不能与铅、Cd稳定剂并用，有硫污。有机锡结构和性能的关系为（分别以A、B、C代表硫醇锡盐、马来酸锡盐、羧酸锡盐）： 透明性　　　　A—优　　B—良　　C—良 初期着色　　　A—优　　B—良　　C—差 耐热性　　　　A—优　　B—良　　C—中 润滑性　　　　A—中　　B—差　　C—中 压折结垢性　　A—良　　　　　　　C—差 耐候性　　　　A—差　　B—优　　C—中 臭味　　　　　A—差　　B—中　　C—良
有机锑类 如巯基羧酸酯锑类、硫醇锑类等	热稳定性、透明性均优良，初期着色性好，无毒，气味较有机锡小，价廉。不能与铅、镉类稳定剂并用，有硫污
稀土稳定剂 镧系稀土元素的有机复合物	优良的热稳定性；长期耐热性优于铅盐，初期着色性与Zn皂相当。无毒，可用于食品、医药包装和上水管。透明性好，与有机锡相当，贮存稳定，耐候性优良。价廉，分散性好，润滑性良好
复合稳定体系 (1)以金属皂类或盐类为基础的液体复合物 (2)以金属皂类或盐类为基础的固体复合物 (3)以有机锡为基础液体液体复合物	分散性好，使用方便，起协同作用，稳定效果佳、液体复合稳定剂润滑性较差，制品软化点降低。长期贮存会变质，主要用于软制品
有机主稳定剂 (1)含氮化合物：二苯基硫脲、α-苯基吲哚、异氰脲酸酯类、β-氨基巴豆酸酯类、三嗪衍生物等 (2)原酸酯类：如原甲酸酯、原苯甲酸酯等	无毒，须与Ca/Zn、Ba/Zn稳定剂并用，有协同作用。难以承受长周期或较高温度的热加工，光稳定性较差

第3章　成型原料、混合与塑化

续表

种　　类	特　　性
环氧化合物 　环氧大豆油、环氧硬脂酸酯、环氧四氢邻苯二甲酸酯和缩水甘油醚等和环氧树脂	捕捉 HCl，取代烯丙基氯原子，单独使用耐热性、耐候性都不好，与金属皂类并用，有协同作用。环氧大豆油等配合量大时有渗出现象，且会滋生霉菌。环氧树脂有初期着色，黏着加工设备，制品中有聚合物斑点等
亚磷酸酯 　亚磷酸三苯酯、亚磷酸一苯基二异辛酯、亚磷酸三壬基苯酯等	取代烯丙基氯原子，捕捉金属氯化物和 HCl，分解过氧化物。作螯合剂，不能单独使用，与金属皂类、铅类稳定剂形成螯合物，阻止金属离子催化降解，提高耐热性和耐候性，防止着色，阻止起霜，改进透明性。液体亚磷酸酯可降低熔体黏度。加工较易，有水解性
多元醇	螯合金属氯化物，在金属盐催化下取代烯丙基氯原子。作辅助稳定剂，与 PVC 相容性差，易溶于水，影响透明性，与 Ca/Zn 稳定剂作用，有防止雾滴作用

3.2.1.2　光稳定剂

从太阳辐射到地面的光波中，紫外线（波长 290～400nm）约占 5%，其强度随地理位置、季节、气候等有一定变化。由于波长与光量子能量成反比，波长愈长，辐射能量愈强。紫外波段光子的能量为 297～419kJ/mol，明显高于高分子材料中典型化学键的键能。一般聚合物的敏感波长列于表 3-6。因此，紫外线足以引起一般聚合物化学键的破坏。反映在外观上则发生开裂、起霜、变色、退光、性能变劣、起泡以致完全粉化。为防止这种光氧化或光降解，通用的方法是加入光稳定剂，用量一般为 0.01%～0.5%。

表 3-6　一般聚合物的敏感波长

聚合物名称	敏感波长/nm	聚合物名称	敏感波长/nm
聚甲醛	300～320	聚苯乙烯	318
聚碳酸酯	295	聚氯乙烯	310
聚乙烯	300	聚酯（热塑性）	290～320
有机玻璃	290～315	不饱和聚酯	325
聚丙烯	310	乙烯-醋酸乙烯共聚物	322～364

（1）光氧老化机理

大量研究表明聚合物中残存的过渡金属离子（催化剂残留物）在热作用下形成的氢过氧化物、羰基、稠芳环及氧聚合物络合物和臭氧聚合物络合物等才是引起光引发反应的活性物质。就大多数聚合物而言，一般认为它们是一个由光能引发的自动氧化过程。以 P—H 代表聚合物，可将光氧化历程示意如下：

引发反应

$$P-H \xrightarrow{h\nu} P\cdot + H\cdot$$

$$P-H \xrightarrow{h\nu} P\cdot + H^* \text{（激发态）}$$

$$P\cdot + O_2 \longrightarrow POO\cdot$$

$$P-H^* + O_2 \longrightarrow POOH \longrightarrow \begin{cases} POO\cdot + H\cdot \\ PO\cdot + HO\cdot \end{cases}$$

增长反应

$$POO\cdot + P\text{—}H \longrightarrow POOH + P\cdot$$
$$POOH \longrightarrow PO\cdot + HO\cdot$$
$$PO + P\text{—}H \longrightarrow POH + P\cdot$$
$$HO\cdot + PH \longrightarrow HOH + P\cdot$$

终止反应

$$P\cdot + P\cdot \longrightarrow P\text{—}P$$
$$2POO\cdot \longrightarrow POOP + O_2\cdot$$
$$POO\cdot + PO\cdot \longrightarrow POP + O_2$$

在光氧化过程中，也伴有聚合物链的断裂和交联，致使其物理力学性能劣化，同时，含羰基分解产物和发色团的形成又加深了其颜色的变化。

(2) 光稳定剂的作用和分类

光稳定剂是指可有效地抑制光致降解物理和化学过程的一类化合物。根据其作用机理可分为以下几种。

① 光屏蔽剂　指能反射和吸收紫外光的物质，可屏蔽紫外光波，减少紫外光的透射能力。从而使制品内部不受紫外线的危害。如炭黑、某些无机颜料和填充剂。

② 紫外线吸收剂　指能强烈地选择性吸收高能量的紫外线，并进行能量转换，以热能形式或无害的低能辐射将能量释放或消耗的一类物质。这是目前应用最普遍的一类光稳定剂。工业上常用二苯甲酮类和苯并三唑类。

③ 猝灭剂　指通过分子间的能量转移，迅速而有效地将激发态分子（单线态氧和三线态物质）猝灭，使转变成热能或转变成荧光或磷光，而辐射散失，回到基态的一类物质，通过这一过程，使其免遭紫外线破坏，从而达到稳定高分子材料的目的。因此，它有别于紫外线吸收剂（并不强烈吸收紫外线），且作用机理也不同于紫外线吸收剂（通过分子内的结构变化转移能量），如常用镍的有机化合物。

④ 自由基捕捉剂　指通过捕获自由基，分解过氧化物，传递激发态能量（猝灭单线态氧）等多种途径，赋予高分子材料高度光稳定性的一类化合物。其特征是几乎不吸收紫外光，常见的有受阻胺类光稳定剂。

(3) 常用光稳定剂的特性

表 3-7 所示为常用的光稳定剂。

表 3-7　常用的光稳定剂

种　类	特　征
炭黑、颜料及其他填充剂	炭黑是效能最高的光屏蔽剂，可抑制自由基反应，与其他稳定剂有协同效应；镉系颜料、铁红、酞菁蓝、酞菁绿等颜料可抑制紫外光老化，应考虑与光稳定剂、抗氧剂、炭黑等的相互影响；ZnO 有良好的耐热、耐光、耐候性，着色力小于锌钡白，更小于 TiO_2，是价廉、耐久、无毒的光稳定剂，须与过氧化物分解剂并用，用于塑料的防光老化
二苯甲酮 UV-0,UV-9,UV-531,Mark LA-51,Cya-sorb-5411 等	吸收 290～400nm 的紫外光，与高分子化合物相容性好

续表

种 类	特 征
苯并三唑类	吸收300~385nm的紫外光,几乎不吸收可见光,良好的光、热稳定性,用于塑料、涂料的防光老化
受阻胺类 　Mark LA-57,Sanol LS-770,Sanol LS-774, GW-540等	比光吸收型光稳定剂性能优良,并与其有良好的协同作用,与酚类抗氧剂并用,耐候性显著提高,与硫代二丙酸酯类过氧化物分解剂并用时,光稳定性有所下降,与无机或有机颜料、染料配合基本不影响其光稳定性
取代丙烯腈类 　Uvinul N-35,N-539 　UV-obsorber 317,318,340 　Cyasorb UV-1988等	仅能吸收310~320nm的紫外光,良好的化学稳定性,相容性好。用于塑料、橡胶的防光老化
芳香酯类 　水杨酸苯酯、间苯二酚单苯甲酸酯等	吸收短波紫外线,光照后,分子结构重排,可吸收可见光,使制品泛黄。用于塑料、纤维素防光老化。水杨酸苯酯紫外光吸收能力较差,价廉,相容性好
三嗪衍生物类	高效吸收型光稳定剂,吸收280~380nm紫外线,用于塑料防光老化
有机金属络合物及其盐类 　CyasorbUV-1084,Am-101, 　Irgastab 2002,光稳定剂 NBC	有机镍、钴盐及其络合物,对激发的单线态和三线态有极强的猝灭作用,有些兼具抗臭氧作用
其他 　草酰苯胺类 　氮杂环烷酮类	吸收280~310nm紫外线,兼具抗氧剂和金属钝化剂功能,可适应高温加工,300℃以下仍稳定,不挥发,不着色,无毒,用于塑料防光老化 优良的光、热稳定性,应用于PP等

3.2.1.3 抗氧剂

高分子材料受到空气中氧气作用而产生的氧化作用称为氧化降解。在大气中热和光都能促进氧化作用的进行,这样的氧化作用分别称为热氧化和光氧化。它是按典型的链式自由基机理进行,具有自动催化特征,由于发生的温度较低(室温至150℃),因而,有时氧化降解比纯热降解更为重要,且在高分子材料的制备、贮存、成型加工、使用过程中是不可避免的。热塑性塑料如 PS、PP、PE 及 ABS 等特别易氧化,如聚酯、聚酰胺等就不易氧化。在塑料中抗氧剂的用量为0.1%~1%,而在橡胶中的用量一般为1~5份。

(1) 聚合物材料的氧化

聚合物材料中微量氢过氧化物在适当条件下分解生成活性自由基,聚合物中存在的羰基、羟基也可能敏化相邻的化学键,使之裂解成自由基。这些自由基又能与大分子烃或氧反应生成新的自由基,这样周而复始地循环,使氧化反应按自由基链式历程进行。但臭氧老化的机理不同于氧化降解,虽也包含自由基反应,但主要是以亲电加成的离子型机理进行。因此,抗臭氧剂的作用显然是与抗氧剂不同的。抗氧剂是在高分子材料内部抑制扩散到制品内部的氧,抗臭氧剂只是在制品表面上发挥作用。因此,能作为抗氧剂的物质不一定能作抗臭氧剂。

(2) 抗氧剂的作用与分类

抗氧剂是指可抑制或延缓高分子材料自动氧化速度,延长其使用寿命的物质。在橡胶工业中抗氧剂也被称为防老剂。

抗氧剂可被分为两大类：

① 链终止型抗氧剂　可与自由基 R·和 ROO·反应，中断了自动氧化的链增长，ROO·的消除抑制了 ROOH 的生成和分解，可以认为 ROO·自由基的消除是阻止降解的关键。所以这类抗氧剂又称主抗氧剂。常见的有受阻酚类、仲芳胺类。

② 预防型抗氧剂　可除去自由基的来源，抑制或减缓引发反应。故这类抗氧剂又称辅助抗氧剂。这类抗氧剂又可分为过氧化物分解剂（如亚磷酸酯、硫代二丙酸酯、二硫代氨基甲酸金属盐类）和金属离子钝化剂（酰胺类及酰肼类）两类。

抗臭氧剂是指可以阻止或延缓高分子材料发生臭氧破坏的化学物质。通常分为两类，用量为 1~5 份。

① 物理防护方法　在高分子材料中添加蜡或在其表面涂树脂（如烷基树脂、酚醛树脂、PVC 树脂、聚氨酯等），以在表面形成一层对臭氧攻击不敏感的、臭氧不能通过的保护层。此法仅适用于防止静态环境中的臭氧破坏作用。

② 化学防护方法　添加抗臭氧剂，如喹啉类衍生物、醛胺、酮胺的缩合物、对苯二胺衍生物等。这类防护可抵抗动态环境下的臭氧破坏作用。

(3) 常用抗氧剂的特性

表 3-8 所示为常见的抗氧剂。

表 3-8　常见的抗氧剂

种　类	特　性
醛胺类	防老剂中最老的品种，仅丁间醛醇与 1-萘胺的缩合物尚有一定价值，主要作橡胶防老剂，能有效抗热、氧、光老化，有污染性
酮胺类	是防老剂中极为重要的一类，用作橡胶防老剂，有效防止热、氧、疲劳老化。防老剂 RD 可抑止金属催化氧化，无喷霜，污染不显著；防老剂 AW 有污染性，可与 4010NA、防老剂 H 或防老剂 D 并用，提高防护效果；防老剂 BLE 为通用品种
二芳基仲胺类 　苯基萘胺类	可用于橡胶、塑料，抗热、氧、曲挠老化优良，有毒性，有污染性，不适于浅色制品。国外产量已下降，国内仍为主要品种
二苯胺类	防老剂 D 为通用品种，用量大时会喷雾，可与 4010NA 并用，提高防护能力；防老剂 A 为常用防老剂，推荐与防老剂 H 并用
对苯二胺类 　N,N'-二烷基对苯二胺	对光、热氧、曲挠、臭氧老化有防护作用，性能不够全面，应用不广，仅辛烷化二苯胺（如防老剂 OD）、Naugard 445 等有实用价值
N,N'-二芳基对苯二胺	用作橡胶的防老剂，对热、氧、臭氧、机械疲劳、有害金属有防护作用，有污染性，用于深色制品。防老剂 288 与 4010NA 有协同作用；防老剂 4030 为暗红色液体，毒性小于 4010NA。可用于橡胶、胶乳制品及塑料，对热、氧、有害金属、臭氧等有防护作用。防老剂 H 有污染性，用量不宜过大，与防老剂 D 并用特别有效。防老剂 DNP 是胺类抗氧剂中污染性最小的品种，遇日光会变红，仅用于深色制品
N,N'-烷基芳基对苯二胺	可用于橡胶、塑料，兼有上述两类对苯二胺类防老剂的优点，优越的抗臭氧、热氧、曲挠、有害金属老化作用，可与防老剂 A、D 并用。防老剂 4010 有污染性，不宜用于浅色制品；防老剂 4010NA 为通用型防老剂，是性能最好的品种之一（全面优于 4010），亦用于胶乳制品；防老剂 4020 性能与 4010 相近，毒性和对皮肤刺激性则小，有污染性

续表

种　　类	特　　性
酚类抗氧剂	
烷基单酚类	大量用于塑料,亦用于橡胶,不变色,不污染,用于白色或浅色制品。挥发、抽出损失较大,无抗臭氧能力。抗氧剂264有抗热氧老化作用,有毒性;防老剂SP为不污染型;抗氧剂1076是较优秀的品种,无毒、无色,极好的稳定性,耐水抽出性,相容性好,挥发性低,可用于高温环境
烷基多酚类	抗氧剂中性能最好的一类,用于塑料、橡胶,挥发、抽出损失较小,热稳定性好,不变色,无污染,可用于浅色或彩色制品。抗氧剂2246效能与防老剂A、D类似;抗氧剂CA为优良的高分子量抗氧剂;抗氧剂1010耐热、耐水及耐洗涤抽出,相容性好,无臭味,是用于高温聚烯烃中最优秀的品种之一,可与DLTP并用;抗氧剂330高效、无毒,可用于食品包装材料;抗氧剂3114与光稳定剂、辅助抗氧剂有协同作用,可用于食品包装材料
硫代双酚类	用于橡胶、胶乳、塑料,不变色,不污染,抗热氧、耐气候老化,可与炭黑、烷基酚、亚磷酸酯并用。防老剂2246-S有抗臭氧性,可用于浅色或艳色制品;抗氧剂300毒性较低;抗氧剂亚甲基-4426-S毒性较低
多元酚衍生物	常用于浅色胶乳制品,也用于橡胶、塑料、不饱和聚酯中,防老化性能与烷基单酚相似或略高,有轻微污染和喷霜。2,5-二叔丁基对苯二酚(DBH,防老剂Al-ba)抗热氧老化,可与防老剂DNP并用,防老剂DBH不变色,不污染,抗热氧、光、曲挠老化能力中等
氨基酚衍生物	用于橡胶、胶乳的非污染型防老剂,特别适用于IIR,有良好的抗热氧、抗臭氧作用,不污染,不变色,对制品透明性无影响,主要品种有防老剂CEA和防老剂CMA
硫代酯及亚磷酸酯	分解氢过氧化物,阻止氧化,为辅助氧化剂。用于塑料、橡胶、油脂等
硫代酯(二价硫化物)	抗氧剂DLTP毒性小,气味小;抗氧剂DSTP与DLTP相似,与1010、1076并用,不着色,不污染,用于白色或艳色制品
亚磷酸酯	抗氧剂TNP、ODP用于塑料、橡胶、胶乳,抗热氧老化,不变色,不污染

3.2.1.4　生物抑制剂

聚合物制品在贮存、使用过程中,可能遭受老鼠、昆虫、细菌、霉菌等的危害,抵御、避免和消灭这类情况发生的物质,称为生物抑制剂或防生物剂。生物抑制剂是防虫剂、防兽剂及防霉剂（或称抑菌剂）的总称,防虫剂主要是防白蚁剂,防兽剂主要是防鼠剂,抑菌剂主要是防止微生物的侵蚀。

（1）抑菌剂（杀菌剂）

合成高聚物中如果加入了增塑剂、润滑剂、稳定剂等后,就减弱了对微生物的抵御力,用以防止微生物侵蚀的物质叫抑菌剂。醇酸树脂、酚醛树脂以及加有增塑剂的纤维素塑料及PVC等容易受微生物侵蚀,有些包装食品用的塑料橡胶制品,由于食物残存于表面也会引起细菌的生长繁殖,在合成高分子材料中也有直接含有细菌营养源的品种如聚氨基甲酸酯。一般含有碳、氢、氮及酵素的材料易受细菌的侵蚀。在炎热、潮湿的气候条件下使用或在地下和水中使用时,都容易加快微生物的侵蚀,例如淋浴室窗帘容易被侵蚀而出现斑点、发脆、收缩或其他物理性能的改变。

常用的抑菌剂有:有机锡化合物,它具有与正汞盐相当的抑菌能力,但毒性较低。如双三正丁基锡,双（三正丁基锡）氧化物等;溴化水杨酯替苯胺,它在各种环境中都有抑菌作用，对 PE 薄膜特别有效；季胺化合物，主要用于 PVC 薄膜，抑菌作用较弱，在较高温度下会变色；有机汞化合物，抑菌能力很强，但毒性大且会造成变色。如苯基汞醋酸盐、苯基汞油酸盐主要用于醇酸树脂、聚醋酸乙烯和丙烯酸树脂；硫醇类，主要是 N-(三氯甲基)硫代酞酰亚胺，广泛用于 PVC。另外铜、砷的化合物也可作为抑菌剂，如 8-喹啉铜是常用的一种抑菌剂，主要用于 PVC 涂料和电缆料，它对土壤中的细菌有很强的抑制力。应指出的是，PVC 本身不会被细菌侵蚀，被侵蚀的只是与它配合的一些助剂。使用抑菌剂时应注意使用安全。

（2）防虫剂和防兽剂

防白蚁剂可分为无机物和有机物两类，前者主要以食杀方式灭蚁；后者通过接触作用灭蚁，有些是具有驱避作用的。有些药剂与聚合物材料相容性好，而且具有触杀和驱避作用，因此比食杀品种更有利于保护制品。有机防白蚁剂主要有含氯化合物，有机磷和氨基甲酸酯，后两者效力大，但药力持久性差，现今主要的是含氯化合物。如狄氏剂（$C_{12}H_3Cl_6O$）、艾氏剂（$C_{12}H_8Cl_6$）、氯丹（$C_{10}H_5Cl_8$）、林丹（$C_6H_6Cl_6$）、七氯（$C_{10}H_5Cl_7$）等，使用时多与聚合物直接混合，用量一般为 0.5%～5%。

为防止老鼠对塑料制品的损害，除可在设计制品时选取无老鼠搭牙咬齿的外形外，常可采用老鼠所厌恶的药物混入或涂抹在聚合物制品上。塑料防鼠剂尚处研究阶段，具有一定实用价值的有：有机锡类（丁基系有机锡、三嗪有机锡等，但剧毒）、抗生素类、硫脲系有机物、三硝基苯胺络合物和氯化三酚吡嗪等。

3.2.2 增塑剂

为降低塑料的软化温度和提高其加工性、柔软性或延展性，加入的低挥发性或挥发性可忽略的物质称为增塑剂，而这种作用则称为增塑作用。增塑剂通常是一类对热和化学试剂都稳定的有机物，大多是挥发性低的液体，少数则是熔点较低的固体，而且至少在一定温度范围内能与聚合物相容（混合后不会离析）。经过增塑的聚合物，其软化点（或流动温度）、玻璃化温度、脆性、硬度、拉伸强度、弹性模量等均下降，而耐寒性、柔顺性、断裂伸长率等则会提高。目前约 80%～85% 的增塑剂用于 PVC 塑料制品中，其次则用于纤维素树脂、醋酸乙烯树脂、ABS 树脂和橡胶中。

3.2.2.1 增塑剂的应用性能

对增塑剂性能除用以改善它的加工性能并使制品具有柔软性外，还有很多要求，理想增塑剂应具备以下条件：

① 与树脂的相容性好，否则易从制品中析出，产生表面"喷霜"或"出汗"现象，影响产品质量。常以 100g 树脂为标准，其所吸收增塑剂的量作为相容性好坏的比较，吸收的量愈多相容性愈好。

② 增塑效率要高，工业上常用增塑效率来评价柔软程度，它是指在树脂中加入一定量的增塑剂使其达到某一硬度或某一机械强度等物理指标，所用增塑剂量的相对比。常以 DOP 作为比较标准，表 3-9 列出聚氯乙烯常用增塑剂的增塑效率，所定的物理性能指标是弹性模量（温度 25℃，伸长率为 100%）为 6.89MPa。从表 3-9 可以看出，达到等效的用量，DOP 需 63.5 份，而 DBP 只要 54.0 份，从这个意义上说，DBP 应是最好的增塑

剂。但是评定增塑剂的优劣，除了增塑效率外，还应考虑到相容性、挥发性、抽取性、迁移性等因素，而 DBP 在这许多方面不一定比 DOP 好。

表 3-9　聚氯乙烯常用增塑剂的增塑效率

增塑剂	代用符号	等效用量/份（以 100 份聚氯乙烯为准）	效率比值
癸二酸二丁酯	DBS	49.5	0.78
邻苯二甲酸二丁酯	DBP	54.0	0.85
环氧脂肪酸丁酯		58.0	0.91
癸二酸二辛酯	DOS	58.5	0.93
己二酸二辛酯	DOA	59.9	0.94
邻苯二甲酸二脂肪醇酯	DAP	61.2	0.97
邻苯二甲酸二辛酯	DOP	63.5	1.00
邻苯二甲酸二异辛酯	DIOP	65.5	1.03
石油磺酸苯酯	M-50	73~76	1.15~1.2
环氧油		78.0	1.23
磷酸三甲酚酯	TCP	79.3	1.25
磷酸三二甲酚酯	TXP	83.1	1.31
己二酸丙烯酯		85	1.34
氯化石蜡（53%氯）		89	1.4

③ 增塑效果要持久。

a. 挥发性要低。增塑剂的挥发过程是从树脂内部迁移至表面，然后再从表面蒸发至周围介质中。必须选用扩散速度低、沸点高（蒸气压低）的增塑剂，这样不致使增塑剂在高温操作与使用温度下由于挥发而消失。

b. 耐抽出性良好。塑料与油或水等溶剂接触时，一部分增塑剂扩散至油或水的现象，称为增塑剂的抽出性，耐抽出性良好是指被抽出的增塑剂要少。

c. 耐迁移性良好。指增塑剂逐渐向高分子材料表面迁移，当高分子材料与其他材料接触时，增塑剂还可迁移至其他材料中去，这种现象称为增塑剂的迁移性。增塑剂与树脂的相容性愈差，迁移性往往愈大。

d. 对光、热稳定性要良好。耐久性与增塑剂的相对分子质量及分子结构均有密切关系。增塑剂相对分子质量在 350 以上才能有良好的耐久性，相对分子质量在 1000 以上的聚酯类和苯多酸酯类（如偏苯三酸酯）增塑剂有良好的耐久性。

④ 低温柔韧性好。增塑剂能使脆化点降到较低的温度范围内。

⑤ 电绝缘性好。总的来说，随增塑剂用量增加，电绝缘性逐渐变差。分子内支链较多的、塑化效率差的增塑剂有较好的电性能。

⑥ 耐老化性好。不同增塑剂对被增塑高分子化合物的耐老化性有不同的影响，增塑剂的酸值愈低，成型加工中愈稳定。抗氧剂的加入有利于改善热稳定性和耐老化性。增塑剂对微生物十分敏感，是引起生物降解的主要因素之一，因此，在温湿环境下应用时，必须添加生物抑制剂。

⑦ 阻燃性好。根据制品的使用条件，选择不燃或难燃的增塑剂。

⑧ 毒性低。通常增塑剂或多或少都有一定毒性，尽量选择无毒、无臭、无色、透明、

无味的增塑剂。

3.2.2.2 增塑剂的作用机理

聚合物大分子链常会以次价力而使它们彼此之间形成许多聚合物-聚合物的联结点，从而使聚合物具有刚性。这些联结点在分子热运动中是会解而复结的，而且十分频繁。但在一定的温度下，联结点的数目却相对地稳定，所以是一种动平衡。加入增塑剂后，增塑剂的分子因溶剂化及偶极力等作用而"插入"聚合物分子之间并与聚合物分子的活性中心发生时解时结的联结点。这种联结点的数目在一定温度和浓度的情况下也不会有多大的变化，所以也是一种动平衡。但是由于有了增塑剂-聚合物的联结点，聚合物之间原有的联结点就会减少，从而使其分子间的力减弱，并导致聚合物材料一系列性能的改变，如图 3-1 所示。

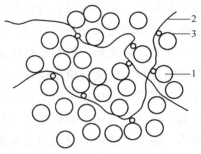

图 3-1 聚合物增塑示意图
1—增塑剂分子；2—聚合物分子；
3—增塑剂与聚合物间的联结点

3.2.2.3 常用增塑剂的特性及选择

表 3-10 所示为常用增塑剂及特性。

表 3-10 常用增塑剂及特性

品 种	特 性
苯二甲酸酯类 DBP、DNHP、DOP、DNOP、DINP、DTDP、DCHP、BBO、DOTP、DOIP 等	是 PVC 最重要、用量占绝对优势的增塑剂，具有较全面的性能，相容性好，作主增塑剂
脂肪族二元酸酯类 DBS、DOS、DOA、DOZ 等	耐寒性好，作辅助增塑剂
磷酸酯类 TCP、TOP、TPP、DPOP 等	阻燃性好，抗菌性强，毒性大
含氯化合物类 氯化石蜡、MPCS、氯甲氧基油酸甲酯等	阻燃、电绝缘性好，价廉，塑化效率低，耐寒性、热稳定性较差，相容性差，作辅助增塑剂
环氧化合物类 ESO、EBst、EOst、EPS 等	可吸收 PVC 分解放出的 HCl，兼具稳定剂作用，改善光、热稳定性，作辅助增塑剂
聚酯类 Paraplex G-50、Paraplex G-25、壬二酸丙二醇聚酯等	保持性好，作永久增塑剂，较优良的电性能和力学性能，相容性差，塑化效率较差，加工性和低温性不好
脂肪酸酯类 TBC、ATBC、BO、THFO、硬脂酸丁酯、MAR 等	耐寒性、润滑性好，易抽出，相容性差，作辅助稳定剂。TBC、ATBC 作无毒增塑剂，用于食品包装中
多元醇酯类 DEDB、DPDB 等 季戊四醇酯、双季戊四醇酯等	耐寒性好，相容性较差，作辅助增塑剂 耐热性卓越，电绝缘性好，挥发性低，耐抽出性好，价贵
苯多酸酯类 TOTM、TDTM、均苯四甲酸四辛酯等	挥发性低，耐抽出性、耐迁移性良好，耐热性较好。作耐久性增塑剂，类似于聚酯类，价贵
石油酯类 T-50（或 M-50）	相容性、耐寒性较差，成本低，辅助增塑剂中性能较全面
高分子增塑剂 EVA、E-VA-CO 共聚物、NBR、EVA-g-PVC 等	兼具增塑、增韧作用（尤其是冲击韧性），力学性能有显著改进，作永久增塑剂

3.2.3 填充剂

填充剂——顾名思义是一种填充物料,所以也称为填料。填充剂和增强剂有时难以区别,一般来说,塑料中加入填充剂的主要目的是降低塑料消耗量和降低成本,但它有时会降低塑料强度,另一方面有时也会起着增强和改进塑料物理性能的作用。因此,按其所产生的作用可将填充剂分为增量填充剂(也称惰性填充剂)和增强剂(也称补强剂、活性填充剂)两类。填充剂一般都是粉状或粒状的,它并不能使塑料的拉伸强度显著增加,但经偶联剂处理后,也能与树脂较好结合,起到一定增强作用。随着超细粉体和纳米材料的出现以及各种表面改件技术的发展,尤其是有机/无机复合材料的出现,单纯增量的功能日益减弱;而活性填充剂能起到一定的增强作用,一般是纤维状物质,如:玻璃纤维、石棉纤维等,使用增强剂的目的是显著地提高塑料的拉伸强度和挠曲强度,故常将纤维用偶联剂处理,或者把偶联剂加入树脂中使它与树脂有很好的结合力以获得增强效果。

3.2.3.1 填充剂在橡胶中的应用

橡胶中使用填充剂的目的是:①增大容积,降低成本;②改进混炼胶性能,如调节可塑度、黏性、防止收缩、提高表面性能等;③改进硫化胶性能,如增加拉伸强度、撕裂强度、耐磨耗性;调节硬度和弹性率,改善耐热性、耐油性、耐候性、电性能等。④发挥其他一些作用,如减少硬橡胶硫化时的发热收缩,调节胶乳、胶浆的稠度等。

填充剂粒子的大小、形状和表面性质直接影响了它对橡胶性能的增强效果,以下分别予以介绍:

(1) 粒子大小(比表面积、粒度分布)的影响

填充剂粒子越细,对橡胶制品的拉伸强度、撕裂强度、耐磨耗性等机械强度的影响愈大。但是,粒子愈细,不易被橡胶浸润,分散困难,粒子易聚集。当粒径小于 100nm 时,补强作用显著。表 3-11 为常用补强剂和填充剂的平均粒径。

表 3-11 常用补强剂和填充剂的平均粒径

品种	平均粒径/nm	品种	平均粒径/nm	品种	平均粒径/nm
天然气槽黑	20~30	气相白炭黑	10~25	硬质陶土	90%<1000
混气槽黑	28~36	沉淀白炭黑	20~40	软质陶土	2000~5000
高耐磨炉黑	26~35	氧化锌	100~500	普通滑石粉	5000~20000
半补强炉黑	60~130	碳酸钙	1000~3000	超细滑石粉	69%<2000
通用炉黑	50~70	超细碳酸钙	25~100		11%<5000

(2) 粒子的形状(有规形、无规形)的影响

有球状、立方体状的等向性填充剂和针状、板状等异向性填充剂。与等向性填充剂相比,异向性填充剂有减小混炼胶或硫化胶收缩性、硫化胶生热和永久变形较大的特点,并赋予非结晶橡胶较大的拉伸强度。

(3) 粒子表面性质(化学组成,多孔性、结晶构造、吸附物质)

填充剂粒子的表面性质取决于其化学组成、晶体结构、吸附物质、表面毛细管孔穴发育程度等。这些性质影响填充剂对橡胶的浸润性、分散性、硫化性、补强性、耐候性等。通过有机或无机物质进行表面处理,使其表面活化,浸润性好,粒子易被橡胶包覆,补强

作用明显提高。化学组成相同的填充剂，因制造方法或制造条件不同，其结晶度、结晶构造、微量杂质的存在等也不同，这些对橡胶性能均有所影响。

3.2.3.2 填充剂在塑料中的应用

填充剂在塑料中的应用目的随塑料种类及用途的不同有着相当的差异。其共同目的是：降低塑料制品的成本；提高制品的尺才稳定性、耐热性、硬度、耐候性，赋予隐蔽性。除上述共性目的外，在个别场合使用填充剂还有着一些特定目的，如：改善黏度、流动性及其他加工性能；可提高电性能、导热性、耐水、耐溶剂性；赋予抗黏结性；增加黏合性；改善物理强度；提高电镀性能、赋予印刷性；抑制高分子材料硬化时的发热、防止龟裂；赋予阻燃性等。

填充剂对塑料的作用效果首先取决于其形状即纤维状、片状或球状物的填充剂对塑料的加工性能、机械性能、电气性能及热性能等有不同的影响。一般说来纤维状、薄片状填充剂加入到塑料中，其加工性能不好，而机械强度则很高。与此相反，使用球状的填充剂时，加工性能好，但机械强度不高。而塑料的热性能、电性能及耐药品性等性能主要受填充剂化学成分的影响，与填充剂的形状关系不大。

3.2.3.3 常用填充剂的特性及选择

表3-12列出了常用填充剂及特性。

表 3-12 常用填充剂及特性

填充剂种类	来 源	作 用
碳酸钙 　重质型 　轻质型(沉降型)	由白垩、贝壳、石灰石等天然物质经机械粉碎而制的,粒径2~10μm。近年利用湿法、球磨、气流粉碎等,已使重质型碳酸钙(滑石粉等也同样)粒子加工更细(<10μm),与轻质者相近,使用后对塑料的加工性能及物理力学性均不致有大的下降 　由无机合成后沉降而得,粒径在0.1μm以下	用于聚氯乙烯、聚烯烃等。提高制品耐热性、硬度。降低收缩率、降低成本。遇酸易分解,故不宜用于耐酸制品中。细粒者,在制品中分散较好,但比容积较大,应进行适当的表面处理,使之在制品中分散良好
黏土、硅酸盐类黏土、高岭土(陶土、瓷土)、硅灰石基	由天然物质精制、煅烧、粉碎制得	用于聚氯乙烯、聚烯烃等。改善加工性能,降低收缩率,提高制品耐药物、耐燃、耐水性及降低成本,煅烧陶土可提高制品介电性能
滑石粉	由硅酸镁研磨成,呈片状	提高制品刚性,尺寸稳定性,高温蠕变性、耐化学腐蚀及降低摩擦因数
石棉	由含镁、铁、钙、钠等的硅酸盐有几种类型,呈纤维状	提高制品刚性,尺寸稳定性,高温蠕变性,但因其毒性,近年使用量下降
云母	由含铝硅酸的钾、镁、铁等盐类有几种类型,呈片状	提高制品耐热性、尺寸稳定性、介电性能,多用于电绝缘制品中
炭黑	由天然气、石油不完全燃烧或热裂解制得。有接触法、炉法、热裂法等多类	用于聚氯乙烯、聚烯烃等。常兼具着色剂、光屏蔽剂作用,以提高制品导热、导电性能
二氧化硅 　(白炭黑)	沉淀法粒径20~40nm,含水10%~14%,气相法粒径10~25nm,含水量<2%	用于聚氯乙烯、聚烯烃、不饱和聚酯、环氧树脂等。提高制品介电、抗冲击性能,可作树脂流动性调节剂

续表

填充剂种类	来　源	作　用
硫酸钙（石膏）	由天然产或化学沉淀法制得	用于聚氯乙烯、丙烯酸类树脂，降低成本，提高制品尺寸稳定性、耐磨性，用于"钙塑"材料等
亚硫酸钙	由化学法制得	
金属粉或纤维	常用有铝、古铜（铜锌合金）锌、铜、铝等粉末。由熔融金属喷雾或由金属碎片机械粉碎制得，近年来也用到铜、钢、不锈钢纤维等	用于各种热塑性工程塑料、环氧树脂等，提高塑料导电、传热、耐热等性能。铅粉可使塑料具有遮蔽 X 射线或 γ 射线的作用。采用金属纤维时，除上述作用外，对制品物理力学性能有所改善，以除去表面氧化层，使之具有良好的导电、导热等性能
二硫化钼 石墨	由天然物精制或合成 天然或合成	用于尼龙浇铸制品等以改进表面硬度，降低摩擦因数，热膨胀系数，提高耐磨性。二硫化钼用量较石墨小
聚四氟乙烯粉或纤维	合成	用于聚氯乙烯、聚烯烃及各种热塑性工程塑料，提高制品耐磨性、润滑性和极限 PV 值
中空微球	由无机或有机材料经熔融喷射，挥发性成分气化、发泡、熔融分解等形成。再是由粉煤灰中的带色中空玻璃微球分离清洗得到	相对密度低、耐热、耐蚀、隔热、介电、隔音，用在有这些需要的产品中，作为工程材料。粉煤灰还可以降低成本
木粉、核桃壳粉、纤维素	天然物加工	用在热固及热塑性塑料中，作为增量或提高某些物理机械性能

3.2.4　润滑剂

为改进塑料溶体的流动性能，减少或避免对设备的摩擦和黏附（黏附也可能由其他助剂引起）以及改进制品表面光亮度等，而加入的一类助剂称为润滑剂。可根据作用不同而分为内润滑剂和外润滑剂两类。内润滑剂与高聚物有一定的相容性，加入后可减少高聚物分子间的内聚力，降低其熔融黏度，从而减弱高聚物分子间的内摩擦。外润滑剂与高聚物仅有很小的相容性，它在加工机械的金属表面和高聚物表面的界面上形成一润滑层，以降低高聚物与加工设备之间的摩擦。一种润滑剂是内还是外润滑剂要结合具体的高聚物来判断。所谓"内"与"外"也不是绝对的。实际上不少润滑剂是兼有两种作用的，如金属皂类作聚氯乙烯的润滑剂就是如此。由于金属皂（如硬脂酸钙 $C_{17}H_{35}COOCaOCO\ C_{17}H_{35}$）分子结构是由两个较长的碳链通过一个极性基团联结而成，虽然它的相容性并不好，但却能借助其中心基团在 PVC 中得到较好分散，而呈现内润滑作用；另一方面，因具有较长的碳氢链，又不易与 PVC 相容，故表现为外润滑作用。具有良好外润滑作用的润滑剂，有时称为脱模润滑剂或称脱模剂，用以涂覆于模穴中以防止制品与模具粘连使之易于脱膜。

3.2.4.1　润滑剂的主要品种

润滑剂的种类很多，常按其作用机理分成内润滑剂和外润滑剂。按其化学组成可分为烃类、脂肪酸类、脂肪酸皂类、酯类、酰胺类、醇类和硅油类润滑剂等，常见的润滑剂如表 3-13 所示。

表 3-13　常见的润滑剂

类　别	润滑剂品种	应用范围
烃类	液体石蜡 工业用白色矿物油 天然石蜡 石蜡油 微晶石蜡 低分子量聚乙烯 无规聚丙烯 氯代烃 氟代烃	PVC、ABS、AS、PS PE、PP、PS PVC、ABS PE、PP、PS PO、CA、CN、PS PVC、PO、ABS、UP、PA、AS PVC、PO 及其他塑料 PE
脂肪酸类	高级脂肪酸(C_{12}～C_{22}) 羟基脂肪酸(醇酸)	PO、PVC、AS、ABS PVC、PO
脂肪酰胺类	脂肪酰胺 亚乙基双脂肪酰胺	PO、PA、UP、CA、CN、PET、PBT PVC、PO、PS、ABS
酯类	脂肪酸低级和高级醇酯 脂肪酸多元醇酯 脂肪酸聚乙二醇酯	PS、ABS、PVC、PO、PF PVC、PP、ABS、PE、PF、CA PVC、PP、ABS
醇类	高级脂肪醇 多元醇 聚乙二醇或聚丙二醇	ABS
金属皂类	硬脂酸钠 硬脂酸钙 硬脂酸镁 硬脂酸锌 硬脂酸钡	PVC、PS、PA、PP PVC、PO、PS、ABS、UP、AS ABS、PVC、AS PVC、MF、PF、PO、UP、PA、PS、AS PVC、PS 泡沫
硅油	甲基硅油、乙基硅油	ABS、AS、PP、PS
复合润滑剂	石蜡烃类复合润滑剂 金属皂类与石蜡烃类复合润滑剂 脂肪酰胺与其他润滑剂复合物 以褐煤蜡为主体的复合润滑剂 稳定剂与润滑剂复合体系	适用于各种塑料

3.2.4.2　润滑剂的选用

① 温度、压力对润滑作用的影响。某些润滑剂（如十八烷醇和硬脂酸）用作 PVC 的润滑剂时，温度升高会挥发逸失，影响润滑效果。提高温度能促进润滑剂与聚合物间的相容性，使原来时外润滑剂的也兼具一些内润滑作用。如用作润滑 PE 的石蜡或低分子量的聚乙烯就是这种情况。与提高温度一样，增大压力也能使一部分外润滑作用转为内润滑作用。

② 若聚合物的流动性能已满足成型加工的需要，则主要考虑外润滑作用，否则就应求得内外平衡，且外润滑作用应在成型温度和压力下得到足够保证。为此，所用润滑剂不止一种。外润滑剂是否有效，应以能否在成型温度时，在塑料面层结成完整的液体薄膜为准。因此，外润滑剂的熔点既不能十分接近成型温度，又不能低的太多。外润滑剂过量时，易使制品表面渗霜。

③ 在压延成型时,应以外润滑为主,在挤出、注射等成型时,应以内润滑为主。

④ 当填充剂用量较大时,应增加润滑剂的用量。硬质 PVC 比软质 PVC 的润滑剂的用量要多。

除通常意义的润滑剂外,光亮剂、防粘剂、脱模剂、爽滑剂(开口剂)等都属润滑剂的范畴。脱模剂是降低高分子材料制品表面与模具表面的黏附力的物质,常用脂肪酸皂、脂肪酸、石蜡、甘油、润滑油、硅油等;防粘剂、爽滑剂常用硅酸盐类、酰胺类、皂类等。橡胶中的软化剂也具有一定的作用。

3.2.5 交联剂及偶联剂

3.2.5.1 交联剂

交联剂是指能使线型聚合物转变成网状或体型聚合物的一类物质。橡胶用交联剂习惯上称为硫化剂,塑料用交联剂习惯称为固化剂、硬化剂。经过交联,材料的物理机械性能,如拉伸强度、撕裂强度、回弹性、定伸强度等上升,伸长率、永久变形下降,耐热性、高温下的尺寸稳定性和耐化学药品性能提高。

交联剂的主要品种及其特性如表 3-14,表中不涉及 PF、UF、MF、ER、PU 等的交联。

表 3-14 交联剂的主要品种及其特性

品 种	特 性
有机过氧化物	
(1)氢过氧化物(ROOH)(如叔丁基过氧化氢、异丙苯过氧化氢等)	用于饱和及低不饱和高分子化合物如 UP、聚烯烃、硅橡胶的交联,可与某些金属离子组成氧化还原体系
(2)二烷基(芳基)过氧化物(ROOR′)(如 DCP、DBP)	最常用的交联剂,无合适的分解剂,只能加热分解,稳定性较好,危险性较小
(3)二酰基过氧化物($R-\overset{O}{\underset{}{C}}-OO-\overset{O}{\underset{}{C}}-R$)(如 BPO、LPO)	用于 UP、硅橡胶等交联,芳香族叔胺可促进其分解,对冲击、摩擦作用敏感,应注意贮存安全性
(4)过氧酯($R-\overset{O}{\underset{}{C}}-CO-R'$)(如 TPB、PA 等)	用于 UP、硅橡胶等交联,中温固化。过渡金属离子、硫醇等有促进分解作用,但常温时无分解促进作用
(5)酮过氧化物(如甲乙酮过氧化物、环己酮过氧化物等)	用于 UP 的交联。过渡金属离子有促进作用,可使常温分解,对冲击摩擦敏感,使用时应注意安全性
(6)过氧化碳酸酯($R-\overset{O}{\underset{}{O}}C-OO-\overset{O}{\underset{}{C}}O-R'$)(如 TPP、EHP 等)	用于 UP 及其他高分子化合物的交联
(7)过氧化缩酮($\underset{R'}{\overset{R}{\underset{}{C}}}\underset{OO-R'''}{\overset{OO-R''}{}}$)	用于 UP 及其他高分子化合物的交联
硫化剂	
(1)硫黄(硫黄粉、沉淀硫黄,胶体硫亦称高分散性硫黄,不溶性硫黄,表面处理硫黄,硫黄与炭黑、碳酸镁、非污染性 SBS 等的混合物)	橡胶硫化剂中居首要地位,酸可延迟硫化。应注意防止喷硫
(2)无机硫化剂	
1)氯化硫黄、二氯化硫等	冷硫化用,用于薄制品、浸渍制品,使用二硫化碳或其混合物作溶剂,有恶臭和毒性。硫化胶易老化,使用有限
2)硒、碲等	硫化速度太慢,需并用有机促进剂(如秋兰姆类),拉伸强度、耐热、耐磨、耐老化及绝缘性有提高,可防止胶料喷霜,硫化胶不易燃,在脂肪烃中溶胀小等。有毒,应注意安全性。碲性能不如硒,很少用

品 种	特 性
3)金属氧化物(ZnO、MgO、PbO、Pb_3O_4 等)	用于 CR、CSM、ECO、聚硫橡胶及某些含活泼酸性基团高分子化合物的交联,常相互配合或与其他硫化剂配合,很少单独用。ZnO 硫化速度快,硫化曲线平坦,硫化胶耐热性、耐老化性好,但力学性能差,易焦烧;MgO 有高温硫化作用,硫化胶定伸强度高,可吸收 HCl,低温下稳定作用好,可防止焦烧,硫化时间长,硫化程度不高;PbO、Pb_3O_4 硫化胶耐水性、耐酸性良好,焦烧倾向大,应在低温下硫化
(3)有机硫黄化合物	可单独用于硫化,也可与硫黄并用
1)秋兰姆类	作硫化剂时用秋兰姆二硫化物或多硫化物,加入 ZnO,HSt 可提高硫化效果,防止热老化。也可作橡胶硫化促进剂
2)含硫的吗啉衍生物	可作二烯类橡胶、IIR、EPDM 的硫化剂,也可与噻唑类、秋兰姆类、二硫化氨基甲酸盐类促进剂、硫黄并用,提高硫化速度,不喷霜,不污染,分散性好
3)多硫聚合物	用于聚硫橡胶。液态多硫聚合物作二烯类橡胶硫化剂,分散性好,硫化胶不喷霜,力学性能好,耐老化性不及吗啉衍生物
4)烷基苯酚硫化物	二烯类橡胶硫化剂,硫化胶不喷霜,拉伸强度高,耐热性优良。二硫化物的硫化效果优于一硫化物
(4)树脂硫化剂(PF、MF)	主要用于 IIP,也用于 EPR、EPDM、NBR 等硫化,硫化胶耐热性好,压缩永久变形小,可用氯化亚锡、氯化铁等含卤金属化合物和卤弹性体等作促进剂
(5)多元胺	FPM、ACM(环氧型)、CPE、PU 泡沫等的硫化剂
(6)多元醇	FPM 的硫化剂
(7)醌类化合物	作 IIP、NR、SBR 的硫化剂,易分散,硫化速度快,硫化胶耐臭氧性、耐热性好,易焦烧,可与 Pb_3O_4、促进剂 DM 等并用,提高其硫化活性

3.2.5.2 偶联剂

偶联剂是一种能把两个性质差异很大的材料,通过化学或物理的作用偶联(结合)起来的物质,有时也用来处理玻璃纤维的表面使其与树脂形成良好的结合,故也称为表面处理剂。在聚合物材料生产和加工过程中,亲水性的无机填料与聚合物难相容,通过偶联剂的桥联作用可以使它们紧密地结合在一起。

现今使用的偶联剂主要有硅烷类,其次是钛酸酯类,另外还有含铬、锆化合物及高级脂肪酸、醇、酯等几类。如:

偶联剂
- 有机硅烷类
  - 乙烯基硅烷
  - 环氧基硅烷
  - 氨基硅烷
  - 巯基硅烷
  - 含氯硅烷
  - 磺酰叠氮硅烷
- 钛酸酯类
  - 单烷氧基型钛酸酯
  - 单烷氧基磷酸酯型钛酸酯
  - 单烷氧基焦磷酸酯型钛酸酯
  - 螯合型钛酸酯
  - 配位体型钛酸酯
- 有机铬类偶联剂
- 锆类偶联剂
- 其他偶联剂(高级脂肪酸、醇、酯、多异氰酸酯等)

偶联剂使用方法有两种，一种为表面处理法，在玻璃钢工业中用的较多，即先以偶联剂处理玻璃纤维表面，然后再涂上树脂或加入到树脂中。另一种用法为渗入法，将偶联剂直接加入树脂中，作为原配方中的一个添加成分使用。

3.2.6 其他助剂

3.2.6.1 着色剂

着色剂是使塑料着色的一种添加剂，又称色料。树脂本身大多是无色的，要使其成为色彩鲜艳的制品，必须加入各种颜色的着色剂。塑料着色除了美观外，有时还可提高其抵抗紫外线的能力，有助于阻缓光老化的作用。塑料着色有两种，一种是整体着色（内着色），一种是表面着色或表面印花（外着色），后者常视为塑料制品修饰加工内容。因此，这里所讨论的主要是整体着色，但一些基本原则对表面着色也是适用的。

给予色彩的色料主要有无机颜料、有机颜料和染料三类，其说明与比较见表 3-15。

表 3-15 各类着色剂性能比较

性能	无机颜料	有机颜料	染料
来源	天然或合成	合成	天然或合成
相对密度	3.5~5.0	1.3~2.0	1.3~2.0
在有机溶剂及聚合物中的溶解情况	不溶	难溶或不溶	溶
在透明塑料中	不能成透明体	一般不能成透明体，低浓度时少数能成半透明体	能成透明体
着色力	小	中等	大
颜色亮度	小	中等	大
光稳定性	强	中等	差
热稳定性	大多在 500℃ 以上分解	200~260℃ 分解	175~200℃ 分解
化学稳定性	高	中等	低
吸油量	小	大	—
迁移现象	小	中等	大

应用于塑料中的着色剂，应具备以下条件：①与树脂的相容性良好，能均匀地分散于树脂中；②具有一定的耐热性，其耐热程度必须适合塑料加工过程的温度和最终使用温度；③具有良好的稳定性；④具有鲜明色彩和高度的着色力；⑤耐酸碱良好，某些塑料如 PVC 的加工过程中会产生 HCl，可能要引起着色剂的变色。⑥耐溶剂性良好，特别对使用增塑剂的塑料品种和经常与溶剂接触的塑料，要注意会引起色料的浸出和迁移；⑦不应有黏附在加工机械表面的现象，对 PVC 等树脂应考虑不能含有促进这些树脂分解的铜、铁等成分。⑧要考虑制品的限定用途。例如用作食物盛器的塑料，除要有一定的力学强度外，应注意无毒、无臭、抗溶、耐沸水，可用于微波加热等，而不须考虑电气性能。

色料一般有粒状、膏状、粉状之分，用前两种在运输上虽较方便，但在混合时比较费工；用后一种，操作时会引起粉尘飞扬，需要添加防尘措施，所以选择色料时应该结合混合成本以及工厂所能提供的设备和环境保护的要求作出合理的选择。此外，目前也有工厂专业生产一些高浓度（50~200 倍或更高）的色母料，供成型加工厂使用，因它清洁，方便又易控制，因而发展很快。

3.2.6.2 防静电剂

聚合物材料及制品在动态应力及摩擦力的作用下常产生表面电荷聚集，作用的双方带不同的电荷，即所谓静电。静电会造成材料吸尘，会造成材料破坏，甚至引起火灾和触伤人体。要消除静电的方法很多，以加入抗静电剂的方法最为简便。因此，能使材料的体积电阻降低到 $10^{10}\Omega\cdot cm$ 以下消除静电作用的物质可作为防静电剂使用。防静电剂主要有胺的衍生物、季铵盐类、磷酸酯类和聚乙二醇酯类，这类物质既有微弱的电离性，又有适当的吸水性，致使高分子材料表面具有导电的分子层，以保证制品在较长时间内不会出现带电现象。导电层须在吸水后才能形成，故新生产的制品一时还可能带电。在天气十分干燥时，防静电剂也可能暂时失效。防静电剂的加入一般均小于1%。在某些特定的场合，需要高分子材料制品具有长期稳定的抗静电、电磁波屏蔽等性能，除了近年来正在开发的大分子本身具有一定程度导电性从而生产的结构型导电材料外，在多数情况下，可在高分子材料中添加导电填料（如炭黑、石墨、金属粉或纤维，表面镀金属的纤维等）以生产在一定程度具有导电性的复合型导电高分子材料。常用防静电剂性质和用途见表3-16。

表 3-16 常用防静电剂性质和用途

名 称	性 质	用 途
硬脂酰胺丙基二甲基-β-羟乙基铵硝酸盐(SN)	淡黄或琥珀色，异丙醇和水的溶液（含50%～60%）pH值为4～6，纯品180℃开始分解	多种塑料
硬脂酰胺乙基二甲基-β-羟乙基铵硝酸盐(国产 SH)	棕红色油状黏稠液体，pH值为4～6，温度高于180℃开始分解，易溶于丙酮、丁醇、氯仿，对5%酸、碱稳定	多种橡胶、塑料、树脂等
烷基三甲胺氯化物	十八烷基类93%，十六烷基类6%，十八烯基类1%，制成50%异丙醇溶液	胶板表面抗静电
3-月桂酰胺丙基三甲基铵硫酸甲酯盐(LS)	白色结晶粉末，m.p.99～103℃，235℃开始分解，可溶于水、有机溶剂，低毒	多种塑料
N,N-双(2-羟基乙基)-N-(3′-十二烷氧基-2′-羟基丙基)甲铵硫酸甲酯盐(609)	50%异丙醇-水溶液为淡黄色，pH值为4～6，可溶于极性溶剂，加热时可溶于非极性溶剂	聚氯乙烯、ABS、丙烯酸树脂等
N-(3-十二烷氧基-2-羟基丙基)乙醇胺(477)	白色流动性粉末，m.p.59～60℃，可溶于水、有机溶剂，在250℃以下稳定	聚乙烯、聚丙烯、聚苯乙烯、聚氯乙烯等
三羟乙基甲基铵硫酸甲酯盐(TM)	淡黄色黏稠液体，易溶于水	聚丙烯腈、聚酯、聚酰胺等纤维
硬脂酰胺丙基二甲基-β-羟乙基铵二氢磷酸盐(SP)	35%异丙醇-水溶液为淡黄色透明液体，pH值为6.3～7.2，低毒	多种塑料
烷基磷酸酯二乙醇胺盐(P)	棕黄色黏稠膏状物，易溶于水和有机溶剂，pH值为8～9	塑料与合成纤维
N,N-双(2-羟乙基)烷基胺	溶于丙酮、苯、四氯化碳和异丙醇等	聚烯烃
N,N-十六烷基乙基吗啉硫酸乙酯盐	橘黄或琥珀色蜡状物，m.p.74℃，pH值(10%溶液)为4.5	醋酸纤维素及其他合成纤维
羟乙基烷基胺，高级脂肪醇和二氧化硅的复配物(HZ-1)	白色或灰白色粉末，m.p.45℃左右，热稳定性>300℃	聚烯烃塑料
ECH 抗静电剂(烷基酰胺类)	淡黄色蜡状物，m.p.40～44℃，热稳定性>300℃	PVC 塑料

3.2.6.3 阻燃剂

由于塑料大都是可燃的,这给应用带来了许多限制,危及人的安全及经济上的损失。在飞机、汽车、轮船、建筑材料、国防工业都要求用基本上是不燃的或具有自熄性的塑料材料。在塑料中加入一些含磷、卤素的有机物或三氧化二锑等物质常能阻止或减缓其燃烧,这类物质即称为阻燃剂(也称为添加型阻燃剂)。此外在某些聚合物(如环氧、聚酯、聚氨酯、ABS 等)合成时,引入一些难燃结构(基团),也可起到降低其燃烧性能的作用,这些称为反应型阻燃剂。反应型阻燃剂应用于热固性树脂,而添加型阻燃剂则应用于热塑性树脂。添加型阻燃剂的使用量一般较大,从百分之几到 30%,反应型阻燃剂使用量一般为添加型的 1/6。因此,添加型阻燃剂常会使制品的性能,特别是力学性能下降。常用阻燃剂性质和用途见表 3-17。

表 3-17 常用阻燃剂性质和用途

名 称	主 要 性 质	用 途
三(2,3-溴丙基)三异氰酸酯(TAIC-6B)	白色粉末,含溴量 65.85%,含氮量 59.8%,m.p.105~110℃,开始分解温度 219℃,不溶于水、醇、烷烃等,溶于卤代烃、芳烃、丙酮等	聚烯烃、PVC、聚氨酯泡沫、聚苯乙烯、ABS 树脂、不饱和聚酯、各种橡胶和合成纤维
四溴双酚 A(TBBA)	白色粉末,m.p.174~181℃,溴含量 58%,开始分解温度 240℃,溶于水、甲醇、丙酮,不溶于水	环氧树脂、酚醛树脂、聚酯、聚氨酯、聚丙烯、聚乙烯、ABS 及聚碳酸酯
三溴苯酚	棕黄色粉末,m.p.86~90℃,含溴量 58.8%	反应型阻燃剂,用于环氧树脂、聚氨酯
十溴二苯醚(FR-10)	白色或淡黄色粉末,m.p.290~310℃,溴含量>82%,热分解温度>320℃	聚乙烯、聚丙烯、ABS、PBT、PC、硅橡胶、聚氨酯多种橡胶尼龙、涤纶、纤维
六溴环十二烷	白色粉末,m.p.≥175℃,溴含量≥72%,可溶于甲醇、乙醇、丙酮	聚烯烃、聚苯乙烯泡沫、涤纶、维纶
四溴苯酐	白色粉末,m.p.≥275℃,分解温度>235℃,溴含量≥67%	环氧树脂、聚烯烃、不饱和聚酯、聚碳酸酯、ABS
四溴双酚 A(2,3-二溴丙基)醚(八溴醚)	白色粉末,m.p.90~105℃,溴含量 67%,不溶于水和乙醇,可溶于苯和丙酮	聚烯烃、乙丙橡胶、AS 树脂及某些合成纤维
四溴双酚 A 双(羟乙氧基)醚(EOTBBA)	m.p.115~118℃,溴含量≥50%,失重 5% 不低于 300℃	聚酯、环氧树脂、聚氨酯、ABS
四溴双酚 A 双烯丙基醚(四溴醚)	白色粉末,m.p.118~120℃,溴含量≥51%,可溶于氯化烃	聚苯乙烯、聚烯烃、橡胶
四溴丁烷	白色粉末,m.p.110~119℃,含溴量>85%,开始分解温度 150℃,溶于丙酮和苯	聚苯乙烯泡沫塑料、聚乙烯
四溴乙烷	白色或浅黄色液体,b.p.243℃,不溶于水,溶于石油醚	聚苯乙烯泡沫塑料、聚酯、环氧树脂
五溴二苯醚	琥珀色高黏度液体,溴含量 69%~72% 分解温度 270℃	不饱和聚酯,环氧树脂、聚乙烯,PVC 软、硬聚氨酯泡沫
六溴苯	灰白色粉末,m.p.315℃,溴含量 86.9%,不溶于水,微溶于乙醇、乙醚,溶于苯	聚烯烃、ABS、环氧树脂、橡胶

续表

名　　　称	主　要　性　质	用　　　途
二溴苯基缩水甘油醚	黄色、棕黄色透明液体,环氧值0.26~0.32,溴含量46%~52%	环氧、聚酯玻璃钢,阻燃胶黏剂与涂料
双(2,3-二溴丙基)反丁烯二酸酯	白色粉末,m.p.≥57℃,酸值≤7mgKOH/g	不饱和聚酯、聚丙烯、聚苯乙烯、ABS
1,2-双-三溴苯氧基乙烷	白色粉末,m.p.223~225℃,含溴量69.7%,分解温度≥310℃	聚酯、聚苯乙烯、ABS、聚砜、聚碳酸酯
二溴丙基烯丙基异三聚氰酸酯	淡黄色黏稠液体	不饱和聚酯
聚2,6-二溴苯醚(BPO)	浅棕色粉末,含溴量64%,开始分解温度330℃,软化温度200~240℃	尼龙、聚苯乙烯、PET、PBT、ABS、聚苯醚等
亚乙基-(四溴邻苯二甲酰亚胺)		聚烯烃、聚酯、尼龙
亚乙基双(四溴邻苯二甲酰胺)	黄白色粉末,m.p.450℃,总含溴量67%,开始分解温度450℃	高抗冲聚苯乙烯、聚酯、尼龙、乙丙共聚物及聚碳酸酯
五溴甲苯(FR-5)	白色或淡黄色粉末,m.p.275~284℃,总溴量≥80%(一级),开始分解温度≥310℃	聚烯烃、PVC、ABS、橡胶、聚氨酯泡沫塑料
氯化石蜡-70	琥珀色至白色固体,含氯量68%~74%,软化点≥90℃,热分解温度≥120℃,可溶于多数有机溶剂中	聚烯烃、聚苯乙烯、聚氯乙烯、聚氨酯、ABS、硝化纤维素以及多种合成橡胶
氯化石蜡-52	黏稠液体,热分解温度>120℃,含氯量50%~54%	聚烯、聚苯乙烯及各种合成橡胶,还可做抗凝剂
氯化石蜡-42	黏稠液体,热分解温度120℃	聚烯、聚苯乙烯,合成橡胶,润滑油添加剂
氯桥酸酐	白色结晶,m.p.240~241℃,含氯量57.4%	聚酯、聚氨酯、环氧树脂
六氯环戊二烯	浅黄色油状液体,b.p.163~163.8℃/13.3kPa	聚酯、聚氨酯泡沫
溴代芳烃磷酸酯	橘红色黏稠液体,含溴量≥30%,含磷量≥5%	不饱和聚酯、环氧玻璃钢、绝缘涂料
磷酸三(β-氯乙基)酯	黏稠液体,闪点≥200℃,热分解温度240~280℃	化纤织物,软、硬聚氨酯泡沫,橡胶制品
磷酸三(2,3-二氯丙基)酯	黄色油状液体,开始分解温度230℃,含磷6.0%~7.2%,含氯45%~49%	聚酯,硬、软聚氨酯,聚烯烃,橡胶制品
磷酸三丁酯	无色无臭液体,b.p.289℃,微溶于水,可溶于多种有机溶剂	聚氯乙烯、聚氨酯泡沫塑料、醋酸纤维素
磷酸三苯酯	白色油状晶体,m.p.48.5℃溶于醇、丙酮、苯、氯仿	硝化纤维素、合成橡胶、PVC
磷酸三乙酯	无色油状物,溶于水及一般溶剂	合成树脂,合成橡胶
磷酸二苯异辛酯	无色油状物,溶于醇、丙醇、氯仿,不溶于水	聚烯烃,合成橡胶
亚磷酸三苯酯	无色油状物,b.p.111℃,溶于醚、醇,遇水分解	PVC、聚氨酯、合成橡胶
磷酸二苯甲苯酯	透明液体	塑料溶液
磷酸三甲苯酯	无色透明液体,b.p.410~440℃	聚氯乙烯及共聚物、聚苯乙烯、醋酸纤维素、丁苯和氯丁橡胶

续表

名　称	主　要　性　质	用　途
磷酸三(二甲苯)酯	无色透明液体，b.p. 270℃/0.4kPa	乙烯基树脂，纤维素树脂，多种橡胶
磷酸二苯异辛酯	无色透明液体，b.p. 239℃/1.33kPa	聚氯乙烯、乙烯基树脂
高纯度三氧化二锑	Sb_2O_3含量≥99.5%	聚烯烃、聚苯乙烯、聚酯、不饱和聚酯、ABS、聚氨酯、多种合成橡胶与合成纤维
三(氯代丙基)磷酸酯	无色液体	聚氯乙烯、环氧、酚醛、聚氨酯树脂，有机玻璃，纤维素树脂，各种橡胶制品
卤丙基-磷酸酯反应低聚物	淡黄色液体	软、硬聚氨酯泡沫，合成橡胶
磷酸三辛酯	微具气味的浅色液体，b.p. 216℃/0.53kPa	乙烯基树脂、纤维素树脂，酚醛树脂，聚氨酯和多种合成橡胶
三氧化二锑	Sb_2O_3含量98%~99%，m.p. 652~656℃，b.p. 1456℃，不溶于水、醇、有机溶液、稀硝酸，溶于浓硫酸、浓盐酸、氢氧化钠(钾)及酒石酸溶液	聚氯乙烯、聚烯烃、聚苯乙烯、聚酯、不饱和聚酯、环氧树脂、ABS、聚氨酯树脂等，多种合成橡胶，多种人造、合成纤维，多和含卤阻燃剂并用
氢氧化铝(又称水合氧化铝，ATH)	白色粉末，相对密度2.42，灼减率34%，205℃开始脱水，220℃脱水较快，300℃时大量脱水，530℃左右再一次分解脱水	聚烯烃、聚苯乙烯、环氧树脂、不饱和聚酯、聚酯、ABS、PVC、聚氨酯、合成橡胶
3.5水硼酸锌 ($2ZnO·3B_2O_3·3.5H_2O$)	白色粉末 ZnO 37%~40%，B_2O_3 45%~49%，分解温度>300℃	聚烯烃、聚苯乙烯、不饱和聚酯、ABS及多种合成橡胶
氢氧化镁	白色晶体，340~490℃受热分解	聚烯烃、ABS、聚苯乙烯、多种橡胶
镁铝复合阻燃剂	第一次分解189.02~245.74℃，第二次分解306.43~306.64℃，分解温度比氢氧化铝高，易与塑料、橡胶混合	聚烯烃、聚苯乙烯、ABS树脂，多种合成橡胶、橡塑产品
聚磷酸铵(APP)	白色粉末，P_2O_5 68%以上，N 12%以上，P 32%，聚合度20以上，难溶于水	木制品、塑料(PVC、PE、PP等)，多种合成橡胶、黏合剂、纸张
偏硼酸钡(带结晶水的)	白色粉末，含偏硼酸钡90%左右	与磷、卤阻燃剂配用可代替40%~90%氧化锑

3.2.6.4　其他

以上几类助剂都是较为重要的，但在某些场合，为使聚合物制品能够满足特殊的要求或便于成型，也有加入一些特用助剂的，其种类甚多，很难给以完备的描述，这类仅列举几种。

① 发泡剂　用于生产泡沫塑料。

② 开口剂　防止聚烯烃和聚氯乙烯薄膜自身之间的黏着所加入的改性脂肪酸类（如芥酸酰胺）。

③ 防雾剂　使薄膜或薄板上的水珠容易流下，避免影响透光性，常用多元醇型非离

子表面活性剂，如木糖醇单硬脂酸酯。加入这种物质的薄膜有利于包装一般含有少量水分的食品。

④ 塑解剂　又称塑炼（素炼）促进剂，橡胶的化学软化剂，用于生胶的塑炼，可以缩短塑炼时间，改善塑炼胶的贮存稳定性，有利于混炼操作和胶料的加工成型。常用的为芳香族巯基化合物，如萘硫酚、二甲苯基硫酚、五氯硫酚锌盐等。

⑤ 再生活化剂　用于硫化胶的再生，许多塑解剂也可作再生活化剂使用，使用再生活化剂不仅能缩短再生时间，而且能降低软化剂用量，改善工艺性能，提高再生胶的质量。常用的再生活化剂有芳香族二硫化物如二甲苯二硫化物，芳香族硫酚及其锌盐如2-萘硫酚，胺类化合物如脂肪族胺化合物等三类。

⑥ 加工助剂　用以改善聚合物在加工时的性能，一般是指为了降低PVC熔体黏度（当然其他树脂也可），而有利于加速成型后加工（指板或管材）的添加剂，加入后对PVC的其他性能无不良影响，最主要的品种如丙烯酸树脂，甲基丙烯酸树脂以及苯乙烯与甲基丙烯酸酯和丙烯腈的共聚物等，加工助剂的概念要与添加剂有所区别，这是需要注意的。

⑦ 铜抑制剂　聚烯烃，特别是PP，在与铜接触时常会加速其氧化降解速度，即使在大量抗氧剂的存在下，铜仍能急剧地催化氧化降解反应。铜抑制剂能与铜形成络合物，以抑制铜的催化氧化反应。常用的有：醛和二胺的缩合物（水杨醛或糠醛与己二胺的缩合物）、草酰替苯胺（其与铜络合物很稳定，大约在350℃才分解）、苯甲酰肼和苯并三唑等四类。

3.3　混合与塑化设备

随着化学上新的聚合物体系逐渐趋于稳定，通过聚合物掺混以达到改善性能变得有意义。例如：橡胶与塑料通过动态反应共混可生产热塑弹性体；通用塑料经共混改性可成为优异的工程塑料；高分子与含特种官能团材料的反应共混或复合可生产出具有导电、缓释、导声、光导、信息显示等特殊性能的功能材料。总之，通过共混改性来使高分子材料高性能化是发展方向。为使多种聚合物材料和各种添加剂分散混合及塑化均匀需通过混炼工艺过程来完成。混合与塑化机械是完成共混工艺、实现聚合物物理化学改性的重要工具。

聚合物的共混过程是通过混合与混炼设备来完成。共混物的混合质量指标、经济指标（产量及能耗等）及其他各项指标在很大程度上取决于共混设备的性能。由于混合物料的种类和性质各不相同，混合的质量指标也有不同，所以出现了各式各样的具有不同功能的混合与混炼设备。了解各种不同混合设备的性能及结构特点，有助于合理地选择和设计共混过程及工艺。

混合设备根据其操作方式，一般可分为间歇式和连续式两大类。间歇式混合设备的混合过程是不连续的。混合过程主要有三个步骤：投料、混炼、卸料，此过程结束后，再重新投料、混炼、卸料，周而复始。如捏合机、高速搅拌机、开炼机、密炼机等。连续式混合设备的混合操作是连续的，如单、双螺杆挤出机和各种连续混合设备。

3.3.1 间歇式混合与塑化设备

间歇式混合设备的种类很多,就其基本结构和运转特点可分为静态混合设备、滚筒类混合设备和转子类混合设备。

静态混合设备主要有重力混合器和气动混合器,这类混合器的混合室是静止的,靠重力和气动力促使物料流动混合,是温和的低强度混合器,适用于大批量固态物料的分布混合。

滚筒类混合设备是利用混合室的旋转达到混合目的的,如鼓式混合机、双锥混合机和V形混合机。滚筒类混合设备是中、低强度的分布混合设备,主要用于粉状,粒状固态物料的初混,如混色、配料和干混,也可适用于向固态物料中加入少量液态添加剂的混合。

转子类混合设备是利用混合室内的转动部件——转子的转动进行混合的,如螺带混合机、锥筒螺杆混合机、犁状混合机、双行星混合机、Z型捏合机、高速混合机等。螺带混合机和锥筒螺杆混合机主要用于粉状或粒状物料的混合,或粉状、粒状物料与少量液态添加剂的混合;犁状混合机主要用于块状物料混合,具有较强的分散能力;Z型捏合机可用于高黏度物料的混合,如塑料的配料、固态物料中加入液态添加剂的加热混合;高速混合机是使用较为广泛的混合设备,可用于配料、混色、共混物与填充混合物的预混、各类母料的预混等,由于其转速极高,一般属于高强度混合设备。

以上这些间歇式混合设备是高分子材料的初混设备,是物料在非熔融状态下进行混合所使用的设备。此外还有用于溶液或乳液混合的各类桨叶搅拌器,其结构与一般化工混合中的搅拌器相似。

间歇混合设备中的另外两种最主要的设备是开炼机与密炼机,从结构角度来看,应属于转子类混合器,其用途广泛,混合强度很高,主要用在橡胶的塑炼与混炼、塑料的焜炼、高浓度母料的制备等。

(1) 转鼓式混合设备

这类混合机的形式很多(参见图3-2),其共同点是靠盛载混合物料的混合室的转动来完成的,混合作用较弱且只能用于非润性物料的混合。为了强化混合作用,混合室的内

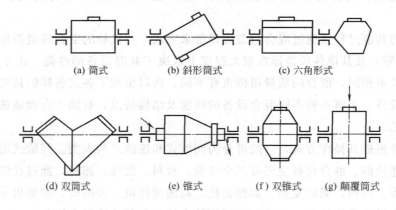

(a) 筒式　　(b) 斜形筒式　　(c) 六角形式

(d) 双筒式　　(e) 锥式　　(f) 双锥式　　(g) 颠覆筒式

图 3-2 转鼓式混合机示意图

壁上也可加设曲线型的挡板，以便在混合室转动时引导物料自混合室的一端走向另一端。混合室一般用钢或不锈钢制成，其尺寸可以有很大的变化。目前只用于两种或以上树脂粒料并用时或粒料的着色等混合过程。

(2) 螺带式混合设备

这种混合机（见图3-3）混合室（筒身）是固定的。混合室内有结构坚固、方向相反的螺带两根。当螺带转动时，两根螺带就各以一定方向将物料推动，以使物料各部分的位移不一，而达到混合的目的。混合室的外部装有夹套，可通入蒸汽或冷水进行加热或冷却。混合室的上下都有口，用以装卸物料。为加强混合作用，螺带的根数也可以增加，但须分为正反方向的两套，此时同一方向螺带的直径常是不相同的。螺带式混合机的容量可自几十升到几千升不等。

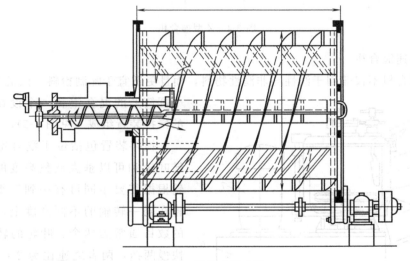

图3-3 螺带式混合机

这类设备以往用于润性或非润性物料的混合，目前已很少使用，而多用在高速混合后物料的冷却过程，也称作冷混合机。

(3) Z型捏合机

是一种常用的物料初混装置，适用于固态物料（非润性）和固液物料（润性）的混合。它的主要结构部分是一个有可加热和冷却夹套的鞍型底部的混合室和一对Z型搅拌器，见图3-4。混合时，物料借助于相向转动的一对搅拌器沿着混合室的侧壁上翻而后在混合室的中间下落，再次为搅拌器所作用。这样，周而复始，物料得到重复折叠和撕捏作用，从而得到均匀的混合。用捏合机混合，一般需要较长时间，约半个小时到数小时不等。

捏合机除了通过夹套加热和冷却外，还有在搅拌器中心开设通道，以便加热或冷却载体的流通，这样可使捏合时物料温度控制得较为准确而且及时。捏合机还可以在真空或惰性气体封闭下工作，以排出水分与挥发物及防止空气中的氧对混合的影响。捏合机的卸料一般是通过混合室的倾斜来完成的，但也有在混合室底部开口卸料的。

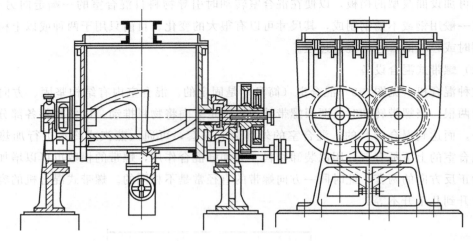

图 3-4　Z 型捏合机

(4) 高速混合机

这种混合机不仅兼用于润性与非润性物料，而且更适宜于配制粉料。该机主要是由一个圆筒形的混合室和一个设在混合室内的搅拌装置组成（见图 3-5）。

搅拌装置包括位于混合室下部的快转叶轮和可以垂直调整高度的挡板。叶轮根据需要不同可有一到三组，分别装置在同一转轴的不同高度上。每组叶轮的数目通常为两个。叶轮的转速一般有快慢两挡，两者之速比为 2∶1。快速约为 860r/min，但视具体情况不同也可以有变化。混合物料受到高速搅拌，在离心力的作用下，由混合室底部沿侧壁上升，到一定高度时落下，然后再上升和

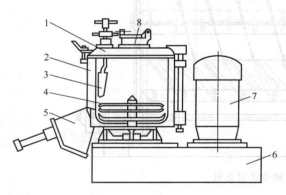

图 3-5　高速混合机
1—回转盖；2—容器；3—挡板；4—快转叶轮；5—出料口；6—机座；7—电机；8—进料口

落下，从而使物料颗粒之间产生较高的剪切作用和热量。因此，除具有混合均匀的效果外，还可使塑料温度上升而部分塑化。挡板的作用是使物料运动呈流化状，更有利于分散均匀。高速混合机是否外加热，视具体情况而定。用外加热时，加热介质可采用油或蒸汽。油浴升温较慢，但温度较稳定，蒸汽则相反，如通冷却水，还可用作冷却混合料。冷却时，叶轮转速应减至 150r/min 左右。混合机的加料口在混合室顶部，进出料均有由压缩空气操纵的启闭装置。加料应在开动搅拌后进行，以保证安全。

高速混合机的混合效率较高，所用时间远比捏合机为短，在一般情况下只需 8～10min。实际生产中常以料温升至某一点（例如硬聚氯乙烯管材的混合料可为 120～130℃）时，作为混合过程的终点，每次加料量为几十到上百公斤。就一般物料而言，使用高速混合机是有效的和经济的。近年来有逐步取代捏合机的趋势。

(5) 开炼机

开炼机又称双辊炼塑机和炼胶机。它是通过两个转动的辊筒将物料混合或使物料达到规定状态。开炼机主要用于橡胶的塑炼和混炼，塑料的塑化和混合，填充与共混改性物的混炼，为压延机连续供料，母料的制备等。

开炼机的结构如图3-6所示。它的主要工作部分是两个辊筒。两个辊筒并列在一个平面上，分别以不同的转速作向心转动，两辊筒之间的距离可以调节。辊筒为中空结构，其内可通入介质加热或冷却。

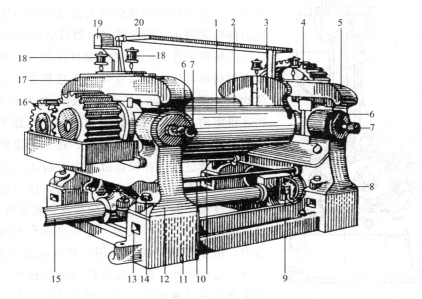

图 3-6 开炼机的结构

1—前辊；2—后辊；3—挡板；4—大齿轮传动；5,8,12,17—机架；6—刻度盘；7—控制螺旋杆；
9—传动轴齿轮；10—加强杆；11—基础板；13—安装孔；14—传动轴齿轮；15—传动轴；
16—摩擦齿轮；18—加油装置；19—安全开关箱；20—紧急停车装置

开炼机工作时，两个辊筒相向旋转，且速度不等。放在辊筒上的物料由于与辊筒表面的摩擦和黏附作用以及物料之间的粘接力被拉入辊隙之间，在辊隙内物料受到强烈的挤压和剪切，这种剪切使物料产生大的形变，从而增加了各组分之间的界面，产生了分布混合。该剪切也使物料受到大的应力，当应力大于物料的许用应力时，物料就会分散开。所以提高剪切作用就能提高混合塑炼效果。影响开炼机熔融塑化和混合质量的因素有辊筒温度的调节与控制，辊距的大小与调节，辊筒速度，物料在辊隙上方的堆放量，以及物料沿辊筒轴线方向的分布与换位等。

(6) 密炼机

密炼机即是密闭式塑炼机或炼胶机，是在开炼机基础上发展起来的一种高强度间歇混合设备。由于密炼机的混炼室是密闭的，混合过程中物料不会外泄，可避免混合物中添加剂的氧化与挥发，并且较易加入液态添加剂。混炼室的密闭有效地改善了工作环境，降低了劳动强度，缩短了生产周期，为自动控制技术的应用创造了条件。

密炼机最早用于橡胶的混炼与塑炼,继而又在塑料混合中得到应用,是目前高分子材料加工中典型的混合设备之一。

密炼机的结构如图 3-7 所示,其主要工作部件是一对表面有螺旋形突棱的转子和一个密炼室。两个转子以不同的速度相向旋转,转子在密炼室里,密炼室由室壁和上顶栓、下顶栓组成,室壁外和转子内部有加热或冷却系统。两个转子的侧面顶尖以及顶尖与密炼室内壁之间的间距都很小,因此转子对物料施有强大的剪切力。

密炼机工作时,物料由加料口加入,上顶栓在气压驱动下将物料压入混炼室,工作过程中,上顶栓始终压住物料。混合完毕,下顶栓开启,物料由排料口排出。密炼机中的各种物料在转子作用下进行强烈的混合,其中大的团块被破碎,逐步细化,过到一定的粒度,这一过程为分散过程。在混合过程中,粉状与液体添加剂附在聚合物表面,直到被聚合物包围,这一过程称为浸润或混入过程。混合物中各组分在密炼室中进行位置更换,形成各组分均匀分布状态,这一过程称为分布过程。混合中,由于剪切、挤压作用,聚合物逐步软化或塑化,达到一定流动性,这一过程称为炼塑过程。这四个过程在混合中不是独立的,而是相互伴随着存在于混合过程的始终,并且相互影响。

转子是密炼机的核心部件。转子的形状、转速、速比、物料温度的控制、填充率、混合时间、上顶栓压力、加料次序等是影响密炼机混合质量的主要因素。

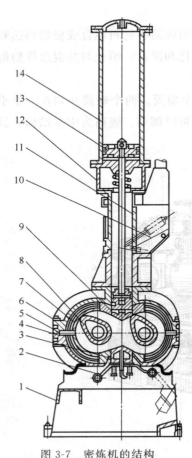

图 3-7 密炼机的结构
1—底座;2—卸料门锁紧装置;3—卸料装置;4—下机体;5—下密炼室;6—上机体;7—上密炼室;8—转子;9—压料装置;10—加料装置;11—翻板门;12—填料箱;13—活塞;14—气缸

Banbury 椭圆转子密炼机是最早的也是应用最广的密炼机,其他的还有 Shaw 型圆筒转子密炼机和 MC 翻转式分散密炼机等。

3.3.2 连续式混合与塑化设备

连续混合设备主要有单螺杆挤出机、双螺杆挤出机、行星螺杆挤出机以及密炼机发展而成的各种连续混炼机,如 FCM 混炼机等。

(1) 单螺杆挤出机

单螺杆挤出机是聚合物加工中应用最广泛的设备之一,主要用来挤出造粒,成型板、管、丝、膜、中空制品、异型材等,也有用来完成某些混合任务。

单螺杆挤出机的主要部件是螺杆和料筒,其工作机理将在第 4 章挤出成型中讨论。在单螺杆挤出机中,物料自加料斗加入到由口模挤出,经历了固体输送、熔融、熔体输送、混合等区段。在固体输送区,不会发生固体粒子间的混合;在熔融区的固相内各颗粒之间仍没有相对移动,因而也不会发生混合;而在熔体输送区,物料在前进方向的横截面上形成了环状层流混合。因此在单螺杆挤出机中,当物料熔融后,混合才得以进行。

虽然单螺杆挤出机具有一定的混合能力,在一定程度上能完成一定范围的混合任务,但由于单螺杆挤出机剪切力较小,分散强度较弱,同时分布能力也有限,因而不能用来有效地完成要求较高的混合任务。为了改进混合性能,在螺杆和机筒结构上进行改进,如在螺杆上加上混合元件和剪切元件,形成各种屏障型螺杆、分离型螺杆、销钉型螺杆及各种专门结构的混炼螺杆。有些在机筒上采用了增强混合性能的结构,如机筒销钉结构等。也有在螺杆和机头之间设置静态混合器,以增强分布混合。采用这些措施,单螺杆挤出机已广泛用于共混改性、填充改性及反应加工等方面。

(2) 双螺杆挤出机

双螺杆挤出机是极为有效的混合设备,可用作粉状 PVC 料的熔融混合、填充改性、纤维增强改性、共混改性以及反应性挤出等。

双螺杆挤出机的结构及工作机理将在第 4 章讨论,其作用主要是将聚合物及各种添加剂熔融、混合、塑化,定量、定压、定温地由口模挤出。

双螺杆挤出机的种类很多,主要有啮合异向旋转双螺杆挤出机,广泛应用于挤出成型和配料造粒等;啮合同向旋转双螺杆挤出机,主要应用于聚合物的物理改性——共混、填充和纤维增强等;非啮合(相切)型双螺杆挤出机,用于反应挤出、着色、玻璃纤维增强等。

(3) 行星螺杆挤出机

这是一种应用越来越广泛的混炼机械,特别适用于加工聚氯乙烯,如作为压延机的供料装置,其具有混炼和塑化双重作用。

该挤出机有两根结构不同、作用各异、串联在一起的螺杆,见图 3-8。第一根为常规螺杆,起供料作用;第二根为行星螺杆,起混炼、塑化作用;末端呈齿轮状,螺杆套筒上有特殊螺旋齿。在螺杆和套筒的齿间嵌入 12 只带有螺旋齿的特殊几何形状行星式齿柱,当螺杆转动时,这些齿柱即能自转,又能围绕螺杆转动。当物料通过啮合的齿侧间隙时,形成 0.2～0.4mm 的薄层,其表面不断更新,这非常有利于塑化熔融。

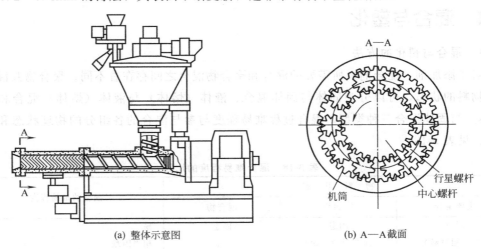

(a) 整体示意图　　(b) A—A 截面

图 3-8　行星螺杆挤出机

（4）FCM 连续混炼机

FCM（farrel continuous mixer）连续混炼机既保持了密炼机的优异混合特性，又使其转变为连续工作。可在很宽的范围内完成混合任务，可用于各种类型的塑料和橡胶的混合。

FCM 的外形很像双螺杆挤出机，但喂料、混炼和卸料的方式与挤出机不同。在内部有两根并排的转子，见图 3-9。转子的工作部分由加料段、混炼段和排料段组成，两根转子作相向运动，但速度不同。加料段很像异向旋转相切型双螺杆挤出机，在分开的机筒孔中回转，混炼段的形状很像 Banbury 密炼机转子，它有两段螺纹，在混炼段，混合料受到捏合、辊压，发生混合。

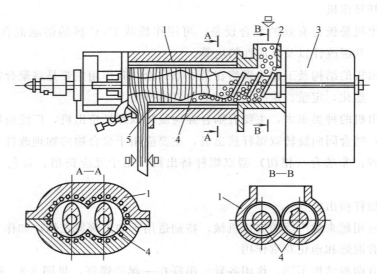

图 3-9　FCM 连续混炼机
1—机体；2—加料斗；3—传动装置；4—转子；5—排料口

另外还有双阶挤出机，传递式混炼挤出机，Buss-kneader 连续混炼机以及隔板式连续混炼机等都是目前世界上已实现工业化生产的连续混炼设备。

3.4　混合与塑化

3.4.1　混合与塑化的方法

对于添加剂（配合剂）所需要的混合和聚合物混合之间存在着不同。聚合物共混过程中按物料的状态，可以分为固体与固体混合、液体（熔体）与液体（熔体）混合和液体（熔体）与固体混合三种类型。混合过程难易程度与参与混合的各组分的物理状态和性质有关，见表 3-18。

表 3-18　混合难易程度的比较

物料状态			混合的难易程度
主要组分	添加剂	混合物	
固态	固态	固态	易
固态（粗颗粒）	固态（细粒、粉）	固态	相当困难
固态	液态（黏）	固态	困难

续表

物料状态			混合的难易程度
主要组分	添加剂	混合物	
固态	液态（稀）	固态	相当困难
固态	液态	液态	难易程度取决于固体组分粒子大小
液态	固态	液态（黏）	易→相当困难
液态	液态（黏）	液态	相当困难→困难
液态（黏）	液态	液态	易→相当困难
液态	液态	液态	易

① 固体与固体混合　主要是固体聚合物与其他固体组分的混合。聚合物通常是粉状、粒状与片状，而添加剂通常也是粉状。在聚合物加工中，大多数情况下，这种混合都先于熔体混合。这种混合通常是无规分布性混合。

② 液体与液体混合　这种混合有两种情况，一种是参与混合的液体是低黏度的单体、中间体或非聚合物添加剂。另一种情况是参与混合的是高黏度的聚合物熔体，这两种情况的混合机理和动力学是不同的。在聚合物加工中，发生在熔体之间的是层流混合。

③ 固体与液体混合　有两种形式：一种是液态添加剂与固态聚合物的掺混，而不把固态转变成液态；另一种是将固态添加剂混到熔态聚合物中，而固态添加剂的熔点在混合温度之上，聚合物加工中的填充改性（加入固态填充剂）属这种混合。

聚合物共混物常用的制备方法主要有以下几种。

(1) 机械共混法

将诸聚合物及添加剂在混合设备如高速混合机、双辊开炼机、密炼机及挤出机中均匀混合和塑化，制备出分散度高、均匀度好的聚合物共混物的过程，称为机械共混法。机械共混时，物料可呈干粉状共混合达到均匀，也可以熔体状共混炼达到目的。机械共混法又可分为物理共混法和反应-机械共混法。前者为物理掺混；而后者则为在机械剪切力场作用下，共混过程中伴随物料的某些化学结构的改变及某些化学反应的进行。

(2) 液体共混法

该方法分为溶液共混法和乳液共混法两种。溶液共混法系将各聚合物组分溶解于共同溶剂中，再除去溶剂即得到聚合物共混物。乳液共混法系将不同聚合物的乳液及添加剂的悬浮乳液均匀混合后再沉析而得到聚合物共混物。

(3) 共聚-共混法

这是制备聚合物共混物的化学方法。该方法分为接枝共聚-共混法和嵌段共聚-共混法，其中接枝共聚-共混法应用得更为普遍和重要。用接枝共聚-共混法制备聚合物共混物的过程是，先制备一种聚合物（聚合物组分Ⅰ），随后将其溶于另一种聚合物（聚合物组分Ⅱ）的单体中，形成均匀的溶液后再依靠引发剂或热能的引发使单体与聚合物组分Ⅰ发生接枝共聚，同时单体还会发生均聚作用，形成少量均聚物。目前，主要用于生产橡胶增韧塑料，例如高抗冲聚苯乙烯（HIPS）和丙烯腈-丁二烯-苯乙烯共聚物（ABS）。

(4) 互穿网络聚合物（IPS）制备技术

这是一种用化学方法制备物理共混物的方法。其典型制备过程是，先制备一种交联聚合物网络（聚合物Ⅰ），将其在含有活化剂和交联剂的第二种聚合物（聚合物Ⅱ）单体中溶胀，然后聚合。这样，第二步反应所产生的交联聚合物网络与第一种聚合物网络相互贯穿，实现了两种聚合物网络互穿的共混。

由于经济原因和工艺操作方便的优势，机械共混法使用最为广泛。制备某些高性能的聚合物共混物时，也常用共聚-共混法。近年来，IPN技术也开始在工业生产上采用。

3.4.2 混合机理

3.4.2.1 混合机理

混合是一种操作，是一个过程，是一种趋向于减少混合物非均匀性的操作，是在整个系统的全部体积内各组分在其基本单元没有本质变化的情况下的细化和分布过程。混合是通过流动场中不同部分的物质运动实现的。混合运动所遵循的机理，其中两个是动力学的机理（体积扩散和涡流扩散），一个是分子运动的机理（分子扩散）。

（1）分子扩散

它是由于浓度梯度驱使自发地发生的一种过程，各组分的微粒子由浓度较大的区域迁移到浓度较小的区域，从而达到各处组的均化。分子扩散在气体和低黏度液体中占支配地位。在气体与气体之间的混合，分子扩散能较快地、自发地进行。在液体与液体或液体与固体间的混合，分子扩散作用也较显著（虽然比气相扩散慢得多）。但在固体与固体间，分子扩散极慢，因此聚合物熔体与熔体的混合不是靠分子扩散来实现的，但若参与混合的组分之一是低分子物（如抗氧剂、发泡剂、颜料等），则分子扩散可能也是一个重要因素。

（2）涡流扩散（紊流扩散）

在化工过程中，流体的混合一般是靠系统内产生紊流（湍流）来实现的，但在聚合物加工中，由于物料的运动速度达不到紊流，而且黏度又高，故很少发生涡流分散。要实现紊流，熔体的流速要很高，势必要对聚合物施加极高的剪切速率，但这是有害的，会造成聚合物的降解，因而是不允许的。对于气体和低黏度的液体体系，涡流扩散是常见的混合类型。

（3）体积扩散

指流体质点、液滴或固体粒子由系统的一个空间位置向另一空间位置的运动，两种或多种组分在相互占有的空间内发生运动，以期达到各组分的均匀分布。在聚合物加工中，这种混合占支配地位。对流混合通过两种机理发生，一种叫体积对流混合，另一种叫层流对流混合，前者通过塞流对物料进行体积重新排列，而不需要物料连续变形，这种重复的重新排列可以是无规的，也可以是有序的。在固体掺混机中混合是无规的，在静态混合器中的混合则是有序的。而层流对流混合是通过层流而使物料变形，它发生在熔体之间的混合，在固体粒子之间的混合不会发生层流混合。层流混合中，物料要受到剪切、伸长（拉伸）和挤压（捏合）。

黏性流体的共混要素有剪切、分流和位置交换，按分散体系的流变特性，把混炼操作分为搅拌、混合和混炼，而把压缩、剪切和分配置换称之为混炼三要素，见表3-19。整个混炼分散操作是由这三要素多方面反复地进行才完成。由图3-10可知，"分布"由"置换"来完成，"剪切"为进行"置换"起辅助作用，"压缩"则是为了提高物料的密度，为提高"剪切"速率而起辅助作用。

表 3-19　分散混炼三要素

操作	压　缩	剪切	分配置换	流动感觉
搅拌	—	—	要	流动顺畅
混合	—	—	要	流动较易
混炼	填料多,流动性差的材料必须压缩	要	要	有发黏,黏糊现象

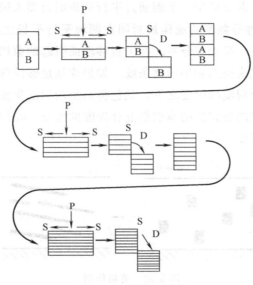

图 3-10　混炼三要素
P—压缩；S—剪切；D—置换

共混分散过程是一个动态平衡过程。即在一定的剪切应力场中,分散相不断破碎,在分子热运动作用下,又重新集聚,达到平衡后,分散相得到该条件下的平衡粒径,如图 3-11 所示。

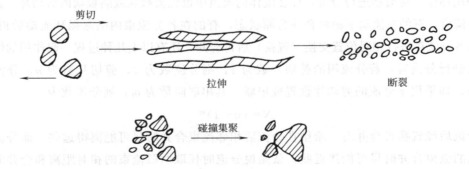

图 3-11　共混分散过程示意图

归结起来,我们不妨认为,在聚合物物理改性的混合过程中,其混合机理包括"剪切"、"分流、合并和置换"、"挤压（压缩）"、"拉伸"、"集聚"诸作用,而这些作用并非在每一混合过程中都等程度出现,它们的出现及其占有的地位会因混合最终目的、物料的状态、温度、压力、速度等不同而不同,下面分别予以讨论。

(1) 剪切

剪切在高黏度分散相的混炼操作中是最重要的，即使在"混炼三要素"中也是最重要的。这里的剪切，有介于两块平行板间的物料由于板的平行运动而使物料内部产生永久变形的"黏性剪切"，有刀具切割物料的"分割剪切"，也有由以上两种剪切合成的如石磨磨碎东西时的"磨碎剪切"，这种剪切的剪切应力很高。石磨可用于干式和湿式粉碎。在湿式操作中，把胶体细化分散于介质中很有效。总之，剪切的作用，是把高黏度分散相的粒子或凝聚体分散于其他分散介质中。下面通过平行平板混合器来说明黏性剪切。

如图 3-12 所示，两种等黏度的流体被封闭在两块平行平板之间。初始，黑色的少组分作为离散的立方体存在，呈无规分布。在上板移动而引起的剪切作用下，这些粒子将被拉长，最后，物料将呈现为亮的和黑的薄条纹。如果施加足够的剪切，则每一对亮和暗层的联合厚度可能下降到分辨度的限度之下，颜色将只是均匀的灰颜色。一对亮暗层的平均联合厚度或一对相界面层的分离层的厚度是混合程度的度量。我们把层流系统中这一混合物的特定性质称作条纹厚度。

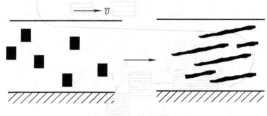

图 3-12 剪切作用

利用剪切力的混合作用，特别适用于塑性物料，因为塑性物料的黏度大，流动性差，又不能粉碎以增加分散程度。应用剪切分散作用时，由于两个剪切力的距离一般总是很小的，因此物料在变形过程中，就能很均匀地被分散在整个物料中。

(2) 分流、合并和置换

利用器壁，对流动进行分流，即在流体的流道中设置突起状或隔板状的剪切片，进行分流。分流后，有的在流动下游再合并为原状态，有的在各分流束内引起循环流动后再合并，有的在各分流束进行相对位置交换（置换）后再合并，还有以上几种过程一起作用的情况。

在进行分流时，若分流用的剪切片数为 1，则分流数为 2，剪切片数为 n，分流数为 $(n+1)$。如果用于分流的剪切片设置成串联，其串联阶数为 m，则分流数为

$$N=(n+1)^m \tag{3-1}$$

分流后经置换再合并时，希望在分流后相邻流束合并时尽可能离得远些，而分流后相距较远的流束合并时尽可能接近些，就是说分流时任取两股流束的相对距离和合并时同样的两股流束的相对距离的差别应尽可能大。为说明这一点，引入图 3-13，设主流动方向为 z 向，而在 xy 平面上存在着不均匀因素。在 z 向截取两个截面，截面 (a) 表示混合前分流的配置情况，截面 (b) 表示混合后分流的配置情况。由 (a)、(b) 两截面可以清楚地看出，混合前后各分流的置换情况。图 3-14 说明了当 $m=3$ 和 $n=3$ 时，混合前的分流配置和混合后的分流配置情况。

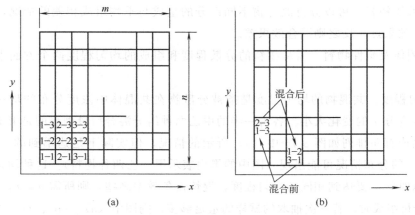

图 3-13 混合前的分流配置（a）与混合后的分流配置（b）

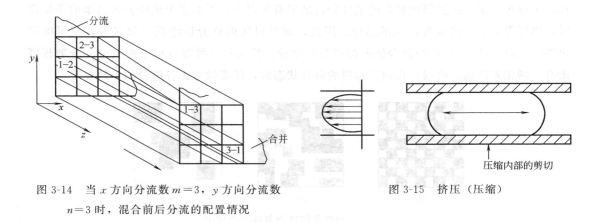

图 3-14 当 x 方向分流数 $m=3$，y 方向分流数 $n=3$ 时，混合前后分流的配置情况

图 3-15 挤压（压缩）

（3）挤压

如物料在承受剪切前先经受压缩，使物料的密度提高，这样剪切时，剪切应力作用大，可提高剪切效率。同时当物料被压缩时，物料内部会发生流动，产生由于压缩引起的流动剪切，如图 3-15 所示。压缩作用发生在密炼机的转子突棱侧壁和室壁之间，也发生在两辊开炼机的两个辊隙之间。在挤出机中，由于螺槽从加料段到计量段的深度是由深变浅的，因而对松散的固体物料进行了压缩，该压缩有利于固体输送，有利于传热熔融，也有利于物料受到剪切。

（4）拉伸

拉伸可以使物料产生变形，减小料层厚度，增加界面，有利于混合。

（5）聚集

在混合过程中，已破碎的分散相在热运动和微粒间相互吸引力的作用下，重新聚集在一起，这是混合的逆过程。在混合过程应尽量减少这种聚集。

3.4.2.2 混合效果的评定

物料各组分混合是否均匀，质量是否达到预期的要求，生产中混合终点的控制等都涉及混合效果的评定。衡量混合效果的办法随物料状态而不同。

① 对液体物料　可以分析混合物不同部分的组成与平均组成相差的情况，如相差较小，则混合效果好，反之则混合效果差。

② 对固体及塑性物料　需从物料的分散程度和组成的均匀程度两个方面来衡量其混合效果。

a. 均匀程度。共混物的均匀程度是指被分散物在共混体中浓度分布的均一性，或者说分散相浓度分布的变化大小。各占一半的甲乙两种组分混合后最理想的是形成极其均匀的相互间隔成有序排列如图 3-16 中（a）所示的情况，但实际上是达不到的。图 3-16 中（b）和（c）的分布情况可能出现（图中的黑白表示甲、乙两种物料）。这种均匀程度主要取决于混炼时间，要达到相同的均匀程度，混炼设备效率高些，则所需混炼时间短些。另外在取样分析组成时，若一次抽取的试样的量足够多，则图中（a）、（b）、（c）的三种试样分析结果，均可能得出甲乙两组分含量各为 50% 的结论。或者，一次取样量虽不多，但取样的次数足够多，虽然每次抽取的试样分析结果有所出入，但取多个试样分析结果的平均值时，仍可得出平均组成为 50% 的结论。因此，如果只按取样分析组成结果来看，就可能得出图中（a）、（b）、（c）的混合情况都很好的结论。然而从三种混合料中两组分的分散程度来看，则相差甚远。所以，在判定物料的混合状态时，还必须考虑各组分的分散程度。

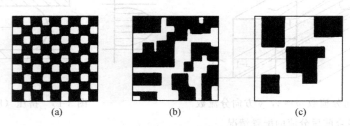

图 3-16　两组分固体物料的混合情况

b. 分散程度。共混物的分散程度是指被分散的物质（如橡胶中掺混部分塑料）破碎程度如何，或者说分散相在共混体中的破碎程度。因此要用分散相的平均粒径大小和分布来表示；打得碎，粒径小，就说分散程度高；破碎程度不够，粒径大，则称分散得不好。

平均粒径通常采用平均算术直径 $\bar{d}_n$ 和平均表面直径 $\bar{d}_A$ 两种表示。

$$\bar{d}_n = (\sum n_i d_i)/(\sum n_i) \tag{3-2}$$

$$\bar{d}_A = (\sum n_i d_i^3)/(\sum n_i d_i^2) \tag{3-3}$$

式中，d_i 和 n_i 为分散相的粒径和粒子数。

共混物的性能与分散相的粒径大小有密切关系，根据共混材料配方及工艺条件的不同有较大变化。但一般说来，分散相的粒径在 $5\mu m$ 以下。因为粒径大小对共混物性能的影响主要是通过界面的作用产生的，所以大粒子会使共混物的力学性能大大下降。但粒径过小，例如分散相的粒径在 $0.3\mu m$ 以下，尽管增大了与基体的接触面，但由于过炼会使聚合物的相对分子质量降解甚多，未必对共混物的力学性能有好处。

由于直接影响力学性能的是分散相粒子的球体表面积，而不是直径，因此式（3-3）的平均表面直径较式（3-2）的平均算术直径，能更好地反映出分散程度与力学性能之间的关系。此外还必须考虑分散相粒径分布对共混物性能的影响。如图 3-17 中（a）和（b）两

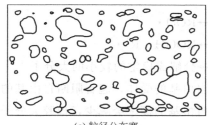
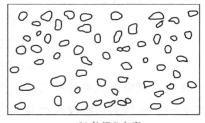

(a) 粒径分布宽　　　　　　　　　　(b) 粒径分布窄

图 3-17　平均粒径相近，但分布不同的两种共混物

种共混物试样，它们的平均表面直径 $\bar{d}_A$ 相近，但图（a）试样分散相粒径有的很大，有的很小，而图（b）试样中大小相差不大，其性能显然会有很大的差别。若采用粒径分布曲线来表示，则可明显看出它们的差异。从图 3-18 中可以直接得出分散相各种大小粒径的含量，哪种尺寸的粒子含量最多，分布宽窄，曲线是否对称等。图 3-18 中曲线（1）分布宽，并且不对称；曲线（2）的分布窄，而且较为对称。一般说来，粒径分布曲线不希望有较大的右侧拖尾，因为右侧拖尾说明有大量的分散较差的大粒子存在，对共混物料的力学性能不利。

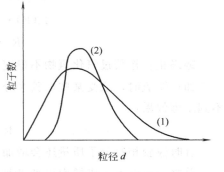

图 3-18　分散相粒径分布示意

3.4.3　混合与塑化工艺

3.4.3.1　橡胶的塑炼与混炼工艺

（1）塑炼与塑炼工艺

为了便于橡胶材料的混炼加工，通常需要在一定条件下，对其进行加工处理，使橡胶材料由强韧的弹性状态变为柔软的可塑状态，这种使弹性材料增加可塑性（流动性）的工艺过程称为塑炼。

① 塑炼目的　生胶塑炼的目的，就是降低生胶的弹性，使生胶获得一定的可塑性和流动性使之适合于各种工艺操作。同时还要使生胶的塑性均匀一致，以便制得质量均一的胶料。

随着生胶可塑性的增大，硫化胶的机械强度、弹性、耐磨耗性能、耐老化性能下降，因此，塑炼胶的可塑性不能过大，应避免生胶的过度塑炼。

近年来，大多数合成橡胶和某些天然橡胶产品，如软丁苯橡胶、马来西亚恒黏度和低黏度天然橡胶，在制造过程中控制了生胶的初始可塑度，在加工时可不经塑炼而直接进行混炼。

② 塑炼机理　塑炼过程实质上就是使橡胶的大分子断裂，相对分子量降低，黏度下降，弹性下降，大分子链由长变短的过程。塑炼过程按工艺条件及设备特点分为低温塑炼和高温塑炼两种，其机理如下所述。

低温塑炼时，由于大分子活动能力差，在机械作用下，橡胶大分子链首先被切断生成大分子自由基：

$$R\!-\!R \longrightarrow 2R\cdot$$

若周围有氧存在，生成的自由基会立即与氧作用，生成橡胶大分子过氧化氢物，并进一步分裂成较小的大分子：

$$R\cdot + O_2 \longrightarrow ROO\cdot$$
$$ROO\cdot + R'H \longrightarrow ROOH + R'\cdot$$
$$ROOH \longrightarrow 分解成稳定的较小的大分子$$

可见，在这一反应中氧是橡胶大分子活性自由基的受体，起着阻断自由基的作用。

高温塑炼时，机械力切断橡胶大分子生成自由基的概率会减少，橡胶大分子在氧和机械力的活化作用下，可直接进行自动催化氧化断链的连锁反应：

链引发：$\quad\quad\quad\quad RH + O_2 \longrightarrow R\cdot + HOO\cdot$

链增长：这些活性自由基可立即引发橡胶大分子产生一系列氧化反应，生成橡胶过氧化氢物

$$R\cdot + O_2 \longrightarrow ROO\cdot$$
$$ROO\cdot + R'H \longrightarrow ROOH + R'\cdot$$
$$HOO\cdot + R'H \longrightarrow HOOH + R'\cdot$$
$$R'\cdot + O_2 \longrightarrow R'OO\cdot$$

链终止：橡胶过氧化氢物不稳定，分解生成较小的大分子链，连锁反应终止。

如在缺氧时，或受某些橡胶大分子结构的影响，生成的自由基就会重新结合起来，得不到塑炼效果：

$$R\cdot + R\cdot \longrightarrow R-R$$

有时橡胶相对分子质量还会增加，严重时橡胶大分子还会形成网络，凝胶增加。

总之，低温下，机械力可切断橡胶大分子链，氧起着活性自由基受体的作用。高温下，机械力起着活化作用，促使橡胶大分子和氧直接作用，氧引发橡胶大分子的自动催化氧化连锁反应，促使大分子降解。如在塑炼过程中，加入与氧具有同样作用的某些化学物质，能增加塑炼效果，这些化学物质就叫塑解剂。这也就是塑解剂能显著缩短塑炼时间，提高塑炼效果的根本原因。

③ 影响塑炼的因素

a. 机械力作用。无定形橡胶分子的构象是卷曲的，分子之间以范德华力相互作用着，在塑炼时，由于受到机械的剧烈摩擦、挤压和剪切的反复作用，使卷曲缠结的大分子链互相牵扯，容易使机械应力局部集中，当应力大于分子链上某一键的断裂能时，则造成大分子链断裂，相对分子质量降低，因而可获得可塑性。塑炼时，橡胶分子链受机械作用的断裂并非杂乱无章，而是遵循着一定的规律。当有剪切力作用时，大分子将沿着流动方向伸展，分子链中央部分受力最大，伸展也最大，而链段的两端仍保持一定的卷曲状。当剪切力达到一定值时，大分子链中央部分首先断裂。相对分子质量愈大，分子链中央部位所受剪切力也愈大。机械力对生胶分子的断裂作用，可以用下述公式分析：

$$\rho \approx K_1 \frac{1}{e^{(E-F_0\delta)/RT}} \tag{3-4}$$

$$F_0 = K_2 \eta \gamma \left(\frac{M}{\overline{M}}\right)^2 \tag{3-5}$$

式中 ρ——分子链断裂概率;

K_1、K_2——常数;

E——分子化学键能;

F_0——作用于分子链上的力;

δ——链断裂时伸长长度;

$F_0\delta$——链断裂时机械功;

$\eta\dot{\gamma}(=\tau)$——作用于分子链上的剪切力;

M——平均相对分子质量;

$\overline{M}$——最长分子的相对分子质量(包括有长支链和缠结点在内)。

从式中可以看到,橡胶的黏度越大,剪切速率越大,分子受力越大;相对分子质量越大,受力越大,分子链也越容易被切断。

当外力作用的机械功大于化学键能时,分子断裂概率上升,相对分子质量下降,即断裂往往发生在键能低的化学键上。

由于橡胶大分子的主链比侧链长得多,大分子间的范德华力和几何位相的缠结使得主链上受到的应力要比侧链上受到的应力大得多,所以主链断裂的可能性比侧链断裂的可能性大得多。

根据这个原理,机械力作用的结果是生胶的最大相对分子质量级分最先断裂而消失,低相对分子质量级几乎不变,而中等相对分子质量级分得以增加,这就使生胶相对分子质量下降的同时,其相对分子质量分布变窄。

b. 氧作用。从塑炼机理可知,高温塑炼时,机械力作用与低温塑炼中的断链作用不同,机械力主要用于不断翻动生胶,以增加橡胶与氧作用的接触,起着活化作用,其机械切断作用较小。由于塑炼温度较高,橡胶大分子和氧都很活泼,橡胶大分子主要受氧的直接氧化引发作用,导致橡胶大分子产生氧化断链。为了观察氧在塑炼中的作用,在相同的温度下,将生胶置于不同介质中进行塑炼。结果表明,生胶在不活泼的氮气中长时间塑炼,可塑度增加极为缓慢(主要是机械力的作用);而在氧气中塑炼,生胶的黏度迅速下降,如图3-19所示。实验证明,生胶结合0.03%的氧就能使其相对分子量降低50%;结合0.5%的氧,相对分子量可以从10万降低到5千。可见,氧在塑炼时起着重要作用。

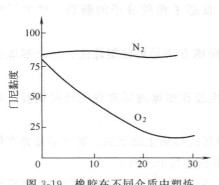

图3-19 橡胶在不同介质中塑炼时的门尼黏度变化

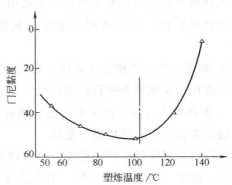

图3-20 天然橡胶塑炼温度对门尼黏度的影响

c. 温度的作用。温度对生胶的塑炼效果有很大影响，如图 3-20 所示。由图可以看出：随着塑炼温度的升高，开始塑炼效果是下降的，在 110℃ 左右达最低值，温度继续升高，塑炼效果开始不断增大，温度对塑炼效果的影响呈"U"形。实际上总的曲线是由两个不同曲线组成的，它们分别代表两个独立的过程。在低温塑炼区（110℃ 以下）主要依靠机械力使分子链断裂，随着温度升高，生胶黏度下降，塑炼时受到的作用力较小，因而塑炼效果下降。相反，在高温塑炼区（110℃ 以上），虽然机械力作用下降，但由于热和氧的自动催化氧化破坏作用随着温度的升高而急剧增大，大大加快了橡胶大分子的氧化降解速度，塑炼效果也迅速增大。

在低温区和高温区交界的温度范围内（在 110℃ 左右），所得的塑炼效果最低。这是因为在这个温度范围内，生胶软化，机械力作用不大，且氧的活性又不大，氧化作用不显著，因此获得的塑炼效果在这个温度范围内最低。

d. 静电作用。在塑炼过程中，由于生胶的导电性能差，当它受到强烈的机械作用而发生反复变形、剪切和挤压，在生胶之间、生胶与机械设备之间不断产生摩擦，导致生胶表面带电。实验数据表明，在生胶表面直接测得的平均电压高达 2000~6000V，个别高达 15000V。生胶表面有如此高的电压，当它离开辊筒时会产生放电现象，出现电火花，使周围空气中的氧活化生成活性很高的原子态氧和臭氧，从而加速橡胶分子进一步氧化断裂。

e. 化学塑解剂的作用。在塑炼中，可添加一些化学塑解剂，提高生胶的塑炼效果，其作用与氧相似。实验也证明，在不活泼气体中塑炼生胶，采用硫酚作塑解剂，生胶的可塑性显著提高，其效果只比氧略低。

常用的化学塑解剂有接受型塑解剂，如苯硫酚、五氯硫酚等，它们是低温塑解剂；引发型塑解剂，如过氧化苯甲酰、偶氮二异丁腈等，属高温塑解剂；混合型塑解剂，又称链转移型塑解剂，主要有促进剂 M、促进剂 DM 和 2,2'-二苯甲酰胺二苯基二硫化物等。这类塑解剂具有两种功能，既在低温塑炼时起自由基接受剂作用，又能在高温塑炼时分解出自由基，引发橡胶分子的氧化断链反应。

新型的塑解剂有金属络合物和金属盐类，如环烷酸的铁盐、硬脂酸铁盐等。

各种塑解剂都是在有空气存在下使用，所以在加有塑解剂的塑炼中，与单独依靠氧起作用的情况相比，它的作用是加强了氧化作用，促进了橡胶分子的断裂，增大了塑炼效果。

④ 塑炼工艺。在橡胶工业中，应用最广泛的塑炼方法是机械塑炼法。用于塑炼的机械是开炼机、密炼机和螺杆式塑炼机。

a. 准备工艺。为了便于生胶进行塑炼加工，生胶在塑炼前需要预先经过烘胶、切胶和破胶等准备工序，然后进行塑炼。

烘胶是为了降低生胶的硬度，便于切割，同时还能解除生胶结晶。烘胶多数是在烘房中进行，温度一般为 50~70℃，不宜过高，时间需长达数十小时。

切胶是把从烘房内取出的生胶用切胶机切成 10kg 左右的小块，便于塑炼。切胶后应人工选除表面砂粒和杂质。

破胶是在辊筒粗而短的破胶机中进行,以提高塑炼效率。破胶时的辊距一般在2～3mm,辊温在45℃以下。

b. 开炼机塑炼工艺。开炼机塑炼是最早的塑炼方法,塑炼时生胶在辊筒表面之间摩擦力的作用下,被带入两辊的间隙中,由于两辊相对速度不同,对生胶产生剪切力及强烈的碾压和撕拉作用,橡胶分子链被扯断而获得可塑性。开炼机塑炼方法的优点是塑炼胶料质量好,可塑度均匀,收缩小,但此法生产效率低,劳动强度大,因此此法主要适用于胶料品种化多,耗胶量少的工厂。

在开炼机上进行塑炼,常用薄通塑炼、一次塑炼和分段塑炼等不同的工艺方法,还可添加塑解剂进行塑炼。

薄通塑炼是生胶在辊距0.5～1.0mm下通过辊缝不包辊而直接落盘,然后把胶扭转90°再通过辊缝,反复多次,直至获得所需可塑度为止。此法塑炼效果大,获得的可塑度大而均匀,胶料质量高,是常用的机械塑炼方法。

一次塑炼是将生胶加到开炼机上,使胶料包辊后连续塑炼,直至达到要求的可塑度为止。此法所需塑炼时间较长,塑炼效果也较差。

分段塑炼是将全塑炼过程分成若干段来完成,每段塑炼一定时间后,生胶下片停放冷却,以降低胶温,这样反复塑炼数次,直至达到要求。塑炼可分为2～3段,每段停放冷却4～8h。此法生产效率高,可获较高可塑度。

在机械塑炼的同时可加入化学塑解剂来提高塑炼效果。操作方法一样,只是塑炼温度应适当提高一些,以充分发挥塑解剂的化学作用。

影响开炼机塑炼的主要因素有辊温、时间、辊距、速比、装胶量和塑解剂等。

开炼机塑炼属于低温机械塑炼,温度越低,塑炼效果越好。所以,在塑炼过程中应加强对辊筒的冷却,通常胶料温度控制在45～55℃以下。开炼机塑炼在最初的10～15min内塑炼效果显著,随着时间的延长,胶料温度升高,机械塑炼效果下降。为了提高塑炼效果,胶料塑炼一定时间后,可使胶料下片停放冷却一定时间,再重新塑炼,这即是分段塑炼的目的。

辊筒速比一定时,辊距越小,胶料受到的剪切作用越大,且胶片较薄也易冷却,塑炼效果也越大。辊筒速比越大,胶料所受的剪切作用也大,塑炼效果就越大。一般用于塑炼的开炼机辊筒速比在(1:1.25)～(1:1.27)之间。

装胶量依开炼机大小和胶种而定,装胶量太大,堆积胶过多,热量难以散发,塑炼效果差,合成橡胶塑炼生热较大,应适当减少装胶量。

c. 密炼机塑炼工艺。密炼机塑炼时,先称量生胶,打开加料门,将生胶块投入密炼室中,然后放下上顶栓,并加压进行塑炼。待塑炼达规定时间,即可打开下顶栓排胶,将塑炼胶排到压片机上进行压片,继而冷却存放。

密炼机塑炼的控制工艺条件有温度、时间、转子转速、装胶容量和上顶栓压力等。

密炼机塑炼属于高温塑炼,塑炼效果随温度升高而增大,但温度过高会使橡胶分子产生过度氧化裂解或凝胶,从而导致胶料的物理力学性能下降。因此,要严格控制塑炼温度,对于天然橡胶,塑炼温度一般控制在140～160℃。

塑炼温度一定时,生胶的可塑性随塑炼时间的延长而不断增大,但经过一定时间以后,可塑性的增长速度逐渐变缓。这与密炼室内的氧含量随时间逐渐减少,致使生胶的氧化裂解反应减缓有关。

在一定的温度下,转子的速度越快,胶料达到同样可塑度所需要的塑炼时间越短。所以,提高转子的转速可以大大提高生产效率。

用密炼机塑炼时,应选择合适的装胶容量。容量过小,生胶会在密封室中打滚,得不到有效的塑炼;容量过大,生胶在密炼室中不能得到充分搅拌,而且会使设备超负荷工作。通常,各种规格密炼机的装胶容量(也称工作容量或有效容量)为密炼室容积的48%~60%(此百分率称为容量系数或填充系数)。另外,密炼机经长期使用后会磨损,使密炼室变大,这时装胶容量可适当增加。为降低排胶温度,有时可适当减少装胶容量。这些由具体情况而定。

用密炼机塑炼时,上顶栓必须加压,以增加转子对胶料的剪切作用。上顶栓压力一般控制在0.5~0.8MPa范围内,以保证生胶获得良好的塑炼效果。

化学塑解剂在密炼机高温塑炼中的应用比在开炼机中更为有效,这是因为温度对化学塑解的效能有促进作用。使用少量的塑解剂(生胶的0.3%~0.5%),同样的可塑度,可缩短塑炼时间30%~50%。

d. 螺杆塑炼机塑炼。螺杆塑炼机塑炼是在高温下进行的连续塑炼,在螺杆塑炼机中生胶一方面受到螺杆的螺纹与机筒壁的摩擦搅拌作用,另一方面由于摩擦产生大量的热使塑炼温度较高,致使生胶在高温下氧化裂解而获得可塑性。螺杆塑炼机的生产能力大,生产效率高,能连续生产,适用于大型工厂。但由于温度高,胶料的塑炼质量不均,对制品性能有所影响。

螺杆塑炼机的机筒、机头、螺杆都要预热到一定温度,再进行塑炼。

影响螺杆塑炼机塑炼效果的主要因素是机头和机身温度、生胶温度、填胶速度和机头出胶空隙的大小等。

(2) 混炼与混炼工艺

混炼就是将各种配合剂与可塑度合乎要求的生胶或塑炼胶在机械作用下混合均匀,制成混炼胶的过程。

① 混炼理论 在配合剂粒子与橡胶的混炼过程中,借助炼胶机的强烈作用,首先将较大的块状橡胶和配合剂粉碎,以便混入。在混入阶段,胶料破碎现象十分明显,无数松散的橡胶小颗粒被挤进配合剂粒子的间隙并向配合剂粒子的表面渗透,这时配合剂附着在小块橡胶表面上,然后在机械力和温度的作用下,小块橡胶又互相接触压紧,逐渐变成大胶块,即是配合剂颗粒被生胶包围和湿润。生胶和配合剂的接触面积不断扩大。在这个过程中,其混炼体系的比体积为:$V_{比容} = V_{生胶} + V_{配合剂} + V_{空隙}$,其中$V_{空隙} \to 0$,随着此过程的继续,混合体系的视密度逐渐增大,单位质量的混合体的体积逐渐减少,其实质是橡胶分子渗入配合剂聚集体空隙,排出其表面所吸附的空气的结果。当配合剂的所有空隙都充满橡胶,比容达到一恒定值时,可以认为配合剂已经被混合,形成掺有配合剂的较为密实的大胶团。但这时配合剂尚未被分散,其粒子的初始尺寸不减少,这是混炼的第一阶

段，亦称为湿润过程。

随后，在湿润阶段所形成的大胶团，在很大的剪切应力作用下，又被重新逐渐细化，混入橡胶内的配合剂聚集体被搓碎，成为微小尺寸的细粒，并均匀分散到生胶中，逐渐变成新的大胶料块，直到形成连续相，完成均化过程，这是混炼的第二阶段，也就是配合剂在生胶中的分散过程。

在胶料基本完成混合后，混炼若继续进行，则生胶大分子链受破坏逐步明显，相对分子质量下降，表现为黏度下降，弹性恢复效应降低，这是混炼过程的第三阶段。

混炼胶实质上是多种细分散体与生胶介质组成的胶态分散体系。与一般胶态分散体相比，混炼胶有自己的特点：

a. 分散介质不是单一的物质，而是由生胶和溶于生胶的配合剂共同组成。各种配合剂在橡胶中的溶解度是随温度而变的，所以分散介质和分散体的组成会随温度而增高。

b. 细粒状配合剂不仅是简单地分散在生胶中，还会与橡胶在接触面上产生一定的化学和物理的结合作用，甚至在橡胶硫化以后仍保持这种结合。

c. 橡胶的黏度很大，而且有些配合剂与橡胶有化学和物理的结合，所以表现为胶料的热力学不稳定性不明显。

② 混炼工艺　要使配合剂在生胶中分散均匀，必须借助强大的机械作用力。目前混炼加工主要用间歇混炼和连续混炼的两种方法，其中属间歇混炼方法的开炼机混炼和密炼机混炼应用最广泛。

a. 开炼机的混炼工艺。开炼机混炼是橡胶工业中最古老的混炼方法。该法适应性强，可以混炼各种胶料，但生产效率低，劳动强度大，污染环境，所以主要适用于实验室、工厂小批量生产和其他机械不易混炼的胶料，如：海绵胶、硬质胶和某些产生热量较大的合成橡胶等。

开炼机混炼过程一般包括包辊、吃粉和翻炼三个阶段：

包辊　使用开炼机进行混炼时，首先要将生胶包于前辊上，这是开炼机混炼的前提，是混炼操作得以实施的基本条件。

包辊状态是橡胶流变特性的典型表现。由于各种生胶的黏弹性质有所不同，当温度变化时，生胶在辊上的行为会出现四种状态，如图3-21所示。

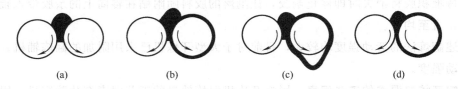

图 3-21　橡胶在开炼机中的几种状态

第一种状态是生胶在辊距上停滞，不能进入辊距，以致不能包辊。这是因为混炼温度太低，生胶弹性过大，塑性不足，在这种状态下不能进行混炼。

第二种状态是生胶加入辊距后就紧包在前辊而形成光滑无隙的包辊胶，这是正常混炼的包辊状态。

第三种状态是生胶通过辊距后不能紧包在辊筒上，部分生胶通过辊距后脱辊而形成囊形（或出兜）的现象。这是因为温度较高，胶料塑性增大，分子间力减小，弹性和强度下降，生胶的扯断伸长率减小，易断裂而脱辊，此时会出现混炼操作困难。

第四种状态是呈黏流态包辊。胶料黏住辊筒表面，无法切割，原因是温度过高，胶料呈完全塑性，弹性丧失。在该状态下，混炼可正常进行，但对配合剂的分散不利。这种状态适合于压延。

包辊的关键是调整辊温，使胶料的弹塑比处于适当值，从而形成良好的包辊状态。混炼时，一般应控制在第二种状态，避免出现第一种和第三种状态。

吃粉　将配合剂混入胶料内的这个过程称为吃粉。

在胶料包辊，加入配合剂之前，要使辊距上端保留适当的堆积胶，适量的堆积胶是吃粉的必要条件。当堆积胶过少时，胶料与配合剂只能在周向产生混合作用，纵向的混合作用较小，而且会使配合剂压成薄片，造成混炼不均；堆积胶过多时，一部分堆积胶会在辊距上浮动打滚，无法进入辊距，也会造成混炼困难。当堆积胶适量，在辊筒上方折叠形成波纹状，并不断翻转和更替，这时配合剂进入波纹状部分，被带入辊距，并在辊距间受到剪切力作用被搓入橡胶中，产生有效的塑炼作用。

在开炼机混炼时，应控制堆积胶的堆积高度，保证不超过接触角（或称咬胶角）的范围内。一般，橡胶与钢材的摩擦角为48°～50°，所以，咬胶角应小于48°，通常采用32°～45°。

翻炼　在开炼机混炼时，胶料只沿着辊筒转动的方向上产生周向流动，表现为层流。吃粉过程仅在一定胶片厚度内进行，达不到包辊胶的全部厚度，一般只能达到胶层厚度的2/3处，此层在混炼时会受到堆积胶的挤压和辊距间的剪切作用，成为混炼中的活动层；而剩下的1/3厚度的胶层紧包在辊筒上，粉料无法擦入，不能产生流动，成为混炼中的死层，故开炼机的混合作用小，需在吃完粉后采用翻炼的方法使胶料混炼均匀。

常用的翻炼方法有斜刀法，即将胶料在辊筒上左右交叉打卷而使之混合均匀；三角包法，此法是将辊筒上的胶片拦腰割断，将胶料左右交替折叠成三角形状的胶包，待胶料全部通过辊距后，再将三角胶包推入辊距中，反复多次进行混炼；捣胶法，此法是用割刀从左到右或从右到左横向将胶片切到一定宽度，然后向下转刀继续割胶，使被割胶片落到底盘上，待堆积胶将消失时即停止割胶，让割落的胶料随附贴在辊筒上的余胶带入辊距，反复多次，直至均匀。

上述翻炼法的劳动强度均较大，目前对于大型开炼机已采用附加的翻炼辅机，可大大降低劳动强度。

影响开炼机混炼的工艺因素　影响开炼机混炼效果的工艺因素有装胶容量、辊距、辊速及速比、温度、时间、加料方式及顺序等。

开炼机混炼时装胶容量会影响混炼胶的质量。容量过大，会造成堆积胶量过多，堆积胶只在辊距上方打转而降低混炼作用，影响分散效果；容量过小，则设备利用率低，而且会造成胶料的过炼。合理的装胶容量是使胶料通过辊距时，能够形成波纹和折皱，避免有胶块在辊距上方打滚为宜，当加入配合剂时，配合剂可被胶料的波纹或折皱裹夹入辊距

内,并产生横向混合作用,使混炼作用提高。合适的装胶容量也可由经验公式计算:

$$V = KDL \tag{3-6}$$

式中 V——装胶容量,L;

D——辊筒直径,cm;

L——辊筒长度,cm;

K——装料系数 ($0.0065\sim0.0085$ L/cm²)。

此计算只为一般装胶容量,实际的装胶容量还要视其胶种、填料含量、开炼机规格等具体情况酌情而定。

混炼时的辊距一般取 $4\sim8$ mm。吃粉阶段辊距可适当大些;翻炼时,辊距小些,以产生高剪切力,有助于配合剂的分散。

开炼机混炼时,由于剧烈的剪切作用而产生摩擦热,使胶料和辊筒温度升高。如果辊温过高,则会导致胶料太软,削弱剪切效果,使分散不均匀,甚至引起胶料焦烧和低熔点配合剂熔化结团,无法分散。因此,辊温一般要通过冷却保持在 $50\sim60$ ℃ 之间。

开炼机混炼时的辊速一般控制在 $16\sim18$ r/min 内。辊速快,配合剂的混入和分散速度快,混炼时间短,但操作不安全且温度控制较困难;辊速慢,混炼时间长,混炼效率低。

速比可加强辊距间的剪切作用力,以促进配合剂的擦入和分散。速比设置要适当,如果速比过大,剪切力大,生热快,易产生焦烧;速比小,剪切作用差,配合剂分散困难。因此,速比一般为 $(1:1.1)\sim(1:1.2)$。

合理的加料顺序有利于开炼机混炼过程的顺利进行。一般加料的原则是:用量少、难分散的配合剂先加;用量大、易分散的后加;为了防止焦烧,硫黄和超速促进剂一般最后加入。通常采用的加料顺序如下:

塑炼胶、再生胶、母炼胶→促进剂、活性剂、防老剂→补强、填充剂→液体软化剂→硫黄、超速促进剂。

b. 密炼机的混炼工艺。与开炼机混炼相比,密炼机混炼容量大,混炼时间短,生产效率高,自动化程度高,劳动强度低,环境卫生条件好。由于密炼机的密炼室是密闭的,混炼温度高,对温度敏感的胶料易发生焦烧。通常不在密炼机里加硫黄和超促进剂,而是在密炼后的胶料放在压片机上降温后加入。对于品种和颜色变换频繁的胶料混炼不方便和需要配备压片机,对排出不固定形状的胶料进行补充加工,投资较大。

密炼机的混炼工艺方法有一段混炼法和分段混炼法。一段混炼法是生胶和配合剂先按一定顺序加入密炼机中,使之混合均匀后,排料至压片机压成片,使胶料冷却到100℃以下,然后加入硫化剂和超促进剂,再通过翻炼,以混合均匀;分段混炼多指二段混炼,对于有些混炼生热较大的胶料如氯丁胶、顺丁胶及填料含量较高的胶料,一般将橡胶和配合剂先加入高压密炼机中进行第一段粗混炼,以制成母胶,下片后经停放一段时间后,再次送入密炼机中进行混炼,然后再在压片机上冷却后加入硫化剂和促进剂进行混炼,再经压片机补充加工出片。

用密炼机进行混炼时,除了受到设备结构(如混炼室结构、转子结构等)因素的影响外,主要工艺影响因素有装胶容量、上顶栓压力、转子转速、加料顺序、混炼温度和温炼时间等。

密炼室的容积是一定的，装胶量太小，胶料可能在密炼室内空转而不与配合剂混合，装胶量太多，胶料没有翻动混合的余地，也不能很好地混炼。密炼机适宜装胶量可按下式计算：

$$V = KV_0 \tag{3-7}$$

式中　V——适宜装胶量，L；

　　　K——填充系数（通常在 0.48~0.75）；

　　　V_0——密炼室总容积，L。

除了硫黄及超促进剂必须在压片机上将胶料降温后加入外，其余配合剂的加入顺序与开炼机的混炼基本相同。另外炭黑和液体软化剂不能同时加，以免结团，分散不均。近年来发展了引料法和逆混法等适应不同配方的混炼加料顺序。

在密炼机内混炼，由于胶料受到的剪切摩擦作用十分剧烈，胶料温度升高很快。温度过高，胶料太软，剪切作用下降，还会促使炭黑与橡胶生成过多的炭黑凝胶而影响混炼，另外也可能加剧橡胶分子热降解，因此密炼机要使用冷却水控制温度。通常排胶温度控制在 100~130℃。近年来也有采用 170~190℃的高温快速密炼。

在密炼室内，胶料受到上顶栓的压力作用，使得胶料与转子、密炼室壁间不会打滑，挤压剪切作用大，有利混炼，提高上顶栓压力可以适当增加装胶量，缩短混炼时间，提高混炼胶的质量。

胶料所受到的剪切作用随转子转速的增加而增加，提高转子转速能提高混炼效率。目前密炼机转速已从原来 20r/min 提高到 40r/min、60r/min，甚至 80r/min。混炼时间由原来的十几分钟缩至几分钟。但转速越快，剪切作用越强，胶料发热量越大，必须采用有效冷却措施。为了适应生产工艺要求，近年来出现了多速或变速密炼机。

c. 连续混炼。为了进一步提高生产率，改善混炼胶的质量，使混炼操作实现自动化、连续化，近年来发展了连续混炼，使加料、混炼和排胶连续进行，也可使混炼与压延、压出联动。工业上已获得应用的连续混炼机主要有双螺杆型的 FCM 转子式连续混炼机和单螺杆型的传递式和隔板式连续混炼机。

胶料混炼后应立即强制冷却，以免产生焦烧和喷霜现象，胶料温度要降至 30~35℃以下。冷却后的胶片要停放 8h 以上才能使用，停放过程中胶料能应力松弛，配合剂能进一步扩散，橡胶与炭黑之间能进一步相互作用，从而提高补强效果。生产上对每批混炼胶要进行快速检验，以控制胶料质量。

3.4.3.2　塑料的初混合与塑化工艺

塑料是以合成树脂为主要成分与某些配合剂相互配合而成的一类可塑性材料。塑料的主要形态是粉状或粒状物料，两者的区别不在于它们的组成，而在混合、塑化和细分的程度不同。

（1）塑料的初混合工艺

塑料的混合工艺一般是指聚合物与各种粉状、粒状或液体配合剂（或称助剂）的简单混合工艺。工艺过程可分为原料的预加工与称量及物料的混合两部分。

① 预加工与称量　各种组分物料按配方进行称量前，一般先按标准进行检测，了解其是否符合标准。然后根据称量和混合的要求对某些物料进行预加工。如对某些粉状物料进行过筛吸磁处理，去除可能存在的大粒子或杂质；某些块状物料需粉碎加工；对液体配合剂进行预热，以加快其扩散速率；对某些小剂量的配合剂，如稳定剂、色料等，为有利于均匀分散，防止凝聚，事先把它们制成浆料或母料后，再投入到混合物中。

物料按要求预加工后，必须按配方进行称量，以保证粉料或粒料中各种原料组成比率的精确性。物料的称量过程包括各种原料的输送过程，其所用的称量和输送设备的大小、形式、自动化程度及精度等，随工厂的规模、水平、操作性质的差别而有很大的变化。对粉状、粒状的物料，一般用气流管道输送到高位料仓贮存，用自动秤称量后放在投料储斗中。对液体物料用泵通过管道输送到高位槽贮存，再用计量泵进行称量。这对于生产的自动化、连续化和环境保护都是有利的。

② 物料的混合　混合过程是为了增加各种物料在空间分布的无规程度。混合凭借设备的搅拌、振动、翻滚、研磨等作用完成。使用的设备主要有转鼓式混合机、螺带式混合机、捏合机和高速混合机等。混合一般多为间歇式操作，因为连续化的操作不易控制。近年来，发展了管道式捏合机的连续生产设备，其工作效率高，分散均匀。

混合工艺根据不同情况而大同小异，一般投料顺序是先投入聚合物，紧接着是稳定剂和色料，最后投入填料、增塑剂和润滑剂等物料。当物料混合一定时间后，可根据不同情况，有的需要在设备夹层中通入蒸汽或油等加热介质，使物料加热升温到规定温度，进一步使增塑剂和润滑剂等与聚合物混合更加均匀。待混合均匀后，即可停止加热，结束混合卸料。这种混合物称为初混物或干混料，它可直接用来成型，也可经塑化后生产粒料。

混合终点的判断，理论上可通过取样进行分析，要求各样品的差异降到最小程度。在实际生产中，判断终点大多根据经验决定。如加有增塑剂的混合物，增塑剂应被吸收，渗入聚合物粒子内部，不露在粒子表面，互不黏结为宜。一般，混合多用时间进行控制。

（2）塑料的塑化工艺

塑料的塑化是借助加热和剪切作用使物料熔化、剪切变形、进一步混合，使树脂及各种配合剂组分分散均匀。它是在初混合基础上的再混合过程，是在高于树脂流动温度和较强剪切作用下进行的。塑化常用的设备主要是开放式塑炼机（开炼机）、密炼机和挤出机。

① 开炼机的塑化工艺　该工艺分为两种类型：一种是粉状物料已混合均匀的初混物的塑化；另一种是未混合物料的直接塑化。不同配方，塑化工艺不同。现以未经初混合而且需填充填料的聚乙烯高发泡钙塑料工艺为例介绍。

钙塑料主要配方组分是低密度聚乙烯和碳酸钙（各 100 质量份），添加适量的交联剂、发泡剂等配合剂。一般可用 AC 发泡剂 8 份，DCP 交联剂 0.75 份，三盐基硫酸铅 1.5 份和硬脂酸锌 2.5 份，未经初混合直接塑化。其塑化工艺可分为两段，可在两台炼塑机上进行。第一段为粗炼，工艺条件为前辊辊温 130～140℃，后辊辊温 120～130℃，辊距为 2mm。先投入聚乙烯粉末熔化包辊，再加入各种配合剂。在塑化过程中，应尽量让各种物料混入熔化的聚乙烯中，防止胶片脱辊，不断将物料进行交叉翻炼，保证塑化分散均匀到较佳程度。塑化时间为 10～15min。第二段为精炼，前辊温度 120～130℃，后辊温度

110~120℃，辊距为 0.5~2mm。将第一段塑化的物料在辊上薄通三次，然后打卷出片。

如果是已混合好的初混物，含有较多增塑剂而无填料时，这时的主要任务是塑化粉粒，均化物料。如物料为软聚氯乙烯塑化料，塑化时，开炼机的前辊温度为 160~170℃，后辊温度为 150~160℃，一般塑化时间为 8~10min 即可。

现在工厂很少用开放式炼塑机来大量生产塑化料，因为它温度高，劳动强度大，环境条件差。现多用密炼机与开炼机或挤出机组成生产线生产塑化料。

② 密炼机的塑化工艺　密炼机塑化物料，一般都将各组分预先混合制成初混物，然后趁热加入密炼机中塑化。这样物料能在较短时间内受到强烈的剪切作用，而且基本上是在隔绝空气条件下进行，所以物料在高温下，比开放式塑炼机受到的氧化破坏要小，塑化效果和劳动条件也都要好。

密炼机塑化室的外部和转子的内部都开有循环加热和冷却通道，借以加热或冷却物料。由于内摩擦生热的作用，物料除在开始生产阶段需要加热外，其他时间一般不再需要加热，有时还要进行适当冷却。

一般在密炼机转速一定，电压基本保持不变的条件下，常借助电流表的电流变化来指导控制塑化生产操作过程。而现在可采有密炼机混炼工艺微机监控系统，从塑化功率曲线变化的规律来精确控制物料的塑化。初混物料在密炼机塑化过程的功率曲线如图 3-22 所示。从图 3-22 中可见，当投入初混物，上顶栓下压到位时，功率曲线并不升起，因为此时物料处在松散状，温度不高，物料以粉粒状流动，转子受到阻力小，物料只作简单混合，所以功率升不起来。随着时间延长，物料温度升到熔点以上，聚合物粉粒开始逐渐熔化，在密炼机转子的作用下，被剪切、挤压，粉状配合剂附着在熔化的聚合物表面，而熔融的聚合物又相互压紧，逐渐结成一些较大的团块，这时功率逐渐开始上升。到一定时间后，物料全部熔融，粉粒状物料流动基本消失，而代之为熔融大团块产生的大分子黏弹流动，这时转子受到的阻力大，功率上升快，达一最大值后开始变平稳，这是物料已被分散、均化，表示塑化已完成。若再延长塑化时间，功率缓慢下降，说明物料大分子链被切断而黏度下降的效果较明显，应尽量避免该阶段的进行。密炼机塑化好的物料呈团块状，流入下一工序生产制品，或进行造粒。

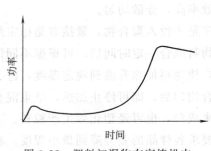

图 3-22　塑料初混物在密炼机中塑化过程功率曲线

③ 挤出机的塑化工艺　目前，在工厂的实际生产中，多采用单、双螺杆挤出机替代密炼机或开炼机进行塑料的塑化。挤出机塑化是连续操作过程，一般物料经高速混合机混合，生产初混物，然后放入挤出机中直接塑化，塑化的物料一般是条状或片状，挤出物可直接切粒得到粒状塑料。

第4章 高分子材料主要成型加工技术

4.1 挤出成型

挤出成型是在挤出机中,通过加热、加压而使物料以流动状态连续通过具有一定形状的口模而成型塑料制品的一种加工方法。挤出成型在高分子材料加工领域占很大比例,尤其是塑料,全世界大约超过60%的塑料制品是经由挤出成型加工生产的。挤出成型的特点是制成的产品都是横截面一定的连续材料,如管材、异型材、板材、薄膜、单丝、电线电缆和挤出吹塑的型坯等。

4.1.1 挤出成型设备

挤出成型设备一般是由挤出机、机头和口模、辅机及相应的控制系统等几部分组成的。挤出机的功能是使固态物料塑化为均匀的熔体,并在加压作用下使黏性流体以均匀稳定的速率通过机头和口模而成为截面与口模形状相仿的连续体。紧随口模布置一系列的辅助设备构成挤出生产线,它们的主要功能是处理熔融态的挤出物以获得所需的制品,如保证挤出物冷却得到精确的形状和尺寸,保证挤出物获得一定的分子取向等。

4.1.1.1 挤出机

挤出机是挤出成型的关键设备。按对塑料加压方式的不同,挤出机可分为间歇式的柱塞式挤出机和连续式的螺杆挤出机。柱塞式挤出机的主要部件是一个料筒和一个由液压操纵的柱塞。操作时,先将一批已经塑化好的物料放在料筒内,而后借柱塞的压力将物料挤出口模外,料筒内物料挤完后,即应退出柱塞以便进行下一次操作。柱塞式挤出机的最大优点是能给予塑料以较大的压力,而它的明显缺点则是操作的不连续性,而且物料还要预先塑化,因而应用较少。目前使用较多的主要是螺杆挤出机。螺杆挤出机由挤出装置(螺杆和料筒)、传动机构和加热冷却系统等主要部分组成。用螺杆挤出机进行挤出时,装入料斗的物料随转动的螺杆进入加料筒中,借助料筒的外热及物料本身和物料与设备间的剪切摩擦生热,使物料熔化而呈流动状态;与此同时,物料还受螺杆的搅拌而均匀分散,并不断前进。最后,均匀塑化的物料在口模处被螺杆挤到机外而形成连续体,经冷却凝固,即成产品。

螺杆挤出机的种类颇多,主要有单螺杆挤出机和双螺杆挤出机两类。

(1) 单螺杆挤出机

单螺杆挤出机是由一根阿基米德螺杆在加热的料筒中旋转构成的。其基本结构主要包括料筒、螺杆、加料装置和传动装置等几个部分,如图4-1所示。

① 料筒 料筒是挤出机主要部件之一。制造料筒的材料须具有较高的强度、坚韧耐

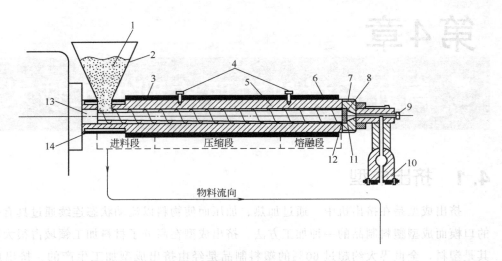

图 4-1 单螺杆挤出机结构示意图

1—物料；2—料斗；3—硬衬垫；4—热电偶；5—机筒；6—加热装置；7—衬套加热器；8—多孔板；
9—熔体热电偶；10—口模；11—衬套；12—过滤网；13—螺杆；14—冷却夹套

磨和耐腐蚀性，因为物料的塑化和加压过程都在其中进行，挤压时料筒内的压力可达55MPa，工作温度一般为180～300℃。通常料筒是由钢制外壳和合金钢内衬组成的，它的外部设有分区加热的装置。同时料筒通常还设有冷却系统，其主要作用是防止物料过热，或者是在停车时使之快速冷却，以免树脂降解或分解。料筒一般用空气或水冷却，用冷水通过嵌在料筒上的铜管来冷却的效率较高，但易造成急冷，发生结垢、生锈等不良现象。

② 螺杆 螺杆可以说是挤出机的心脏，通过它的转动，料筒内的物料才能得到增压和摩擦热进行塑化和移动。螺杆的几何参数，如直径、长径比、各段长度比例及螺槽深度等，对螺杆的工作特性均有重大的影响，下面结合图 4-2 对螺杆的基本参数和其作用简介如下。

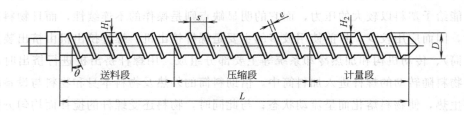

图 4-2 螺杆示意图

H_1—加料段螺槽深度；H_2—计量段螺槽深度；D—螺杆直径；θ—螺旋角；
L—螺杆长度；e—螺棱宽度；s—螺距

a. 螺杆的直径（D）。螺杆直径是螺杆基本参数之一，单螺杆挤出机的大小就是用螺杆的直径来表示的，它是根据所制制品的形状大小及需要的生产率来决定的。随着挤出机的改进，同一直径挤出机的挤出量都有增大的趋势，例如用螺杆直径为 60mm 的挤出机加工低密度聚乙烯时，其挤出产量可低至 30kg/h，也可高达 220kg/h 或以上。衡量挤出机能量消耗的指标，常用挤出每1kg物料所需焦耳数（1kW·h=3.6MJ）表示。因此，挤出机所需功率随挤出量的提高而增大。

另外，螺杆的其他参数如长度、螺槽深度和螺棱宽度等均与直径有关，而且大多用它们与直径之比来表示。

b. 长径比（L/D）。表征螺杆特性的另一重要参数是螺杆的有效长度与其直径之比，即长径比（L/D）。如果把螺杆仅看成为输送物料的一种手段，则螺杆的长径比是决定螺杆体积容量的主要因素；另外，长径比会影响热量从料筒壁传给物料的速率，这反过来影响由剪切所产生的热量、能量输入以及功率与挤出量之比。因此，增大长径比可使物料塑化更均匀，可提高螺杆转速以增大挤出量。

c. 螺杆上的螺旋角和螺棱宽度（e）。螺旋角的大小与物料的形状有关。物料的形状不同，对加料段的螺旋角要求也不一样。理论和实验证明，30°的螺旋角最适合于细粉状塑料；15°左右适合于方块料；而17°左右则适合于球、柱状料。从螺杆的制造考虑，通常以螺距等于直径的最易加工，这时螺旋角为17.6°，而且对产率的影响不大，螺杆的螺旋方向一般为右旋。

螺棱的宽度一般为（0.08~0.12）D，但在螺槽的底部则较宽，其根部应用圆弧过渡。

d. 螺杆头部的形状。螺杆头部一般呈钝尖的锥形，以避免物料在螺杆头部停滞过久而引起分解。螺杆头部也可以是鱼雷状的，称为鱼雷头或干准头，平准头与料筒的间隙通常小于它前面螺槽的深度，其表面也可开成沟槽或滚成特殊的花纹，这种螺杆对塑料的混合和受热都会产生良好的效果，且有利于增大料流压力和消除脉动现象，常用来挤压黏度大、导热性不良或熔点较为明显的塑料。

e. 螺杆的作用。螺杆的主要功能包括输送固体物料，压紧和熔化固体物料，均化、计量和产生足够的压力以挤出熔融物料，所以根据物料在螺杆上运转的情况可将螺杆分为加料、压缩和计量三段。加料段是自物料入口向前延伸约（4~8）D的一段，主要功能是卷取加料斗内物料并传送给压缩段，同时加热物料，由于物料的密度低，螺槽做得很深，加料段的螺槽深度（H_1）为（0.10~0.15）D。另外，为使物料有最好的输送条件，要求减少物料与螺杆的摩擦而增大物料与料筒的切向摩擦，为此，可在料筒与塑料接触的表面开设纵向沟槽；提高螺杆表面光洁程度，并在螺杆中心通水冷却。压缩段（又称过渡段）是螺杆中部的一段，在这段中物料除受热和前移外，主要是由粒状固体逐渐被压实并软化为连续的熔体；同时还将夹带的空气排出。为实现这一功能，通常是使这一段的螺槽深度沿螺杆轴向逐渐减小，直至计量段的螺槽深度（H_2）。通常将加料段一个螺槽的容积与计量段一个螺槽容积之比称为螺杆的压缩比，其值为2~4。计量段是螺杆的最后一段，其长度约为（6~10）D，主要的功能是使熔体进一步塑化均匀，克服口模的阻力使物料定量、定压的由机头和口模流道中挤出，所以这一段也称为均化段。

挤出机内螺槽深度沿螺杆的变化通常取决于所加工的聚合物种类、进料时的聚集状态和挤出制品的形状等。图4-3给出四种螺杆形式。

图（a）常用的三段式螺杆，加料段和计量段的螺槽深度恒定，压缩段螺槽深度由深

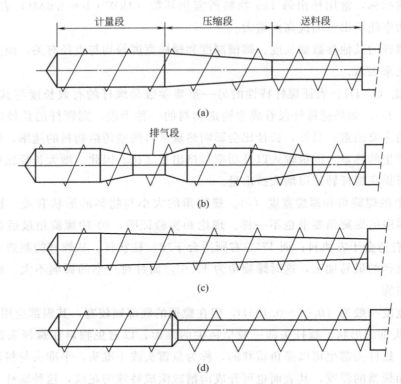

图 4-3　四种主要的螺杆形式示意图

到浅，其起始位置和尺寸与聚合物的熔化或软化特性相匹配；

图（b）带有排气段的三段式螺杆，在排气段压力有所下降，这样就可以通过抽真空或直接向大气中排逸（在料筒壁上钻孔），将气体从熔体中排除；

图（c）"PVC型"螺杆用于聚氯乙烯等无定型聚合物的加工；

图（d）"尼龙型"螺杆用于尼龙等具有很窄熔程的结晶性聚合物的加工。

③ 加料装置　挤出机一般都采用料斗加料。料斗内存有切断料流、标定料量和卸除余料等装置，其容量至少应能容纳一小时的用料。较好的料斗还设有定时、定量供料及内在干燥或预热等装置。此外，也有采用在减压下加料的，即真空加料装置，这种装置特别适用于加工易吸湿的塑料和粉状原料。

④ 传动装置　传动装置是带动螺杆转动的部分，通常由电动机、减速机构和轴承等组成，同时应设有良好的润滑系统和迅速制动的装置。挤出过程中，螺杆转动速率若有变化，则会引起塑料料流的压力波动，所以在正常操作条件下，不管螺杆的负荷是否发生变化，螺杆的转速都应维持不变，以保持制品质量的稳定。但在不同场合，又要求螺杆转速能够变级，以便用同一台挤出机挤压不同的制品或不同的塑料。为满足上述要求，挤出机的传动装置最好采用无级调速。获得无级调速的方法约有三种：a.整流子电动机或直流电动机，它既是驱动装置，又是变速装置；b.常速电动机驱动的机械摩擦传动，如齿轮传动的无级变速装置；c.用电动机驱动油泵，将油送至液压马达，改变泵的排油量从而改变挤出机螺杆转速。

（2）双螺杆挤出机

双螺杆挤出机区别于单螺杆挤出机的地方，主要是在料筒内并列安装两根相互啮合或相切的螺杆。双螺杆挤出机的螺杆结构要比单螺杆挤出机的复杂得多，两根螺杆的组合也有很多变化。首先，两根螺杆是啮合的还是非啮合的；其次，在啮合型双螺杆中，螺杆是同向转动，还是反向转动；第三，螺杆是圆柱形（平行双螺杆）还是锥形；第四，实现压缩比的途径：①变动螺纹的高度或导程；②螺杆根径由小变大或外径由大变小；③螺纹的头数由单头变成二头或三头；第五，螺杆是整体的还是组合的。这样就使双螺杆挤出机对物料的塑化和混炼效果均优于单螺杆挤出机，物料在双螺杆挤出机中停留的时间少，混合更均匀，因此双螺杆挤出机使生产能力和产品质量都有很大提高，并且已广泛用于聚合物的共混、填充和增强改性，也用来进行反应性挤出。表4-1对双螺杆挤出机的类型和用途进行一简单总结。

表 4-1　双螺杆挤出机的类型和用途

啮合型挤出机	同向转动挤出机	低速挤出机（管材、型材挤出）
		高速挤出机（配料、排气）
	反向转动挤出机	锥形挤出机（管材、型材挤出）
		圆柱挤出机（管材、型材挤出）
非啮合型挤出机	反向转动挤出机（配料）	
	同轴挤出机（挤出）	

下面以几种有代表性的双螺杆为例来说明双螺杆挤出机的螺杆结构。

① 平行双螺杆　如图4-4所示的双螺杆。两根螺杆的轴线是平行的，螺杆分为三段，每一分段有一混合室，加料段的螺杆外径和螺距为最大，压缩段次之，计量段为最小，这样组成压缩比。但在同一段中，螺杆是等径等距的。这类双螺杆挤出机的规格常用长径比

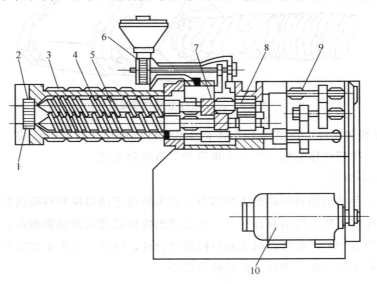

图 4-4　平行双螺杆挤出机示意图

1—连接器；2—过滤器；3—料筒；4—螺杆；5—加热器；6—加料器；
7—支座；8—上推轴承；9—减速器；10—电动机

表示。在此双螺杆结构上，根据挤出制品的需要，如加工硬聚氯乙烯管材，已开发出具有多种功能（进料、剪切、混合、排气和均化等）的双螺杆挤出机，如德国 KRAUSS MAFFEL 公司的双螺杆挤出机多采用这类结构。

② 锥形双螺杆　如图 4-5 所示，这类双螺杆是向外反向转动的。从加料段到计量段，螺杆的外径和根径均匀地由大到小。通过螺杆各部分的长度、螺纹头数、螺槽数、螺棱宽度、螺棱形状等的变化，实现对物料的输送、压缩、排气、混合与塑炼。这种锥形双螺杆挤出机具有剪切速率沿口模方向减小和安装推力轴承的空间较大等优点，但制造较困难，如奥地利 CINCINNATI MILACRON 公司的双螺杆挤出机多采用这类结构。

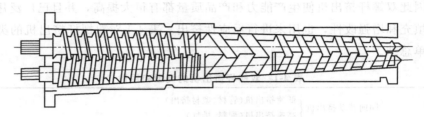

图 4-5　锥形双螺杆示意图

③ 组合型双螺杆　这种螺杆是由不同数目的具有不同功能的螺杆元件（输送、剪切、混合、压缩和捏合等元件）按一定要求和顺序装到带导键或三角形芯轴上组合而成的，它可以连续输送、塑化、均化、加压、排气，以灵活适应特定用途。这种配料用双螺杆挤出机具有强大的剪切力，能剪断和分散填料、颜料和玻璃纤维。属于这类双螺杆的有 ZSK 组合型配料双螺杆（图 4-6）。

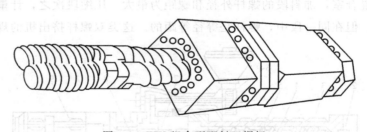

图 4-6　ZSK 组合型配料双螺杆

④ 非啮合型双螺杆　在结构上类似于两根平行单螺杆在料筒中转动，但两根螺杆反向转动并相切。按照整体结构又可分为单阶和双阶两种形式。

4.1.1.2　机头和口模

机头和口模是挤出塑料制品的成型部分。机头是指连接口模和料筒间的定型部分，而口模是指安装在挤出机末端的有孔部件，它使挤出物形成规定的横截面形状。由于许多机头的特性是相当复杂的，很难将机头和口模截然分开，因此，习惯上把安装在料筒的整个组合装置称为机头或口模，即挤出机的模具部分。

(1) 常规塑料挤出机头和口模的设计原则

下面以塑料管材的挤出成型为例，介绍常规塑料挤出机头和口模的设计原则：

首先，所有熔融物料所经过的通道应尽量光滑，为了有利于物料的流动，所有与流道有关的部件应尽量成流线型，不能有死角存在，哪怕一点点死角也会造成物料的局部滞留并产生分解。通常机头的扩张角与压缩角均不应大于90°，而压缩角应小于扩张角。

第二，机头定型部分的横截面积的大小，必须保证物料有足够的压力，以使制品密实。

第三，在满足制品强度的条件下，机头结构应紧凑，机头与料筒的连接应严密，防止挤出时物料泄出，但它们的连接还应考虑到易于装拆。

第四，机头的材料由硬度较高的合金钢制成，也可以用硬度较高的碳钢。为防止气体或其他物质腐蚀，挤出机头和口模的表面应镀铬并抛光。

(2) 机头和口模各部件

以塑料管材的挤出为例，挤出机头除必须遵守上述四个原则外，各部件的设计还必须符合各自的特点与要求。

① 多孔板（筛板） 由多孔圆板组成，并安装在料筒和机头之间。多孔板的主要作用是使物料由旋转运动变为直线运动，增力反压、支撑过滤网等。过滤网是由不同数目和粗细金属丝组成，其作用是过滤熔融料流和增加料流阻力，以滤去机械杂质和提高塑化和混合的效果。

② 分流梭及支架 分流梭的结构如图4-7所示。分流梭与多孔板之间的距离L一般为10～20mm。距离过大，物料停留的时间过长而易于分解；距离过小，物料流速既不稳定，也不均匀。分流梭的扩张角$\alpha=60°～90°$。α过大，料流的阻力大；α过小，L就长，这不但使机头重量增加，且物料也易分解。所以一般$L=(0.6～1.5)D$（D为螺杆直径）。分流梭头部圆角半径$R=0.5～2mm$，R过大，物料易分解。

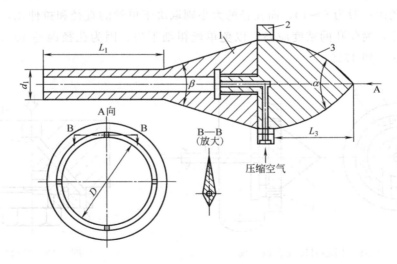

图 4-7 分流梭结构图
1—芯棒；2—分流梭支架；3—分流梭

分流梭支架主要用来支撑分流梭及芯棒。一般分流梭支架与分流梭可制成一个整体，但大型机头是分开的，分流梭支架筋的数目一般为3～8根，筋的截面应为流线型，在满足强度的要求下，筋的数量及宽度应尽量减少。

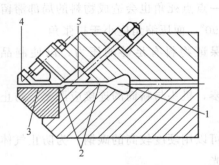

图 4-8 挤出口模的机构
1—分配腔；2—引流道；3—模唇；
4—模唇调节器；5—扼流棒

③ 口模 一般由口模分配腔、引流道和口模成型段（"模唇"）这三个功能各异的几何区组成（图4-8）。口模分配腔是把流入口模的聚合物熔体分配在整个横截面上，并承接由熔体输送设备出口送来的料流；引流道是使聚合物熔体呈流线型地流入最终的口模出口，口模成型段是赋予挤出物以适当的横截面形状，并消除在前两区所产生的不均匀流动。

④ 芯棒 芯棒用来成型管材的内表面，一般芯棒与分流梭之间是用螺纹连接的。塑料经过分流梭支架后，先经过一定的收缩，压缩角 β 小于扩张角 α，其值的大小应适应塑料的流动特征，挤出黏度高的硬聚氯乙烯时，压缩角应小些，一般取 30°～50°；挤出黏度低的取大些，一般取 45°～60°。芯棒的结构应利于物料流动，利于消除接缝线，芯棒的定型长度与口模相同或稍长，以防管材发生收缩或膨胀现象。

(3) 几种常见的口模结构

① 圆孔口模 挤出塑料圆棒、单丝和造粒所用的口模，均具有圆形横截面的出口，即为圆孔口模，如图4-9所示的造粒口模。这种口模内的流动是典型的一维流动，虽然沿半径方向流速有很大变化，但在同心圆的轴向上流速则是相同的。另外，口模平直部分长度（L）与直径（D）之比一般低于10，圆孔平直部分越短，熔体的离模膨胀越大。

对于挤出单丝的圆孔口模（图4-10），喷丝孔应布置在等速线上以使丝条在拉伸时受力均匀，长径比一般为 6～10，而孔径的大小则取决于单丝的直径和拉伸比，孔数一般为 20～60。另外，喷丝孔的精度应高，以免单丝粗细不均，因为孔径误差10%，则大致可使体积流率误差到47%。

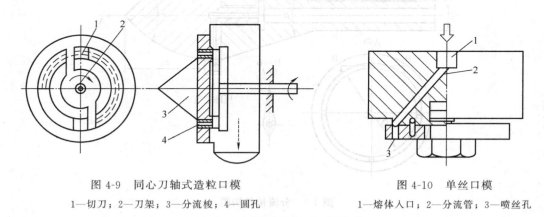

图 4-9 同心刀轴式造粒口模
1—切刀；2—刀架；3—分流梭；4—圆孔

图 4-10 单丝口模
1—熔体入口；2—分流管；3—喷丝孔

造粒口模的长径比也低于10，圆孔的排布多排在同心圆上使料流速度基本相同，以获得均匀的粒料（图4-9）。

② 环形口模 用于挤出管子、管状薄膜、吹塑用型坯和涂布电线的口模，都具有环形截面的出口，这类口模称为环形口模。这种环形流道是由口模套和芯模组成的。根据口

模套与芯模间的连接形式不同，可分为支架式口模、直角式口模、螺旋芯模式口模和储料缸式口模等，如图4-11所示。

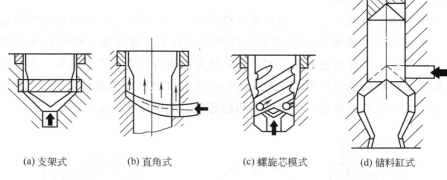

图 4-11　环形口模

③ 扁平口模　用挤出法生产平膜（厚度小于0.25mm）和片材（厚度大于0.25mm）的口模，都具有狭缝形的横截面出口，这就是扁平口模。从挤出机送来的熔体一般为圆柱体，要把它转变成扁平的矩形截面而且具有相等流速的流体，就需要在口模内构成具有分配流体作用的空腔，即分配腔。根据分配腔的几何形状不同，扁平口模可分成直支管式口模（T形口模）、鱼尾形口模（扇形口模）和衣架式口模三种（图4-12）。

支管式口模是用一根带缝的直圆管与矩形流道组成［图4-12(a)］。聚合物熔体从中间部分进入，经过圆管分配腔而从狭缝流出片状流体。

鱼尾形口模如图4-12(b) 所示。聚合物熔体从中部进入并沿扇形扩展开来，再经模唇的调节作用而挤出。与直支管式口模相比，这种口模的流道没有死角，流道内的容积小而减小了熔体的停留时间。

为了改进聚合物熔体在上述口模内的流动分布均匀性，将直支管式口模与鱼尾形口模的优点结合在一起而构成了衣架式口模。这种口模的分配腔是由两根直径递减的圆管（即支管）与两块三角形平板间的狭缝构成像衣架的流道，如图4-12(c) 所示。从挤出机送来的柱塞状流体，通过两根支管的分流和三角形的"中高效应"而分布成片状熔体流，再经过扼流棒和模唇的调节作用，挤出物的流速更加均匀。最后经冷却即得片材。熔体在这种口模内的停留时间分布较一致，特别适于硬聚氯乙烯的挤出。

④ 异形口模　这里所谓的异型材是指从

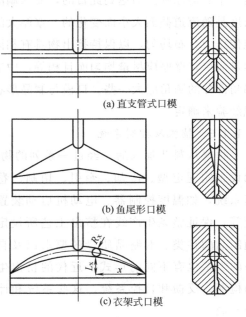

图 4-12　扁平口模

异形口模挤出而得到的具有不规则截面的半成品。它包括中空和开放的两大类。由于聚合物熔体具有黏弹性，加之壁厚不一定均匀和边界条件的复杂，要分析异形口模中的流变行为，并用以指导口模设计是很困难的。因此，异形口模设计目前主要还是靠经验，反复修模，以达到所需制品的形状。

异形口模的两个极端例子，一是板式口模［图4-13(a)］，另一个是流线型口模，如图4-13所示。板式口模的流道几何形状从入口到出口发生急骤变化，这种口模简单，容易制造，也容易改进。但有大量死角，对热稳定性差的聚合物则会产生降解。主要用于热稳定性好的聚合物。而流线型口模的流道几何形状从入口到出口是逐渐改变的。显然，这种口模较复杂，较难制造和改进，但可用于热稳定性差的聚合物的加工。

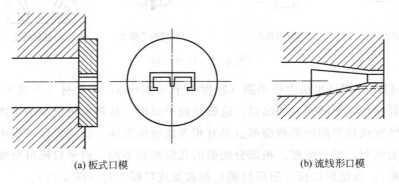

(a) 板式口模　　　　　　　　　　　　(b) 流线形口模

图 4-13　异形口模

在考虑口模流道的几何形状时，首先从口模挤出的熔体流速在整个横截面应是相同的，其次，挤出熔体的轮廓应与制品形状基本一致，经过定型达到制品的形状。当然，这是一个总的原则。为达到此目的，要从制品设计和口模设计两个方面考虑。口模成型段的长度是随流道截面大小而变化的。壁厚大的部分要增长成型段，壁薄的成型段要短，尽可能使压力分布均匀，以保持挤出物具有相同流速。在设计异形制品时，制品的截面形状应尽量简单，壁厚应尽量均匀而且相等，中空型材内部应尽量避免设置增强筋和凸起部分，拐角部分的圆角应大一些。口模与制品形状关系应根据速度分布和离模膨胀的原则结合实践经验来确定。

4.1.1.3　辅机及控制系统

物料从料斗加入后，经过一系列的物理和化学作用，以熔态从口模挤出，再经过辅助设备实现定型、冷却、牵引、切割、卷取或堆放等基本工序得到所要求的制品。控制系统，如温度控制器、电动机启动装置、电流表、螺杆转速表和测定机头压力的装置等，保证整条生产线在挤出工艺所设定的速度和温度下运行。辅机及控制系统不仅随制品的种类、对制品质量的要求以及自动化程度等的不同而有差别，而且每一种设备的类型也有不同的形式。近代的挤出生产线有更为复杂的压力、尺寸和形状各方面的检测、反馈和自控系统，这些系统和计算机在线监测技术相结合，推动了挤出工程的发展。

下面以塑料管材的挤出为例介绍通常所用到的挤出成型的辅机。

(1) 定径装置

常见的定径装置有外定径和内定径两种。内定径是指挤出制品的内表面由于挤出收缩贴在冷的芯棒上，内定径的特点是制品内表光滑而外表较差。由于用内定径法生产挤出制品需要的牵引力比外定径法大，所以通常均采用外定径法生产。外定径采用最多的是真空定径和充气定径两种。

① 真空定径　它是由真空定径套、冷却水槽、真空泵等组成。其工作原理是利用抽真空所产生的负压使需要定径的塑料管外壁与真空定径套的内壁相贴，抽真空处为长方形或圆形孔，均匀分布在抽真空区的周围。真空定径的优点是定径效果好，管材内应力较小且外表光滑。

② 充气定径　它是在分流梭的筋上开一个通气孔，用压缩空气充入挤出的塑料管内，在气压的作用下，使出口模的塑料管外壁与定径套的内壁接触，经过定径套内的循环冷却水使塑料管初定形。充气法定径比较麻烦的是气封问题，通常有两种解决方法：一是用橡皮塞法，在芯棒出口装一套钩，通过铅丝与橡皮气塞连接以达到气封的目的；二是将通过牵引后的塑料管对折后用绳扎牢，但这种方法仅适用于低密度聚乙烯管。图 4-14 为充气法定径的原理图。

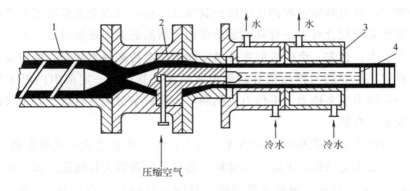

图 4-14　充气法定径装置
1—挤出机；2—机头口模；3—定径套；4—塞子

(2) 冷却装置

常用的冷却装置有两种：浸浴式冷却水箱和喷淋式冷却水箱。浸浴式冷却水箱是用铁皮做的水箱，水箱中保持一定的水位，最好使用循环水，水箱两端开孔以便塑料管通过，两端孔用橡皮做成，可防止水溢出。

喷淋式冷却水箱比浸浴式冷却水箱的冷却效果好。喷淋式水箱也称喷雾式冷却水箱，由于在水箱内设有许多喷嘴，冷却水由喷嘴喷出，使水四溅成雾状，这样，塑料管沿圆周各点冷却一致，冷却效果好。较为先进的喷淋式冷却水箱，有温度控制装置，当水温高于指定值时，排水阀打开，进行换水。图 4-15 为奥地利 CINCINNATI MILACRON 公司为 CM65SC 配套的冷却水箱。

(3) 牵引装置

牵引装置能使挤出的塑料管材通过不同的牵引速度在小范围内调节它的厚薄，能提高

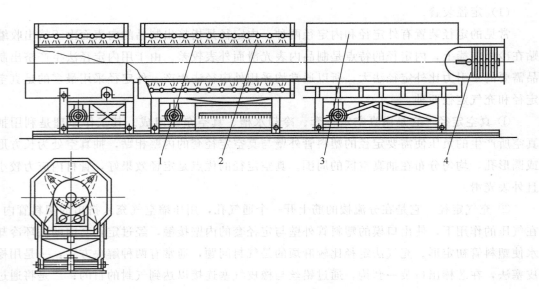

图 4-15 CINCINNATI MILACRON 冷却水箱
1—喷淋装置；2—塑料挤出管；3—冷却水箱；4—橡皮气塞

管材的拉伸强度，并对挤出过程的连续进行起保证作用，从而大大提高了生产能力。但牵引机的牵引速度必须配合好，不规则的波动可能使制品表面出现波纹等毛病。牵引装置一般应满足下列要求：首先，牵引机的夹持器应能适应夹持多种直径管材的需要；第二，牵引速度必须稳定，最好能与挤出机有同步控制系统，并且在一定范围内能无级变速；第三，要具有一定的牵引夹持力，夹持力应能调节，使被牵引的管材既不打滑或跳动，又不致将管材夹成永久变形。

常用的牵引机有滚轮式和履带式两种。图 4-16(a) 所示的滚轮式牵引机，它有 2~5 对牵引滚轮，下轮为主动轮，上轮为从动轮，通过手轮调节夹持间距。该种牵引机一般牵引 110mm 直径以下的管材。履带式牵引机［见图 4-16(b)］，由 2 条，3 条，4 条履带组成，履带上有橡胶夹紧块。履带式牵引机不仅牵引力大，且因于管材的接触面积大，各条

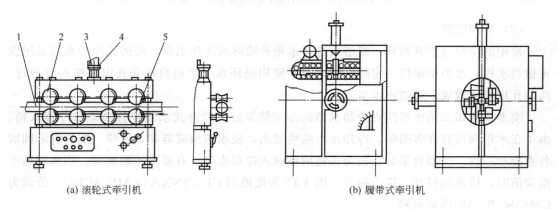

(a) 滚轮式牵引机　　　　　　　　　　　(b) 履带式牵引机

图 4-16 牵引装置
1—管子；2—上轮（从动轮）；3—调节螺丝；4—手轮；5—下轮（主动轮）

履带多方向，同心夹紧，这样就减少了管材的变形。

（4）切割装置

切割装置是将塑料管材按定长切断。常用的切割装置有两种：一种是圆盘锯切割；另一种是自动行星锯切割。当管子达到预定长度时，通过行程开关或光电传感器发出信号，使电磁铁自动夹紧管子，锯座在管材的挤出推力或牵引力的推动下与管材同速移动，切割完毕时，锯座即快速回复原位。

4.1.1.4 挤出成型设备的一般操作方法

挤出不同制品的操作方法是各不相同的。下面仅简要介绍挤出各种制品共同的操作步骤和操作时的注意事项：

① 用于挤出成型的物料，最好先经过干燥，必要时还需预热。

② 开车前应将传动部分加足润滑油，换上洁净的粗滤器和滤网。随后对挤出机需要加热的部分进行加热，同时对加料斗底部的冷却套通入冷却水。

③ 当挤出机各段温度达到要求时，再保温一段时间，以使机器温度趋于稳定。保温时间根据不同的挤出机和塑料原料而有所不同。

④ 将机头各部分连接螺栓趁热上紧，以避免在运转时因螺栓不紧发生漏料，而那时再无法上紧螺栓。

⑤ 当塑料被挤出之前，任何人均不得处于口模的正前方，以防因螺栓拉断或由于原料潮湿发泡等原因而产生伤害事故。

⑥ 开始挤出时，螺杆转速宜慢速，加料时不能加足，同时密切注意扭矩表（电流计）等各种指示表头的指针，螺杆扭矩不能超过红标。将挤出物慢慢引上冷却和牵引设备，并开动这些设备。只有当物料从机头挤出来并引上牵引设备后，才能向料斗正常加料，然后根据控制仪表的指示值和对挤出制品的要求，将各部分作相应的调整，使整个挤出操作达到正常状态。

⑦ 停车时一般需要将挤出机内的塑料挤尽，以免物料氧化或长期受热分解。必要时可用低密度聚乙烯等较稳定的塑料最后挤出来清理料筒和螺杆。停止前一般应将机头拆下并进行清理。清洁料筒、螺杆、机头时应注意用压缩空气吹，也可趁热涂些石蜡或专用清洁粉使积料除去，一般很少用溶剂来清理。清理工具应用铜刀等类，切莫用钢刀、钢丝、钢锉类工具。如果必须拆机时应十分注意，要先拆螺杆，后拆料筒；而安装时则应先装料筒，后装螺杆。

⑧ 挤出车间必须备有起吊设备，装拆机头等笨重部件应十分小心。对电、热和机械部件都要按安全规程进行操作，以确保安全生产。

4.1.2 挤出成型理论

挤出成型过程十分复杂，各国科学家对挤出成型过程都进行了大量的实验研究工作，并从不同角度提出了多种描述挤出过程的理论，但到目前为止，人们并没有完全认识挤出过程，关于挤出成型的理论还在发展中。挤出过程的众多变量之间具有交互影响，学者们往往将这一发生在高压、中温的密闭机筒中的挤出过程称之为"黑箱"。为打开"黑箱"，建立比较准确的挤出物理数学模型，从20世纪60年代开始，国际上开始借助可视化技术来建立和完善挤出理论。可视化通常是指人们对所研究的对象的状态变化和特征所实施的视觉观察,实现这种观察必须有专门的设备和仪器,与其相关的技术称为可视化技术。可视化技术不仅可以用来研究挤出理论,同时可以解决聚合物加工中出现的各方面问题,如优化制品配方和挤出加工工艺、改进螺杆结构和设计等。

为使挤出机达到稳定的产量和质量,一方面,沿螺槽方向任一截面上的质量流率必须保持恒定且等于产量。另一方面,熔体的输送速率应等于物料的熔化速率。如果不能实现这些条件,就会引起产量波动和温度波动。事实表明,塑化质量和产量经常是矛盾的,提高产量往往会降低质量,而改善质量往往又不得不牺牲产量。因此如何在确保塑化质量的前提下尽可能提高产量,是挤出理论研究的主要目的之一。

根据实验研究,物料自料斗加入到由口模中挤出,要经过几个职能区:固体输送区、熔融区和熔体输送区。固体输送区通常限定在自料斗开始算起的几个螺距中,在该区,物料向前输送并被压实,但仍以固体状存在;熔融区物料开始熔融,已熔的物料和未熔的物料以两相的形式共存,未熔物料最终全部转变为熔体;熔体输送区一般限定在螺杆的最后几圈螺纹中,在该区,螺槽全部为熔体充满,见图4-17。这几个职能区不一定完全和前面介绍过的螺杆的加料段、压缩段和计量段一致。目前应用最广的挤出理论,就是分别在以上三个职能区中建立起来的,它们分别是:固体输送理论,熔融理论和熔体输送理论。

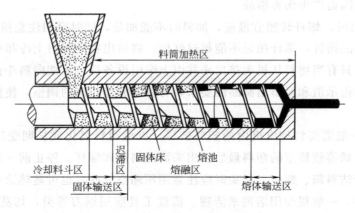

图4-17 塑料在挤出机中的挤出过程

4.1.2.1 固体输送理论

目前关于固体输送区的理论有几种,此处重点介绍应用较广泛的以固体对固体的摩擦静力平衡为基础建立起来的输送理论。推导时假设:①物料与螺槽和料筒内壁所有边紧密接触,形成固体塞或固体床,并以恒定的速率移动;②略去螺棱与料筒的间隙,物料重力和密度变化等的影响;③螺槽深度是恒定的,压力只是螺槽长度的函数,摩擦系数与压力无关;④螺槽中固体物料像弹性固体塞一样移动。固体塞的移动是受固体周围的螺杆和料筒表面之间的摩擦力控制的,只有物料与螺杆之间的摩擦力小于物料与料筒之间的摩擦力时物料才能沿轴向前进,否则物料将与螺杆一起转动。

如果固体塞在轴向的速度为V_{pL},则其与固体塞截面积之积就是固体输送率(Q_s):

$$Q_s = V_{pL} \int_{R_s}^{R_b} \left(2\pi R - \frac{ie}{\sin\theta_a}\right) dR \tag{4-1}$$

式中，R_s 和 R_b 分别为螺槽底部和顶部的半径；e 为螺棱宽度；θ_a 为平均螺旋角；i 为螺纹头数。

如果螺杆固定不动，料筒对螺杆作相对运动，其速度为 $V_b = \pi D_b N$。固体塞沿螺槽方向的速度为 $V_{pz} = V_{pL}/\sin\theta_b$，其切向速度为 $V_{p\theta} = V_{pL}/\tan\theta_b$。作用在固体塞与料筒表面之间摩擦力的大小，取决于固体塞相对于料筒的角度 ϕ 的大小（图4-18），这个 ϕ 称为移动角，其值为 $0 < \phi < 90°$。从物理意义上说，ϕ 角的方向是"位于"固体塞上的观察者所看到的料筒运动的方向。

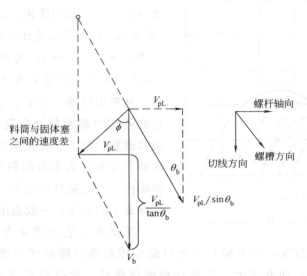

图 4-18 计算料筒与固体塞之间速度差的速度矢量图

从图 4-18 可求得

$$\tan\phi = V_{pL}/(V_b - V_{pL}/\tan\theta_b) \tag{4-2}$$

将上式的 V_{pL} 代入式(4-1)，则得

$$Q_s = \pi^2 D_b N H_f (D_b - H_f)(\tan\phi \tan\theta_b)/(\tan\phi + \tan\theta_b) \tag{4-3}$$

式中，N 为螺杆转速；θ_b 为料筒表面处的螺旋角；D_b 为螺杆的外径。

为了得到移动角 ϕ，可根据作用于固体塞上的力和力矩平衡来算出，其结果为：

$$\cos\phi = K\sin\phi + C(K\sin\theta_s + C\cos\theta_s) + \frac{2H_f}{t}(K\cos\theta_s + E^2) + \frac{H_f E}{L f_b}\sin\theta_b(E\cos\theta_a + K\sin\theta_a)\ln p_2/p_1 \tag{4-4}$$

式中，$K = \dfrac{E(\tan\theta_a + f_s)}{1 - f_s \tan\theta_a}$，$E = \dfrac{D_b - H_b}{D_b}$，$C = \dfrac{D_b - 2H_f}{D_b}$。

θ_s 为螺杆根部的螺旋角；θ_a 为平均螺旋角；t 为螺纹的导程；L 为固体输送段的轴向长度；f_b 为塑料与料筒表面的摩擦系数；f_s 为塑料与螺杆的摩擦系数；p_1 和 p_2 分别为固体输送段进、出口处的压力。

从式(4-3)知，固体输送速率不仅与 $DH_f(D-H_f)N$ 成比例，而且也与正切函数 $(\tan\phi\tan\theta_b)/(\tan\phi+\tan\theta_b)$ 成比例。为了获得最大的固体输送速率，可从挤出机结构和挤出工艺两个方面采取措施。从挤出机结构角度来考虑，增加螺槽深度是有利的，但会受到螺杆扭矩的限制。其次，降低塑料与螺杆的摩擦系数（f_s）也是有利的，这就需要提高螺杆的表面光洁度（降低螺杆加工的表面粗糙度），这是容易做到的。再者，增大塑料与料筒的摩擦系数，也可以提高固体输送率，基于此，料筒内表面似乎应该粗糙些，但这会引起物料停滞甚至分解，因此料筒内表面还是要尽量光洁。提高料筒摩擦系数的有效办法是：①料筒内开设纵向沟槽；②采用锥形开槽的料筒。

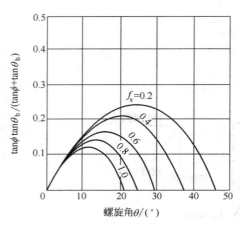

图 4-19 正切函数与螺旋角的关系

移动角与螺杆和料筒的几何参数，摩擦系数（f_b，f_s）和固体输送段的压力降均有联系[见式(4-4)]。为简化计，略去输送段压力降的影响，并在 $f_s=f_b$ 的情况下将 $\tan\phi\tan\theta_b/(\tan\phi+\tan\theta_b)$ 对螺旋角 θ 作图，如图 4-19 所示。从图中可见，如果 f_s 已定，则正切函数均会在特定的螺旋角处出现极大值。另一方面，最佳螺旋角是随摩擦系数的降低而增大的。从实验数据知，大多数塑料的 f_s 在 0.25～0.50 范围内，因此最佳螺旋角应为 17°～20°。考虑到制造上的方便，一般选用的螺旋角为 17°41′。

从挤出工艺角度来考虑，关键是控制送料段料筒和螺杆的温度，因为塑料对钢材的摩擦系数是随温度而变化的。如果物料与螺杆之间的摩擦力是如此之大，以致物料抱住螺杆，此时挤出量 Q_s 和移动速度均为零，因为 $\phi=0°$，这时物料不能向前行进，这就是常说的"不进料"的情况。如果物料与螺杆之间的摩擦力很小，甚至可略而不计，而对料筒的摩擦力很大，这时物料即以很大的移动速度前进，即 $\phi=90°$。如果在料筒内开有纵向沟槽，迫使物料沿 $\phi=90°$ 方向前进，这是固体输送速率的理论上限。一般情况是在 $0°<\phi<90°$ 范围。在挤出过程中，如果不能控制物料与螺杆和料筒的摩擦力为恒定值，势必引起移动角变化，最后造成产率波动。

4.1.2.2 固体熔融理论

塑料在挤出机中受外部加热和物料之间以及物料与金属之间的摩擦作用生热而升温，因此原为固体的塑料就逐渐熔融，最后完全转变成熔体。因此其中必然有一个固体和熔体共存的区域，即熔融区或相变区。由于这一区域是两相共存的，理论的推导十分繁琐，给研究带来许多困难。这里主要介绍 Tadmor 提出的经典的熔融理论。

(1) 冷却实验

Tadmor 的熔融理论是在挤出机上进行的大量冷却实验的基础上提出来的。目的是为了弄清塑料在挤出机中的熔融过程。实验时，将本色塑料和黑色物料（3%～5%）的混合物进行挤出。待挤出过程稳定后，立即停止挤出并骤冷螺杆和料筒，使机内塑料凝固。然后将螺杆与凝固的物料一起从料筒中推出，将已冷却的物料从螺杆上剥下。可以从中观察到挤出机在稳态运转时的原来状态，也就是熔融物料和部分混合物会呈现出流动的轨迹，而未熔融的物料则仍然保持原来的固体状态。

然后垂直于螺纹方向切断所得到的螺旋状带并观察物料的熔融情况，如图 4-20 所示（图中所取截面是每隔半圈螺纹截取的）。由图可见，一个截面内有三个区域，固态塑料（白色），称之为固体床；熔池（黑色），以及接近料筒表面的熔膜（黑线）。在这个实验中，熔膜是从第七个螺距开始出现的，大约在第九个螺距出现熔池，随着物料向前输送，熔池逐渐加宽，固体床相应变窄。至第二十个螺距，熔体充满整个螺槽，固体床消失。

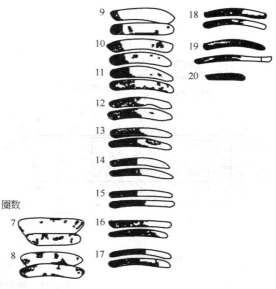

图 4-20 骤冷停车料筒取样示意图

(2) 熔融机理

根据观察和分析的结果，认为挤出机内的熔融过程是这样进行的：由料斗加入的物料经过固体输送段被压实成固体床。固体床在前进过程中同已加热的料筒表面接触时逐渐升温并开始熔融，在料筒表面形成一层熔膜，当熔膜的厚度超过螺杆与料筒的间隙时，就会被旋转的螺棱刮落，并将其强制积存螺纹推力面的前方，形成熔池。随着螺杆的转动，来自加热器的热量和熔膜中的剪切热不断传至未熔融的固体床，使与熔膜相接触的固体物料熔融。固体床逐渐变窄，熔池逐渐变宽，大约在进入计量段处，固体床消失，螺槽全部为熔体充满。最后，经过熔体输送区的均化作用，螺杆将熔体定压、定温和定量地送至机头。

将图 4-20 进一步模型化为图 4-21，可以看出，熔膜形成后的固体熔融是在熔膜和固体床的界面处发生的，所需的热量一部分来源于料筒的加热器；另一部分则来自螺杆和料筒对熔膜的剪切作用。将从熔融开始到固体床的宽度下降到零的总长度称为熔融区的长度。

(3) 数学模型

研究固体熔融理论的主要目的是为了预测螺槽中任何一点未熔融物料的量，熔融全部物料所需螺杆的长度，以及这两个变量对物料物性、螺杆的几何形状和操作条件的依赖关系。为了简明地说明这个问题，现以 Tadmor 的熔融模型为例进行分析。

① 模型假设　为了建立熔融过程的数学模型，特作以下基本假设：a. 熔融过程是稳态的；b. 螺槽中的物料被压实成连续而均匀的固体床（塞），它以一定速度沿螺槽移动；c. 螺槽为矩形，螺棱与料筒的间隙略而不计；d. 界面边界是明显的，即塑料具有明显的熔点；e. 固体的熔化只在料筒与固体之间的固体床/熔膜界面上进行；f. 热传导和流动是一维的，即温度和速度只是离界面距离的函数，在 X 和 Z 方向的略而不计；g. 熔体为牛顿流体。

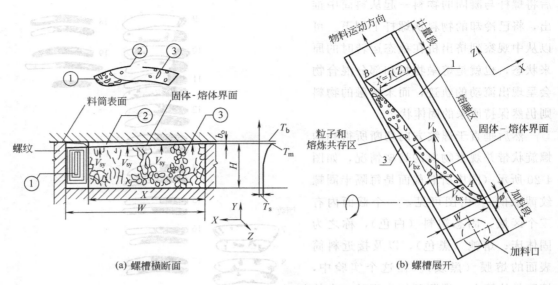

图 4-21 熔融理论模型

② **固体的熔化速率** 从上面的假设物料在螺槽内的熔融是发生在熔体-固体界面上的。如果以界面为准，则其进出热量之差即为物料熔化耗去的热量。为找出单位界面上熔融速率与操作条件、物理性能和固体床宽度之间的关系，需要先知道熔膜和固体中的温度分布以及从中进、出的热量。

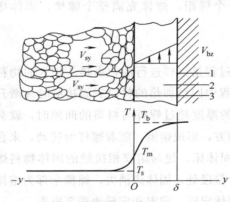

图 4-22 熔体膜和固体床内的温度分布
1—料筒表面；2—熔体膜；3—界面

如图 4-22 如果螺杆固定不动，料筒以速度 V_b 移动，在螺槽方向的分量为 V_{bz}，进入界面的速度为 V_{sy}，固体床的相对速度为 V_j，熔膜厚度为 δ，远离界面的固体床温度为 T_s，物料的熔点为 T_m，在料筒表面的温度为 T_b，熔体的黏度为 μ。

根据假设，能量方程简化成：

$$k_m \frac{d^2 T}{dy^2} + \mu \left(\frac{dV_j}{dy}\right)^2 = 0 \tag{4-5}$$

进一步简化为：

$$\frac{d^2 V_j}{dy^2} = 0 \tag{4-6}$$

将上式积分，代入边界条件 $V_{j(0)} = 0$，$V_{j(\delta)} = V_j$，则得线性速度分布为：

$$v_j = \frac{y}{\delta} V_j \tag{4-7}$$

将上式代入式(4-5)，并积分，结合边界条件 $T_{(0)} = T_m$，$T_{(b)} = T_b$，整理后熔膜中的温度分布为：

$$\frac{T-T_\mathrm{m}}{T_\mathrm{b}-T_\mathrm{m}}=\frac{\mu V_j^2}{2k_\mathrm{m}(T_\mathrm{b}-T_\mathrm{m})}\frac{y}{\delta}\left(1-\frac{y}{\delta}\right)+\frac{y}{\delta} \tag{4-8}$$

式中，y 是离界面距离；k_m 是导热系数；无因次群 $\mu V_j^2/k_\mathrm{m}(T_\mathrm{b}-T_\mathrm{m})$ 通称为勃林克曼数，它表示由剪切所生热量与温差为 $T_\mathrm{b}-T_\mathrm{m}$ 时由料筒导入热量的比率。如果勃林克曼数大于 2，则料筒与界面之间的某一位置的温度可出现比 T_b 更高的值，其原因在于剪切生热的数量较大。

从熔膜进入单位界面的热量为：

$$-(q_y)_{y=0}=k_\mathrm{m}\left(\frac{\mathrm{d}T}{\mathrm{d}y}\right)_{y=0}=\frac{k_\mathrm{m}}{\delta}(T_\mathrm{b}-T_\mathrm{m})+\frac{\mu V_j^2}{2\delta} \tag{4-9}$$

固体床内的温度分布可在边界条件 $y=0$，$T=T_\mathrm{m}$ 和 $y\to-\infty$，$T\to T_\mathrm{s}$ 时推得为：

$$\frac{T-T_\mathrm{s}}{T_\mathrm{m}-T_\mathrm{s}}=\exp\left(\frac{V_{sy}}{\alpha_\mathrm{s}}\times y\right) \tag{4-10}$$

式中，$\alpha_\mathrm{s}=k_\mathrm{s}/\rho_\mathrm{s}C_\mathrm{s}$ 是热扩散系数；k_s、ρ_s 和 C_s 分别为固体床的导热系数、密度和比热容。式(4-10)说明固体床的温度是按指数规律从熔点 T_m 下降到固体床的起始温度；

在单位界面上从熔体膜传至固体的热量为：

$$-(q_y)_{y=0}=k_\mathrm{s}\left(\frac{\mathrm{d}T}{\mathrm{d}y}\right)_{y=0}=\rho_\mathrm{s}C_\mathrm{s}V_{sy}(T_\mathrm{m}-T_\mathrm{s}) \tag{4-11}$$

从料筒到固体床的温度分布曲线见图 4-22。

综合式(4-10)和式(4-11)可知单位界面上进、出热量之差，也就是熔化物料耗去的热量：

$$\left[\frac{k_\mathrm{m}}{\delta}(T_\mathrm{b}-T_\mathrm{m})+\frac{\mu V_j^2}{2\delta}\right]-[(T_\mathrm{m}-T_\mathrm{s})]=V_{sy}\rho_\mathrm{s}\lambda \tag{4-12}$$

式中，λ 是塑料的熔化热。

再考虑物料平衡，由界面处进入熔膜内的固体量应等于流出熔体量。则得：

$$\omega\equiv V_{sy}\rho_\mathrm{s}X=\frac{V_{bx}}{2}\rho_\mathrm{s}\lambda \tag{4-13}$$

式中，ω 定义为单位螺槽长的熔化速率。解出式(4-12)的 V_{sy}，代入式(4-13)中，则熔膜的厚度 δ 和熔化速率 ω 可用固体床的宽度 X 表示：

$$\delta=\left\{\frac{[2k_\mathrm{m}(T_\mathrm{b}-T_\mathrm{m})+\mu V_j^2]X}{V_{bx}\rho_\mathrm{m}[C_\mathrm{s}(T_\mathrm{m}-T_\mathrm{s})+\lambda]}\right\}^{1/2} \tag{4-14}$$

$$\omega=\left\{\frac{V_{bx}\rho_\mathrm{m}[k_\mathrm{m}(T_\mathrm{b}-T_\mathrm{m})+\frac{\mu}{2}V_j^2]X}{-2[C_\mathrm{s}(T_\mathrm{m}-T_\mathrm{s})+\lambda]}\right\}^{1/2}=\phi X^{1/2} \tag{4-15}$$

$$\phi=\left\{\frac{V_{bx}\rho_\mathrm{m}[k_\mathrm{m}(T_\mathrm{b}-T_\mathrm{m})+\frac{\mu}{2}V_j^2]}{2[C_\mathrm{s}(T_\mathrm{m}-T_\mathrm{s})+\lambda]}\right\}^{1/2} \tag{4-16}$$

由 ϕ 定义的变量群是熔化速率的量度，即 ϕ 值大则熔化速率高。这一方程的分子正比于熔化时供热的速率；而分母则正比于固体从其本身温度（T_s）变为温度 T_m 的熔体时所需的热量。

③ 固体床的分布　固体床的宽度 X 是顺着螺槽向下的长度 Z 的函数。其间的关系可

用螺槽方向上固体床中微分体积的物料平衡来得到，其结果可用下式表示：

$$\frac{d(HX)}{dZ} = -\frac{\omega}{\rho_s V_{sz}} \tag{4-17}$$

这个微分方程对渐变螺槽和等深螺槽有不同的解。

对于渐变螺槽，其深度一般呈直线下降，即 $H = H_1 - A_Z$，式中 H_1 是 Z 为零时的螺槽深度，而 A 为螺槽的锥度，解上式则得渐变螺槽的固体床分布：

$$\frac{X}{W} = \frac{X_1}{W} \left[\frac{\psi}{A} - \left(\frac{\psi}{A} - 1 \right) \left(\frac{H_1}{H_1 - A_Z} \right)^{1/2} \right]^2 \tag{4-18}$$

$$\begin{cases} \psi = \dfrac{\phi W^{1/2}}{\left(\dfrac{X_1}{W} \right)^{1/2} \dfrac{G}{H_1}} \\ G = V_{sz} W H_1 \rho_s \end{cases} \tag{4-19}$$

渐变螺槽熔化区的长度为：

$$Z_T = \frac{H_1}{\psi} \left(2 - \frac{A}{\psi} \right) \tag{4-20}$$

对于等深螺槽来说，固体床分布和熔融区长度的关系则为：

$$\frac{X}{W} = \frac{X_1}{W} \left(1 - \frac{Z}{Z_T} \right)^2 \tag{4-21}$$

$$Z_T = \frac{2H_1}{\psi} \tag{4-22}$$

式中，G 是质量流率；ψ 是无因次群。

如果熔化是在 $Z=0$ 处开始的，则式(4-18)中的固体床宽度 (X_1) 就是螺槽宽度 (W)，这时渐变螺槽和等深螺槽的固体床分布就分别为：

$$\frac{X}{W} = \left[\frac{\psi}{A} - \left(\frac{\psi}{A} - 1 \right) \left(\frac{H_1}{H_1 - A_Z} \right)^{1/2} \right]^2 \tag{4-23}$$

$$\frac{X}{W} = \left(1 - \frac{Z}{Z_T} \right)^2 \tag{4-24}$$

这样，固体床分布 $\dfrac{X}{W}$ 在渐变螺槽时即为无因次群 A/ψ 的函数，而在等深螺槽时则只是 Z/Z_T 的函数。

图 4-23 中绘出了不同 A/ψ 时的固体床分布曲线。从图 4-23 可以看出，固体的分布形状是依赖于 A/ψ 值的。对于等深螺槽，$A/\psi=0$，固体床分布呈抛物线。当 A/ψ 增大时曲线即由凹曲线逐渐变成凸曲线。在极限情况 $A/\psi=1$ 时，固体床宽度保持不变，形状是阶梯函数。一般情况下 $A/\psi<1$，固体床宽度是连续下降的。

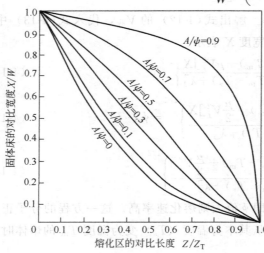

图 4-23　固体床的分布曲线

④ 固体熔融理论的应用　上述理论对工艺控制和螺杆设计都具有重要意义。现以等深螺槽为例说明其在工艺控制中的作用。从式(4-19)和式(4-22)可得：

$$Z_T = \frac{2G}{\psi W^{1/2}} \tag{4-25}$$

上述关系式的最重要结果是，熔融区的长度正比于质量流率（G）。因此，如果要增大流率而又保持熔融区的长度不变（以保持不变的质量为前提），这就需要改变其他操作条件以使 ψ 值取得与流率齐量的增加。从式(4-16)知，增大 ψ 的方法是将料筒的温度 T_b、物料温度 T_s 和螺杆转速分别或同时提高，但仅凭提高螺杆转速一种办法是不容易达到目的的，因为这样所增加的剪切热常不足以补偿产量的增加。

其次，在设计螺杆时可根据熔融理论算出熔融区的长度，从而使熔融段的设计较为简化和合理。但必须指出，用理论计算的固体床宽度和熔融区长度与用实验测得值还有一定差距，见图 4-24。从图中可见，在相变初期，计算的熔化速率比实测的要长些。如果在计算时将锥度加大 40%，则计算结果即与实验较为一致。产生误差的原因是所用数学模型的许多假设与实际不合。例如，熔体为非牛顿液体，固体床的厚度有限，物理性能有变化，螺槽不是矩形等等。因此，在这一基础上又有人提出了各种修正模型。当然修正过的数学式是更接近于实际情况的，但计算更为复杂。

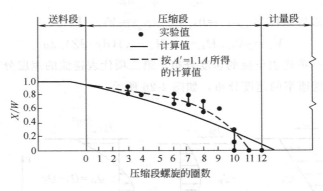

图 4-24　固体床的计算值与实测值的比较

4.1.2.3　熔体输送理论

（1）简化流动方程

为简化熔体输送理论的研究，假设：①熔体是不可压缩的牛顿流体，其黏度（η）与温度无关；②流动是充分发展的稳定层流；③流体在壁面无滑动；④螺槽为矩形，螺槽深度（H_m）比螺槽宽度（W）小得多；⑤不考虑惯性力、重力等的影响；⑥熔体的密度等物理性质不变；⑦螺槽深度恒定，压力梯度（dp/dZ）为一常数。

为了推导方便，把螺槽展开并定位在平面，料筒被看作是螺槽上一块移动平板，并与螺槽成 θ 角以恒定速度移动（图 4-25）。熔体在螺杆计量段有正流（拖曳流动）、逆流（压力流动）、横流和漏（泄）流四种流动。正流（Q_d）是由于料筒移动在螺槽方向所产生的流动。逆流（Q_p）是料流压力梯度所产生的流动，其方向与正流相反。横流（Q_t）是物料沿 x 轴所产生的流动，为了保证横流的连续性，物料在 y 轴上也有流动，这样便形成环流，它对混合和传热有影响，但不影响流量。漏流（Q_L）也是压力梯度造成的，它是物料从螺棱与料筒之间的间隙（δ_f）沿螺杆轴向料斗方向的流量。

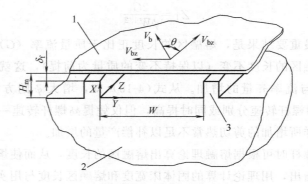

图 4-25　螺槽展开图
1—料筒；2—螺杆根部；3—螺翅

如果物料沿螺槽的速度为 V_z，又不考虑漏流损失和横流的影响，则动量方程与牛顿黏性定律结合，可得：

$$\frac{d^2V_z}{dy^2}=\frac{1}{\eta}\times\frac{dp}{dZ} \tag{4-26}$$

积分，并用适当的边界条件 $V_{z(y=0)}=0$，$V_{z(y=H_m)}=V_{bz}$，则得：

$$V_z=yV_{bz}/H_m-y(H_m-y)(dp/dZ)/2\mu \tag{4-27}$$

上式的右边第一项代表正流的速度分布，第二项代表逆流的速度分布，两者之和就是 Z 向净流的熔体输送速率的速度分布，如图 4-26 所示。

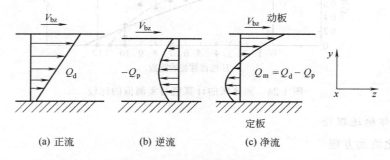

(a) 正流　　　(b) 逆流　　　(c) 净流

图 4-26　沿螺槽的流速分布

熔体输送速率（净流）可将沿螺槽的速度分布通过螺槽横截面积分而得出：

$$\Delta p_{max}=6\eta V_{bx}Z/H_m^2$$
$$Q_m=\left(\frac{AK}{K+B}\right)N \tag{4-28}$$

式中，Z 是沿螺槽方向的长度；Δp_{max} 是其压力降。

从式(4-28)可以得出：①当 $\Delta p=0$ 时，$Q_{max}=\frac{1}{2}V_{bz}WH_m$，即在挤出机中没有压力梯度（即不安装口模）的最大熔体输送速率，但塑化不良；②当 $Q_m=0$ 时，$\Delta p_{max}=$

$6\eta V_{bx}Z/H_m^2$ 即从口模没有物料挤出而产生最大压力降；③一般挤出操作是在前两个极端之间进行的。

利用螺杆的几何关系，简化流动方程可写成：

$$Q_m = \frac{\pi^2 D_b^2 N H_m \sin\theta_b \cos\theta_b}{2} - \frac{\pi D_b H_m^3 \sin^2\theta_b \Delta p}{12\eta L} \tag{4-29}$$

式中，N 为螺杆的转速；Δp 为计量段料流的压力降；L 为计量段的长度。

(2) 螺杆和口模的特性曲线

为简明计，式(4-29) 可写成下式：

$$Q_m = AN - B\frac{\Delta p}{\eta} \tag{4-30}$$

式中，A 和 B 都只与螺杆结构尺寸有关，对指定的挤出机在等温下的操作情况来说，除 Q_m 与 Δp 外，式(4-30) 中其他符号都是常数，这样式(4-30) 即为直线方程。如果将它绘在 Q_m-Δp 坐标图上，就可得到一系列具有负斜率的平行直线，这些直线常称为螺杆特性曲线（如图 4-27）。

塑料熔体（假定为牛顿流体）通过口模的方程可简写成：

$$Q_m = K\frac{\Delta p}{\eta} \tag{4-31}$$

式中，K 为常数，与口模的几何结构有关；Δp 为塑料通过口模的压力降。

如果进入计量段的料流压力与口模处出料的压力相等（绝大多数的挤出都是这种情况），则式(4-31) 中的 Δp 即与式(4-30) 中的 Δp 相等。采用同一坐标将式(4-30) 绘出，就可得到像图 4-27 所示的另一组直线（D_1，D_2，D_3 等，不同的直线表示用不同的口模，也就是 K 值不同），这种直线称为口模特性曲线。

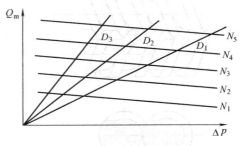

图 4-27 螺杆和口模的特性曲线

图 4-27 中两组直线的交点就是操作点。利用这种图可以求出指定挤出机配合不同口模时的挤出量，使用极为方便，因为直线只需两点就可决定。

将式(4-30) 和式(4-31) 联立而消去 Δp 得：

$$Q_m = \left(\frac{AK}{K+B}\right)N \tag{4-32}$$

从式(4-32) 知，挤出机（带有口模）的挤出量仅与螺杆转速以及螺杆、口模的结构尺寸有关，而与塑料的黏度无关。

4.1.2.4 双螺杆挤出机的工作原理

双螺杆挤出机的螺杆结构要比单螺杆挤出机的复杂得多，两根螺杆的组合也有很多变化。因此双螺杆挤出机的挤出成型原理有其特殊之处。单螺杆挤出机中，物料的输送是拖曳型的，固体物料的摩擦性能和熔融物料的黏性决定了其输送行为。如果物料的摩擦性能不良，则难以将物料喂入单螺杆挤出机中，这也就是单螺杆挤出机难以加工粉料的主要原因。而在双螺杆挤出机中，物料的输送在某种程度上是正向位移输送，正向位移的程度取决于一根螺杆的螺棱与另一根螺杆的相对螺槽的接近程度，从运动原理来看，双螺杆挤出机中反向啮合、同向啮合和非啮合型是不同的。

(1) 反向啮合型双螺杆挤出机

典型的封闭啮合式反向转动（CICT）型双螺杆挤出机的螺杆几何形状如图 4-28 所示。啮合区的横截面（见图 4-29）表明两根螺杆螺槽之间的间隙是很小的，因此，CICT 挤出机可达到相当的正位移输送特性；同时可以看出反向啮合型双螺杆挤出机具有滚压式啮合，啮合区的螺杆速度梯度都在同一方向，进入啮合区的物料则有强制通过啮合区的趋势。如果两根螺杆之间的间隙是相当小的，则通过啮合区的料流很小，这将在啮合区的入口处产生物料堆积形成料垄，而进入辊隙的物料将对两根螺杆产生很大的压力，致使螺杆挠曲。所以，CICT 挤出机一般适合在低速下运行，以免在啮合区发生过大的压力。若使用大间隙设计的螺杆时，螺杆速度可以提高，但是，正向位移输送特性则会受到损失。于是，CICT 挤出机的最大允许螺杆速度，常常是机器正向位移输送特性的指标。低的最大螺杆速度（约 20~40r/min）表明，机器具有正向位移输送特性，大多用于型材挤出。高的最大螺杆速度（约 100~200r/min）表明，机器具有较小的正位移输送特性，大多用于配料、连续的化学反应，以及其他特定的聚合物加工。

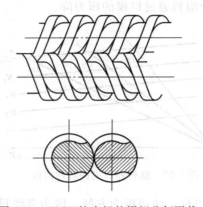

图 4-28 CICT 挤出机的螺杆几何形状

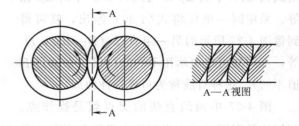

图 4-29 CICT 挤出机啮合区的横截面

CICT 挤出机的理论最大挤出量为：

$$Q_{\max} = 2iNV \tag{4-33}$$

式中，i 是平行螺纹数；N 为螺杆的转速；V 是 C 形室的体积。

此方程首先是由 Schenkel 提出的，假设螺槽被物料完全充满而且无漏流。实践表明，CICT 挤出机的实际产量大大低于理论量（$Q_{\max}$），所以有人对该式引入经验性修正系数。Janson 对反向转动挤出机中的漏流作了详细分析，他将漏流分为四种（图 4-30）：①通过螺棱与料筒之间的间隙（螺棱间隙，δ_f）的漏流（螺棱漏流，Q_f）；②一根螺杆的螺槽底部和另一根螺杆的顶部之间的间隙（径向间隙，δ_c）的漏流（压延漏流，Q_c）；③在切向通过两根螺纹侧面之间的间隙（侧面间隙，δ_s）的漏流（侧面漏流，Q_s）；④通过两根螺杆螺纹侧面之间的四面体间隙（δ_t）的漏流（四面体漏流，Q_t）。这样，挤出机的总产量

(Q) 可按下式确定：

$$Q = 2iNV - 2iQ_{cs} - 2Q_f - Q_t \quad (4-34)$$

式中，Q_{cs}是压延漏流与侧向漏流之和。

(2) 同向啮合型双螺杆挤出机

这种挤出机有低速和高速两种。它们在设计、操作特性和应用方面都是不同的，低速同向（转动）双螺杆挤出机主要用于型材挤出，而高速挤出机则用于特定的聚合物加工操作。

① 封闭啮合式挤出机　低速挤出机具有封闭啮合式螺杆几何形状，其中一根螺杆的螺棱插入另一根螺杆的螺槽而紧密配合，即共轭螺杆轮廓。封闭啮合同向旋转（CICO）型双螺杆挤出机的螺杆典型几何形状，如图 4-31 所示。

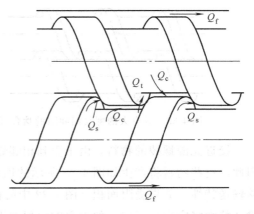

图 4-30　挤出机中的漏流

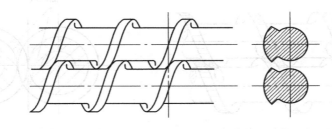

图 4-31　CICO 挤出机的螺杆几何形状

图 4-31 所示的共轭螺杆轮廓似乎显示出在两根螺杆之间形成良好的密封，但从啮合区的横截面（图 4-32）来看，在两根螺杆的螺槽之间存在着相当大的空隙（面积Ⅱ）。因此，CICO 挤出机的输送特性不如 CICT 挤出机（见图 4-28，图 4-29）那样呈正向位移。同时可以看出同向啮合式双螺杆挤出机具有滑动式啮合，在啮合区螺杆的速度梯度是方向相反的。因此，进入啮合区的物料，除了螺棱面的间隙很大（图 4-33）外，几乎没有向啮合区移动的趋势。由于螺槽间的开口相当大，进入啮合区的物料则有流进相邻螺杆的螺槽的倾向。这种物料将呈 8 字形运动，如图 4-34 所示，同时在轴线方向上移动。

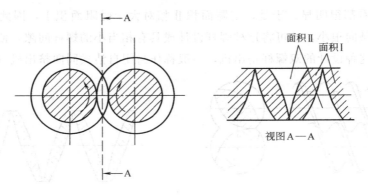

图 4-32　CICO 挤出机中啮合区的截面

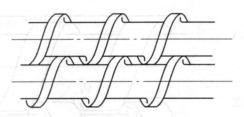
图 4-33 具有大的螺纹面间隙的啮合区

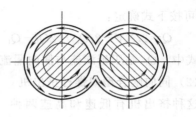
图 4-34 物料的 8 字形运动

接近无源螺棱的物料,由于受到相邻螺杆螺棱的阻碍,而不能进入相邻螺杆的螺槽。因此,这些物料将产生如图 4-35 所示的回流。这种物料的一部分将贡献于螺杆的正向位移输送特性。如果受阻面积(图 4-32 中的面积 I)大于空隙面积(图 4-32 中的面积 II),输送特性将完全呈正向。如果空隙面积大于受阻面积,正向位移输送特性则大为降低,致使物料停留时间加宽和挤出量对压力的依赖性加大。由于 CICO 挤出机的螺杆几何形状是空隙面积小于受阻面积,因此它具有比较正向的位移输送特性。

图 4-35 无源螺棱处的回流

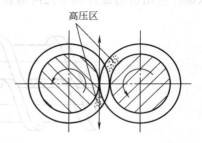
图 4-36 啮合区入口处的高压区

滑动式啮合在物料进入啮合区处将产生高压力区,如图 4-36 所示。压力的增高主要是因为物料进入啮合区时流动方向变化所引起。显然,对于 CICO 双螺杆挤出机,空隙面积比受阻面积小,压力增高将是最严重的。这些高压区将对螺杆产生横向力,试图将螺杆推开,且这个横向力随螺杆转速上升而增大。所以,CICO 挤出机必须在低速下运转,以免在啮合区出现高的压力峰,使螺杆与料筒接触而严重磨损。

② 自洁式挤出机 高速同向挤出机具有封闭式匹配的螺纹轮廓,如图 4-37 所示。从一个螺槽到相邻螺槽有颇大的开口。这种情况从螺杆的顶视图(图 4-37)和啮合区的截面(图 4-38)看都很明显。于是,空隙面积 II 相对大于受阻面积 I,因此,啮合区形成高的压力峰的倾向很小,故可将这种螺杆设计成具有相当小的螺杆间隙,使螺杆具有封闭式自洁作用。这种设计的双螺杆挤出机,一般称作封闭自洁式同向挤出机(CSCO)。

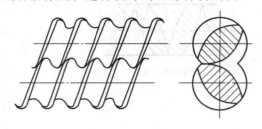
图 4-37 CSCO 挤出机的螺纹几何形状

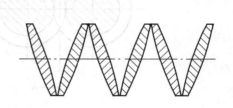
图 4-38 CSCO 挤出机啮合区的截面

采用 CSCO 挤出机时，在啮合区产生高压力峰的可能性很小，所以可以在高达 600r/min 的高速下运转。在其中大部分物料都按前述 8 字形流动，但这部分物料比在 CICO 挤出机中多得多。可是这种螺杆的几何特性也产生相当的非正向位移输送特性，使物料停留时间加宽和挤出量对压力的敏感性加大。所以，这些机器不适于直接挤出型材，主要用于配料、排气及特定聚合物的加工。

(3) 非啮合型双螺杆挤出机

非啮合型双螺杆挤出机在结构上类似于两根平行单螺杆在料筒中转动，两根螺杆之间的中心距大于两螺杆半径之和。有实用价值的是非啮合型反向转动（NOCT）的双螺杆挤出机，它的物料输送与单螺杆挤出机类似，主要差别是物料从一根螺杆到另一根螺杆的交换。如图 4-39 所示，如果顶峰区面积为零，则 NOCT 挤出机的行为如两台单螺杆挤出机，而一般顶峰区面积不为零，故 NOCT 挤出机的挤出量小于相同螺杆直径的单螺杆挤出机挤出量的两倍。同

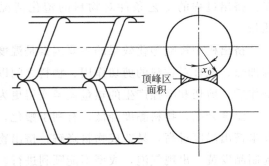

图 4-39　NOCT 挤出机的截面

单螺杆挤出机相比，NOCT 挤出机的正向位移输送特性更少，而逆流返混特性则较好，因此，NOCT 挤出机主要用于共混、排气和化学反应等作业，而不太适合进行型材挤出。

4.1.3　挤出成型工艺及控制

适用于挤出成型的热塑性塑料的品种很多，挤出制品的形状和尺寸也各不相同，挤出不同制品的操作方法也各不相同，但挤出成型的工艺流程则大致相同。本节先简要介绍挤出各种制品的共同工序和工艺控制，在"典型制品的挤出成型"一节中将具体介绍几种典型制品的挤出工艺。

4.1.3.1　挤出成型工艺

各种制品挤出成型的工艺流程大体相同，一般包括原料的预处理和混合、挤出成型、挤出物的定型和冷却、制品的牵引、卷取（或切割），有些制品还需进行后处理等。工艺流程如图 4-40 所示。

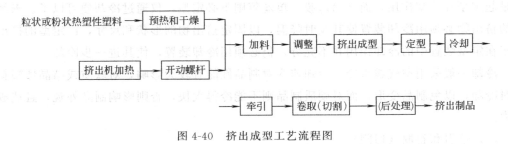

图 4-40　挤出成型工艺流程图

(1) 原料的预处理和混合

用于挤出成型的热塑性塑料一般为粒料或粉料，由于原料中可能含有水分，将会影响挤出成型的正常进行，同时影响制品质量和外观，因此挤出前要对原料进行预热和干燥。

不同种类的塑料允许的含水量不同，通常应控制原料的含水量低于 0.5%。原料的预热和干燥一般是在烘箱或烘房内进行。

此外原料中的机械杂质也应尽可能除去。挤出成型用物料的混合在第 3 章中已述及。

(2) 挤出成型

首先将挤出机加热到预定的温度，然后开动螺杆，同时加料。初期挤出物料的质量和外观都较差，应根据塑料的挤出工艺性能和挤出机机头口模的结构特点等调整挤出机料筒各加热段和机头口模的温度、螺杆的转速等工艺参数，以控制料筒内物料的温度和压力分布。挤出过程的工艺条件对物料的塑化情况的影响很大，进而影响挤出制品的外观和质量。

挤出机中影响塑化效果的主要因素是温度和剪切作用。物料的温度主要来自料筒的外部加热、螺杆对物料的剪切作用、物料之间以及物料和料筒壁间的摩擦生热。当进入正常操作后，剪切和摩擦产生的热量甚至变得更为重要。

温度升高，物料黏度降低，有利于塑化，同时熔体的压力降低，挤出成型出料快。但如果挤出温度过高，易造成物料降解，挤出物的形状稳定性变差，制品收缩增大，甚至引起制品发黄、出现气泡，成型不能顺利进行。温度降低，物料黏度增大，机头和口模压力增加，制品密度大，挤出物的形状稳定性好，但出模膨胀较严重，可以适当增大牵引速度以减少因膨胀而引起的制品壁厚增加。但是温度也不能太低，否则塑化效果差，且熔体黏度太大也会增加功率消耗。口模和型芯的温度应该一致，若相差较大，则制品会出现向内或向外翻扭等现象。

大多数塑料属假塑性流体，熔体黏度随剪切作用的增加而降低。增大螺杆的转速可增加螺杆对物料的剪切作用，从而有利于塑料的混合和塑化。

(3) 定型与冷却

热塑性塑料挤出物离开机头口模后仍处在高温熔融状态，具有很大的塑性变形能力，必须立即进行定型和冷却，否则制品在自身重力的作用下就会变形，出现凹陷或扭曲等现象。

不同的制品有不同的定型方法，大多数情况下，冷却和定型是同时进行的，只有在挤出管材和各种异型材时才有独立的定型装置，挤出板材和片材时，挤出物通过一对压辊，也是起定型和冷却作用，而挤出薄膜、单丝等则不必定型，仅通过冷却便可以了。未经定型的挤出物必须用冷却装置使其及时降温，以固定挤出物的形状和尺寸，已定型的挤出物由于在定型装置中的冷却作用并不充分，仍必须用冷却装置，使其进一步冷却。

冷却一般采用空气或水冷。冷却速率对制品性能有较大影响，对软质或结晶性塑料要及时冷却，以免制品变形，而对硬质制品则不能冷得太快，否则影响制品外观，且造成内应力。

(4) 牵引和卷取（切割）

挤出成型生产的是具有恒定断面形状的连续制品，制品不断挤出，如不引开，会造成堵塞，使生产不能顺利进行，此外，热塑性塑料挤离口模后，由于有热收缩和离模膨胀双重效应，使挤出物的截面与口模的断面形状尺寸并不一致。因此在挤出热塑性塑料时，要连续而均匀地将挤出物牵引开,其目的一是帮助挤出物及时离开口模,保持挤出过程的连续性;二是调整挤出型材截面尺寸和性能。

牵引的速度要与挤出速度相配合,通常牵引速度略大于挤出速度,这样一方面可消除由离模膨胀引起的制品尺寸变化,另一方面对制品有一定的拉伸作用,可使制品适度进行大分子取向,从而使制品在牵引方向的强度得到提高。

牵引后的制品根据要求进行卷取或切割,一般软质型材可进行卷绕,硬质型材从牵引装置送出达到一定长度后切断。

(5) 后处理

有些制品挤出成型后还需进行后处理,以提高制品的性能。后处理主要包括热处理和调湿处理。在挤出较大截面尺寸的制品时,常因挤出物内外冷却速率相差较大而使制品内有较大的内应力,挤出制品成型后应在高于制品的使用温度 10～20℃或低于塑料的热变形温度 10～20℃的条件下保持一定时间,进行热处理以消除内应力。有些吸湿性较强的挤出制品,如聚酰胺,在空气中使用或存放过程中会吸湿而膨胀,但是这种吸湿膨胀过程需很长时间才能达到平衡,为了加速这类塑料挤出制品的吸湿平衡,常需在成型后浸入含水介质加热进行调湿处理,同时还可进行热处理,这对改善这类制品的性能是十分有利的。

4.1.3.2 挤出成型工艺控制

研究挤出成型工艺及其控制,可以在确保质量的前提下,尽可能地提高挤出机的生产率,减少能耗,从而降低挤出制品的生产成本。

(1) 挤出机的生产率

塑料在挤出机中的运动情况相当复杂,影响其生产能力的因素很多,因此要精确计算挤出机的生产率较困难。通常的处理办法是把挤出机内的物料当作黏性流体,把物料的运动看作是黏性流体的流动。在挤出机内只有在熔体输送段的物料才是黏性流体,因此在挤出机正常工作时,螺杆熔体输送段的流动速率可以看作是挤出机的挤出流量,影响熔体输送段流率的因素也即影响挤出机生产率的因素。

① 螺杆转速与生产率的关系　熔体输送理论中在讨论螺杆和口模的特性曲线时,将式(4-30) 和式(4-31) 联立,并认为进入均化段料流的压力降等于物料通过口模时的压力降,则可得到式(4-35):

$$Q_m = \left(\frac{AK}{K+B}\right)N \tag{4-35}$$

由式(4-35) 可知,在机头和螺杆的几何尺寸一定时,挤出机的生产率与螺杆转速成正比,这种关系对挤出机的发展有重大意义,目前出现的超高速挤出机,能大幅度地提高挤出机的生产能力。

② 物料温度和生产率的关系　式(4-30) 和式(4-31) 都没有直接反映料温与挤出生产率的关系,其实物料的黏度是与温度有关的,因此可以通过黏度与挤出生产率的关系反映料温与挤出生产率的关系。但从式(4-35) 可知,挤出生产率仅与螺杆转速以及螺杆、口模的结构尺寸有关,而与物料的黏度无关,这是因为在机头口模尺寸不变的情况下,当黏

度增加时,压力也增加,挤出流率就保持不变。但在实际生产中,当温度有较大幅度变化时,挤出流率也有一定的变化,这种变化实质上就是由于温度的变化而导致物料塑化效果有所变化而引起的,这相当于均化段的长度有了变化,从而引起挤出生产率的变化。所以挤出成型工艺中对温度的控制也是相当重要的。

③ 机头压力与生产率的关系 由前面熔体输送理论的讨论可知,决定熔体流量的是正流、逆流和漏流,从式(4-29)可以看出,正流流率与压力无关,逆流和漏流流率则与压力成正比。因此,压力增大,挤出流率减小,但对物料的进一步混合和塑化有利。在实际生产中,增大了口模尺寸,即减小了压力降,挤出量虽然提高了,但对制品的质量不利。

在式(4-29)中,若 $\Delta p=0$,则可获得最大挤出量:

$$Q_m = \frac{\pi^2 D_b^2 N H_m \sin\theta_b \cos\theta_b}{2} \tag{4-36}$$

这种情况发生在不装多孔板、过滤网和机头口模的挤出,叫做"自由挤出",挤出流率等于正流,而逆流和漏流都等于零。

若令 $Q_m=0$,则根据式(4-29)可得到理论上的机头最大压力降:

$$\Delta p_{max} = \frac{6\pi\eta L D_b N}{H_m^2 t \tan\theta_b} \tag{4-37}$$

这种情况发生在机头口模堵塞时无挤出量,而螺杆仍在转动,这在实际生产中是不允许的。在挤出发生事故时,如物料焦烧分解而抱住螺杆或堵塞机头流道的情况下,就会发生这种断流挤出。

④ 螺杆几何尺寸与生产率的关系

a. 螺杆直径 D_b。从式(4-29)可以看到,Q_m 接近于与螺杆直径 D_b 的平方成正比,由此看来螺杆直径对 Q_m 的影响远比螺杆转速 N 的影响大,因此目前生产规模较大的挤出成型多用较大螺杆直径的挤出机。

b. 螺槽深度 H_m。从式(4-29)可以看到,正流与螺槽深度 H_m 成正比,而逆流则与 H_m^3 成正比。图4-41为螺槽深度与挤出生产率的关系曲线,可以看出深槽螺杆的挤出量对压力的敏感性大。因此,在压力较低时,用浅槽螺杆的挤出量会比用深槽螺杆时低,而当压力高至一定程度后,其情况正相反,这一推论说明浅槽螺杆对压力的敏感性不很显著,对不同结构的机头口模的适应性较好,能在压力波动的情况下挤压比较均匀的制品。但螺槽也不能太浅,否则剪切作用太大,易使物料焦烧。

c. 计量段(均化段)长度 L。从式(4-29)可知,均化段长度 L 增加时,逆流和漏流减少,挤出生产率增加,如图4-42所示。增加计量段长度 L,螺杆特性曲线比较平坦,即受口模阻力的影响较小,即使因口模阻力变化而引起机头压力较大变化时,挤出生产率的变化也较小。

⑤ 机头口模的阻力与生产率的关系 物料挤出时的阻力与机头口模的截面积成反比,与长度成正比,即口模的截面尺寸越大或口模的平直部分越短,机头阻力越小,这时挤出产率受机头内压力变化的影响就越大。因此一般要求口模的平直部分有足够的长度。

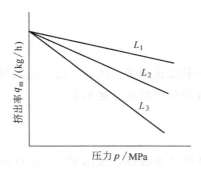

图 4-41 螺槽深度对挤出生产率的影响
（$H_1 > H_2 > H_3$）

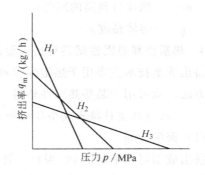

图 4-42 均化段长度对挤出生产率的影响
（$L_1 > L_2 > L_3$）

(2) 挤出所需的机械功与热量

挤出机在挤出过程中分别以热量（料筒外部的加热）和机械功（转动螺杆的电动机）供给物料，使之熔化、升温到挤压的温度和克服口模等的阻力而向外挤出。根据稳态挤压过程的热平衡，可得：

$$W_s + W_n = C_p \rho Q(t_2 - t_1) + Q\Delta p + W_L \tag{4-38}$$

式中 W_s——螺杆供给的机械功；

W_n——料筒外部供给的热量；

W_L——热损失；

C_p——平均定压比热容；

ρ——密度；

t_1——物料入口的温度；

t_2——物料出口的温度；

Δp——口模压力降。

上式右边的挤出功 $Q\Delta p$ 与有效热量 $C_p \rho Q(t_2 - t_1)$ 相比是很小的，一般可略去不计。因此，挤出机的热效率（ε）可按下式计算：

$$\varepsilon = \frac{C_p \rho Q(t_2 - t_1)}{W_s + W_n} \tag{4-39}$$

对于一台挤出机实际所需的功率，目前还只能凭经验来解决。不过对单螺杆挤出机均化段所需的功率（Z）则可用下式计算：

$$Z = \omega \eta N^2 L + \xi N \Delta p \tag{4-40}$$

$$\omega = \pi^2 D^2 \left(\frac{\pi D}{H_m} - \frac{e}{\delta_f + \tan\theta} \right) \tag{4-41}$$

$$\xi = \frac{\pi^2 D^2 H_m \tan\theta}{2} \tag{4-42}$$

式中 N——螺杆的转速；

D、e 和 θ——分别为螺杆的直径、螺棱宽度和螺旋角；

L 和 H_m——计量段的长度和螺槽深度；

δ_f——螺纹与料筒的间隙；

η——熔体黏度。

4.1.4 热塑性和热固性塑料挤出成型技术特点

挤出成型技术主要用于热塑性塑料的成型，是一种变化众多、用途广泛、比重很大的加工方法，也可用于某些热固性塑料。现将它们的注射成型特点分述如下。

4.1.4.1 热塑性塑料挤出成型技术特点

（1）聚碳酸酯

挤出成型可用于制造 PC 板材、管材和棒材等型材以及薄膜，所用 PC 的相对分子质量较高，一般在 $3.4×10^4$ 以上。下面以 PC 板材的挤出成型为例来说明聚碳酸酯的挤出成型技术特点。

PC 在高温下水解现象严重，当 PC 含水量大于 0.05％，温度在 140℃ 以上时，随着树脂软化和互相黏结开始发生降解。继续升温，树脂中就会出现气泡，含水量越大的树脂在熔融状态下水解就越严重，甚至达到表面盖满银纹，色深，很脆，失去使用价值。含水量在 0.03％～0.05％时，虽然外观看不到气泡，但冲击韧性等机械性能下降很多，所以 PC 树脂在使用前必须干燥，干燥后立即使用，或放入密闭容器中短时间保存，并最好在 100℃ 以上保温，挤出机料斗应采用保温干燥料斗，温度保持在 100℃ 以上，料斗内的料不应超过 30min 的用量。在挤出板材生产中最常用的是真空干燥和沸腾床干燥。真空干燥控制温度为 100～120℃，料厚不超过 25mm，干燥时间 8～12h。

成型时，机头温度应为两边高，中间低，以保证基础量均匀一致。在 PC 挤出板材中三辊压光机的温度是关键的操作环节。上辊温度随料的厚度和牵引速度而确定，一般以 120～135℃ 为宜，若太低，则会出现过早冷硬。

由于剪切速率对 PC 熔体黏度影响不大，所以螺杆转速可以随需要在较宽的范围内调节，一般在 100r/min 以内。若挤出机螺杆的 L/D 较小，为保证充分塑化，应采取较低的转速，以增加物料在料筒中的停留时间。三辊压光机的转速应控制等于挤出速度，防止料的拥塞或供料不足。

挤出 PC 板的挤出机一般为单螺杆挤出机，螺杆为渐变形，L/D 为 20，压缩比为 2～2.5。PC 在挤出过程中不放出气体，所以一般不适用排气式挤出机。

（2）聚酰胺

聚酰胺（PA）的挤出成型过程分为三大工序：干燥、成型和后处理。

① 干燥 聚酰胺的吸湿性大，为保证制品的质量，成型前必须对物料进行干燥，以使其含水量控制在 0.1％以下。

PA 的干燥通常有常压鼓风加热干燥和真空加热干燥两种。鼓风干燥的温度一般为 100℃±5℃，时间约 6～10h；真空干燥的温度为 90℃±5℃，时间 4～6h。干燥温度偏高会使 PA 变黄，氧化降解，特别是阻燃 PA，由于添加的低分子助剂会使 PA 的耐热性能下降，因此，最好采用真空干燥法。

② 成型

a. 料筒温度。在挤出成型 PA 时，为保证物料稳定进入螺杆。并沿螺杆轴方向输送，一般进料段的温度略低于 PA 的熔点，以使 PA 呈半熔融状态基础压缩段的温度一般高于熔点约 10~15℃。在这一区段，PA 受到螺杆的剪切混合作用，会产生较大的剪切与摩擦热，到达该区末端时，PA 应完全熔融。计量段的温度应与压缩段接近或低于压缩段。在该区段，PA 熔体受热，均匀、稳定地流动，以使基础量保持恒定。

b. 机头温度。机头温度较计量段略低，基本接近 PA 的熔点，以避免熔体破裂造成制品薄厚不均，甚至成为废品。

机头的温度分布对薄而宽的片材，特别是薄膜的挤出影响甚大，一般来讲，为保持片材厚度均匀，机头温度应以中心点为基础向两边逐渐提高，形成一定的温度梯度，以便熔体均匀充满。

c. 冷却定型。对于挤出 PA 片、板材，通过三辊压光机内的冷却介质使挤出物表面逐渐冷却，冷却的程度应根据片、板材表面的光泽程度来确定；对于挤出 PA 薄膜，主要靠空气冷却，必要时可采用介质冷却；对于挤出 PA 管材，在冷却的同时还应通过定径装置定型，以保证管材的厚薄均匀。

d. 牵伸。牵伸速度应根据基础量或产品规格来调整。对于薄膜的拉伸，其拉伸温度应控制在玻璃化温度与熔点之间，拉伸速度与薄膜厚度、基础量有关。

（3）聚丙烯

聚丙烯（PP）挤出一般用单螺杆挤出机，螺杆结构以 BM（分离型）螺杆为最佳选择。螺杆的长径比 L/D 为 20~25，压缩比 2~2.5。机头可采用支管式机头。

PP 挤出板材的挤出成型工艺关键在于正确控制 PP 的结晶速率。由于板材从机头挤出后，首先接触的是三辊压光机的中辊，因此，中辊的温度要比上辊高，一般高出 15~20℃，这样熔融的 PP 在接触压光辊时，上下两表面冷却速率才接近，从而可以挤成较透明的 PP 板材。否则将因结晶速率不一致，使板材呈现出白色结晶。如果压光辊的温度过低，因板材有一定的厚度造成表面和内部温差大，从而造成因结晶速率差异过大而形成白色结晶，影响产品质量。

PP 的流动性很好，所以要保证板材厚度及其均匀性，还必须保证熔融的 PP 在压光辊的上、中辊之间有适量的堆积，这样才能保证板材各处厚度一致，防止发生缺料现象。

（4）聚对苯二甲酸乙二醇酯

聚对苯二甲酸乙二醇酯（PET）片材是热塑性片材中力学性能和韧性最好的之一，其透光率高于 90%，广泛应用于电影胶片、电气绝缘材料及食品、药品、油脂等的包装。

适合于挤出片材的 PET 树脂，其特性黏度一般为 0.62~0.66dL/g，成型过程主要包括原料预处理、熔融挤出、片材成型及牵引卷取 4 道工序。

① 原料预处理　原料的预处理主要包括预结晶和干燥，这也是 PET 片材能否顺利挤出的关键，必须严格控制。

a. 预结晶。料粒经 150~160℃ 逆向流动的热空气加热，在预结晶中预结晶，使 PET 树脂的结晶度达到 15% 左右，然后进入立式干燥器中。

b. 干燥。PET 树脂在沸腾状态下进行干燥，热风吹入的温度为 150~160℃，务必使树脂的含湿量低于 0.005%。

② 挤出熔融　一般采用屏障型螺杆，以防止原料在挤出过程中发生波动。挤出机各段的温度依次为：加料段210℃、塑化段280℃、计量段300℃。

③ 片材成型　从扁平口模挤出的PET树脂的温度约为285~300℃，经辊压光机压光后降至60℃左右，并迅速转变为玻璃态，使原料从无定型态迅速转变为具有低结晶度的准结晶结构，因而对制品的性能影响明显，使PET片材的刚性、强度、尺寸稳定性、气密性及电性都能得到改善。

（5）聚苯硫醚

聚苯硫醚（PPS）树脂通常呈粉末状或颗粒状。加工粉末状PPS树脂时，应注意选用适合的螺杆，以利于进料。通常，螺杆加料段的螺旋角为30℃，且螺槽深度应适当大些。挤出加工时，料筒温度为300~340℃，机头温度为300~320℃，由于加工温度较高，加之玻璃纤维缘故，因此，螺杆及料筒均应选用耐磨、耐腐蚀的材质。

4.1.4.2　热固性塑料挤出成型技术特点

热固性塑料的挤出技术是在20世纪30年代发展起来的，首先从普通的模压成型装置改进成手动立式挤出机，后又发展制造出自动操作的水平式往复挤出机。热固性塑料的挤出成型从本质上讲也属于反应挤出成型。为了用热固性塑料制得优质产品，材料不仅需要加热，而且必须使材料承受相当高的压力。主要是因为需要高压，热固性塑料通常大多数在往复式液压机上进行挤出。这也是热固性塑料挤出成型的主要困难之所在，因此，热固性塑料极少采用挤出成型。下面仅就挤出成型在热固性塑料方面应用的特殊性进行一简单介绍。

不同于热塑性塑料，热固性塑料在压力下加热发生不可逆的化学变化。因此热固性塑料挤出的方法不同于适用于热塑件塑料材料的方法。热固性塑料挤出时，不能仅靠加热，而且还需要使材料受几十兆帕的压力，要求如此高的压力，就无法采用螺杆挤出机。另一方面，由于热固性塑料在挤出机内受热而固化，结果使拆卸和清理螺杆遇到困难，因此不能采用连续螺杆挤出技术来挤出热固性塑料。

热固性塑料挤出通常采用往复式液压机，如图4-43所示。干燥的粉状或片状热固性塑料从安装在加料口上面的加料斗进入由水间接冷却的压机或料室中，这种进料方式与注

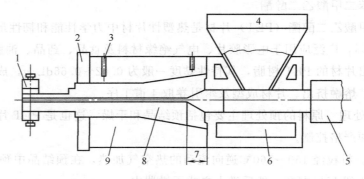

图4-43　热固性塑料挤出过程示意图

1—模头夹盘；2—后模板；3—恒温控制装置；4—加料斗；5—柱塞；
6—水冷却段；7—流动区；8—模头；9—模框

射机的进料非常类似。液压机活塞推动水冷的冲头，冲头在前进的过程中将加料口关闭，并将料室中的物料推向前并顶至前次物料的后面而予以压缩。这一过程在冲头的每一次行程中重复进行，于是物料便在加热的模头中逐渐向前移动，同时在相当大的压力下改变它的形状和温度。物料从柱塞冲头的圆形截面形状向所需的断面形状的变化主要发生在流动区域，在这一阶段中，物料完全软化，并被压缩成最终所需的形状。此后物料进入一个基本上是平行的固化区，在此阶段，物料起初仍是可塑的，但当它进入最后部分时就开始固化。为了适应物料在固化过程中的收缩，固化区的最后部分略呈锥形状。柱塞冲头所施加的压力是为了克服在模头固化区中对制件造成的摩擦阻力，这段模头固化区的长度一般为225～300mm。如果这样还不能产生所需的压力，则可采用模头夹盘（弹性夹头）作为附加控制，来增加模壁对制品的控制压力。

4.1.4.3　热固性塑料挤出与热塑性塑料挤出比较

由于热固性塑料在加工过程中发生了不可逆变化，以致用热固性塑料制造产品的截面受到很大的限制，不像热塑性塑料挤出制品的范围可由薄膜到各种固定截面的型材，这也是热塑性塑料挤出得到迅速发展的原因。

热固性塑料制品的形状在离开挤出模头后几乎不可能发生变化，因此对每一种制品必须使用专用的模头，且模头须精确地与制品的断面形状一致。而热塑性塑料挤出时，制品离开模头之后，仍可有许多方法改变和校正其断面形状，这就赋予热塑性塑料挤出加工以较大的适应性和灵活性。但另一方面可以看到在热固性塑料挤出中，一旦模头确定，产品的质量便有了保证，绝不会像热塑性塑料挤出那样受螺杆的脉动、牵引系统的变化和冷却的控制等问题的影响。而且热固性塑料挤出制品的尺寸稳定性远比热塑性塑料挤出制品的要好。

两种塑料挤出的生产率也有较大的差别。热塑性塑料挤出速度以每秒几厘米即可生产质量相当均匀的制品，而热固性塑料挤出只能以每秒几毫米的速度进行，而且它的挤出速度还受物料固化速度的限制。因此，缩短固化时间以提高挤出速度是热固性塑料挤出的发展方向。

尽管热固性塑料挤出没有热塑性塑料挤出发展得迅速，其制品所占的比例也相当小，但由于热固性塑料所具有的特殊性能，如热固性塑料除了具有很好的电性能和耐化学性能外，还可在110℃时长期使用，在160℃时短时间使用，且其结构刚度在这样高的使用温度下不会降低，因此在某些场合，热固性塑料的挤出制品仍有一定应用。

4.1.5　典型制品的挤出成型

典型的塑料挤出制品包括管材、棒材、板材、吹塑薄膜、单丝及电线电缆等。薄膜的挤出成型及挤出吹塑成型在其他相应的章节有所介绍。下面介绍几种典型制品的挤出成型。

4.1.5.1　硬质聚氯乙烯管材的挤出成型

塑料管材是主要的塑料挤出制品，有硬管和软管之分。管材的生产是通过挤出机、成型机头、定径装置、冷却装置、牵引装置、切割装置等设备来完成的。图4-44为塑料管材的挤出装置示意图，可以看出整个生产是一个连续过程，因此产量大，效率高。

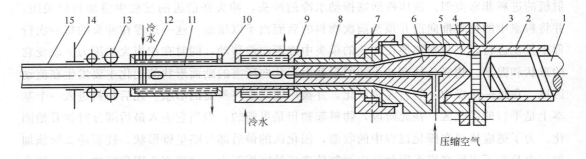

图 4-44 塑料管材挤出装置示意图

1—螺杆；2—机筒；3—多孔板；4—接口套；5—机头体；6—芯棒；7—调节螺钉；8—口模；9—定径套；
10—冷却水槽；11—链子；12—塞子；13—牵引装置；14—夹紧装置；15—塑料管子

用来挤管的塑料品种很多，主要有聚氯乙烯、聚乙烯、聚丙烯、聚苯乙烯、尼龙、ABS 和聚碳酸酯等。目前国内以聚氯乙烯和聚乙烯为主。下面就以硬聚氯乙烯管材的生产为例对管材的挤出成型进行介绍。

(1) 硬质聚氯乙烯管材挤出成型工艺

硬质聚氯乙烯管材挤出生产工艺流程如图 4-45 所示。

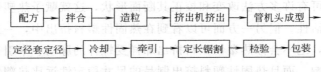

图 4-45 硬质聚氯乙烯管材挤出生产工艺流程示意图

随着挤出技术的提高和挤出设备的发展，在挤出硬质聚氯乙烯管材的生产线上还增加了商标打印、管端扩口、成管自动翻转等辅助设备。

对单螺杆挤出机，在生产过程中，凡添加氯化聚乙烯的配方，必须通过开炼机混炼后造粒，否则，会造成挤出成型困难或影响管材质量。使用有混炼段的双螺杆挤出机可直接使用拌合后的粉料而不必再通过开炼或造粒。

在挤出过程中，由于硬质聚氯乙烯原料对温度的要求很严格，往往因为温度控制不当造成挤出困难或分解。因此，挤出温度应根据配方、挤出机的特点、机头结构、螺杆转速、测温点的位置、测温仪器的误差以及测温点的深度等因素来确定。希望找到一个准确的加工硬质聚氯乙烯管的温度是很困难的，表 4-2 所列的加工温度范围可供参考。

表 4-2 硬质聚氯乙烯管加工温度范围   单位：℃

原料	加料口	机身			机头	
		后部	中部	前部	分流梭支架处	口模
粉料	水冷却	80~110	120~140	150~170	160~170	170~180
粒料	水冷却	80~110	120~140	150~170	160~170	170~190

由于硬质聚氯乙烯配方的熔融黏度大，流动性差，为防止螺杆因摩擦热过大而升温，引起螺杆黏料分解，必须降低螺杆的温升，使管材内壁光滑，最好能控制螺杆温度在80~

100℃之间，冷却方法是在螺杆内部用铜管进行水冷却。

螺杆的转速对管材的产量和质量也有很大影响，在实际生产过程中应根据具体挤出机的型号条件等确定。

(2) 硬质聚氯乙烯管挤出过程中出现不正常现象的原因及消除方法

硬质聚氯乙烯管的挤出，可能会因原辅料的质量、树脂选用与配方设计不当、主辅机的故障、生产工艺不当、机头结构不合理等因素使产品出现各种不正常现象。现将挤出过程中常见的不正常现象、原因及消除方法列于表 4-3，以供参考。

表 4-3　硬质聚氯乙烯管挤出过程中出现不正常现象、原因及消除方法

不正常现象	产生原因	消除方法
管子表面有焦粒	1. 机身或机头温度过高 2. 机头和粗滤器未清洗干净 3. 机头分滤器设计不合理有死角 4. 粒料中有焦粒 5. 原料热稳定性差或稳定剂加量过少 6. 控制温度仪表失灵	1. 降低温度或检查温度计是否失灵 2. 重新清洗 3. 改进机头结构 4. 换成质量符合要求的粒料 5. 检查配方与原料 6. 检查仪表
管子表面有黑色条纹	1. 机身或机头温度过高 2. 粗滤器未清洗干净	1. 降低机身或机头温度 2. 重新清洗
管子外表无光泽	1. 口模温度过低 2. 口模温度过高无光泽并毛糙	1. 升高口模温度 2. 降低口模温度
管子表面有皱纹	1. 口模四周温度不均匀 2. 冷却水太热 3. 牵引太慢	1. 检查电热圈 2. 冷却水开大 3. 牵引调快
管子内壁毛糙	1. 芯棒温度偏低 2. 机身温度过低 3. 螺杆温度过高	1. 升高芯棒温度 2. 提高机身温度 3. 螺杆通气或水，降低螺杆温度
管内壁有气泡	料受潮	料干燥后再投产
管内壁有裂纹	1. 料内有杂质 2. 芯棒温度过低 3. 机身温度过低 4. 牵引速度过快	1. 调换无杂质的粒料 2. 提高芯棒温度 3. 提高机身温度 4. 减慢牵引速度
管内壁凹凸不平	1. 螺杆温度太高 2. 螺杆速度太快	1. 降低螺杆温度 2. 减慢螺杆转速
管壁厚度不均匀	1. 口模与芯棒中心未对正 2. 机头温度不均，出料有快慢 3. 牵引不正常，打滑(管径或大或小) 4. 压缩空气不稳定，管径有大有小	1. 调整口模与芯棒的同心度 2. 检查电热圈是否有损坏 3. 修理牵引设备使之能正常工作 4. 使压缩空气稳定
管子弯曲	1. 管壁厚度不均匀 2. 机头四周温度不均，出料有快慢 3. 机头、冷却槽、牵引、切割等中心不在同一直线上 4. 冷却槽两端孔不同心	1. 重新调整管材厚度 2. 检查电热圈是否损坏 3. 设备重新排列到一直线上 4. 调整水箱两端孔同心

4.1.5.2　交联氯乙烯管材的挤出成型

(1) 交联机理

交联聚乙烯，是通过一定的手段使聚乙烯的分子链间形成三度空间的体型结构的交联链型。交联链型结构见图 4-46。

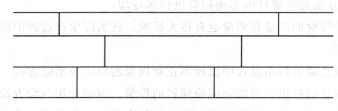

图 4-46 交联链型结构图

使聚乙烯进行 C-C 交联的方法通常是采用高能辐射和有机过氧化物。高能辐射需要有辐射源,设备投资较大;用有机过氧化物交联聚乙烯,由于生产时苛刻的控制要求带来了工艺上的困难,特别是在成型加工中(如挤出、注射、吹塑等),温度控制不当(如温度过高),会导致过氧化物迅速分解,使聚乙烯树脂早期交联,以致不能进一步成型。用硅烷接枝交联聚乙烯比高能辐射法和有机过氧化物交联法在工艺上有独特的优点,它是先使聚乙烯接枝,然后通过水解交联,这样它可用普通的塑料成型机(如挤出机、注射机等)在几乎不添置任何专用设备的情况下投入生产,产品性能也很好,有机硅烷接枝交联聚乙烯的机理如下:

有机硅交联聚乙烯,指可水解的不饱和的硅烷,在 140℃ 以上的温度条件下发生反应,使聚乙烯接枝,然后通过一定时间的浸水水解,聚乙烯分子链产生 —Si—O—Si— 交联。

从分子结构上分析,大部分聚乙烯分子链并未发生交联,聚乙烯分子链上仅仅只挂了 R_2—Si(OR)$_3$ 活性侧基。此外,还产生少量的交联,这对聚乙烯的加工成型是没有妨碍的。

通过实验证明,硅烷接枝交联聚乙烯是 —Si—O—Si— 交联,而不是通常的 —C—C— 交联。

(2) 交联聚乙烯管材挤出成型工艺

① 二步法成管工艺 将甲组分,乙组分料分别混匀,挤出造粒,再以甲:乙=95:5 的比例混合,投入挤出机中挤管,经冷却。牵引、盘绕或定长锯断后,在 100℃ 水中煮 4h,取出检验,成品即可包装。

② 一步法成管工艺 将聚乙烯树脂与其他组分混匀,投入挤出机中挤管,以后步同①。

图 4-47 及图 4-48 分别为二步法及一步法成管工艺流程。

(3) 交联聚乙烯管性能测试

① 凝胶含量 凝胶含量也称为交联度。它是反映聚乙烯分子结构的主要参数。目前测试聚乙烯的凝胶含量尚无统一方法。我们是将 0.5000g 交联的聚乙烯管试样在甲苯或二甲苯蒸气中回流 24h,按下式计算凝胶含量 G:

$$G = \frac{W_1}{W} \times 100\% \tag{4-43}$$

式中,W 为试样质量,W_1 为回流熔解后的试样质量。

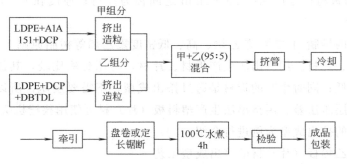

图 4-47 二步法成管工艺流程示意图

图 4-48 一步法成管工艺流程示意图

② 耐应力开裂性能 采用 ASTM D1693—70 方法测定，试验装置如图 4-49。选凝胶含量 75% 的交联低密度聚乙烯和未交联的低密度聚乙烯试样各 10 块，按图 4-48 要求浸入 50℃±2℃ 的二甲苯溶剂中，观察断裂时间。发现未交联的低密度聚乙烯浸 4h 有 6 块试样断裂。

③ 耐油性能 将凝胶含量 74.3% 的交联低密度聚乙烯试片和空白低密度聚乙烯试片分别浸于 80℃、120℃ 的 40 号机械油中，观察表面状态。其结果是：a. 空白低密度聚乙烯在 80℃ 热油中 20min，表观溶胀；有机硅烷交联的低密度聚乙烯无变化。b. 120℃ 热油中 5min，空白低密度聚乙烯表观严重溶胀变形；而交联聚乙烯无明显变化。

④ 耐热性能 将有机硅交联低密度聚乙烯管（$G=72\%$）、高密度聚乙烯管（$G=71.7\%$）与空白的低密度聚乙烯管分别加热至 125℃ 20min、150℃ 20min、170℃ 20min，其表观现象如表 4-4。

表 4-4 表观状态分析

材料	125℃ 20min 表观状态	150℃ 20min 表观状态	170℃ 20min 表观状态
有机硅烷交联低密度聚乙烯管	管形不变但软似胶管	管形不变但软似胶管	管形不变但软似胶管
有机硅烷交联高密度聚乙烯管	无变形	无变形	管形不变但软似胶管
空白低密度聚乙烯管	失去管形	熔流	—

⑤ 爆破强度 将 $\phi 46mm \times 5mm$ 交联低密度聚乙烯管（$G=68.5\%$）与同径的低密度聚乙烯管，作水压爆破试验。其结果是：交联管的爆破压力为 $35kgf/cm^2$，空白的低密度聚乙烯管则为 $21kgf/cm^2$。

从上述性能测试结果可见，用有机硅接枝交联聚乙烯管提高了聚乙烯管的综合性能，这种管材有希望应用于矿山、油田、化工电力等重要工业部分作冷热水管、输送天然气或煤气。

4.1.5.3 硬聚氯乙烯板（片）材的挤出成型

塑料板材、片材之间没有十分明确的界限，习惯上是以产品的厚度来区分的。厚度在

1mm 以上者称为板材；厚度在 0.25～1mm 之间称为片材；厚度在 0.25mm 以下者称为薄膜。

聚氯乙烯、丙烯腈-丁二烯-苯乙烯、高、低密度聚乙烯等树脂原则上都可以通过挤出机挤成塑料板材、片材。用挤出法生产板材、片材，与压延法比较，其优点是设备简单、生产连续、成本低；同时生产的板材是通过挤出成型，不需要层压，所以没有分层现象，但表面光洁度较层压法差。用挤出法生产塑料板（片）材可使用狭缝机头。下面以硬聚氯乙烯板（片）材的挤出成型为例进行介绍。

(1) 硬聚氯乙烯板（片）材的挤出成型工艺

硬质聚氯乙烯板及硬片的生产工艺流程如图 4-49。

图 4-49　硬质聚氯乙烯板及硬片生产工艺流程示意图

① 温度

a. 硬质聚氯乙烯板的挤出温度

挤出机身：1 区　　120～130℃
　　　　　　2 区　　130～140℃
　　　　　　3 区　　150～160℃
　　　　　　4 区　　160～180℃
联接器：150～160℃
机头：　　　1 区　　170～175℃
　　　　　　2 区　　170～175℃
　　　　　　3 区　　170～175℃
　　　　　　4 区　　175～180℃

b. 三辊压光机温度。由于从机头挤出的聚氯乙烯板材的温度较高，为防止板材产生内应力而弯曲，应使板慢慢冷却下来，让板材通过有三个辊的压光机并要求三辊加热，在压光机上设置调温装置，加热介质有蒸汽、油、电热等，三辊加热参考温度分别为：上辊 70～80℃、中辊 80～90℃、下辊 60～70℃。

② 三辊间距　三辊间距可根据进料位置来决定，若板材从中、下辊进入，则三辊间距是指中、下辊之间的距离；若板材从上、中辊进入，则三辊间距是指上、中辊之间的距离。三辊间距一般调节到等于板材厚度。由于聚氯乙烯冷却过程中会产生收缩，为使板材平整，三辊间距沿板材幅宽方向应调节一致。

③ 牵引速度　牵引线速度与挤出线速度相等，可以制得内应力小的板材，但操作较难控制，一般牵引速度比挤出速度稍快，牵引速度过大会使板材产生过大的内应力，在二次成型的加热或使用过程中产生较大的收缩、翘曲、甚至破裂。

(2) 硬质聚氯乙烯硬板（片）挤出过程中不正常现象的原因及消除方法

硬质聚氯乙烯硬板（片）挤出过程中不正常现象的原因及消除方法参阅表 4-5。

表 4-5　硬质聚氯乙烯硬板（片）挤出过程中不正常现象的原因及消除方法

不正常现象	产生原因	消除方法
板面产生斑点,无光泽,产生龟裂(透明片不透明)	辊筒温度过低,产生龟裂是中辊温度过低	升高辊筒温度
产生横向条纹并难以脱辊	辊筒温度过高	降低辊温
内应力大	牵引线速度比挤出线速度过大	调节牵引速度
物料充不满整个宽度或形成的板材成"搓衣板"状条纹	原料流动性差	原料中添加3～5份增塑剂,并加入适量碳酸钙
板材拉伸强度差,易裂	机头温度过低	升高机头温度
板内有小孔挤出易分解	机头温度过高,原料配方中稳定剂太少	降低机头温度调整配方

4.1.5.4　双向拉伸薄膜的挤出成型

双向拉伸薄膜是由扁平机头经平挤挤出,再辅以适当的装置使所得薄膜中聚合物分子在纵横两向上发生恰当的定向所得到的薄膜。这种薄膜不仅在厚薄公差上比吹塑薄膜小,生产率也高,而且在应用上也较广泛。

(1) 双向拉伸薄膜的挤出成型设备

图 4-50 所示为平挤拉伸法的一种装置。塑料熔体由扁平机头挤成厚片后（使用聚酯时,也有用计量泵将反应釜中合成的液状树脂送入窄缝形口模直接作成厚片的）,被送至不同转速的一组拉伸辊上进行纵向拉伸。拉伸辊须预热使薄膜具有一定的温度（熔点以下）,拉伸比一般控制在 4∶1 至 10∶1 之间。经过纵向拉伸的薄膜再送至拉幅机上作横向拉伸。拉幅机主要由烘道、导轨和装置夹钳的链条组成。导轨根据拉伸要求而张有一定的角度,为了满足变更拉伸比,张角的大小可进行调整。准备作横向拉伸的薄膜由夹钳夹住而沿导轨运行,即可使被加热的薄膜强制横向拉伸。烘道通常采用热风对流和红外线加热,要求有精确的温度控制。薄膜离开拉幅机后即进行冷却和卷取。

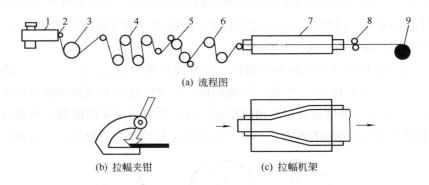

图 4-50　平挤拉伸法示意图

1—挤出机；2—口模；3—冷却辊；4—预热辊；5—纵向拉伸；6—冷却辊；7—横向拉伸；8—切边；9—卷取

用于双向拉伸薄膜生产的挤出机除大小应符合规定要求外,还应保证挤出的物料塑化和温度均匀及料流无脉动现象,否则会造成制品瑕疵、厚薄不匀的问题。

双向拉伸薄膜的挤出机头为中心进料的窄缝形机头,如图 4-51 所示。这种机头的结构特点是,模唇部分十分坚实或加有特殊装置,以克服塑料熔体形成的内压、防止模唇变形,以免引起制品厚度不均。口模的平直部分应较长,通常不小于 16mm。较长的理由在于增大料流的压力以提高薄膜质量,去除料流中的拉伸弹性,有利于制品厚度的控制。

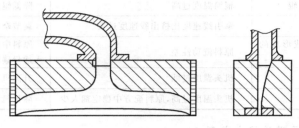

图 4-51 中心进料窄缝形机头示意图

用于双向拉伸的厚片应该是无定形的。工艺上为达到这一目的对结晶性聚合物(如聚酯、聚丙烯等)所采取的措施是在厚片挤出后立即实行急冷。急冷是用冷却转辊进行的。冷却转辊通常用钢制镀铬的,表面应十分光洁,其中有通道通入定温的水来控制温度,如聚酯为 60~70℃。挤出的厚片在离开口模一段距离(<15mm)后,转上稳速旋转和冷却的转辊,并在一定的方位撤离转辊。

口模与冷却转辊最好是顺向排列。冷却转辊的线速度与机头的出料速度大致同步而略有拉伸。若挤离口模的厚片贴于冷却转辊后出现发皱现象,应仔细调整冷却转辊与口模间的位置和挤出速率。

(2) 双向拉伸薄膜的挤出成型工艺

用于双向拉伸的聚酯,在向挤出机投料之前,原料必须充分干燥,其中水分含量应控制在 0.02% 以下,以防在高温的塑炼挤出中水解。

用于双向拉伸的厚片厚度大致为拉伸薄膜的 12~16 倍。将结晶性聚合物制成完全不结晶的厚片是困难的。因此在工艺上允许有少量的结晶,但结晶度应控制在 5% 以下。厚片横向厚度必须严格保持一致。

图 4-52 为聚酯厚片纵向拉伸的示意图。厚片经预热辊筒 1、2、3、4、5 预热后,温度达到 80℃ 左右,接着在 6、7 两辊之间被拉伸,拉伸倍数等于两拉伸辊的线速比,拉伸辊温度为 80~100℃。温度过高,会出现粘辊痕迹,影响制品表面质量;严重时还会引起包辊;温度过低则会出现冷拉现象,厚度公差增大,横向收缩不稳定,在纵横拉伸的接头

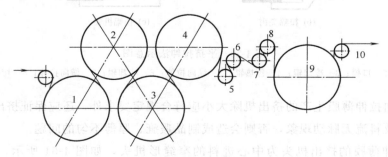

图 4-52 聚酯薄膜纵向拉伸示意图

处易发生脱夹和破膜现象。纵拉后薄膜结晶度增至10%～14%。

纵拉后的薄膜进入冷却辊7、8、9冷却。冷却的作用一是使结晶迅速停止，并固定分子的取向结构；二是张紧厚片，避免发生回缩。由于冷却后须立即进入横向拉伸的预热段，所以冷却辊的温度不宜过低，一般控制在塑料的玻璃化温度左右。

纵拉后，厚片即送至拉幅机进行横向拉伸。拉幅机分预热段和拉伸段两个部分，如图4-53所示的前面两段。预热段的作用是将纵拉后的厚片重新加热到玻璃化温度以上。进入拉伸段后，导轨有10°左右的张角，使厚片在前进中得到横向拉伸。横拉倍数为拉幅机出口处宽度与纵拉后薄膜宽度之比。拉伸倍数一般较纵拉时小，约在2.5～4之间。拉伸倍数超过一定限度后，对薄膜性能的提高即不显著，反而易引起破损。横向拉伸后，聚合物的结晶度增至20%～25%。

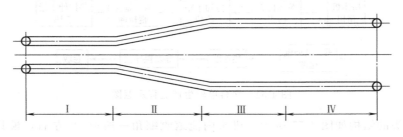

图4-53 横向拉伸、热定型和冷却
Ⅰ—预热段90℃左右；Ⅱ—拉伸段95℃左右；Ⅲ—热定型段200℃左右；Ⅳ—冷却段

横向拉伸后薄膜需经热定型和冷却。所采用的温度至少应比聚合物最大结晶速率温度高10℃。在进入热定型段之前，拉伸的薄膜须先经过缓冲段。缓冲段宽度与拉伸段末端相同，温度只稍高于拉伸段。缓冲段的作用是防止热定型段温度直接影响拉伸段，以便拉伸段温度能够得到严格控制。为了防止破膜，热定型段宽度应稍有减小，由于薄膜宽度在热定型过程中升温时会有收缩，但又不能任其收缩，因此必须在规定限度内使拉伸薄膜在张紧状态下进行高温处理，即热定型。经过热定型的制品，其内应力得到消除，收缩率大为降低，机械强度和弹性也都得到改善。热定型后的薄膜温度较高，必须冷却至室温，以免成卷后热量难以散失，引起薄膜的进一步结晶、解除定向与老化。最后所得制品的结晶度约40%～42%。

冷却后的薄膜，经切边后即可由卷绕装置进行卷取。切边是必要的，由于薄膜是靠夹钳钳住边缘进行拉幅的，因此边缘总比其余部分厚。

此外，先经纵向拉伸的厚片，在横向拉伸时会发生纵向收缩，很难指望薄膜的中心与边缘两部分会取得相同的收缩，因此，就会造成薄膜成品的厚薄偏差。所以，挤出机制得的厚片的中心厚度最好比它的边缘大15%左右，使最终薄膜的厚度偏差较小。例如一般浇铸薄片制得双轴定向薄膜会有25%的厚薄差异，而薄片具有锥形边缘就可使厚薄差异缩小到6%。

4.1.5.5 塑料单丝的挤出成型

塑料单丝是以高密度聚乙烯、低密度聚乙烯、线性低密度聚乙烯、聚丙烯、聚氯乙烯、尼龙为主要原料，经挤出成型生产的。虽然原料不同，但生产流程及生产设备却基本相同，它们都是在通过挤出塑化后从小孔径机头挤出，经初步冷却定型后再经高倍数拉伸而成。

塑料电线电缆、塑料扁丝与塑料单丝的加工生工艺原理基本相似，不同之处主要是挤出模具不同。下面以塑料单丝的挤出成型为例进行介绍。

(1) 聚乙烯单丝的挤出成型工艺

塑料在挤出机中被塑化成熔融状态后，流经机头，从喷丝板喷出，经冷却槽冷却，通过延伸辊，进入恒温的延伸槽和热处理槽拉伸到一定倍数，经热定型后缠绕在卷丝辊上，就可作为成品收取。塑料单丝生产流程可见图4-54。

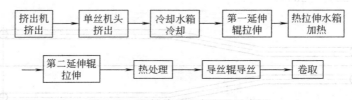

图 4-54 塑料单丝生产流程示意图

单丝机头的结构如图 4-55 所示。机头内流道收缩角一般取 30°左右，模具为多孔板，小孔在同一圆周上均匀分布，孔数有 6孔、12孔、18孔、24孔、48孔。即孔数＝$6n$，$n=1, 2, 3, 4\cdots$，孔径大小主要根据成品直径与拉伸比来确定。

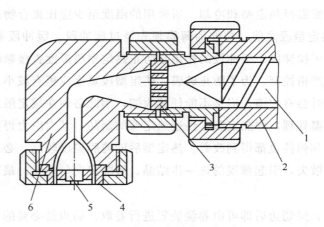

图 4-55 单丝机头的结构
1—螺杆；2—料筒；3—多孔板；4—出丝孔板；5—分流器；6—模体

常用的聚乙烯单丝以拉丝级高密度聚乙烯、低密度聚乙烯、线性低密度聚乙烯为原料，它们的生产工艺基本相同。下面以高密度聚乙烯为例，生产工艺条件为：机身挤出温度 150～300℃，喷丝板温度 290～310℃，冷却水温度 30～50℃，牵引倍数 9～20 倍，牵伸温度 90～100℃。

拉伸比为 6 时的低密度聚乙烯和拉伸比为 8～10 的高密度聚乙烯的单丝直径与喷丝孔径的关系见表 4-6。

表 4-6 聚乙烯喷丝孔径　　　　　　　　　　　　　单位：mm

单丝直径	喷丝孔径	
	低密度聚乙烯	高密度聚乙烯
0.2	0.5	0.8
0.3	0.8	1.1
0.4	1.1	1.2
0.5	1.2	1.7
0.6	1.5	2.0
0.7	1.7	2.3

由于从喷丝板挤出的聚乙烯单丝温度较高，高密度聚乙烯单丝约 300℃，为防止单丝相互粘接，必须迅速冷却定型。因为聚乙烯是结晶型塑料，所以，迅速冷却时结晶度小，无定形部分高，这对拉伸有利。冷却速度与单丝强度虽有一定关系，但单丝强度与伸长率主要是由拉伸倍数来决定。拉伸倍数增加，拉伸强增加，伸长率降低。但当拉伸倍数达到某一值时，单丝强度不再增加。所以，一般低密度聚乙烯拉伸倍数为6，高密度聚乙烯拉伸倍数为8~10。

单丝卷取有两种，一种是将单丝分开，每根卷取在一个筒上，每卷 1kg；另一种是将单丝合股卷在一个辊筒上，然后用分丝机分开。

(2) 聚氯乙烯、聚丙烯及尼龙单丝挤出成型工艺

虽然聚氯乙烯、聚丙烯、尼龙与聚乙烯是不同的原料，但单丝挤出的生产流程和生产设备是相同的，只是工艺条件和拉伸倍数不同。表 4-7 所列为聚氯乙烯、聚乙烯、聚丙烯、尼龙单丝挤出的工艺条件。

表 4-7 几种单丝挤出的工艺条件

单丝品种		挤塑温度/℃		冷却水温/℃	牵伸倍数	牵伸温度/℃
		机身	喷丝板			
聚氯乙烯	窗纱丝	90~160	160~180	空气冷却	2.5~3.5	95~100
	绳子丝	90~160	160~180	40~60	3.5~4.5	95~100
低压聚乙烯	渔网丝	150~300	290~310	30~50	9~10	90~100
聚丙烯	渔网丝	150~280	280~300	20~40	8~10	120~150
	绳子丝	150~280	280~300	20~40	6~7	95~100
尼龙	渔网丝	200~260	230~240	20~40	4~4.5	70~85
	刷丝	200~260	230~240	20~40	3.5~4	70~85

(3) 单丝生产中异常现象、原因及消除方法

单丝生产中异常现象、原因及消除方法见表 4-8。

表 4-8 单丝生产中异常现象、原因及消除方法

异常现象	产生原因	消除方法
喷丝板处断头多	1. 机头温度过低 2. 机身后部温度过高 3. 原料有杂质或焦粒 4. 第一牵引辊速度太快 5. 喷丝孔不符合要求	1. 升高机头温度 2. 开加料口处冷却水 3. 调换原料或调换过滤网 4. 降低第一牵引辊速度 5. 调换喷丝板

续表

异常现象	产生原因	消除方法
热牵伸水箱中断头多	1. 拉伸倍数过高 2. 拉伸温度偏低 3. 热水箱中压轮损坏 4. 原料中有杂质或分解	1. 降低拉伸辊速度 2. 升高拉伸温度 3. 调换压轮 4. 调换原料或拆洗机头
单丝细度公差太大	1. 喷丝孔加工不合格 2. 牵引辊筒打滑或转动皮带打滑 3. 卷取张力太小	1. 调换喷丝板 2. 检修牵引辊轴承传动皮带 3. 调换皮带盘
单丝太粗	1. 拉伸倍数不足 2. 拉伸速度太慢 3. 喷丝孔孔径磨损	1. 提高拉伸倍数 2. 增加拉伸速度 3. 调换喷丝板
单丝太细	1. 拉伸速度太快 2. 挤出温度偏低 3. 过滤网被杂质堵塞	1. 降低拉伸速度 2. 提高挤出温度 3. 调换过滤网
单丝强度偏低	1. 原料分子量太低 2. 拉伸倍数过高或偏低 3. 冷却水温过高 4. 拉伸温度过高 5. 拉伸时间不足	1. 调换原料 2. 调整拉伸倍数 3. 降低冷却水温度 4. 降低拉伸温度 5. 加长拉伸水槽
单丝表面有气泡	1. 原料含水分过多 2. 挤出温度过高,物料分散	1. 干燥原料 2. 降低挤出温度
单丝表面竹节化	1. 喷丝孔表面不光洁 2. 挤出机转速太快 3. 过滤网层数太多 4. 机头温度偏低 5. 喷丝板漏料	1. 磨光喷丝孔 2. 降低挤出机转速 3. 减少过滤网层数 4. 提高机头温度 5. 清理喷丝板

4.2 注射成型

注射成型（又称注射模塑或简称注塑），是高分子材料成型加工中的一种重要方法。注塑制品约占塑料制品总量的 $20\%\sim30\%$，几乎所有的热塑性塑料及多种热固性塑料都可用此法成型。注射成型的特点是成型周期短、生产效率高，能一次成型外形复杂、尺寸精确、带有嵌件的制品，制品种类繁多，而且易于实现全自动化生产，因此应用十分广泛。尤其是塑料作为工程结构材料的出现，注塑制品的用途已从民用扩大到国民经济各个领域，并将逐步代替传统的金属和非金属材料的制品，包括各种工业配件，仪器仪表零件结构件、壳体等。目前注射成型技术主要是朝着高速化和自动化的方向发展。

注射成型的过程是将粒状或粉状物料从注射机（以图 4-56 为例）的料斗送进加热的料筒，经加热熔化呈流动状态后，由柱塞或螺杆推动，使其通过料筒前端的喷嘴以很高的压力和很快速度注入到闭合的模具中。充满模腔的熔料在受压的情况下，经冷却（热塑性塑料）或加热（热固性塑料）固化后即可保持注塑模型腔所赋予的形状。开模取出制品，在操作上即完成了一个模塑周期。上述生产周期重复进行。

注射成型的一个模塑周期从几秒至几分钟不等，时间的长短取决于制品、注射成型机的类型以及塑料品种和工艺条件等因素。每个制品的重量可自一克以下至几十千克不等，视注射机的规格及制品的需要而异。

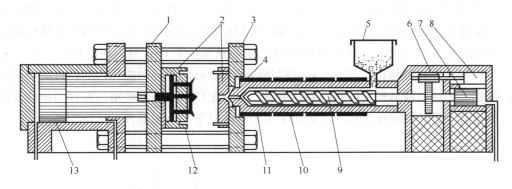

图 4-56 移动螺杆式注射机

1—动模板；2—注射模具；3—定模板；4—喷嘴；5—料斗；6—螺杆传动齿轮；7—注射油缸；
8—液压泵；9—螺杆；10—加热料筒；11—加热器；12—顶出杆（销）；13—锁模油缸

用注射成型方法生产热固性塑料，不仅使其制品质量稳定、尺寸准确和性能提高，而且使成型周期大大缩短，劳动条件也得到改善，所以热固性塑料的注射成型发展很快。

4.2.1 注射成型设备

注塑成型是通过注射机来实现的。注射机的类型和规格很多。无论哪种注射机，其基本作用均为：①加热塑料，使其达到熔化状态；②对熔融塑料施加高压，使其射出而充满模具型腔。为了更好地完成上述两个基本作用，注射机的结构已经历了不断改进和发展。最早出现的柱塞式注射机（见图 4-57）结构简单，是通过一料筒和活塞来实现塑化与注射两个基本作用的，但是控制温度和压力比较困难。后来出现的单螺杆定位预塑化注射机（见图 4-58），由预塑料筒和注射料筒相衔接而组成。塑料首先在预塑料筒内通过单螺杆加热塑化后挤入注射料筒，然后通过柱塞高压注入模具型腔。这种注射机加料量大，塑化效果得到显著改善，注射压力和速度较稳定，但是操作麻烦和结构比较复杂，所以应用不广。在后出现的移动螺杆式注射机，它是由一根螺杆和一个料筒组成的（图 4-56）。加入的塑料依靠螺杆在料筒内的转动而加热塑化，并不断被推向料筒前端靠近喷嘴处，因此螺

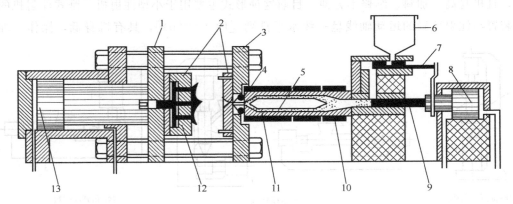

图 4-57 柱塞式注射装置

1—动模板；2—注射模具；3—定模板；4—喷嘴；5—分流梭；6—料斗；7—加料调节装置；
8—注射油缸；9—注射活塞；10—加热器；11—加热料筒；12—顶出杆（销）；13—锁模油缸

杆在转动的同时就缓慢地向后退移，退到预定位置时，螺杆即停止转动。此时，螺杆接受液压油缸柱塞传递的高压而进行轴向位移，将积存在料筒端部的熔化塑料推过喷嘴而以高速注入模具中。移动螺杆式注射机的效果几乎与预塑注射机相当，但结构简化，制造方便，与柱塞式注射机相比，可使塑料在料筒内得到良好的混合和塑化，不仅提高了模塑质量，还扩大了注射成型塑料的范围和注射量。目前工厂中，广泛使用的是移动螺杆式注射机，但还有少量柱塞式注射机，主要用来生产60g以下的小型制件。

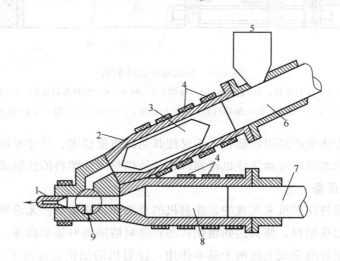

图4-58 单螺杆定位预塑化注射机结构示意图
1—喷嘴；2—供料料筒；3—鱼雷式分流梭；4—加热器；5—加料斗；
6—预塑化供料活塞；7—注射活塞；8—注射料筒；9—三通

另外，按注射机的外形特征，根据注射机的合模装置和注射装置的相对位置的不同，可将注射机分为立式注射机、卧式注射机和角式注射机等，如图4-59。立式注射机的合模装置和注射装置的运动轴线呈一线并垂直排列［图4-59(a)］，具有占地面积小，模具拆装方便，模具内安放嵌件方便等优点。但制品顶出后不易自动脱落，不易实现全自动化操作，且机身高，加料、维修不方便。目前这种形式主要用于小型注射机。卧式注射机的合模装置与注射装置的运动轴线呈一线水平排列［图4-59(b)］，具有机身低，操作、维修

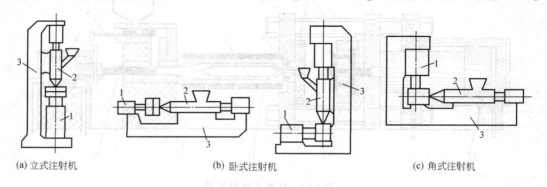

(a) 立式注射机　　　　　(b) 卧式注射机　　　　　(c) 角式注射机

图4-59 注射机外形示意图
1—合模装置；2—注射装置；3—机身

方便，自动化程度高等特点。所以这种形式应用最广，对大、中、小型都使用，是目前注射机最基本的形式。角式注射机的合模装置和注射装置的运动轴线互成垂直排列[图4-59(c)]，其优缺点介于立式和卧式之间，使用也较普遍，大、中、小型注射机均有。

移动螺杆式和柱塞式注射机的结构基本相同，都是由注射系统、锁模系统和注射模具等几部分组成。现分述如下。

4.2.1.1 注射系统

注射系统是注射机最主要的部分，其作用是使物料受热和均匀塑化，并在很高的压力和较快的速度下，通过螺杆或柱塞的推挤将均化和塑化好的物料注入模具型腔中。注射系统包括加料装置、料筒、螺杆（柱塞式注射机则为柱塞和分流梭）及喷嘴等部件。

（1）加料装置

小型注射机的加料装置，通用与料筒相连的倒圆锥或方锥形料斗。料斗容量约为生产1~2h的用料量，容量过大，塑料会从空气中重新吸湿，对制品的质量不利，只有配置加热装置的料斗，容量方可适当增大。使用锥形料斗时，如物料颗粒不均，则设备运转产生的振动会引起料斗中小颗粒或粉料的沉析，从而影响料的松密度，造成前后加料不均匀。注射机的加料是间歇性的，每次从料斗加入到料筒的塑料必须与每次从料筒注入模具的料量相等，为此，在料斗上设置有定量或定容的计量装置。大型注射机上用的料斗基本上也是锥形的，只是另外配有自动上料装置，有的还设有加热和干燥的装置。

（2）料筒

为物料加热和加压的容器，因此要求料筒能耐压、耐热、耐疲劳、抗腐蚀、传热性好。料筒内壁转角处均应作成流线型，以防存料而影响制品质量，料筒各部分的机械配合要精密。料筒的容积决定了注射机的最大注射量。柱塞式注射机的料筒容积约为最大注射量的4~8倍，以保证物料有足够的停留时间和接触传热面，从而有利于塑化。但容积过大时，塑料在高温料筒内受热时间较长，可能引起塑料的分解、变色，影响产品质量，甚至中断生产；容积过小，塑料在料筒内受热时间太短，塑化不均匀。螺杆式注射机因为有螺杆在料筒内对塑料进行搅拌，料层比较薄，传热效率高，塑化均匀，一般料筒容积只需最大注射量的2~3倍。

料筒外部配有分段加热装置。一般将料筒分为2~3个加热区，靠近料斗一端温度较低，靠喷嘴端温度较高，料筒各段温度是通过热电偶显示和恒温控制仪表来精确控制的。

（3）柱塞与分流梭

柱塞与分流梭都是柱塞式注射机料筒内的重要部件。柱塞是一根坚实、表面硬度很高的金属柱，直径通常为20~100mm，其主要作用是将注射油缸的压力传给物料并使熔料注射入模具。注射油缸与柱塞截面积的比例范围在10~20之间。注射机每次注射的最大注射容量是柱塞的冲程与柱塞截面积的乘积。柱塞和料筒的间隙应以柱塞能自由地往复运动又不漏物料为原则。

分流梭是装在料筒前端内腔中形状颇似鱼雷体的一种金属部件。它的作用是使料筒内的塑料分散为薄层并均匀地处于或流过料筒和分流梭组成的通道，从而缩短传热导程，加快热传递和提高塑化质量。物料在柱塞式注射机内升温所需的热量，主要是靠料筒外部加热器所供给。但物料在料筒内的流动，通常都是层流流动，所受剪切速率不高，而且黏度偏大，再加上塑料的导热系数很低，如果想通过提高料筒温度梯度来增加传热量，不仅会延长塑化时间，而且使靠近料筒部分的物料容易发生热分解。装上分流梭后，可使料层变薄，这将有利于加热；再者，分流梭上还附有紧贴料筒壁起定位作用的若干筋条，于是热量就可从料筒通过筋条传到分流梭而对物料起加热作用，使分布在通道内的薄层塑料受到内外两面加热，使物料能较快和均匀地升高温度；此外，在通道内，由于料层的截面积减小，熔料所受的剪切速率和摩擦热都会增加，使黏度得到双重下降，这对注射和传热都有利。有些注射机的分流梭内还装有加热器，这将更有利于对物料的加热。

（4）螺杆

螺杆是移动螺杆式注射机的重要部件。它的作用是对物料进行输送、压实、塑化和施压。螺杆在料筒内旋转时，首先将料斗来的物料卷入螺槽，并逐步将其向前推送、压实、排气和塑化，随后熔融的物料就不断地被推到螺杆顶部与喷嘴之间，而螺杆本身则因受熔料的压力而缓慢后移。当积存的熔料达到一次注射量时，螺杆停止转动。注射时，螺杆传递压力使熔料注入模具。

典型的注射螺杆如图 4-60。注射机螺杆的结构与挤出机螺杆基本相同，但有其特点：①注射螺杆在旋转时有轴向位移，因此螺杆的有效长度是变化的；②注射螺杆的长径比较小，一般为 10～15 之间；③注射螺杆的压缩比较小，一般为 2～2.5 之间；④注射螺杆因有轴向位移，因此加料段应较长，约为螺杆长度的一半，而压缩段和计量段则各为螺杆长度的四分之一；注射螺杆的螺槽较深以提高生产率；⑤注射螺杆在转动时只需要它能对物料进行塑化，不需要它提供稳定的压力，塑化中物料承受的压力是调整背压来实现的；⑥为使注射时不致出现熔料积存或沿螺槽回流的现象，对螺杆头部的结构应该考虑。熔融黏度大的塑料，常用锥形尖头的注射螺杆（如图 4-61 所示），采用这种螺杆，还可减少塑料降解；而对黏度较低的塑料，需在螺杆头部装一止逆环（如图 4-62 所示），当其旋转时，熔料即沿螺槽前进而将止逆环推向前方，同时沿着止逆环与螺杆头的间隙进入料筒的前端。注射时，由于料筒前端熔料的压力升高，止逆环被压向后退而与螺杆端面密合，从而防止物料回流。

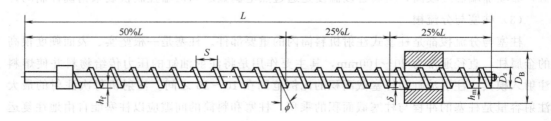

图 4-60　注射用螺杆结构示意图

D_B—螺杆外径；h_m—计量段螺槽深度；D_s—螺杆公称直径；L—螺杆总长度；ϕ—螺纹角；
δ—径向间隙；S—螺距；h_f—进料段螺槽深度；h_f/h_m—压缩比

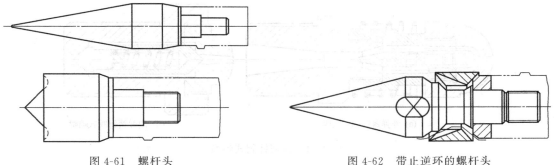

图 4-61　螺杆头　　　　　　　图 4-62　带止逆环的螺杆头

(5) 喷嘴

喷嘴是联接料筒和模具的过渡部分。注射时，料筒内的熔料在螺杆或柱塞的作用下，以高压和快速流经喷嘴注入模具。因此喷嘴的结构形式、喷孔大小以及制造精度将影响熔料的压力和温度损失，射程远近、补缩作用的优劣以及是否产生"流涎"现象等。喷嘴结构设计均应尽量简单和易于装卸。喷嘴头部一般为半球形，要求能与模具主流道衬套的凹球面保持良好接触，喷嘴孔的直径应根据注射机的最大注射量、塑料的性质和制品特点而定，一般应比主流道直径小 0.5～1.0mm，以防止漏料和避免死角，也便于将两次注射之间积存在喷孔处的冷料随同主流道赘物一同拉出。

目前使用的喷嘴种类繁多，且都有其适用范围，这里只讨论用得最多的三种。

① 直通式喷嘴　这种喷嘴呈短管状，如图 4-63 所示。熔料流经这种喷嘴时压力和热量损失都很小，而且不易产生滞料和分解，所以其外部一般都不附设加热装置。但是由于喷嘴体较短，伸进定模板孔中的长度受到限制，因此所用模具的主流道应较长。为弥补这种缺陷而加大喷嘴的长度，延伸式喷嘴成为直通式喷嘴的一种改进型式。这种喷嘴必须添设加热装置。为了滤掉熔料中的固体杂质，喷嘴中也可加设过滤网。以上两种喷嘴适用于加工高黏度的塑料，加工低黏度塑料时，会产生流涎现象。

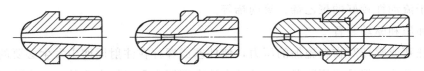

图 4-63　直通式喷嘴

② 自锁式喷嘴　注射过程中，为了防止熔料的流涎或回缩，需要对喷嘴通道实行暂时封锁而采用自锁式喷嘴。自锁式喷嘴中以弹簧式和针阀式最广泛，见图 4-64，这种喷嘴是依靠弹簧压合喷嘴体内的阀芯实现自锁的。注射时，阀芯受熔料的高压而被顶开，熔料遂向模具射出。注射结束时，阀芯在弹簧作用下复位而自锁。其优点是能有效地杜绝注射低黏度塑料时的"流涎"现象，使用方便，自锁效果显著。但是，结构比较复杂，注射压力损失大，射程较短，补缩作用小，对弹簧的要求高。

③ 杠杆针阀式喷嘴　这种喷嘴与自锁式喷嘴一样，也是在注射过程中对喷嘴通道实行暂时启闭的一种，其结构和工作原理见图 4-65，它是用外在液压系统通过杠杆来控制

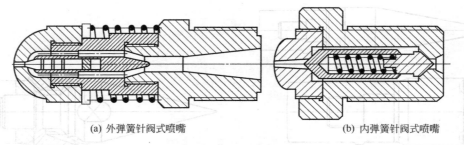

(a) 外弹簧针阀式喷嘴　　　　　　　　　(b) 内弹簧针阀式喷嘴

图 4-64　弹簧针阀式喷嘴

联动机构启闭阀芯的。使用时可根据需要使操纵的液压系统准确及时地开启阀芯，具有使用方便，自锁可靠，压力损失小，计量准确等优点。此外，它不使用弹簧，所以，没有更换弹簧之虑，主要缺点是结构较复杂。

选择喷嘴应根据塑料的性能和制品的特点来考虑。对熔融黏度高，热稳定性差的塑料，如聚氯乙烯，宜选用流道阻力小，剪切作用较小的大口径直通式喷嘴；对熔融黏度低的塑料，如聚酰胺，为防止"流涎"现象，则宜选用带有加热装置的自锁式或杠杆针阀式的喷嘴。形状复杂的薄壁制品宜选用小孔径，射程远的喷嘴；而厚壁制品则最好选用大孔径、补缩作用大的喷嘴。

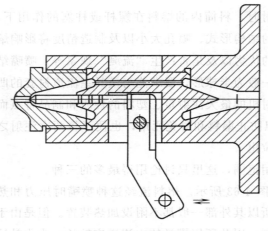

图 4-65　液控杠杆针阀式喷嘴

除上述几种喷嘴外，还有供特殊用途的喷嘴。例如混色喷嘴，是为了提高柱塞式注射机使用颜料和粉料混合均匀性用的。该喷嘴内装有筛板，以增加剪切混合作用而达到混匀的目的。成型薄壁制品可使用点注式喷嘴，这种喷嘴的浇道短，与模腔直接接触，压力损失小，适于流动性较好的聚乙烯、聚丙烯等。

(6) 加压和驱动装置

提供柱塞或螺杆对物料施加的压力，使柱塞或螺杆在注射周期中发生必要的往复运动进行注射的设施，就是加压装置，它的动力源有液压力和机械力两种，大多数都采用液压力，且多用自给式的油压系统供压。

使注射机螺杆转动而完成对物料预塑化的装置，是驱动装置。常用的驱动器有单速交流电机和液压马达两种。采用电机驱动时，可保证转速的稳定性。采用液压马达的优点有：①传动特性较软，启动惯性小，对螺杆过负载有保护作用；②易平滑地实现螺杆转数的无级及较大的调速；③传动装置体积小，重量轻和结构简单等。当前的发展趋向主要是采用液压马达。

4.2.1.2　锁模系统

在注射机上实现锁合模具、启闭模具和顶出制件的机构总称为锁模系统。注射成型时，熔料通常是以 40～150MPa 的高压注入模的，为保持模具的严密闭合而不向外溢料，要有足够的锁模力。锁模力（F）的大小决定于注射压力（p）和与施压方向成垂直的制品投影面积（A）的乘积，即

$$F = pA \tag{4-44}$$

式中　F——锁模力；
　　　p——注射压力；
　　　A——与施压方向垂直的制品投影面积。

事实上，注射压力在模塑过程中有很大的损失，为达到锁模要求，锁模力只需保证大于模腔压力（p）和投影面积（A 其中包括分流道投影面积）的乘积，即 $F > pA$，模腔压力通常是注射压力的 40%～70%。

锁模结构应保证模具启闭灵活、准确、迅速而安全。工艺上要求，启闭模具时要有缓冲作用，模板的运行速度应在闭模时先快后慢，而在开模时应先慢后快再慢，以防止损坏模具及制件，避免机器受到强烈振动，适应平稳顶出制件，达到安全运行，延长机器和模具的使用寿命。

启闭模板的最大行程，决定了注射机所能生产制件的最大厚度，而在最大行程以内，为适应不同尺寸模具的需要，模板的行程是可调的。模板应有足够强度，保证在模塑过程中不致因频受压力的撞击引起变形，影响制品尺寸的稳定。

常用的启闭模具和锁模机构有三种型式。

（1）机械式

这种装置一般是以电动机通过齿轮或蜗轮、蜗杆减速传动曲臂或以杠杆作动曲臂的机构来实现启闭模和锁模作用的（见图 4-66）。这种型式结构简单，制造容易，使用和维修方便，但因传动电机启动频繁，启动负荷大，频受冲击振动，噪声大，零部件易磨损，模板行程短等原因，所以只适用于小型注射机。

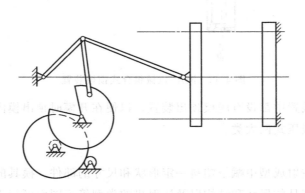

图 4-66　机械锁模装置

（2）液压式

液压式是采用油缸和柱塞并依靠液压力推动柱塞作往复运动来实现启闭和锁模的，如图 4-67 所示，其优点是：①与其他结构相比，移动模板和固定模板之间的开档较大；②移动模板可在行程范围内的任意位置停留，从而易于安装和调整模具及实现调压和调速；③工作平稳、可靠，易实现紧急刹车等。但较大功率的液压系统投资较大。

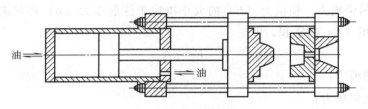

图 4-67　液压式锁模装置

(3) 液压-机械组合式

这种型式是由液压操纵连杆或曲肘撑杆机构来达到启闭和锁合模具的,如图 4-68 所示。这种机构的优点是:①连杆式曲肘自身均有增力作用。当伸直时,又有自锁作用,即使撤除液压,锁模力亦不会消失。所以设置的液压系统只是操纵连杆或曲肘的运动,所需要的负荷并不大,从而节省了投资;②机构的运动特性能满足工艺要求,即肘杆推动模材闭合时,速度可以先快后慢,而在开模时又相反;③锁模比较可靠。其缺点是机构容易磨损和调模比较麻烦。但当前中小型注射机中所用的仍以这种机构占优势,关键在于成本较低。

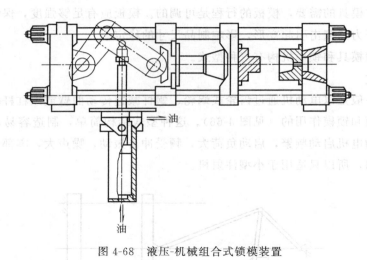

图 4-68　液压-机械组合式锁模装置

上述各种锁模装置中都设有脱模顶出装置,以便在开模时顶出模内制品。脱模顶出装置主要有机械式和液压式两大类。

4.2.1.3　注塑模具

注塑模具是在注射成型中赋予塑料一定形状和尺寸的部件。模具的结构虽然由于塑料品种和性能、塑料制品的形状和结构以及注射机的类型等不同而可能千变万化,但是基本结构是一致的。注射模具主要由浇注系统、成型部件和结构零件三大部分组成。其中浇注系统和成型部件是与物料直接接触的部分,是注射模具中最复杂,变化最大,要求加工光洁度和精度最高的部分。典型的注射模具结构如图 4-69 所示。

(1) 浇注系统

浇注系统是指塑料从喷嘴进入型腔前的流道部分,包括主流道、冷料井、分流道和浇口等。

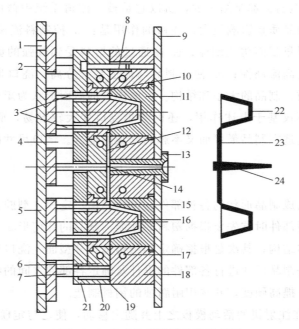

图 4-69 典型注射模具结构示意图

1—用作推顶脱模板的孔;2—脱模板;3—脱模杆;4—承压柱;5—后夹模板;6—后扣模板;
7—回顶杆;8—导合钉;9—前夹模板;10—阳模;11—阴模;12—分流道;13—主流道衬套;
14—冷料井;15—浇口;16—型腔;17—冷却剂通道;18—前扣模板;19—模具分型面;
20—后扣模板;21—承压板;22—制品;23—分流道赘物;24—主流道赘物

① 主流道　它是模具中连接注射机喷嘴至分流道或型腔的一段通道。主流道顶部呈凹形,以便与喷嘴衔接。主流道进口直径应略大于喷嘴直径(0.8mm),以避免溢料,并防止两者因衔接不准而发生的堵截。进口直径根据制品大小而定,一般为 4～8mm。主流道直径应向内扩大,呈 3°～5°的角度,以便流道赘物的脱模。

② 冷料井　它是设在主流道末端的一个空穴,用以捕集喷嘴端部两次注射之间所产生的冷料,从而防止分流道或浇口的堵塞。如果冷料一旦混入型腔,在所制得的制品中就容易产生内应力。冷料穴的直径约 8～10mm,深度约 6mm。为了便于脱模,其底部常可由脱模杆的顶部承担,脱模杆的顶部宜设计成曲折钩形或设下陷沟槽,以便脱模时能顺利拉出主流道赘物。

③ 分流道　它是多腔模中连接主流道和各个型腔的通道。为使熔料以等速度充满各型腔,分流道在模具上的排列应成对称和等距离分布。分流道截面的形状和尺寸对塑料熔体的流动、制品脱模和模具制造的难易都有影响。如果按相等料量的流动来说,则以圆形截面的流道阻力最小,但因圆柱形流道的比表面小,对分流道赘物的冷却不利,而且这种分流道必须开设在两半模上,既费工又不易对准,因此,经常采用的是梯形或半圆形截面的分流道,且开设在带有脱模杆的一半模具上。流道表面必须抛光以减少流动阻力,提供较快的充模速度。

④ 浇口　浇口是接通主流道(或分流道)与型腔的通道,其截面积可以与主流道

（或分流道）相等，但通常都是缩小的，所以它是整个流道系统中截面积最小的部分。浇口的形状和尺寸对制品质量影响很大。浇口的作用是：a. 控制料流速度；b. 在注射中可因存于这部分的熔料早凝而防止倒流；c. 使通过的熔料受到较强的剪切而升高温度，从而降低表观黏度以提高流动性；d. 便于制品与流道系统分离。浇口形状、尺寸和位置的设计取决塑料的性质、制品的大小和结构。一般浇口的截面形状为矩形或圆形，截面积宜小而长度宜短，这不仅基于上述作用，还因为小浇口变大较容易，而大浇口缩小则很困难。浇口位置一般应选在制品最厚而又不影响外观的地方。浇口尺寸的设计应考虑到塑料熔体的性质。

（2）成型部件

成型部件是指构成制品形状的各种部件，包括动模、定模、型腔、型芯、成型杆以及排气孔等。设计成型部件时首先要根据塑料的性能、制品的几何形状、尺寸公差和使用要求来确定型腔的总体结构；其次是根据确定的结构选择分型面、浇口和排气孔的位置以及脱模方式；最后则按制品尺寸进行各部件的设计及确定各部件之间的组合方式。成型部件一般都通过热处理来提高硬度，并选用耐腐蚀的钢材制造。

① 动模　固定在注射机的活动模板之上并随之移动，使之与定模合拢或分开。

② 定模　固定在注射机的固定模板之上，直接连接注射机的喷嘴，也可以作为模腔的组成部件。

③ 型腔　它是模具中成型塑料制品的空间，由定模和动模合拢围成。通常将构成制品外形的成型部件称为凹模（又称阴模），构成制品内部形状（如孔、槽等）的称为型芯或凸模（又称阳模）。塑料熔体进入型腔时具有很高的压力，故成型部件要进行合理地选材及强度和刚度的校核。

④ 排气孔　它是在模具中开设的一种槽形出气孔，用以排出原有的及熔料带入的气体。熔料注入型腔时，原存于型腔内的空气以及由熔体带入的气体必须在料流的尽头通过排气孔向模外排出，否则将会使制品带有气孔、熔接不良、充模不满，甚至因积存空气受压产生高温而将制品烧伤。一般情况下排气孔既可设在型腔内熔料流动的尽头，也可设在模具的分型面上。后者是在凹模一侧开设深 0.03~0.2mm，宽 1.5~6mm 的浅槽。注射中，排气孔不会有很多熔料渗出，因为熔料会在该处冷却固化而将通道堵死。排气孔的开设位置切勿对着操作人员，以防熔料意外喷出伤人。此外，亦可利用顶出杆与顶出孔的配合间隙，顶块和脱模板与型芯的配合间隙等来排气。

（3）结构零件

结构零件是指构成模具结构的各种零件，包括导向、脱模、抽芯以及分型的各种零件，诸如前后夹模板、前后扣模板、承压板、承压柱、导向柱、脱模板、脱模杆及回程杆等。

（4）加热或冷却装置

为了保持模具在注射前、注射时和注射后温度的恒定，保证制品的质量；同时使熔料在模具内尽快固化定型，模具往往设有加热和冷却通道，借加热或冷却介质的循环流动达到加热或冷却目的。应根据熔料的热性能（包括结晶），制品的形状和模具结构，考虑加热或冷却通道的排布。通入的加热或冷却介质随塑料种类和制品结构等而异，有水、油和蒸汽等，关键是高效率、均匀的加热或冷却，否则会直接影响制品的质量和尺寸。

注射模具必须与注射机相配合，在设计时要考虑以下几个问题：①模具固定在注射机模板上的装配尺寸，不同类型的注射机，模具的装配尺寸不同；②注射机允许的最大和最小模具厚度；③注射机模板的行程，对立式或卧式注射机，模板行程必须符合：模板行程≥脱模距离＋制品高度（包括流道长度）＋（5～10mm）。

4.2.2 注射成型原理

热塑性塑料的注射过程包括加料、塑化、注射充模、冷却固化和脱模等几个步骤，从注射成型原理上来看实质上只是塑化、流动与冷却三个过程。

4.2.2.1 塑化过程原理

塑化是注射成型的准备过程，是指物料在料筒内受热达到流动状态并具有良好的可塑性的全过程，是注射成型中最重要和最关键的过程。生产工艺对这一过程的要求是：物料在进入模腔之前应达到规定的成型温度，熔料各点温度应均匀一致，并能在规定时间内提供足够数量的熔融塑料，熔料不发生或极少发生热分解以保证生产的连续进行。上述要求与塑料的特性、工艺条件的控制以及注射机的塑化结构均密切相关，而且直接决定着制件的质量。

热塑性塑料通常为非牛顿假塑性流体，其塑化质量主要由塑料的受热情况和所受的剪切作用所决定。移动螺杆式注射机工作时，因为螺杆的转动能对物料产生剪切作用，因而对塑料的塑化效果比柱塞式注射机要好得多。目前广泛采用的是可提供高质量塑化产物的移动螺杆式注射机。物料在移动螺杆式注射机内的熔融塑化过程与螺杆式挤出机内的熔融塑化过程类似。但是由于二者螺杆的工作方式有所不同，其塑化过程也存在一些差异。二者的主要不同点是挤出机料筒内物料的熔融是稳态的连续过程，而移动螺杆式注射机料筒内物料的熔融是一个非稳态的间歇式过程。

柱塞式注射机的塑化效果不如移动螺杆式注射机，因而如何提高其塑化效率和热均匀性是一个重要问题。这里就对柱塞式注射机内的塑化略作讨论。

（1）热均匀性

柱塞式注射机内物料的热源绝大多数靠料筒的外加热。由于塑料的导热性差，而且它在柱塞式注射机中的移动只能靠柱塞的推动，几乎没有混合作用，这些都是对热传递不利的。以致靠近料筒壁的塑料温度偏高，而在料筒中心的则偏低，形成温度分布的不均。此外，熔料在圆管内流动时，料筒中心处的料流速度必然快于筒壁处的，这一径向上速度分布的不同，将进一步导致注射机射出熔料各点温度的不均，甚至每次射出料的平均温度也不等。用这种热均匀性差的熔料成型的制品，其物理机械性能也差。

引入加热效率（E_η）的概念来分析柱塞式注射机内熔料的热均匀性。设料筒温度为T_w，物料进入料筒的初始温度为T_0。如果物料在料筒内停留的时间足够长，则全部物料的温度将上升到接近T_w，物料最大温升为T_w-T_0，这一温升将直接与物料所获得的最大热量成比例。但是通常由喷嘴射出的物料平均温度T_a总是低于T_w的，所以实际温升为T_a-T_0，物料的实际温升和最大温升之比即为加热效率E_η。

$$E_\eta = \frac{T_a - T_0}{T_w - T_0} \times 100\% \tag{4-45}$$

必须指出,如果物料在料筒内停留的时间足够长而且还获得摩擦热,则 T 是会大于 T_w 的,这时 E_η 就大于 1。但是用柱塞式注射机注射熔融黏度不大的塑料时,这种现象是少有的。

E_η 值高有利于塑料的塑化。E_η 的大小依赖于料筒的结构、物料在料筒内的停留时间和塑料的导热性能等,这种关系可用函数表示如下:

$$E_\eta = f\left[\frac{\alpha t}{(2a)^2}\right] \tag{4-46}$$

式中,α 为热扩散速率;t 为塑料在料筒内停留的时间;a 为受热的料层厚度。如果分流梭也作加热器用,则式(4-46)可变为:

$$E_\eta = f\left(\frac{\alpha t}{a^2}\right) \tag{4-47}$$

显然,E_η 与下列因素有关:

① 增加料筒的长度和传热面积,或延长塑料在料筒内的受热时间和增大塑料的热扩散速率,都能使塑料吸收更多的热量,提高 T_2 值,从而使 E_η 值增大,但这些对于柱塞式注射机是难以做到的。而且不适当地延长塑料的受热时间,易使塑料降解,故一般料筒内的存料量不超过最大注射量的 3~8 倍。另外塑料的热扩散速率 α 与热传导系数 λ、塑料的比热 C 和密度 ρ 有如下关系:

$$\alpha = \frac{\lambda}{C\rho} \tag{4-48}$$

即塑料的热扩散速率正比于热传导系数,但一般塑料的热传导系数都较小,因此要增大热扩散速率取决于塑料是否受到搅动,很显然,柱塞式注射机的加热效率不如移动螺杆式注射机,塑化质量也比其差。

② 热效率 E_η 还与料筒中料层的厚度、物料与料筒表面的温差有关。由于塑料的导热性差,故料筒的加热效率会随料层厚度的增大和料筒与物料间的温差减小而降低。因此,减少柱塞式注射机料筒中的料层厚度是很有必要的。为了达到这个目的,在料筒的前端安装分流梭,它能在减少料层厚度的同时,迫使物料产生剪切和收敛流动,加强了热扩散作用。此外,料筒的热量可通过分流梭而传递给物料,从而增大了对物料的加热面,改善了塑化情况;如果分流梭能提供热量,塑化情况可进一步提高。

③ 料筒加热效率还受到物料温度分布的影响。由喷嘴射出的物料各点温度是不均匀的,它的最高极限温度为料筒壁温 T_w,最低温度为 T_i,通常 T_i 高于进入料筒的物料初始温度,即 $T_i > T_0$。而料筒内物料的平均温度 T_a 处于 T_i 和 T_w 之间,即塑料熔体的实际温度总是分布在 $T_i \sim T_w$ 之间,物料从料筒实际所获得的热量可由温差 $T_a - T_0$ 表示。在 T_w 固定的情况下,如果物料的温度分布宽,即物料的热均匀性差,则物料的平均温度 T_a 降低,$T_a - T_0$ 的值就小,对应的加热效率较低。反之,在 T_w 一定时,物料温度分布窄,则 T_a 升高,加热效率提高。如图 4-70 所示。所以 E_η 不仅间接表示物料平均温度的高低,同时还表示物料的热均匀性。生产中,射出物料的温度既不能低于它的软化点,又不能高于

分解温度，因此 T_a 的大小是有一定范围的，实践证明，要使塑化质量达到可以接受的水平，E_η 值要在 0.8 以上。据此，在注射成型温度 T_a 已定的前提下，T_w 就可由式(4-45)确定。

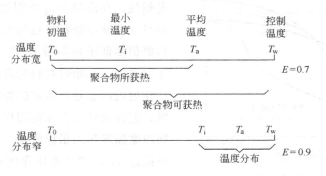

图 4-70　加热效率与温度均匀性的关系

（2）塑化量

塑化量是指单位时间内注射机熔化物料的质量（q_m）。q_m 的大小决定着注射机的生产能力。塑化能力可用下式表示

$$q_m = \frac{3.6 \times W}{t} \tag{4-49}$$

式中　q_m——塑化能力，kg/h；
　　　W——注射量，g；
　　　t——一个注射周期，s。

根据料筒与物料的接触传热面积 A 和物料的受热体积 V_p 及料筒的加热效率 E_η，塑化能力 q_m 可用下式表示：

$$q_m = \frac{KA^2}{V_p} \tag{4-50}$$

对于柱塞式注射机，在塑料品种、物料的平均温度和加热效率一定的情况下 K 为常数。显然要提高塑化量 q_m，则增大传热面积 A 和减小加热物料的体积 V_p 都是有利的，但在柱塞式注射机中，由于料筒的结构所限，增大 A 就必然加大 V_p。解决这一矛盾的有效方法是采用分流梭，兼用分流梭作加热器或改变分流梭的形状等，以增大传热面积或改变 K 值。相同的塑料用不同的注射机注射时，如果将熔料射出的平均温度和加热效率都固定，则 K 值就可作为评定料筒设计优劣的标准。

对于移动螺杆式注射机，由于螺杆的剪切作用引起摩擦热，能使物料温度升高，其温升为：

$$\Delta T = \frac{\pi D n \eta}{CH} \tag{4-51}$$

式中，D、n、H、C 和 η 分别为螺杆的直径、转速、螺槽深度、塑料的比热容、熔体的黏度。这种剪切作用和温升都使移动螺杆式注射机的加热效率增加，塑化量和塑化质量均有提高。

(3) 料温分布

图 4-71 给出物料在料筒中加热时的温升曲线。可以看出，在柱塞式注射机内，与料筒接触处附近区域的物料温升较快，而中心温升很慢，在流经分流梭附近时升温速度加快，并且逐渐减小物料各点间的温差，但其最后的料温仍然低于料筒温度 T_w。而在移动螺杆式注射机内，开始时物料的升温速度甚至比柱塞式注射机内靠近料筒壁的物料的升温速度还要慢，但在螺杆混合和剪切作用下，其升温速度则因摩擦发热而很快增加，到达喷嘴前，料温可接近 T_w，如果剪切作用很强时，料温甚至会超过 T_w。

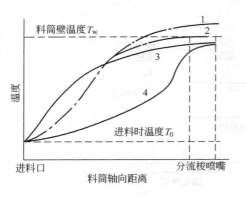

图 4-71 注射机料筒内塑料升温曲线
1—移动螺杆式注射机，剪切作用强时；2—移动螺杆式注射机，剪切作用较平缓；3—柱塞式注射机，靠近料筒壁的物料；4—柱塞式注射机，中心部分物料

4.2.2.2 注射流动过程原理

注射流动过程是指用柱塞或螺杆的推动将具有流动性和温度均匀的塑料熔体注入模具，充满模具型腔。这一过程经历的时间虽短，但熔体在其间所发生的变化却不少，而且这种变化对制品的质量有重要的影响。

熔料自料筒注入模具型腔需要克服一系列的流动阻力，其中包括熔料与料筒、喷嘴、浇注系统和型腔之间的外摩擦和熔体内部的摩擦，如图 4-72 所示，与此同时还需要对熔料进行压实，因此，所用的注射压力应很高。因此这一过程所表现出的物料流动特点是压力随时间的变化为非线性函数。

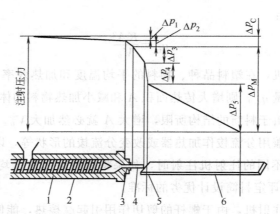

图 4-72 注射成型时在注射机、浇注系统和模具型腔中的压力损失
Δp_1—注射机中的压力降；Δp_2—喷嘴处的压力降；Δp_3—模具流道中的压力降；Δp_4—浇口处的压力降；Δp_5—模腔中的压力降；Δp_C—注射系统的总压力降；Δp_M—模具型腔中的压力降
1—螺杆；2—料筒；3—喷嘴；4—流道；5—浇口；6—型腔

(1) 物料在注射机料筒中的流动

塑料在柱塞式注射机中受压和受热时，首先由压力将粒状物压成柱状固体，而后在受

热中，逐渐变成半固体以至熔体。所以料筒内的塑料自前至后共有三种状态或三个区段。这三个区段在注射时的流动阻力是不同的。

柱状固体在流动中的阻力可用所产生的压力降 Δp_s 表示。

$$\Delta p_s = (1 - e^{-4\mu L/D}) p \tag{4-52}$$

式中，e 为自然对数底数；μ 为粒状固体与管壁间的摩擦系数；L 为粒状固体在管内的长度；D 为管的直径；p 为推动粒状固体的压力，即注射压力。注射时，这段压力的损失最大，可高达料筒内压力总损失的 80%。

半固体和熔融体的压力损失可表示为：

$$\Delta p = \frac{2L}{R} \left[\frac{(m+3)q}{\pi k R^3} \right]^{\frac{1}{m}} \tag{4-53}$$

式中，R 为管的半径；q 为容积速率；k 为流动常数；m 为与牛顿流体的差别程度的函数。

从式(4-52) 和式(4-53) 两式可以看出：三种状态的压力损失都是随料筒直径加大而减小的，但增大料筒直径对塑化量是不利的，所以柱塞式注射机中塑料的流动和加热过程之间存在着矛盾。

而塑料在移动螺杆式注射机中，无论物料是固体、半固体或熔体，螺杆区物料与料筒内壁之间的流动阻力均可用式(4-54) 计算：

$$F_f = \mu p A \tag{4-54}$$

式中，F_f 为摩擦阻力；μ 为物料与料筒之间的摩擦系数；p 为物料所受的压力；A 为物料与筒壁接触的面积。

在螺杆式注射机内，因为塑料熔化较快，固体区不会很长（即 A 不会很大），同时压力 (p) 也不大，所以在固体区的阻力较小。而在流体和半固体区域中，接近筒壁处的塑料已熔化，使 μ 值显著降低，同时 A 值也不大，所以阻力仍然是较小的。

由以上分析可见，移动螺杆式注射机中物料在料筒中的流动阻力要比柱塞式注射机中小得多。

(2) 物料在喷嘴中的流动

喷嘴是注射机料筒与模具之间的连接件，充模时熔体流过喷嘴孔时会有较多的压力损失和较大的温升。可以将充模时熔体通过喷嘴近似看作等温条件下通过等截面圆管时的流动，对牛顿流体和假塑性幂律流体可分别用式(4-55) 和式(4-56) 估算压力损失：

$$\Delta p = \frac{8\mu L q_v}{\pi R^4} \tag{4-55}$$

$$\Delta p = \frac{8\eta_a L q_v}{\pi R^4} \tag{4-56}$$

式中 μ——牛顿流体的绝对黏度或称牛顿黏度；

η_a——非牛顿流体的表观黏度；

q_v——体积流率；

L——喷嘴长度；

R——喷嘴直径。

由式(4-55)和式(4-56)可以看出，不论是牛顿流体还是非牛顿幂律流体，通过喷嘴时的压力损失都随喷嘴长度L和体积流率q_v的增大而增加，而当喷嘴孔的半径R增大时，压力损失则与其成四次方的指数关系减小，因此，喷嘴孔直径的微小变化，会引起压力损失的较大变化。因在喷嘴中塑料的流动和加热之间不存在矛盾，在满足设计要求的前提下，喷嘴直径可以偏大。其次这一区域的长度不会很大，而且平均料温已达最佳值，黏度也较低，可见在喷嘴中的流动阻力远比注射机料筒中的流动阻力小。

充模时熔体是以高速流过喷嘴孔的，必将产生大量的剪切摩擦热，使熔体温度升高。单位时间内熔体流过喷嘴的压力损失通过内摩擦作用转换成的热量为$\Delta p q_v /J$，相当于单位时间内流过喷嘴熔体温度升高ΔT所需的热量（$\rho C_p q_v \Delta T$），由此得到熔体温升值：

$$\Delta T = \frac{\Delta p}{\rho C_p J} \tag{4-57}$$

式中 q_v——体积流率；
Δp——压力损失；
ρ——熔体密度；
C_p——熔体定压比热容；
J——热功当量。

由上式可见，熔体流过喷嘴的温升，主要由熔体通过喷嘴时的压力损失决定的。因此注射充模时，速度、压力越高，喷嘴温升越大，这也说明了为什么热稳定性差的塑料不宜采用细孔喷嘴高速注射充模。

(3) 物料在注射模腔内的流动

不管是何种形式的注射机，塑料熔体进入模腔内的流动情况均可分为充模、保压、倒流和浇口冻结后的冷却四个阶段。在连续的四个阶段中，塑料熔体的温度将不断下降，而压力的变化则如图4-73所示。

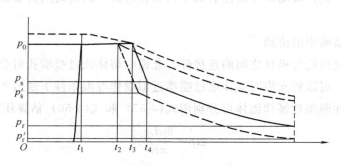

图4-73 注射成型周期中塑料压力变化图

p_0—注射成型最大压力；p_s—浇口冻结时的压力；p_r—脱模时残余压力；$t_1 \sim t_4$—各代表一定时间

① 充模阶段 这一阶段从柱塞或螺杆开始向前移动起，直至模腔被塑料熔体充满（时间从0至t_1）为止。充模开始一段时间内模腔中没有压力，待模腔充满时，料流压力迅速上升而达到最大值p_0。充模的时间与注射压力有关。充模时间长，先进入模内的物料冷却时间长，黏度增高，后面的物料就需要在较高的压力下才能进入模腔内；反之，所

需的压力则较小。在前一情况下，由于物料受到较高的剪切应力，分子定向程度比较大。这种现象如果保留到料温降低至软化点以后，则制品中冻结的定向分子将使制品具有各向异性。这种制品在温度变化较大的使用过程中会出现裂纹，裂纹的方向与分子定向方向是一致的；而且，制品的热稳定性也较差，这因为塑料的软化点随着分子定向程度增高而降低。高速充模时，塑料熔体通过喷嘴、主流道、分流道和浇口时将产生较多的摩擦热而使料温升高，这样到压力达到最大值的时间 t_1 时，塑料熔体的温度仍能保持较高的值，分子定向程度可减少，制品熔接强度也可提高。但充模过快时，在嵌件后部的熔接往往不好，致使制品强度变劣。

充模时熔体在模腔内的流动类型主要是由熔体通过浇口进入模腔时的流速决定的，图 4-74 为快速和慢速充模两种极端情况。由图可见，当从浇口进入模腔的熔体流速很高时，熔体流首先射向对壁，使熔体流成为湍流，严重的湍流引起喷射而带入空气，由于模底先被熔体充满，模内空气无法排出而被压缩，这种高压高温气体会引起熔体的局部烧伤及降解，使制品的质量不均匀，内应力也较大，表面常有裂纹。而慢速注射时，熔体以层流形式自浇口向模腔底部逐渐扩展，能顺利排出空气，制品质量较均匀；但过慢的速度会延长充模时间，使熔体在流道中冷却降温，引起熔体黏度提高，流动性下降，充模不全，并出现分层和结合不好的熔接痕，影响制品的强度。

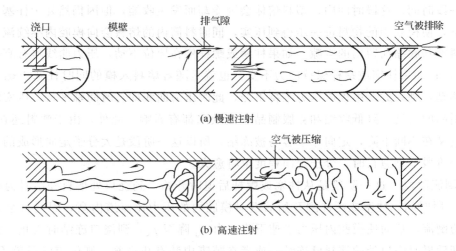

图 4-74 不同充模速率的熔体流动情况

熔体从浇口处向模腔底部以层流方式推进时，形成扩展流动的前峰波的形状可分成如图 4-75 所示的三个典型阶段：熔体流前缘呈圆弧形的初始阶段；前缘从圆弧渐变为直线的过渡阶段；前缘呈直线移动的主流充满模腔的阶段。熔体流中心的运动速度大于前缘的运动速度，当熔体质点赶上运动着的前缘后，运动速度就减小到前缘的速度，并在邻近模壁处作层状的移动。因此，在前缘区域内，熔体质点

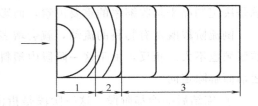

图 4-75 充模时熔体前缘变化的各阶段
1—初始阶段；2—过渡阶段；3—主流充满模腔阶段

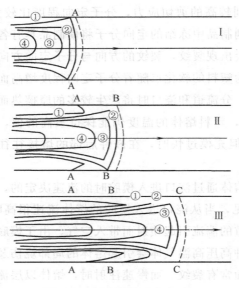

图 4-76 料流在模腔中由 AA 断面移到 CC 断面的情况

①~④—熔体质点；Ⅰ~Ⅲ—质点位置的连续变化

的运动方向是指向模壁的。熔体质点由于与模壁和冷空气接触而在界面形成高黏度的前缘膜，其前进速度变小，由此在熔体流的截面上产生很大的速度梯度，这会使大分子链的两端因处于不同的速度层中而受到拉伸和取向。而大分子在靠近模壁区域内的取向机理不同于熔体流的其他部分。图 4-76 为相应的熔体质点运动示意图，它显示出熔体质点位置的连续变化。因此熔体在模内的推进过程是通过熔体质点被前缘膜阻止转向并被拉伸和新熔体质点不断从内层压出的方式进行的。其结果使制品表面形成"波纹"。由于流动阻力使稍后到来的熔体压力上升又可把前面刚形成的波纹压平构成制品表面。

② 保压阶段 这一阶段是指自熔体充满模腔时起至柱塞或螺杆撤回时从 t_1 到 t_2 为止的一段时间。这段时间内，塑料熔体会因冷却而发生收缩，但因仍然处于柱塞或螺杆的稳压下，使模腔中的物料进一步得到压实，同时料筒内的熔料会向模腔内继续流入以补足因物料冷却收缩而留出的空隙。如果柱塞或螺杆停在原位不动，压力曲线略有衰减，由 p_0 降至 p_s；如果柱塞或螺杆保持压力不变，也就是随着熔料入模的同时柱塞或螺杆向前作少许移动，则在此段中模内压力维持不变，此时压力曲线即与时间轴平行。压实阶段对于提高制品的密度、降低收缩和克服制品表面缺陷都有影响。此外，由于塑料还在流动，而且温度又在不断下降，定向分子容易被冻结，所以这一阶段是大分子定向形成的主要阶段。这一阶段拖延愈长时，分子定向程度也将愈大。

③ 倒流阶段 这一阶段是从柱塞或螺杆后退时开始，到浇口处熔料冻结时为止从 t_2 到 t_3 的一段时间。柱塞或螺杆刚开始后退时模腔内的压力比流道内高，因此就会发生塑料熔体的倒流，从而使模腔内压力迅速下降，由 p_0 降至 p_s，到浇口冻结时为止。如果柱塞或螺杆后撤时浇口处的熔料已冻结，或者在喷嘴中装有止逆阀，则倒流阶段就不存在，也就不会出现 t_2~t_3 段压力下降的曲线。因此倒流的多少或有无是由保压阶段的时间所决定的。但是不管浇口处熔料的冻结是在柱塞或螺杆后撤以前或以后，冻结时的压力和温度总是决定制品平均收缩率的重要因素，而影响这些因素的则是保实阶段的时间。

倒流阶段既然有物料的流动，就会增多分子的定向，但是这种定向比较少，而且波及的区域也不大。相反，由于这一阶段内塑料温度还较高，某些已定向的分子还可能因布朗运动而解除定向。

④ 冻结后的冷却阶段 这一阶段是指浇口的物料完全冻结时起到制品从模腔中顶出时为止，从 t_3 到 t_4 的一段时间。这一阶段模腔内压力迅速下降，由 p_s 降至 p_r。模内物料在这一阶段内主要是继续进行冷却，以便制品在脱模时具有足够的刚度而不致发生扭曲

变形。在这一阶段内,虽无物料从浇口流出或流进,但模内还可能有少量的流动,因此,依然能产生少量的分子定向。由于模内物料的温度、压力和体积在这一阶段中均有变化,到制品脱模时,模内压力不一定等于外界压力,模内压力与外界压力的差值称为残余压力。残余压力的大小与保压阶段的时间长短有密切关系。残余压力为正值时,脱模比较困难,制品容易被刮伤或破裂;残余压力为负值时,制品表面容易有陷痕或内部有真空泡。所以,只有在残余压力接近零时,脱模才较顺利,并能获得满意的制品。

应该指出,如果塑料在模具内冷却过急或模具各部分的温度不同,则由于冷却不均就会导致收缩不均匀,所得制品将会产生内应力。即使冷却均匀,塑料在冷却过程中通过玻璃化温度的速率还可能快于分子构象转变的速率,这样,制品中也可能出现因分子构象不均衡所引起的内应力。

4.2.2.3 冷却定型过程原理

当模腔浇口冻结后,就进入冷却阶段。浇口冻结后再没有熔体进出模腔,而封闭在模腔内的熔体的压力随冷却时间的延长进一步下降直至开模。这时模腔中聚合物的平均温度 T、比容 v(或密度)与模腔压力 p 的关系可用修正的范德华状态方程式表示:

$$(p+\pi)(v-b)=R'T \tag{4-58}$$

式中 π、b、R'——常数。

由式(4-58)可见,在聚合物比容(或密度)一定时,模腔中物料的压力与其温度成线性函数关系,如图4-77所示。曲线1是在模腔压力较低的情况下压实而且浇口冻结发生在柱塞或螺杆后退之前,即外压解除后无熔体倒流。曲线2和曲线3的区别在于前者的保压时间为 C_2D_2,后者延长到 C_2D_3。D 点时保压期结束柱塞或螺杆后退,随之出现倒流引起模内压力沿 DE 下降,E 为浇口冻结点。冻结点之后模腔内的物料量不再改变,即比容为定值,故温度和压力沿 EF 呈直线下降。由曲线可以明显看出,保压切换时的温度高(例如保压时间短),则聚合物的冻结温度高,冻结的模腔压力就低,所得制品的密度也就小。由此不难看出,制品的密度在很大程度上由浇口冻结时模腔内的温度和压力决定。制品的密度或质量一般随浇口冻

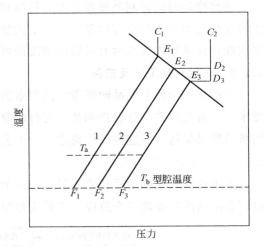

图 4-77 注射成型时模腔中的压力-温度关系
C_1,C_2—压实至保压切换点;D_2,D_3—保压切换点;E_1,E_2,E_3—凝封点

结时压力的增大而增加。制品的密度大,残余应力也就大,这种残余应力将保留在制品中,形成制品的内应力。所以,浇口冻结时的压力和温度对制品的性能有很大的影响,通常可以用改变保压时间来调节这两个参数,以此来改善制品的性能。

为了使制品脱模时不变形,在模腔浇口冻结之后一般不能立即将成型制品从模腔中脱出,而应留在模内继续冷却一段时间,以便其整体或足够厚的表层降温至聚合物玻璃化温

度或热变形温度以下后，再从模腔中脱出。无外压作用下的冷却时间在成型周期中占很大比例，如何减小这段时间，对提高注射机生产效率有重要意义。降低模温是缩短冷却时间的有效途径，但模具与熔体二者之间的温差不能太大，否则会因成型物内外降温速率差别过大而造成制品具有较大的内应力。

模腔内成型物的冷却过程是其内部熔体先将其热量传导给外面的凝固层，凝固层再将热量传给模壁，最后经模具散热。因塑料的导热性远小于金属模具，所以制品在模腔内的冷却速度制约于成型物的凝固层。模温通常低于塑料的玻璃化温度或不引起制件变形的温度，但制件的脱模温度 T_c 则稍高于模温 T_b，T_c 的确定取决于制件的壁厚和残余应力。由冻结点到 T_c 的时间就是冷却时间。在给定模温下，制品在模腔中冷却所需的最短时间 t 可用下式估算：

$$t = \frac{\delta^2}{\pi^2 a} \ln\left[\frac{4}{\pi}\left(\frac{T_a - T_b}{T_c - T_b}\right)\right] \tag{4-59}$$

式中　δ——制品厚度；
　　　a——塑料的热扩散系数；
　　　T_a——模腔内熔体的平均温度；
　　　T_b——模具温度；
　　　T_c——制品脱模温度。

通常冷却时间随制品厚度增大、料温和模温升高而增加。但对于厚壁制品，有时并不要求脱模前整个壁厚全部冷硬，在用上式估算最短冷却时间时，只要求制品外部的冷硬层厚度能保证从模内顶出时有足够的刚度即可。

4.2.3　注射成型工艺及控制

生产优质的注射制品时要考虑的因素很多。当提出一件新制品的使用性能和其他有关要求后，首先应在经济合理和技术可行的原则下，选择最适合的原材料、生产方式、生产设备及模具结构。在这些条件确定后，工艺条件的选择和控制就是主要考虑的因素。

4.2.3.1　注射成型工艺

不论柱塞式或移动螺杆式注射机，一个完整的注射成型过程包括成型前的准备、注射过程和制品的后处理三个阶段。工艺流程如图 4-78 所示。

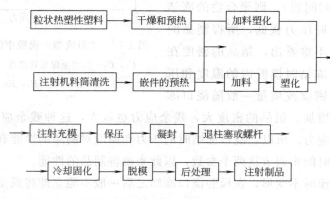

图 4-78　注射成型工艺流程

(1) 成型前的准备

为使注射过程顺利进行和保证产品质量，应对所用的设备和塑料作好以下准备工作。

① 成型前对原料的预处理　根据各种塑料的特性及供料状况，一般在成型前应对原料进行外观（指色泽、粒子大小及均匀性等）和工艺性能（熔体流动速率、流动性、热性能及收缩率等）的检验。如果来料是粉料，则有时还须预先造粒；此外，对所用粒料有时还需要进行预热和干燥，如聚碳酸酯、聚酰胺、聚砜和聚甲基丙烯酸甲酯等树脂，其大分子上含有亲水性基团，容易吸湿，致使含有不同程度的水分。这种水分高过规定量时，轻则使产品表面出现银丝、斑纹和气泡等缺陷；重则引起高分子物在注射时产生降解，严重地影响制品的外观和内在质量，使各项性能指标显著降低。因此，注射成型前对这类塑料应进行充分的干燥。不吸湿的塑料，如聚苯乙烯、聚乙烯、聚丙烯和聚甲醛塑料等，如果贮存运输良好，包装严密，一般可不预干燥。

② 料筒的清洗　在生产中初用某一注射机之前，需要改变产品、更换原料、调换颜色或发现塑料中有分解现象时，都需要对注射机（主要是料筒）进行清洗或拆换。

柱塞式注射机料筒的清洗常比螺杆式注射机困难，因为柱塞式料筒内的存料量较大而又不易对其转动，清洗时必须拆卸清洗或者采用专用料筒。而螺杆式注射机通常是直接换料清洗。为节省时间和原料，换料清洗应采取正确的操作步骤，掌握塑料的热稳定性、成型温度范围和各种塑料之间的相容性等技术资料。

③ 嵌件的预热　为了装配和使用等要求，塑料制件内常需要嵌入金属制的嵌件。注射前，金属嵌件应先放进模具内的预定位置，成型后使其与塑料成为一个整体件。有嵌件的塑料制品，在嵌件的周围容易出现裂纹或导致制品强度下降，这是由于金属嵌件与塑料的热性能和收缩率差别较大的缘故。因此除在设计制件时加大嵌件周围的壁厚，以克服这种困难外，成型中对金属嵌件进行预热是一项有效措施。预热后可减少熔料与嵌件的温度差，成型中可使嵌件周围的熔料冷却较慢，收缩比较均匀，发生一定的热料补缩作用，以防止嵌件周围产生过大的内应力。

嵌件的预热须视加工塑料的性质和金属嵌件的大小而定。对具有刚性分子链的塑料，如聚碳酸酯、聚砜和聚苯醚等，其制件在成型中容易产生应力开裂，因此金属嵌件一般都应进行预热。预热的温度以不损伤金属嵌件表面所镀的锌层或铬层为限，一般为110～130℃。对于表面无镀层的铝合金或铜嵌件，预热温度可提高到150℃左右。容易为塑料熔体在模内加热的小型嵌件，则可不必预热。

④ 脱模剂的选用　脱模剂是使塑料制件容易从模具中脱出而敷在模具表面上的一种助剂。一般注射制件的脱模，主要依赖于合理的工艺条件与正确的模具设计，但是在生产上为了顺利脱模，采用脱模剂的也不少。常用的脱模剂有：硬脂酸锌，除聚酰胺塑料外，一般塑料均可使用；液体石蜡（又称白油），作为聚酰胺类塑料的脱模剂效果较好，除起润滑作用外，还有防止制件内部产生空隙的作用；硅油的润滑效果良好，但价格昂贵，需要先配制成甲苯溶液，涂抹在模腔表面，经加热干燥后方能显示优良的效果，比较麻烦，使用上受到一定限制。无论使用哪种脱模剂都应适量，过少起不到应有的效果；过多或涂抹不匀则会影响制件外观及强度，对透明制件更为明显，用量多时会出现毛斑或混浊

现象。

(2) 注射过程

注射过程包括加料、塑化、注射充模、保压、冷却固化和脱模等几个工序，上面已述及。与此同时注射机主要完成如图4-79所示的基本操作单元。

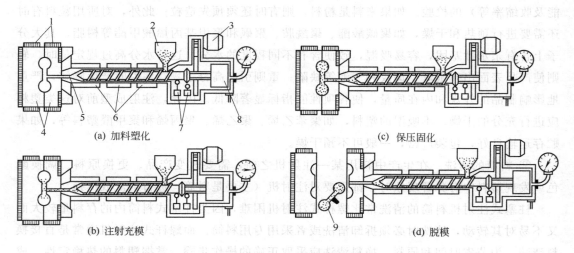

图 4-79 注射机基本操作程序

1—加热装置；2—料斗；3—电机；4—模具；5—喷嘴；6—加热冷却装置；7—行程开关；8—油压缸；9—制品

① 合模与锁紧　注射成型的周期一般是以合模为起始点。合模过程动模板的移动速度是变化的。模具首先以低压力快速进行闭合，即低压保护阶段，当动模与定模快要接近时，合模的动力系统自动切换成低压低速，以免模具内有异物或模内嵌件松动，然后切换成高压而锁紧模具。

② 注射装置前移　当合模机构闭合锁紧后，注射装置整体前移，使喷嘴和模具浇道口贴合。

③ 注射　当喷嘴与模具完全贴合后，注射油缸开始工作，推动注射螺杆（或柱塞）前移，以高速高压将料筒前部的熔体注入模腔，并将模腔中的气体从模具分型面驱赶出去。

④ 保压　熔体注入模腔后，由于模具的低温冷却作用，使模腔内的熔体产生收缩。为了保证注射制品的致密性、尺寸精度和强度，必须使注射系统对模具施加一定的压力（螺杆对熔体保持一定压力），对模腔塑件进行补缩，直到浇注系统的塑料冻结为止。

⑤ 制品的冷却和预塑化　当模具浇注系统内的熔体冻结到其失去从浇口回流可能性时，即浇口封闭时，就可卸去保压压力，使制品在模内充分冷却定型。为了缩短成型周期，在冷却的同时，螺杆传动装置开始工作，带动螺杆转动，使料斗内的物料经螺杆向前输送，并在料筒的外加热和螺杆剪切作用下使其熔融塑化。物料由螺杆泵送到料筒前端，并产生一定压力，在此压力作用下螺杆在旋转的同时向后移动。当后移到一定距离，料筒前端的熔体达到下次注射量时，螺杆停止转动和后移，准备下一次注射。制品冷却与螺杆预塑化是同时进行的。

⑥ 注射装置后退和开模顶出制品　注射装置退回的目的是避免使喷嘴与冷模长时间接触造成喷嘴内料温过低而影响注射。此操作进行与否根据所注射的塑料工艺性能和模具结构而定，如热流道模具，注射装置一般不退回。模腔内的制品冷却定型后，合模装置即开启模具，并自动顶落制品。

(3) 制件的后处理

注射制件经脱模或机械加工后，常需要进行适当的后处理，以改善和提高制件的性能及尺寸稳定性。制件的后处理主要指退火、调湿处理和二次加工等。

① 退火处理　由于物料在料筒内塑化不均匀或在模腔内冷却速度不同，常会产生不均的结晶、定向和收缩，使制品存有内应力，这在生产厚壁或带有金属嵌件的制品时更为突出。存在内应力的制件在贮存和使用中常会发生力学性能下降，光学性能变坏，表面有银纹，甚至变形开裂等问题。生产中解决这些问题的方法是对制件进行退火处理。

退火处理的方法是使制品在塑料的玻璃化温度和软化温度之间的某一温度附近加热一段时间，然后自然冷却到室温。退火的实质是：a. 使强迫冻结的分子链得到松弛，凝固的大分子链段转向无规位置，从而消除这一部分的内应力；b. 提高结晶度，稳定结晶结构，从而提高结晶塑料制品的弹性模量和硬度，降低断裂伸长率。加热介质可以用定温液体如热水、热油、热甘油、热乙二醇和热液体石蜡等或热空气。退火处理的温度应控制在制品使用温度以上 10～20℃，或低于塑料的热变形温度 10～20℃为宜。温度过高会使制品发生翘曲或变形；温度过低又达不到目的。退火处理的时间决定于塑料品种、加热介质的温度、制品的形状和模塑条件。凡所用塑料的分子链刚性较大，壁厚较大，带有金属嵌件，使用温度范围较宽，尺寸精度要求较高和内应力较大又不易自消的制件均须进行退火处理。但是，对于聚甲醛和氯化聚醚塑料的制件，虽然它们存有内应力，可是由于分子链本身柔性较大和玻璃化温度较低，内应力能缓慢自消，如制品使用要求不严时，可不必进行退火处理。退火处理时间到达后，制品应缓慢冷却至室温。冷却太快，有可能重新引起内应力而前功尽弃。

② 调湿处理　聚酰胺类塑料制件在高温下与空气接触时常会氧化变色。此外，在空气中使用或存放时又易吸收水分而膨胀，需要经过长时间后才能得到稳定的尺寸。因此，如果将刚脱模的制品放在热水中进行处理，不仅可隔绝空气进行防止氧化的退火，同时还可加快达到吸湿平衡，以免在制品使用过程中发生较大的尺寸变化，故称为调湿处理；适量的水分还能对聚酰胺起着类似增塑的作用，从而改善制件的柔曲性和韧性，使冲击强度和拉伸强度均有所提高。调湿处理的时间随聚酰胺塑料的品种、制件形状、厚度及结晶度大小而异。

③ 二次加工　注射成型后对某些制品必须进行适当的小修整或装配等，以满足制品的表观质量。

4.2.3.2　注射成型工艺条件及控制

注射成型工艺的核心问题是要求得到塑化良好的塑料熔体并把它顺利地注射到模具中去，在控制的条件下冷却定型，最终得到合乎质量要求的制品。因此，注射成型最重要的工艺条件是影响塑化、流动和冷却的温度、压力和相应的各个作用的时间。

(1) 温度

注射成型过程需要控制的温度包括料筒温度、喷嘴温度和模具温度等。前两种温度主要是影响物料的塑化和流动，而后一种温度主要是影响塑料制品的流动、成型和冷却。

① 料筒温度　选定料筒温度时，主要是要考虑能使物料塑化良好，能顺利完成注射而又不会引起塑料的局部降解。料筒温度的分布，一般是从料斗一侧（后端）起，至喷嘴（前端）止，逐步升高，使塑料温度平稳上升达到均匀塑化的目的。但当原料湿含量偏高时，也可适当提高后端温度。由于螺杆式注射机的剪切摩擦热有助于塑化，因此前端温度不妨略低于中段，以便防止塑料的过热分解。料筒温度的高低，主要决定于塑料的性质，必须在料筒末端将塑料加热到黏流温度（T_f）或熔点（T_m）以上，但必须低于其分解温度（T_d）。对于 $T_f \sim T_d$ 区间狭窄的塑料和平均相对分子质量较低、分子量分布较宽的塑料，控制料筒温度应偏低（比 T_f 稍高）；而对 $T_f \sim T_d$ 区间较宽的塑料和平均相对分子质量高，分子量分布较窄的塑料，料筒的温度可适当高一些。

料筒温度对注射成型工艺过程及制品的物理机械性能有密切关系。提高料筒温度，有利于注射压力向模腔内的传递，而且熔料温度升高，充模结束后物料温度保持在玻璃化温度以上的时间愈长，有利于取向大分子的解取向，减小制品的收缩率。随着料温升高，熔体黏度下降，料筒、喷嘴、模具的浇注系统的压力降减小，熔料在模具中的流动性增加，流程就长，从而改善了成型工艺性能，增大注射速率，减少塑化时间和充模时间，缩短注射周期，使制品的表面光洁度提高。但若料温太高，易引起塑料热降解，制品物理机械性能降低；而料温太低，则容易造成制品缺料，表面无光，有熔接痕等，且生产周期长，劳动生产率降低。

塑料的热氧化降解机理十分复杂，而且随着外界条件的变化可以出现不同的形式。温度愈高，时间愈长（即使是温度不十分高的情况下）时，降解的量就愈大。因此对热敏性塑料，如聚甲醛、聚三氟氯乙烯、聚氯乙烯等，除须严格控制料筒最高温度外，还应控制塑料在加热料筒中停留的时间。

塑料在不同类型的注射机（柱塞式或螺杆式）内的塑化过程是不同的，因而选择料筒温度也不相同。柱塞式注射机中的塑料仅靠料筒壁及分流梭表面往里传热，传热速率小，因此需要较高的料筒温度。在螺杆式注射机中，由于有了螺杆转动的搅动，同时还能获得较多的摩擦热，使传热加快，因此选择的料筒温度可低一些（一般约比柱塞式的低 10～20℃）。实际生产中，为了提高效率，利用塑料在移动螺杆式注射机中停留时间短的特点，可采用在较高料筒温度下操作；而在柱塞式注射机中，因物料停留时间长，易出现局部过热分解，宜采用较低的料筒温度。

选择料筒温度还应结合制品及模具的结构特点。由于薄壁制件的模腔比较狭窄，熔体注入的阻力大，冷却快，为了顺利充模，料筒温度应高一些。相反，注射厚壁制件时，料筒温度却可低一些。对于形状复杂或带有嵌件的制件，或者熔体充模流程曲折、较多或较长的，料筒温度也应高一些。

如须考虑制品中的结晶情况，则对料筒的温度应有正确的选择。有结晶倾向的塑料，料筒温度以及熔料在这一温度下停留的时间,均会对熔体内所含晶胚数量与大小产生影响。晶胚数量和大小均对熔体凝固后的结晶行为有影响。

② 喷嘴温度 喷嘴温度通常略低于料筒最高温度,这是为了阻止熔料使用直通式喷嘴可能发生的"流涎现象"。喷嘴低温的影响可从物料注射时所生的摩擦热得到一定的补偿。当然,喷嘴温度也不能过低,否则将造成熔料的早凝将喷嘴堵死,或由于早凝料注入模腔影响制品的性能。

料筒温度和喷嘴温度的选择不是孤立的,与其他工艺条件间有一定关系。例如选用较低的注射压力时,为保证塑料的流动,应适当提高料筒温度。反之,料筒温度偏低就需要较高的注射压力。由于影响因素很多,一般都在成型前通过"对空注射法"或"制品的直观分析法"来进行调整,以便从中确定最佳的料筒和喷嘴温度。

③ 模具温度 模具温度不但影响塑料充模时的流动行为,而且影响制品的内在性能和表观质量。模具温度的高低决定于塑料的结晶性、制口的尺寸与结构、性能要求,以及其他工艺条件(熔料温度、注射速度及注射压力、模塑周期等)。通常模温增高,使制品的定向程度降低(相应的顺着流线方向的冲击强度降低,垂直方向则相反)、结晶度升高、有利于提高制品的表面光洁程度;但料流方向及其垂直方向的收缩率均有上升,所需保压时间延长。模具温度对注射成型性能和制品性能的影响见图4-80。

模具温度通常是凭通入定温的冷却介质来控制的,也有靠熔料注入模具自然升温和自然散热达到平衡而保持一定模温的。在特殊情况下,也有用电加热使模具保持定温的。不管采用什么方法使模具保持定温,对热塑性塑料熔体来说都是冷却,因为保持的定温都低于塑料的玻璃化温度或工业上常用的热变形温度,这样才能使塑料成型和脱模。

结晶型塑料注入模腔后,当温度降低到熔点以下时即开始结晶。结晶速率受冷却速率的控制,而冷却速率是由模具温度控制的,因此模具温度直接影响制品的结晶度和结晶构型。冷却速率的大小取决于塑料的玻璃化转变温度(T_g)与模具温度(T_c)的差值,当$T_c<T_g$为骤冷,$T_c \approx T_g$为中速冷,$T_c>T_g$为缓冷。缓冷时模具温度高,结晶速率可能大,因为一般塑料最大结晶速率都在熔点以下的高温一边;其次,模具温度高时还有利于分子的松弛过程,分子取向效应小。这种条件仅适于结晶速率很小的塑料,如聚对苯二甲酸乙二酯等,实际注塑中很少采用,因为升高模温亦会延长成型周期和使制品发脆。骤冷时模具温度低,冷却速率大,熔体的流动与结晶同时进行,但熔体在结晶温度区间停留的时间缩短,不利于晶体或球晶的生长,使制品中分子结晶程度较低;如果所用塑

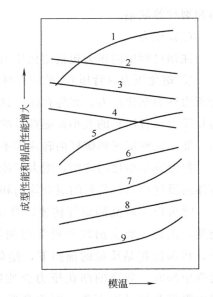

图4-80 模温对塑料制品某些成型性能和制品性能的影响

1—塑料流动性;2—充模压力;3—注射机生产率;4—制品内应力;5—制品光洁度;6—制品冷却时间;7—制品密度或结晶度;8—模塑收缩率;9—制品挠曲度

料的玻璃化温度又低，如聚烯烃等，就会出现后期结晶过程，引起制品的后收缩和性能变化。模具温度中等时，冷却速率适宜，塑料分子的结晶和定向也适中，这是用得最多的条件。不过所谓模具温度中等，事实上不是一点而是一个区域，具体的温度仍然须由实验决定。此外，模具的结构和注塑条件也会影响冷却速率，例如提高料筒温度和增加制品厚度都会使冷却速率发生变化。由于冷却速率不同引起结晶程度的变化，对低密度聚乙烯可达2%～3%，高密度聚乙烯可达10%，聚酰胺可达40%；即使是同一制件，其中各部分的密度也可能是不相同的，这说明各部分的结晶度不一样。造成这种现象的原因很多，但是主要是熔料各部分在模内的冷却速率不同所致。实际生产中用何种冷却速度，还应按具体的塑料性质和制品的使用性能要求来决定。

无定型塑料熔体注入模腔后，随着温度不断降低而固化，并不发生相的转变。模温主要影响熔料的黏度，也就是充模速率。如果充模顺利，采用低模温是可取的，因为可以缩短冷却时间，提高生产效率。所以，对于熔融黏度较低或中等的无定型塑料（如聚苯乙烯、醋酸纤维素等），模具的温度常偏低，反之，对于熔融黏度高的（如聚碳酸酯、聚苯醚、聚砜等），则必须采取较高的模温（聚碳酸酯 90～120℃，聚苯醚 110～30℃，聚砜 130～150℃）。应该说明，将模温提高还有另一种用意，由于这些塑料的软化点都较高，提高模温可以调整制品的冷却速率使之均匀一致，以防制品因温差过大而产生凹痕、内应力和裂纹等缺陷。

（2）压力

注塑过程中的压力包括塑化压力和注射压力，并直接影响塑料的塑化和制品质量。

① 塑化压力（背压）　采用螺杆式注射机时，螺杆顶部熔料在螺杆转动后退时所受到的压力称为塑化压力，亦称背压，这种压力的大小可以通过液压系统中的溢流阀来调整。塑化压力（背压）的大小是随螺杆的设计、制品质量的要求以及塑料的种类等的不同而异的。如果这些情况和螺杆的转速都不变，则增加塑化压力将加强剪切作用使熔体的温度升高，但会减小塑化的速率，增大逆流和漏流和增加驱动功率。此外，增加塑化压力常能使熔体的温度均匀、色料的混合均匀和排出熔体中的气体。

除可以用较高的螺杆转速以补偿所减小的塑化速率外，增加塑化压力就会延长模塑周期，因此也就会出现塑料降解的可能，尤其是所用的螺杆属于浅槽型的。所以操作中，在保证制品质量的前提下，塑化压力应越低越好，通常很少超过 2.0MPa。例如注射聚甲醛时，较高的塑化压力会使制品的表面质量提高，但有可能使制品变色、塑化速率降低和流动性下降；对聚酰胺来说，塑化压力必须较低，否则塑化速率将很快降低，这是因为螺杆中逆流和漏流增加的缘故；而对聚乙烯塑料，因热稳定性高，提高塑化压力不会有降解危险，这在混料和混色时尤为有利，不过塑化速率仍然是要下降的。

② 注射压力　注射压力是指柱塞或螺杆顶部对塑料所施加的压力，由油路压力换算而来。注射压力的作用是克服塑料从料筒流向型腔的流动阻力、给予熔料充模的速率以及对熔料进行压实。注射压力的大小与制品的质量紧密联系，受塑料品种、注射机类型、制件和模具结构以及注射工艺条件等很多因素的影响，十分复杂，至今还未找到相互间的定

量关系。从克服塑料流动阻力来说，流道结构的几何因素是首要的。应该引起注意的是，在其他条件相同的情况下，柱塞式注射机所用的注射压力应比螺杆式的大。其原因是塑料在柱塞式注射机料筒内的压力损耗比螺杆式的多。

塑料流动阻力另一决定因素是塑料的摩擦系数和熔融黏度，两者越大时，所要求的注射压力应越高。而同一种塑料的摩擦系数和熔融黏度是随料筒温度和模具温度而变动的，所以在注射过程中注射压力与塑料的温度实际上是相互制约的。料温高时注射压力减小，反之，所需注射压力加大。以料温和注射压力为坐标，绘制的成型面积图能正确反映注射成型的适宜条件（见图4-81），压力和温度的组合处在成型区域中都能获得满意的结果，否则会给成型过程带来困难或给制品造成各种缺陷。

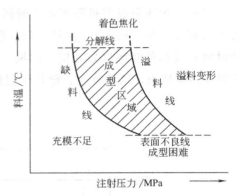

图4-81 注射成型面积图

模具型腔充满后，注射压力的作用全在于对模内熔料的压实。压实时的压力在生产中有等于注射压力的，也有适当降低的。注射和压实的压力相等，往往可使制品的收缩率减少，并使批量制品间的尺寸波动较小，缺点是可能造成脱模时的残余压力较大和成型周期较长。但对结晶性塑料来说，成型周期也不一定增长，因为压实压力大可以提高塑料的熔点（例如聚甲醛，如果压力加大50MPa，其熔点可提高9℃），脱模就可以提前。

(3) 注射速率

为了保证制品质量，对注射速率常有一定的要求，而对注射速率最为直接的影响因素是注射压力。注射速率一般以单位时间内柱塞或螺杆移动的距离（cm/s）或单位时间内注射塑料的体积或质量（cm^3/s或g/s）来表示。注射速度影响熔体在模腔内的流动行为，也影响模腔内的压力、温度以及制品的性能。注射速度大，熔体通过模具浇注系统及在模腔中的流速也大，使物料受到强烈的剪切作用，摩擦生热就大，温度上升，黏度下降，料流流程延长，模腔压力也提高，制品的熔接痕强度将会提高；但注射速率过大，物料的湍流行为常使得制品的性能下降。当模具结构一定时，每一种制品都有自己的最佳注射速率范围。这个注射速率范围与很多因素有关，常由实验确定，一般先低压慢速注射，然后则根据制品的成型情况来调整注射速度。通常对玻璃化温度高、黏度大的塑料，形状复杂，模具结构上浇口尺寸小，流道长；薄壁的制品宜选用高速高压注射，厚壁的制件需要用低的注射速率。

一般说来，随注射压力的提高，制品的定向程度、质量、熔接缝强度、料流速度等均增加，料流方向的收缩率和热变形温度则有所下降，制品的大多数物理力学性能均随注射压力增大而有所提高，所以生产工艺中为了缩短生产周期，提高生产率和制品性能。在避免出现严重湍流的情况下，较多采用中等或较高的注射速度和压力。但是制品中内应力随注射压力的增加而加大，所以采用较高压力注射的制品进行退火处理尤为重要。单就制品的力学强度和收缩率来说，每一种制品都有自己的最佳注射速率范围。这个注射速率范围与很多因素有关，常由实验确定，影响因素中最为主要的是制品壁厚。仅从定性的角度来说，厚壁的制件需要用低的注射速率，反之则反是。一般说来，随注射压力的提高，制品的定向程度、重量、熔接缝强度、料流长度、冷却时间等均有增加，而料流方向的收缩率和热变形温度则有下降。

（4）时间（成型周期）

完成一次注射成型过程所需的时间称为注射成型周期，也称模塑周期。它包括注射时间（充模、保压时间）、冷却时间（包括柱塞后撤或螺杆转动后退进行加料、预塑化的时间）及其他时间（如开模、脱模、涂拭脱模剂、安放嵌件和闭模等时间）。在一个注射成型周期内，锁模装置、螺杆注射座及物料等各种动作程序间的相互关系如图4-82所示。

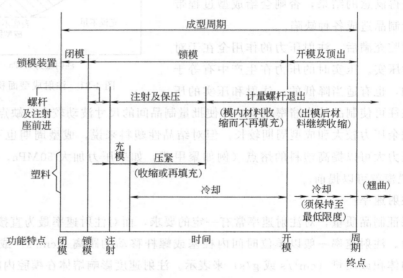

图4-82 注射成型周期图

注射成型周期直接影响劳动生产率和设备利用率，因此，生产中应在保证质量的前提下，尽量缩短成型周期中各个有关时间。注射成型各阶段的时间与塑料品种、制品性能要求及工艺条件有关，整个成型周期中，以注射和冷却时间最重要，对制品质量有决定性的影响。

注射时间中的充模时间直接反比于充模速率，已在前面讨论过。生产中，充模时间一般约3~5s，大型和厚壁制品充模时间可达10s以上。注射时间中的保压时间就是对型腔内塑料压实，使熔料不会从模腔中倒流所需的时间，在整个注射时间内所占的比例较大，一般约20~120s（特厚制件可达5~10min）。保压时间依赖于料温、模温以及主流道和浇口的大小，而保压时间对制品尺寸的准确性有较大影响。在浇口处熔料冻结之前，保压时间不足，熔料会从模腔中倒流，使模内压力下降，以致制品出现凹陷、缩孔等。冷却时间主要取决于制品的厚度、塑料的热性能和结晶性能，以及模具温度等。冷却时间以保证制品脱模时不变形翘曲，而时间又较短为原则，一般为30~120s，大型和厚制品可适当延长；冷却时间过长也没有必要，不仅降低生产效率，对复杂制作还将造成脱模困难，强行脱模时甚至会产生脱模应力。成型周期中的其他时间则与生产过程是否连续化和自动化等有关，应尽可能缩短其他时间，以提高生产效率。

4.2.4 热塑性和热固性塑料注射成型技术特点

4.2.4.1 热塑性塑料注射成型技术特点

不同品种的热塑性塑料，注射成型工艺有其各自的特点，这主要是它们在性能上的差异引起的。由于塑料的品种不同，塑料的结晶度、热稳定性的好坏、流变性及吸湿性也会有所不同，因此要求有相应的注塑机、模具及成型条件，以得到质量高、成本低的产品。下面介绍一些常用热塑性塑料的注射成型特点。

(1) 聚丙烯

聚丙烯为非极性的结晶性高聚物，吸水率很低，约为0.03%~0.04%。注射时一般不需干燥，必要时可在80~100℃下干燥3~4h。

聚丙烯的熔点为160~170℃，分解温度为350℃，成型温度范围较宽，约为205~315℃，其最大结晶速度的温度为120~130℃。注塑用的聚丙烯的熔融指数为2~9g/10min，熔体流动性较好；在柱塞式或螺杆式注射机中都能顺利成型。一般料筒温度控制在200~280℃，喷嘴温度可比料筒温度低10~30℃，生产薄壁制品时，料筒温度可提高到280~300℃；生产厚壁制件时，为防止熔料在料筒内停留时间过长而分解，料筒温度应适当降低至200~230℃，料筒温度过低，大分子定向程度增加，制品容易产生翘曲变形。

聚丙烯熔体的流变特性是黏度对剪切速率的依赖性比温度的依赖性大。因此在注射充模时，通过提高注射压力或注射速度来增大熔体的流动性比通过提高温度更有利。一般注射压力控制在70~120MPa（柱塞式的注射压力偏高，螺杆式的注射压力偏低）。

聚丙烯的结晶能力较强，提高模具温度有助于制品结晶度的增加，甚至能够提前脱模。基于同一理由，制品性能与模具温度有密切关系。生产上常采用的模温约为70~90℃，这不仅有利于结晶，又有利于大分子的松弛，减少分子的定向作用，并可降低内应力。如模温过低，冷却速率太快，浇口过早冷凝，不仅结晶度低、密度小，而且制品内应力较大，甚至引起充模不满和制品缺料。冷却速率不仅影响聚丙烯的结晶度，还影响其晶体结构，使制品的物理力学性能有所不同。急冷时聚丙烯呈碟状结晶结构，缓冷时呈球晶结构。

由于聚丙烯的玻璃化温度低于室温，当制品在室温下存放时常发生后收缩（制品脱模后所发生的收缩）现象，原因是聚丙烯在这段时间内仍在结晶。后收缩量随制品厚度而定，愈厚后收缩愈大。成型时，缩短注射和保压时间，提高注射和模具温度都可减小后收缩。后收缩总量的90%约在制品脱模后6h内完成，剩余10%约发生在随后的十天内，所以，制品在脱模24h后基本可以定型。对尺寸稳定性要求较高的制品，应进行热处理。

(2) 聚酰胺

聚酰胺品种较多。其中尼龙6、尼龙66、尼龙610、尼龙612、尼龙11、尼龙12及我国独创品种尼龙1010等均已在工业上广泛使用。尽管它们化学结构略有差异，性能不尽相同，但是其成型特点则是共同的。

聚酰胺类塑料因在分子结构中含有亲水的酰胺基，容易吸湿，其中尼龙6吸水性最大；尼龙66次之；尼龙610的吸水性为尼龙66的一半；尼龙612的吸水性较尼龙610低8%；尼龙1010的吸水性较小，平衡吸水率为0.8%～1.0%。水分对这些塑料的加工和物理性能常有显著的影响，水分大时，成型中会引起熔体黏度下降，使制品表面出现气泡、银丝和斑纹等缺陷，以致制品的力学强度下降。所以为顺利成型，对聚酰胺类塑料须先进行干燥，使水分降至0.3%以下。干燥时应防止氧化变色，因为酰胺基对氧敏感，易氧化降解。所以干燥时，最好用真空干燥，因为脱水率高，干燥时间短，干燥后的粒料质量好。干燥条件一般为：真空度95kPa以上；烘箱温度90～110℃；料层厚度25mm以下，干燥8～12h后，水分含量可达0.1%～0.3%。如果采用普通烘箱干燥，应将干燥温度降至30～90℃，并延长干燥时间。干燥合格的料应注意保存，以免再吸湿。

聚酰胺为结晶性塑料，有明显的熔点，而且熔点较高（200～290℃，视品种不同而异），熔融温度范围较窄（约10℃左右），熔体的流动性大，熔体的热稳定性差而且容易降解，成型收缩率较大，因此聚酰胺塑料注射成型时对设备及成型工艺条件的选择都应重视以上特点。

对聚酰胺塑料可采用柱塞式或螺杆式注射机成型。由于聚酰胺塑料熔化温度范围较窄，熔化前后体积变化较大，选用螺杆式注射机时，应采用高压缩比螺杆，螺杆头应装上良好的止逆环，以免低黏度的熔体发生过多的漏流。为防止喷嘴处熔体的流涎浪费原料，都应采用自锁喷嘴，一般以外弹簧针阀式喷嘴较好。

料筒温度主要应根据各种尼龙的熔点来确定。螺杆式注射机料筒温度可比塑料熔点高10～30℃，而柱塞式注射机的料筒温度应比塑料熔点高30～50℃。

几种常用尼龙的注塑成型工艺参数见表4-9。

表4-9 几种常用尼龙的注塑成型工艺参数

参数	尼龙6	尼龙66	尼龙610	尼龙1010
熔点/℃	210～215	250～260	215～225	205
真空度/MPa	0.1	0.1	0.1	0.1
干燥条件				
干燥温度/℃	100±5	100±5	90～100	100±5
干燥时间/h	15～25	16～24	14～16	8～12
含水量指标/%	<0.1	<0.1	<0.1	<0.1
注射料筒温度/℃	210～260	260～315	225～285	245～275
喷嘴温度/℃	210～260	260～300	220～260	240～260
模具温度/℃	60～80	40～100	40～100	40～100
注射压力/MPa	50～210	50～210	80～210	80～130
成型周期/s	60～150	60～150	50～200	—

注：本表系在柱塞式注射机内进行。

模具温度对聚酰胺塑料制品性能影响较大，一般控制在40～100℃。模温高时，制品结晶度高，硬度大，耐磨性好；模温低时，结晶度低，伸长率大，透明性和韧性好。模温过低，厚壁制件各部分的冷却速率可能不均匀，以致制品出现空隙等弊病。

尼龙制品脱模后常会同时发生两种不同的变化，搁置或退火处理能使它发生收缩，而吸湿则会引起膨胀，二者相互作用之后才能决定制品的最后尺寸。作为工程零件，要求制品具有一定的尺寸稳定性，因此为了加速脱模后的收缩，最好对制品进行热处理，即将制品放进热油、液体石蜡或充氮炉中，在100~120℃下处理一定时间，然后缓慢冷至室温。热处理还可以起到消除内应力的效果。为发挥尼龙塑料的坚韧性、冲击强度和拉伸强度，有时还需要进行调湿处理，即将制品放置在相对湿度为65%的大气中一段时间，以使其达到4%的吸湿量。由于这一个过程进行缓慢，厚制品往往需要较长时间。为了加速吸湿，可将产品放进水或醋酸钾溶液中控制温度为80~100℃，并按制品厚度决定处理时间，如此，在数小时后即可达吸湿平衡。

(3) 聚苯乙烯

聚苯乙烯塑料本身吸水率很小，成型前一般不需干燥。如有需要，可在70~80℃下干燥2~4h。

聚苯乙烯为无定型塑料，黏度适宜，流动性、热稳定性均较好，注塑比较容易。用于注塑的聚苯乙烯相对分子质量约为7万~20万，成型温度范围较宽，在黏流态下温度的少许波动不会影响注塑过程。

处于黏流态的聚苯乙烯，其黏度对剪切速率和温度都比较敏感，在注射成型中无论是增大注射压力或升高料筒温度都会使熔融黏度显著下降。因此，聚苯乙烯既可用螺杆式也可用柱塞式注射机成型。料筒温度可控制在140~260℃之间，喷嘴温度为170~190℃，注射压力为60~150MPa。为提高生产效率，也可用提高料筒温度来缩短成型周期。工艺条件应根据制件的特点、原料及设备条件等而定。

注射成型聚苯乙烯时模具常用水冷却。由于聚苯乙烯分子链刚硬，成型中容易产生分子定向和内应力。为了减少这些症状，除调整工艺参数和改进模具结构外，应对制品进行热处理，即将制品放入65~89℃的热水中处理1~3h，然后缓慢冷却至室温。生产厚壁制件时常因模具冷却不均匀而产生内应力，甚至发生开裂。故模具温度应尽量保持均匀，温差应低于3~6℃。

聚苯乙烯因性脆，机械强度差，热膨胀系数大，制件不宜带有金属嵌件，否则容易产生应力开裂。其成型收缩率为0.3%~0.7%，为了使制件顺利脱模，模壁斜度应增大至1°~2°。

(4) 聚碳酸酯

聚碳酸酯塑料的结晶倾向较小，无准确熔点，一般被认为是非结晶型塑料。其玻璃化温度较高，为149~150℃，熔融温度为215~225℃，成型温度可控制在250~310℃。

聚碳酸酯的热稳定性和力学强度随相对分子质量的增加而提高，熔融黏度也随相对分子质量的增加而明显加大。用于注射成型的聚碳酸酯相对分子质量一般为2万~4万。聚碳酸酯的熔融黏度较尼龙、聚苯乙烯、聚乙烯大得多，这对注射充模影响较大，因为流动长度随黏度增大而缩短。其流动特性接近于牛顿型流体，熔融黏度受剪切速率的影响较小，对温度变化则十分敏感，如图4-83和图4-84所示。因此在注塑过程中，通过提高温度来降低黏度比增大压力更有效。

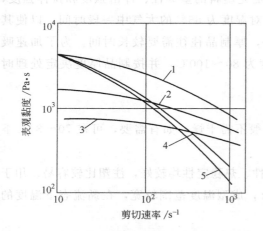
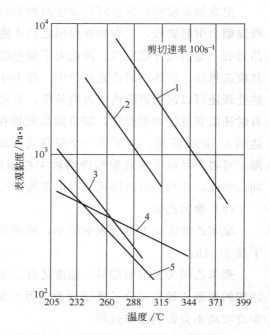

图 4-83　剪切速率与表观黏度的关系
1—聚砜（挤出用）350℃；2—聚砜（注射用）350℃；
3—聚碳酸酯 315℃；4—低密度聚乙烯 210℃；
5—聚苯乙烯聚砜（挤出用）200℃

图 4-84　不同聚合物黏度和温度的关系
1—聚砜（P1700）；2—聚碳酸酯；3—聚环
氧树脂；4—高密度聚乙烯；5—聚苯乙烯

① 原料的干燥　聚碳酸酯主链上有酯基存在，容易吸水分解，高温下对微量水分也很敏感，常会造成降解而放出二氧化碳等气体，使树脂变色，相对分子质量急剧下降，制品性能变劣。所以在成型前必须严格进行干燥。干燥后水分应小于 0.03%。干燥时间过长，树脂颜色变深，造成性能下降。注射时，料斗应是封闭的，料斗的加料不超过 0.5～1h 的用量，其中可设加热装置（红外线灯或电加热），料温允许达到 120℃，防止干燥后的树脂再吸湿。已干燥好的树脂如不立即使用，应在密闭容器内保存，使用时，应在 120℃下再干燥 4h 以上。湿含量是否合格，快速的检验方法可在注射机上采用"对空注射"法，如果从喷嘴缓慢流出的物料是均匀无色、光亮无银丝和气泡的细条，即为合格。

② 成型温度　注射成型宜选用相对分子质量稍低的树脂，但韧性有所降低。树脂的 K 值在 52～54 较适宜。注射成型温度的选择与树脂相对分子质量及其分布、制品形状及壁厚、注射机的类型等有关，一般控制在 250～310℃ 内。对薄壁制件，成型温度应偏高，以 285～305℃ 为好；厚壁（大于 10mm）制件的成型温度可略低，以 250～280℃ 为宜。由于厚壁制件成型周期长，塑料在料筒内塑化较好；再者，厚壁制件所用浇口及型腔尺寸较大，所以塑料熔体流动阻力小，在稍低温度下亦能成型。不同类型的注射机，成型温度也不一样，螺杆式为 260～285℃，柱塞式则为 270～310℃。两类注射机的喷嘴均应加热，温度为 260～310℃。加料口一端的料筒温度应在聚碳酸酯的软化温度以上，一般要求大于 230℃，以减少料塞的阻力和注射压力损失。如注射温度偏高，注射周期加长，塑料热

降解倾向增大,对制件的综合性能不利。

③ 注射压力　聚碳酸酯的熔融黏度较高,成型薄壁或形状复杂的制品需要较大的注射压力。使用柱塞式注射机,一般注射压力为100～160MPa,而螺杆式注射机为80～130MPa。为获得各项性能良好的制件,选用高料温和低压力以减少制品的残余压力。注射速度约在8～10m/s。保压时间对制品内应力影响较大,保压时间过长,不仅内应力大,制品易开裂使强度降低,同时会延长成型周期。

④ 模具温度　制件的内应力,常与冷却时的料温和模温间的差值大致成正比关系。因此,模温应尽量高一些。聚碳酸酯制品能在140℃模温下顺利脱模,所以模温一般可保持85～140℃。模温过高时,制件冷却慢,成型周期延长,易发生粘模,使制件在脱模过程中产生变形。

⑤ 制件的热处理　由于聚碳酸酯主链上有许多苯环,使之具有刚性,尺寸稳定性好,冷流动性较小(抗蠕变性能好),但在成型中产生的内应力不易自行消失,脱模后的制品最好通过热处理。热处理温度应选择在玻璃化温度以下16～20℃,一般控制为125～135℃。处理时间视制件厚度和形状而定,制件愈厚,时间愈长。制件中的内应力随热处理温度和时间的变化如图4-85所示。

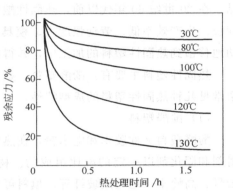

图4-85　热处理时间对聚碳酸酯内应力降低值的影响

热处理对制件性能影响较大,如图4-86所示。制件通过热处理后,内应力基本消除,随热处理时间延长,其拉伸、弯曲强度、洛氏硬度、热变形温度都有提高(以处理2h左右的提高较大),但伸长率和冲击强度却有下降,不过这种下降在处理2h时还不明显,直待20h后方较显著。提高热处理温度与延长热处理时间有相似的影响,如表4-10所示。

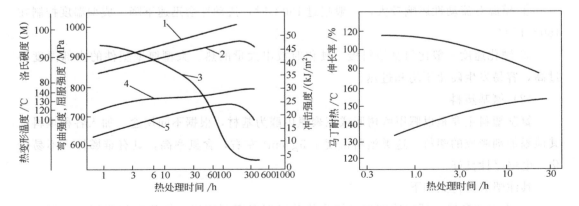

图4-86　热处理时间对聚碳酸酯制件性能的影响

1—洛氏硬度(120℃);2—弯曲强度(130℃);3—冲击强度(130℃);
4—热变形温度(130℃);5—拉伸屈服强度(130℃)

表 4-10 热处理温度对聚碳酸酯性能的影响

热处理温度/℃	拉伸强度/MPa	伸长率/%	冲击强度/(kJ/m²)	浸入四氯化碳溶液中出现开裂情况
不处理	67.7	133	22.6	破裂
100	66.0	103	19.0	大部分开裂
110	70.2	117	17.1	不开裂
120	69.0	106	10.7	不开裂
130	70.0	106	12.2	不开裂

聚碳酸酯虽有很好的韧性和机械性能，但耐环境应力开裂性差，缺口敏感性高，因而成型带金属嵌件的制品比较困难。

4.2.4.2 热固性塑料注射成型技术特点

热固性塑料注射成型是对原来压制成型的方法一次很大的变革，热塑性塑料制品在耐热性、耐燃性、耐腐蚀性、电气绝缘性、抗变形的高机械强度等方面远不及热固性塑料制品。在 20 世纪 60 年代以前，热固性塑料制品一直是用压缩和压注方法成型，它的工艺周期长、生产效率低、劳动强度大、模具易损坏。60 年代后，热塑性塑料注射成型技术成功地移植到热固性塑料的加工中，并得到了迅速发展。

热固性塑料主要有：酚醛塑料、氨基塑料、环氧塑料以及不饱和聚酯塑料等。下面介绍常见几种热固性塑料的成型特性。

(1) 酚醛塑料

酚醛塑料又称胶木和电木粉，在热固性塑料中用量很大，是树脂、填料、增塑剂、润滑剂和固化剂以一定的配比组成的。树脂含量一般为 40%～65%，填料为木粉、石棉、云母、高岭土、尼龙或玻纤等，填料可调节材料的黏度。增塑剂是调节材料的流动性和刚性。润滑剂主要是改进脱模性并可减少熔料流动的摩擦热。

酚醛树脂是一种硬而脆的热固性塑料，密度 $1.5\sim 2.0 \text{g/cm}^3$。机械强度高，坚韧耐磨，尺寸稳定，电绝缘性能优异。它的注塑成型特点如下：

① 成型性好，但收缩及方向性一般比氨基塑料大，成型收缩率为 0.5%～1.0%，并含有水分挥发物。成型前应预热，成型过程中应排气，不预热则应提高模温和成型压力。

② 模温对流动性影响较大，一般超过 160℃时，流动性会迅速下降。成型温度控制在 150～170℃。

③ 硬化速度一般比氨基塑料慢，硬化时放出大量的热。大型厚壁塑件的内部温度易过高，容易发生硬化不均和过热。

(2) 氨基塑料

氨基塑料主要是以脲甲醛树脂或三聚氰甲醛为基材，根据不同用途，加入各种填料及其他添加剂制成的塑料。这类塑料密度 1.5g/cm^3 左右，含氮率高，具有难燃性，不易碳化，电绝缘性良好。

其注塑成型特点如下：

① 流动性良好，硬化速度快，故预热及成型温度要适当，加热时间要短。添料、合模及加压速度要快。但注塑速度过高会在制品中残留内应力，引起龟裂。

② 成型收缩率大，成型收缩率 0.6%～1.0%。

③ 含水分挥发物多，易吸湿、结块，成型时应预热干燥，并防止再吸湿，但过于干燥则流动性下降。成型时有水分及分解物，有酸性，模具应镀铬，以防腐蚀。料细、比容大、料中充气多，成型时应排气。

④ 成型温度对塑件质量影响大，温度过高易发生分解、变色、气泡色泽不均；温度过低时流动性差，不光泽。成型温度一般控制在160～180℃。

⑤ 熔融料受热温度要分布均匀，以免局部固化或固化不足。

(3) 环氧塑料

环氧树脂是一类分子结构中含有反应性环氧基的聚合物。这种聚合物是线型大分子，呈热塑性，但在分子链中有很多活性基团，在各种固化剂的作用下能交联而变为体型结构，受热后即成热固性。以环氧树脂为基材，添加固化剂、稀释剂、增韧剂、填充剂等所制得的塑料为环氧塑料。

环氧塑料的密度为 $1.9g/cm^3$，力学性能、电绝缘性、化学稳定性好，对许多材料的黏结力强，但性能受填料品种和含量的影响。脂环族环氧塑料的耐热性较高，适于浇注成型和低压挤塑成型。适于制作电工、电子元件及线圈的灌封与固定，还可用于修复。

环氧塑料成型特性如下：

① 流动性，硬化收缩小，成型收缩率为0.5%，但热刚性差，不易脱模。

② 成型温度一般控制在140～170℃。硬化速度快，硬化时一般不需排气，装料后应立即加压。

③ 固化反应对温度很敏感，注射成型时技术难度较大。

4.2.4.3 对热固性塑料成型的要求

根据热固性塑料的特点，为使生产顺利进行，成型时应满足以下几点：

① 成型温度必须严格控制　热固性塑料成型温度范围窄，对塑料的融化及固化速率有很大影响。在低温往往流动性很差，但温度稍高又会使流动性迅速变小甚至固化，所以料筒和喷嘴温度的控制精度要求很高，料筒加热多采用恒温控制的水加热循环系统，控温精度为±1℃。因模具温度较高，模具加热多采用恒温控制的油加热循环系统，控温精度为±2℃。

② 原料的成型性要好　用于注射成型的热固性塑料应有较高的流动性和较宽的塑化温度范围，在料筒内的热稳定性好，在料筒温度加热下或停留时间长不会过早固化，在料筒内保持流动状态的时间应在10min以上。在模具内固化速度快。

③ 注塑机的锁模装置应能满足排气操作的要求　热固性塑料在模内受热发生聚合、交联反应时会产生小分子气体，这些气体若不及时排出去，将在制品表面留下气泡和流痕，严重影响产品质量。所以在模具上要开设专门的排气槽，锁模装置应能满足排气要求。

④ 注塑机的注射压力和锁模力要高　热固性塑料的流动性比热塑性塑料低，成型时需要较高的注射压力，与此相应，锁模力也要高，以免模具开缝，产生溢料。

热固性塑料注塑成型与热塑性塑料注塑成型相比有如下特点：

① 塑化温度低　热固性塑料在塑化过程中随料温的升高，或多或少都有交联反应进

行。为防止物料在料筒中过早固化，物料的塑化温度不能太高，一般控制在转变成黏流态的起始温度。

② 物料停留时间短　已塑化好的物料在料筒中停留时间不能太长，否则会使物料过早固化。

③ 注射压力高　热固性塑料塑化温度低，熔体黏度大，要求有较高的注射压力，以免出现充不满现象。

④ 用加热模具实现固化成型。

4.2.4.4　热固性塑料注射成型与热塑性塑料注射成型的不同之处

(1) 热固性塑料在料筒内的塑化

料筒的温度必须严格控制，温度低时物料的流动性差，但温度稍高又会使物料发生硬化，流动性变小，因此要求温度的均一性尽可能高，所含的固化产物应尽可能少，流动性应满足从料筒中能顺利注出。例如，酚醛树脂一般在90℃左右熔融，超过100℃已能观察到交联反应产生的放热，因此料筒高温加热段的温度取85～95℃为宜。预塑热固性塑料时的螺杆转速和背压也不宜过高，以免因强烈的剪切所引起的温升使物料受热不均和部分物料早期固化。尽量减少熔体在料筒内的停留时间，也是保证塑化后熔体质量的重要措施。

(2) 热固性塑料熔体在充模过程中的流动

充模的流动过程也是熔体进一步塑化的过程。热固性塑料在充模过程中，由于喷嘴和模具均处在加热的高温状态，熔体流过喷嘴和浇道时不会像热塑性塑料在通道的壁面上形成不动的固体塑料隔热层，而且由于壁面附近有很大的速度梯度，使靠近壁面的熔体以湍流形式流动，从而提高了热壁面向熔体的传热效果。另外充模时的流速很高，使熔体在通过喷嘴和浇道时产生大量的剪切摩擦热而温度迅速升高，因此熔体在喷孔和浇道内流动时因受热而进一步塑化，其黏度显著降低，故进入模腔后有良好的充模能力。

对非牛顿型假塑性流体而言，提高剪切应力可使其黏度降低，但对热固性塑料而言由于剪切应力对交联反应有活化作用，反而会因反应加速使黏度升高。所以应对充模流动阶段进行准确的工艺控制，关键是如何在交联反应显著进行之前将熔体注满模腔。采用高压高速和尽量缩短浇道系统长度等都有利于在最短的时间内完成充模过程。

(3) 热固性塑料在模腔内的固化

熔体取得模腔型样后的定型是依靠高温下的固化反应完成的。树脂的交联反应速率随温度的升高而加大，所以只有将模具的温度控制得较高，才能使塑料在较短的时间内充分固化成型。固化定型时间除了主要由模具温度的高低决定外，还与制品的厚度及形状复杂程度有关。

热固性树脂在交联反应中常伴随较多的热量产生，这部分热量可使模腔内的物料升温膨胀，对由交联反应而引起的体积收缩有补偿作用，因此在充模结束后不必保压补料。而且通常浇口内的物料比模腔内的物料更早固化，因而热固性塑料充模后也无法往模内补料，也不会出现倒流。

热固性塑料在模具内的交联固化反应实质上是缩聚反应，在固化过程中有低分子物析出，故注射机的合模部分应满足能将这些反应副产物及时排出模腔的要求，以保证制品的质量。

4.2.5 典型制品的注射成型

4.2.5.1 ABS注射成型

(1) 成型前的准备

ABS属于无定型塑料，由于分子结构中存在极性基团，所以易吸湿，加工前其粒料通常要进行干燥，以避免制品因水分而产生银纹、气泡等缺陷。干燥条件一般为在80～90℃的热风干燥器中干燥2～4h。ABS熔体的黏度适中，熔体黏度对成型温度和注射压力都比较敏感，提高料筒温度和注射压力都使熔体黏度下降，流动性增加，有利于充模。

(2) 注射过程

① 温度　尽管ABS的分解温度在270℃以上，但由于受加热时间及其他工艺条件的影响，树脂一般会在250℃左右就开始变色，因此，加工温度不能超过250℃。一般注塞式注射剂的料筒温度为180～230℃，螺杆式注射剂的料筒温度为160～220℃，喷嘴温度为200℃左右。其中，耐热级、电镀级品级的树脂加工温度可稍高，而阻燃级、通用级及抗冲级的加工温度应更低一些。对表面质量和性能要求比较高的以及形状复杂的制品，可采用加热模具的方法，使模具温度控制在60～70℃，而一般的制品模具温度可低一些。模具可用冷却水冷却。

② 压力　注塑压力的选取与制品壁厚、设备类型及树脂品级等有关。薄壁长流程、小浇口的制品或耐热级、阻燃级树脂，要选取较高的注射压力，一般为100～140MPa；对厚壁、大浇口的制品，则可选取较低的注射压力，一般为70～100MPa。提高注塑压力虽有利于冲模，但会使制品的内应力增加，并易造成制品脱模困难或发生脱模损伤，因此，注射压力不能太高。同样，为减小内应力，保压压力也不能太高，一般控制在60～70MPa。

③ 注射速度　注射速度对ABS熔体的流动性有一定影响，注射速度慢，制品表面容易出现波纹、熔接不良等缺陷；注射速度快，充模迅速，但易出现排气不良，制品表面光洁度差，并易使ABS塑料因摩擦热太大而分解，力学性能下降，因此，在生产中，除充模有困难时采用较高的注射速度外，一般情况下宜采用中、低速度注射。

(3) 制件的后处理

与其他塑料一样，ABS注射制品中也存在内应力，只是在一般情况下很少发生应力开裂，因此，当对制品使用性能要求不高时，可不必进行热处理；如果对制品使用性能要求较高，则需将制品放入到70～80℃的热空气中处理2～4h，然后缓慢冷却至室温。

ABS制品内应力大小的检验方法：将制品浸入冰醋酸中，如果5～15s内出现裂纹，则说明制品内应力大；若2min后无裂纹出现，则表明制品的内应力小。

4.2.5.2 MBS制品注射成型

（甲基丙烯酸甲酯/丁二烯/苯乙烯）共聚物（MBS）的力学性能优良，透明度高，且具有良好的刚性、成型加工性和较高的尺寸稳定性等优点，在制笔、玩具等领域得到了广泛的应用。下面以生产碱性镉镍袋式蓄电池壳为例，对 MBS 的注塑成型工艺进行说明。

(1) MBS 的成型特性分析

工艺特性：MBS 属于无定形聚合物，无明显熔点。在成型过程中，MBS 的热稳定性较好，不易出现降解或分解。但其流动性比 ABS 差，若对原料烘干时间过长或成型温度过高，制品易发黄变色。

原料准备：注塑用的 MBS 树脂除特殊品级外，大多为浅黄色透明的颗粒。MBS 树脂易吸湿，在成型加工前必须充分干燥。烘干方法有热风循环干燥、真空负压干燥等方法。选用热风循环料斗烘干机作烘料设备时，烘干温度为 80～85℃，烘干时间为 6～8h。

注塑设备：采取螺杆式注塑机，渐变或组合螺杆。喷嘴可选用延伸式喷嘴，在喷嘴上要设有加热控温装置，喷孔直径应在 4mm 以上。

成型工艺：

① 注射温度　选择 MBS 的成型温度时需要注意的问题是：虽然 MBS 的分解温度高达 280℃，但由于受时间及其他工艺条件的影响，树脂往往在 260℃ 左右就开始变色，同时 MBS 中所含的橡胶相也不适应过高的温度。不同的成型设备、不同的产品尺寸所选择的成型温度也应有所不同。

② 注塑压力　MBS 的注塑压力与制品的壁厚、设备类型等有关。为保证脱模顺利进行，注塑压力不能太高。

③ 注射速率　若注射速率过快，制品表面会出现波纹；而注射速率过慢，会出现熔接不良。总之，注射速率应适宜。

④ 模具温度　模具温度应控制在 40～60℃，模腔温度比模芯温度略高，以利于制品的顺利脱模。

(2) 典型 MBS 蓄电池壳的成型工艺

① 一般蓄电池壳体四周及底部转弯处采用圆弧过渡。外观要求 1mm 以上的黑点不超过 3 个；1mm 以下的黑点不超过 10 个；气泡尺寸不超过所占部位的 1/3；不允许有银丝、熔接痕、裂纹等；表面光泽透明均匀；尺寸符合图纸要求。

② 模具结构及工作过程可根据制品尺寸及产量，确定蓄电池壳采用的结构。为了减小充模阻力，确定采用直浇口进料。根据分型面选择的原则和要求，将分型面选择在口部的平面上。由于壳体形状的特征，模具的脱模机构不能采用顶杆顶出，而采用脱模板推出的机构。

为了减小模具型腔表面的粗糙度，对定模型腔和动模型腔均设计成镶块结构，采用抛光性能极好的镜面模具钢，热处理后，其硬度可达 60～65HRC，使成型后注塑件表面能满足要求。

对于模具温度控制系统采用模芯循环冷却的方式。定模型腔镶块采取螺旋式循环冷却方式，而动模型芯镶块则采取并行隔片循环冷却方式。

③ 最佳成型工艺条件：模具温度为 40～60℃，成型周期为 150～180s，为最佳的成型工艺条件，具体见表 4-11。

表 4-11 成型工艺条件

成型温度/℃	一区 220	二区 240	三区 230	四区 220	五区 210	六区 200
压力/MPa	射胶一压 3	射胶二压 2	熔胶压力 8	抽胶压力 1		
时间/s	射胶 40	熔胶 200	抽胶 0.5	冷却 110		
流量/%	射胶一速 60	射胶二速 80	射胶三速 50	抽胶速度 20		

④ MBS 蓄电池壳常见缺陷及解决方法见表 4-12。

表 4-12 MBS 蓄电池壳常见缺陷及解决方法

缺陷种类	原因分析	解决方法	缺陷种类	原因分析	解决方法
壳体缩口	模具温度高 料筒温度高 冷却时间短	正确接通模具冷却水 检查料筒加热装置是否正常 延长冷却时间	银丝	材料含湿量大 材料分解	充分干燥 降低料筒温度
透明度差	模具温度过低 注射速率过快 模具粗糙度高	调整至工艺要求 放慢注射速率 抛光模具	主浇道 真空泡	材料熔融时进入空气 注塑压力低 保压时间不足 注射量不够	提高背压 增加注塑压力 延长保压时间 增加注射量
流动波纹	注射速率过快 模具温度低 料筒温度低	降低注射速率 调至适宜 调至适宜			

4.2.5.3 POM 注射成型

聚甲醛（POM）具有良好的机械性能优异的抗蠕变性和应力松弛能力，其耐疲劳性在热塑性塑料中是最高的，而弹性模量优于尼龙 66、ABS 聚碳酸酯，有优异的耐磨性和自润滑性，对化学药品有很好的抗腐蚀性，尺寸稳定性好，电绝缘性优良，原料价格比其他工程塑料便宜，因此应用十分广泛。

POM 的塑料成型特性

注塑设备：多采取螺杆式注塑机，使用渐变或组合螺杆。喷嘴可选用敞开式通用喷嘴，并附有加热控温装置。为保证质量，注塑机应有足够的锁模力。

制品与模具设计：

① 制品的壁厚　制品的壁厚应根据树脂情况进行选择，不宜太薄，一般在 11～55mm 之间。为减少制品中的内应力，有利于物料均匀收缩，在考虑制品的壁厚时，还应注意壁厚的均匀性，要求相差不要太大，并避免缺口、尖角的存在，转角、厚薄连接处等部位采用圆弧进行过渡。

② 脱模斜度　脱模斜度通常是在 40′～130′之间选取。

③ 排气　为了防止在充模过程中出现排气不良、熔料灼伤、接缝线明显等问题的出现，要求开设排气槽。

④ 模具温度　对于充模有困难的薄壁制品或需要较大补缩的厚壁制品，模具需考虑加热控制。而其他制品一般是通冷却水控制模具温度的。

原料准备：注塑用的 POM 树脂，除特殊品级别外，一般为磁白色颗粒。POM 树脂吸湿，在成型加工前可以干燥。烘干方法选用热风循环料斗烘干机，烘干温度 80～85℃，烘干时间 3～5h。

成型工艺：

① 注射温度　一般情况下，注射温度高出熔点 20～30℃时，不但综合物理机械性能好，而且在此温度下能获得表观光洁、平整的制品，所以注射温度控制在 190～200℃之间最为理想。对于薄壁制品则可提高到 210℃进行加工，超过此温度不但不能改善料的流动性，反而有可能导致物料的分解。

② 注射压力　POM 塑料的注射压力与制品的壁厚、设备类型等有关。为保证脱模顺利进行，注射压力不能太高。

③ 注射速度　注射速度慢，会出现熔接不良。薄壁制品选用快速注射。

④ 模具温度　模具温度控制在 60～100℃左右。

4.2.5.4　聚醚酰亚胺注射成型

工艺特性：聚醚酰亚胺（PEI）属于非结晶性高聚物，无明显熔点。成型温度在 330℃以上，所得制品呈透明状。聚醚酰亚胺（PEI）的熔体黏度对温度比较敏感。聚醚酰亚胺（PEI）的流动性差，成型中熔体冷却速度较快，而分子链又呈刚性，使成型中产生的内应力难以消除，导致制品产生变形、开裂等问题。对此要求选择合适的设备、模具以及成型工艺参数。最佳成型工艺条件为：

模具温度：140～170℃
注射压力：8～14MPa
料筒温度：330～380℃
成型周期：60～80s
热处理：温度 160～180℃，时间 1～2h，用空气作介质。

成型设备：选用螺杆式注塑机。加工聚醚酰亚胺制品通常所选用的螺杆形式为单头、全螺纹、等距、低压缩比、渐变型螺杆，其长径比在 18～20 之间。由于 PEI 的熔体黏度高，为减轻螺杆转动负荷，要求设备具备调速装置。料筒温度要求控温范围 0～450℃。喷嘴使用延伸式喷嘴，喷嘴孔径大于 4mm。

制品的设计：

① PEI 对缺口敏感性很高，为防止应力集中，制品壁厚应尽量均匀一致，避免锐角和缺口的存在，在转角或厚薄过渡处要用圆弧过渡，圆弧半径不小于 1.0mm。

② 模具应有加热装置。PEI 成型时模具温度在 150℃以上，因此模具应有加热控温装置，最好采用模具控温机。

③ 由于材料熔体温度和模具温度很高，模具成型部分应采用耐热合金钢。滑块、滑道等活动部分应淬火，并要考虑膨胀的影响，以防卡死。弹簧在高温下易失效，脱模机构复位最好采用机械复位机构。

成型工艺条件：

① 料筒温度　料筒温度为 340～380℃。增强料比纯料的料温高，高黏度比低黏度料温高，薄壁件比厚壁件料温高。当料筒温度低于 360℃时，制件色浅，塑化质量欠佳。当料温高于 380℃或停留时间大于 15min 时，材料即出现分解变色现象。因此对成型周期长的制件应采用较低的料温。

② 注塑压力和注射速率　注塑压力和注射速率对熔体流动性影响较大，对充模和制

品质量起重要作用。注塑压力大小同材料品种和制品结构有关。增强料和薄壁复杂制品采用高的注塑压力和快的注射速率,注塑压力为120~150MPa。对流动性好的品种,注塑压力为100~120MPa,注射速率为中等即可顺利成型。

③ 模具温度　PEI 的 T_g 高,熔体冷却快,为保证制件质量和顺利充模,应采用高的模温。模温一般在140~170℃。

④ 成型周期　PEI 熔体冷却速度快,成型周期短,但由于模温高,冷却时间必须相应增长,否则制品会翘曲变形。一般小型制件成型周期为30~50s,对厚壁制件成型周期可增加到60~90s。

4.3　压延成型

压延成型简称压延,它是将加热塑化的热塑性塑料通过一系列加热的压辊,使其连续成型为薄膜或片材的两种成型方法。压延成型所采用的原材料主要是聚氯乙烯,其次是丙烯腈-丁二烯-苯乙烯共聚物、乙烯-乙酸乙烯酯共聚物以及改性聚苯乙烯等塑料。

压延产品除薄膜和片材外,还有人造革和其他涂层制品。薄膜与片材之间的区分主要在于厚度,但也与其柔软性有关。前者一般指厚度在0.25mm以下平整而柔软的塑料制品;后者一般指厚度在0.25~2mm之间的软质平面材料和厚度在0.5mm以下的硬质平面材料。聚氯乙烯薄膜和片材有硬质、半硬质和软质之分,由所含增塑剂量而定。通常以含增塑剂0~5份为硬质品,6~25份为半硬质品,25份以上为软质品。聚氯乙烯压延薄膜主要用于农业、工业包装、人造革表面贴膜、室内装饰以及生活用品等。压延片材常用作地板、录音唱片基材、传送带以及热成型和层压用片材等。压延成型适于生产厚度在0.05~0.60mm范围内的软质聚氯乙烯薄膜和片材,以及0.10~0.70mm范围的硬质聚氯乙烯片材和板材。

压延成型的生产特点是加工能力大,生产效率高,产品质量好,生产连续。一台普通四辊压延机的年加工能力达5000~10000t,生产薄膜时的线速度为60~100m/min,甚至可达300m/min。压延产品厚薄均匀,厚度公差可控制在10%以内,而且表面平整,若与轧花辊或印刷机械配套还可直接得到各种花纹和图案。此外,压延生产的自动化程度高,先进的压延成型联动装置只需1~2人操作。因而压延成型在塑料加工中占有相当重要的地位。

压延成型的主要缺点是设备庞大、投资较高、维修复杂、制品宽度受压延机辊筒长度的限制等,因而在生产连续片材方面不如挤出成型的技术发展快。

4.3.1　压延成型设备

由压延加工设备组成的整条压延生产流水线与其他塑料制品的生产设备相比,设备数量较多,规模较为庞大。而且在压延制品的生产工艺流程中,对每一道工序的设备选择、排列和操作都有这较为严格的要求。

压延过程可分为前后两个阶段:①前阶段是压延前的备料阶段,主要包括所有塑料的配制、塑化和向压延机供料等;②后阶段,包括压延、牵引、轧花、冷却、卷取、切割等,是压延成型的主要阶段。图4-87表示压延生产中常用的工艺过程。

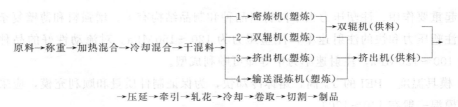

图 4-87 压延成型工艺过程

从图 4-87 可见四种工艺过程中的供料装置只有挤出机和双辊（开炼）机两种。前一种是将塑化好的料先用挤出机挤成条或带的形状，随后趁热用适当的输送装置均匀连续地供给压延机。后一种与前一种基本上无多大差别，只是将挤出改为辊压，供料形状只限于带状而已。图 4-87 所示的压延过程包括的分过程很多，它们都应各有其相应的设备或装置，但其中以压延设备为主而且是最复杂的。

4.3.1.1 压延机

（1）压延机的分类

压延机是生产压延塑料制品的主要设备。压延机的类型很多，一般以辊筒数目及其排列方式分类。根据辊筒数目不同，压延机有双辊、三辊、四辊、五辊甚至六辊。双辊压延机通常称为开放式炼胶机或辊压机，主要用于原材料的塑炼和压片。压延成型以三辊或四辊压延机为主。由于四辊压延机对塑料的压延较三辊压延机多了一次，因而可生产较薄的膜，而且厚度均匀，表面光滑，辊筒的转速也可大大提高。例如三辊压延机的辊速一般只有 30m/min，而四辊压延机能达到它的 2～8 倍。此外，四辊压延机还可一次完成双面贴胶工艺。因此它正逐步取代三辊压延机。五辊和六辊压延机的压延效果当然更好，可是设备太复杂庞大，目前还未普遍使用。

辊筒的排列方式很多，而且同样的排列往往有不同的命名。通常三辊压延机的排列方式有 I 型、三角型等几种，四辊压延扭则有 I 型、倒 L 型、正 Z 型、斜 Z 型等（图 4-88）。排列辊筒的主要原则是尽量避免各辊筒在受力时彼此发生干扰，并应充分考虑操作的要求和方便以及自动供料的需要等。实际上没有一种排列方式是尽善尽美的，往往顾此失彼。例如目前应用比较普遍的斜 Z 型，它与倒 L 型相比有如下优点：

① 各辊筒互相独立，受力时可以不相互干扰，这样传动平稳、操作稳定，制品厚度容易调整和控制；

② 物料和辊筒的接触时间短、受热少，不易分解；

③ 各辊筒拆卸方便，易于检修。

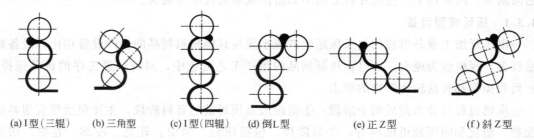

图 4-88 常见的压延机辊筒排列方式

④ 上料方便，便于观察存料；

⑤ 厂房高度要求低；

⑥ 便于双面贴胶。

可是在另一些方面却不如倒 L 型，如：

① 物料包住辊筒的面积比较小，因此产品的表面光洁程度受到影响。

② 杂物容易掉入。

用倒 L 型压延机生产薄而透明的薄膜要比用斜 Z 型的好。这是因为用前者生产时中辊受力不大（上下作用力差不多相等，相互抵消），因而辊筒挠度小、机架刚度好，牵引辊可离得近，只要补偿第四辊的挠度就可压出厚度均匀的制品。至于它所存在的中辊浮动和易过热等缺点，目前已由于采取零间隙精密滚柱轴承、钻孔辊筒、辊筒预应力装置以及轴交叉装置等办法而得到解决。此外，对斜 Z 型压延机来说，第三辊与第四辊速度不能相差太小，否则物料容易包住第四辊；若两辊速度相差太大，对生产透明薄膜又不利。而当用倒 L 型压延机时，第三辊和第四辊的速度可以互相接近。因而近年来一些塑料压延机又有从 Z 型和斜 Z 型向倒 L 型发展的趋势（图 4-89）。

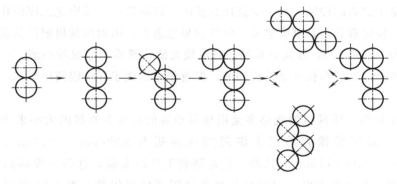

图 4-89 塑料压延机的发展过程

（2）压延机的构造和规格

塑料的压延加工是在较高的温度和速度下进行的。辊筒的转动既要求快速和平稳，同时也要求有较大的调节范围。因此，就需要压延机有足够的机械强度、加工精度和其他辅助装置。各类压延机除辊筒数目及排列方式不同外，其基本构造大致相同（图 4-90）。

① 机座 用铁或钢制成的固定座架。一般固定在混凝土基础上。

② 机架 分别架设在机座两侧，用以支撑辊筒轴承、轴交叉或辊筒的反弯曲装置、辊筒调节装置、润滑油管及其他辅助设备的板架。它一般是用铸铁制成的直接架设在机座上面，在它的上面用横梁固定。

③ 辊筒 是与塑料直接接触并对它施压和加热的部件，制品质量在很大程度上受它控制。压延辊筒有圆柱形和腰鼓形（有中高度）两种，是塑料压延成型的重要部件。压延机的规格用压延辊筒的长度和直径的大小来表示。

压延机辊筒必须具有足够的强度和刚度，工作面应耐磨、耐腐蚀并有足够的硬度。一般压延机辊筒由冷铸钢制成，也可使用由冷硬铸铁壳和球墨铸铁芯制成的冷硬铸铁辊。压

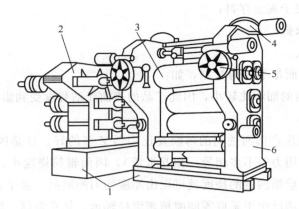

图 4-90 压延机的构造

1—机座；2—传动装置；3—辊筒；4—辊距调节装置；5—轴交叉调节装置；6—机架

延硬质制品或高黏度物料时，可使用铬钼合金钢辊，以满足高负荷的要求。这种合金钢辊在压延软聚氯乙烯塑料时，物料会黏附在辊筒上，所以辊筒表面最好镀铬。压延机辊筒表面粗糙度要求很高，粗糙度应该严格控制。除此之外，辊筒还要能耐塑料的化学成分如氯化氢或其他化学试剂的侵蚀。为了保证压延精度，辊筒最后一道磨光工序应在压延机工作温度下操作。辊筒愈长，其刚度愈差，弹性变形也愈大。因而压延机辊筒的长径比有一定限制，通常为1：(2～3)，压延软质制品时取较大值，硬质制品取较小值。一般说来，同一压延机的各辊筒直径和长度都是相同的，但近年来出现了异径辊筒压延机，情况也相应地发生变化。

前面已经提到：压延机的规格多是用压延辊筒的长度和直径的大小来表示的。国内最早使用的原来压延橡胶的三个辊筒的压延机有 $\phi360mm\times1000mm$、$\phi450mm\times3250mm$ 和 $\phi610mm\times1730mm$ 几种。但是随着生产的发展，这些小规格的压延机已经满足不了要求，而逐渐为更大型和装备精良的压延机所代替。表 4-13 中列出的是常用的塑料压延机的规格。

表 4-13 常用塑料压延机的规格

用途	辊筒长度/mm	辊筒直径/mm	辊筒长径比	制品最大宽度/mm
软质塑料制品	1200	450	2.67	950
	1250	500	2.5	1000
	1500	550	2.75	1250
	1700	650	2.62	1400
	1800	700	2.58	1450
	2000	750	2.67	1700
	2100	800	2.63	1800
	2500	915	2.73	2200
	2700	800	3.37	2300
硬质制品	800	400	2	600
	1000	500	2	800
	1200	550	2.18	1000
	1800	700	2.58	1450

辊筒可通入蒸汽或过热水加热。按照载热体流道形式的不同，辊筒结构有空心式和钻孔式两种，如图 4-91 所示。空心式辊筒常用蒸汽加热，筒壁厚约 10cm。由于这种辊筒的筒壁太厚以及冷凝水会附着在辊筒内壁，因此，传热较慢，不利于及时控制操作温度。其次，由于结构上的缺陷，辊筒中部温度要比两端高，有时温差竟达 10～15℃。这样就使辊筒各部分的热变形不一致，从而导致制品厚薄不均。钻孔式辊筒的载热体流道与表面较为接近（约为 2.5cm），且又沿辊筒圆周和有效长度均匀分布，因此温度的控制比较准确和稳定，辊筒表面温度均匀，温差可小于 1℃。但是这种辊筒制造费用高，辊筒的刚性有所削弱，设计不良时，会使产品出现棒状横痕。

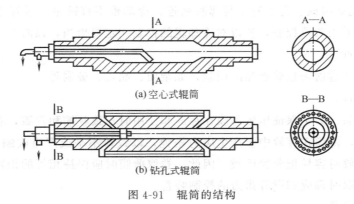

图 4-91　辊筒的结构

（3）压延机其他部件

① 辊距调节装置　为了能够生产厚度不同的制品，压延机辊筒需借助调节装置作上下移动。在压延机辊筒中，一般倒数第二只辊筒的位置是固定的，其他辊筒的位置可以进行调节，以调整辊隙。

② 润滑系统　这一系统由输油泵、油管、加热器、冷却器、过滤器和油槽等共同组成。润滑油先由加热器加热到一定温度，由输油泵送到各个需要润滑的部位。润滑后的润滑油又由油管回到油槽，经过滤和冷却后，循环使用。

③ 传动装置　压延机各个辊筒的转动可由一台电动机通过齿轮传动，但是目前常用的为单机传动，即每只辊筒由专门的电动机传动，其优点是可提高制品的精度。

4.3.1.2　辅助装置

（1）引离辊

引离辊的作用是从压延机辊筒上均匀而无皱折地剥离已成型的薄膜，同时对制品进行一定的拉伸。引离辊设置于压延机辊筒出料的前方，距离最后一个压延辊筒约 75～150mm，一般为中空式，内部可通蒸汽加热，以防止出现冷拉伸现象和增塑剂等挥发物质凝结在引离辊表面。辊温和速比是影响引离的主要因素，生产薄膜时，引离辊的线速度通常比主辊高 30％左右。有时为了减少对薄膜的牵伸作用，还在压延辊和引离辊之间设置一根直径较小的引离辊，亦即使用两根引离辊，小引离辊的位置可以通过气缸调节。

引离辊与压延辊筒的相对位置是很重要的。位置过高，薄膜在压延辊筒上虽然有较多的包覆面，但在高速运转时，温度稍有变化便易断料，这时就需调整引离速度。

(2) 轧花装置

轧花的意义不限于使制品表面轧上美丽的花纹，还包括使用表面镀铬和高度磨光的平光辊轧光，以增加制品表面的光亮度。轧花装置由轧花辊和橡胶辊组成，内腔均通水冷却。轧花辊上的压力、转速和冷却水流量都是影响轧花操作和质量的主要因素。在较高温度下轧花，可使花纹鲜明牢固，但须防止粘辊现象。此外，橡胶辊上常会带上薄膜的析出物，以致薄膜表面粘有毛粒，影响质量。用硬脂酸擦橡胶辊，可克服这一弊病。

(3) 冷却装置

起到使制品冷却定型的作用。一般是采取逐级冷却的方式对制品进行冷却。装置主要由 4~8 只冷却辊筒组成。为了避免与薄膜粘连，冷却辊不宜镀铬，最好采用铝质磨砂辊筒。冷却辊一般采用两段控制，所以对冷却辊的控制一定要恰当，以防产生冷拉伸。

(4) 检验装置

一般通过灯光透射来检验制品的质量，如杂质、晶点、破洞等。

(5) 卷取装置

用于卷取成品。为了保证压延薄膜在存放和使用时不致收缩和发皱，卷取张力应该适当。张力过大时，薄膜在存放中会产生应力松弛，以致摊不平或严重收缩；张力过小时，卷取太松，则堆放时容易把薄膜压皱。因此，卷取薄膜时应保持相等的松紧程度。为了满足这种要求，卷取时都应添设等张力的控制装置。

(6) 金属检测器

用于检测送往压延机的料卷是否夹带金属，借以保护辊筒不受损伤。

此外，辅机还包括进料摆斗，β 射线测厚仪，切割装置，以及压延人造革时使用的烘布辊筒、预热辊筒、贴合装置等。

4.3.2 压延成型原理

要弄清压延成型的原理，必须对压延过程中的物料流动进行分析讨论，目的是试图建立起诸如辊筒直径、线速度、间隙以及物料压力等设备和工艺参数之间的关系。加斯克尔 (GaskeU) 在 20 世纪 50 年代首先提出压延流体动力学理论，60 年代麦凯尔维 (MckelVely) 又将此理论推广应用到符合指数定律的非牛顿流体中。近年来对非牛顿流体的压延流动理论分析更加深入，对非等温及非对称（不等辊径、不同转速）压延过程的流变理论研究亦已取得一定成果。当前，用电子计算机处理压延流变理论中的对称和非对称问题，已见到重大的实际成效。本节着重讨论加斯克尔的经典理论，并限于牛顿流体的对称压延。尽管这种分析中的假设条件与实际情况不完全一致，因而不能得到确切的定量结果，但可以对压延过程的流动特性作出重要论证，而讨论又可大为简化。

4.3.2.1 基本假设及微分方程的处理

图 4-92 表示压延机的一对辊筒，半径为 R，二辊之间的间隙为 $2H_0$。压延中物料受辊筒挤压时受有压力的部分称为钳住区，辊筒开

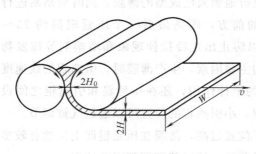

图 4-92 压延过程示意图

始对物料加压的点称为始钳住点，加压终止点为终钳住点，两辊中心（两辊筒横截面圆心连线的中点）称中心钳住点，钳住区压力最大处称最大压力点。为了使分析简单，作如下假设：

① 过程为不可压缩牛顿流体所作的等温、层状、稳定流动，因而物料黏度 η 为常数，各流动参数对时间的导数皆为零；

② 忽略质量力的作用，即 $\rho g = 0$。式中 ρ 为物料的密度，g 为重力加速度；

③ 由于 $H_0 \ll R$，因而可以认为钳住区内的两辊筒表面互相平行，这样 y 方向无物料流动，即物料在 y 方向的流动速度 $v_y = 0$。物料在 x 方向流动速度 v_x 的变化远小于它在 y 方向的变化，因而 dv_x/dx 可忽略不计。压力 p 仅为 x 的函数，而且压力 dp/dx 为常数；

④ 物料严格按照 x、y 二维流动，在辊筒宽度方向，即 z 向，无物料流动，亦即物料在 z 方向的流动速度 $v_z = 0$；

⑤ 忽略物料的弹性，并认为物料在辊筒表面没有滑动；

⑥ 两辊筒的半径和线速度相等。辊筒的刚度足够大，因而流动的几何边界不受辊隙间压力的影响。

根据上述假设，采用图4-93所示的直角坐标系统，物料的连续方程和动量方程可简化为如下形式：

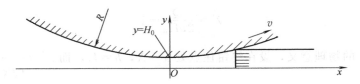

图 4-93　压延流动分析的坐标图

$$\frac{\partial v_x}{\partial x} + \frac{\partial v_y}{\partial y} = 0 \tag{4-60}$$

$$\eta \left(\frac{\partial^2 v_x}{\partial^2 v_y} \right) = \frac{dp}{dx} \tag{4-61}$$

4.3.2.2　始钳住点和终钳住点的关系

对式(4-61)积分得：

$$\left(\frac{\partial v_x}{\partial y} \right) = \dot{\gamma} = \frac{1}{\eta} \left(\frac{dp}{dx} \right) y + c \tag{4-62}$$

因为当 $y=0$ 时，$\dot{\gamma}=0$，所以积分常数 $c=0$。进行二次积分，并应用 $y=h$ 时，$v_x=v$ 这一边界条件计算积分常数，式中 h 为 x 轴上任一给定点到辊筒表面的距离，v 为辊筒表面的线速度，得到速度分布方程：

$$v_x = v + \frac{y^2 - h^2}{2\eta} \left(\frac{dp}{dx} \right) \tag{4-63}$$

单位辊筒宽度上的体积流率为：

$$Q = 2\int_0^h v_x dy \tag{4-64}$$

把式(4-63)代入式(4-64)并积分得：

$$Q = 2h\left[v - \frac{h^2}{3\eta}\left(\frac{dp}{dx}\right)\right] \tag{4-65}$$

用无因次变量 x' 来表示 x，可使方程简化：

$$x' = \frac{x}{(2RH_0)^{\frac{1}{2}}} \tag{4-66}$$

把上式代入式(4-65)，解出 $\frac{dp}{dx}$ 得：

$$\frac{dp}{dx} = (2RH_0)^{\frac{1}{2}}\left(\frac{3\eta}{h^2}\right)\left(v - \frac{Q}{2h}\right) \tag{4-67}$$

h 对 x 有如下函数关系：

$$h = H_0 + [R - (R^2 - x^2)^{\frac{1}{2}}] \tag{4-68}$$

该式实用的近似形式为：

$$h = H_0 + \frac{x^2}{2R} \tag{4-69}$$

由式(4-66)和式(4-69)联立消去 x 得：

$$\frac{h}{H_0} = 1 + x'^2 \tag{4-70}$$

引入另一无因次变量 λ：

$$\lambda^2 = \frac{Q}{2vH_0} - 1 \tag{4-71}$$

为了明确 λ 的物理意义，设在终钳住点处 $x = X$，$h = H$，而 $x' = \frac{x}{(2RH_0)^{\frac{1}{2}}}$，这时式(4-70)成为：

$$\frac{H}{H_0} = 1 + x'^2 \tag{4-72}$$

由于物料在此处脱离辊筒表面，物料的流动速度将与辊速相同，即 $v_x = v$，而 $Q = 2vH_0$。把这些关系式代入式(4-71)可得：

$$\lambda^2 = \frac{H}{H_0} - 1 \tag{4-73}$$

以式(4-72)中的 $\frac{H}{H_0}$ 代入上式即得：

$$\lambda^2 = x'^2 \tag{4-74}$$

或

$$\lambda^2 = \frac{X^2}{2RH_0} \tag{4-75}$$

可见，λ 等于终钳住点处的 x' 值。

把 λ^2 引入式(4-67)可得：

$$\frac{dp}{dx'} = \frac{\eta v}{H_0}\sqrt{\frac{18R}{H_0}}\left[\frac{x'^2 - \lambda^2}{(1 + x'^2)^3}\right] \tag{4-76}$$

物料在钳住区任一点的压力可由上式积分得到，根据 $\lambda = x'$ 时终钳住点处 $p = 0$（忽略大气压力），可得积分常数近似为 $5\lambda^3$，于是得：

$$p = \frac{\eta v}{H_0}\sqrt{\frac{9R}{32H_0}}\,[g(x',\lambda)+5\lambda^3] \tag{4-77}$$

$g(x',\lambda)$ 是一个复杂函数，它有两个重要的根，即压力为零的那两点。其中一点为始钳住点处，假设此点 $x=-x'_0$；另一点为终钳住点处，此处 $x=\lambda$。方程（4-77）表明，这两点的 $g(x',\lambda)=-5\lambda^3$，亦即：在始钳点处，$g(-x'_0,\lambda)=-5\lambda^3$；终钳点处，$g(\lambda,\lambda)=-5\lambda^3$，因而：

$$g(-x'_0,\lambda)=g(\lambda,\lambda) \tag{4-78}$$

式（4-78）说明始钳住点和终钳住点之间存在着唯一的关系，此关系由图 4-94 表示。

4.3.2.3 钳住区的物料压力分布

式（4-76）表明，当 $x'=\pm\lambda$ 时，$\dfrac{\mathrm{d}p}{\mathrm{d}x'}=0$，这时 p 分别为极小值和极大值。在 $x=-\lambda$ 处，$p=p_{\max}$，为最大压力点，最大压力值经推算为：

$$p_{\max}=\frac{5\lambda^3\eta v}{H_0}\sqrt{\frac{9R}{8H_0}} \tag{4-79}$$

如果把钳住区任一点压力和最大压力之比定义为相对压力，并用 p' 表示，则从式（4-77）和式（4-79）可得：

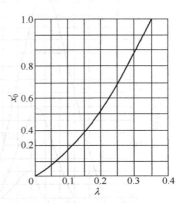

图 4-94 λ 和 x'_0 之间的曲线关系

$$p'=\frac{p}{p_{\max}}=\frac{p(x')}{p(-\lambda)}=\frac{1}{2}\left[1+\frac{g(x',\lambda)}{5\lambda^3}\right] \tag{4-80}$$

由此式可得钳住区各主要点上 p' 值为：

始钳住点：$x'=-x'_0$，$p'=0$；

最大压力点：$x'=-\lambda$，$p'=1$；

中心钳住点：$x'=0$，$g(0,\lambda)=0$，$p'=\dfrac{1}{2}$；

终钳住点：$x'=\lambda$，$p'=0$。

若把式（4-77）中的常数都集中在一起，并与式（4-80）联列，解得：

$$p=k\lambda^3 p' \tag{4-81}$$

式中，k 即为常数项。由此可清楚地看到 λ 对压力分布的影响。图 4-95 表示三种 λ 值的 p-λ 曲线。随着 λ 的增加，钳住区范围扩大，最大压力上升。由于 $p_{\max}$ 和 λ 呈三次方关系，所以 λ 的微小变化即会引起 $p_{\max}$ 大改变。例如 λ 增加 1 倍时，$p_{\max}$ 就增至 8 倍。

虽然 λ 对压力分布曲线的斜率影响很大，但它只能用实验方法测定。如果得到压力分布，那么 λ 可根据零压力点、最大压力点，也可根据辊隙处的压力来确定，这取决于哪一点压力值与实验数据最吻合。有人采用应变式压力传感器在直径为 250mm 的辊筒表面上测得了压力分布，压延的物料为软聚氯乙烯。测试数据和理论曲线的比较表明（图4-96），它们的最大压力点是一致的。若以最大压力点（$x'=-\lambda$）为分界线，则在 $x'>-\lambda$ 这段，理论曲线与实际曲线比较一致；而在 $x'<-\lambda$ 这段，理论值比实际值低。在 $\dfrac{p}{p_{\max}}>\dfrac{1}{2}$ 的情况下，理论曲线与实测曲线比较一致；而在 $\frac{p}{p_{max}} < \frac{1}{2}$ 的部分，理论曲线就降在实际曲线之下。理论与实际不相符的主要原因是熔体的非牛顿性。理论假设所有各点的熔体黏度为常数，但实际上熔体为假塑性，在辊隙区剪切速率大，η 值比较小，故压力建立必定比牛顿流动理论所要求的早。此外，忽略熔体的弹性及喂料端有存料也是产生误差的重要原因。

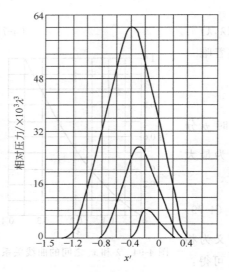

图 4-95 不同 λ 值的相对压力分布

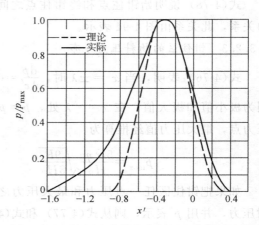

图 4-96 理论压力曲线与实际压力曲线的比较

4.3.2.4 钳住区的速度分布

联列式(4-63)和式(4-76)，把 x 化为 x'，并重新整理，便得到钳住区物料的速度分布：

$$\frac{v_x}{v} = \frac{2 + 3\lambda^2[1-(y/h)^2] - x'^2[1-3(y/h)^2]}{2(1+x'^2)} \tag{4-82}$$

该式表明 $\frac{v_x}{v}$ 是 x'、y/h 和 λ 的函数。由此式可以发现 [图 4-97(a)]：

① 当 $x' = \pm\lambda$ 时，$v_x = v$，速度分布为直线，亦即最大压力点和终钳住点处物料速度等于辊筒表面线速度。

② 当 $-\lambda < x' < \lambda$ 时，压力梯度为负，速度分布为凸状曲线。在此区域内，除了与辊筒接触的物料 $v_x = v$ 外，其他各点的 v_x 值都大于辊筒线速度。在 x' 轴方向上，v_x 由 $-\lambda$ 处至中心钳住点处逐渐增加到最大值，过了中心钳住点后又逐渐下降，在终钳住点处等于辊筒线速度。

③ 当 $x' < -\lambda$ 时，压力梯度为正，速度分布为凹状曲线。

④ $x' < -\lambda$ 区域内，当 $x' = x'^*$ 时，在 $y=0$ 处，$v_x=0$，这一点称为"滞留点"。使式(4-82)中的 $\frac{v_x}{v} = 0$，即可求得：

$$x'^{*} - 3\lambda^3 - 2 = 0$$

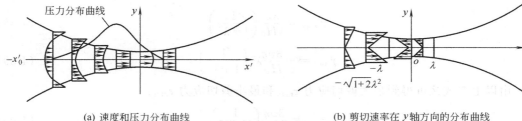

(a) 速度和压力分布曲线　　　　　(b) 剪切速率在 y 轴方向的分布曲线

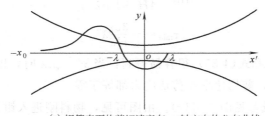

(c) 辊筒表面的剪切速率在 x' 轴方向的分布曲线

图 4-97　钳住区速度和剪切速率的分布曲线

该式说明 x'^* 是 λ 的函数。

⑤当 $x'<x'^*$ 时,物料运动出现两个相反方向的速度:靠近中心面处,物料速度为负值,离开钳住区向负 x 方向流动;靠近辊筒表面处,物料速度为正值,向着正 x 方向流动。因而在此区域内,存在局部环流。

4.3.2.5　压延过程中的剪切作用

熔体在钳住区的剪切速率可由式(4-82)给出的 v_x 对 y 进行偏导求得:

$$\dot\gamma=\frac{\partial v_x}{\partial y}=\frac{1}{h}\left[\frac{\partial v_x}{\partial(y/h)}\right]=\frac{3v(y/h)}{h}\left(\frac{x'^2-\lambda^2}{1+x'^2}\right) \tag{4-83}$$

由式(4-70) $\dfrac{h}{H_0}=1+x'^2$,可将上式变换为:

$$\dot\gamma=\frac{3v}{H_0}\frac{y}{h}\left[\frac{x'^2-\lambda^2}{(1+x'^2)^2}\right] \tag{4-84}$$

剪切应力 $\tau=\eta\dot\gamma$,即:

$$\tau=\frac{3v\eta}{H_0}\frac{y}{h}\left[\frac{x'^2-\lambda^2}{(1+x'^2)^2}\right] \tag{4-85}$$

式(4-84)和式(4-85)表示 $\dot\gamma$ 和 τ 都与 y 成正比关系,而且当 $y=0$ 时,$\dot\gamma$ 和 τ 也都等于零,所以 $\dot\gamma$ 和 τ 在 y 方向的分布为通过原点的直线,如图4-97(b)所示。

在辊筒表面处,$y/h=1$,则剪切速率 $\dot\gamma_h$ 和剪切应力 τ_h 为:

$$\dot\gamma_h=\frac{3v}{H_0}\left[\frac{x'^2-\lambda^2}{(1+x'^2)^2}\right] \tag{4-86}$$

$$\tau_h=\frac{3v\eta}{H_0}\left[\frac{x'^2-\lambda^2}{(1+x'^2)^2}\right] \tag{4-87}$$

欲得在 x' 坐标轴上的最大剪切速率 $\dot\gamma_{\max}$ 和最小剪切速率 $\dot\gamma_{\min}$,可由式(4-86)对 x' 求导,并取 $\dfrac{\mathrm{d}\dot\gamma_h}{\mathrm{d}x'}=0$ 求得相应的 x' 后,即可得到:当 $x'=0$ 时,$\dot\gamma_h$ 最小;当 $x'=-\sqrt{1+2\lambda^2}$

时，$\dot{\gamma}_h$ 最大，且：

$$\dot{\gamma}_{\max} = \frac{3v}{4H_0}\left(\frac{1}{1+\lambda^2}\right) \tag{4-88}$$

$$\dot{\gamma}_{\min} = -\frac{3v\eta}{H_0}\lambda^2\left(\frac{1}{1+\lambda^2}\right) \tag{4-89}$$

由以上二式又可得到最大剪切应力 $\tau_{\max}$ 和最小剪切应力 $\tau_{\min}$：

$$\tau_{\max} = \frac{3v\eta}{4H_0}\left(\frac{1}{1+\lambda^2}\right) \tag{4-90}$$

$$\tau_{\min} = -\frac{3v\eta}{H_0}\lambda^2 \tag{4-91}$$

此外，由式(4-84)和式(4-85)很容易得到：当 $x' = \pm\lambda$ 时，即在最大压力处和终钳住点处，不管 y 为何值，剪切速率和剪切应力都等于零。

$\dot{\gamma}_h$ 对 x' 的分布曲线参见图 4-97(c)。由图可见，物料刚进入钳住区时，$\dot{\gamma}>0$，$\tau>0$。在 $x' = -\sqrt{1+2\lambda^2}$ 处，$\dot{\gamma}$ 和 τ 达到最大值。自此以后，$\dot{\gamma}$ 和 τ 渐趋减小，但仍为正值。当 $x' = -\lambda$ 时，虽然压力达到最大值，但 $\dot{\gamma}$ 和 τ 都为零。以后 $\dot{\gamma}$ 和 τ 变为负值，当 $x'=0$ 时，$\dot{\gamma}$ 和 τ 达到最小值。过了这点以后，$\dot{\gamma}$ 和 τ 逐渐增加，但仍为负值。直到 $x'=\lambda$ 时，$\dot{\gamma}$ 和 τ 变为零，于是物料离开钳住区。

4.3.2.6 驱动辊筒的功率消耗

驱动每一个辊筒所需的功率 N 由以下几项乘积确定：①辊筒表面速度 v；②辊筒轴向工作面宽度 W；③熔体黏度 η；④沿熔体与辊筒接触的全部剪切速率 $\dot{\gamma}_h$ 的总和。

每次压延过程必定有两个辊筒同时作用，因此：

$$N = 2vW\eta\int\dot{\gamma}_h\,\mathrm{d}x \tag{4-92}$$

把 x 转变为 x' 后，上式成为：

$$N = 2vW\eta\sqrt{2RH_0}\int_{-x_0'}^{\lambda}\dot{\gamma}_h\,\mathrm{d}x \tag{4-93}$$

把式(4-86)代入上式中的 $\dot{\gamma}_h$，并积分得：

$$N = 3Wv^2\eta\sqrt{\frac{2R}{H}}f(\lambda) \tag{4-94}$$

式中，$f(\lambda)$ 为仅与 λ 变化有关的函数式，其曲线关系由图 4-98 表示。

由于 $\dot{\gamma}_h$ 存在正、负两种情况，从式(4-92)可知，N 也会出现正负两种情况：在 $x'<-\lambda$ 这一区域内 N 为正直，辊筒推动物料前进，物料吸热、升温；在 $\lambda>x'>-\lambda$ 这一区域内辊筒作负功，物料反而推动辊筒，这时物料放热。

式(4-94)表示辊筒的功率与线速度平方成正比关系，因此在提高生产速度时，要特别注意压延机功率的增长。

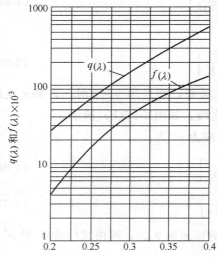

图 4-98　$f(\lambda)$ 和 $q(\lambda)$ 随 λ 变化的曲线

4.3.2.7 辊筒的分离力

在压延过程中,辊筒对物料施加压力,而物料对辊筒又产生反作用力,这个力使辊筒趋向分离,通常称为分离力。显然,总压力和分离力是彼此相等的。辊筒所受的分离力分布在整个钳住区,而且沿工作面长度均布,因而可以由物料压力 p 在钳住区积分求得:

$$F = W \int p \mathrm{d}x \tag{4-95}$$

式中,F 即为辊筒的分离力。把 x 转变为 x' 后,上式成为:

$$F = W\sqrt{2RH_0}\int_{-x_0'}^{\lambda} p \mathrm{d}x' \tag{4-96}$$

把式(4-77)代入上式中的 p,并积分得:

$$F = \frac{3\eta v R W}{4H_0} q(\lambda) \tag{4-97}$$

式中,函数 $q(\lambda)$ 由另一个复杂方程确定,该方程的曲线由图 4-98 表示。

分离力是设计压延机的主要参数,常用以推测某种材料在一定的工艺条件下压延时,辊筒和轴承是否安全。式(4-97)表示辊筒分离力与 H_0 成反比关系,因而在生产很薄的制品时,分离力显著增加,即使辊筒和轴承的强度允许,而辊筒挠度将增加,制品厚薄均匀度必然受影响,高速生产时影响更严重,应引起注意。

实际生产中,辊筒分离力常由压力传感器或液压加载装置测量得到。为了设计计算方便,通常引入"横压力"的概念,它表示每单位厘米辊筒宽度上的分离力。由实验测知,实际生产中辊筒横压力在 4000~7000N/cm 范围变化。

4.3.3 压延成型工艺及控制

4.3.3.1 压延工艺过程

目前压延成型均以生产聚氯乙烯制品为主,这里将以聚氯乙烯为例来讨论。聚氯乙烯压延产品主要有软质薄膜和硬质片材两种。由于它们的配方及用途不同,生产工艺也有差别,现分别叙述如下:

(1) 软质聚氯乙烯薄膜

生产软质聚氯乙烯薄膜的工艺流程见图 4-99。各种组分的原料首先按配方要求配制成干混料,在此过程中应根据各种原料的性质按一定顺序投料,以保证混合均匀。加热混合可在高速混合机中进行;冷却混合设备则为慢速搅拌,并带有通冷却水的夹套,使捏合好的物料从 100℃左右冷却到 60℃以下,以防结块。

干混料的塑化程度和均匀性对压延制品的质量影响至关重要。双辊机和密炼机都是间歇性操作,混炼质量不稳定,前者还有效率低和劳动强度和粉尘污染大的缺点。专用挤出机塑化效果虽好,且能连续供料,但设备投资较高。输送混炼机混炼效果好,产量大,而且设备费用和电力消耗都少。该设备实际上不过是一种新型螺杆式混炼塑化装置,料斗带有柱塞缸,可强制加料,螺杆加工成不等距、不等深、不等径的多头螺纹。由于螺杆与机筒上的料槽深度不断改变,所以物料经充分剪切和反复混合,非常均匀。

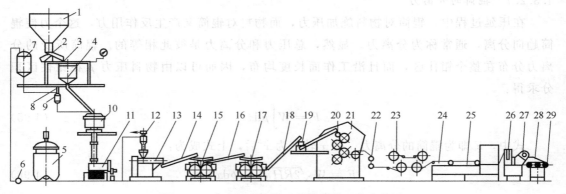

图 4-99 生产软质聚氯乙烯薄膜的工艺流程图

1—树脂料仓；2—电磁振动加料斗；3—自动磅秤；4—称量计；5—大混合器；6—齿轮泵；
7—大混合器中间贮槽；8—传感器；9—电子称料斗；10—加料混合器；11—冷却混合机；
12—集尘器；13—塑化机；14,16,18,24—运输带；15,17—双辊机；19—金属检测器；
20—摆斗；21—四辊压延机；22—冷却导辊；23—冷却辊；25—运输辊；26—张力装置；
27—切割装置；28—复卷装置；29—压力辊

连续向压延机供料的方式正在取代间歇的喂料操作。间歇的料卷供料会使加料区的存料量周期性地变化，从而导致辊筒分离力发生波动。连续加料装置通常在加料输送带的末端加一来回摆动装置，使加入的圆棒形或扁带形物料分配均匀。加料装置的安装位置也很重要。物料若经较长的距离传送，温度下降较多，会使某些产品出现条纹。这些条纹是由部分冷料与正常温度的物料相混合而形成的。如果加料装置距离压延机工作面不到 2m，物料通常不需补充加热，否则就要采取保温或加热措施。

若用双辊机供料，最好能配置两台。其中一台用于进一步混炼前道工序输送来的物料，并切成带状连续向压延机供料；另一台将压延过程中的边角余料混炼后送到前一台双辊机中重新使用。一旦前一台双辊机发生故障，另一台即代替它工作，边角余料可暂时堆置起来。

送往压延机的坯料先经过金属检测器检测后，即由辊筒连续辊压成一定厚度的薄膜，然后由引离辊承托而撤离压延机，并经进一步拉伸，使薄膜厚度再行减小。接着进行轧花处理，再经冷却和测厚，薄膜即作为成品卷取。

四辊压延机生产薄膜时的操作条件举例见表 4-14。

表 4-14 四辊压延机生产薄膜时的操作条件

控制项目	Ⅰ辊	Ⅱ辊	Ⅲ辊	Ⅳ辊	引离辊	冷却辊	运输辊
辊速/(m/min)	42	53	60	50.5	78	90	86
辊温/℃	165	170	170~175	170	—	—	—

（2）硬质聚氯乙烯片材

硬质聚氯乙烯片材的生产工艺流程与生产软质聚氯乙烯薄膜大致相同，但生产透明片材时，对干混料的塑化要求十分严格，应特别注意避免物料分解而导致制品发黄。这就要求干混料能在短时间内达到塑化要求，亦即应尽量缩短混炼时间和降低混炼温度。采用密炼机和一般挤出机难以达到这样的要求。比较理想的混炼设备是专用双螺杆挤出机或行星式挤出机，它们可在130～140℃的温度下把干混料挤出成海参状物料，然后再经双辊机供料。

硬质聚氯乙烯片材的压延工艺流程图由图4-100表示。

原料—称量—捏合—密炼机（塑炼）—双辊机（塑炼）—双辊机（供料）—压延—切割—制品

图4-100　硬质聚氯乙烯片材的压延工艺流程

四辊压延机生产聚氯乙烯硬片时的操作条件举例见表4-15。

表4-15　四辊压延机生产聚氯乙烯硬片时的操作条件

控制项目	Ⅰ辊	Ⅱ辊	Ⅲ辊	Ⅳ辊	引离辊	冷却辊	运输辊
辊速/(m/min)	18	23.5	26	22.5	0	36	32
辊温/℃	175	185	175	180	—	—	—

4.3.3.2　压延成型制品的质量控制

影响压延制品质量的因素很多，一般说来，可以归纳为四方面，即压延机的操作因素、原材料因素、设备因素和辅助过程中的各种因素。所有因素对压延各种塑料的影响都相同，但以压延软质聚氯乙烯最为复杂，这里即以该种塑料为例，说明各种因素的影响。

(1) 压延机的操作因素

压延机操作因素主要包括辊温、辊速、速比、存料量、辊距等，它们是互相联系和互相制约的。

① 辊温和辊速　物料在压延成型时所需要的热量，一部分由加热辊筒供给，另一部分则来自物料与辊筒之间的摩擦以及物料自身剪切作用产生的能量。产生摩擦热的大小除了与辊速有关外，还与物料的增塑程度有关，亦即与其黏度有关。因此，压延不同配方的塑料时，在相同的辊速下，温度控制就不一样；同理，相同配方不同的辊速，温度控制也不应一样。例如用相同配方的料生产0.10mm厚的软质薄膜时，在两种不同辊速下，辊温控制如表4-16所示。如果在60m/min的辊速条件下仍然采用40m/min时的辊温操作，则料温势必上升，从而引起包辊故障。反之，如果在40m/min的线速度下用60m/min时的辊温，料温就会过低，从而使薄膜表面毛糙、不透明、有气泡，甚至出现孔洞。

表4-16　不同辊速时的温度控制

辊速	辊筒温度控制范围
40m/min	第Ⅲ辊蒸汽压力0.45～0.5MPa
60m/min	第Ⅲ辊蒸汽压力0.4MPa

辊温与辊速之间的关系还涉及辊温分布、辊距与存料调节等条件的变化。如果其他条件不变而将辊速由40m/min升到60m/min，这样必然引起物料压延时间的缩短和辊筒分离力的增加，使产品偏厚以及存料量和产品横向厚度分布发生变化。反之，辊速由60m/min降到30m/min时，产品的厚度先变薄，而后出现表面发毛现象。前者是压延时间延长及

分离力减少所致,而后者显然是摩擦热下降引起热量不足的反映。

压延时,物料常黏附于高温和快速的辊筒上。为了使物料能够依次贴合辊筒,避免夹入空气而使薄膜不带孔泡,各辊筒的温度一般是依次增高的,但Ⅲ、Ⅳ两辊温度应近于相等,这样有利于薄膜的引离。各辊温差在5~10℃范围内。

② 辊筒的速比 压延机相邻两辊筒线速度之比称为辊筒的速比。使压延辊具有速比的目的不仅在于使压延物依次贴辊,而且还在于使塑料能更好地塑化,因为这样能使物料受到更多的剪切作用。此外,还可使压延物取得一定的延伸和定向,从而使薄膜厚度和质量分别得到减小和提高。为达到延伸和定向的目的,辅机各转辊的线速度也应有速比,这就是引离辊、冷却辊和卷绕辊的线速度须依次增高,并且都大于压延机主辊筒(四辊压延机中的第Ⅲ辊)的线速度。但是速比不能太大,否则薄膜的厚度将会不均,有时还会产生过大的内应力。薄膜冷却后要尽量避免延伸。

调节速比的要求是不能使物料包辊和不吸辊。速比过大会出现包辊现象;反之则会不易吸辊,以致空气夹入而使产品出现气泡,如对硬片来说,则会产生"脱壳"现象,塑化不良,造成质量下降。

根据薄膜厚度和辊速的不同,四辊压延机各辊筒速比控制范围参见表4-17。

表4-17 φ650mm×1800mm 斜 Z 型四辊压延机各辊筒速比

薄膜厚度 m 主辊辊速 (m/min) 速比范围	0.1 45	0.23 35	0.14 50	0.50 18~24
$V_Ⅱ/V_Ⅰ$	1.19~1.20	1.21~1.22	1.20~1.26	1.06~1.18
$V_Ⅲ/V_Ⅱ$	1.18~1.19	1.16~1.18	1.14~11.16	1.20~1.23
$V_Ⅳ/V_Ⅲ$	1.20~1.22	1.20~1.22	1.16~1.21	1.24~1.26

在三辊压延机中,上、中辊的速比一般为1:1.05,中、下辊一般取相同速度,借以起熨平作用。此外,引离辊与压延机主辊的速比也要控制恰当,速比低了,会影响引离,速比过大则会产生过多的延伸。生产厚度为0.10~0.23mm的薄膜时,引离辊线速度一般比主辊高10%~34%。

③ 辊距及辊隙间的存料 调节辊距的目的一是为了适应不同厚度产品的要求;二是改变存料量。压延辊的辊距,除最后一道与产品厚度大致相同外(应为牵引和轧花留有余量),其他各道都比这一数值大,而且按压延辊筒的排列次序自下而上逐渐增大,使辊隙间有少量存料。辊隙存料在压延成型中起储备、补充和进一步塑化的作用。存料的多少和旋转状况均能直接影响产品质量。存料过多,薄膜表面毛糙和出现云纹,并容易产生气泡。在硬片生产中还会出现冷疤。此外,存料过多时对设备也不利,因为增大了辊筒的负荷。存料太少,常因压力不足而造成薄膜表面毛糙,在硬片中且会连续出现菱形孔洞。存料太少还可能经常引起边料的断裂,以致不易牵至压延机上再用。存料旋转不佳,会使产品横向厚度不均匀、薄膜有气泡、硬片有冷疤。存料旋转不佳的原因在于料温太低,辊温太低或辊距调节不当。基于上述种种,当知辊隙存料是压延操作中需要经常观察和调节的重要环节,合适的存料量见表4-18。

表 4-18　φ700mm×1800mm 斜 Z 型四辊压延机辊隙存料控制

存料量＼辊隙＼制品	Ⅱ/Ⅲ辊存料量	Ⅲ/Ⅳ辊存料量
0.10mm 厚农用薄膜	直径 7～10mm，呈铅笔状旋转	直径 5～8mm，旋转时流动性好
0.23mm 厚普通薄膜	直径 12～16mm，呈铅笔状旋转	直径 10～14mm，旋转时向两边流动
0.50mm 厚硬片	折叠状连续消失，直径约 10mm，呈铅笔状旋转	直径 10～20mm，缓慢旋转

④ 剪切和拉伸　由于在压延机上压延物的纵向上受有很大的剪切应力和一些拉伸应力，因此高聚物分子会顺着薄膜前进方向（压延方向）发生分子定向，以致薄膜在物理机械性能上出现各向异性。这种现象在压延成型中称为定向效应或压延效应。就软聚氯乙烯薄膜来说，由定向效应引起的性能变化主要有：a. 与压延方向平行和垂直两向（即纵向和横向）上的断裂伸长率不同，纵向约为 140%～150%，横向约为 37%～73%；b. 在自由状态加热时，由于解取向作用，薄膜各向尺寸会发生不同的变化，纵向出现收缩，横向与厚度则出现膨胀。

如果压延制品需要这种定向效应，例如要求薄膜具有较高的单向强度，则生产中应促进这种效应，否则就需避免。定向效应的程度随辊筒线速度、辊筒之间的速比、辊隙存料量以及物料表观黏度等因素的增长而上升，但随辊筒温度和辊距以及压延时间的增加而下降。此外，由于引离辊、冷却辊和卷取辊等均具有一定的速比，所以也会引起压延物的分子定向作用。

(2) 原材料的因素

① 树脂　一般说来，使用相对分子质量较高和相对分子质量分布较窄的树脂，可以得到物理力学性能、热稳定性和表面均匀性好的制品。但是这会增加压延温度和设备的负荷，对生产较薄的膜更为不利。所以，在压延制品的配方设计中，应权衡利弊，采用适当的树脂。树脂中的灰分、水分和挥发物含量都不能过高。灰分过高会降低薄膜的透明度，而水分和挥发物过高则会使制品带有气泡。

② 其他组分　配方中对压延影响较大的其他组分是增塑剂和稳定剂。增塑剂含量越多，物料黏度就越低，因此在不改变压延机负荷的情况下，可以提高辊筒转速或降低压延温度。采用不适当的稳定剂常会使压延机辊筒（包括花辊）表面蒙上一层蜡状物质，使薄膜表面不光、生产中发生粘辊或在更换产品时发生困难。压延温度越高，这种现象越严重。出现蜡状物质的原因在于所用稳定剂与树脂的相容性较差而且其分子极性基团的正电性较高，以致压延时被挤出而包围在辊筒表面形成蜡状层。颜料、润滑剂及螯合剂等原料也有形成蜡状层的可能，但比较次要。

避免形成蜡状层的方法有：a. 选用适当的稳定剂。b. 掺入吸收金属皂类更强的填料如含水氧化铝等。c. 加入酸性润滑剂，如硬脂酸等。

③ 供料前的混合和塑炼　混合和塑炼的目的是使塑料各组分的分散和塑化均匀。分散不均，常会使薄膜出现鱼眼、柔曲性降低以及其他方面的质量缺陷；塑化不均则会使薄膜出现斑痕。塑炼温度不能过高，时间不宜太长，否则会使过多的增塑剂散失及引起树脂分解。塑炼温度又不能太低，不然会出现不贴辊或塑化不均的现象。适宜的塑炼温度视具

体配方而定，一般为150～180℃。

(3) 设备因素

压延产品质量的一个突出问题是横向厚度不均，通常是中间和两端厚而近中区两边薄，俗称"三高两低"现象。这种现象主要是辊筒的弹性变形和辊筒两端温度偏低引起的。

① 辊筒的弹性变形　实测或计算都证明压延时辊筒受有很大的分离力，因而两端支承在轴承上的辊筒就如受载梁一样，会发生弯曲变形。这种变形从变形最大处的辊筒中心，向辊筒两端逐渐展开并减少，这就导致压延产品的横向断面呈现中厚边薄的现象（图4-101）。这样的薄膜在卷取时，中间张力必然高于两边，以致放卷时就出现不平的现象。

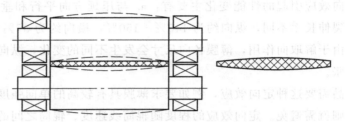

图 4-101　辊筒的弹性形变对压延产品横向断面的影响

辊筒长径比愈大，弹性变形也愈大。为了克服这一现象，除了从辊筒材料及增强结构等方面着手提高其刚度外，生产中还采用中高度、轴交叉和预应力等措施进行纠正。三种措施有时在一台设备是联用的，因为任何一种措施都有其限制性，联用的目的就是相互补偿。

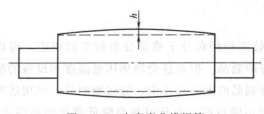

图 4-102　中高度凸缘辊筒

a. 中高度。这一措施是将辊筒的工作面磨成腰鼓形，如图 4-102 所示。辊筒中部凸出的高度 h 称为中高度或凹凸系数，其值很小，一般只有百分之几到十分之几毫米（表 4-19）。产品偏薄或物料粘度偏大所需要的中高度偏高。基于这种理由，既定中高度的辊筒所生产的薄膜，在选用的原料和制品的厚度上，均应固定，最多亦只能对原料（主要是流变性能）和厚度两者的限制略为放宽，否则厚度公差就会增大，以至达不到要求。

表 4-19　$\phi 700mm \times 1800mm$ 斜 Z 型四辊压延机中高度

辊筒	Ⅰ辊	Ⅱ辊	Ⅲ辊	Ⅳ辊
中高度/mm	0.06	0.02	0	0.04

b. 轴交叉。压延机相邻两辊筒的轴线一般都是在同一平面上相互平行的。在没有负荷下可以使其间隙保持均匀一致。如果将其中一个辊筒的轴线在水平面上稍微偏动一个角度时（轴线仍不相交），则在辊筒中心间隙不变的情况下增大了两端的间隙，这就等于辊筒表面有了一定弧度（图4-103）。

轴交叉造成的间隙弯曲形状和因分离力所引起的间隙弯曲并非完全一致（图4-104），当用轴交叉方法将辊筒中心和两端调整到符合要求时，在其两侧的近中区部分却出现了偏差,也就是轴交叉产生的弧度超过了因分离力所引起的弯曲,致使产品在这里偏薄。轴交叉角度愈大,这种现象愈严重。不过在生产较厚制品时,这一缺点并不突出。

轴交叉法通常都用于最后一个辊筒,而且常与中高度结合使用。轴交叉的优点是可以随产品规格、品种不同而调节,从而扩大了压延机的加工范围。轴交叉角度通常由两只电动机经传动机构对两端的轴承壳施加外力来调整,两只电动机应当绝对同步。轴交叉的角度一般均限制在2°以内。

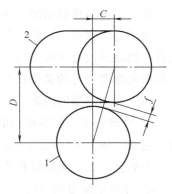

图 4-103　辊筒轴交叉示意图

c. 预应力。这种方法是在辊筒轴承的两侧设一辅助轴承,用液压或弹簧通过辅助轴承对辊筒施加应力,使辊筒预先产生弹性变形(图4-105),其方向正与分离力所引起的变形方向相反。这样,在压延过程中辊筒所受的两种变形便可互相抵消。所以这种装置也称为辊筒反弯曲装置。

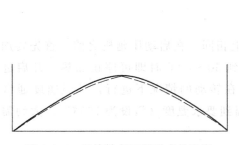

图 4-104　辊筒轴交叉所形成的弧度(实线)和真正需要的弧度(虚线)比较

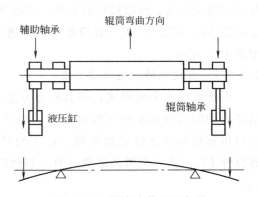

图 4-105　预应力装置示意图

预应力装置可以对辊筒的两个不同方向进行调节。当压延制品中间薄两边厚时,也可以用此装置予以校正。这种方法不仅可以使辊筒弧度有较大变化范围,并使弧度的外形接近实际要求,而且比较容易控制。但是,如果完全依靠这种方法来调整,则需几十吨甚至几百吨的力。由于辊筒受有两种变形的力,这就大大增加了辊筒轴承的负荷,降低了轴承的使用寿命。在实际使用中,预应力只能用到需要量的百分之几十,因而预应力一般也不作为唯一的校正方法。

采用预应力装置还可以保证辊筒始终处于工作位置(通常称为"零间隙"位置),以克服压延过程中辊筒的浮动现象。辊筒的浮动现象是由辊筒轴颈和轴瓦之间的间隙引起的。其所以需要留有一定的间隙是为了确保轴颈和轴瓦之间的相对转动和润滑,这也是通常压延机采用滑动轴承的理由。不过在这种情况下,辊筒在变动的载荷下转动时轴颈能在间隙范围内移动,产品厚度的均匀性必然受到影响。

② 辊筒表面温度的变动　在压延机辊筒上,两端温度常比中间的低。其原因一方面是轴承的润滑油带走了热量;另一方面是辊筒不断向机架传热。辊筒表面温度不均匀,必

然导致整个辊筒热膨胀的不均匀，这就造成产品两端厚的现象。

为了克服辊筒表面的温差，虽可在温度低的部位采用红外线或其他方法作补偿加热，或者在辊筒两边近中区采用风管冷却，但这样又会造成产品内在质量的不均。因此，保证产品横向厚度均匀的关键仍在于中高度、轴交叉和预应力装置的合理设计、制造和使用。

(4) 冷却定型的因素

① 冷却温度　制品在卷取时应冷却至 20~25℃ 左右。若冷却不足，薄膜会发黏，成卷后起皱和摊不平，收缩率也大；若冷却过分，辊筒表面会因温度过低而凝有水珠，制品被沾上后会在贮藏期间发霉或起霜，夏天潮湿季节尤需注意。

② 冷却辊流道的结构　为了提高冷却效果并进行有控制性地散热，一般都采用强制冷却的方法。但冷却辊进水端辊面温度往往低于出水端，所以，制品两端冷却程度不同，收缩率也就不一样，薄膜成卷后也会起皱和摊不平，硬片则会产生单边翘曲。解决的方法是改进冷却辊的流道结构，务使冷却辊表面温度均匀。

③ 冷却辊速度　冷却辊速度太小，会使薄膜发皱；若速度太大，产品出现冷拉现象，导致收缩率增大，所以操作时必须严格控制冷却辊速度。通常冷却辊的线速度比前面的轧花辊快 20%~30%。对于硬质聚氯乙烯透明片，牵引速度不能太大，通常比压延机线速度快 15% 左右。

4.3.3.3　压延机的一般操作方法

压延机虽有多种形式，但其操作方法基本上相同。在启动压延机之前，首先要加热油箱内的润滑油和检查压延机辊隙。当油温达到 50~60℃ 时即可停止加热，开启进油阀对压延机轴承进行正常润滑。辊筒的升温要在转动的情况下进行，升温速度通常为每分钟 1℃。从对润滑油加热计算，到辊筒升温到要求温度（假设为 165℃），大约需要 4h。

在辊筒升温过程中，应经常检查加热系统和测量辊筒表面温度，同时做以下准备工作：

① 投料前半小时对引离辊筒加热（蒸汽压力一般为 0.7~0.8MPa）；

② 检查冷却辊筒和轧花装置的冷却水是否达到预定要求；

③ 按照产品的宽度要求装好切边刀；

④ 调节投料挡板的距离。

在上述工作完成后，即可通知前工序投料。压延机辊距的调整，按规定必须在投料以后才能进行，但有经验的操作人员可以先把辊隙收紧到大约 1.25~1.50mm 后投料。以下以斜 Z 型四辊压延机为例，说明投料后对辊隙进行调整的过程。

在 Ⅰ、Ⅱ 辊之间投入物料以后，先让物料包覆在 Ⅰ 辊上，然后使 Ⅰ 辊向 Ⅱ 辊靠拢。这时可用竹刀来回切割物料，观察包覆在 Ⅰ 辊上的物料厚度是否均匀。当包在 Ⅰ 辊上的物料成为起脱壳的条状时，即可停止收紧辊隙。在调节的过程中，若两端间隙有差异，原则上是先把间隙小的一端放松，待两端基本一致后再同步收紧。

Ⅰ、Ⅱ 辊的辊隙调妥后，用竹刀把物料切下并包覆在 Ⅲ 辊上。这时即调节 Ⅱ 辊向 Ⅲ 辊靠拢，直至包覆在 Ⅲ 辊上的薄膜两端厚薄均匀（厚度约 1~0.75mm）。

最后使Ⅳ辊向Ⅲ辊靠拢。不断地观察辊筒两端存料是否均匀，用竹刀来回划动，必要时可割下两边薄膜，测量其厚度是否接近制品要求。调整最后辊隙存料至手指般粗细的铅笔状。物料从压延机引出后，再进一步调节辊隙和存料（参见表4-20），使薄膜达到指定的厚度要求。

表 4-20　斜 Z 型四辊压延机生产不同厚度薄膜时的辊隙

薄膜厚度 m ＼ 辊隙顺序 辊隙 m	Ⅰ/Ⅱ	Ⅱ/Ⅲ	Ⅲ/Ⅳ
0.09	0.14～0.18	0.11～0.14	0.09～0.10
0.14	0.20～0.22	0.18～0.20	0.14～0.15
0.23	0.30～0.33	0.25～0.30	0.23～0.24
0.45	0.50～0.52	0.48～0.50	0.45～0.46

在薄膜厚度达到要求后，再按要求调整压延速度。如果转速很快，还要重新调整辊筒温度，否则会由于温度突然升高而造成粘辊断料事故。

压延机停车时，应在辊隙还有少量物料的情况下逐步松开每一对辊隙。辊隙调至 0.75mm 左右，清除存料。这样可以确保压延机的安全。

4.4　中空吹塑

中空吹塑（blow molding，又称为吹塑模塑）是制造空心塑料制品的成型方法。它借鉴于历史悠久的玻璃容器吹制工艺，至 20 世纪 30 年代发展成为塑料吹塑技术。迄今已成为塑料的主要成型方法之一，并在吹塑模塑方法和成型机械的种类方面也有了很大的发展。

中空吹塑是借助气体压力使团合在模具中的热熔塑料型坯吹胀形成空心制品的工艺。根据型坯的生产特征分为两种：①挤出型坯：先挤出管状型坯进入开启的两瓣模具之间，当型坯达到预定的长度后，闭合模具，切断型坯，封闭型坯的上端及底部，同时向管坯中心或插入型坯壁的针头通入压缩空气，吹胀型坯使其紧贴模腔壁经冷却后开模脱出制品。②注射型坯：是以注塑法在模具内注塑成有底的型坯，然后开模将型坯移至吹塑模内进行吹胀成型，冷却后开模脱出制品。

吹塑制品包括塑料瓶、容器及各种形状的中空制品，现已广泛应用于化工、交通运输、农业、食品、饮料、化妆品、药品、洗涤制品、儿童玩具等领域中。

进入 80 年代中期，吹塑技术有长足发展，其制品应用领域已扩展到形状复杂、功能独特的办公用品、家用电器、家具、文化娱乐用品及汽车工业用零部件，如保险杠、汽油箱、燃料油管等，具有更高的技术含量和功能性，因此，又称为"工程吹塑"。

吹塑制品具有优良的耐环境应力开裂性、气密性（能阻止氧气、二氧化碳、氮气和水蒸气向容器内外透散）、耐冲击性、能保护容器内装物品；还有耐药品性、抗静电性、韧性和耐挤压性等。中空吹塑常用塑料有聚乙烯、聚氯乙烯、聚丙烯、聚苯乙烯、乙烯-醋酸乙烯共聚物、聚对苯二甲酸乙二醇酯（PET）、聚碳酸酯、聚酰胺等，其中聚乙烯用量大，使用广泛。凡熔体流动速率在 0.04～1.12 范围内都是较优的吹塑材料，用于制造包装药品的各种容器。低密度聚乙烯用作食品包装容器，高低密度聚乙烯混合料用于制造各种商品容器超高相对分子质量聚乙烯用于制造大型容器及燃料罐。聚氯乙烯塑料因透明度和气密性优良，多用于制造矿泉水和洗涤剂瓶；聚丙烯因其气密性、耐冲击强度都较聚氯乙烯和聚乙烯差，吹塑用量有限，自从采用双向拉伸吹塑工艺后，聚丙烯的透明度和冲击强度均有较大提高，宜于制作薄壁瓶子，多用于洗涤剂、药品和化妆品的包装容器。而聚对苯二甲酸乙二醇酯因透明性好、韧性高、无毒，已大量用于饮料瓶等。"工程吹塑"所用的塑料已扩展到超高相对分子质量高密度聚乙烯、聚酰胺塑料及其合金、聚甲醛、聚碳酸酯等。

4.4.1 中空吹塑设备

中空吹塑包括挤出吹塑、注射吹塑和拉伸吹塑，拉伸吹塑又包括挤出—拉伸—吹塑和注射—拉伸—吹塑，其生产过程都是由型坯的制造和型坯的吹胀组成。挤出吹塑和注射吹塑的不同点：前者是挤塑制造型坯，后者是注塑制造型坯。拉伸吹塑则增加一纵向拉伸棒，使制品在吹塑时除横向被吹胀（拉伸）外，在纵向也受到拉伸以提高其性能。而在吹塑过程上基本是相同的。由于挤出和注射成型都已讨论过，本节将侧重介绍型坯和吹胀设备的特征与要求以及对工艺的影响。

4.4.1.1 型坯成型装置

挤出型坯有间断挤出和连续挤出两种方式。间断挤出是型坯达规定长度后，挤出机螺杆停止转动和出料，待型坯吹胀冷却定型完成一生产周期后，再启动挤出机挤出下一个型坯。连续挤出，是挤出机连续生产预定长度的型坯，由移动模具接纳，并在机头处切断，送至吹塑工位或由传送机械装置夹住型坯送往后续工序。由于连续挤出法能充分发挥挤出机的能力，提高生产效率，因而被大量采用。

型坯的质量直接影响最终产品的性能和产量，而影响型坯质量的主要设备因素是挤出机机头和口模的结构，现简介如下：

(1) 挤出机

挤出机应具有可连续调速的驱动装置，在稳定的速度下挤出型坯。型坯的挤出速率与最佳吹塑周期应协调一致。挤出机螺杆的长径比应适宜。长径比太小，物料塑化不均匀，供料能力差，型坯的温度不均匀；长径比大些，分段向物料进行热和能的传递较充分，料温波动小，料筒加热温度较低，使型坯温度均匀，可提高产品的精度及均匀性，并适用于热敏性塑料的生产。对于给定的贮料温度，料筒温度较低，可防止物料的过热分解。型坯在较低的温度下挤出，由于熔体黏度较高，可减少型坯下垂，保证型坯厚度均匀。有利于缩短生产周期，提高生产效率。但是在挤出机内会产生较高的剪切和背压，要求挤出机的传动和止推轴承应坚固耐用。

(2) 机头及口模

机头包括多孔板、滤网连接管与型芯组件等。吹塑机头一般分为：转角机头、直通式机头和带贮料缸式机头三种类型。对机头的设计要求是：流道应呈流线型，流道内表面要有较高的光洁程度，没有阻滞部位，防止熔料在机头内流动不畅而产生过热分解。

① 转角机头 是由连接管和与之呈直角配置的管式机头组成。结构如图 4-106 所示。

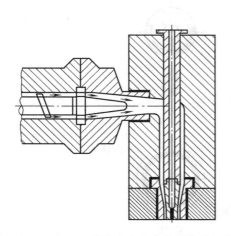

图 4-106 与型坯挤出方向成直角的管式机头

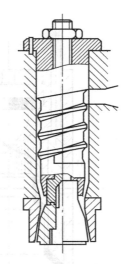

图 4-107 使用螺旋状沟槽心轴的机头

这种机头内流道有较大的压缩比，口模部分有较长的定型段，适合于挤出聚乙烯、聚丙烯、聚碳酸酯、ABS 等塑料。

由于熔体流动方向由水平转向垂直，熔体在流道中容易产生滞留，加之进入连接管环状截面各部位到机头口模出口处的长度有差别，机头内部的压力平衡受到干扰，会造成机头内熔体性能差异。为使熔体在转向时能自由平滑地流动，不产生滞留点和熔接线，多采用螺旋状流动导向装置和侧面进料机头。其结构如图 4-107 所示。这种结构使熔体流道更加流线型化，螺旋线的螺旋角为 45°～60°，收敛点机加工成刃形，位于型芯一侧，与侧向进料口相对，在侧向进料口中心线下方约 16～19mm 处。这种结构还不能完全消除熔接线。改进的措施：一是各分流道的物料应充分汇合，以达到在机头内均匀的停留时间；二是提高机头压力，促进熔体的熔合。在管心的分流梭下方装置一个节流阀，成为可调的移位节流阀式机头，其结构如图 4-108 所示。节流阀使机头内通道的有效截面缩小，增大熔体压力。节流阀的外形呈流线型。

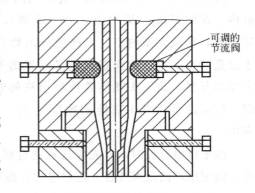

图 4-108 可调的移位节流阀式机头

② 直通式机头 直通式机头与挤出机呈一字形配置，从而避免塑料熔体流动方向的改变，可防止塑料熔体过热而分解。直通式机头的结构能适应热敏性塑料的吹塑成型，常用于硬聚氯乙烯透明瓶的制造。

③ 带贮料缸的机头 生产大型吹塑制品，如啤酒桶及垃圾箱等，由于制品的容积较大，需要一定的壁厚以获得必要的刚度，因此需要挤出大的型坯，而大型坯的下坠与缩径严重，制品冷却时间长，要求挤出机的输出量大。对大型制品，一方面要求快速提供大量熔体，减少型坯下坠和缩径，另一方面，大型制品冷却期长，挤出机不能连续运行，从而发展了带有贮料缸的机头。其结构如图 4-109 所示。

第 4 章 高分子材料主要成型加工技术

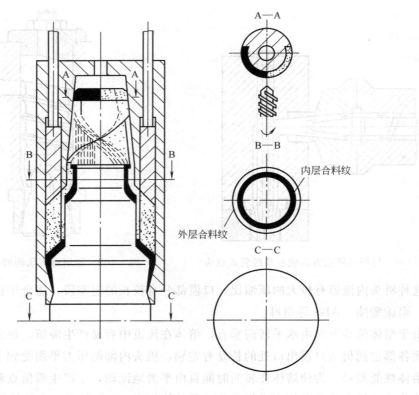

图 4-109 典型的贮料缸机头示意图

由挤出机向贮料缸提供塑化均匀的熔体,按照一定的周期所需熔体数量贮存于贮料缸内。在贮料缸系统中由柱塞(或螺杆)定时,间歇地将所贮物料(熔体)全部迅速推出,形成大型的型坯。高速推出物料可减轻大型型坯的下坠和缩径,克服型坯由于自重产生下垂变形而造成制品壁厚的不一致。同时挤出机可保持连续运转,为下一个型坯备料。该机头既能发挥挤出机的能力,又能提高型坯的挤出速度,缩短成型周期。但应注意,当柱塞推动速度过快,熔体通过机头流速太大,可能产生熔体破碎现象。

确定口模直径时,首先应选取适合制品外径的吹胀比,即制品的外径与型坯外径之比。确定型坯的最大外径,还要考虑口模膨胀问题,最后确定口模的直径。

实际上,口模的直径不仅由吹胀比,还可由型坯切口的宽度来决定。可按下式计算:

由吹胀比决定口模直径时:$D_d = D_{max}/B(S+1)$ (4-98)

由切口宽度决定口模直径时:$D_d = 2P_w/\pi(S+1)$ (4-99)

式中 D_d——口模直径;

D_{max}——制品最大外径;

B——吹胀比(制品最大外径/型坯外径);

S——膨胀比(即型坯外径与口模直径之差/口模直径);

P_w——型坯切口宽+2X 型坯壁厚。

模芯外径计算式为： $$D_c = \sqrt{D_d^2 - 2W/\pi L\rho} \qquad (4\text{-}100)$$

式中　D_c——模芯外径；

　　　W——制品质量（包括颈部、毛边）；

　　　L——制品长度；

　　　ρ——树脂密度。

口模缝隙宽度大，树脂熔体受到的剪切速率变小，则不易因熔体破碎引起型坯表面粗糙。定型段长，机头内部熔体压力上升，有利于消除熔接线，但产生压力损失。定型段长度（l）与缝隙（t）之比（l/t）一般取 10 左右为宜。对挤出机和机头的总体要求是均匀地挤出所需要直径、壁厚和黏度的型坯。

4.4.1.2　吹胀装置

型坯进入模具并闭合后，吹胀装置即将管状型坯吹胀成模腔所具有的精确形状，进而冷却、定型、脱模取出制品。

吹胀装置包括吹气机构、模具及其冷却系统、排气系统等部分。

(1) 吹气机构

吹气机构应根据设备条件、制品尺寸、制品厚度分布要求等选定。空气压力应以吹胀型坯得到轮廓图案清晰的制品为原则。一般有针吹法、顶吹法、底吹法等三种方式。

① 针吹法　如图 4-110 所示，吹气针管安装在模具型腔的半高处，当模具闭合时，针管向前穿破型坯壁，压缩空气通过针管吹胀型坯，然后吹针缩回，熔融物料封闭吹针遗留的针孔。另一种方式是在制品颈部有一伸长部分，以便吹针插入，又不损伤瓶颈。在同一型坯中可采用几支吹针同时吹胀，以提高吹胀效果。

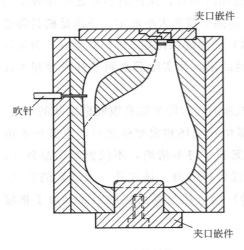

图 4-110　吹针结构

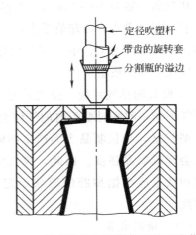

图 4-111　具有定径和切径作用的顶吹装置

② 顶吹法　如图 4-111 所示，顶吹法是通过型芯吹气。模具的颈部向上，当模具闭合时，型坯底部夹住，顶部开口，压缩空气从型芯通入，型芯直接进入开口的型坯内并确定颈部内径，在型芯和模具顶部之间切断型坯。较先进的顶吹法型芯由两部分组成。一部

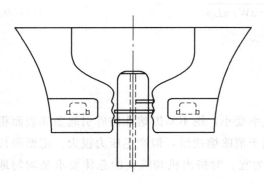

图 4-112 底吹结构示意图

分定瓶颈内径,另一部分是在吹气型芯上滑动的旋转刀具,吹气后,滑动的旋转刀具下降,切断余料。

③ 底吹法　底吹法的结构如图 4-112 所示。挤出的型坯落到模具底部的型芯上,通过型芯对型坯吹胀。型芯的外径和模具瓶颈配合以固定瓶颈的内外尺寸。为保证瓶颈尺寸的准确,在此区域内必须提供过量的物料,这就导致开模后所得制品在瓶颈分型面上形成两个耳状飞边,需要后加工修饰。底吹法适用于吹塑颈部开口偏离制品中心线的大型容器,有异形开口或多个开口的容器。

(2) 吹塑模具

吹塑模具通常有两瓣组成,并设有冷却剂通道和排气系统。

① 模具的材质　常选用铝、锌合金、铍铜和钢材等,应根据生产制品的数量、质量和塑料品种来选择。铝合金易于铸造和机械加工,多用于形状不规则的容器;铝的导热系数高,机械加工性优良,可采用冷压技术制造不规则形状的模具,还可采用喷砂处理是模腔表面形成小凹坑,有利于排出模腔内的空气;铍铜易传热,利于模具冷却,多用作硬制塑料的吹塑模具及需要在容器本体上有装饰性刻花图案的模具;工具钢用作大批量生产硬质塑料制品的模具,多选用洛氏硬度 45~48 的材质,内表面应该抛光镀铬,以提高制品的表面光泽。

② 模具的冷却系统　冷却系统直接影响制品性能和生产效率,因此合理设计和布置很重要。一般原则是：冷却水道与型腔的距离各处保持一致,保证制品各处冷却收缩均匀。其距离一般为 10~15mm,根据模具的材质、制品形状和大小而定。在满足模具强度要求下,距离愈小,冷却效果愈好;冷却介质(水)的温度保持在 5~15℃ 为宜;为加快冷却,模具可分为上、中、下三段分段冷却,按制品形状和实际需来调节各段冷却水流量,以保证制品质量。

③ 模具的排气系统　排气系统是用以在型坯吹胀时,排除型坯和模腔壁之间的空气,如排气不畅,吹胀时型腔内的气体会被强制压缩滞留在型坯和模腔壁之间,使型坯不能紧贴型腔壁,导致制品表面产生凹陷和皱纹,图案和字迹不清晰,不仅影响制品外观,甚至会降低制品强度。因此,模具应设置排气孔或者排气槽。排气孔(或槽)的形式、位置和数量应根据型腔的形状而定,排气孔(槽)均直接与制品接触,要求加工精度比较高。

4.4.1.3　辅助装置

(1) 型坯厚度控制装置

型坯从机头口模挤出时,会产生膨胀现象,使型坯直径和壁厚大于口模间隙,悬挂在口模上的型坯由于自重会产生下垂,引起伸长使纵向厚度不均和壁厚变薄(指挤出端壁厚变薄)而影响型坯的尺寸,乃至制品的质量。控制型坯尺寸的方式有：

① 调节口模间隙 在口模处安装调节螺栓以调节口模间隙。用圆锥形的口模,通过液压缸驱动芯轴上下运动,调节口模间隙,以控制型坯壁厚,如图 4-113 所示。

② 改变挤出速度 挤出速度越大,由于离模膨胀,型坯的直径和壁厚也就越大。利用这种原理挤出,使型坯外径恒定,壁厚分级变化,能改善型坯的下垂的影响和适应离模膨胀,并赋予制品一定的壁厚,又称为差动挤出型坯法。

③ 改变型坯牵引速度 周期性改变型坯牵引速度来控制型坯的厚度。

④ 预吹塑法 当型坯挤出时,通过特殊刀具切断型坯使之封底,在型坯进入模具之前吹入空气称为预吹塑法。在型坯挤出的同时自动地改变预吹塑的空气量,可控制有底型坯的壁厚。

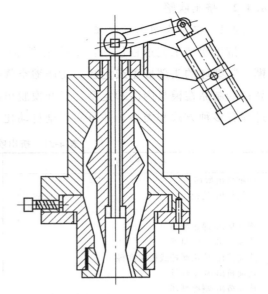

图 4-113 圆锥型口模控制型坯厚度

⑤ 型坯厚度的程序控制 它是通过改变挤出型坯横截面的壁厚来达到控制吹塑制品壁厚和质量的一种方法。

吹塑制品的壁厚取决于型坯各部位的吹胀比。吹胀比越大,该部位壁越薄。吹胀比越小,壁越厚。

现代挤出吹塑机组型坯程序控制是根据对制品壁厚均匀的要求,确定型坯横截面沿长度方向各部位的吹胀比,通过计算机系统绘制型坯程序曲线,通过控制系统操纵机头芯棒轴向移动距离,同步变化型坯横截面壁厚。型坯横截面壁厚沿长度方向变化的部位(即点数)越多,制品的壁厚越均匀。

(2) 型坯长度控制

型坯的长度直接影响吹塑制品的质量和切除尾料的长短,尾料涉及原材料的消耗。型坯长度决定于在吹塑周期内挤出机螺杆的转速。转速快,型坯长,转速慢,型坯短。此外,加料量波动、温度变化、电压不稳、操作变更均会影响型坯长度。

控制型坯长度,一般采用光电控制系统。通过光电管检测挤出型坯长度与设定长度之间的变化,通过控制系统自动调整螺杆转速,补偿型坯长度的变化,并减少外界因素对型坯长度的影响。这种系统简单实用、节约原材料,尾料耗量可降低约 5%。通常型坯厚度与长度控制系统多联合使用。

(3) 型坯切断装置

型坯达到要求长度后应进行切断。切断装置要适应不同塑料品种的性能。在两瓣模组成的吹胀模具中,是依靠模腔上、下口加工成刀刃式切料口切断型坯。切料口的刀刃形状直接影响产品的质量。切料口的刀刃有多种形式,自动切刀有平刃和三角形刀刃。对硬聚氯乙烯透明瓶型坯,一般采用切刀,而且对切刀应进行加热。

4.4.2 挤出吹塑

4.4.2.1 挤出吹塑工艺过程

挤出吹塑工艺过程包括：①挤出型坯；②型坯达到预定长度时，夹住型坯定位后合模；③型坯的头部成型或定径；④压缩空气导入型坯进行吹胀，使之紧贴模具型腔形成制品；⑤制品在模具内冷却定型；⑥开模脱出制品，对制品进行修边、整饰。实现上述工艺过程有多种方式和类型，并可实现全自动化运行。挤出吹塑的方式及类型如表 4-21 所示。

表 4-21 挤出吹塑的方式及类型

挤出型坯方式	吹胀模具型式
间歇挤出型坯	一副模具或多副模具移至型坯处
连续挤出-轮换出料	两副模具—单一型腔
	多副模具—多型腔
连续挤出-递送型坯	水平递送，垂直递送
连续挤出-带贮料器	大型模具
连续挤出-使用螺杆或柱塞推料	—
连续挤出-移动模具	垂直移动，水平移动，转盘移动
连续挤出-制冷型坯	

就挤出型坯而论，主要有间歇挤出和连续挤出两种方式。间歇挤出型坯、合模、吹胀、冷却、脱模都是在机头下方进行。由于间歇挤出物料流动中断，易发生过热分解，而挤出机的能力不能充分发挥，多用于聚烯烃及非热敏性塑料的吹塑。

连续挤出型坯，即型坯的成型和前一型坯的吹胀、冷却、脱模都是同步进行的。连续挤出型坯有往复式、轮换出料式和转盘式三种，适用于多种热塑性树脂的吹塑，熔融塑料的热降解可能性较小，并能适用于 PVC 等热敏性塑料的吹塑。

4.4.2.2 挤出吹塑控制因素

影响挤出吹塑工艺和中空制品质量的因素主要有：型坯温度和挤出速度、吹气压力和鼓气速率、吹胀比、模温和冷却时间等。

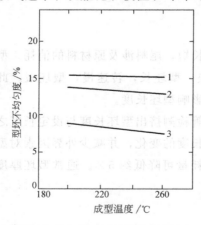

图 4-114 成型温度与型坯表面均匀度的关系
1—聚丙烯共聚物；2—高密度聚乙烯；3—聚丙烯

（1）型坯温度和挤出速度

型坯温度直接影响中空制品的表观质量、纵向壁厚的均匀性和生产效率。挤出型坯时，熔体温度应均匀，并适宜地偏低以提高熔体强度，从而减小因型坯自重所引起的垂伸，并缩短制品的冷却时间，有利于提高生产效率。

型坯温度过高，挤出速度慢，型坯易产生下垂，引起型坯纵向厚度不均，延长冷却时间，甚至丧失熔体热强度，难以成型。型坯温度过低，离模膨胀突出，会出现长度收缩、壁厚增大现象，降低型坯的表面质量，出现流痕，同时增加不均匀性，如图 4-114 所示。另外，还会导致制品的强度差，表面粗糙无光。

经验证明：熔融塑料的剪切应力为零时的表观粘度 η_a（Pa·s）、型坯的长度 L（cm）、塑料熔体的密度

ρ（g/cm³）和挤出速度 v（cm/s）之间应满足下列关系式：

$$\eta_a = 158L^2\rho/v \tag{4-101}$$

在挤出吹塑过程中，当 L、v、ρ 一定时，可计算出所需 η_a，通过调节挤出型坯的温度，使塑料的实际黏度大于计算黏度，即可保持型坯的形状。各种塑料的熔体黏度受剪切速率和温度的影响大小不同，聚丙烯及其共聚物比聚乙烯对温度更敏感，故加工性差，而聚乙烯较适合挤出吹塑。

挤出吹塑过程中，常发生型坯上卷现象，这是由于型坯径向厚度不均匀所致，卷曲的方向总是偏于厚度较小的一边。型坯温度不均匀也会造成型坯厚度的不均匀，因此要严格地控制型坯温度。一般遵守的生产原则是：在挤出机不超负荷的前提下，控制稍低而稳定的温度，提高螺杆转速，可挤出表面光滑、均匀、不易下垂的型坯。表 4-22 所示为三种通用塑料挤出型坯时的温度控制范围。

表 4-22 挤出型坯时的温度控制

塑料品种	聚乙烯	聚丙烯	透明聚氯乙烯
机身温度/℃			
1	110～120	170～180	155～165
2	130～140	200～210	175～185
3	140～150	200～215	185～195
机头温度/℃		145～150	190～200
贮料缸温度/℃		170～180	

（2）吹气压力和鼓气速率

吹胀是用压缩空气对型坯施加空气压力使其吹胀而紧贴模腔壁，同时压缩空气也起到冷却作用。由于塑料种类和型坯温度不同，型坯的模量值各异，为使之形变，所需的气压也不同，一般空气压力在 0.2～1MPa。对黏度大模量高的聚碳酸酯塑料取较高值；对黏度低易变形的聚酰胺塑料取较低值，其余取中间值。吹气压力的大小还与型坯的壁厚、制品的容积大小有关；对厚壁小容积制品可采用较低的吹气压力。由于型坯厚度大，降温慢，熔体黏度不会很快增大以致妨碍吹胀；对于薄壁大容积制品，需要采用较高的吹气压力来保证制品的完整。

鼓气速率是指充入空气的容积速率。鼓气速率大，可缩短到坯的吹胀时间，使制品厚度均匀，表面质量好。但是鼓气速率过大，会在空气进口处产生局部真空，造成这部分型坯内陷，甚至将型坯从口模处拉断，以致无法吹胀。为此，需要加大空气的吹管口径。当吹制细颈瓶时不能加大吹管口径，只能降低容积速率。

（3）吹胀比

吹胀比是指型坯吹胀的倍数。型坯的尺寸和质量一定时，型坯的吹胀比愈大则制品的尺寸就愈大。加大吹胀比，制品的壁厚变薄，虽可以节约原料，但是吹胀变得困难，制品的强度和刚度降低；吹胀比过小，原料消耗增加，制品壁厚，有效容积减小，制品冷却时间延长，成本升高。应根据塑料的品种、特性、制品的形状尺寸和型坯的尺寸确定吹胀比。通常大型薄壁制品吹胀比较小，取 1.2～1.5；小型厚壁制品吹胀比较大，取 2～4；吹胀细口瓶时，也有高达 5～7 倍的。

(4) 模具温度

模具温度直接影响制品的质量。模具温度应保持均匀分布，以保证制品的均匀冷却。模温过低，型坯冷却快，形变困难，夹口处塑料的延伸性降低，不易吹胀，造成制品该部分加厚，通过加大吹气压力和鼓气速率，虽有所克服，但仍会影响制品厚度的均匀性，制品的轮廓和花纹不清楚，制品表面甚至出现斑点和橘皮状。模温过高时，冷却时间延长，生产周期增加，当冷却不够时，制品脱模后易变形，收缩率大。

通常对小型厚壁制品模温控制偏低，对大型薄壁制品模温控制偏高。确定模温的高低，应根据塑料的品种来定。对于工程塑料，由于玻璃化温度较高，故可在较高模温下脱模而不影响制品质量，高模温有助于提高制品的表面光洁度。一般吹塑模温控制在低于塑料软化温度40℃左右为宜。

(5) 冷却时间

型坯吹胀后应进行冷却定型，冷却时间控制着制品的外观质量、性能和生产效率。增加冷却时间，可防止塑料因弹性回复而引起的形变，制品外形规整，表面图纹清晰，质量优良。但是，因制品的结晶度增大而降低韧性和透明度，延长生产周期，降低生产效率。冷却时间太短，制品会产生应力而出现孔隙。

通常在保证制品充分冷却定型的前提下加快冷却速率来提高生产效率。加快冷却速率的方法有：加大模具的冷却面积，采用冷冻水或冷冻气体在模具内进行冷却，利用液态氮或二氧化碳进行型坯的吹胀和内冷却。

模具的冷却速度决定于冷却方式、冷却介质的选择和冷却时间，此外还与型坯的温度和厚度有关。如图4-115所示，随制品壁厚增加，冷却时间延长。不同的塑料品种，由于热传导率不同，冷却时间也有差异；在相同厚度下，高密度聚乙烯比聚丙烯冷却时间长。

对于大型、厚壁和特殊构形的制品可采用平衡冷却，对其颈部和切料部位选用冷却效能高的冷却介质，对制品主体较薄部位选用一般冷却介质。对特殊制品还需要进行第二次冷却，即在制品脱模后采用风冷或水冷，使其充分冷却定型防止收缩和变形。

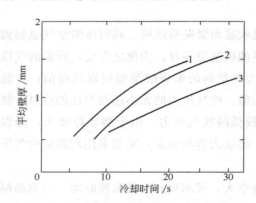

图4-115 制品壁厚度与冷却时间的关系
1—聚丙烯；2—聚丙烯共聚物；3—高密度聚乙烯

综上所述，挤出吹塑的优点是：①适用于多种塑料；②生产效率较高；③型坯温度比较均匀，制品破裂减少；④能生产大型容器；⑤设备投资较少等。因此挤出吹塑在当前中空制品生产中仍占绝对优势。

4.4.3 注射吹塑

4.4.3.1 注射吹塑生产工序

注射吹塑是生产中空塑料容器的两步成型方法，其生产工序如图4-116所示。由注射机在高压下将熔融塑料注入型坯模具内形成管状形坯，开模后型坯留在芯模（又称芯棒）

上，通过机械装置将热型坯置于吹塑模具内，合模后由芯模通道引入 0.2～0.7MPa 的压缩空气，使型坯吹胀达到吹塑模腔的形状，并在空气压力下进行冷却定型，脱模后得到制品。

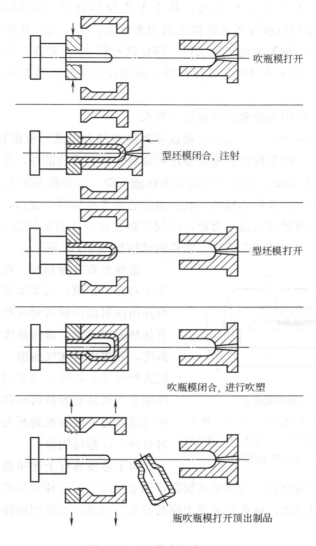

图 4-116　注射吹塑成型过程

注射吹塑适宜生产批量大的小型精制容器和广口容器。一般能生产的最大容积量不超过 4L。

注射吹塑的中空容器，主要用于化妆品、日用品、医药和食品的包装。常用的树脂有 PP、PE、PS、SAN、PVC、PC 等。

与挤出吹塑法相比，注射吹塑法的优点是：制品壁厚均匀一致，不需要进行后修饰加工；制品无合缝线，废边废料少。缺点是：每件制品必须使用两副模具（注射型坯模和吹胀成型模）；注射型坯模要能承受高压，两副模具的定位公差等级较高，模具成本费用加大，生产容器的形状和尺寸受限，不宜生产带把手的容器。由于上述各点，此法仍处于发

4.4.3.2 注射吹塑设备特点

注射吹塑的基本特征是型坯在注射模具中完成，制品在吹塑模具中完成。注射吹塑设备具有二工位、三工位和四工位之分。基于上述原理设计而成的称为二位机（相距180°）。脱除制品是采用机械液压式的顶出机构来完成。二位机具有较大的灵活性。三位机相距120°，即增加脱除制品的专用工位。四位机相距90°，是在三位机的基础上，为特殊用途的工艺要求（预成型即预吹或预拉伸）而增设的工位。最常用的是三位机，约占90％以上。

(1) 对注射型坯模中型腔和芯棒的设计要求

注射型坯模常由两半模具、芯棒、底板和颈圈四部分组成。根据制品的形状、壁厚、大小和塑料的收缩性、吹胀性设计整体型坯的形状。除容器颈部外，要求型坯的径向壁厚大于1.5mm，不超过5mm，壁厚太薄使吹胀性能下降，太厚使型坯无法吹胀成型。

型坯形状确定后，再设计芯棒的形状。由于芯棒要从容器中脱出，因此应满足：①芯棒直径应小于吹塑容器颈部的最小直径，以便芯棒脱出；②容器的最小直径尽可能大些，使吹胀比不致过小，以保证制品质量。芯棒的结构如图4-117所示。

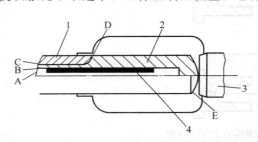

图4-117 芯棒结构简图
1—型芯座；2—型芯；3—底塞；4—加热油导管
A—热油入口；B—热油出口；C—气道；D—吹气口；
E—L/D大时，瓶底吹气口位置

芯棒具有三种功能：在注射模具中以芯棒为中心充当阳模，成型型坯；作为运载工具将型坯由注射模内输送到吹塑模具中去；芯棒内有加热保温通道，常用袖作加热介质，控制其温度，芯棒内有吹气通道，供压缩空气进入型坯进行吹胀，吹气口设于容器的肩部，以保证压缩空气能达到容器的底部并利于吹胀。在芯棒的通气道上装有控制开关装置，使芯棒吹气时打开，注塑时闭合。

由于芯棒具有上述功能，又是形成容器的内表面，因此，芯棒表面加工精度要求较高，选七级以上。芯棒应具有足够的刚度，韧性好，表面硬度高，耐腐蚀，材质要求高于模具的其他部件，宜选用油淬火工具钢、含铬的合金钢制作。

当型坯和芯棒确定后，注射模型腔的形状即已确定。为保证加工精度，其结构常采用嵌套式，包括注射型腔套、型腔座、吹塑模的芯棒定位板及螺纹口套。为满足型腔座分区加热或冷却的传热要求，型腔套与型腔座的配合宜选H7/h7以上。合模宜用四周楔面定位，不宜用导柱定位。由于模具要求的强度、硬度较普通注射模高，因此，常选用高碳钢或碳素工具钢制作型腔座。型腔套的材质与芯棒相同。

(2) 吹塑模具的设计要求

吹塑模具是容器成型的关键装置，直接呈现容器的形状、表面粗糙度及外观质量。因此，模具应保证在吹胀后能充分冷却至定型，各配合面选用公差的上限值，以防制品表面出现合缝线，为使吹胀过程中模具夹带的气体顺利排除，在合模面上应开设几处排气槽。

根据容器的形状，排气槽的深度 15~20μm，宽度 10mm 为宜。容器的底部应设计呈凹状以便脱模。一般对软塑料容器底部凹进 3~4mm，硬塑料容器底部凹进 0.5~0.8mm 已足够。特殊要求可设计为具有伸缩性的成型底座。模体材质一般选用耐腐蚀的碳素工具钢及普通合金钢制造。

注射吹塑模具的关键在于芯棒和型坯造型的设计。每一种容器的形状都有它自己的特点和特定的芯棒和型坯，设计工作应从这方面着手。如果芯棒和型坯的设计不能同容器成型特点相适应，就无法使其成型，必须重新设计和加工。

设计过程中，设计者要考虑到型坯和芯棒形状设计的最佳加工性能和吹塑性能，无论如何不能使型腔太大而损害加工性能。同时还必须考虑到机器锁模力、型坯的投影面积、实际限定的压板面积和机器的启动压力。在加工模具之前，首先要做一个型腔的样件，通过对单型腔阴槽的研究，可以找出特定芯棒和型坯设计的许多特点。如果必须重新设计的话，那么重新加工一个单模型腔比重新加工多模型腔要便宜得多，同时对单模型腔的研究可以指导整套模具的生产。如果在单模型腔试验中制件难以控制，那么在生产中肯定会出现更多的困难。这个用于试验的单模型腔也可以作为生产模具的一部分。

(3) 注射吹塑模具的加工

由于模具在成型过程中要准确无误地工作，所以注射吹塑模具的加工必须极为准确。对型坯模具的要求要比吹塑模具更为苛刻，因为它直接承受注射压力。同样，芯棒处于同型坯模一样的条件，所以必须与型坯模同心，以赋予它更好的吹塑性能。只有相应的精确加工和必要的组成部件结合起来，才能成为一套完整的注射吹塑模具，所以零部件的加工不允许超过尺寸偏差。

4.4.3.3 注射吹塑工艺要点

适合注射吹模的树脂应具有较高的相对分子质量和熔体黏度，而且熔体黏度受剪切速率及加工温度的影响较小，制品具有较好的冲击韧性，有合适的熔体延伸性能，以保证制品所有棱角都能均匀地呈现吹塑模腔的轮廓，不会出现壁厚明显薄厚不均。

注射型坯时，管坯温度是关键。温度太高，熔料黏度低易变形，使管坯在转移中出现厚度不均，影响吹塑制品质量；温度太低，制品内常带有较多的内应力，使用中易发生变形及应力破裂。

为能按要求选择模温，常配置模具油温调节器，由精度较高的数字温控仪控制（温度范围 0~199℃），温差＜±2℃。一般还配置有较大制冷量（23kW）的水冷机，有利于缩短生产周期，节约费用。

4.4.4 中空吹塑成型工艺及控制

前面的挤出吹塑和注塑吹塑章节中已经分别介绍到了这两种吹塑成型的成型工艺和控制，下面主要介绍的是拉伸吹塑的成型工艺及控制。

4.4.4.1 拉伸吹塑工艺

拉伸吹塑是指经双轴定向拉伸的一种吹塑成型。它是在普通的挤出吹塑和注射吹塑基础上发展起来的。先通过挤出法或注射法制成型坯，然后将型坯处理到塑料适宜的拉伸温度，经内部（用拉伸芯棒）或外部（用拉伸夹具）的机械力作用而进行纵向拉伸，同时或稍后经压缩空气吹胀进行横向拉伸，最后获得制品。

拉伸吹塑工艺分为一步法和两步法。

一步法是指制备型坯、拉伸、吹塑三道主要工序在一台机中连续依次完成的，又称为热型坯法。型坯是处于生产过程中的半成品。设备的组合方式有：①由挤出机和吹塑机组成；②由注射机和吹塑机组成。

两步法生产，第一步制备型坯，型坯经冷却后成为一种待加工的半成品，具有专门化生产的特性。第二步将冷型坯提供另一企业或另一车间进行再加热，拉伸和吹塑，又称为冷型坯法。两步法的产量、工艺条件控制是一步加工法无可比拟的，适宜大批量生产，但能耗较多。

目前拉伸吹塑有四种组合方式：①一步法挤出拉伸吹塑，用于加工PVC；②两步法挤出拉伸吹塑，用于加工PVC和PP；③一步法注射拉伸吹塑，用于加工PET和RPVC；④两步法注射拉伸吹塑，用于加工PET。

拉伸吹塑工艺过程包括：注射型坯定向拉伸吹塑，挤出型坯定向拉伸吹塑，多层定向拉伸吹塑，压缩定向拉伸吹塑等。其特点都是将型坯温度控制在低于熔点温度下用双向拉伸来提高制品的强度。下面介绍两种主要的拉伸吹塑工艺过程。

（1）注射型坯定向拉伸吹塑

先注射成型有底型坯，并连续地由运送带（或回转带）送至加热炉（红外线或电加热），经加热至拉伸温度，而后纳入吹塑模内借助拉伸棒进行轴向拉伸，最后再经吹胀成型。注射拉伸吹塑成型示意如图4-118所示。此法的工艺特点是在通常吹塑机上增加拉伸棒将型坯先进行轴向拉伸1~2倍。为此需要控制适宜的拉伸温度。此法可用多腔模（2~8个）进行，生产能力可达250~2400只/h（容量为340~1800g饮料瓶）。

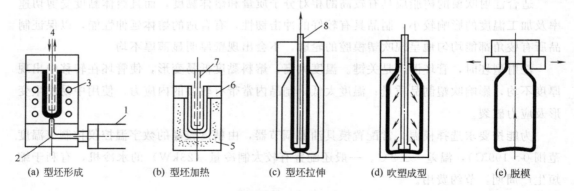

(a) 型坯形成　　(b) 型坯加热　　(c) 型坯拉伸　　(d) 吹塑成型　　(e) 脱模

图4-118　注射拉伸吹塑示意图

1—注射机；2—热流道；3—冷却水孔；4—冷却水；5—加热水；6—口部模具；7—型芯加热；8—延伸棒

（2）挤出型坯定向拉伸吹塑

先将塑料挤成管材，并切断成一定长度而作为冷坯。放进加热炉内加热到拉伸温度，然后通过运送装置将加热的型坯从炉中取出送至成型台上，使型坯的一端形成瓶颈和螺牙，并使之沿轴向拉伸100%~200%后，闭合吹塑模具进行吹胀。另一种方法是从炉中取出加热的型坯，一边在拉伸装置中沿管坯轴向进行拉伸，一边送往吹塑模具，模具夹住经拉伸的型坯后吹胀成型，修整废边。此法生产能力可达到 3000 只/h（容量为 1L 的瓶子）。为了满足不同工艺的要求，迄今已发展了多种工业用成型设备，并已开发出多层定向拉伸吹塑。表 4-23 对双向拉伸聚酯（PET）瓶的性能与聚氯乙烯（PVC）瓶进行了比较。

表 4-23　双向拉伸聚酯瓶与聚氯乙烯瓶性能比较

项目	聚氯乙烯吹塑瓶		双向拉伸聚酯吹塑瓶		聚酯吹塑瓶	
	横向	纵向	横向	纵向	横向	纵向
屈服拉伸强度/MPa	81.5	95.3	46.1	44.8	45.7	44.3
断裂拉伸强度/MPa	157.8	169.2	60.7	68.5	39.1	36.4
断裂伸长率/%	80.1	55.3	340	350	134	169
落锤冲击值/N·m	300		300		100	
试样壁厚/mm	0.3		0.60		0.55	
试样黏度	低黏度		高黏度			

4.4.4.2　拉伸吹塑的质量控制因素

(1) 原材料的选择

一般而言，热塑性塑料都能拉伸吹塑。通过双向拉伸，能明显地提高拉伸强度、冲击韧性、刚性、透明度和光泽，提高对氧气、二氧化碳和水蒸气的阻隔性。从目前技术水平而论，能满足上述要求的塑料主要有：聚丙烯腈（PAN）、聚对苯二甲酸乙二醇酯（PET）、聚氯乙烯（PVC）、聚丙烯（PP）。其中聚对苯二甲酸乙二醇酯的用量最大，聚丙烯腈的用量最小。聚丙烯对水蒸气的阻隔性较好，经双向拉伸后，其低温（5~20℃）脆性有较大改进。从原料价格及对生理的无害性出发，人们正在不断地研究、开拓拉伸吹塑的新原料。

(2) 注射型坯工艺控制

温度、压力、时间是注射型坯的三大工艺因素。料筒温度控制树脂的塑化温度，注射压力影响产品形状和精度，成型周期决定生产效率。三因素互相制约又互相影响。以 PET 树脂瓶为例：由于 PET 树脂为结晶型聚合物，结晶度 50%~55%，有明显的熔点（为 260℃），分解温度＞290℃，据此料筒喷嘴温度应控制在 260~290℃ 之间。熔体呈黏度较低的黏流态，采用适中的注射压力和注射速度。注射模具温度关系到型坯的性能，并直接影响下一步的拉伸吹塑工艺，注入模腔的 PET 熔体必须在 T_g（70~78℃）以下迅速冷却，快速通过 PET 结晶速率最快的温度（140~180℃）区域以获得透明的无定型的型坯。为此，型坯模具必须使用冷冻水冷却。水温一般为 5~10℃，将使模温下降到 20~50℃。此时 PET 型坯的结晶度不到 3%。成型周期与冷冻水的控温有关，运行良好，不仅能缩短成型周期，并能提高产品质量，型坯迅速冷至 T_g 以下，可减少发雾和结晶。同时，树脂在高温下滞留时间缩短，因热降解产生的乙醛含量较低。

冷却时间随型坯壁厚的平方而变化。型坯壁厚，冷却时间长，生产周期加大。型坯在冷却过程中是靠冷却水带走模具中的热量，当冷却水在通道内呈湍流状态时，传热增大。因此，应配备高压及大流量的水泵。PET 型坯的注射成型工艺参数见表 4-24。

表 4-24　PET 型坯的注射成型工艺参数

料筒温度/℃	注射压力/MPa	螺杆预塑时间/s	冷却时间/s	冷却温度/℃	模腔温度/℃	每腔注射量/g
后　288 中　282 前　282	高压　76 低压　41 背压　0~35	8.5	9.0	4.4~10	1#　266~277　2#　266~277 3#　277~304　4#　277~304 5#　277~304　6#　277~304 7#　277~304　8#　277~304	68

注：用 2500g 注射机，8 腔热流道模具，采用单独加热控制浇口。

(3) 拉伸吹塑工艺控制特点

拉伸吹塑主要受到型坯加热温度、吹塑压力、吹塑时间和吹塑模具温度等工艺因素的影响。现简介如下：

① 型坯的再加热　它是两步法生产的特征。当型坯从注射模取出冷却至室温后，要经过 24h 的存放以达到热平衡。型坯再加热的目的是增加侧壁温度到达热塑范围，以进行拉伸吹塑。使之获得充分的双轴定向，使 PET 瓶达到所需的物理性能，使制品透明、富有光泽，无瑕疵和表面凹凸不平。再加热一般用有远红外或石英加热器的恒温箱。恒温箱呈线型的，型坯沿轨道输送，固定轴使型坯转动，保持平缓加热。型坯取出时温度为 195℃~230℃，应进行 10~20s 的保温，以达到温度分布的平衡。

② 拉伸吹塑和双轴定向　型坯经再加热后的温度应达到玻璃化温度以上 10%~40%，然后送到拉伸吹塑区合模，拉伸杆启动并沿轴向进行纵向拉伸时，通入压缩空气，在圆周方向使型坯横向膨胀，当拉伸杆达到模具底部，型坯吹胀冷却后，拉伸杆退回，压缩空气停止通入时，即得产品。

拉伸比（包括拉伸速率、拉伸长度、吹塑空气压力和吹气速率）是影响制品质量的关键。纵向拉伸比（制品长度与型坯长度之比）是通过拉伸杆实现的，横向拉伸比（制品直径与型坯直径之比）是通过吹塑空气实现的。实践证明：横向拉伸 5 倍，纵向拉伸 2.5 倍时，PET 瓶的质量较满意，超过上述纵、横向拉伸比时，制品会泛白，强度下降。

吹塑空气压力对有底托的 PET 瓶仅需要 20Pa，对无底托的 PET 瓶则需要 30Pa，此时吹塑制品质量较佳。吹塑空气严禁带入水分和油污，否则热膨胀时会产生蒸汽，附在制品内壁形成麻面，使瓶子失去透明性影响外观和卫生性。

4.5　泡沫塑料成型

泡沫塑料是以塑料为基本组分而内部具有无数微小气孔结构的复合材料。由于含有大量气泡，泡沫塑料具有密度低，比强度高，隔热、隔音及吸收冲击载荷的能力。其用途广泛，在塑料制品中占有相当重要的地位。

泡沫塑料的品种繁多，分类方法多种多样。根据发泡倍数的不同，泡沫塑料可分为高发泡、中发泡和低发泡三种类型；根据泡体质地的软硬程度，可以分为硬质泡沫塑料、半硬质泡沫塑料和软质泡沫塑料；根据泡孔的结构可分为开孔泡沫塑料与闭孔泡沫塑料等。

泡沫塑料的结构、泡孔的形态和大小与泡沫塑料成型工艺有密切的关系，了解这种关系有助于调节和控制泡沫塑料的性能，以更好地适应不同用途的需要。

泡沫塑料成型过程中，除了完成普通塑料的成型加工外，还要完成气泡的形成、膨胀和固化定型等过程,气液相并存的体系是极不稳定的,气泡可能膨胀也可能塌陷,而影响其变化过程的因素很多,且影响因素相互交错,因此泡沫塑料成型过程比一般塑料成型过程要复杂得多,要求在特制的成型定型设备中进行,并严格控制成型工艺,因此难度比较大,且机理不明。

国内外近年来对泡沫塑料的原材料配方、成型原理、成型工艺及设备、泡体的结构和性能等方面都作了比较深入的研究,提出了描述各种内在和外在影响因素间关系的物理和数学模型,分析了泡沫塑料成型定型的机理,以进一步掌握泡沫塑料成型的规律。

4.5.1 塑料发泡方法及其特点

采用不同的树脂和发泡方法,可制成性能各异的泡沫塑料。泡沫塑料的发泡方法大致可分为三种。

(1) 物理发泡法

指应用物理原理实施发泡。包括有:①使惰性气体在加压下溶于熔融聚合物或糊状复合物中,然后减压放出溶解气体而发泡;②利用低沸点液体气化使聚合物发泡;③溶解掉聚合物中可溶组分而成微孔塑料(通称溶解泡沫塑料);④在熔融聚合物中加入中空微球,再经固化而成泡沫塑料(通称组合泡沫塑料)等。

物理发泡法适应的塑料品种较多,其优点是操作过程中毒性较小,原料成本较低,发泡剂无残余体,因此对泡沫塑料的性能影响不大。缺点是生产过程所用设备投资较大。

(2) 化学发泡法

制造泡沫塑料时,如果发泡的气体是由混合原料的某些组分在过程中的化学作用产生的,则这种方法即称为化学发泡法。按照发泡的原理不同,工业上常用的化学发泡法有两种:①发泡气体是由特意加入的热分解物质(常称为化学发泡剂或发泡剂)在受热时产生的;②发泡气体是由形成聚合物的组分相互作用所产生的副产物,或者是这类组分与其他物质作用的生成物。

(3) 机械发泡法

又称气体混入法,是用强烈的机械搅拌将空气卷入树脂的乳液、悬浮液或溶液中使其成为均匀的泡沫物,而后再经过物理或化学变化使其稳定成为泡沫塑料。机械发泡法中常用的树脂有脲甲醛、聚乙烯醇缩甲醛、聚醋酸乙烯、聚氯乙烯溶胶等。

无论是物理发泡、化学发泡或机械发泡法,其共同的特点都是待发泡的聚合物或复合物必须处于液态或一定黏度的塑性状态,泡沫的形成是依靠能产生泡孔结构的固体、液体或气体发泡剂,或者几种物质混合的发泡剂。针对某种聚合物,应根据其性质,选择适宜的发泡法与发泡剂,才会会制成合格的泡沫塑料。

4.5.2 泡沫塑料成型过程及原理

泡沫塑料成型过程按生产时反应控制的步序不同可分为一步法和二步法两种。下面以聚氨酯泡沫塑料的生产为例加以说明。

4.5.2.1 泡沫塑料成型过程

(1) 一步法

一步法是根据所用配方将所有的原料(树脂、发泡剂、水、泡沫稳定剂、催化剂等)

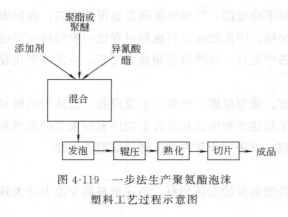

图 4-119　一步法生产聚氨酯泡沫塑料工艺过程示意图

混合在一起发泡而形成泡沫塑料的成型方法。此法优点是原料组分黏度小、输送与处理方便、反应放热集中、生产周期短、生产设备简单。缺点是逸出较多有毒异氰酸酯气体、生产过程较难控制。以聚氨酯泡沫塑料的生产为例，一步法生产流程如图 4-119 所示。

(2) 二步法

二步法又分预聚法与半预聚法两种。

预聚法是先使聚醚或聚酯与过量异氰酸酯反应，生成含有 NCO 端基的聚氨酯预聚体，然后再将其与其他助剂混合并发泡。半预聚法是使部分聚醚或聚酯先与所有的异氰酸酯反应，生成含有 NCO 端基的预聚体与未反应的异氰酸酯的混合物，然后再加入剩余的聚醚或聚酯与其他助剂混合并发泡。二步法生产流程如图 4-120 所示。此法优点是反应过程易控制，异氰酸酯逸出程度较小。缺点是所用设备比一步法复杂，生产周期长，预聚体黏度大，故连续操作不如一步法便利。

4.5.2.2　泡沫塑料成型原理

(1) 泡核形成

发泡剂在强烈搅拌下，均匀分散于液态聚合物或其复合物中；当化学发泡剂受热分解并释放气体或物理发泡剂受热汽化时，反应物料中气体浓度迅速增大，很快达到过饱和状态，气体便由液相逸出并形成气泡。这些气泡仍分布在聚合物溶液中，并为浓稠液所包围，即形成气泡核。

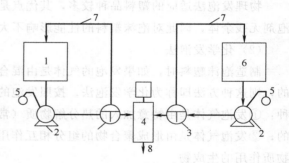

图 4-120　二步法生产聚氨酯泡沫塑料过程示意图
1—预聚体贮槽；2—计量泵；3—三通阀；
4—混合器；5—压力调整器；6—原料贮槽；7—回流管线；8—混合物料出口

泡核的形成阶段对成型泡体的质量起着关键性的作用，在熔体中若能同时出现大量均匀分布的泡核，将有利于得到泡孔细密均匀的优质泡体。为此，可以用加成核剂、表面活化剂及提高气体在熔体或溶液中的过饱和度等法来强化成核过程。

(2) 泡孔增长

在泡沫形成后，物料中仍有新气体不断产生，它由液相渗透到已形成的气泡中，使气泡膨大。某些气泡合并导致气泡扩大。此时气泡内压增高，包围气泡的黏稠液层变薄，整个泡沫系统体积不断增大，这便是泡沫增长阶段。影响泡孔增长的因素很多，如聚合物的分子结构、发泡剂和成核剂的类型和用量、熔体的黏弹特性、成型工艺及设备结构参数等。

(3) 影响泡孔结构的因素

① 泡沫的稳定　在泡沫增长期间，泡内气体不断增多，气泡内压逐步增高。泡壁层

变薄时，如果泡壁强度不高，气体便冲破壁膜，导致整个泡沫坍塌。欲要留住气体，便要求壁膜保持足够强度，其实就是要求聚合物有足够分子量和（或）交联度。这对制备中发泡与高发泡塑料尤为重要。因此随同泡沫增长，部分情况下还发生聚合物交联反应，即凝胶化反应。所以在制备泡沫塑料时，一个关键问题是调节反应温度或催化剂、交联剂等助剂用量，严格控制泡沫增长与聚合物凝胶化两反应速度的动态平衡，以保证泡沫稳定增长。聚合物凝胶化过快或过慢，都可能导致泡沫制品质量下降或使其变为废品。因此，正确认识聚合物凝胶化机理及其作用至关重要。在某些泡沫塑料生产中，还使用表面活性剂，如硅油、磺化脂肪酸、磺化脂肪醇或其他非离子型活性剂，以降低气泡表面张力，利于形成微细气泡，减弱气体扩散作用，亦能促进泡沫平稳增长。有时根据需要，加入扩链剂，使聚合物发生扩链反应，以提高其分子量，增大泡膜强度，显著改善泡沫的稳定性。

② 发泡剂的选择　泡沫塑料的主要原料是树脂和发泡剂，发泡剂的选择是影响泡沫塑料泡孔结构的关键因素。发泡剂分为物理发泡剂与化学发泡剂两类。

a. 物理发泡剂。系指空气、惰性气体（N_2、CO_2 等）与低沸点液体，如一氟三氯甲烷、正戊烷、正己烷等。一氟三氯甲烷俗称氟里昂-11（F-1），是聚氨酯塑料、聚苯乙烯与聚乙烯挤出塑料等的优良发泡剂，但它属于破坏大气臭氧层物质。联合国《蒙特利尔议定书》与《赫尔辛基宣言》规定，该类物质在发达国家1995年与发展国家2000年后应停止使用。我国亦颁布了《消耗臭氧层物质逐步淘汰国家方案》。所以现在面临的重大任务是以烃发泡剂代替氟里昂，实施泡沫塑料的生产工艺转换。与化学发泡剂相比，物理发泡剂无分解热放出，不会使泡沫塑料变黄或烧焦，但它在树脂中不易分散均匀，导致塑料中泡孔大小不均，甚至呈现空洞。

b. 化学发泡剂。是受热能释放出气体（N_2、CO_2、NH_3 等）的物质。

理想发泡剂的要求如下：分解温区范围比较狭窄稳定；释放气体的速率能控制，而且不受压力的影响；放出气体无毒，无腐蚀性，无燃烧性；分解时不应有大量的热放出；在树脂中有良好的分散性；价廉，贮藏和运输中相当稳定；分解残余物无色、无味、无毒，能与塑料混溶，并对塑料的熔化和硬化以及制品的物理和化学性能无影响。

完全符合上述性能要求的发泡剂至今未找到。目前所用化学发泡剂分无机与有机两种。无机发泡剂主要是碳酸氢钠与碳酸氢铵，均为无毒无臭白色结晶粉末。分解温度分别为 100~140℃ 与 30~60℃。发气量分别为 267mL/g 与 850mL/g。释放气体分别是二氧化碳与水蒸气和二氧化碳与氨气。可用作酚醛与脲醛树脂的发泡剂以及聚氯乙烯与聚苯乙烯的助发泡剂。优点是价廉，不影响塑料耐热性，无增塑作用。缺点是分解速度受压力影响较大，与树脂不混溶，难于在塑料中分散均匀。有机发泡剂主要是受热时能释放氮气的物质，已有二十多种。优点是释放气体无毒无臭，对聚合物渗透性小，在塑料中分散均匀。缺点主要是易燃易爆。应在低温、阴凉、干燥与通风处保存，贮量不宜多。混料时应分批缓慢加入，并执行安全措施。

化学发泡剂的选择系以树脂性质与泡沫塑料成型工艺条件为依据。选择亦就是在这些依据与发泡剂特性之间求得平衡。所以便有必要对发泡剂主要特性叙述如下：

a. 分解温度。就是它开始产生气体时的温度。它应与树脂熔融温度相近。其次，发泡剂应在狭窄温度范围内迅速分解,即在热塑性树脂达到适宜黏度或热固性树脂达到所需交联时均匀放气,否则很难制得密度均匀的泡沫体。最后,发泡剂分解必须在短时间内完成,以迎合泡沫体快速冷却定型,保证高效率生产或有效利用发泡剂。

b. 分解速率。系随温度而变。有机发泡剂分解很快。例如三肼三嗪在240~316℃下仅需2~5min即完成分解反应。无机发泡剂分解慢,例如碳酸氢钠在100~123℃下,须经80多分钟才会分解完毕。

c. 反应热。无机发泡剂分解为吸热反应。有机发泡剂分解为放热反应,例如偶氮二异丁腈与偶氮二甲酰胺的分解热分别为1465J/g与360J/g,会使反应物料温度升高,吸热反应则相反。为此工艺上需采取相应措施,否则影响泡沫制品质量。如果吸收与放出的热量很小,方可忽略不计。

d. 发泡剂分解的抑制与促进。化学发泡剂可借助某些助剂调节其发气量和控制其分解温度与分解速率。例如磺酰肼系发泡剂,可借助磷酸酯或苯二甲酸酯系增塑剂来控制其分解速率。又如偶氮二甲酰胺分解温度较高(200℃),常加入铅、铜、钡等盐类来降低其分解温度(165~172℃)。

e. 发泡效率。无机发泡剂的发泡效率比有机发泡剂低,原因是它分解出的二氧化碳对塑料泡壁的扩散速度比氮气高,所以用无机发泡剂制造高发泡塑料较困难。此外,少数有机发泡剂分解后的残留物对树脂有增塑作用,从而降低发泡效率,这对制造高发泡塑料亦不宜。例如偶氮亚氨二苯胺分解时,产生氨气与二苯胺,后者对某些树脂有增塑效应,使泡壁柔软而收缩,降低发泡倍率。

f. 发泡剂并用。包括有机与无机发泡剂并用和化学与物理发泡剂并用,有利于制造高发泡塑料。例如用偶氮二异丁腈时,聚乙烯泡沫塑料密度不低于0.05g/cm^3,并用无机发泡剂碳酸氢铵后,其密度可降至0.03g/cm^3。又如用水作化学发泡剂时,PU泡沫塑料密度不低于0.02g/cm^3,并用物理发泡剂氟里昂或二氯甲烷后,其密度可降至0.008g/cm^3。

③ 适宜的泡体冷却速度　泡体的固化主要是通过冷却来进行的,采用较多的是用空气或冷却介质直接或间接冷却泡体的表面。但由于泡体是热的不良导体,冷却时常出现表层的泡体已冷却固化,芯部的温度却还很高的现象。因此用于发泡制品的冷却装置,其冷却强度和冷却效率都高于非发泡制品的同类设备,以使泡体及时固化定型。但冷却速度也不宜过快,特别是对收缩率较大的聚合物泡体,如果冷却时泡壁的收缩率过大,气泡中的气体来不及向外扩散,泡体就有破裂的可能。因此对发泡体采用适宜的冷却速度也是影响泡孔结构的关键因素。

4.5.3　泡沫塑料成型设备和选用

4.5.3.1　机械发泡法设备

机械发泡法是借助机械搅拌作用,往液态聚合物或复合物中混入空气而发泡。鼓泡过程一般是间歇式操作,鼓泡用的设备是由钢或不锈钢制成的圆筒和搅拌系统共同组成的,如图4-121所示。筒的直径和高度分别为0.6m和2m,搅拌器是多桨叶式的,转速约为400r/min,可以按顺逆两个方向转动。顺转时,桨叶使液体向上运动,是作为鼓泡用的;

逆转时恰正相反，桨叶使液体下移，是作为出料用的。筒的下部设有空气进口，而底部则设有出料口，出料口由轻便的闸板操纵其启闭。鼓泡后开启闸门将泡沫物注在尺寸约为 1m×0.6m×2m 的金属或木制的敞口模中，鼓泡设备经用清水洗涤后即可进行下一轮的操作。鼓泡过程也有设计为连续作业方式的。

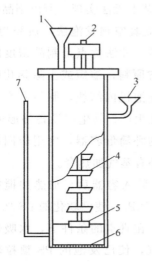
图 4-121 机械发泡法鼓泡设备
1—发泡液进口；2—传动轮；3—树脂进口；4—搅拌桨叶；5—搅拌轴；
6—闸门；7—通空气的管道

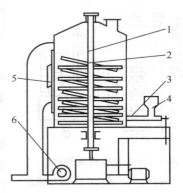
图 4-122 物理发泡法连续蒸汽预发泡机结构示意图
1—旋转搅拌器；2—固定搅拌器；
3—螺旋进料器；4—加料斗；
5—出料口；6—鼓风机

4.5.3.2 物理发泡法设备

（1）连续蒸汽预发泡机

物理发泡方法中，以在塑料中溶入气体和液体而后使其气化发泡的方法在生产中占有重要地位，适应的塑料品种较多。以聚苯乙烯泡沫塑料为例，用可发性聚苯乙烯制造泡沫塑料的过程通常分为预发泡、熟化与模塑三道工序。预发泡是凭加热使珠状物膨胀到一定程度，以便模塑时制品密度获得更大降低，并减小制品内部的密度梯度。经预发泡的物料仍为颗粒状，但其体积已比原来大数十倍，通常称作预胀物。制造密度大于 $0.1g/cm^3$ 的泡沫塑料制品时，可用珠状物直接模塑，而不必经过预发泡与熟化两阶段。预发泡有间歇与连续两种方法。加热设备为红外线灯、水浴或蒸汽加热器。工业上大多采用连续法，其主要设备是连续蒸汽预发泡机，结构如图 4-122 所示。

预发泡时，将可发性聚苯乙烯粒料经螺旋进料器连续而又均匀地送入筒体内，珠粒受热膨胀，在搅拌器搅拌作用下，因密度的不同，轻者上浮，重者下沉。随螺旋进料器连续送料，底部珠粒推动上部珠粒，沿筒壁不断上升到出料口，再靠离心力将其推出筒外，落入风管中并送进吹干器。出料口由蜗轮机构调节升降，从而控制预发泡珠粒在筒内停留时间，以使预胀物达到规定的密度。除搅拌器外，筒内还装有四根管子，其中三根为蒸汽管，蒸汽从管上细孔直接进入筒体，以使珠粒发泡。最底部一根管子通压缩空气，以调节筒底温度。

（2）真空预发泡机

蒸汽预发泡虽然成功，但仍有以下不足：①为防止制品收缩或塌陷，预胀物在模塑前必须熟化，从而预发泡与模塑不能连续。②制品最低密度为 0.015g/cm³，更低密度（约 0.008g/cm³）则需二次发泡或加压发泡达到，从而造成珠粒在发泡机内严重结块。③珠粒大小不均，在发泡机内停留时间应有所差别，这在工艺上无法实现，所以制品中的密度梯度很大。20 世纪 80 年代初，Sinclair-Kopper 公司创立真空预发泡法，被誉为 PS 泡沫塑料工业的重大突破。此法优点是制品密度的调节与控制简单易行，节省原料，缩短或去除熟化时间，缩短模塑周期，避免发泡机内结块，制品密度小且较均匀。但此法属间歇性生产，其生产设备外形如图 4-123 所示，是可抽真空的卧筒形容器，内用聚四氟乙烯涂覆，设有搅拌器，外有蒸气加热套。

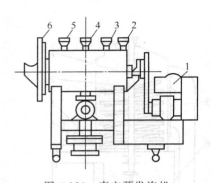

图 4-123 真空预发泡机
1—变速器；2~5—法兰；6—可卸端盖

可发性 PS 珠粒装入容器后，加热并搅拌，然后抽真空至 50.7~66.7kPa，使已软化的 PS 珠粒发泡膨胀，再加入少量水，在真空的条件下，水吸热并变为 70~80℃ 的低温蒸气，使已发泡的 PS 颗粒表面冷却固化，然后消除真空，用空气助推器卸出已预发泡的 PS 颗粒，预发泡 PS 颗粒的容重可通过加热时间和真空度加以控制。

4.5.3.3 化学发泡法设备

化学发泡法系应用化学反应实施发泡，包括有：①使化学发泡剂在加热时分解并释放气体而发泡；②利用原料组分间相互反应放出的气体而发泡。

由于①法所用设备通常都比较简单，而且对塑料品种又无多大限制，因此它是泡沫塑料生产中最主要的方法，发展很快。以聚氯乙烯泡沫塑料的生产为例，可采用压制、挤出、注塑与压延等法成型。压制与压延法所加工的物料为糊料，挤出与注塑法所加工的物料则是预先塑炼并已成粒的物料，有时压延法亦使用粒料。②法目前用得最多的是聚氨酯泡沫塑料的生产。

（1）加入化学发泡剂的化学发泡法设备

压制法包括配制糊料、装料入模、在加压加热的情况下塑化与发泡、冷却、脱模以及在适当温度下使泡沫体进一步膨胀而成为制品等工序。按此程序生产的制品皆属闭孔型泡沫塑料产品。若将模具改为敞开式，即塑化与发泡均在烘室里于不加压的情况下进行，便可制得开孔型泡沫塑料产品。

挤出法其工艺有两种。一种是将粒料在低于发泡剂分解温度的料筒内，塑化并挤成一定形状的中间制品；然后再在挤出机外加热发泡，使其成为制品。所用挤出螺杆参数是 $L/D=15$，压缩比 1:3。此工艺适宜生产高发泡塑料。另一种工艺是使用含少量发泡剂的粒料，以便在挤出机料筒内实施发泡，挤出物料离开口模时膨大，经冷却后即成为制品。此工艺所得制品的密度通常都比用前法制成的高，适宜生产密度（0.65g/cm³ 左右）的结皮泡沫棒材与板材。挤出发泡机机头结构如图 4-124 所示。

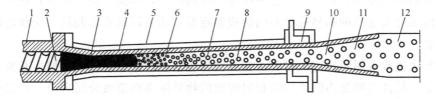

图 4-124 挤出发泡机机头结构示意图

1—料筒；2—螺杆；3—成型区；4—加热区；5—电热器；6—发泡区；7—塑化区；
8—稳定区；9—水夹套；10—冷却区；11—后膨胀区；12—泡沫产品

注塑法仅限于制造高密度泡沫塑料制品，即低发泡制品。注塑设备通常以移动螺杆式的为主，注塑工艺大体与普通注塑相同。物料的升温、混合、塑化与部分发泡均在注塑机内进行。控制发泡的因素，除发泡剂本身的特性外，尚有料筒温度、螺杆背压等。为正确控制产品密度，每次的注射量必须相等。所用模具的材质可选用铝合金或锌合金等，以降低成本。为防止注塑过程中熔料或气体由喷嘴处泄漏，在喷嘴处应设置阀门。

压延法用于生产 PVC 压延泡沫制品，主要是泡沫人造革与泡沫壁纸。所用设备与工艺，和普通人造革与压延薄膜相同。PVC 泡沫人造革与泡沫壁纸大多采用涂覆压延法制造。使塑性溶胶经刮刀或逆辊涂覆到一循环运转的载体上，通过预热烘室，供其在半凝胶状态下与布基或纸基贴合，再进入主烘室塑化与发泡。然后冷却并从载体上剥下，经轧花或印花、表面涂饰等工序后即成为制品。制造泡沫人造革时，在同一载体上，可用两台涂覆机进行两次涂覆，第一次涂上不含发泡剂的薄涂层（0.1mm 以下），以形成耐磨表面层；第二次涂上含发泡剂厚涂层（0.4mm 左右），以形成柔软并具有弹性的泡沫层。然后贴上布基，便制成耐磨的双层结构泡沫人造革。

(2) 聚氨酯化学发泡法设备

生产聚氨酯泡沫塑料时，处理好的原材料一般都分别放在贮料罐中，然后用计量泵，按照配方将各种原材料连续稳定地送入混合头进行混合，见图 4-125。原材料在混合头中

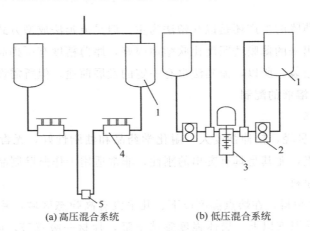

(a) 高压混合系统　　　(b) 低压混合系统

图 4-125 聚氨酯化学发泡法混合系统

1—贮料罐；2—低压泵；3—低压混合头；4—高压泵；5—高压混合头

混合时即开始相互作用，但因在混合头中停留时间很短，因此主要反应都是在出混合头后进行的。由混合头送出的物料通过不同的成型定型方法可以制成模制品、块状泡体或喷涂成覆盖面层。

物料贮罐通常采用不锈钢做衬套，以解决防腐问题，贮罐中还附有搅拌及夹套恒温装置的反应釜。搅拌目的是为防止不同相对密度的物料沉降面造成分层现象。恒温装置是为了使物料温度保持均一，使发泡工艺具有较好的重复性，并保持生产的稳定性。计量泵也是发泡设备的关键部分，靠它保证发泡配方的准确性和稳定性。计量泵的驱动装置是由可控硅电机或无级变速器组成。

聚酯、聚醚及预聚体等黏滞物料通常采用齿轮式计量泵或环形活塞泵，其计量误差要求小于 1%。

低黏度组分物料的计量有两类计量泵，一类适合于高压发泡工艺的高反压混合器，常用一种 Bosch 式柴油喷射泵，可以通过调节活塞的冲程或电机的转速来加以控制流量，调节幅度约为 1~10，出口压力可达 6.9~10.3MPa。另一类适用于低压发泡工艺，通常使用环型活塞泵，其流量调节是通过调节滑环之间的空隙来实现的。这两类计量泵都可采用可控硅变速电机或机械无级变速器来调节转速，进而控制物料流量及比例。在物料输送计量系统中还装有各个组分的精确计量计，直接显示和记录流量。另外，泵和电机的联接尽量采用定比传动，如齿轮、链轮等，以防止滑动，确保计量系统的准确性。

4.6　流延成型

流延是制取薄膜的一种方法。将热塑性或热固性塑料配成一定黏度的溶液，然后以一定的速度流布在连续回转的基材上（一般为无接缝的不锈钢带），通过加热使溶剂蒸发而使塑料固化成膜，从基材上剥离即得制品。现在，流延的概念发生了变化，流延薄膜生产工艺发展为树脂经挤出机熔融塑化，从机头通过狭缝型模口挤出，使熔料紧贴在冷却辊筒上，然后再经过拉伸、分切、卷取。可以认为前者为湿法流延，后者为干法流延。

目前我国塑料薄膜的生产还是以吹塑法为主。但是流延法成型方式易于大型化、高速化和自动化，生产出来的薄膜透明度比吹塑薄膜好，厚薄精度有所提高，强度也高 20%~30%，可用于自动包装。所以，流延法也有一定的发展前途，但所需设备投资较大。

4.6.1　流延成型用溶液的配制

（1）原料的选择

PP 塑料具有重量轻，拉伸强度大，耐化学药品和油脂性好，无毒卫生，废物回收容易，价格低廉等特点，尤其是具有突出的刚性，非常适用于作薄壁制品的原料，是食品包装用吸塑片的首选原料。

但 PP 是结晶型塑料，在熔点温度以下，几乎没有高弹态区域，片材强度很大，很难吸塑拉伸；而在结晶温度以上，熔体强度骤然下降，片材一吸就破，因此，用普通的 PP 树脂制成的片材很难吸塑成型。目前，世界上已有国家成功地开发吸塑片材专用的 PP 树脂，如日本的 F3020、F3021 等牌号。然而，这些牌号的树脂很难买到。

(2) 共混改性的作用

共混改性的作用主要包括以下三个方面：

① 熔程范围变宽　HDPE 改性 PP 片材，不是形成共晶体，而是 PP 与 HDPE 分别结晶。在吸塑成型中，先是 HDPE 的结晶开始熔化，随着温度的继续升高，PP 结晶才开始熔化，使得共混物的熔程范围较大。

② 增加回弹性　温度升高，分子链的运动加剧，弹性模量迅速下降，片材因自重而下垂，但 HDPE 分子链柔顺，支链短而少，加热后分子链的松弛使之容易卷曲回复，在一定温度（时间）下，片材下垂后又回复接近于平直状态，这时吸塑成的制品质量最好。

③ 机械性能提高　共混体系中，HDPE 与 PP 互相作用，阻碍了晶体的长大，加快了结晶速度，使 PP 的晶粒增多，晶粒尺寸变小，从而使片材的冲击强度、断裂伸长率和韧性增加。另外，为防止吸塑制品不容易切断，可选用均聚级 PP。

(3) 配方设计

通常，PP 树脂的 MFR 为 0.5～3.0g/10min，HDPE 的 MFR 为 0.5～2.0g/10min，其共混比为：PP：HDPE＝100：(25～65)。一般说来，HDPE 的分子量大，改性效果明显，可少掺些；反之，要多掺些。相配的两种树脂的 MFR 应相近。

4.6.2　流延成型设备

4.6.2.1　流延薄膜的成型设备

典型的流延薄膜的成型设备由挤出机、机头、冷却装置、测厚装置、切边装置、电晕处理装置、收卷装置等组成。

(1) 挤出机

挤出机的规格决定了流延薄膜的产量。由于流延薄膜的高速化生产，因此，挤出机规格一般选择 ϕ90～150。机头对树脂熔融质量要求较高，因此螺杆多采用混炼结构。一般长径比不小于 25：1。挤出机必须安装在可以移动的机座上，其移动方向与生产设备的中心线一致。停机时，挤出机应离开冷却辊 1m 以上。

(2) 机头

生产流延薄膜的机头为扁平 T 型机头。机头设计的关键是要使物料在整个机头宽度上的流速相等，这样才能获得厚度均匀、表面平整的薄膜。目前，T 型机头有如下几种类型。

① 衣架式机头　因机头的流道形状像衣架而得名。机头及型腔的一半结构如图 4-126。模唇长度约为 2200mm。由于衣架式机头运用了流变学的理论，这方面的研究比较成熟，所以衣架式机头应用广泛。其缺点是型腔结构复杂，价格较贵。

② 支管式机头　支管式机头的优点是结构简单，体积小，重量轻，操作方便。由于这种机头有制造困难，不能大幅度调节幅宽，唇模的各个

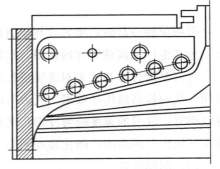

图 4-126　衣架式机头型腔结构

位置上熔料分布不均等缺陷,所以,目前应用较少。

③ 分配螺杆机头　分配螺杆机头相当于在支管式机头内放了一根螺杆,螺杆靠单独的电动机带动旋转,使物料不停在支管内,并将物料均匀地分配在机头整个宽度上。它的突出优点是基本上消除了物料在机头内停留现象,同时薄膜沿横向的物理性能基本相同。其缺点是结构复杂,制造困难。所以目前使用也不很多。

生产流延薄膜时,在机头前方应安装滤板、滤网。流延薄膜生产时一般采用双工位滤板,即有两块滤板同时装在滑动块上,在生产中,一块在工作位置,当滤板需要更换时,降低螺杆转速,迅速推动滑块把另一块滤板放在工作位置,然后螺杆恢复原来的转速。这样,实现了瞬间更换滤板。

(3) 冷却装置

冷却装置主要由机架、冷却辊、剥离辊、制冷系统及气刀、辅助装置组成。

流延薄膜冷却辊的直径为40~500mm,长度约2300mm,比模唇宽度稍长,将熔融树脂迅速冷却后形成薄膜。冷却还具有牵引作用。

薄膜的冷却方式有单面冷却和双面冷却两种。单面(辊)冷却如图4-127所示,单辊冷却结构简单,使用较普遍;双面冷却曾有两种方式:单辊水槽双面冷却和双辊冷却。单辊水槽双面冷却,冷却效果较好,但薄膜从水中通过,薄膜表面易带水,需增加除水装置,水位槽需严格控制和调节,应保持平衡无波动,所以现在较少使用。双辊冷却结构如图4-128所示,冷却效果好,但设备庞大,投资高。

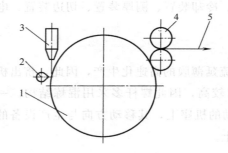

图4-127　单辊冷却

1—冷却辊；2—气刀；3—机头；
4—剥离辊；5—薄膜

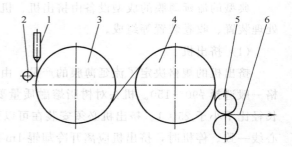

图4-128　双辊冷却

1—机头；2—气刀；3—第一冷却辊；4—第二冷却辊；5—剥离辊；6—薄膜

采用单辊冷却时,增大冷却辊直径,也能提高冷却效果,一般辊筒直径在500mm以上。为了生产出高透明度的薄膜,辊筒表面要光滑,其粗糙度R_a值不能大于$0.05\mu m$。

气刀是配合冷却辊来对薄膜进行冷却定型的装置。通过气刀的气流使薄膜紧贴冷却辊表面,从而提高热传导效果。气刀的间隙一般为0.6~0.8mm。气刀对于冷却辊的角度应可以调节。气刀的宽度应与冷却长度相同,一般为2300mm。另外,还有两只小气刀,单独吹气压住薄膜边部,防止边部翘曲。

(4) 测厚装置

在高速连续生产过程中,薄膜测厚必须实现自动检测。目前大多数采用β射线测厚仪。测厚仪器沿横向往复移动，测量所得的数据用荧光屏显示，并自动反馈至计算机进行处理。处理后，有自动调整工艺条件的，也有发出报警信号由人工调节的。但目前还是以人工调节为主。β射线测厚仪工作示意图见图 4-129。

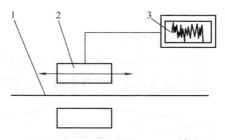

图 4-129　β 射线测厚仪工作示意图
1—薄膜；2—放射线检测器；
3—荧光屏厚度显示器

（5）切边装置

挤出薄膜由于产生"瘦颈"（薄膜宽度小于机头宽度）现象，会使薄膜边部偏厚，故需切除薄膜边部，才能保证膜卷端部整齐、表面平整。

切边装置的位置必须可调。薄膜切割方式常采用图 4-130 所示的两种形式。

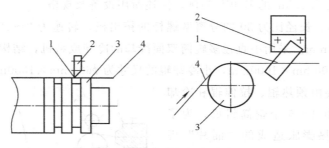

图 4-130　薄膜的切边形式
1—刀片；2—刀夹具；3—(A-3) 开槽辊，(B-3) 导辊；4—薄膜

（6）电晕处理装置

薄膜经过电晕处理，可以提高表面张力，改善印刷性及与其他材料的黏合力，从而增加油膜的印刷牢度和复合材料的剥离强度。

（7）收卷装置

流延薄膜有宽度大和生产线速度高的特点，收卷装置一般都为自动或半自动切割、换卷。以双工位自动换卷应用较多，其工作原理见图 4-131。单辊自动换卷也有应用。

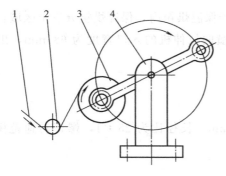

图 4-131　双工位自动换卷工作原理
1—薄膜；2—导向辊；3—膜卷；4—双工位收卷装置

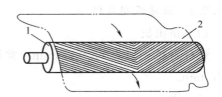

图 4-132　人字型展平辊
1—展平辊；2—薄膜

收卷装置有张力调节机构，薄膜收卷张力控制在 10～20kg，采用力矩电机能保证收

卷张力的恒定。

(8) 辅助装置

挤塑成型设备，除去前面所述的装置以外，还有展平辊、导辊、压辊等。

展平辊是防止薄膜收卷时产生皱褶。展平辊有人字型展平辊、弧形辊等。人字型展平辊是表面带有左右螺纹槽的辊筒，见图 4-132。

弧形辊是轴线弯曲成弧形的辊筒，在转动的过程中，拱起的一面始终向着薄膜，辊拱起的角度在 15°～30°。弧形辊见图 4-133。

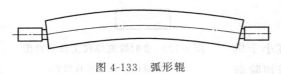

图 4-133 弧形辊

4.6.2.2 流延法双向拉伸薄膜的生产设备

现以生产幅宽为 5.5m 的 BOPP 为例，阐述所用设备及规格。

采用 ϕ200mm、长径比为 30 的分离型螺杆的挤出机，转速为 9～90r/mm，T 型机头的模唇长度为 800mm。采用小直径多辊筒双面冷却的冷却成型机，结构见图 4-134。大冷却辊的尺寸为 ϕ1100mm×1000mm，小冷却辊的尺寸为 ϕ600mm×1000mm。

纵向拉伸主要由预热辊、拉伸辊和冷却辊组成。预热辊由 4～5 个辊筒组成，为了消除预热时厚片热膨胀造成的"涌片"现象，预热辊的转速相同，而辊的直径以 6mm 的等差级数增大，加热方式有蒸汽加热或油加热。拉伸辊是由一对高速辊和一对低速辊组成，拉伸是利用高速辊与低速辊的速差实现的，低速辊的转速为 3～30m/min，高速辊的转速为 15～150m/min，高、低速辊的直径均为 ϕ167mm。冷却辊的直径为 ϕ300mm，以循环水进行冷却。

横向拉伸是两组带有夹子的链条在张开

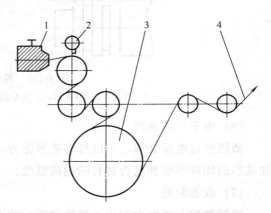

图 4-134 小直径多辊筒双面冷却的冷却成型机
1—机头；2—气刀；3—冷却辊；4—膜片

一定角度的导轨中水平回转，辊筒导轨部分置于保温烘箱内，保温烘箱分三个区域：预热区、拉伸区和热定型区；各区均由热风加热。横向拉伸机的入口宽度为 685mm，出口宽度为 5700mm。

4.6.2.3 流延吸塑片材

(1) 挤出机

螺杆直径一般为 65～120mm，常用为 90mm，长径比为 25∶1，螺杆转速范围 0～100r/min。

(2) 机头

常用有衣架式和支管式两种，而以前者应用更广。流道要求镀铬，表面粗糙度小，特别是模唇，一般要求小于 $R_a 0.4\mu m$。

(3) 流延装置

与普通挤片机不同就在此处,它由流延辊、冷却辊、气刀和高压鼓风机等组成,起冷却定型片材的作用,并对片材质量产生很大的影响。

① 流延辊和冷却辊 外径宜大,可在 350～400 mm,长度略大于机头长度,表面经镀铬和抛光处理,内部设置夹套,有螺旋式流道,流延辊和冷却辊的线速度应相同,它们的温度主要靠通入辊内的水来控制,故进入辊内的水先通过温控水槽。片材的表面光泽在很大程度上由流延辊的表面粗糙度决定。

② 气刀 它由贮气管、气嘴和气嘴调节螺钉组成。气嘴的间隙可调节,间隙为1～3mm,气刀的风量、角度以及与流延辊的距离应能调节。

③ 高压鼓风机 风压视片材厚度等情况来确定。片材厚,片坯贴在流延辊上的风压要大,故功率也应大。一般高压鼓风机的功率大约为5000W。

(4) 其他装置

① 冷却段 从冷却辊来的片材温度较高,还需要进一步冷却,为此,设置了冷却段,让片材自然冷却。冷却段为一组直径约50mm的镀铬导辊,导辊间距约400mm,冷却段长为4m。

② 切边刀 卷取前将两边切掉,并使片材宽度尺寸符合规定要求。可用切纸刀片切边。

③ 牵引收卷装置 用两支直径约150mm的橡胶辊作牵引。

4.6.3 流延成型工艺

4.6.3.1 流延薄膜的工艺

挤出流延成型时,薄膜成平片状。在包装领域中,将这种平片状的薄膜称为"流延薄膜"。流延薄膜生产工艺流程见图4-135。

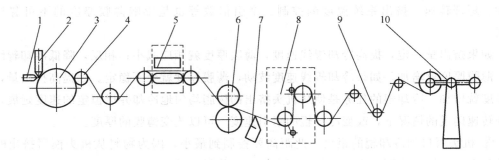

图4-135 流延薄膜生产工艺流程
1—机头;2—气刀;3—冷却辊;4—剥离辊;5—测厚仪;6—牵引辊;
7—切边装置;8—电晕处理装置;9—弧形辊;10—收取装置

(1) 温度

用 MFR 为 6g/10min 的 LDPE 生产流延薄膜时,采用 ϕ120 的挤出机,料筒的温度依次为 175℃±3℃、210℃±3℃、220℃±3℃,机头温度为 215℃±3℃,冷却辊的温度为 30℃。

用 MFR 为 9.0g/10min 左右 PP 生产流延薄膜时,料筒(分5段控温)的温度依次为

210℃±3℃、230℃±3℃、240℃±3℃、250℃±3℃、260℃±3℃，连接器温度为265℃±3℃，机头温度为270℃±3℃；冷却辊的温度为20℃，牵引速度一般为60m/min。

(2) 薄膜质量的影响因素

流延薄膜的质量指标中，首要的是厚度均匀性。流延薄膜的厚度控制，是生产工艺最重要的问题。影响薄膜厚度的因素很多，主要有以下方面：

① 机头温度控制　机头温度应控制比机身低5～10℃，一般设置的机头温度中间低，两端略高。机头温度的波动将直接影响薄膜厚度。在整个模唇的宽度方向上，温度分布的图形就像"马鞍"一样，两边高、中间低，见图4-136。

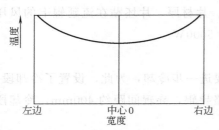

图4-136　衣架式机头模唇宽度方向的温度分布

众所周知，挤出机料筒挤出的熔料流到衣架式机头两边的距离比流到中心位置的距离要长，必须使两边的温度稍高，使在此位置的熔体黏度比较低，流动性比中心部位要大些，才能保证在整个宽度方向流量的均匀性。这是一种控制方法。

另一种控制方法是确保机头在整个宽度方向加热均匀，但在整个宽度方向上的模唇开度是中心部位稍小、两边稍大，依靠机头中的节流棒来调节熔融物料的流动，这样，也能保证物料的流动性一致。

另外，流延薄膜纵向厚度均匀性问题也是值得注意的。一般说来，工艺条件保持稳定，纵向厚度均匀性就能得到保证。

② 薄膜厚度与机头唇口间隙　根据生产实际经验，不同薄膜厚度推荐不同唇口间隙。机头唇口间隙是影响薄膜厚度的首要因素，除此之外，冷却辊的线速度、冷却辊转速的稳定性、螺杆转速、挤出系统温度的控制、牵引倍数等也是影响薄膜厚度的不可忽视的因素。

如果挤出量一定，提高冷却辊线速度，薄膜厚度就相应减小；相反，降低冷却辊线速度，薄膜厚度就增加。如果冷却辊线速度波动，薄膜厚度就会不稳定。如提高挤出量，薄膜厚度就增加。冷却辊的任务是使从机头挤出的树脂均匀地冷却并以恒定的速度延展，在螺杆转速确定的情况下，改变冷却辊的牵引速度，可以改变薄膜的厚度。

③ 机头唇口到冷却辊的距离　此距离要控制到最小，因为物料从机头模唇挤出时为熔融状态，如果机头唇口离开冷却辊距离过大，物料易受外界波动的影响产生波动，薄膜厚度随之发生变化。

④ 薄膜冷却定型　熔融物料与冷却辊筒表面紧密贴合，是薄膜成型的关键。薄膜的贴辊效果直接影响到薄膜的外观质量和物理性能。为了避免薄膜与冷却辊之间产生气泡，采用空气流通过气刀均匀地吹在薄膜与冷却辊接触成切线方向的地方，使薄膜与辊面紧密贴合。薄膜边部还容易产生翘曲现象，依靠两边小气刀来压紧边部，使边部贴合良好。

气刀的风量要控制适宜，风量过大，会使熔融原膜过度抖动，引起薄膜厚度偏差增大；风量过小，压力不足，贴辊效果变差，薄膜易产生横波。气刀对急冷辊的角度也十分重要，角度不正确，也会使薄膜表面产生气泡。此角度一般为30°。

⑤ 薄膜的收卷　薄膜的收卷必须保证膜卷的外观平整。

4.6.3.2　流延法双向拉伸薄膜的工艺

流延法生产双向拉伸 PP 薄膜（简称 BOPP）的工艺流程见图 4-137。

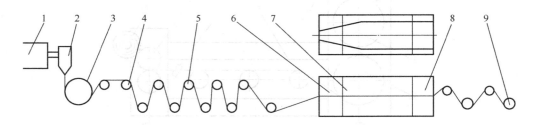

图 4-137　流延法双向拉伸薄膜工艺流程
1—挤出机；2—T 型机头；3—冷却辊；4—预热辊；5—纵向拉伸辊；
6—横向拉伸预热区；7—拉伸区；8—预定型区；9—卷取机

选用 MF 为 3g/10min 的 PP 作原料。生产过程分为两大部分：一是厚片的制备，另一是双向拉伸。

将原料加入料斗中，经螺杆塑化，通过 T 型机头挤出成片。片厚 0.6mm 左右。挤出机温度控制在 195～265℃（从料斗向前增温），厚片立即被气刀紧紧地贴在冷却辊上。冷却水温为 20℃。所制得的厚片应是表向平整、光洁、结晶度小、厚度公差小的片材。

在双向拉伸过程中，先进行纵向拉伸，后进行横向拉伸。纵向拉伸有单点拉伸和多点拉伸。单点拉伸是靠快速辊和慢速辊之间的速度差来控制拉伸比，在两辊之间装有若干加热的自由辊。这些自由辊不起拉伸作用，只起加热和导向作用。多点拉伸是在预热辊和冷却辊之间装有不同转速的辊筒，借每对辊筒的速度差使厚片逐渐被拉伸。辊筒的间隙很小，一般不允许有滑动现象，以保证薄膜的均匀性和平整。先将厚片经过几个预热辊进行预热，预热温度为 150～155℃，预热后的厚片进入纵向拉伸辊，拉伸温度为 155～150℃。拉伸倍数与厚片的厚度有关，一般纵向拉伸倍数随原片厚度的增加而适当提高。例如，厚片厚度为 0.6mm 时的纵向拉伸倍数为 5 倍，当原片为 1mm 时的纵向拉伸倍数为 6 倍。拉伸倍数过大时破膜率增大。

经纵向拉伸后的膜片应进入扩幅机（也称拉幅机）进行横向拉伸。扩幅机分为预热区（165～170℃）、拉伸区（160～165℃）和热定型区（160～165℃）。膜片由夹具夹住两边，沿张开一定角度的拉幅机轨道被强行横向拉伸，一般拉伸倍数为 5～6 倍。

经过纵、横双向拉伸的薄膜要在高温下定型处理，以减小内应力，并获得稳定的尺寸，然后冷却、切边、卷取。如需印刷的薄膜再增加电火花处理等工序。

4.6.3.3　流延吸塑片材的工艺

(1) 工艺流程

如图 4-138 所示为流延吸塑片材生产的工艺流程。机头挤出的热熔片坯，迅速包在流延辊上，同时气刀不断地吹出压缩空气，均匀地吹压片坯，迫使片坯紧贴在流延辊上。片坯在流延辊上冷却定型。经冷却辊再冷却，然后自然冷却，切边后，经两辊牵引，最后卷成筒料。

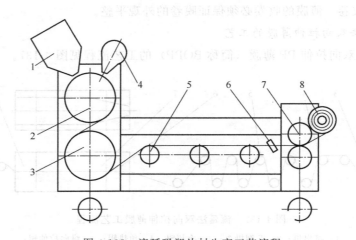

图 4-138 流延吸塑片材生产工艺流程

1—机头；2—流延辊；3—冷却辊；4—气刀；5—导辊；6—切边刀；7—牵引辊；8—片材

(2) 工艺控制要点

① 熔料温度　要根据具体的原料等因素来确定，以保证塑化均匀良好、混合均匀为原则。熔料温度过低，熔料的流动性差，容易拉断或拉不薄；反之，熔料温度过高，熔料流动性太大，片材厚度难以控制，片坯易破裂，还会加速片材表面降解。与熔料温度直接相关的是机筒和机头温度，通常机头和机筒的温度设置比普通挤片机高10℃左右。为防止因机头流道差异而产生出料不均现象，可将机头温度控制成中间低、两边高，相差5～10℃。

② 流延辊温度　温度过高，片坯冷却速度慢，会引起片材的交替粘连和剥离，片材产生横向条纹；温度过低，冷却速度过快，片材有较大的内应力。流延辊的温度一般控制在50～70℃。

③ 模口间隙　机头的模口间隙必须调整适当，若调得过大，为了得到规定厚度的片材，就必须加快牵引速度，这样会降低片材的断裂伸长率和吸塑成型性能，使纵向与横向性能差异变大。通常模口间隙等于或略小于片材的厚度。

需要指出的是，模口间隙调节得好坏，将直接影响片材的厚薄均匀性。在调节时必须认真仔细。

④ 模口与流延辊的距离　机头的模口应尽可能靠近流延辊，使流出的热熔片坯当即进行冷却，这样有利于降低片材的浊度，提高片材的表面光泽；减少热熔片坯与空气的接触时间，减少片坯的表面氧化。另外，还可避免因距离过大而发生片坯皱折现象。它们的距离应控制在100mm内。

⑤ 气刀位置与出风口间隙　气刀应靠近机头和流延辊，这样有利于快速冷却，提高片材透明度。气刀出风口间隙调整要得当，若出风口间隙过小时，则风量也小，使冷却效果变差，同时相应的冷却空气流动速度太大，而导致片材厚度不均匀；反之，若出风口过大，吹出的空气无力，不能使片材压在流延辊上，使片材产生麻斑。一般出风口间隙为1～3mm。另外，出风口吹出的空气应均匀一致，否则也会影响片材的厚薄均匀度。

第5章 高分子材料其他成型加工技术

5.1 模压成型

5.1.1 模压成型设备

5.1.1.1 压机

模压成型的主要设备是压机,压机是通过模具对塑料施加压力,在某些场合下压机还可开启模具或顶出制品。

压机的种类很多,有机械式和液压式。目前常用的是液压机,且多数是油压机。液压机的结构形式很多,主要的是上压式液压机和下压式液压机。

(1) 上压式液压机

如图 5-1 所示,压机的工作油缸设在压机的上方,柱塞由上往下压,下压板是固定的。模具的阳模和阴模可以分别固定在上下压板上,靠上压板的升降来完成模具的启闭和对塑料施加压力。

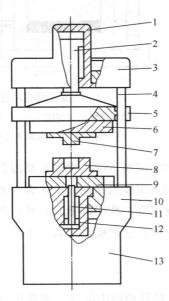

图 5-1 上压式液压机

1—主油缸;2—主油缸柱塞;3—上梁;4—支柱;
5—活动板;6—上模板;7—阳模;8—阴模;
9—下模板;10—机台;11—顶出杆;
12—顶出油缸;13—机座

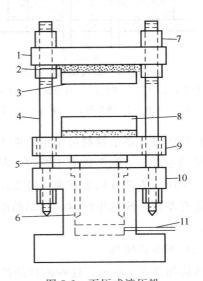

图 5-2 下压式液压机

1—固定垫板;2—绝热层;3—上模板;4—拉杆;
5—柱塞;6—压筒;7—行程调节套;8—下模板;
9—活动垫板;10—机座;11—液压管线

(2) 下压式液压机

如图 5-2 所示，压机的工作油缸设在压机的下方，柱塞由下往上压。

压机的主要参数是公称压力、柱塞直径、压板尺寸和工作行程。液压机的公称压力是表示压机压制能力的主要参数，一般用来表示压机的规格，可按下式计算：

$$p = p_L \times \frac{\pi D^2}{4} \times 10^{-2} \tag{5-1}$$

式中　D——油压柱塞直径，cm；

　　　p_L——压机能承受的最高压力，MPa。

压板尺寸决定了压机能模压制品的面积大小，而工作行程决定了模具的高度，也决定了能模压制品的厚度。

5.1.1.2 模具

模压成型用的模具按其结构特点分主要有溢式、不溢式和半溢式模具三种。

(1) 溢式模具

结构如图 5-3 所示，是由阴模和阳模两部分组成，阴阳两部分的准确闭合由导合钉来保证，制品的脱模靠顶出杆完成，但小型的溢式模具不一定有导合钉和顶出杆。这种模具结构比较简单，操作容易，制造成本低，对压制扁平盘状或碟状制品较为合适，适用于压制各种类型塑料，但因阴模较浅，不宜压制收缩率大的塑料。

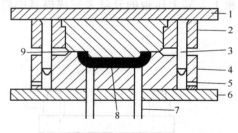

图 5-3　溢式模具示意图

1—上模板；2—组合式阳模；3—导合钉；4—阳模；5—气口；
6—下模板；7—推顶杆；8—制品；9—溢料缝

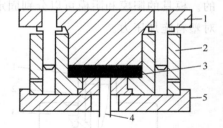

图 5-4　不溢式模具示意图

1—阳模；2—阴模；3—制品；
4—脱模杆；5—定位下模板

在模压时，多余物料可溢出。由于溢料关系，压制时闭模不能太慢，否则溢料多而形成较厚的毛边，去除毛边费工费时，制品外观也受影响。闭模也不能太快，否则溅出较多的料。模压压力部分损失在模具的支撑面上，制品密度下降，性能降低。再者，每次加料量可能有差别，成批生产时，制品的厚度和强度难于一致。这种模具多数用于小型制品的压制。

(2) 不溢式模具

结构如图 5-4 所示，这种模具的特点是不计物料从模具型腔中溢出，使模压压力全部施加在物料上，可得高密度制品，这种模具不但可以适用于流动件较差和压缩率较大的塑料，而且可用来压制牵引度较长的制品。

这种模具结构较为复杂，制造成本高，要求阴模和阳模两部分闭合十分准确，为了防止操作不慎而造成压力过大，损坏阴模、要求阴模壁特别强。为了脱模方便，保证制品质量，阴模必须带有顶出杆，或阴模制造成可拆卸的几个部分。因此，压制时操作技术要求较高。由于是不溢式，要求加料量更准确，必须用重量法加料。此外，模压时不易排气，固化时间较长。

（3）半溢式模具

结构介于溢式和不溢式之间，分有支承面和无支承面两种形式，如图5-5所示。

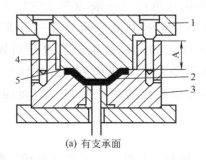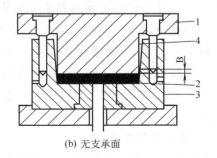

图5-5 半溢式模具示意图

1—阳模；2—制品；3—阴模；4—溢料刻槽；5—支承面（A段为装料室，B段为平直段）

① 有支承面　这种模具除装料室外，与溢式模具相似。由于有装料室，可以适用于压缩率较大的塑料。物料的外溢在这种模具中是受到限制的，因为当阳模伸入阴模时，溢料只能从阳模上开设的溢料槽中溢出。这种模具的特点是制造成本高，模压时物料容易积留在支承面上，从而使型腔内的物料得不到足够的压力。

② 无支承面　与不溢式模具很相似，所不同的是阴模在进口处开设向外倾斜的斜面，因而阴模阳模之间形成一个溢料槽，多余料可从溢料槽溢出，但受到一定限制，这种模具有装料室，加料可略过量，而不必十分准确，所得制品尺寸则很准确，质量均匀密实。这种模具的制造成本及操作要求均较不溢式模具低。

此外，为了改进操作条件以及压制复杂制品，在上述模具基本结构特征的基础上，还有多槽模和瓣合模等。

5.1.2　模压成型原理

模压成型热固性塑料（部分聚合）时，置于模具型腔内的塑料被加热到一定温度后，其中的树脂熔融成为黏流态，并在压力作用下黏裹着纤维一起流动直至充满整个模腔而取得模腔所赋予的形状，此即充模阶段热量与压力的作用加速了热固性树脂的聚合或称交联（一种不可逆的化学反应），随着树脂交联反应程度的增加，塑料熔体逐渐失去流动性变成不熔的体型结构而成为致密的固体，此即固化阶段。聚合过程所需的时间一般与温度有关，适当提高温度可缩短固化时间，最后打开模具取出制品（此时制品的温度仍很高）。可见，采用热固性塑料模压成型制品的过程中，不但塑料的外观发生了变化，而且结构和性能也发生了质的变化，但发生变化的主要是树脂，所含增强材料基本保持不变。因此，可以说热固性塑料的模压成型是利用树脂固化反应中各阶段的特性来成型制品的。热塑性塑料模压成型中的充模阶段与热固性塑料的类似，但由于不发生化学反应，故在熔体充满模腔后，要冷却模具使制品固化才能开模取出制品。正因为热塑性塑料模压成型时模具需要交替地加热和冷却，成型周期长生产效率低，因此一般不采用模压方法成型热塑性塑料制品，只有在成型大型厚壁平板状制品和一些流动性很差的热塑性塑料时才采用模压成型方法。

模压成型中，除模具加热外另一种热源是合模过程中产生的摩擦热，这是因为合模会使塑料产生流动，其局部流动速度会很高，从而转变成摩擦热，对热固性塑料的模压成型，还有一种热量输入发生在后固化阶段或称熟化阶段（一般为在135℃下进行2h，然后在65℃下再进行2h）。这是因为许多热固性塑料制品脱模后在一升高的温度下放置一段时间继续完善交联，可改善其电气性能和机械性能。不进行后固化，热固性模压成型制品可能要在很长时间（数月甚至数年）完成最后5%～10%的交联，尤其对酚醛模压料。后固化可适当缩短制品在模腔内的固化时间，从而提高生产效率。

5.1.3 模压成型工艺

模压成型又称压制成型，这种方法是将模塑料（粉料、粒料、碎屑或纤维预浸料等）置于阴模型腔内，合上阳模，借助压力和热量作用，使物料熔化充满型腔，形成与型腔相同的制品。在经过加热使其固化，冷却后脱模，便制得模压制品。

模压成型工艺适用于热固性塑料，如酚醛、脲醛、环氧塑料、不饱和聚酯、氨基塑料、聚酰亚胺、有机硅等，以及某些热塑性塑料制品的加工生产。

模压成型工艺的主要优点：①生产效率高，便于实现专业化和自动化生产；②产品尺寸精度高，重复性好；③表面光洁，无需二次修饰；④能一次成型结构复杂的制品；⑤因为批量生产，价格相对低廉。

模压成型的不足之处在于模具制造复杂，投资较大，加上受压机限制，最适合于批量生产中小型复合材料制品。随着金属加工技术、压机制造水平及合成树脂工艺性能的不断改进和发展，压机吨位和台面尺寸不断增大，模压料的成型温度和压力也相对降低，使得模压成型制品的尺寸逐步向大型化发展，目前已能生产大型汽车部件、浴盆、整体卫生间组件等。

5.1.3.1 模压成型过程

热固性塑料模压成型过程通常由成型物料的准备、成型和制品后处理三个阶段组成，工艺流程如图5-6所示。

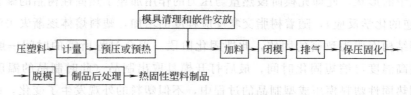

图5-6 热固性塑料模压成型工艺流程

热固性塑料在模压成型过程中，在一定温度和压力的外加作用下，物料进行着复杂的物理和化学变化，模具内物料承受的压力、物料实际的温度以及塑料的体积随时间而变化。图5-7为无支承面和有支承面两种典型模压模具型腔内物料的压力、温度和体积在模压成型周期内的变化情况。

在无支承面的模具中，当模具完全闭合时，物料所承受的压力是不变。A点为模具处在开启状态下加料时物料的压力、温度和体积情况；B点为模具闭合并施加压力，物料受压而体积减小，温度升高，压力升高；B点之后，当模腔内压力达最大时，体积也压缩到所对应的值，物料温度也达一定值；随后由于物料吸热膨胀，在模腔压力不变的情况下体积胀大，到C点物料温度达到模具相同的温度，体积也膨胀到一定值；随着交联固化反应的进行，因反应放热，物料温度会升高，甚至高于模温，到D点达最高；同时由于交联以及反应过程中低分子物放出引起物料体积收缩，之后虽然压力和温度均保持不变，但交联固化反应的继续进行使物料体积不断减小；E点模压完成后卸压，模内压力迅速降至常压，但开模后成型物的体积由于压缩弹性形变的回复而再次胀大，脱模后制品在常压下逐渐冷却，温度下降，体积也随之减小；F

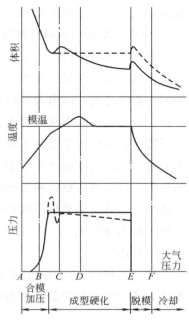

图 5-7　热固性塑料模压成型时的压力-温度-体积关系
——无支承面；- - - -有支承面

点以后，制品逐渐冷至室温，由于体积收缩的滞后，制品体积减小到与室温相对应的值需要相当长的时间。

在有支承面的模具中，物料的压力-温度-体积的关系与无支承面的模具情况稍有不同，这是因为有支承面的模具闭合后模腔内的容积保持不变，多余的物料在高压下可经排气槽和分型而少量溢出，所以合模施压之后（B点之后），模腔内的压力上升到最大值之后又很快下降，后因物料吸热促无法膨胀，导致压力有所回升，随后因交联反应的进行，也由于阳模不能下移，物料体积不能减小而使模腔内的压力逐渐下降。

对热固性塑料的实际模压成型过程来说，物料的压力、温度和体积随时间变化的关系是介于上述两种典型情况之间。

5.1.3.2　模压成型具体操作

（1）计量

计量主要有重量法和容量法。重量法是按重量计量，较准确，但较麻烦。多用在模压尺寸较准确的制品；容量法是按体积计量，此法不如重量法准确，但操作方便，一般用在粉料较宜。

（2）预压

预压就是在室温下将松散的粉状或纤维状的热固性模塑料压成重量一定、形状规则的型坯的工序。预压有如下作用和优点：

① 加料快、准确、无粉尘；
② 降低压缩率，可减小模具装料室和模具高度；
③ 预压料紧密，空气含量少，传热快，又可提高预热温度时间，从而缩短了预热和

固化的时间，制品也不易出现气泡；

④ 便于成型较大或带有精细嵌件的制品。

影响预压料质量的因素主要有模塑料的水分、颗粒大小、压缩率、预压温度和压力等。模塑料中水分含量太少不利于预压，当然过多的水分会影响制品的质量；颗粒最好大小相同，粗细适度，因为大颗粒预压物空隙多，强度不高，而细小颗粒过多时，易封入空气，粉尘也大；压缩率在3.0左右为宜，太大难于预压，太小则无预压意义；一般预压在室温下进行，如果在室温下不易预压也可将预压温度提高到50~90℃；预压物的密度一般要求达到制品密度的80%，故预压时施加的压力一般在40~200MPa，其合适值随模塑料的性质和预压物的形状和大小而定。

预压的主要设备是预压机和压模。常用的预压机有偏心式和旋转式两种；压模结构由阳模和阴模部分组成。

（3）预热

模压前对塑料进行加热具有预热和干燥两个作用，前者是为了提高料温，便于成型，后者是为了去除水分和其他挥发物。预热的方法有多种，常用的有电热板加热、烘箱加热、红外线加热和高频电热等。

热固性塑料在模压前进行预热有以下优点：

① 能加快塑料成型时的固化速度，缩短成型时间；

② 提高塑料流动性，增进固化的均匀性，提高制品质量，降低废品率；

③ 可降低模压压力，可成型流动性差的塑料或较大的制品。

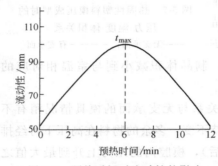

图 5-8 预热时间对流动性的影响

热塑性酚醛压塑粉，(180±10)℃

预热温度和时间根据塑料品种而定。表5-1为各种热固性塑料预热温度。热固性树脂是含有反应活性的，预热温度过高或时间过长，会降低流动性（图5-8），在既定的预热温度下，预热时间必须控制在获得最大流动性的时间 t_{max} 的范围以内。

表 5-1　热固性塑料的预热温度（高频预热）

工艺	PF	MF	UF	PDAP	EP
预热温度/℃	90~120	60~100	60~100	70~110	60~90
预热时间/s	60	40	60	30	30

（4）嵌件安放

模压带嵌件的制品时，嵌件必须在加料前放入模具。嵌件一般是制品中导电部分或与其他物件结合用的，如轴套、轴帽、螺钉、接线柱等。嵌件安放要求平稳准确。

（5）加料

把已计量的模塑料加入模具内，加料的关键是准确均匀。若加入的是预压物则较容易，按计数法加。若加粉料或黏料，则应按塑料在模具型腔内的流动情况和各部位所需用量的大致情况合理堆放，以避免局部缺料，这对流动性差的塑料尤应注意。型腔较多的

（一般多于六个）可用加料器。

（6）闭模

加料完毕后闭合模具，操作时应先快后慢，即当阳模未触及塑料前应用高速闭模，以缩短成型周期，而在接触塑料时，应降低闭模速度，以免模具中嵌件移位或损坏型腔，有利于模中的空气顺利排除，也避免粉料被空气吹出，造成缺料。

（7）排气

在闭模后塑料受热软化、熔融，并开始交联缩聚反应，副产物有水和低分子物，因而要排除这些气体。排气不但能缩短硬化时间，而且可以避免制品内部出现分层和气泡现象。排气操作为卸压使模具松开少许时间，排气过早或过迟均不行。过早达不到排气目的，过迟则因塑料表面已固化气体排不出。排气的次数和时间应根据具体情况而定。

（8）保压固化

排气后以慢速升高压力，在一定的模压压力和温度下保持一段时间，使热固性树脂的缩聚反应推进到所需的程度。保压固化时间取决于塑料的类型、制品的厚度、预热情况、模压温度和压力等，过长或过短的固化时间对制品性能都不利。对固化速率不高的塑料也可在制品能够完整地脱模就告保压结束，然后再用后处理（热烘）来完成全部固化过程，以提高设备的利用率。一般在模内的保压固化时间为数分钟。

（9）脱模冷却

热固性塑料是经交联而固化定型的，故固化完毕即可趁热脱模，以缩短成型周期。脱模通常是靠顶出杆来完成的，带有嵌件和成型杆的制品应先用专门工具将成型杆等拧脱再行脱模。对形状较复杂的或薄壁制件应放在与模型相仿的型面上加压冷却，以防翘曲，有的还应在烘箱中慢冷，以减少因冷热不均而产生内应力。

（10）制品后处理

为了提高热固性塑料模压制品的外观和内在质量，脱模后需对制品进行修整和热处理。修整主要是去掉由于模压时溢料产生的毛边；热处理是将制品置于一定温度下加热一段时间，然后援慢冷却至室温，这样可使其固化更趋完全，同时减少或消除制品的内应力，减少制品中的水分及挥发物，有利于提高制品的耐热性、电性能和强度。热处理的温度一般比成型温度高10～50℃，而热处理时间则视塑料的品种、制品的结构和壁厚而定。

5.1.3.3 模压成型工艺控制

影响模压成型过程的主要因素是压力、温度和时间。

（1）模压压力

模压压力是指成型时压机对塑料所施加的压力，可用下式计算：

$$p_m = \frac{\pi D^2}{4 A_m} p_g \tag{5-2}$$

式中 p_m——模压压力，MPa；

p_g——压机实际使用的液压，MPa；

D——压机主油缸活塞的直径,cm;

A_m——塑料制件在受压方向的投影面积,cm^2。

压力的作用是促使物料流动,充满模具型腔;增大制品的密度,提高制品的内在质量;克服塑料中的树脂在成型时缩聚反应中放出的低分子物及塑料中其他挥发分所产生的压力,从而避免制品出现肿胀、脱层等现象;使模具闭合,从而使制品具有固定的形状尺寸,防止变形等。

模压压力取决于塑料的工艺性能和成型工艺条件。通常塑料的流动性愈小,固化速度愈大,压缩率愈大,模温愈高,及压制深度大、形状复杂或薄壁和面积大的制品时所需的模压压力就高。实际上模压压力主要受物料在模腔内的流动情况制约。从图5-9可以看出压力对流动性的影响,增加模压压力,对塑料的成型性能和制品性能是有利的,但过大的模压压力会降低模具使用寿命,也会增大制品的内应力。在一定范围内模温提高能增加塑料的流动性,模压压力可降低,但模温提高也会使塑料的交联反应速度加速,从而导致熔融物料的黏度迅速增高,反而需更高的模压压力,因此模温不能过高。同样塑料进行预热可以提高流动性,降低模压压力,但如果预热温度过高或预热时间过长会使塑料在预热过程中有部分固化,会抵消预热增大流动性效果,模压时需更高的压力来保证物料充满型腔(见图5-10)。

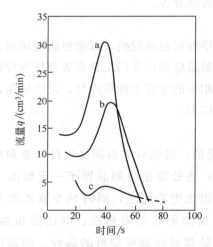

图5-9 热固性塑料模压压力对流动固化曲线的影响
a—p_m=50MPa;b—p_m=20MPa;
c—p_m=10MPa

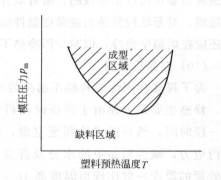

图5-10 热固性塑料预热温度对模压压力的影响

(2) 模压温度

模压温度是指成型时所规定的模具温度,对塑料的熔融、流动和树脂的交联反应速度有决定性的影响。

在一定的温度范围内,模温升高,物料流动性提高,充模顺利,交联固化速度增加,模压周期缩短,生产效率高。但过高的模压温度会使塑料的交联反应过早开始和固化速度太快而使塑料的熔融黏度增加,流动性下降,造成充模不全,见图5-11。

另外一方面，由于塑料是热的不良导体，模温高，固化速度快，会造成模腔内物料内外层固化不一，表层先行硬化，内层固化时交联反应产生的低分子物难以向外挥发，会使制品发生肿胀、开裂和翘曲变形，而且内层固化完成时，制品表面可能已过热，引起树脂和有机填料等分解，会降低制品的机械性能。因此模压形状复杂、壁薄、深度大的制品，不宜选用高模温，但经过预热的塑料进行模压时，由于内外层温度较均匀，流动性好，可选用较高模温。

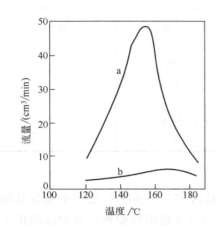

图 5-11　热固性塑料流量与温度的关系

a—p_m=30MPa；b—p_m=10MPa

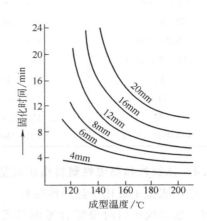

图 5-12　酚醛塑料制品厚度与模压温度和固化时间的关系

模压温度过低时，不仅物料流动性差，而且固化速度慢，交联反应难以充分进行，会造成制品强度低，无光泽，甚至制品表面出现肿胀，这是由于低温下固化不完全的表层承受不住内部低分子物挥发而产生的压力的缘故。

(3) 模压时间

模压时间是指塑料从充模加压到完全固化为止的这段时间。模压时间主要与塑料的固化速度有关，而固化速度决定于塑料的种类。此外，与制品的形状、厚度、模压温度和压力，以及是否预热和预压等有关。模压温度升高，塑料的固化速度加快，模压时间减少。固化时间与制品厚度成正比（见图 5-12），所以在一定温度下，厚制品所需的模压时间长。模压压力增加，模压时间略有减少，但不明显（见图 5-9）。合适的预热条件可以加快物料在模腔内充模和升温过程，因而有利于缩短模压时间。

在一定的模压压力和温度下，模压时间是决定制品质量的关键因素。模压时间太短，塑料固化不完全，制品的物理机械性能差，外观无光泽，且容易出现翘曲变形等现象。适当提高模压时间，可减小制品的收缩率，而且其耐热性、物理机械性能和电性能均能提高。但如果模压时间过长，不仅生产效率降低，能耗增大，而且会因树脂过度交联而导致制品收缩增大，引起树脂与填料间产生较大的内应力，制品表面发暗、起泡，甚至出现裂纹，而且在高温下过长时间，树脂也可能降解，使制品性能降低。表 5-2 为主要热固性塑料的模压成型工艺条件。

表 5-2 主要热固性塑料的模压成型工艺参数

模塑料	模塑温度/℃	模压压力/MPa	模塑周期/(s/mm)
PF+木粉	140～195	9.8～39.2	60
PF+玻璃纤维	150～195	13.8～41.1	
PF+石棉	140～205	13.8～27.6	
PF+纤维素	140～195	9.8～39.2	
PF+矿物质	130～180	13.8～20.7	
UF+α-纤维素	135～185	14.7～49	30～90
MF+α-纤维素	140～190	14.7～49	40～100
MF+木粉	138～177	13.8～55.1	
MF+玻璃纤维	138～177	13.8～55.1	
EP	135～190	1.96～19.6	60
PDAP	140～160	4.9～19.6	30～120
SI	150～190	6.9～54.9	
呋喃树脂+石棉	135～150	0.69～3.45	

5.1.4 热塑性和热固性塑料模压成型技术特点

模压成型主要用于热固性塑料（占模压成型制品的 85%～90%）也用于某些热塑性塑料。选择模压料时要综合考虑其流动性、固化时间（对热固性塑料）及制品的机械性能、耐化学性能和电气性能。

5.1.4.1 热塑性塑料的模压成型技术特点

实际上，热塑性塑料绝大多数采用注塑、挤出成型与吹塑等方法成型制品。但对某些热塑性塑料（如聚四氟乙烯、超高分子量聚乙烯）其熔融温度较高、熔体流动性差，采用上述几种方法难以成型时，或为了成型特殊用途或某些尺寸的制品时，则需采用模压成型。例如，可采用聚甲基丙烯酸甲酯模压成型大的光学透镜，与常规的注塑方法相比这有助于消除流痕、翘曲与缩痕。由热塑性塑料成型厚壁制品时，采用注塑与模压成型的组合方法有时是有利的。

可用于模压成型的热塑性塑料有聚烯烃类塑料、聚氯乙烯类塑料、苯乙烯类塑料、氟塑料以及多种工程塑料（如聚砜类、聚醚酮类、聚甲基丙烯酸甲酯等）。

下面以氟塑料（聚四氟乙烯）的模压成型工艺为例阐述热塑性塑料的模压成型技术特点：

(1) 聚四氟乙烯模压成型的设备和模具

主要设备：聚四氟乙烯模压成型的设备主要有压机、液压机、油压机、简易的千斤顶等均可使用。在生产大型制件时，应用一台自动化升降台，以便大重量的装好料的模板自动进入压机上。如果采用固定模时会更好些。烧结用的烧结炉，也是定型设备市场有售，要求炉内上下温度差尽量小，还应有安全报警装置。上述设备压机等均属定型设备，根据产量产品要求选用就可以了。

模具：

① 模具设计工艺参数　模具设计的工艺参数主要有二个：一是制品收缩率；二是压

缩比。

收缩率：聚四氟乙烯模压预成型品经烧结冷却后，垂直于加压方向的尺寸缩小，在平行于压力方向上的尺寸增大。常温下模具成型腔尺寸与制品尺寸的差，对模具成型腔尺寸的比率视为制品的收缩率：

$$X = D_p - D/D_p \times 100\% \tag{5-3}$$

式中　X——制品平均收缩率，%；

　　　D_p——压模成型腔尺寸，mm；

　　　D——制品尺寸，mm。

压缩比：聚四氟乙烯树脂在压模模腔中的体积与压制成的预成型品的体积之比，称为压缩比。聚四氟乙烯的压缩比在 4~5 之间。它与树脂颗粒度、表观密度有关；因聚合工艺和后处理方法不同而不同，与树脂在模腔中所占体积有关。

② 模具结构尺寸的确定　压制聚四氟乙烯制品时，一般采用固定式模具和移动式模具两种。根据制件的大小而定，即大型制品如板、毛坯、直径大于 100mm 的棒等大型制件均采用固定模具，固定在压机上，附有顶出装置；生产量大而广的小型制品一般采用移动式模具。模压成型的模具基本上是由一个模套和上、下冲模组成。其压模分单向加压和双向加压两种结构，当制件厚度大于 50mm 时必须设计成双向加压结构。

聚四氟乙烯冷压模结构如图 5-13 所示。

(2) 模压成型工艺

① 树脂的预处理　温度调整和结晶转变　聚四氟乙烯是具有螺旋构象的结晶高聚物，低于 19℃ 时，螺旋排列成三斜晶系，在 19~30℃ 之间，螺旋排列成六方晶系，高于 30℃ 时，链的螺旋解开，变成了无规则的缠绕。聚四氟乙烯存在两种结晶转变，即在 19℃ 时的晶形转变和 30℃ 时的结晶松弛。这种特点

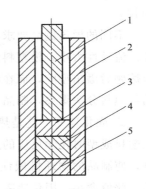

图 5-13　聚四氟乙烯冷压模结构图

1—加压块；2—模套；3—上模块；4—制品；5—下模块

对模压成型的成败起着决定性作用。如果在转变点以下进行成型加工，当温度发生 10℃ 上下的变化时，则预成型制品将会产生 1% 的体积变化，往往会引起烧结时制品开裂报废。另外，树脂在加工前的温度直接影响制品的密度，尤其成型压力确定后，原料树脂的温度对成型制品的密度影响很大。据上述原因，原料树脂的温度应在成型前应加以调整。调整的方法是将备用的树脂装入容器中，置于 23~25℃ 的环境下，放置 24~48h。预成型时也控制在此温度下进行。

② 树脂过筛　聚四氟乙烯是纤维状的高聚物在贮藏和运输中易结团。同时聚四氟乙烯粉末的流动性差，加料时不易分布均匀，所以在使用前要用 10~20 目筛进行过筛。在过筛过程中严禁杂质引入，以防影响产品性能。因此，操作人员要严格执行清洁制度，按操作规程进行工作。

③ 预成型　预成型工艺实际涉及有两种预成型，即一般模压成型和自动模压成型。一般模压成型按加料、压制、脱模三个步骤完成。自动模压的成型周期一般为 10~

15s，保压时间为几秒，预成型压力稍高，为 $500\sim700\mathrm{kgf/cm^2}$，稍高的压力有助于制品的孔隙率降低。

5.1.4.2 热固性塑料的模压成型技术特点

(1) 热固性塑料的加工性能

热固性塑料的模压成型过程是一个物理化学变化过程，模塑料的成型工艺性能对成型工艺的控制和制品质量的提高有很重要的意义。模塑料的主要成型加工性能有以下几点。

① 流动性 热固性模塑料的流动性是指其在受热和受压作用下充满模具型腔的能力。流动性首先与模塑料本身的性质有关，包括热固性树脂的性质和模塑料的组成。树脂相对分子质量低，反应程度低，填料颗粒细小而又呈球状，低分子物含量或含水量高则流动性好。其次与模具和成型工艺条件有关，模具型腔表面光滑且呈流线型，则流动性好，在成型前对模塑料进行预热及模压温度高无疑能提高流动性。

不同的模压制品要求有不同的流动性，形状复杂或薄壁制品要求模塑料有较大的流动性。流动性太小，模塑料难以充满模腔，造成缺料。但流动性也不能太大，否则会使模塑料熔融后溢出型腔，而在型腔内填塞不紧，造成分模面发生不必要的黏合，而且还会使树脂与填料分头聚集，制品质量下降。

② 固化速率 这是热固性塑料成型时特有的也是最重要的工艺性能，它是衡量热固性塑料成型时化学反应的速度。它是以热固性塑料在一定的温度和压力下，压制标准试样时，使制品的物理机械性能达到最佳值所需的时间与试件的厚度的比值（s/mm）来表示，此值愈小，固化速率愈大。

固化速率主要由热固性塑料的交联反应性质决定，并受成型前的预压、预热条件以及成型工艺条件如温度和压力等多种因素的影响。固化速率应当适中，过小则生产周期长，生产效率低，但过大则流动性下降，会发生塑料尚未充满模具型腔就已固化的现象，就不能适于成型薄壁和形状复杂的制品。

③ 成型收缩率 热固性塑料在高温下模压成型后脱模冷却至室温，其各向尺寸将会发生收缩，此成型收缩率 S_L 定义为在常温常压下，模具型腔的单向尺寸 L_0 和制品相应的单向尺寸 L 之差与模具型腔的单向尺寸 L_0 之比：

$$S_L = \frac{L_0 - L}{L_0} \times 100\% \tag{5-4}$$

成型收缩率大的制品易发生翘曲变形，甚至开裂。产生热固性塑料制品收缩的因素很多，首先热固性塑料在成型过程中发生了化学交联，其分子结构由原来的线型或支链型结构变化为体型结构，密度变大，产生收缩；其次是由于塑料和金属的热膨胀系数相差很大，故冷却后塑料的收缩比金属模具大得多；第三是制品脱模后由于压力下降有弹性回复和塑性变形产生使制品的体积发生变化。

影响成型收缩率的因素主要有成型工艺条件、制品的形状大小以及塑料本身固有的性质。表 5-3 为常用热固性塑料的成型收缩率和压缩率。

表 5-3 热固性塑料的成型收缩率和压缩率

模塑料	密度/(g/cm³)	压缩率	成型收缩率/%
PF+木粉	1.32~1.45	2.1~4.4	0.4~0.9
PF+石棉	1.52~2.0	2.0~14	
PF+布	1.36~1.43	3.5~18	
UF+α-纤维素	1.47~1.52	2.2~3.0	0.6~1.4
MF+α-纤维素	1.47~1.52	2.1~3.1	0.5~1.5
MF+石棉	1.7~2.0	2.1~2.5	
EP+玻璃纤维	1.8~2.0	2.7~7.0	0.1~0.5
PDAP+玻璃纤维	1.55~1.88	1.9~4.8	0.1~0.5
UP+玻璃纤维			0.1~1.2

④ 压缩率 热固性模塑料一般是粉状或粒状料，其表观相对密度 d_1 与制品的相对密度 d_2 相差很大，模塑料在模压前后的体积变化很大，可用压缩率 R_p 来表示：

$$R_p = \frac{d_2}{d_1} \tag{5-5}$$

R_p 总是大于1。模塑料的细度和均匀度影响其表观相对密度 d_1，进而影响压缩率 R_p。压缩率大的物料所需要模具的装料室也要大，耗费模具材料，不利于传热，生产效率低，而且装料时容易混入空气。通常降低压缩率的方法是模压成型前对物料进行预压。

(2) 几种热固性塑料的成型特点

模压成型采用的热固性塑料主要有酚醛塑料、不饱和聚酯与氨基塑料，而环氧塑料、邻苯二甲酸二烯丙酯塑料、有机硅塑料以及醇酸塑料等的用量则较少。

① 酚醛塑料 酚醛模压成型制品的性能因其所含填料和增强材料的种类和用量的不同而不同。若采用无机填料（如云母），则酚醛模压成型制品具有良好的电气性能，但机械性能较低。故常和石棉并用。若添加玻璃纤维（如长度约 6mm），则制品具有良好的冲击强度；若模压成型低密度的制品，则采用小的空心玻璃微珠作为填料。酚醛模压成型制品的尺寸稳定性好，蠕变极小。

② 不饱和聚酯塑料 俗称聚酯。其价格低，且可在较低的温度与压力下成型。因而是模压成型中用量较多的一种热固性塑料。添加有玻璃纤维的聚酯制品具有质量轻、强度高、电绝缘、阻燃、耐化学等性能。

不饱和聚酯树脂主要用于制备团状模塑料（BMC）和片状模塑料（SMC）。团状模塑料是一种纤维增强的热固性塑料，且通常是一种由不饱和聚酯树脂、短切纤维、填料以及各种添加剂构成的经充分混合而成的团状预浸料。片状模塑料是一种由树脂、增强纤维、填料以及各种添加剂等组成的夹芯薄片状材料，其芯部由经树脂糊充分浸渍的短切玻璃纤维（或毡片）构成，上下两面被聚乙烯薄膜覆盖。

BMC 和 SMC 有多种级别，它们的机械性能列于表 5-4 中。

③ 邻苯二甲酸二烯丙酯（DAP）塑料 其模压成型制品具有优良的介电性能、尺寸稳定性以及较高的耐高温性（短期使用温度可达 200），适于成型既耐高温又有高绝缘性能的复杂零部件，如电子电气产品和飞机等的接线板、开关、转换器、绝缘零件、插座与插头，汽车和火车等的电气装备零件，还可成型为油介质以及高温、高湿和腐蚀介质下工作的电气绝缘零部件。

表 5-4　BMC 和 SMC 制品的机械性能

品　种		相对密度	成型收缩率/%	拉伸强度/MPa	弯曲强度/MPa	弯曲模量/GPa	吸水率/%
BMC	高强度	1.7	0.15	45	95	7	20
	自熄	1.8	—	45	100	9	25
	低收缩	1.8	0.05	50	95	8.5	20
	耐化学	1.7	0.02	50	110	7	10
	电绝缘	1.8	0.15	45	90	8.5	15
	快固化	1.85	0.1	35	85	7	25
	通用	1.75	—	60~80	150~170	8~10	0.2
	阻燃	1.78	—	60~80	150~170	9~11	0.15
SMC	汽车用	1.8	—	50~70	130~150	8~10	0.16
	家具用	1.78	—	60~80	155~175	8~10	0.19
	柔性	1.7	—	55~75	140~160	8~10	0.12
	耐化学/电绝缘用	1.78	—	60~80	150~170	8~10	0.23

注：玻璃纤维含量均为 25%。

④ 有机硅塑料　其模压成型制品具有优异的耐电弧、电绝缘、耐高温（可在 250℃ 高温下长期使用）特性以及良好的机械性能，但模压成型性差（模压压力高达 40~50MPa），且材料成本较高，故一般只用在特殊场合，如制备航空航天、电子电气等领域的耐高温、耐电弧的绝缘材料零部件。

5.2　层压成型

层压成型是指在压力和温度的作用下将多层相同或不同材料的片状物通过树脂的黏结和熔合，压制成层压塑料的成型方法。对于热塑性塑料可将压延成型所得的片材通过层压成型工艺制成板材。但层压成型较多的是制造增强热固性塑料制品的重要方法。

增强热固性层压塑料是以片状连续材料为骨架材料浸渍热固性树脂溶液，经干燥后成为附胶材料，通过裁剪、层叠或卷制，在加热、加压作用下，使热固性树脂交联固化而成为板、管、棒状层压制品。

层压制品所用的热固性树脂主要有酚醛、环氧、有机硅、不饱和聚酯、呋喃及环氧-酚醛树脂等。所用的骨架材料包括棉布、绝缘纸、玻璃纤维布、合成纤维布、石棉布等，在层压制品中起增强作用。不同类型树脂和骨架材料制成的层压制品，其强度、耐水性和电性能等都有所不同。

层压成型工艺由浸渍、压制和后加工处理三个阶段组成，其工艺过程如图 5-14 所示。

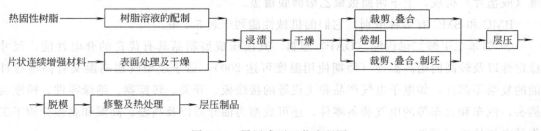

图 5-14　层压成型工艺流程图

5.2.1 浸渍

浸渍上胶工艺是制造层压制品的关键工艺。主要包括树脂溶液的配制、浸渍和干燥等工序。

(1) 树脂溶液的配制

浸渍前首先将树脂按需要配制成一定浓度的胶液。一般层压制品常用作电器、电机等方面的绝缘材料，如：印刷线路板，故要求有较好的电性能和亲水性，对于这类制品常用碱催化的 A 阶热固性酚醛树脂作为浸渍液树脂。配溶液最常用的溶剂是乙醇，为了增加树脂与增强材料的黏结力，浸渍液中往往加入一些聚乙烯醇缩丁醛树脂。胶液的浓度或黏度是影响浸渍质量的主要因素，浓度或黏度过大不易渗入增强材料内部，过小则浸渍量不够，一般配制浓度在 30% 左右。

(2) 浸渍

使树脂溶液均匀涂布在增强材料上，并尽可能使树脂渗透到增强材料的内部，以便树脂充满纤维的间隙。浸渍前对增强材料也要进行适当的表面处理和干燥，以改善胶液对其表面的湿润性。浸渍可以在立式或卧式浸渍上胶机上进行（如图 5-15）。

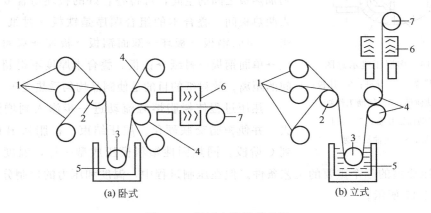

图 5-15 浸渍上胶机示意图

1—原材料卷辊；2—导向辊；3—浸渍辊；4—挤压辊；5—浸渍槽；6—干燥室；7—收卷辊

浸渍过程中，要求浸渍片材达到规定的树脂含量，即含胶量，一般要求含胶量为 30%～55%。影响上胶量的因素是胶浓的浓度和黏度、增强材料与胶液的接触时间以及挤压辊的间隙。挤压辊还具有把胶液渗透到纤维布缝隙中，使上胶均匀平整和排除气泡的作用。

(3) 干燥

上胶后要马上进入烘箱进行干燥，干燥的目的是除去溶剂、水分及其他挥发物，同时使树脂进一步化学反应，从 A 阶段推进到 B 阶段。干燥过程中主要控制干燥箱各段的温度和附胶材料通过干燥箱的速度。干燥后所得附胶材料的主要质量指标是挥发物含量、不溶性树脂含量和干燥度等，这些指标影响层压成型操作和制品质量。

5.2.2 压制成型工艺

层压制品主要有板材、管材或棒材及模型制品，不同制品其压制工艺是不同的。

5.2.2.1 层压板材的压制

压制成型过程包括裁剪、叠合、进模、热压和脱模等操作。根据层压制品的形状、大小和厚度，首先裁剪干燥后的附胶材料，然后叠合成板坯。压制板的厚度与附胶材料的叠合量有如下关系：

$$m = \frac{A\partial d}{1000} \qquad (5\text{-}6)$$

式中 m ——附胶材料的叠合量，kg；
A ——层压板的面积，cm^2；
∂ ——层压板的厚度，cm；
d ——附胶材料的相对密度。

叠合好的板坯置于两块打磨抛光的不锈钢板之间，并逐层放入多层压机的各层热压板上，如图 5-16 所示。然后闭合压机开始升温升压。压制板材的多层压机为充分利用两加热板之间的空间，可将叠合好的板坯组合成叠合本放入两热板间。叠合本的组合顺序是铁板→衬纸（50～100 张）→单面钢板→板坯→双面钢板→板坯→双面钢板→板坯→单面钢板→衬纸→铁板。叠合本厚度不得超过两热板间的距离。放衬纸的目的是使制品均匀受热受压。

热压过程使树脂熔融流动进一步渗入到增强材料中去，并使树脂交联硬化。层压结束，树脂从 B 阶段推进到 C 阶段。同热固性塑料模压成型一样，温度、压力和时间是层压成型的三个重要的工艺条件。但在压制过程中，温度和压力的控制分为五个阶段，如图 5-17 所示。

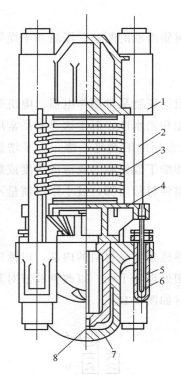

图 5-16 多层压机示意图
1—固定模架；2—导杆；3—压板；
4—活动横梁；5—辅助工作缸；
6—辅助油缸柱塞；7—主工
作缸；8—主油缸活塞

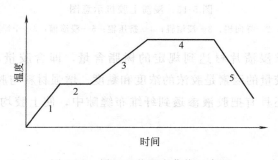

图 5-17 层压工艺温度曲线示意图
1—预热阶段；2—中间保温阶段；3—升温阶段；4—热压保温阶段；5—冷却阶段

① 预热阶段 板坯的温度从室温升至树脂开始交联反应的温度，这时树脂开始熔化并进一步渗入增强材料中，同时使部分挥发物排出。此时施加全压的 1/3～1/2，一般为 4～5MPa 之间，若压力过高，胶液将大量流失。

② 中间保温阶段 树脂在较低的反应速度下进行交联固化反应，直至溢料不能拉成

丝为止，然后开始升温升压。

③ 升温阶段　将温度和压力升至最高，此时树脂的流动性已下降，高温高压不会造成胶液流失，却能加快交联反应。升温速度不宜过快，以免制品出现裂纹和分层，但应加足压力。

④ 热压保温阶段　在规定的压力和温度下（9～10MPa，160～170℃），保持一段时间，使树脂充分交联固化。

⑤ 冷却阶段　树脂充分交联固化后即可逐渐降温冷却。冷却时应保持一定的压力，否则制品表面起泡和翘曲变形。

压力在层压过程中起到压紧附胶材料，促进树脂流动和排除挥发物的作用。压力的大小取决于树脂的固化特性，在压制的各个阶段压力各不相同。

压制时间决定于树脂的类型、固化特性和制品厚度，总的压制时间＝预热时间×叠合厚度×固化速度＋冷压时间。

当板材冷却到50℃以下即可卸压脱模。

5.2.2.2　管材、棒状的压制

层压管材和棒材也是以干燥的附胶材料为原料，用专门的卷管机卷绕成管坯或棒坯，见图5-18。

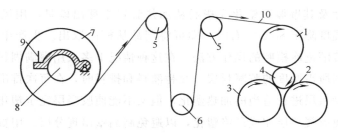

图5-18　卷管工艺示意图

1—上辊筒；2,3—支承辊；4—管芯；5—导向辊；6—张力辊；7—胶布卷辊；
8—刹车轮；9—翼形螺母；10—胶布

将管坯先送入80～100℃烘房内预固化，然后在170℃进一步固化。对于层压棒，也可将棒坯放入专门的压制模具内，然后加压加热固化成型。

5.2.2.3　模型制品的压制

层压材料的模型制品也是以附胶材料为原料经裁剪、叠合，制成型坯，放入模腔中进行热压，模压工艺同前述的热固性塑料的压缩模塑。

5.2.3　热处理和后加工

后加工是修整去除压制好的制品的毛边及进行机械加工制得各种形状的层压制品，热处理是将制品在120～130℃温度下处理48～72h，使树脂固化完全，以提高热性能和电性能。

5.3　涂覆

涂覆也称涂覆制品成型，早期的塑料涂覆技术是从油漆的涂装技术演变而来，故传统意义上的涂覆，主要是指用刮刀将糊塑料均匀涂布在纸和布等平面连续卷材上，以制得涂

层纸和人造革的工艺方法。随塑料成型技术的发展，涂覆用塑料从液态扩展到粉体，被涂覆基体从平面连续卷材扩展到立体形状的金属零件和专用成型模具。涂布方法也从刮涂发展到浸涂、辊涂和喷涂。目前由于塑料涂覆的目的多种多样，致使涂覆技术的实施方法也各式各样，比较常见的是成型模具涂覆（简称模涂）、平面连续卷材涂覆和金属件涂覆。其成型制品的基本过程是：将配制好的糊塑料涂到预先加热到给定温度的阴模型腔中，靠近型腔壁的糊料即因受热而"胶凝"，然后将没有胶凝的糊料倒出并将模具再加热一段时间，待胶凝料充分"塑化"后经过冷却降温，即可从模腔的开口处取出软制品。目前涂凝成型主要以聚氯乙烯增塑糊为成型物料。

涂凝制品的成型过程如图 5-19 所示，其操作步骤是：先将糊料由贮槽灌入已加热到规定温度的模腔，灌入时应注意保持模腔和糊料的清洁，以使整个模腔壁均能为糊料所润湿，同时还须将模具稍加震动以逐出糊料中的气泡，待糊料完全灌满模腔后停放一段时间，再将模具倒置使未胶凝的糊料排入贮料槽，这时模腔壁上附有一定厚度已部分胶凝的料层，如果单靠预热模具不能使胶凝层的厚度达到制品壁厚的要求，可在未倒出糊料前短时间加热模具，加热方法可以是用红外线灯照射，也可以是将模具浸进热水或热油浴中；随后需将排尽未胶凝糊料的模具放入 165℃ 左右的加热装置中使胶凝料层塑化，塑化时间取决于制品的尺寸及其壁厚；塑化完毕后从加热装置中移出模具，用风冷或用水喷淋冷却，通常在模具温度降至 80℃ 左右时，即可将制品从模内取出。生产中也有不预先加热模具而将糊料直接灌进冷模腔的操作方法，在这种情况下多采用灌满糊料后短时加热模具和重复灌料以得到所需厚度的胶凝料层。交替灌料和排料时，在每次排出未胶凝料后，都需将已形成的胶凝料层进行适当的加热塑化，但又不能使胶凝层完全塑化，只能在最后一次排料后才可以使胶凝料层完成最终塑化，以避免制品壁出现分层。用重复灌料法成型搪铸制品，工艺上比较麻烦，其优点是可减少空气进入制品壁的机会，并能比较准确地控制制品壁的厚度。用这种方法还可以成型壁的内、外层由不同成型物料构成的涂凝制品，例如制品壁的内层是发泡料外层是密实料的制品。

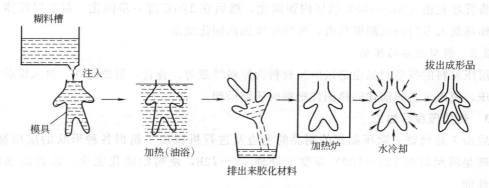

图 5-19 涂凝制品成型过程示意图

涂凝成型的主要优点是设备费用低，易高效连续化生产，工艺控制也比较简单；但所得制品的壁厚和重量的重现性都比较差。

涂凝成型所用的原材料也可配制成粉料，粉料的涂凝与糊料的涂凝在成型工艺过程上很相似，但由于涂凝所用成型物料是固体的干粉而不是液态的糊料，故其成型操作也有特殊之处。干粉涂凝时所用阴模在外形上大多类似上大下小的敞口容器，一般用导热性好的薄金属板制成。这种模涂方法最常用于小批量聚乙烯敞口薄壳制品的成型，其成型过程如图 5-20 所示。步骤是：先将粉状成型物料加进模腔之中，再将装满粉料的模具放进烘箱加热，加热温度应高于塑料的熔融温度，而加热时间应足以使与模壁接触的粉料熔融并达到所需的熔料层厚度，加热时间到达后从烘箱中取出模具并将其倒置排出未熔融的粉料。由于尚有未熔的粒子附在熔融料层表面，需将模具重新放进烘箱内加热，直至熔融料层充分流平、表面变光滑后方可从烘箱中移出。为加速冷却可用冷水喷淋制品，制品依靠凝固收缩而与模壁脱开，使其能方便地从模腔内取出。

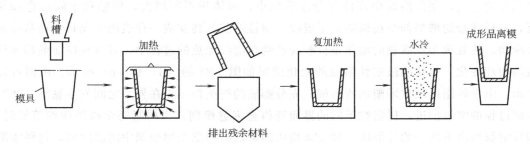

图 5-20 干粉涂凝制品成型过程示意图

5.3.1 塑性溶胶的配制

配制用于搪塑和蘸浸成型的糊塑料（塑性溶胶）的组分主要有树脂、分散剂、稀释剂、凝胶剂、稳定剂、填充剂、着色剂、表面活性剂以及为特殊目的而加入的其他助剂等。

目前塑性溶胶所使用的树脂主要是聚氯乙烯塑料。

塑性溶胶由悬浮体变为制品的过程是树脂在加热下继续溶解成为溶液的一个过程，一般又将其分作"胶凝"和"熔化"前后两个过程。

胶凝阶段是从塑性溶胶开始加热起，直到由塑性溶胶形成的薄膜出现一定力学强度为止，在这一阶段中，由于加热，树脂不断地吸收分散剂，并因此而发生肿胀。在此过程中，糊塑料中的液体部分逐渐减少，而其黏度则逐渐增大，树脂颗粒间的距离也越靠近，终于使残余的液体成为不连续相而包含在凝胶的颗粒之间。在更高的温度和更长的时间下，残余液体也被吸收或挥发（指有机溶胶与凝胶），塑性溶胶因而成为一种表面无光和干而易碎的物料。此时可认为胶凝阶段已达到终点，其温度通常都在 100℃ 以上。

熔化是指塑性溶胶在继续加热下，从胶凝终点发展到力学性能达到最佳的一段时间内的物理变化。严格说来，这里的"熔化"并不等于固体物质的真正熔化。在这一阶段中，肿胀的树脂颗粒先在界面之间发生黏结，也就是所说的"熔化"；随之界面越来越小以至全部消失，这样树脂也逐渐由颗粒的形式而成为连续的透明体或半透明体。"熔化"完全后，除色料和填料外，其余的成分都处于一种十分均匀的单一相，而且在冷却后能继续保持这种状态，因此，就会具有较高的力学强度。熔化的最终温度约 175℃ 左右。

下面就聚氯乙烯塑性溶胶在成型过程中受热后的物理变化作简要说明后再介绍这种塑

性溶胶的配制过程。

(1) 氯乙烯塑性溶胶受热后的物理变化

将这种塑性溶胶成型为制品,必须借助加热使塑性溶胶经历一系列的物理变化过程,工艺上常将促使塑性溶胶发生物理变化的加热称作塑性溶胶的"热处理"。热处理塑性溶胶时,按所发生物理变化性质的不同,将塑性溶胶向制品的转变过程划分为"胶凝"和"塑化"两个阶段。胶凝是指塑性溶胶从开始受热,到形成具有一定机械强度固体物的物理变化过程。聚氯乙烯增塑糊在这一阶段的变化情况如图 5-21(a)、(b) 和 (c) 所示。由图可以看出,塑性溶胶开始为微细树脂粒子分散在液态增塑剂连续相中的悬浮液,受热使增塑剂的溶剂化作用增强,致使树脂粒子因吸收增塑剂而体积胀大,随受热时间延长和加热温度的升高,塑性溶胶中液体部分逐渐减小,因体积不断增大,树脂粒子间也愈加靠近,最后残余的增塑剂全被树脂粒子吸收,塑性溶胶就转变成一种表面无光且干而易碎的胶凝物。热处理塑性溶胶的塑化是指胶凝产物在继续加热的过程中,其机械性能渐趋最佳值的物理变化。塑化阶段塑性溶胶的变化情况如图 5-21 的 (d) 和 (e) 所示。由图可以看出,由于树脂逐渐被增塑剂所溶解,充分膨胀的树脂粒子先在界面之间发生黏结,随着溶解过程的继续推进,树脂粒子间的界面变得愈来愈模糊;当树脂完全被增塑剂溶解时,塑性溶胶即由不均一的分散体,转变成均质的聚乙烯树脂在增塑剂中的浓溶液,这种浓溶液一般是透明的或半透明的固体。塑化完全的塑性溶胶,除颜料和填料等不溶物外,其余各组分已处于一种十分均匀的单一相中,而且在冷却后能长久地保持这种状态,这就使塑料制品能够具有较高的强度。

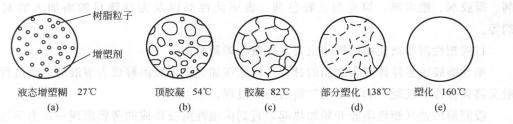

图 5-21 增塑糊的胶凝与塑化示意图

(2) 配制原料糊的过程

将聚氯乙烯树脂过筛、称重;其他助剂按比例称重,把硬脂酸钙、硬脂酸钡、若干颜料和少量的增塑剂混合成浆,放在三辊磨上研磨到一定细度,然后将所用物料投入混合机内充分搅拌。温度控制在 30℃,原料糊的黏度一般在 10Pa·s 以下。将配制成的原料糊盛在容器中脱泡备用。

5.3.2 直接涂覆

用这种工艺方法成型人造革的工艺流程如图 5-22 所示,其成型步骤是:先在经过预处理的基布上涂一层作为"底胶"的糊料,进入第一烘箱加热预塑化后,再在底胶层上涂一层作为"面胶"的糊料,涂面胶后进入第二烘箱加热,使糊料层完全塑化;完成糊料层塑化后的半成品革经压花、冷却和卷取即得成品革。如果需要成型泡沫人造革,应在底胶层上先涂一层含发泡剂的糊料并使其预塑化后,再在可发泡糊料层上涂面胶。

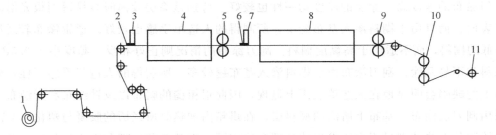

图 5-22 直接涂覆法工艺流程图

1—布基；2—塑性溶胶（底胶）；3—刮刀；4,8—烘箱；5—压光辊；6—塑性溶胶（面胶）；7—刮刀；9—压花辊；10—冷却辊；11—成品

用刮刀在基布上涂布糊料有如图 5-23 所示的三种方式，其中（a）为简单刀涂式，由于在刮刀作用点的下面没有任何支承物承托运行的基布，因而很难控制涂层的厚度和厚度均一性，而且不适用强度低的基布；（b）为辊筒刀涂式，由于有金属辊或橡胶辊承托刮刀的作用点，故可较均匀地在强度较小的基布上进行涂布，而且有糊料透入布缝较深的优点；（c）为带衬刀涂式，由于有橡皮输送带承托基布，更适于强度较小基布的涂布。

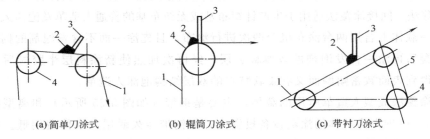

(a) 简单刀涂式　　(b) 辊筒刀涂式　　(c) 带衬刀涂式

图 5-23 各种刮刀涂覆方式示意图

1—基材；2—塑性溶胶；3—刮刀；4—承托辊；5—输送带

可采取多种方式用辊筒将糊料涂布到基布上，生产上广泛采用的是逆辊涂布法，所谓逆辊涂布法是指涂布糊料的辊筒（常称为涂胶辊）转动的方向与基布运行的方向相反。逆辊涂布时可采取顶部供料，也可采取底部供料；糊料黏度高时宜用前者，糊料黏度低时用后者较好。图 5-24 为顶部供料的逆辊涂布机示意。这种涂布机工作时，糊料由传递辊与定厚辊的间隙曳入，再由传递辊将定量的糊料传递给涂胶辊，涂胶辊与钢带承托运行的基布作反向运动，借助大辊筒对涂胶辊产生的压力使其上的糊料平整地转移到基布上。糊料涂布层的厚度主要受定厚辊与传递辊间隙大小和涂胶辊与基布的相对速度控制。涂胶辊表面的线速度应大于基布运动速度，二者之差愈大，擦进基布缝的糊料量就愈多。

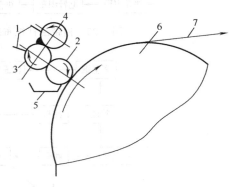

图 5-24 逆辊涂布机示意图

1—调节板；2—涂胶辊；3—传递辊；4—定厚辊；5—承胶盘；6—大辊筒；7—钢带

逆辊涂布与刮刀涂布相比，虽然设备投资较

大，但涂布的速度高、涂层的厚度均一性也较好，特别是涂层较薄时容易得到很光滑的人造革表面；而且由于糊料渗入基布缝少，所制得的人造革手感也较好。逆辊涂布较适用于黏度低的糊料，而不适用于高黏度糊料。刮刀涂布的情况则正好相反，黏度小于 0.5Pa·s 的糊料就不易刮涂。刮刀涂布由于糊料渗入基布缝较多，所制得的人造革手感不佳，而且基布上的缺陷会明显地在人造革表面上显现，因此很粗糙的帆布以及针织布和无纺布都不宜采用刮刀法涂布。基布上所涂的糊料层，在烘箱内加热时所经历的胶凝与塑化，与前述之搪铸制品在热处理过程中所发生的物理变化相同；而基布预处理和半成品革的压花、冷却和表面涂饰等操作与生产压延人造革相同。

此工艺的优点是流程简单，设备投资少，生产效率高；缺点是涂布基必须经过预处理，不宜采用强度低的布基和纸基，不适用于针织布基人造革的生产。

5.3.3 间接涂覆

将糊料用刮涂法或逆辊涂布法涂布到一个循环运转的载体上，经过预热烘箱使糊料涂层达到半胶凝状态后经与基布贴合，再经过主烘箱塑化后将其冷却并从载体上剥离下来得到半成品革；半成品革经轧花（或印花）和表面涂饰即制得间接涂覆法人造革。由于在成型这种人造革的工艺过程中，糊料是先涂到载体上然后才转移到基布上，故又将间接涂覆法称作载体法或转移法。间接涂覆法适用于生产针织布基或无纺布基的普通人造革及泡沫人造革。

在同一载体上若用两台涂布机分两次进行涂布，且先涂一面不含发泡剂的糊料层，经加热半胶凝后再涂一含发泡剂的较厚糊料层，经再次加热使新涂料层半胶凝后与基布贴合，即可得到表面致密耐磨而又有柔软特点的双层结构泡沫人造革。

间接涂覆法成型人造革所用的载体，主要是钢带（如图 5-25 所示）和离型纸（如图 5-26 所示）。以钢带为载体的涂覆设备投资大，但钢带经久耐用且维修费用低。用离型纸作载体的涂覆设备结构较为简单，而且只需在离型纸上轧上花纹即可将其转移到人造革上，故贴合基布后不必另行轧花，但离型纸在使用过程中常出现断裂，这不仅会导致停工修机，而且每次使用后要在专门的设备上进行检验修剪，其综合成本反比用钢带高。

图 5-25 钢带法针织布基 PVC 泡沫人造革生产的工艺流程

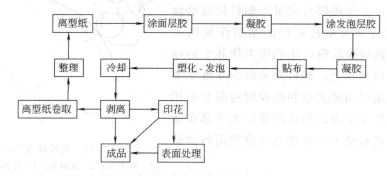

图 5-26 离型纸法针织布基 PVC 泡沫人造革生产的工艺流程

用这种间接涂覆法成型人造革，基布可在不受拉伸的情况下与半胶凝的糊料涂层贴合。因此特别适用于伸缩性很大的针织布和拉伸强度很低的无纺布作基材；由于人造革表面的平整光滑程度不受基布表面情况的影响，因此用表面很粗糙的基布也能借助这种方法制得表现良好的人造革。

5.4 纺丝成型

5.4.1 纺丝成型设备

合成纤维是用石油、天然气、煤及农副产品为原料，经一系列的化学反应，制成合成高分子化合物，再经加工而制得的纤维。它是高分子三大合成材料之一，是人民生活、工农业生产和国防科技不可缺少的重要物质。合成纤维工业包括树脂的生产和纤维纺丝两大部分，其中纤维的纺丝也是高分子材料成型加工的方法。

合成纤维纺丝是将聚合物制成具有纤维结构及其综合性能的纺丝纤维的过程。一般采用的纺丝方法是将高聚物溶解成黏性溶液或熔融黏流体，用齿轮泵定量供料，通过喷丝头小孔，凝固或冷凝成纤维。工业上常采用熔融纺丝、干法纺丝和湿法纺丝这三种基本纺丝方法。纺丝方法不同，设备的结构也不同。

熔融纺丝适用于加工热分解温度高于熔融温度的聚合物，主要用于涤纶、锦纶、丙纶的生产。熔融纺丝设备主要包括螺杆挤出机、纺丝箱体、计量泵、纺丝组件、冷却装置五个部分。

湿法纺丝适用于加工热分解温度低于熔融温度的成纤聚合物，如腈纶、黏胶纤维、芳纶、高强度聚乙烯纤维、维纶等，主要设备包括原液制备装置、过滤器、混合器、计量泵、喷丝头组件、凝固浴槽等装置。

干法纺丝设备主要包括原液制备装置、过滤器、混合器、计量泵、喷丝头组件、介质传热、溶剂蒸发（丝束成形）以及挥发溶剂的回收系统。

5.4.1.1 螺杆挤出机

螺杆挤出机的作用是把固体高聚物熔融后以匀质、恒定的温度和稳定的压力输出高聚物熔体，其结构原理类似塑料成型用的螺杆挤出机，它由料斗、机筒、螺杆、机头等几部分组成。螺杆是挤出机的关键部分，其结构形式根据生产纤维品种的要求不同而不同。挤出机的组成部分及原理与塑料成型单螺杆挤出机相似。

用于涤纶纺丝的螺杆有突变式和渐变式两种。突变式控制容易，较为适用。但若采用渐变式，则可兼有更好的熔融效力并可采用较大的压缩比，提高产量，因此，以采用渐变式更为便宜。

5.4.1.2 计量泵（纺丝泵）

计量泵的作用是精确计量、连续输送成纤高聚物熔体或溶液，并以喷丝头组件结合产生预定的压力，保证纺丝流体通过滤层到达喷丝板，以精确的流量从喷丝孔喷出。常用的是齿轮泵，使用时转速不宜过高，一般为 20～25r/min，工作压力为 1.5～2.0MPa。

5.4.1.3 纺丝箱

纺丝箱的作用是保持由挤压机送至箱体的熔体经各部件到每个纺丝位都有相同的温度

和压力降，保证熔体均匀地分配到每个纺丝部位上。一个纺丝箱一般有 2、4、6 和 8 个纺丝位，位与位之间的距离原则上要求在不影响操作、位距与卷绕机的锭距相等的情况下，应尽可能小些。普通长丝纺丝箱的位距为 600mm，短纤维为 400mm、500mm、600mm。高速纺为 600mm、800mm、1000mm，最大可达 1200mm。衡量纺丝箱效率的主要参数是位距产量，即纺丝单元产量与相邻两个纺丝中心距离之比。

5.4.1.4 纺丝组件

纺丝组件即纺丝头，如图 5-27 所示。它由喷丝板、过滤网、石英砂、垫圈、熔体分配板、内螺纹套、外螺纹套和托盘等几部分组成。

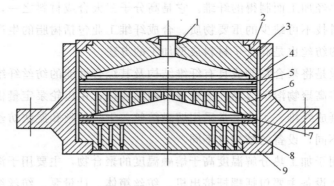

图 5-27　纺丝组件

1—厚铝垫圈；2—薄铝垫圈；3—外螺纹套（紧圈）；4—压板；5—过滤网（三层，由上至下 10000、2500、900 孔/cm²）；6—分配板；7—过滤网（6000 孔/cm²）；8—喷丝板；9—内螺纹套（头套）

喷丝板安装在带内螺纹套内，垫圈、过滤网和熔体分配板安放在喷丝板上，再用外螺纹套将上述零件压紧在内螺纹套内，在外螺纹套内装有石英砂。最后将全部上述零件放在带有外螺纹套连接到托盘内，再装到纺丝泵座底部丝扣内。

纺丝头的作用是将纺丝泵送来的熔融体，经过过滤网和熔体分配板最后经喷丝板的小孔而喷成丝。

过滤网一般采用三层（或二层）不锈钢丝网，底层为 900 孔/cm²，中层为 2500 孔/cm²，上层为 10000 孔/cm²，组装组件时，过滤网的底层与熔体分配板接触。

熔体分配板是一多孔的花板，材料一般采用不锈钢，其作用是将聚合物熔体均匀地分布于喷丝板的各个喷丝孔上，使各个孔喷出的丝条具有相同的直径。

石英砂一般分粗砂、中砂、细砂三种，主要起过滤作用的是细砂，粗砂主要是作为细砂的支承层，熔体出纺丝泵后则经细砂过滤。

喷丝板用耐热、耐酸的不锈钢制成，直径为 50～90mm 或更大，一般为圆形板，也有采用矩形的。圆形喷丝板的结构形式有凸缘式和平板式两种，凸缘式适用于长丝纺丝机，平板式适用于短丝纺丝机。

喷丝板的孔数为一至几百，甚至更多，孔的排列形式一般呈花冠形，使纺出的纤维能受到均匀的冷却。喷丝板的厚度一般为 10～25mm。喷丝板的小孔不是圆柱形的，在喷丝板内侧的进口是直径为 2.5~3mm 的圆柱形孔道，紧接着就是圆锥形孔，其终端距喷丝板外边约 0.2~0.3mm，才是喷丝小孔，喷丝小孔的直径一般是 0.15~0.45mm，这个圆锥形孔是为了保证熔体均匀流入喷丝孔，保持小孔内压力低至可允许的程度，喷丝板一定要钻得很圆、很精确，以保证纤维的质量。

近年来已有试用异形断面孔，如多角形、星形等，纺出的纤维有较好的抱合力和手感。

5.4.1.5 冷却吹风装置

熔体细流从喷丝板喷出到卷绕装置以前要进行冷却吹风使其凝固，冷却吹风系统的条件对纤维的线密度、染色性、伸长等都有较大影响。

纺丝吹风窗是用来保护丝在冷却过程中只受到定量、定向和定质的气流冷却，使纤维在连续成形过程中凝固点位置固定，冷却速度一致，不受外界气流影响，以保证纤维的质量。常用的纺丝吹风窗有密闭式和开口式两种。

纤维出纺丝吹风窗后即进入纺丝冷却套筒，冷却套筒的用途在于保证纤维不损伤，并使其继续冷却。

5.4.2 纺丝成型原理

化学纤维的品种繁多，其制造方法和工艺有很大的差异。但根据基本的工程原理，则可以将各种化学纤维的成型加工概括为以下三个阶段。

5.4.2.1 基础阶段

化学纤维成型加工的基础阶段包括原料制备和纺前准备。原料制备是指成纤高分子化合物的合成（聚合）或天然高分子化合物的化学处理和机械加工。纺前准备是指纺丝熔体或纺丝的制备。再生纤维、纤维素酯纤维和溶解性纤维（Lyocell）的原料制备过程，是将天然高分子化合物经一系列的化学处理和机械加工，除去杂质，并使其具有能满足纤维生产的物理和化学性能。合成纤维的原料制备过程是，将有关单体通过一系列化学反应，聚合而成具有一定官能团、一定相对分子质量和相对分子质量分布的线性聚合物。由于聚合方法和聚合物的性质不同，合成的聚合物可能是熔体状态或溶液状态。将聚合物熔体直接送去纺丝，这种方法称为一步法；也可先将聚合得到的聚合物熔体或溶液制成"切片"或粉末，再通过熔融或溶解制成纺丝流体，然后进行纺丝，这种方法称为二步法。

5.4.2.2 成型阶段

（1）熔融纺丝

图 5-28 为熔融纺丝示意图。切片在螺杆挤出机中熔融后或由连续聚合制成的熔体，送至纺丝箱体中的各纺丝部位，再经纺丝泵定量压送到纺丝组件，过滤后从喷丝板的

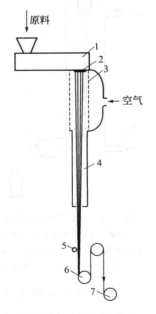

图 5-28 熔融纺丝示意图
1—螺杆挤出机；2—喷丝板；3—吹风窗；4—纺丝甬道；5—给油盘；6—导丝盘；7—卷绕装置

毛细孔中压出而成为细流，并在纺丝甬道中冷却成型。初生纤维被卷绕成一定形状的卷装（对于长丝）或均匀落入盛丝桶中（对于短纤维）。

(2) 湿法纺丝

图5-29为湿法纺丝示意图。纺丝溶液经混合、过滤和脱泡等纺前准备后送至纺丝机，通过纺丝泵计量，经烛形滤器、鹅颈管进入喷丝头（帽），从喷丝头毛细孔中挤出的溶液细流进入凝固浴，溶液细流中的溶剂向凝固浴扩散，浴中的凝固剂向细流内部扩散，于是聚合物在凝固浴中析出而形成初生纤维。

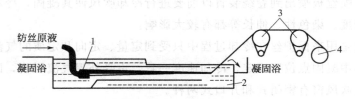

图5-29 湿法纺丝示意图
1—喷丝头；2—凝固浴；3—导丝盘；4—卷绕装置

(3) 干法纺丝

图5-30为干法纺丝的示意图。从喷丝头毛细孔中挤出的纺丝溶液不进入凝固浴，而进入纺丝甬道。通过甬道中热空气的作用，使溶液细流中的溶剂快速挥发，并被热空气气流带走。溶液细流在逐渐脱去溶剂的同时发生浓缩和固化，并在卷绕张力的作用下伸长变细而成为初生纤维。

5.4.2.3 后成型阶段

纺丝成型后得到的初生纤维其结构还不完善，物理机械性能较差，如伸长大、强度低、尺寸稳定性差，还不能直接用于纺丝加工，必须经过一系列的后加工。后加工随化纤品种、纺丝方法和产品要求而异，其中主要的工序是拉伸和热定型。在化学纤维生产中，无论是纺丝还是后加工都需要上油。

(1) 纺丝过程的基本步骤和主要变化

化学纤维的成型是将纺丝流体（聚合物熔体或溶液）以一定的流量从喷丝孔挤出，固化而成为纤维的过程。它是化学纤维生产过程中最重要的环节之一。

化学纤维成型也称纺丝。从工艺原理角度，熔体纺丝、干法纺丝和湿法纺丝这三种方法均由四个基本步骤构成。

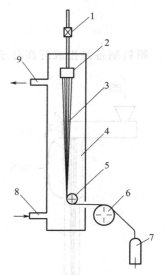

图5-30 干法纺丝示意图
1—计量泵；2—喷丝头；3—纺丝线；4—干燥甬道；5～7—卷绕元件；8—干燥气体入口；9—干燥气体出口

① 纺丝流体（熔体或溶液）在喷丝孔中流动。

② 挤出液流中的内应力松弛和流动体系的流场转化，即从喷丝孔中的剪切流动向纺丝线上的拉伸流动的转化。

③ 流体丝条的单轴拉伸流动。

④ 纤维的固化。

在这些过程中,成纤聚合物要发生几何形变、物理状态和化学结构的变化。几何形态的变化是指成纤聚合物流体经喷丝孔挤出和在纺丝线上转变为具有一定断面形状的、长径比无限大的连续丝条(即成型)。纺丝中化学结构的变化,对于纺制再生纤维才是重要的,而在熔体纺丝中只有很少的裂解和氧化等副反应发生,通常可不予考虑。纺丝中物理状态的变化,虽然在宏观上用温度、组成、应力和速度等几个物理量就能加以描述,但整个纺丝过程涉及聚合物的溶解和熔化,纺丝流体的流动和形变,丝条固化过程中的冻胶化作用、结晶、二次转变和拉伸流动中的大分子取向,以及过程中的扩散、传热和传质等。物理状态的变化还与几何形态和化学结构变化相互交叉,彼此影响,构成了纺丝过程固有的复杂性,这些都是纺丝成型理论的核心问题。

纺丝理论是在高分子物理学和连续介质力学等学科的背景下发展起来的,涉及的问题相当广泛,包括纺丝过程中的动量、热量传递;流动和形变下的大分子行为;连续单轴拉伸、结晶和冷却条件下的大分子取向;聚合物结晶动力学;受纺丝条件影响的纤维形态学等。当前,纺丝理论还正处于开拓和发展之中,作为一个具有完善科学系统的纺丝成型理论尚远,还有待进一步探索。

(2) 纺丝过程的基本规律

① 在纺丝线的任何一点上,聚合物的流动是稳态的和连续的。纺丝线是对熔体挤出细流和固化初生纤维的总称。"稳态"是指纺丝线上任何一点都具有各自恒定的状态参数,不随时间而变化。即其运动速度 v、温度 T、组成 C_i 和应力 p 等参数在整个纺丝线上各点虽不相同,依位置而连续变化,但在每一个选定位置上,这些参数不随时间而改变,它们在纺丝线上形成一种稳定的分布,称做"稳态分布"。用数学语言表示"稳态",即某一物理量对时间的偏导数等于零,记作:

$$\frac{\partial}{\partial t}(v, T, C_i, p, \cdots) = 0 \tag{5-7}$$

在稳态纺丝条件下,纺程上各点每一瞬时所流经的聚合物质量相等,即服从流动连续性方程所描写的规律。

$$\rho_0 A_0 v_0 = \rho A v = \rho_L A_L v_L = 常数 \tag{5-8}$$

式中:ρ_0、ρ、ρ_L 分别代表丝条在喷丝孔口、纺丝线上某点和卷绕丝上聚合物的密度;A_0、A、A_L 分别代表上述各点的丝条横截面积;v_0、v、v_L 分别代表上述各点丝条的运动速度。在喷丝孔口处,由于考虑到液体丝条内部在横截面上的速度分别,式中 v_0 应为平均速度。

因纺丝液本身不均匀,挤出速度或卷绕速度变化,或者外部成型条件波动,所以式(5-7)和式(5-8)所表示的纺丝状态便会遭到破坏,使纤维产品外表形状不规则或内部结构不均匀。应该指出,在实际生产过程中,纺丝条件不可能控制得完全准确和稳定,稳态纺丝只是一种理想的状况。在正常的工作生产中,上面的假设应做到尽可能地接近。可是在工业上纺丝条件和材料特性方面,总是有些变化的,这些变化会引起偏离理想稳态过程。这种不再满足稳态条件的纺丝过程皆称为非稳态纺丝。导致非稳态纺丝的原因十分复杂，所表现的现象也多种多样。为使问题简化，本节仅在稳态条件下讨论熔体纺丝、湿法纺丝和干法纺丝的核心问题。

② 纺丝线上的主要成型区域内，占支配地位的形变是单轴拉伸。纺丝线上聚合物流体的流动和形变是单轴拉伸流动，与在刚性壁约束下的剪切流动不同。两者的速度场也不同，剪切流动的速度场具有垂直于流动方向的径向速度梯度，而拉伸流场的速度则与流动方向平行，称为轴向速度梯度。

③ 纺丝过程是一个状态参数（温度、压力、组成）连续变化的非平衡态动力学过程。即使纺丝过程的初始（挤出）条件和最终（卷绕）条件保持不变，纤维的结构和性质仍强烈地依赖于状态变化的途径，即依赖于状态变化的"历史"。因此，研究纺丝条件和纤维结构和性质的关系，必须对从纺丝流体转变为固态纤维的动力学问题加以考虑。

④ 纺丝动力学包括几个同时进行并相互联系的单元过程，如流体力学过程，传热、传质、结构和聚集态变化过程等。要对纺丝过程作理论上的阐述，必须对这些单元过程及其相互联系有所了解。

(3) 纺丝过程的基本方程

纺丝过程工程解析所用的基本方程由下面三个方程式组成：

第 i 组分的连续性方程式：

$$\frac{D\rho_0}{Dt} + \rho_i \operatorname{div} V_i = 0 \tag{5-9}$$

运动方程式：

$$\rho \frac{DV}{Dt} = \nabla \cdot p + \rho f \tag{5-10}$$

能量方程式：

$$\rho C_v \left(\frac{DT}{Dt} \right) = -\operatorname{div} J + P : \nabla V - \frac{DU}{Dt} \tag{5-11}$$

式(5-9)～式(5-11) 中：$\frac{D}{Dt}$ 为对于时间的实质微分符号；div 也是一个算符，它所代表的运算是矢量微分算符与另一矢量的标积；V 为速度矢量；p 为应力张量；f 表示体力；ρ 是密度；T 为温度；C_v 是恒定条件下的比热容；J 是热通量；U 是内能；$P : \nabla V$ 表示流动过程中的能量损失。

除了这三个基本方程式外，还有结构方程式（流变方程式）、结晶动力学方程式、与分子取向（双折射 Δn）有关的公式及热力学状态方程式等。

对于熔融纺丝，虽然理论上可通过这些方程组及边界条件（如丝条表面传热公式和空气阻力公式）进行求解，但由于其结果对设计和评价工艺过程的问题仍太复杂，因此需作许多简化和近似。近年来这方面的研究进展较快，通过熔融纺丝的数学模拟计算，已得到相应的应力场、速度场和温度场的分析数据，对实际生产具有指导意义。

对于干法纺丝，一般考虑成纤聚合物和溶剂双组分体系结构形成问题。因此与单组分体系的熔融纺丝相比，其工程解析格外困难。所需要建立的新方程式有丝条内双组分体系中的扩散方程式及丝条表面两相交界处溶剂蒸发速度方程式。其他用于熔融纺丝的方程式有必要加以修正。

对于湿法纺丝，传质物质必须从溶剂和沉淀剂两个方面加以考虑，比干法纺丝更增大了工程解析上的复杂性，至于伴随有化学反应的场合，定量的解析则更加困难。

(4) 纺丝流体的可纺性

"可纺性"这个术语在化学纤维工艺学中并无严格的定义，所谓"可纺"，一般意味着能形成纤维，即适合制造纤维之意。某种流体在单轴拉伸应力状态下能大幅度地出现不可逆伸长形变，这种流体即为可纺。故可纺性是指流体承受稳定的拉伸操作所具有的形变能力，即流体在拉伸作用下形成细长丝条的能力。因此，可纺性问题实质上是一个单轴拉伸流动的流变学问题。

虽然，作为纺丝液体，仅具有可纺性是不够的，它必须在纺丝条件下具有足够的热稳定性和化学稳定性，在形成丝条后容易转化成固态，且固化的丝条经过适当的处理后，具有必要的物理力学性质。所以，可纺性是作为成纤聚合物的必要条件，但不是充分条件。

从成型的角度来看，聚合物流体从喷丝孔中挤出后，便受到轴向拉伸而形成丝条，有良好的可纺性是保证纺丝过程持续不断的先决条件。

(5) 挤出细流的类型

化学纤维成型首先要求把纺丝流体从喷丝孔道中挤出，使之形成细流。因此正常细流的形成是熔融纺丝及溶液纺丝必不可少的先决条件。随

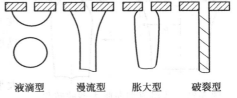

图 5-31 挤出细流的类型

着纺丝流体黏弹性和挤出条件的不同，挤出细流的类型大致可分为如图 5-31 所示的四种。

① 液滴型 液滴型不能成为连续细流，显然无法形成纤维。

液滴型出现的条件首先与纺丝流体的性质有关。流体表面张力 α 越大，则细流缩小，其表面积成为液滴的倾向也越大。此外，黏度 η 的下降也促使液滴的生成。有人建议用比值 $\dfrac{\alpha}{\eta}$ 来量度液滴型细流出现可能性的大小，见表 5-5。

表 5-5　几种成纤物质用不同方法成型时，$\dfrac{\alpha}{\eta}$ 比值与生成液滴型细流可能性之间的关系

成纤物质	纺丝流体	成型方法	α/(N/m)	η/Pa·s	$\dfrac{\alpha}{\eta}$/(cm/s)	液滴型细流形成可能性
金属	熔体	熔纺	0.2~1	0.01~0.1	10^2~10^3	+++
有机聚合物	浓溶液	干纺	0.03~0.08	20~100	10^{-2}~10^{-1}	++
杂链聚合物	熔体	熔纺	0.03~0.08	100	10^{-2}	+
聚烯烃类	熔体	熔纺	0.03~0.05	$(2\sim 15)\times 10^2$	10^{-5}~10^{-2}	—
有机聚合物	浓溶液	湿纺	0.001~0.01	5~50	10^{-3}~10^{-2}	—

注：+表示可能形成液滴型，+越多，形成的可能性越大；—表示不可能形成液滴型。

由表 5-5 可以看出，$\dfrac{\alpha}{\eta}$ 在 10^{-2} cm/s 以上时，形成液滴型细流的可能性随 $\dfrac{\alpha}{\eta}$ 增大而增大。金属熔体之所以易于成为液滴型是由于其 α 很大，η 很小。杂链聚合物熔体当喷丝板过热时，或由于降解使熔体黏度 η 下降过大时，在纺丝过程中也会产生液滴现象。湿纺中

纺丝流体的黏度约在 5～50Pa·s 之间，与熔纺相比其 η 虽然不大，但由于在凝固浴内成型，α 实际上是纺丝液体凝固浴间的界面张力，这个值一般是很小的，约在 10^{-3}～10^{-2}N/m 范围内，因此 $\dfrac{\alpha}{\eta}$ 比值还是很小，一般不会发生液滴现象。液滴型形成与否还要由具体的挤出条件来决定。喷丝孔径 R_0 和挤出速度 v_0 减小时，形成液滴的可能性增大。

在实际纺丝过程中，通常通过降低温度使 η 增大，或增加泵供量使 v_0 增大而避免液滴型细流出现。

② 漫流型　随着 η、R_0、v_0 的增加和 α 的减小，挤出细流由液滴型向漫流型过渡。漫流型虽然因表面积比液滴型小 20% 而能形成连续细流，但由于纺丝液体在挤出喷丝孔后即沿喷丝板表面漫流，从而细流间易相互粘连，会引起丝条的周期性断裂或毛丝，因此仍是不正常的细流。

漫流型产生的根源，是纺丝流体的挤出动能超过了纺丝流体与喷丝板面的相互作用力和能量损失之和。

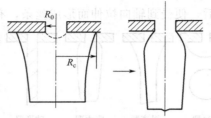

图 5-32　从漫流型向胀大型的转化

从漫流型转变为胀大型所需的最低临界挤出速度 v_c 和漫流半径 R_c 有关（图 5-32），也与孔径 R_0 和黏度 η 有关。

挤出速度 v_0 大于临界挤出速度 v_c 时漫流型向胀大型转化。如果 R_0 和 η 越小，或 R_c 越大，则临界挤出速度 v_c 越大。这就是说，这时需要采取更高的挤出速度 v_0（$v_0 \geqslant v_c$），才能使纺丝流体从喷丝头（板）表面剥离变成胀大型。在实际纺丝过程中，通常在喷丝头（板）表面涂以硅树脂或适当改变喷丝头的材料性质，以降低纺丝流体与喷丝板间的界面张力；或适当降低流体的温度，以提高其黏度；或增大泵供量，使 v_0 增大，从而减轻或避免漫流型细流的出现。

③ 胀大型　胀大型与漫流型不同，纺丝流体在孔口发生胀大，但不流附于喷丝头（板）表面。只要胀大比 B_0（指细流最大直径与喷丝孔直径之比）控制在适当的范围内，细流是连续而稳定的，因此是纺丝中正常的细流类型。

纺丝流体出现孔口胀大现象的根源是纺丝流体的弹性。纺丝流体从大空间压入喷丝孔时会由于入口效应而产生法向应力差 N'；在孔道内作剪切流动时会由于法向应力效应而产生法向应力差 N''。这些法向应力差的大小，决定了 B_0 的大小。

一般纺丝流体的 B_0 在 1～2.5 的范围内，个别纺丝流体的 B_0 达到 7。B_0 过大对于提高纺速和丝条成型的稳定性不利，因此实际纺丝过程中希望 B_0 接近于 1。

④ 破裂型　在胀大型的基础上，如继续提高切变速率（特别是纺丝流体黏度很高的情况下，提高 v_0），挤出细流会因为均匀性的破坏而转化为破裂型。当细流呈破裂型时，纺丝流体中出现不稳定流动，熔体初生纤维外表呈现波浪形、鲨鱼皮形、竹节形或螺旋形畸变，甚至发生破裂。这种细流类型最初是在聚合物熔体挤出的过程中发现的，所以称为熔体破裂。后来一些聚合物流体如聚乙烯醇、聚苯乙烯、聚丙烯腈的浓溶液以及黏胶原液在高切变应力挤出时，也曾观察到不稳定流动。对纺丝来说，破裂型细流属于不正常类

型，它限制着纺丝速度的提高，使纺丝过程不时地中断，或使初生纤维表面形成宏观的缺陷，并降低纤维的断裂强度和耐疲劳性能。

可以从多方面来考察聚合物流体不稳定流动的条件，对绝大多数聚合物来说，熔体破裂的临界切应力 σ_c 约在 $10^5\,\text{Pa}$，见表5-6。

表5-6 几种聚合物熔体破裂的临界切应力 σ_c

聚合物熔体	$T/℃$	σ_c/Pa
聚酰胺6	240	9.6×10^5
聚酰胺66	280	8.6×10^5
聚酰胺610	240	9.0×10^5
聚酰胺11	210	7.0×10^5
聚对苯二甲酸乙二酯（[η]=0.67）	270	$(1\sim 6)\times 10^5$
高密度聚乙烯（MI=2.1）	150~240	$(1.5\sim 2)\times 10^5$
低密度聚乙烯	130~230	$(0.8\sim 1.3)\times 10^5$
聚丙烯（[η]=0.33）	200~300	$(0.8\sim 1.4)\times 10^5$

临界切应力 σ_c 与聚合物的相对分子质量及温度有关。相对分子质量增高或挤出温度下降，导致临界切应力下降。由于各种聚合物流体的黏度可能相差极大，如果用临界切边速率 $\dot{\gamma}_c$ 来评定发生熔体破裂的条件，则各种聚合物的 $\dot{\gamma}_c$ 相差可达几个数量级。一般说来，缩聚型成纤聚合物如聚酰胺66，在挤出温度 $T_0=275℃$ 时，切变速率要高达 $10^5\,\text{s}^{-1}$ 左右才会出现熔体破裂，而在喷丝孔流动中，一般切变速率只有 $10^4\,\text{s}^{-1}$。加聚型成纤聚合物如聚乙烯和聚丙烯的情况则有所不同，聚乙烯在250℃挤出时，切变速率在 $10^2\sim 10^3\,\text{s}^{-1}$ 之间便出现熔体破裂现象。

相对分子质量对 $\dot{\gamma}_c$ 有一定影响，相对分子质量增大时 $\dot{\gamma}_c$ 值减小。

也有人建议用临界黏度作为出现熔体破裂的标志。随着 $\dot{\gamma}$ 值的增加，当聚合物流体的 η 值由零切黏度 η_0 下降至临界值 η_c 时，熔体发生破裂。η_c 与 η_0 之间有下列经验关系：

$$\eta_c=0.025\eta_0 \tag{5-12}$$

黏性湍流是一种不稳定性流动，对于小分子流体来说，雷诺数 Re 是表征流型的准数。在圆管内流动时：

$$Re=\frac{2R\bar{v}\rho}{\eta} \tag{5-13}$$

式中，$\bar{v}$ 为流体在管内流动的平均线速度；ρ、η 分别为流体的密度和黏度。

在纺丝流体从喷丝孔内被挤出的条件下，由于 η 很大（$\eta>10\,\text{Pa·s}$），喷丝孔半径 R_0 很小，即使发生熔体破裂的平均线速度 $\bar{v}$ 下，Re 一般仍小于1。因此，纺丝流体挤出过程中的熔体破裂不是黏性湍流的结果。纺丝熔体挤出过程中的不稳定流动时其弹性所引起的。但流体内的弹性形变能量达到与克服黏滞阻力所需的流动能量相当时，则发生熔体破裂。这种不稳定流动被称为弹性湍流。还有人发现，对于不同的聚合物黏弹体来说，主要它们在流动中的弹性可复切变到达某一临界值时，均开始呈现熔体破裂现象，而且该可复切变的临界值与聚合物流体的种类无关。

纺丝流体的弹性可复切应变 γ 可表示为：

$$\gamma = \frac{\sigma_{12}}{G} = \frac{\eta \dot{\gamma}}{G} = \tau \dot{\gamma} = Re_{el} \tag{5-14}$$

式中，Re_{el} 为弹性雷诺数。

Re_{el} 可作为熔体破裂出现的判据。有人认为 $Re_{el} > 5$ 时即发生熔体破裂。

式(5-14)表明，熔体破裂发生与否取决于纺丝流体的黏弹性质（τ）及其在喷丝孔道中的流动状态（$\dot{\gamma}$）。在实践中主要通过调节影响 τ 和 $\dot{\gamma}$ 的各项因素来避免熔体破裂。例如，提高纺丝流体温度以减小 τ，减少泵供量以降低 $\dot{\gamma}$。

5.4.3 纺丝成型工艺

5.4.3.1 熔融纺丝

（1）熔融纺丝工艺

熔融纺丝的工艺主要包括：纺丝熔体的制备、熔体从喷丝孔挤出、熔体丝条的拉伸、冷却固化以及丝条的上油和卷绕。

图5-33为螺杆挤出纺丝流程图。涤纶树脂切片由料斗加入，切片在螺杆的通道中运动，经过加料段、压缩段、计量段、熔体导管，再经过计量泵和喷丝组件，由喷丝头喷出细丝。细丝进入恒温的丝室（纺丝吹风窗）和冷却套筒进行冷却成型，再经给油给湿盘上

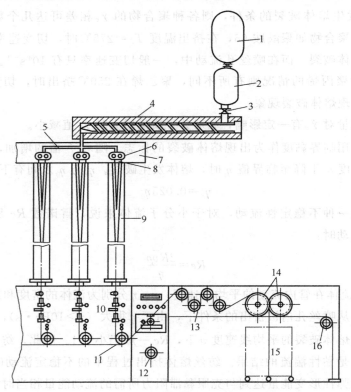

图5-33 涤纶纤维螺杆挤出纺丝示意图
1—大料斗；2—小料斗；3—进料管；4—螺杆挤出机；5—熔体导管；6—计量泵；
7—纺丝箱体；8—喷丝头组件；9—纺丝套筒；10—给油盘；11—卷绕辊；
12,16—废丝辊；13—牵引辊；14—喂入轮；15—盛丝桶

油后,丝束绕在绕丝筒上或盛丝桶中,供下一步加工用。

(2) 熔融纺丝的工艺条件及控制

涤纶短纤维的螺杆挤出纺丝的工艺过程可以分为纺丝和后加工两个阶段。

熔融纺丝过程中的变化有两种,一种是物理变化,就是切片受热熔融成均匀的熔体,经纺丝板后冷却而成纤维。这是纺丝过程的主要变化。另一种是化学变化,就是切片在熔融过程中,因为受到热、氧及其他因素的影响而导致聚合物发生热、氧化降解,再聚合和凝胶化等一些副反应,这些副反应对纺丝成型有很大影响,应该尽量防止。为了保证纺丝过程的顺利进行,选择和控制适当的工艺条件是十分重要的。

影响纺丝成型有很多因素,主要有下列几个方面:

① 熔体温度 熔体温度即纺丝温度。涤纶切片的热稳定性较差,在熔融过程中很容易发生降解,因此要严格控制树脂切片的含水量,在加热熔融之前,首先要进行真空干燥,树脂切片的含水量要达到0.03%以下。树脂熔化后,熔体的黏度较高,纺丝时必须根据聚合物的黏度、纺丝速度、纺丝板的孔径等来考虑,严格控制熔体的温度。涤纶的熔点是265℃,分解温度在300℃以上,熔体的温度应在两者之间选择,一般来说,熔体温度在286~290℃较为适宜,对纺丝和拉伸都有利。温度过高时,熔体黏度低,流动性好,熔体压力降低,形成自重引伸大于喷丝头拉伸,造成细丝屈曲黏结现象。温度过低时,则又因黏度加大喷丝时压力要高,出丝不均匀,往往不能经受喷头的拉伸而中断,形成硬丝头。

② 冷却速度 冷却速度同纺丝吹风窗和冷却套筒的温度、湿度以及空气流速有关,丝室的冷却温度直接影响到纺丝板的温度、喷头的拉伸,丝条的内应力平衡以及未拉伸丝的预定向等。温度太高,冷却速度慢,丝条冷凝时间长,丝经不起拉伸,在卷绕时易发生断头;温度太低,冷却速度快,丝条会出现"夹心"现象,纤维拉伸性能不好。实践证明丝室冷却温度小于30℃和大于40℃时,均不适宜,通常以35~37℃为宜。丝室的温度调节,主要采用卷绕车间的恒温恒湿过滤空气,由下而上以逆流形式和丝交换热量,以达到冷却目的,有时也可采用横吹风来冷却。

③ 喷丝速度和卷绕速度 喷丝速度即熔体出喷丝孔的速度,其快慢直接影响到熔体的喷丝压力建立。喷丝压力的大小与熔体黏度有关,对纺丝成型很有影响,因此必须掌握喷丝速度。喷丝速度越高,熔体在喷丝板上面的空腔中所建立的喷丝压力也就越大,熔体的黏度相应会降低,出纺丝孔后的膨胀现象得到改善,在经受喷头拉伸的过程中也不易断头。当喷丝孔径不变,纺丝纤度(旦数)不变时,喷丝速度随卷绕速度的增加而增加。

卷绕速度对纤维的冷却成型及拉伸性能有很大的影响。涤纶纤维的卷绕速度一般为600~700m/min,甚至更高,比喷丝速度大得多,因此喷丝头拉伸很大,能使纤维分子取向。但这种拉伸使在离喷丝板很近的地方进行的,此时纤维尚未完全凝固,分子不可能有不可逆的排列,所以喷丝头拉伸虽大,纤维的结构仍然是不够整齐的,对纤维强度的提高帮助不大,以后还必须进行拉伸。

④ 给湿及油剂处理 熔融纺丝时,丝条通过冷却套筒到达卷绕装置的时间很短,纤维的含湿量不可能同空气中的湿度达到平衡,如果纤维在卷绕之前吸收不到水分,则卷绕

后在筒管上滑脱下来，且完全干燥的纤维容易引起静电，妨碍卷绕工作的正常进行。所以要进行给油给湿处理，纤维出冷却套筒后，通过给油盘让丝条吸收水分和黏附一定量的抗静电油剂，有利于纤维后加工的进行。

5.4.3.2 合成纤维的高速纺丝

合成纤维的常规熔融纺丝速度低，限制了生产能力的提高，且得到的初生丝取向度低，结构不稳定，随着放置时间的不同，性质差异很大，不能直接用于变形加工。于是，人们试图用增加纺丝速度来提高初生丝的取向度及其稳定性。20世纪70年代初，由于高速卷绕机的工业化生产，高速纺丝（用POY表示）技术得以发展，并逐步工业化。由于高速纺丝得到的初生丝具有一定的预取向度，性质又相当稳定，可以直接进行拉伸变形来制取变形丝，从而可省去拉伸加捻工序，缩短了工艺过程。在国外涤纶高速纺丝技术得到迅猛发展，至今已有90%以上的长丝采用高速纺丝生产技术。

高速纺丝的特点如下：

① 纺丝卷绕速度高　由于高速纺丝的纺丝速度比常规纺丝的高2～4倍，因而喷丝孔的吐出量大，单机生产能力高。

② 预取向丝的存放稳定性好　常规纺未拉伸丝随放置时间增加，纤维的性质会发生很大变化；而预取向丝由于一定的取向度，结构较稳定，故随放置时间和条件的变化，其性质变化甚微。不同纺速下的初生丝可放置的时间和条件如表5-7所示。

表5-7　不同纺速下的初生丝的可放置时间和条件

项　目		常规纺	中速纺	高速纺
纺丝速度/(m/min)		1100	2500	3500
剩余拉伸倍数/倍		3.6	1.9	1.5
可以放置天数/天	25℃	4	100	400
	30℃	不可	20	80
	40℃	不可	2	10

③ 绕筒子硬度高、质量大　常规纺丝的卷绕筒子邵尔硬度在40～50，而POY卷绕筒子邵尔硬度在60～70，这样不仅使POY卷绕筒子不易塌边，而且可增大卷绕筒子的重量。目前，POY卷绕筒子一般为10～20kg，最大可达60kg以上。

④ 设备简单，操作容易，纺丝过程稳定　一般常规纺丝的卷绕张力10cN左右；而POY卷绕筒子卷绕张力25～35cN。由于卷绕张力高，不仅可进行无导丝盘卷绕，简化了生产操作过程，而且使得纺丝过程成为受外来因素干扰较小的安定体系，成品丝的均匀性良好。

⑤ 成品染色均匀性好　由于预取向丝制备的拉伸变形丝结构均匀性好，因而成品丝的上染率高，染色均匀性好。

⑥ 建设投资、能耗和产品成本较低　可实现高速纺丝变形加工的同时进行拉伸，即高速纺丝-拉伸变形（POY-DTY）技术，该技术省去拉伸加工加捻工序，从而减少了半成品的卷绕和退卷，因此，不但可提高产品质量，还可减少投资费用。

(1) 高速纺丝工艺流程

高速纺丝主要用于涤纶变形丝的生产，它由干燥后的切片经过熔融挤出、预过滤、熔体分配管道、静态混合、纺丝组件、冷却成形、集束上油、高速卷绕等工序。其工艺流程示意如图5-34所示。

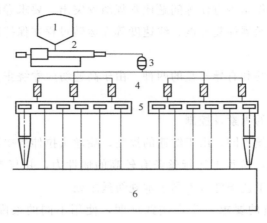

图5-34 高速纺丝流程示意图
1—料斗；2—挤出机；3—过滤器；4—静态混合器；5—纺丝箱体；6—卷绕机

① 熔融挤出 经预结晶、干燥的聚酯切片被螺杆挤出机熔融挤出。螺杆挤出机具有切片的供给、熔融挤出、混合和计量挤出等功能。

② 预过滤 由于熔体内含有一定量的机械杂质和未熔透的凝胶粒子，故在纺丝之前进行过滤，以改善纺丝性能，延长纺丝组件的使用寿命。

③ 熔体分配管道 熔体分配管道是将聚酯熔体输送分配到各纺丝箱体的管道。要求它尽可能短，送至各箱体的时间均一，管道中熔体散热少，且不存在熔体死角。

④ 静态混合 在熔体管道中装设静态混合器，可减少因熔体内高黏滞性引起的分层流动而造成熔体物理性能的差异。如果熔体在螺杆挤出机中已充分混合，熔体分配管又很少有死角，则可省去静态混合器。

⑤ 纺丝组件 纺丝组件由喷丝板、分配板、熔体过滤材料等组成。它的作用是过滤熔体，除去熔体中夹带的机械杂质与凝胶粒子，防止堵塞喷丝孔；使熔体充分混合，防止熔体之间存在黏度差异；将熔体均匀地分配到喷丝板的每一个小孔中去。由于高速纺丝的挤出量大、流动阻力大，因而要求过滤材料的粒度比常规纺丝略大些。同时，因在纺丝时有高的剪切应力，所以喷丝孔的长径比高于常规纺丝。

⑥ 冷却成形 由喷丝孔喷出的熔体细流经纺丝侧吹风窗，在熔体凝固和丝条降温的过程中，向周围空气放出大量的热。由于高速纺的吐出量大，放出热量也多，故需要冷却吹风的风速及风的湿度较高，风温较低。

熔体细流在冷却成形过程中，由于受卷绕牵引力的作用，受到100~250倍的纺丝拉伸，比常规纺丝大2~4倍。

⑦ 集束上油 纤维冷却成形后，在进入纺丝通道之前，进行集束上油，这可降低卷绕张力。上油的方式有油盘上油和油嘴上油两种。因高速纺丝丝条运行速度高，用油盘上

油,需用两个以上的油盘才能确保上油量;而用油嘴上油,计量准确,可保持油剂的新鲜和清洁,故目前使用计量泵定量供给的油嘴上油的方法居多。

⑧ 高速卷绕　高速纺丝的关键是高速卷绕。在高速条件下,设备运转是否平稳、丝条筒子成型的好坏、操作是否方便等问题比常规纺丝突出。要求卷绕张力、卷绕速度及导丝盘、摩擦辊、横动导丝器往复速度、线速度等在运转过程在保持稳定,以保证初生纤维的结构和纤度的均匀。

卷绕机分无导丝盘的和有导丝盘的两种。由于高速纺丝卷绕张力高,故一般采用无导丝盘卷绕机。

(2) 影响高速纺丝的因素及控制

高速纺丝与常规纺丝不同,由于纺速的提高,喷丝头拉伸倍率剧增,熔体细流自喷丝孔挤出的剪切速率增加,纺程上运行丝条有较高的惯性力,并与周围空气的摩擦阻力增大,从而使纺丝过程及工艺条件有不同于常规纺丝之处。

① 对聚酯切片质量的要求　生产实践证明,使用不同的聚酯切片,其纺丝情况及 POY 质量的差异很大。表 5-8 为采用 A、B、C、D 四种切片纺丝时的情况以及 POY 的性能。

表 5-8　使用不同切片的纺丝情况及 POY 的性能

切片种类	特性黏数	POY 性能			组件更换率/(次/月)	飘单丝数/(次/月)
		强度/(cN/dtex)	伸度/%	对折射/$\Delta n \times 10^3$		
A	0.646	2.48	138.0	40.4	4	6.0
B	0.639	2.60	132.9	43.5	3	3.3
C	0.645	2.65	132.8	44.3	1	5.0
D	0.642	2.43	142.2	37.7	2	4.2

纺丝情况及 POY 的质量不但与聚酯的相对分子质量及其分布、熔体的流变特性和切片的热容量等有关;而且与切片的凝聚粒子含量、聚合时加入催化剂的沉淀物、灰分和其他机械杂质的含量及所加 TiO_2 的特性等因素有关。高速纺丝要求聚酯中机械杂质及凝聚粒子的含量愈低愈好,熔体特性黏数的波动值最好小于 0.01,其中心值在 0.63~0.68,偏高为佳。这是由于较高的特性黏数有利于制得性能良好的 POY,但其值过高,又会造成纺丝困难和毛丝增多。

从聚酯切片相对分子质量及其分布来看,实践证明,不仅要求分布窄,而且是平均分子量高时,对纺丝有利。

另外,由于切片中粉末的特性黏数往往比正常切片的高,因而不希望在湿切片中和切片干燥过程中产生粉末,并应尽量除去。

② 对切片干燥的要求　由于高速纺丝的纺丝温度一般比常规纺丝高 5~15℃,因此,高速纺丝干切片的含水率应更低,才能减少熔体的水解。另外,由于高速纺丝时的拉伸速度高,若熔体中混有微量水分,它所形成的气泡就会夹杂在自喷丝孔吐出的熔体细流中,极易产生纺丝飘丝,或在单丝中留下隐患,在后拉伸时造成毛丝或断头。因此干切片的含

水率要求低于0.005%,最好低于0.003%。干切片含水率、纺丝熔体特性黏数降与可纺性的关系见表5-9。干切片含水率越高,纺丝过程中熔体特性黏数降愈大,纺丝情况愈差。除干切片的含水率外,切片干燥的均匀性亦相当重要,要求所有切片经历的干燥历程和时间基本一致。尤其当变换纤度品种或减少纺丝位时,为保证切片干燥时间的恒定,应注意改变干燥塔内料位。

表 5-9 干切片含水率、纺丝熔体特性黏数降对纺丝的影响

湿切片 特性黏数	干切片 特性黏数	湿-干切片 特性黏数降	干切片-无油 丝特性黏数降	干切片含水率 /(mg/kg)	可纺性
0.652	0.637	0.015	0.054	50	差
0.665	0.664	0.005	0.020	22	良好

在切片干燥中,切片的温度尤为重要,既要保证水分完全迅速挥发,又要避免在较高温度下切片特性黏数的降低和色相变黄。干燥时,切片的实际温度最好不要超过160℃,干燥风的温度最好不要超过185℃,可采用加大干燥风流量和降低干燥风含湿量的方法来提高干燥效果。

③ 纺丝温度 高速纺丝的纺丝温度高于常规纺丝。这是由于高速纺丝的熔体细流自喷丝孔的吐出速度高,且在纺程上承受的拉伸倍数高,因此要求熔体有良好的流变性能和均匀性。表5-10是PET纺速为3500m/min的实验数据,表明温度过低,熔体流变性能和均匀性差,易造成毛丝和断头。且卷绕丝有较高的强度和较低的伸长。而温度过高时,聚合物会发生较大的热降解,可纺性变坏,甚至不能进行正常纺丝和卷绕。

表 5-10 不同温度下的可纺性实验

品种 (DTY)	熔体温度 /℃	熔体零切黏 度/Pa·s	熔体剪切黏度/ Pa·s		最高纺速 /(m/min)	毛丝	断头	纤维性能
			$2000s^{-1}$	$3000s^{-1}$				
165dtex/ 30根	303	—	—	—	4500	多	多	强度低
	295	425	345	303	5000	无	无	好
	286	902	750	674	5100	无	无	尚好
	278	1170	922	800	1800	少量	时有	丝稍硬
44dtex/ 18根	286	670	480	428	5100	无	无	好
	277	1030	850	750	4500	无	无	好
	273	1260	1010	850				呈竹节丝

④ 螺杆各区温度和测量头压力的选择 切片进料后,被螺杆不断推向前进,经预热段被套筒壁逐渐加热,到达预热段末端紧靠压缩段时,温度接近熔点。在进入压缩段后,温度逐渐升高,并在螺杆挤出作用下,逐渐熔融和增压,最后完全转化为黏流态。在计量段和混合段内,熔体温度均达到设定值。

a. 预热段温度。保证螺杆正常运转和减小聚酯切片的特性黏数降,在预热段内切片不应熔化。若预热段温度过高,切片过早熔化,使原来固体颗粒间的空隙消失,导致熔体无法被压缩,从而失去往前推进的能力;且物料还会随着螺杆回转而产生环流,未熔化的切片就有可能进入环流熔体中,与熔体黏结在一起,造成"环结"阻料。反之,若预热段温度过低,切片在进入压缩段后不能熔融,将影响螺杆的压缩、计量和混合作用。

b. 其他各区温度。由于高速纺丝需要有较好的熔体流动性能，故螺杆各区温度一般比低速纺丝高 10~15℃，根据经验，一般由下式计算。

$$T = T_m + (25 \sim 40) \tag{5-15}$$

式中　T——纺丝熔体温度，℃；
　　　T_m——聚酯切片熔点，℃。

c. 测量头压力的选择。螺杆挤出机的压力转速自动控制示意图如图 5-35。由图可知螺杆的吐出量是由预过滤器入口压力的波动反馈到螺杆挤出机的控制系统，以调节螺杆的转速，达到稳定挤出机的挤出量和压力目的，同时挤出机又有测速电动机自动测定螺杆的转速，输入仪表箱内的指示、记录系统，当螺杆转速超过限值时，螺杆自停，以保护螺杆挤出机的电动机。

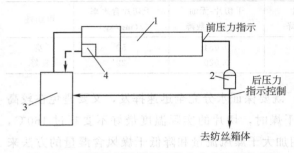

图 5-35　螺杆挤出机的压力转速自动控制示意图
1—螺杆挤出机；2—预过滤器；3—控制箱；
4—螺杆测速电动机

螺杆挤出机的出口压力称为螺杆测量头压力，它的数值影响纺丝计量泵的计量。为使计量泵吐出量恒定，预过滤器的后压力必须大于 70×10^5 Pa，这样减去熔体管道的压力损失，才能保证计量泵前的工作压力大于 20×10^5 Pa。如果测量头压力过大，则螺杆内熔体的逆流量和漏流量增加，不仅耗电，而且会延长熔体在螺杆中的停留时间，使它的特性黏数降增加，严重时，甚至出现螺杆的环结阻料现象。

⑤ 泵供量　泵供量决定 POY 的总纤度，应根据成品纤维的纤度和后加工条件而定，可由式(5-16)、式(5-17)求得。

$$q_m = \frac{v \times D \times R}{1000} \tag{5-16}$$

$$n = \frac{q_m}{\rho \eta C} \tag{5-17}$$

式中　q_m——泵供量，g/min；
　　　v——纺丝速度，m/min；
　　　D——成品 DTY 或 DY 的纤度，tex；
　　　R——后拉伸倍数，倍；
　　　n——计量泵转速，r/min；
　　　ρ——熔体密度，g/cm³；
　　　η——计量泵效率，%；
　　　C——计量泵容量，cm³/r。

当纺丝速度及喷丝板孔数、孔径一定时，随着泵供量的提高，熔体吐出速度将增加，纺丝速度与熔体吐出速度的差值降低，使熔体细流的凝固点下移，纺丝张力、POY 的双折射、断裂伸长等降低。所以，在变更泵供量时，必须采取相应的措施，才能确保成品丝的质量。

⑥ 喷丝板的孔数和孔径　众所周知,对纤度相同的长丝,其单丝根数愈多,手感愈柔软,纤维品质愈好。若丝条总纤度不变,单丝根数增加,就必须降低单丝的纤度。对于POY,其单丝纤度在 2.2dtex 以上,纺丝能顺利进行;在 1~2.2dtex 范围内,就很难纺;在 1dtex 以下时,则必须采取特殊措施,才能纺出性能优良的纤维。

a. 长径比。由于高速纺丝熔体的吐出速度比常规纺速高,剪切速率也高,所以它要求喷丝孔的长径丝在 2.0 以上。

b. 喷丝孔径和长度的偏差。若涤纶长丝纺丝要求其熔体流量的偏差小于 0.75%,由于其喷丝孔径偏差引起的流量偏差则是四次方关系,所以应严格控制孔径偏差在 ±0.002~±0.005mm 之间;而其长度偏差与流量之间是一次方关系,故一般要求为 0.02~0.05mm。

5.4.3.3　合成纤维的溶液纺丝

某些聚合物(如聚丙烯腈)在加热条件下,既不软化亦不熔融,在 280~300℃ 时才会分解,所以采用熔融状态来成型纤维是不可能的,只能用溶液纺丝法(干法或湿法)来成型纤维。

干法纺丝指将聚合物配制成纺丝溶液,用纺丝泵喂料,经由喷丝头喷出液体细流,进入热空气套筒,使细流中的溶剂遇热蒸发,蒸气被空气带走,而高聚物则随之凝固成纤维。干法纺丝速度一般为 200~500m/min,聚氯乙烯纤维及聚丙烯纤维长丝采用此法纺丝。

腈纶、维纶、黏胶纤维、氨纶以及芳纶等一般采用湿法纺丝来生产,此法纺丝速度低,一般为 10~50m/min。湿法成形要求先制成纺丝原液(成纤高聚物的浓溶液),然后把原液经过过滤、脱泡后,通过计量泵并从喷丝头挤出,在凝固浴的作用下,进行适当的喷丝头拉伸而形成初生纤维。本节以腈纶(聚丙烯腈纤维)生产来介绍溶液纺丝工艺。

(1) 溶液湿法纺丝工艺

腈纶湿法纺丝工艺如图 5-36 所示。腈纶可以用不同的溶剂来溶液纺丝,最常见的有机溶剂是二甲基甲酰胺、二甲基亚砜、碳酸乙烯酯等。也有用无机溶剂来溶液纺丝的,如硫氰酸钠、硝酸等。以二甲基甲酰胺为溶剂的腈纶的湿法纺丝工艺应用较多,此法的优点

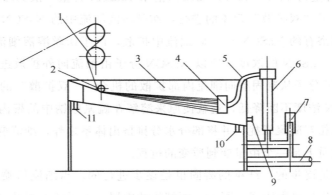

图 5-36　湿法纺丝工艺流程图

1—第一导辊；2—导丝辊；3—凝固浴槽；4—喷丝头；5—鹅颈管；6—烛形过滤器；
7—计量泵；8—进浆管；9—凝固浴进口；10—液体放空管；11—凝固浴出口

是溶剂的溶解能力强,能制得浓度高的纺丝溶液,而且溶剂的回收也较简单;以硫氰酸钠水溶液为溶剂的溶解能力较低,对设备腐蚀严重,溶剂回收工艺也较为复杂。但目前普遍采用该湿法纺丝是因为纺丝溶液是由丙烯腈在硫氰酸钠溶液中进行溶液聚合而直接获得的,这样可以简化工艺过程,并实现聚合和纺丝连续化,降低了成本。一般以硫氰酸钠为溶剂湿法纺丝生产腈纶短纤维分为两个阶段,即聚合工段和纺丝工段。这里主要讨论纺丝部分。

由聚合釜所得的聚丙烯腈硫氰酸钠水溶液,经过脱单体、混合、脱泡、过滤等纺前准备后,制得纺丝溶液,然后由纺丝计量泵定量压入烛形过滤器,并由喷丝头喷出。喷出的浆液细流在凝固浴凝固成型为丝条,以成型的丝条在预热浴中进一步凝固脱水,并给予适当的拉伸,再在蒸汽加热下高倍拉伸,后经水洗、干燥、定型、卷曲、切断、打包等工序,制得纤维供纺织用。

纺丝原液经喷丝孔压出而成细流,并在一定介质中凝固成细条。纤维的凝固成型是一个较为复杂的过程,如图 5-37 所示。

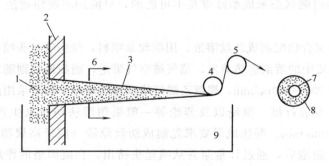

图 5-37　湿法成型示意图

1—纺丝溶液;2—喷丝孔处截面;3—凝固的单纤维;4,5—绕丝导轮;6—截面线;
7—截面 6 处纤维内层;8—截面 6 处纤维外层;9—凝固浴

湿法纺丝时一般都用制备纺丝原液时所用溶剂的水溶液作为凝固浴。从喷丝头喷出的细流中,NaSCN 含量为 44%~45%,而凝固浴中 NaSCN 含量一般为 10%~12%。这一浓度的差异就导致了"双扩散"现象的进行:纺丝溶液细流中的 NaSCN 不断地向凝固浴内扩散,同时凝固浴有的 NaSCN 也会向细流中扩散,由于纺丝溶液细流中的 NaSCN 浓度远高于凝固浴中 NaSCN 的浓度,所以 NaSCN 分子由细流向外扩散进入凝固浴中的机会远远多于 NaSCN 分子从凝固浴向细流内部扩散的机会。"双扩散"的结果是使纺丝溶液细流内的 NaSCN 浓度不断降低,这就使原来溶解在硫氰酸钠中的聚丙烯腈失去了溶解性能,大分子逐渐相互凝聚靠拢,并将部分水分排挤出体系之外,细流变成纤维。细流从液态变成固态,实质上是一个由量变到质变的过程。

溶剂扩散过程是逐步的,纤维的凝固也是逐步进行的。当细流从喷丝孔进入凝固浴时,细流的外层首先接触凝固浴而凝固,而细流的内层一下子还来不及完全凝固。在以后的溶剂扩散和水的渗透都得通过皮层而达内层,所以纤维的凝固速度是较慢的,在缓慢的凝固过程中,聚丙烯腈大分子逐步相互凝聚靠拢,形成结构均匀的纤维。

(2) 影响溶液湿法纺丝的因素

影响纺丝过程及纤维质量的因素是多方面的，主要有如下几个方面。

① 纺丝溶液　纺丝溶液对纺丝有重大的影响，这是涉及"可纺性"问题。

a. 纺丝溶液的黏度。这是影响到"可纺性"最主要的因素之一，溶液必须在一个适当的黏度范围内才具有"可纺性"。溶液的黏度同聚合物的相对分子质量及溶液中聚合物的浓度有关，实践证明，聚丙烯腈相对分子质量在6万～8万能纺成品质较好的腈纶纤维。黏度过高过低均不利于纺丝，因为过高会造成脱泡、过滤等的困难，过低则影响成品的性能和经济效果。溶液中聚丙烯腈的浓度一般控制在12.2%～13.5%。浓度高些，纤维的致密性好，纤维的强力较高。但若浓度太高，溶液黏度过大，均匀性差，给纺丝造成困难。浓度太低也不好，所得纤维质量很差，设备生产能力下降。

b. 纺丝溶液的均匀性。溶液不均匀会影响"可纺性"，引起喷丝头的堵塞和纺丝断头。过滤不好，有机械杂质，也有同样影响。

c. 脱泡程度。如脱泡不净则会引起成形中的单丝断裂，从而产生毛丝等。

② 凝固浴　纤维的成型过程实际上是纺丝原液的凝固，所以凝固液的性质直接影响纺丝过程。

a. 凝固浴浓度。凝固浴中 NaSCN 的浓度高低影响纤维的凝固速度及纤维的质量。当凝固浴浓度太低时，由于增加了纺丝溶液细流内外的浓度差，溶剂扩散速度很快，凝固过程激烈，使细流表面溶剂迅速扩散而形成很厚的皮层，而所形成的厚皮层就成为丝条内部溶剂继续向外扩散的阻力，影响了纤维的凝固成型。这样的纤维性脆、易碎，内部容易产生空洞和裂缝，不仅影响纤维的机械强度，同时不易染色或染色不均匀。如凝固浴的浓度太高，则影响 NaSCN 的"双扩散"速度，丝条出凝固浴时，尚未完全凝固，丝条很嫩，容易拉断，造成并丝及结块等。实践证明，凝固浴的 NaSCN 浓度在10%～12%左右时，凝固作用缓和，制得的纤维具有较高的耐磨性及较好的柔软性和耐曲折性。

b. 凝固浴的温度。通常控制在10～12℃。温度过高时，凝固作用过于剧烈，会造成纤维结构疏松，不均匀，强力降低，密度减小，纤维发白等。温度太低也不适宜，虽然低温下纤维的内外层凝固得较为均匀，纤维结构紧密，但成型太慢，易产生并丝和断头。在低于10℃的温度下进行，冷冻量消耗过大，在经济上不合理。

c. 凝固浴的浸长。是指丝条细流自喷丝头出来通过凝固浴的流长。在一定的纺丝速度下，浸长也代表丝条在凝固浴中的时间。通常浸长以1m左右为宜，浸长太短，丝条不能充分凝固，会产生毛丝、并丝等现象；浸长太长，则纤维凝固"过头"，对拉伸不利，纤维质量也不好。

③ 纺丝速度　湿法纺丝的喷丝速度是很缓慢的，而且要求喷丝速度大于纤维凝固后出凝固浴的速度，即丝条在凝固浴中是松弛前进的，喷丝头拉伸为负值。这样能使大分子在凝固过程中少受干扰，自由凝聚，可得结构紧密，排列均匀的纤维。聚丙烯腈湿法纺丝的喷丝速度一般为6～10r/min，喷丝头负拉伸率为－58%～－65%。负拉伸不宜过大，否则在纺制一定纤度的纤维时，在蒸汽拉伸阶段的拉伸倍数就需要提高很多，这样所得纤维刚性过强，缺少毛一样的蓬松手感，勾结强力也降低。

5.4.3.4 合成纤维的干法纺丝

合成纤维的干法纺丝，主要用来制造长纤维。干法的主要优点是纤维的柔性、弹性、耐磨性较好，脆性较小，溶剂回收过程较为简单，可用冷凝法来回收。

在干纺过程中，高聚物溶液在空气中（或惰性气体中）蒸发去除溶剂而成丝，要求溶剂有适宜的沸点。采用沸点较低的溶剂，由于溶剂挥发太快，纤维成型不良；采用沸点较高的溶剂则不易挥发，也是不适宜的；若提高纺丝套的温度，纤维易发生热变形。

纺丝溶液的制备同湿法纺丝相同，但干法纺丝溶液浓度较湿法纺丝溶液浓度高，如聚丙烯腈湿纺浓度一般是15%～20%，而其干纺浓度为26%～30%。高浓度的纺丝溶液只能用相对分子质量较低的聚合物来制成，因为相对分子质量高的聚合物非常黏结，不容易纺丝。浓度高的纺丝溶液在溶剂挥发时便立即硬化成纤维，不再发生黏结现象。

聚丙烯腈纤维长丝干法纺丝的工艺流程图见图5-38。采用相对分子质量5万以下的聚丙烯腈树脂，以二甲基甲酰胺为溶剂，配制成30%的纺丝溶液，干纺在干法纺丝机里进行（图5-39）。纺丝溶液经齿轮泵压送到纺丝机的顶部，经过烛形过滤器进行最后一次过滤后，进入电加热器，在此升高纺丝溶液的温度以降低其黏度，然后进入喷丝头。由喷丝头喷出的细丝进入有夹套加热的纺丝套筒，加热介质用联苯-联苯醚或高压蒸汽，使套筒内的温度控制在165～180℃，由喷丝头四周吹入的热空气将细丝吹送下行，细丝中的二甲基甲酰胺受热挥发，随气流带走，细丝则干燥而成纤维。

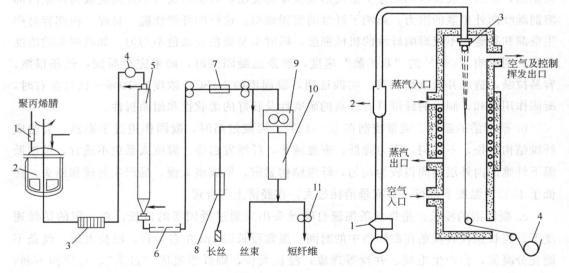

图5-38 干法纺丝工艺流程图　　　　图5-39 干法纺丝示意图

1—储槽；2—溶解釜；3—过滤器；4—计量泵；5—纺丝甬道；　　1—纺丝泵；2—过滤器；
6—洗涤槽；7—拉伸浴槽；8—干燥热定型（长丝）；9—卷曲　　3—喷丝头；4—卷绕筒
机；10—干燥热定型（丝束）；11—切断机

纺丝套筒分为三区：上区（凝固区），在此区开始纤维成型，此区无夹套加热，温度较低，使成型条件缓和；中区（蒸汽区），在此区挥发掉大部分溶剂，此区温度较高；下区（干燥区），在此区纤维残存溶剂进一步挥发，温度与中区相近。

纤维由套筒出来后，即在蒸汽或热空气中拉伸，而后进行上油、加捻、热定型、卷绕而成长丝。

5.4.3.5 纤维的拉伸

腈纶短纤维的拉伸一般分两步进行。第一步是预热拉伸，纤维凝固后，自凝固浴出来经第一导辊，然后进入预热浴，再至正品辊，由于正品辊的线速度比第一导辊的线速度大1.5倍，纤维在预热浴中进行预热拉伸。预热浴是含3%～4%的NaSCN水溶液，浴温为50～55℃。在这个阶段里，纤维在受热和湿的作用下拉伸，大分子增加了活动性，取向度有所提高，并且进一步脱盐、脱水，发生体积收缩，丝条直径变小，结构也变得紧密一些。第二步是蒸汽拉伸，纤维从正品辊出来经由蒸汽拉伸器（蒸气压为0.2MPa）至倒品辊，在这两个三联辊之间进行第二次拉伸。通常倒品辊的直径要比正品辊大一倍，转速也大，因此纤维在正、倒品辊之间受到较大的拉伸。

生产上一般要求总拉伸倍数为7～10倍，其中蒸汽拉伸约4.5～6.5倍。通过二次拉伸后，纤维的成型结束，接着进行后处理。

5.4.3.6 纤维的后处理

经凝固成型及拉伸后的纤维内还含有少量的NaSCN，必须进行水洗，除去残留的NaSCN，其量应控制在0.1%以下。

水洗温度不宜过高，通常控制在40～50℃左右，洗涤水与纤维以逆流方向前进，这样的洗涤效果较好。洗涤液应进行溶剂回收。

为了增加纤维的柔软性，同时消除静电，水洗之后的纤维要上油处理，而后进入干燥室定型。

纤维的干燥一般在吸风滚筒式干燥机里进行，进口温度130℃，出口温度100℃，通过干燥，纤维的湿含量大大降低，纤维结构中的空洞消失，长度和直径都有所收缩，从本质上改善了纤维的物理机械性能。

但是，干燥后的纤维，其收缩还不够充分，在沸水中还有6%～8%的收缩。因此还要进行热定型。定型后的纤维在沸水中的收缩可降到4%以下，纤维的勾结强度、延伸度有所提高，弹性有所改善，从而大大提高了实用价值。目前，生产上常用热板定型机，热板温度控制在200～240℃，此时纤维表面温度为135～150℃，定型时间随温度高低而变化，一般在10s左右。

此外，为了使腈纶纤维具有羊毛的卷曲形状，以增加纤维的抱合力，定型后的纤维还需进行卷曲，最后切断成短纤维。

5.5 橡胶的成型加工

橡胶是高弹性高分子化合物的总称，也称为弹性体。橡胶材料的主要特点是：能在很宽的温度范围（－50～150℃）内保持优良的弹性，伸长率大且弹性模量小，伸长率可高达1000%，而弹性模量仅为软质塑料的1/30左右，因而橡胶不需很大的外力就能产生相当大的变形，具有很好的柔性。此外，橡胶还具有密度小、机械强度高、透气性小、透水率低、介电性能好、化学稳定性较高、容易加工等许多宝贵的性能。这些优越性能使得橡胶成为重要的工业材料。

以生胶为基本材料，辅以补强填充剂、硫化剂、促进剂、防老剂、软化剂等配合剂，制成各种适用的橡胶产品，必须经过塑炼、混炼、压延、压出、成型、模压和注压等基本工艺过程。

橡胶的加工性能与它的化学物理性质密切相关，影响橡胶加工性能的主要因素有：橡胶的分子结构特征、橡胶大分子的力学状态、橡胶的流变行为、橡胶的结晶和取向特性等。当橡胶的上述性能起变化的时候，会对橡胶的工艺性能带来相应的变化，只有全面了解橡胶的化学物理性质，才能从根本上掌握橡胶的性能及其在加工和使用过程中的变化规律。因此，深入研究橡胶的化学物理性质与加工性能的相关性，就构成橡胶成型加工的理论基础。

橡胶的性质首先决定于它的组成元素和分子结构。橡胶随温度的变化会呈现三种物理状态：玻璃态、高弹态和黏流态。黏流态橡胶在外力作用下产生不可逆变形，即为流动。橡胶的流动在加工过程中具有十分重要的意义。炼胶、压出和模压等单元操作都是借助于或通过胶料的流动来实现的。因此，橡胶的流动性质是胶料在整个加工过程中最重要的基本工艺特性。

从分子的无序组织角度来看，生胶实质上可以看做是一种黏度很高的液体。生胶经过塑炼就变得柔软而易于流动，能很好地混入各种配合剂，制成半成品，硫化后才基本上失去流动性，从而变成以产生弹性变形为主的材料。

橡胶制品品种很多，通常可分为如下几大类：

① 轮胎　轮胎是橡胶制品中主要的产品之一，在橡胶中所占的比例最大，世界上有50%～60%的生胶用于生产各种轮胎。

② 胶带　按其功能不同可以分为运输物料用的运输胶带和传递动力用的传动胶带。

③ 胶管　全胶胶管、夹布胶管、编织胶管、缠绕胶管、针织胶管和吸引胶管等。

④ 胶鞋　在橡胶制品中所占的比例也很大。

⑤ 橡胶工业制品　除上述几大品种外的工业用橡胶制品，如密封件、胶辊、胶布、胶板、减震制品等，品种繁多。

虽然橡胶制品种类很多，形状规格各异，但是生产橡胶制品的原材料、工艺过程及设备等有许多共同之处。橡胶制品的基本工艺过程包括配合、生胶塑炼、胶料混炼、成型、硫化五个基本过程，如图5-40所示。

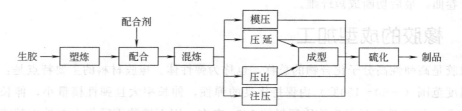

图5-40　橡胶制品生产工艺过程示意图

在各种橡胶制品生产工艺过程中，配合、塑炼、混炼工序基本相同，模压和注压工序中成型与硫化实际上是同时进行的。压延和压出所得的可以是直接进行硫化的半成品,如胶布压延、胶管压出,也可以经压延、压出后得一定形状的坯料,然后在专门的成型设备上将这些坯料粘贴、压合等制成各种未经硫化的橡胶制品的半成品,再经硫化得制品,如在生产轮胎时,通过压出得胎面坯料,压延得橡胶帘布及胶片,然后在轮胎成型机上将胎面、胶布及胶片等粘贴组合成轮胎半成品,再放入模型中硫化得橡胶轮胎制品。

5.5.1 橡胶的硫化

硫化是指混炼胶(含硫化剂)在一定温度下经加热产生的反应过程。一般是在高温并含有硫化剂的条件下进行,特殊胶料也能在较低温度(即40~80℃)甚至室温下硫化;也有不加硫化剂的条件下,以射线进行交联。硫化就是混炼胶在一定条件下橡胶分子由线型结构转变成网状结构的交联过程。硫化是橡胶加工工艺的重要过程之一,通过硫化使橡胶耐温性、强度等显著提高。

5.5.1.1 硫化对橡胶性能的影响

在硫化前,橡胶分子是呈卷曲状的线性结构,其分子链具有独立性,大分子之间是以范德华力相互作用的。当受外力作用时,大分子链段易发生位移,在性能上表现出较大的变形,可塑性大,强度不大,具有可溶性。硫化后,橡胶大分子被交联成网状结构,大分子链之间有主价键力的作用,使大分子链的相对运动受到一定的限制,在外力作用下,不易发生较大的位移,变形减小,强度增大,失去可溶性,只能有限溶胀。

胶料通过硫化后,胶料的物理机械及化学性能发生了显著变化,不同的硫化时间其物理机械性能如图5-41曲线所示。

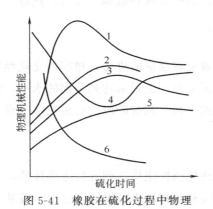

图5-41 橡胶在硫化过程中物理机械性能的变化

1—拉伸强度;2—定伸强度;3—弹性;4—伸长率;5—硬度;6—永久变形

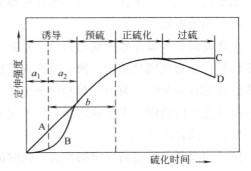

图5-42 橡胶硫化历程图

A—起硫快速的胶料;B—有迟延特性的胶料;C—过硫后定伸强度继续上升的胶料;D—具有返原性的胶料;a_1—操作焦烧时间;a_2—剩余焦烧时间;b—模型硫化时间

由图5-41可以看出:拉伸强度、定伸应力、弹性等性能可达到一个峰值,随着硫化时间的再延长,其数值下降,而硬度基本保持不变;伸长率、永久变形等性能则随硫化时间延长逐渐减小至最低值后,又随硫化时间的延长而缓慢上升。其他如耐热性、耐磨性、抗溶胀性、化学稳定性等性能随着硫化时间的延长而获得改善,起到质的变化。

5.5.1.2 硫化过程的四个阶段

橡胶在硫化过程中,其各种性能随硫化时间增加而变化。将与橡胶交联程度成正比的某一些性能(如定伸强度)的变化与对应的硫化时间相关联得到硫化历程图,如图5-42。对大多数普遍采用硫黄-促进剂为硫化体系的胶料配合来说,整个硫化历程可分为四个阶段:即焦烧阶段、预硫阶段、正硫化阶段、过硫阶段(对天然橡胶来说也是复原期)。

(1) 焦烧阶段

又称硫化诱导期,是指胶料开始变硬,从此不能进行热塑性流动那一刻的时间。在此阶段胶料尚未开始交联,胶料在模型内有良好的流动性。对于模型硫化制品,胶料的流动、充模必须在此阶段完成,否则就发生焦烧,出现制品花纹不清、缺胶等缺陷。焦烧阶段的长短决定了胶料的焦烧性能和操作安全性。这一阶段的长短主要取决于配合剂(如促进剂)的种类和用量。用超促进剂(如TMTD),胶料的焦烧期较短,这类较适于非模型硫化制品,使胶料尽早硫化起步,防止制品受热软化而发生变形。而对形状较为复杂,花纹较多的模型硫化制品,则需有较长的焦烧期,以取得良好的操作安全性,可使用后效性促进剂(如次磺酰胺类)。

胶料的实际焦烧时间包括操作焦烧时间(a_1)和残余焦烧时间(a_2)两部分。操作焦烧时间是橡胶加工过程中由于热积累效应所消耗掉的焦烧时间,取决于包括胶料的混炼、停放、热炼、成型的情况;残余焦烧时间是胶料在模型中加热时保持流动性的时间。如果胶料在混炼、停放、热炼和成型中所耗的时间过长或温度过高,而操作焦烧时间长,占去的整个焦烧时间就多,而剩余焦烧时间就少,易发生焦烧。因此,为了防止焦烧,一方面设法使胶料具有较长的焦烧时间,如加后效性促进剂;另一方面在混炼、停放、热炼、成型等加工时应低温、迅速,以减少操作焦烧时间。

(2) 预硫阶段

焦烧期以后橡胶开始交联的阶段。在此阶段,随着交联反应的进行,橡胶的交联程度逐渐增加,并形成网状结构,橡胶的物理机械性能逐渐上升,但尚未达到预期的水平,但有些性能如抗撕裂性、耐磨性等却优于正硫化阶段时的胶料。预硫阶段的长短反映了橡胶硫化反应速度的快慢,主要取决于胶料的配方。

(3) 正硫化阶段

橡胶的交联反应达到一定的程度,此时的各项物理机械性能均达到或接近最佳值,其综合性能最佳。此时交联键发生重排、裂解等反应,胶料的物理机械性能在这个阶段基本上保持恒定或变化很少,所以该阶段也称为平坦硫化阶段。此阶段所取的温度和时间称为正硫化温度和正硫化时间。硫化平坦阶段的长短取决于胶料的配方,主要是促进剂和防老剂的种类。由于这个阶段橡胶的性能最佳,所以是选取正硫化时间的范围。正硫化时间一般是根据胶料拉伸强度达到最高值略前一点的时间来确定的。这是因为橡胶是热的不良导体,当制品硫化取出后,因散热降温较慢(特别是厚制品),它还可以继续硫化,故要考虑"后硫化"。

(4) 过硫阶段

正硫化阶段过后,继续硫化便进入了过硫化阶段。此阶段主要是交联键发生重排作用，以及交联键和链段热裂解的反应。对于一般橡胶来说，此阶段一开始就有一个各项物理机械性能基本保持稳定的阶段，即硫化平坦期。过了平坦期后，会出现两种情况：天然橡胶出现"复原"现象；大部分合成胶（丁基橡胶除外）则发硬。在硫化阶段中，对于任何橡胶来说，交联和断链贯穿整个过程的始终。到了过硫阶段，如果交联仍占优势，则橡胶便发硬；反之如果断链超过交联，则橡胶发软。硫化曲线是这两种作用的综合结果（见图5-43），平坦线与硫化胶的性能关系密切，这很大程度上取决于所用的促进剂类型及其用量。

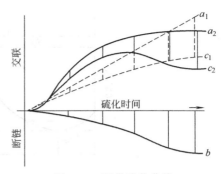

图 5-43 两类硫化曲线

a_1—合成橡胶（除丁基橡胶外）交联键总量；
a_2—天然橡胶形成的交联键总量；b—形成的断链；c_1—合成胶硫化曲线（a_1-b）；c_2—天然橡胶硫化曲线（a_2-b）

5.5.1.3 正硫化及正硫化点的确定

由硫化历程可以看到，橡胶处在正硫化时，其物理机械性能或综合性能达到最佳值，预硫或过硫阶段胶料性能均不好。达到正硫化所需的时间为正硫化时间，而正硫化是一个阶段，在正硫化阶段中，胶料的各项物理机械性能保持最高值，但橡胶的各项性能指标往往不会在同一时间达到最佳值，因此准确测定和选取正硫化点就成为确定硫化条件和获得产品最佳性能的决定因素。从硫化反应动力学原理来说，正硫化应是胶料达到最大交联密度时的硫化状态，正硫化时间应由胶料达到最大交联密度所需的时间来确定比较合理。在实际应用中是根据某些主要性能指标（与交联密度成正比）来选择最佳点，确定正硫化时间。

测定正硫化点的方法很多，主要有物理力学性能法、化学法和专用仪器法。

(1) 物理力学性能法

在硫化过程中，由于交联键的生成，橡胶的各项物理力学性能都随之发生变化。通常测定在一定硫化温度下，不同硫化时间的硫化胶物理力学性能（如300%定伸强度、拉伸强度、压缩永久变形或强伸积等），作出这些性能与硫化时间的曲线，再根据产品的要求进行综合分析，找出适当的正硫化点。此法的缺点是麻烦，不经济。

(2) 化学法

测定橡胶在硫化过程中游离硫的含量，以及用溶胀法测定硫化胶的网状结构的变化来确定正硫化点。此法误差较大，适应性不广，有一定限制。

(3) 专用仪器法

这是用专门的测试仪器来测定橡胶硫化特性并确定正硫化点的方法。目前主要有门尼黏度计和各类硫化仪，其中转子旋转振荡式硫化仪用得最为广泛。

硫化仪能够连续地测定与加工性和硫化性能有关的参数，包括初始黏度、最低黏度、焦烧时间、硫化速度、正硫化时间和活化能等。其测定的基本原理是根据胶料的剪切模量与交联密度成正比为基础的。硫化仪在硫化过程中对胶料施加一定振幅的剪切变形，通过剪切力的测定（硫化仪以转矩读数反映），即可反映交联过程的情况。图5-44为由硫化仪测得胶料的硫化曲线。

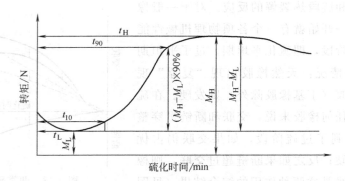

图 5-44 硫化曲线

M_L—最小转矩；M_H—最大转矩；t_L—达到最低黏度对应的时间；t_H—达到最大黏度
对应的时间；t_{10}—焦烧时间；t_{90}—正硫化时间

从硫化曲线可以获得许多反映加工性能和硫化性能的数据，最小转矩 M_L 反映胶料在一定温度下的可塑性，最大转矩 M_H 反映硫化胶的模量，焦烧时间和正硫化时间根据不同类型的硫化仪有不同的判别标准，一般取值是：转矩达到 $(M_H-M_L)\times 10\%+M_L$ 时所需的时间 t_{10} 为焦烧时间；转矩达到 $(M_H-M_L)\times 90\%+M_L$ 时所需和时间 t_{90} 为正硫化时间；$t_{90}-t_{10}$ 为硫化反应速度。其值越小，硫化速度越快。

5.5.1.4 硫化方法与设备

不同性质和形状的橡胶制品依据不同成型加工工艺和加热加压方式采用不同的硫化方法。可按使用设备类型、加入介质种类和硫化工艺方法等分类。

(1) 室温硫化法

此法是让橡胶半成品在室温及不加压的条件下进行硫化。较多的是胶黏剂，往往用在现场施工，要求在室温下快速硫化，这种硫化胶黏剂通常是双组分的，即硫化剂与溶剂、惰性配合剂等配成一个组分，橡胶等配成另一个组分，现场施工时按需要量进行混合。此外用于硫化胶的接合和橡胶制品的修补的自硫胶浆也具有室温常压下硫化的特点，胶浆中都含有活性很强的超促进剂，如二硫代氨基甲酸盐或黄原酸盐。

(2) 冷硫化法

此法多用于薄层浸渍制品的硫化，制品在含有 2%～5% 的一氯化硫溶液中（溶剂为二硫化碳、苯或四氯化碳等）浸渍几秒到几分钟即可完成硫化；也可把制品置于有氯化硫蒸气的衬铅室中进行硫化。

(3) 高能辐射硫化法

将半成品置于高能射线（如：γ 射线、X 射线）或高能质点（如：β 射线、高速运动的电子、质子）作用下，使橡胶分子受引发产生自由基而交联起来。此法不需要加入硫化配合剂，不需要加热，可以保证橡胶中不含杂质，故适用于医用橡胶制品，制品耐疲劳性、耐化学药品性、耐水性、耐热性和电绝缘性良好，但机械强度较差。

(4) 热硫化法

这是橡胶加工中应用最广泛的硫化方法，热硫化法是分别使用水蒸气、热空气、热水、电热来加热硫化橡胶制品。

① 直接硫化法 水中加入超促进剂,加热到100℃附近,将半成品放入,受热硫化。由于温度、压力都比较低,只能硫化薄型制品,如:玩具皮球、乳胶制品等。此法也适用于大型化工设备橡胶衬里的硫化。

② 直接蒸汽硫化 半成品放入硫化罐内,硫化时罐内通蒸汽,利用蒸汽的热量和压力来硫化制品。包括裸硫化法、包布硫化法、模型硫化法和埋粉硫化法,常用于胶管、胶辊、电缆等。

③ 热空气硫化(或间接蒸汽硫化) 半成品放在夹套或蛇形加热管的硫化缸内,硫化时缸内通压缩空气,给半成品施加硫化压力,夹套及加热管通蒸汽加热,常用于胶鞋、胶布等。由于空气中氧的作用,橡胶易热氧老化,为此,可改为使用热空气和蒸汽混合气体作为加热介质,即先用热空气使制品硫化定型,再用蒸汽加强硫化。

④ 模型加压硫化 胶料或半成品放在金属模具的模腔内,从模外加热、加压一段时间,制得与模腔形状相同的模型制品,如:汽车外胎、内胎、三角带、密封圈以及橡胶零件等。模型硫化是间歇生产,常使用平板硫化机、个体硫化机(单模硫化机)和罐式平板硫化机等。注压硫化则是模型加压硫化的一种进展,胶料是通过注射筒自动注入到加热的模具中进行成型硫化,自动化程度高。

(5) 连续硫化法

随着橡胶压出、压延制品的发展,为了提高产品的质量和产量,开发了多种连续硫化方法。

① 鼓式硫化机硫化 鼓式硫化机有一圆鼓进行加热,圆鼓外绕着环形钢带,制品置于转动的圆鼓与钢带之间进行加热硫化。主要用于硫化胶板、平型胶带和三角带等。硫化工艺过程如图5-45所示。

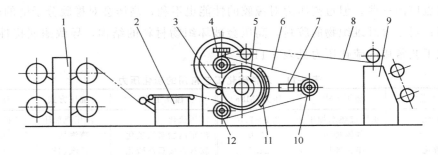

图5-45 鼓式硫化机连续硫化示意图

1—导开架;2—预热台;3—毡辊;4—上辊;5—硫化鼓;6—加压钢带;7—液压缸;8—硫化制品;9—卷取装置;10—拉紧辊;11—电加热器;12—下辊

② 蒸汽管道硫化 橡胶压出制品连续通过密封的通有高压蒸汽的管道进行硫化,主要用于胶管、电线电缆等制品。

③ 热空气连续硫化 将橡胶压出制品通过储有高温液体介质的槽池中加热硫化,加热的液体介质通常为低熔点的共熔盐,如:53%硝酸钾、40%亚硝酸钠、7%硝酸钠组成的共熔盐,共熔点为140℃,沸点500℃。

④ 红外线硫化 使用红外线灯作为热源，通常在常压下硫化，适用于胶布等薄壁制品。

⑤ 高频和微波硫化 将半成品放在高频交变电场中，橡胶分子链段因介电损耗而温度升高，实现硫化加热。此法的最大优点是里层和外层胶料同时受热升温，所以特别适用于厚制品的硫化。

⑥ 沸腾床硫化 以固体微粒（一般为直径 0.1～0.2mm 的玻璃珠）为加热介质，由电热器、热空气或蒸汽加热，在气体的鼓吹下漂浮于空气中，形成沸腾状态的加热床来硫化压出制品。沸腾床的结构如图 5-46 所示。

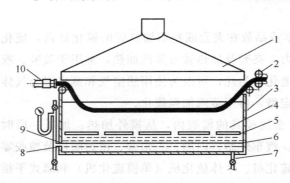

图 5-46 卧式沸腾床结构示意图
1—通风罩；2—牵引装置；3—床体；4—玻璃珠粒层；
5—电热器；6—隔离板；7—旋塞；8—进气管；
9—T 型三通阀；10—压出机头

5.5.1.5 硫化工艺及条件

构成硫化工艺条件的主要因素是压力、温度和时间，它们对硫化质量有决定性影响。

(1) 硫化压力

一般橡胶制品（除胶布等薄壁制品以外），在硫化时要施以压力，目的在于：①防止制品在硫化过程产生气泡，提高胶料的致密性；②易于胶料流动和充满模槽；③提高胶料与布层的附着力；④有助于提高硫化胶的物理机械性能。

硫化压力的选取应根据胶料的配方、可塑性、产品结构等来决定。对流动性较差的，产品形状结构复杂的，或者产品较厚、层数多的宜选用较大的硫化压力。硫化温度提高，硫化压力也应高一些。但过高压力对橡胶的性能也不利，高压会对橡胶分子链的热降解起加速作用；对于含纤维织物的胶料，高压会破坏织物材料的结构，导致耐屈挠性能下降。几种硫化工艺常用的硫化压力见表 5-11。

表 5-11 几种硫化工艺常用的硫化压力

硫化工艺	加压方式	压力/MPa	硫化工艺	加压方式	压力/MPa
汽车外胎硫化	水胎过热水加压	2.2～2.8	注压硫化	注压机加压	120.0～150.0
	外模加压	15.0	汽车内胎蒸汽硫化	蒸汽加压	0.5～0.7
模型制品硫化	平板加压	24.5	胶管直接蒸汽硫化	蒸汽加压	0.3～0.5
传动带硫化	平板加压	0.9～1.6	胶鞋硫化	热空气加压	0.2～0.4
输送带硫化	平板加压	1.5～2.5	胶布直接蒸汽硫化	蒸汽加压	0.1～0.3

(2) 硫化温度

硫化温度是橡胶发生硫化反应的基本条件之一，它直接影响硫化速度和产品质量。硫化温度高，硫化速度快，生产效率高。因此硫化温度与硫化时间是相互制约的，它们的关系可用范特霍夫方程式表示：

$$\frac{t_1}{t_2}=K^{\frac{T_2-T_1}{10}} \tag{5-18}$$

式中 t_1——温度为 T_1 时所需的硫化时间，min；

t_2——温度为 T_2 时所需的硫化时间，min；

K——硫化温度系数，大多数橡胶在硫化温度为 120～180℃ 范围内 $K=1.5～2.5$ 之间，通常取 $K=2$。

从上式说明，要达到相同的硫化效果，硫化温度每升高或降低 10℃，则硫化时间缩短或延长一倍。从提高生产效率角度出发，应选择高一些的硫化温度。但是硫化温度的提高受到许多因素的影响。

提高硫化温度，在加速硫化交联反应的同时也加速了分子断链反应，结果使硫化曲线的正硫化阶段（平坦区）缩短，易进入过硫阶段，难以得到性能优良的硫化胶，见图 5-47 所示。硫化温度的高低取决于橡胶的种类和硫化体系。对于易硫化返原的橡胶，如天然橡胶和氯丁橡胶硫化温度不宜过高。常用橡胶的硫化温度见表 5-12。对硫黄硫化体系的胶料，交联生成的多硫键较

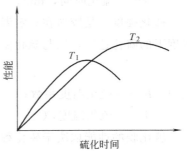

图 5-47 不同硫化温度的硫化特性曲线（$T_1 > T_2$）

多，键能较低，硫化胶的热稳定性差，不宜用高的硫化温度。对于需要高硫化温度的，应考虑采用低硫高促或无硫硫化体系。用超促进剂（如 TMTD）作主促进剂的硫化体系，往往易焦烧，且硫化平坦段短，若需高硫化温度，可改用次磺酰胺作主促进剂与秋兰姆作副促进剂的并用体系。

表 5-12 常用橡胶的硫化温度

胶种	硫化温度/℃	胶种	硫化温度/℃	胶种	硫化温度/℃
天然橡胶	143～160	氯丁橡胶	143～170	乙丙橡胶	150～160
顺丁橡胶	143～160	丁基橡胶	143～170	丁腈橡胶	150～190
氟橡胶	135～200	硅橡胶	150～250	丁苯橡胶	150～190

对于花纹复杂及含纤维织物的橡胶制品要在硫化初期有一定时间让胶料的温度升高，流动性增加，以便胶料充满模型及渗入织物缝隙之中，然后进行硫化交联。但是如果温度太高，交联速度太快，胶料会刚受热即交联而流动性下降，难以充满模型及渗入织物缝隙，得不到所需要的制品。另外还应考虑高温对纤维织物强度的影响。

由于橡胶的热传导系数很低，传热速度很慢，在硫化过程中，橡胶制品的内层的温度达到所规定的硫化温度需要一定的时间，制品越厚，需要的时间越长。如果用高温硫化时，必然会出现外层正硫化内层欠硫化或内层正硫化外层过硫化，所以生产厚制品时，通常采用低温长时间进行硫化。

（3）硫化时间

胶料硫化是一个交联过程，它需要一定时间来完成。对于给定的胶料来说，在一定的硫化温度和压力下，有一最宜硫化时间，时间过长产生过硫，时间过短产生欠硫。过硫和欠硫都会使制品性能下降。

硫化时间必须服从于橡胶达到正硫化时的硫化效应为准则。硫化效应 E 等于硫化强度 I 与硫化时间 t 的乘积，即：

$$E = It \tag{5-19}$$

式中　E——硫化效应；

　　　I——硫化强度；

　　　t——硫化时间，min。

硫化强度 I 是胶料在一定温度下，单位时间所达到的硫化程度，也反映了胶料在一定温度下的硫化速度，它与硫化温度 T 和温度系数 K 有关：

$$I = K^{\frac{T-100}{10}} \tag{5-20}$$

式中　K——硫化温度系数；

　　　T——硫化温度，℃。

硫化胶的性能取决于硫化程度，因此同一种胶料要在不同硫化条件下制得具有相同性能的硫化胶，就应使它们的硫化程度相同，即硫化效应相同。

硫化工艺条件是模型硫化过程的主要控制要素，生产中都是通过测定硫化特性曲线来确定的。首先测定一定温度下胶料的硫化特性曲线，计算正硫化时间 t_{90}，对于薄壁制品可以用正硫化时间作为生产工艺使用的硫化时间，对厚制品则根据传热性能和硫化效应适当延长硫化时间。如果认为硫化时间太长，可以适当提高硫化温度；如果认为硫化曲线平坦段太短，则降低硫化温度，必要时要修改配方。

5.5.2　橡胶的模压成型

模压成型也广泛用于各种橡胶制品的加工，特别是许多橡胶制品的硫化往往是在模压成型过程中完成的。通常将橡胶的模压称为模型硫化，在橡胶制品生产中，模型硫化在硫化工艺中应用最为广泛。

从生产过程来看，橡胶制品可以分为模型制品和非模型制品两大类。模型制品是指在模型中定型并硫化的制品，大多数橡胶制品都属模型制品。而不用模型制造的，如胶布、胶管以及压延制得的胶片、胶布、贴合制得的贴合鞋、氧气袋、胶辊等都是非模型制品。模型制品的制造工艺主要有两种，即模压法和注压法，其中模压法应用最多。

橡胶生产用模压成型与热固性塑料的模压成型相近似，是将混炼胶或经成型后制得的橡胶半成品（坯料）置于闭合的金属模具内加热加压，使橡胶硫化交联而定型为制品，其工艺过程如图 5-48。

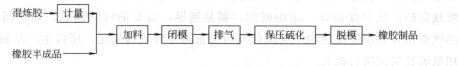

图 5-48　橡胶制品模压成型工艺流程

在橡胶的模压成型中主要控制的工艺条件是硫化的压力、温度和时间。

5.5.3　橡胶的压出成型

压出工艺是由压出机（挤出机）将胶料进一步混炼并在旋转螺杆强大推力的作用下，

不断地压入模头通过口模制成各种断面形状的橡胶半成品。压出工艺分为热喂料和冷喂料两种，前者是喂入经过热炼机预热后的胶料；后者是在室温条件下将胶粒或胶条通过加热装置直接喂入机筒内，在加热和剪切热的作用下进行充分塑炼。冷喂料压出工艺避免了胶料预热时因受力不均匀而带来质量波动现象，省去了所需的热炼设备，所需劳力少，占地少，胶料热历程短，即使压出温度较高也不易发生早期硫化，不容易产生焦烧。压出工艺应用范围很广，如轮胎胎面、内胎、胶管内外胶层、电线、电缆外套以及各种异形断面的半制品；此外，它还可以用于胶料的过滤、造粒，生胶的塑炼以及上下工序的联动，如在热炼与压延成型之间，压出起到前后工序衔接作用。

橡胶压出工艺操作简单、经济、半成品质地均匀、致密，容易变换规格，设备占地面积小，结构简单，操作连续，生产率高，是橡胶工业生产中的重要工艺。它与塑料的挤出在设备和加工原理方面基本相似，但橡胶压出有其本身的特点。

5.5.3.1 橡胶生产用挤出机的特点

橡胶生产用挤出机与塑料挤出机的结构原理相近似，它是由压出系统、加热冷却系统、传动系统等主要部分组成。其主要部件是机身、螺杆、机头和口模等，如图5-49所示。

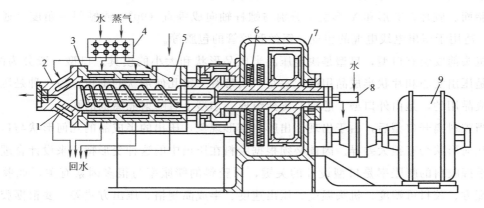

图 5-49 橡胶螺杆压出机（热喂料）的结构原理
1—螺杆；2—机头；3—机筒；4—分配装置；5—加料口；6—螺杆尾部；
7—变速装置；8—螺杆供水装置；9—电机

（1）机身

压出机的机身为一夹套圆筒，与螺杆装配在一起，对胶料起塑化输送作用，在夹套内可通入蒸汽或冷却水调温。

机身的后部有加料口，供填入胶料之用。加料口一般造成与螺杆成33°~45°的倾角，以便胶料沿着螺杆底部卷入筒腔内，有的压出机在加料口内部还设有旁压辊，在加料口上设有导辊，以便于自动连续供胶。

（2）螺杆

螺杆是压出机的主要部件，其结构形式有多种，螺纹有单头、双头和复合螺纹。单头螺纹多用于滤胶；双头螺纹的螺杆两沟槽同时出胶，出胶快而均匀，适于压出造型；复合螺纹螺杆的加料段为单头螺纹，便于进料，出料端为双头螺纹，出料均匀。压出机的螺杆通常是双头螺纹或复合螺纹。

橡胶压出机与塑料挤出机的主要差别在于其长径比较小，这是因为与大多数热塑性塑料相比，橡胶的黏度很高，约高一个数量级，在挤出过程中会产生大量的热，缩短压出机的长度，可保持温度升高在一定限度之内，防止胶料过热和焦烧。橡胶压出机的长径比大小，取决于是冷喂料还是热喂料，热喂料橡胶压出机的长径比一般很短，L/D 为 4～5 之间；冷喂料橡胶压出机的 L/D 为 15～20 之间，排气冷喂料压出机 L/D 甚至可达 20 以上。

与塑料挤出机螺杆的另一区别是橡胶压出机螺杆的螺槽深度通常相当大，一般螺纹深度为螺杆外径的 18%～23%，螺槽较深是为了减少橡胶的剪切和造成的黏性生热。橡胶压出机螺杆的压缩比 A 相对也较小，一般是 1.3～1.4 之间，冷喂料挤出机的 A 一般为 1.6～1.8。滤胶机的压缩比一般为 1，是等距等深螺杆。

（3）机头与口型

机头与机身衔接，用作安装口型。机头的结构随压出机用途不同而有多种。圆筒形机头用于压出圆形或小型制品，如胶管、内胎等；喇叭形机头用于压出宽断面的半成品，如外胎胎面、胶片；T 形和 Y 形机头分别与螺杆轴向成垂直（90°）或倾斜一角度（通常为 60°），适用于压出电线电缆的包皮、钢丝和胶管的包胶等。

机头前安装有口型，口型是决定压出半成品形状和大小的模具。口型一般分为两种：一种是压出实心和片状半成品用的，它是一块带有一定几何形状的钢板；另一种是压出中空半成品用的，是由外口型、芯型及支架组成，芯型上有喷射隔离剂的孔。

当胶料离开口型后，由于出现压出膨胀变形现象，压出的半成品的几何形状与口型断面的几何形状会有很大差异。因此必须根据胶料在压出中的这种变形特征来设计合理的口型。掌握胶料的膨胀率是口型设计的关键，而胶料的膨胀率与很多因素有关，如胶料品种、配方、胶料可塑度、机头温度、压出速度、半成品规格、压出方式等。要根据胶料膨胀率来确定口型的尺寸。对于各种实心制品压出的板式口型来说，除了考虑胶料的膨胀率外，还要掌握压出胶料的断面变形通常是中间大边缘小的特点。实心制品口型断面和压出半成品的断面形状变化规律如图 5-50 所示。对于中空圆形制品来说，一般厚度较口型增加，直径较口型增大。对于扁平状制品来说，厚度增加较多，宽度变化较少，而胶条长度的收缩较大，因此口型尺寸选样的原则主要有两方面：一是口型断面形状和压出胶条断面形状间的变化，见图 5-50；另一是口型断面和胶条断面各尺寸间可能收缩和膨胀的程度。

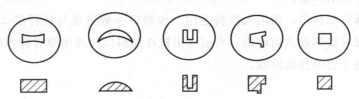

图 5-50　各种实心制品压出断面的变形图

（上面为口型形状，下面为对应的压出物断面形状）

5.5.3.2 压出成型过程

压出工艺通常包括胶料的热炼（冷喂料压出除外）、压出、冷却定型、裁断等工序。

(1) 胶料热炼

胶料送入压出机进行压出之前，必须将冷却停放的混炼胶，在开炼机上再进行充分地热炼，以便进一步提高胶料的均匀性和可塑性，获得质量优良、表面光滑的压出制品。热炼在开炼机或者密炼机中进行，其中以开炼机热炼为多。热炼可分两次进行：第一次粗炼，采用低温薄通法（45℃左右，辊距1~2mm），以提高胶料均匀性；第二次细炼，为较高温度（60~70℃）、较大辊距（5~6mm），以增加胶料热塑性。胶料热塑性越高，流动性越好，压出越容易，但热塑性过高，胶料压出半成品缺乏挺性，易变形下塌，因此热塑性应适度。热炼后便可用传送带连续向压出机供胶，也可以用人工喂料的方式。供料应连续均匀，以免造成压出机喂料口脱节或过剩。

(2) 压出成型

在压出成型之前，压出机的机筒、机头、口型和芯型要预先加热到规定温度，使胶料在挤出机的工作范围内处于热塑性流动状态。

经热炼后的胶料以胶条形式通过运输带送至压出机的加料口，并通过喂料辊送至螺杆，胶条受螺杆的挤压通过机头口型而成型。开始供胶后，首先要调节压出机的转速、口型位置和接取速度等，测定和观察压出半成品的尺寸、表面状态（光滑程度、有无气泡等）、厚薄均匀程度等，并调节各压出工艺参数，直到压出半成品完全符合工艺要求的公差范围，就可正常压出。

(3) 冷却、裁断、称量和卷取

压出的半成品要迅速冷却，防止半成品变形和在存放时产生自硫，使半成品进行冷却收缩，稳定其断面尺寸。生产上常用水喷淋或水槽冷却两种方法。为了防止制品相互黏结，可以在冷却水槽中定量加入滑石粉，并借助搅拌以造成悬浮隔离液。也可以使压出物先通过滑石粉槽，然后在空气中进行冷却。如果压出空心制品，则空心部分须喷射隔离剂。

经过冷却后的半成品，有些（如胎面）需经定长、裁断、称量等步骤，然后接取停放。有些（如胶管、胶条等）半成品冷却后可卷在容器或绕盘上停放。

5.5.3.3 压出工艺因素及控制

影响压出物质量的因素有机筒温度、螺杆转速、压出温度以及模头口模芯模的相对位置等。

(1) 压出物与压出机之间的相互关系

根据压出物的断面尺寸以及模头口模尺寸的大小来选择相关的压出机。若模头口模过大，压出机较小，螺杆输送胶料不足，模头内部型腔压力较低，压出速度较慢和排胶不均匀，压出物的形状受到影响。相反，若口模过小，压出机较大，输送胶料多，压力过大，胶料的压出速度明显加快，剪切作用增强，剪切热量增多，压出物焦烧的危险会有增加。例如，在实心或圆形中空压出物的压出中，一般情况，模头口模尺寸约为螺杆直径的0.3~0.75倍左右；对于压出扁平压出物时，压出物的宽度通常为螺杆直径的2.5~3.5

倍。当压出物与压出机不能够完全匹配时，可采取一些适当的弥补措施，如用小压出机压出大型制品时，其措施之一是尽可能地提高螺杆转速增加生产率或者适当提高模头温度；而压出机较大、压出物断面较小时，可以在适当位置开设流胶孔等措施。

(2) 胶料的组成与性质

在压出过程中，压出工艺随胶料成分组成的变化而变化。在胶料中所含橡胶量大的，所需压出的速度慢，使压出物收缩率大，表面也不光滑；若在胶料中添加适量的填充剂，压出速度有所提高，压出物收缩率也可以减少。但是，某些填充剂用量过大，胶料的硬度增加，压出时产生的热量多，容易引起焦烧。在胶料中适量添加一些油膏矿物油等软化剂和碳酸钙、蜡类物质，可以提高压出速度、改善压出物表面质量。当在胶料中掺入适量的再生胶时，压出速度可以加快，压出物收缩率降低。

一般来说，丁苯橡胶、丁腈橡胶的收缩和膨胀性能都比较大，工艺操作困难较大，制品表面比较粗糙不光滑。丁基橡胶的某些特殊性能，要求压出机螺杆长径比在7~10之间，螺槽深度应该浅些，螺杆与机筒之间的间隙应小些。氯丁橡胶压出时容易出现焦烧现象，要求冷却效果要好。

除了胶料的组成之外，胶料的可塑性及生热性也影响压出。若可塑性大，则压出时内摩擦小，生热低，不容易焦烧。但是，可塑性太大时，压出物太软，缺乏挺性，形状稳定性差。当胶料可塑性过低时，除了配合剂不容易混入，混炼时间加长外，压出物表面不光滑，收缩率增大。

(3) 压出温度

压出温度是影响压出操作的一个重要因素。只有严格控制压出机各个部位的温度，才能够保证正常操作并获得质量较高的制品。通常压出温度从机筒到口模是逐渐升高，即机筒温度最低，模头次之，口模处温度最高。例如，冷喂料压出过程各部位控制温度为模头和口模温度80~100℃；机身温度35~70℃；螺杆温度小于35℃。口模处温度提高，胶料受热可塑性适当增加，有利于胶料大分子链的松弛，压出物膨胀和收缩率低，表面光滑，尺寸比较稳定。但是，由于口模内胶料流动距离较小，停留时间较短，即使口模温度较高，胶料焦烧的危险性仍然较小。压出时，应根据胶料的不同性能来分别控制各部位的温度。表5-13为部分橡胶压出成型时压出机的温度分配情况。

表5-13　部分橡胶压出成型时各部位所控制的温度　　　　　　单位：℃

胶　种	机　筒	模　头	口　模	螺　杆
天然橡胶	40~60	75~85	90~95	20~25
丁苯橡胶	40~50	70~80	90~100	20~25
丁基橡胶	30~40	60~90	90~120	20~25
丁腈橡胶	30~40	65~90	90~110	20~25
氯丁橡胶	20~35	50~60	<70	20~25
顺丁橡胶	30~40	40~50	90~100	20~25

在实际操作中，选择压出温度时，还要考虑到胶料的含胶率。若胶料中含胶量较多时，可塑性较小，需要较高的温度，应该取温度上限；反之，则取下限。在两种或两种以上橡胶并用时，以含量大的组分为主，例如，30%丁苯橡胶与70%的天然橡胶并用时，

压出温度控制基本上参照天然橡胶即可；两种橡胶量相等时，可取两者的平均值作参考。

（4）压出速度

压出速度用单位时间内压出胶料的体积或质量来表示；对于固定的压出物也可用单位时间内压出物的长度来表示。

压出速度直接影响着压出物的质量，螺杆转速的快慢直接影响着压出速度的高低。螺杆转速快，压出速度增加。一般情况下，压出速度控制在 3~20m/min，螺杆转速控制在 30~50r/min。

螺杆转速一定，胶料可塑性大的，流动性能好，压出速度加快；压出温度高，压出速度也快。此外，接取运输带的速度要与压出速度相适应。

压出机在正常操作时应保持一定的压出速度。如果速度改变而口型排胶面积一定，将导致机头内压的改变，影响压出物断面尺寸和长度收缩的差异。对于压出同一性质的胶料，在温度不变的情况下，压出速度提高，压出物膨胀相应减小。

（5）压出物的冷却

冷却的目的是及时降低压出物的温度，增加半成品存放期内的安全性，减少其焦烧的危险，同时使半成品的形状尽快地稳定下来，以免变形。

常用冷却水温宜控制在 15~25℃ 之间，压出物要冷到 25~35℃；冷却水流动的方向与压出方向相反，以免压出物骤冷，因为骤冷会引起局部收缩而导致压出物的畸形或引起硫黄析出。

5.5.4 橡胶的注射成型

橡胶注射成型是将胶料通过注射机进行加热，然后在压力作用下从机筒注入密闭的模型中，经热压硫化而成为制品的生产方法。其注射过程与塑料注射成型相类似，在橡胶行业也称注压，是一种很有发展前景的先进的橡胶制品生产方法。

过去，橡胶模塑制品大都使用平板硫化机进行压制，工艺比较落后，生产效率低。20世纪60年代，橡胶制品的注射成型机得到较大发展，在80年代，欧洲、日本、美国已大量使用橡胶注射成型机生产橡胶模塑制品。橡胶注射成型技术的优点是：①自动化程度高，有的产品可以进行全自动生产；②生产效率高；③制品物理力学性能均匀、稳定；④胶边小，先合模再注射胶料，可最大限度减少"飞边"；⑤节省胶料；⑥可以采用高温快速硫化工艺，缩短生产周期。

橡胶注射是在模压法和移模法生产基础上发展起来的。注射成型与移模法有些相似，区别在于注射模具是直接装在注射机上，可以自动开闭。生产时，将带状（或粒状）胶料喂入加料口，经预热、塑化借注射机的螺杆或柱塞直接注入模型就地硫化，不必像移模法那样再将模型移到硫化罐内。当胶料在模型中硫化时，注射机同时进行另一次注射的进料塑化动作，成型周期较短。图 5-51 为橡胶注射成型示意图。

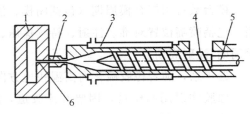

图 5-51 橡胶制品注射成型（注压法）示意图
1—模型；2—喷嘴；3—加热或冷却夹套；
4—加料口；5—螺杆；6—流胶道

5.5.4.1 橡胶生产用注射机的特点

注射机是橡胶注射成型工艺中的主要设备，其结构组成及工作原理与塑料注射机基本相同。但是根据橡胶加工的特点，橡胶注射成型机有其特殊性。目前，发达国家已使用的橡胶注射成型机归纳起来如下所示：

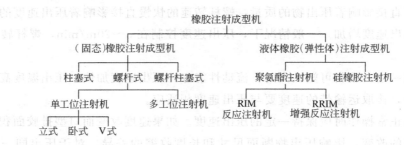

国内已有五六家厂家生产橡胶注射成型机，主要有立式和卧式两类，以立式为主，其特点是塑化机构和注射机构分开，采用独立的注塞式注射机构可将注射压力提高到180～190MPa，从而可提高制品质量，节约胶料，并可生产形状复杂的制品。注射成型机采用立式结构可使操作方便，但操作高度较高。

橡胶注射机的加热冷却装置的作用是保证机筒和模腔中的胶料达到注射工艺和硫化所要求的温度。由于胶料塑化温度较低，为防止胶料在机筒中停留时间过长而焦烧，通常机筒（夹套式）用水和油作为加热介质，而注射模则用电或蒸汽加热。

模型系统是橡胶注射成型设备的重要组成部分，其包括模台、模具和合模装置，它对制品的生产效率、外观、质量和胶料消耗量等有重要的影响。

注射成型机的模台是供硫化模具进行合模、注射、硫化、开模等操作之用。单模台注射机的模台是固定的；多模台注射机的模台则有多种形式：一种是模台安装在转台（或转盘）上，注射装置固定；一种是模台固定，扇形地排列在注射装置的前方，注射装置定向旋转注胶。另外，在模台固定的情况下如果模具很多，硫化时间又较长时，可以平行分列于注射装置的两侧，注射装置沿轨道前进，注完一排后，再注另一排。

单模台注射机在硫化和脱模阶段时停止运转，所以效率不高，但较适合小部件产品和硫化速度非常快的产品。多模台注射机则可做到"连续"注射、硫化和脱模，尤其适合于用胶量大、硫化时间长、脱模时间长、有金属骨架的制品。柱塞式注射机一般为2～4个模台，而移动螺杆式注射机由于胶料预塑化好，可以有较多的模台，一般可10个以上。

模台数可根据合模周期（包括闭模、注射、硫化、开模、脱模等操作时间）和注射周期（包括喷嘴位置对准、注射、持续保压、胶料塑化等操作时间）来计算，即模台数＝合模周期/注射周期。

近年来，随着橡胶硫化向高温快速方向发展，转盘的模台数有减少的趋势。

橡胶注射用的模具，因要开流胶道，所以结构复杂，一般都要三片以上组件组成一个硫化模具。另外模具本身要经受高温（有时240℃以上）和高压（至少100MPa），因此需要用特殊的钢材制作。同时，为了控制废胶边量，模具的加工精度很高，所以造价很高。

5.5.4.2 注射过程及原理

与热固性塑料注射成型类似,用注射法生产橡胶制品一般要经过预热、塑化、注射、硫化、出模等几个过程。

在橡胶注射成型过程中,胶料主要经历了塑化注射和热压硫化两个阶段。注射阶段中胶料黏度下降,流动性增加;热压硫化阶段中胶料通过交联而硬化。在这两个阶段,温度条件相当重要。

(1) 胶料的塑化与注射

胶料的塑化就是在注射之前使胶料在较低的温度下应具有较好的流动性,从而可借助压力使胶料顺利充满模腔。为防止焦烧,机筒温度不宜过高,一般控制在70~80℃。在注射过程中,由于胶料在高压下快速通过较小的喷嘴,其流动剪切速率可达 $10^3 \sim 10^4 s^{-1}$,因此,胶料产生的摩擦生热,胶温可迅速达到120℃以上,为进入模腔后硫化过程的顺利进行做好准备。

与塑料熔体相比,橡胶流体大多属于剪切变稀流体,而且一般橡胶流体的流动性较差,掌握好塑化与注射阶段胶料的黏度,即流动性至为关键,对注压工艺影响极大。

(2) 胶料的热压硫化

当胶料被注入模腔后胶温达到120℃以上,这时已接近硫化温度,由于模具的加热,在很短时间内,模内胶料温度加热到180~220℃的高温,可使得制品在很短时间内完成硫化。

注射硫化的独特优点是内层和外层胶料的温度比较均匀一致,从而保证了产品质量,并加快了硫化速度。

橡胶的预热硫化过程一般经历四个阶段:

① 预热阶段(硫化前的整个升温过程);
② 交联度增加阶段;
③ 最佳硫化阶段;
④ 过硫阶段。

显然,从制品要求来说,希望橡胶制品整体都能均匀达到第三阶段,此时制品的质量最优,而以上四个阶段决定于温度,只有均匀的硫化温度分布才可能获得优质产品。所以,在橡胶注压过程中,掌握它的硫化性能十分重要。注压时,在给定的温度和时间条件下,胶料逐渐地由黏流态向高弹态转变,见图5-52。硫化开始时,在一定温度下胶料进行交联,硫化反应稳定进行,交联率随时间而增加,并达到最大值(正硫化),该值在一段时间内保持不变(硫化平坦期)。而后,或者由于热量的集聚作用而增大,或者由于热氧化降解而减小,此时,胶料的物理性能开始下降。只有在

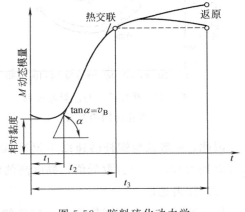

图5-52 胶料硫化动力学

硫化平坦期（即最佳硫化阶段），制品的物理性能最佳，这就是热压硫化需要正确把握的重要时机。此时，模具开启，顶出制品最为适宜，过早可能欠硫，交联度不够，过迟则会产生过硫现象。

不同成型方法，热压硫化阶段掌握的难易程度不同。对于模压硫化过程，硫化时制品的内外层温差较大，往往外层胶已达到最佳硫化阶段，即硫化平坦期，而内层胶却处于交联度增加阶段。当内层胶进入最佳硫化阶段时，外层胶可能已经发生过硫现象了。而注射成型的注压硫化过程可以在相当大程度上克服以上缺点。由于胶料经螺杆剪切、机筒加热塑化后，温度上升迅速，当胶料通过喷嘴注入模腔，不仅胶温能进一步急剧上升，更可贵的是在很短时间内，制品内外层胶几乎同时达到最佳硫化阶段，整个硫化阶段很短。这样，注射工艺为模制品的高温快速硫化提供了内外层胶料温度均匀一致的条件，使得注射法生产的制品质量良好，生产效率高。

5.5.4.3 橡胶注射成型工艺及控制

橡胶注射成型工艺比较复杂，如温度、压力、速度等各种工艺条件之间是互相影响、互相制约的，正确选择与确定工艺条件是生产合格优质制品的保证。通常在注射工艺中主要掌握的工艺条件有如下几方面。

（1）螺杆转速

实验表明，螺杆转速增加，机筒内的胶料受到剪切、均化作用加强，这样可以获得较高的注射温度，可缩短注射时间和硫化时间。但转速过高，反而使注射温度降低，硫化时间增加，如图5-53所示。其原因可能是因为螺杆转速过高，使螺杆表面胶料分子链发生取向，产生"包轴现象"，结果有一部分胶料随着螺杆而旋转，不能产生剪切作用，故胶温反而下降。

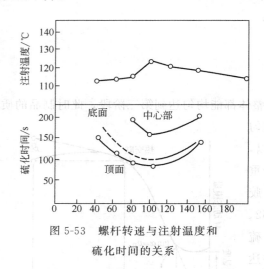

图5-53 螺杆转速与注射温度和硫化时间的关系

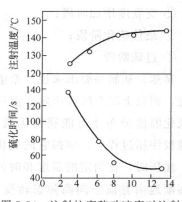

图5-54 注射柱塞移动速度对注射温度和硫化时间的影响

因此，一般认为螺杆转速以不超过100r/min为宜。国内设备一般取$n=30\sim50$r/min，螺杆直径大者，转速宜取低值，黏度高的胶料，转速应低速。

（2）注射速度

注射速度是指柱塞或螺杆向前推进的速度。如图5-54所示，当注射速度增加，注射温度和硫化速度随之增加,使注射时间减小,生产率提高。

但注射速度过高,会造成过量的剪切摩擦热,易烧焦或制品表面产生皱纹或缺胶。

(3) 注射压力

如前所述,注射压力对胶料的充模具有决定性作用,其值大小取决于胶料的性质、注射机类型、模具结构等。一般提高注射压力可以增加胶料的流动性,缩短注射时间,提高胶料温度,硫化时间也可大大缩短。因此,原则上注射压力在许可条件下选取较高值。

(4) 温度

适当高温是保证胶料顺利注射和快速硫化的必要条件,因此,必须对注射成型过程的物料温度进行严格控制。这可从几方面进行,即控制机筒温度、注射温度及模具温度。

① 机筒温度 机筒温度不仅与橡胶的塑化过程有关,而且对注射成型的其他工艺条件如注射温度、注射时间以及硫化时间都有影响。对于某一橡胶制品的注射工艺,它们的关系见表5-14。

表 5-14 机筒温度对注射温度、注射时间及硫化时间的影响(天然橡胶)

机筒温度/℃	90	100	125
注射温度/℃	118	137	158
注射时间/s	3.8	3.3	1.7
硫化时间/s	180	90	45

由表5-14可以看出,对于机筒温度的选择,通常应在不发生焦烧的前提下尽量提高一些。当然,机筒温度的选择还受注射机类型、操作方式以及胶料种类、配方等因素的影响。

② 注射温度 注射温度是指胶料通过喷嘴之后的温度。其控制原则是在焦烧安全性许可的前提下,尽可能接近模腔温度。温度过高,容易发生焦烧,若过低,则造成硫化时间延长。

③ 模具温度 模具温度根据胶料硫化的条件来确定,从提高生产率的角度看,模温应尽可能采用充模时不会焦烧的最高温度,以免因模温过低,延长硫化时间,降低产量,一般模温的选择应比焦烧时的温度低3~5℃,这就是较安全的最高模温。

(5) 硫化时间

硫化时间的选择主要由胶料的配方来决定,但也要因制品的厚度不同而有所变化。对于厚制品在模内硫化阶段,其内外胶层仍会存在一定的温度差,因此其硫化时间要适当延长。据测定在180~200℃的硫化温度时,制品厚度与硫化时间的关系如表5-15所示。

表 5-15 制品厚度与硫化时间的关系

壁厚/cm	0.16	0.28	1.0	2.1	3.8
硫化时间/s	10	15	45	60	60

(6) 胶料条件

一般情况下,可用测定门尼黏度和焦烧时间来预估胶料是否适合于注射。如果门尼黏度不大于65,而焦烧时间在10~20min之间,通常认为这种胶料适合于注射。

门尼黏度高，注射温度可较高，但所需注射时间长，易于焦烧；门尼黏度低的胶料易于充模，注射时间短，但需要较长硫化时间，故以不低于40s为好。

胶料的焦烧性能，可在注射工艺过程中，通过控制操作温度下的停留时间来控制。对于柱塞式注射机，要求胶料在100℃的机筒中停留6~10个周期（每周期2min计），不产生焦烧；而往复式螺杆注射机，如机筒温度为90~120℃，则胶料的焦烧时间比胶料在机筒内的停留时间长两倍以上。若在配方中加延迟性促进剂，可使胶料不易焦烧。

第6章 高分子材料二次加工技术

6.1 热成型

热成型是利用热塑性塑料的片材作为原料来制造制品的一种方法。可归于塑料的二次成型。首先将裁成一定尺寸和形状的片材夹在模具的框架上，将其加热到 $T_g \sim T_f$ 间的适宜温度，片材一边受热，一边延伸，然后凭借施加的压力，使其紧贴模具的型面，从而取得与型面相仿的型样，经冷却定型和修正后即得制品。热成型时，施加的压力主要是靠抽真空和引进压缩空气在片材的两面所形成的压力差，但也有借助于机械压力和液压力的。

热成型的特点是成型压力较低，因此对模具要求低，工艺较简单，生产率高，设备投资少，能制造面积较大的制品。但所用原料必须经过一次成型，故成本较高，而且制品的后加工较多。但是由于热成型塑料片材的种类日趋繁多，热成型制品的种类也大大增加，制品的应用范围越来越大，热成型在近来取得了较大的发展。在 2005 年美国印第安纳波利斯举行"第 14 届 SPE 热成型研讨会"上展示了多种热成型工艺技术研发领域取得的最新成果。其中有一种双片材热成型的货运用托盘，是利用了革新工艺技术和设计方法，将 PP 泡沫作为助压模塞而得到具有轻质结构芯层的新颖产品。德国拜耳材料创新集团（Bayer）在开发用于模内装潢的可热成型薄膜领域也取得了几项新成就。其中一项商品就是名为 Markrofol 的聚碳酸酯薄膜。

6.1.1 热成型的选材原则

热成型主要用来生产薄壳制品，制品的类型、大小不一，但是一般都是形状较为简单的杯、盘、盖、医用器皿、仪器和仪表以及收音机等外壳和儿童玩具等。制品的壁厚小，片材厚度一般为 $1 \sim 2mm$，甚至更薄，制品的厚度比这一数值还小。制品的面积可以很大，但是热成型制品都是属于半壳形（内凹外凸）的，所以其深度受到一定的限制。各种塑料制品对塑料品种的选择依赖于制品限定用途对性能的要求。所以，热成型选材的原则只能使用可以进行热成型加工的塑料品种。从广义上讲，所有热塑性塑料都适合于热成型加工，因为这类塑料都有一个共同特点，即在加热条件下，材料的弹性模量和承受负荷的能力迅速下降。但在实际应用判断一种材料是否适用于热成型加工还需从材料的热性能、力学性能和聚集态结构等方面具体考虑。

热成型加工过程中需考虑的材料的热性能方面较多，包括材料的热变形温度、软化温度范围、热态力学强度、比热容、热导率、热膨胀系数、熔融热、热扩散系数和热稳定性等。

热变形温度是热成型加工中需考虑的重要的温度条件，理论上成型过程中材料内部温度上限不能高于材料本身的无负荷热变形温度，否则成型过程中制件自身重力就会破坏制件。对于大型制件一般可采用 1.82MPa 下材料的热变形温度作为加工时的温度,而对于小型制件则一般按 0.46MPa 负荷下的材料的热变形温度作为热成型上限温度。实际成型中由于塑料片材的表面温度高于内部温度,因此工艺控制温度往往比材料的热变形温度高得多。

热成型过程中材料的温度下降很快,需要材料在较宽的温度范围都能保持适当的柔韧性、可塑性和弹性,才能保证最终制品边角部分的完整性。材料还需要具有较高的热态力学强度,否则热态下一经牵伸就会厚薄严重不均,这就要求用于热成型的热塑性塑料分子量不宜过低。另外,可通过在分子链中引入强极性基团或交联结构限制分子链的相互滑移,提高材料的热成型加工性能。

材料的比热容反映单位质量材料升高单位温度所需的热量,根据片材的比热容和密度大小可以计算成型时加热器需要提供的有效热量。塑料的导热系数都比较低,厚壁制品热成型过程的预热阶段可能会出现表面已熔化、起泡甚至分解,而内部尚未软化的现象,因此在选材上应考虑采用导热系数较高的塑料品种,工艺上也应考虑采用双面加热或远红外加热等加热方式。

实际生产中,加热阶段塑料的热膨胀可以不予考虑,但冷却阶段的尺寸收缩却不能忽略。在制品含有金属嵌件或需要将塑料制品嵌入金属容器中时,都应考虑到塑料的收缩率大于金属。采用阳模成型时,塑料由于收缩紧贴在模具表面,阳模难于拔出,在成型热膨胀系数较大的材料如聚烯烃和 PVC 等时尤其要注意这一点。

热扩散系数是用来计算热成型过程冷却时间的,因为热片材的冷却所需时间正比于材料厚度,反比于热扩散系数。热扩散系数可用式(6-1) 表述。

$$热扩散系数 = \frac{热导率}{密度 \times 比热容} \tag{6-1}$$

式(6-1) 中等号右边的三个参数在热成型过程中并非保持不变,而且结晶或半结晶聚合物在冷却过程中的结晶放热也未被考虑进去。因此在实际生产中依靠热扩散系数来计算冷却时间往往存在较大偏差。但从式(6-1) 中至少可以知道片材厚度的增加、模具温度增加和材料密度的降低,这三方面对于所需冷却时间的影响趋势是一致的。

热成型同挤出、注塑等成型工艺相比,加工温度低很多,一般可以不考虑材料的热稳定性问题,但在热稳定性较差的 PVC 等材料制作厚壁制品时,也需注意避免片材表面过热分解。

对于吸湿性较强的或对水分限制要求较严的塑料如 ABS、聚酰胺和聚碳酸酯等,在加热前应该干燥,否则会出现加热片材表面起泡、成型制品表面粗糙等现象。

热成型过程中某些聚合物片材要经历取向和结晶过程,这两种过程往往会影响到成型制件质量。例如,非晶聚合物 PMMA 成型时分子链会沿成型作用方向取向,此时若成型温度过低,取向结构中会存留很高的内应力,极易发生化学应力开裂。对于结晶聚合物或半晶聚合物材料,通过改变成型条件可以调节制品所需的结晶度、晶体尺寸、密度、透明度、拉伸强度、抗冲击韧性等性能。通常快速冷却时容易生成不完整和较少的晶体结构,制品透明性较好,但强度和刚度较低。缓慢冷却得到的制品中晶体生长较为完整,强度和刚度高,但透明性和抗冲击性降低。

当然在热成型制品选材时主要应考虑的还是材料本身是否具备制品所需要的物理力学

性能，包括材料的拉伸强度、伸长率、拉伸模量、硬度及耐冲击性能等以及材料长期使用性能如耐蠕变性能、耐疲劳性能、耐老化性能和耐环境应力开裂性能等。

由于大部分热成型方法都要产生下脚料，如用片材或薄膜生产圆形产品可产生50%或更多的下脚料，而生产矩形制品也会产生25%的下脚料，为避免浪费，可将这些下脚料与新材料混合使用。

用于热成型的塑料以氯乙烯类、烯烃类、丙烯酸酯类和纤维素类的塑料居多。通常工业上用作热成型的塑料品种有纤维素、聚苯乙烯、聚氯乙烯、聚甲基丙烯酸甲酯（有机玻璃）、ABS、高密度聚乙烯、聚酰胺、聚碳酸酯和聚对苯二甲酸乙二酯等。作为原料的片材可用挤压、浇铸和流延等方法来制造。另外，为了确定材料的要求，最好的办法是制造试验性样品，或合理估计特定制件所需最适宜的材料厚度。

6.1.2 热成型设备和模具

热成型设备有手动、半自动和全自动之分。手动设备中的一切操作，如夹持、加热、抽真空、冷却、脱模等都由人工调整或完成。半自动设备中的各种操作，除夹持和脱模需由人工完成外，其他都是按预先调定的条件和程序由设备自动完成。全自动设备中的一切操作完全由设备自动进行。

热成型设备按照供料的方式又可以分为分批进料和连续进料两种类型。分批进料多用于生产大型制件，原料一般都是不易成卷的厚型片材，但是分批进料同样也适合于用薄型片材生产小型制件。工业上常用的分批进料设备是三段轮转机，这种设备按照装卸、加热和成型的工序分作三段。加热器和成型用的模具在固定区段内，但是片材由三个按120°角度分割而且可以旋转的夹持框夹持，并在三个区段内轮流流动，如图6-1所示。由于操作的需要，轮转动作是间歇性的。为求得生产率的提高或者由于塑料需要更多的热量，也可以将加热区分为两个，这就成为四段轮转机，不过采用的还不多。连续进料式的设备一般用作大批量生产薄壁小型的制件，如杯、盘等。供料虽然是连续性的，但是其运移仍然是间歇的，间歇时间自几秒到十几秒不等。设备也是多段式，每段只完成一个工序。为节省热能和供料方便，也有采用片材挤出机直接供料的。如图6-2所示。

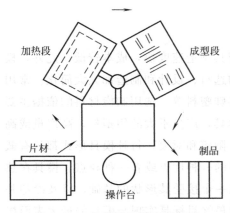

图6-1 三段轮转机操作示意图

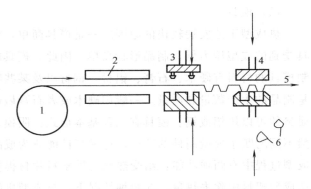

图6-2 连续进料式的进料流程图

1—片料卷；2—加热器；3—模具；4—冲裁模；
5—回收片模材料；6—制品

各种设备的几个主要部分，随要求的不同，在设计上常有很大的差别。现将其大概情况和主要要求介绍如下：

(1) 加热系统

片材的加热通常用电热或者红外线辐照，较厚的片材还须配备烘箱进行预热。加热器的温度一般为350～650℃。为增加加热速率或提高生产效率，或者在片材厚度大于3mm时，常需采用两面加热的方法，也就是在夹持片材的上下各用一套加热器。加热系统应附有加热器温度控制和加热器与片材距离的调节装置。成型的时候模具温度一般保持在45～75℃。如果使用金属模具，则将温水循环于模内预设的通道即可。对于非金属模具，由于传热性较差，只能采用时冷时热的方法来保持它的温度，加热时用红外线照射，而冷却时则用风冷。加热器与片材的距离变化范围为8～30cm。

成型完成后对初制品的冷却，应以越快越好，因为这样可以提高生产率。冷却的方法有内冷和外冷两种：内冷是通过模具的冷却的，只以采用金属模具为限；外冷则是用风冷法或者空气-水雾法，真正的喷水冷却很少用，这是为了避免制品产生冷疤和以后去水的困难。

(2) 夹持系统

通常是由上下两个机架以及两根横杆组成。上机架受压缩空气操纵，能均衡而有力地将片材压在下机架上。压力可以在一定范围内调整，要求夹持压力均衡有力，夹持片材有可靠的气密性。为了满足生产上的需要，夹持框大多是做成能在垂直或（和）水平方向上移动的。

(3) 真空系统

热成型一般都是使用自给的抽真空装置，由真空泵、储罐、管路、阀门组成。由于要求瞬时排除模型与片材之间的空气而借助大气压成型，因此，真空泵必须具有较大的抽气速率，真空储罐要有足够的容量。

(4) 压缩空气系统

压缩空气除了大量用于成型外，还用于脱模、初制件的冷却和操控机件动作的动力。由空气压缩机、贮压罐、管路和阀门等组成。

(5) 模具

热成型工艺发展较快的原因之一是模具简单，模具制造速度快，成本较低。此外，模具受到的成型压力低，制品形状简单。因此，模具的选材、设计和制造都大大简化。常用制模具的材料有硬木、石膏、铝材、钢材以及某些特殊塑料等。选用制模材料的依据主要是制品的生产数量和质量。一般用硬木或者石膏做模具，产量不大的用塑料，高产量或高质量的可以用铝或钢。模具有三种基本形式：阴模、阳模和对模。每种模具形式都具有截然不同的赋予成型制件的特性，这种特性能成为成品的一种优点或者一种缺点。模具在热成型过程中有两项功能：给受热热塑性塑料片材提供一个接受其形状的基础，以及冷却并从成型塑料中除去热量。在两种情况下，热成型机的最终目标是实现与模具的最大表面接触。有最大的表面接触即确保成型中的大部分细节转移以及冷却的最高效率。模具可包含一组不同模具结构，称为"群模"。为了将几种不同结构的模具配合成一群模。其要点是在热成型方法要求相同条件的情况下，模具尺寸或结构要有某些相似性。

对模具的基本要求如下：

① 制品的引伸比　制品的引伸比即制品的深度和宽度（或直径）之比。它在很大程度上反映了制品在成型过程的难易程度。引伸比大，成型较难，反之则易。引伸比有一极限，以不超过 2∶1 为原则。极限引伸比同原料品种、片材厚度以及模具的形状等有关。实际生产中，很少采用极限引伸比，一般用的引伸比为 (0.5∶1)～(1∶1)。

② 角隅　为了防止制品的角隅部分发生厚度减薄和应力集中，影响强度，制件的角隅部分不允许有锐角，角的弧度应大些，无论如何不能小于片材的厚度。

③ 斜度　为了便于制品的脱模，模具的四壁应考虑有足够的斜度，斜度范围约为 $0.5°\sim4.0°$。阴模的斜度可小一些，阳模则要大一些。

④ 加强筋　由于热成型制件通常厚度薄而面积大，为了保证其刚性，制件的适当部位应设置加强筋。

⑤ 抽气孔直径和位置　抽气孔的位置要均匀分布在制品的各部分，在片材与模型最后接触的地方，抽气孔可适当多些。抽气孔的直径要适中。如果太小，将影响抽气速率，如果太大，则制品表面会残留抽气孔的痕迹。抽气孔的大小，一般不超过片材厚度的1/2，常用直径是 0.5～1.0mm。

此外，模具设计还要考虑到各种塑料的收缩率。一般热成型制品的收缩率在 0.001～0.04。如果采用多模成型时，要考虑到模型间距。至于选择阳模还是阴模，则要考虑制品的各部分对厚度的要求。如制造边缘较厚而中间部分较薄的制品，则选阴模；反过来，若制造边缘较薄而中央部分较厚的制品，则选择阳模。

6.1.3　热成型的基本方法

按照制品类型和操作方法的不同，热成型方法可以有很多的变化。但是不管其变化形式如何，都是由以下几个基本方法略加改进或适当组合而成的。

6.1.3.1　差压成型

差压成型是热成型中最简单的一种，也是最简单的真空成型。其方法是先用夹持框将片材夹紧在模具上并用加热器进行加热，当片材加热至足够温度时，移开加热器并且采用适当措施使片材两面具有不同的气压。这样，片材就会向下弯垂，而与模具表面贴合。随之在充分冷却后，即用压缩空气自模具底部通过通气孔将成型的片材吹出，经过修整后即成为制品。

产生差压有两种方法。一种是从模具底部抽空，称为真空成型。这时借助已预热片材的自密封能力，将其覆盖在阴模腔的顶面上形成密封空间，当密封空间被抽真空时，大气压即使预热片材延伸变形而取得制品的型样。如图 6-3 所示。如果单纯通过抽真空所能造成的最大压差仍不能满足成型的要求，就应该改用第二种加压方式——压缩空气加压。这种方式是从片材顶部通入压缩空气。成型的基本过程是：已预热过的片材放在阴模顶面上，其上表面与盖板形成密闭的气室，向此气室内通入压缩空气后，高压高速气流产生的冲击式压力，使预热片材以很大的形变速率贴合到模腔壁上，如图 6-4 所示。取得所需的形状并冷却定型后，即自模底气孔通入压缩空气将制品吹出，经过修饰以后即为成品。

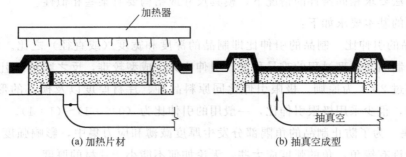

图 6-3 真空成型

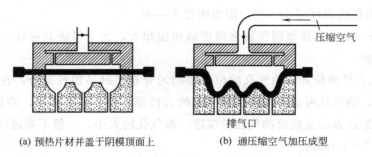

图 6-4 加压成型

差压成型法所制得的制品有如下特点：①制品结构比较鲜明，精细部位是与模具面贴合的一面，而且光洁度也较高；②成型时，凡片材与模具面在贴合时间上愈后的部位，其厚度愈小；③制品表面光泽度好，并不带任何瑕疵，材料原来的透明性在成型后不发生变化。

用于差压成型的模具通常都是单个阴模，也有不用模具的。不用模具时，片材就夹持在抽空柜（真空成型时用）或具有通气孔的平板上（加压成型时用），成型时，抽空或加压只进行到一定程度即可停止。其具体情况如图 6-5 和图 6-6 所示。这种方法主要形成碗状或拱顶状构型物件，制品特点是表面十分光洁。许多天窗、仪器罩和窗附属装置都用这种方式生产。

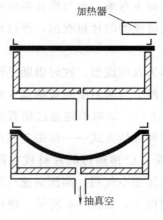

图 6-5 不用模型的真空成型

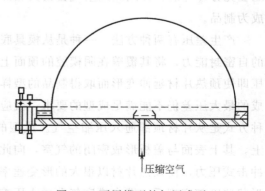

图 6-6 不用模型的加压成型

6.1.3.2 覆盖成型

覆盖成型主要用于制造厚壁和深度大的制品。其成型过程基本上和真空成型相同，所不同的是所用模具只有阳模，成型时借助于液压系统的推力，将阳模顶入由框架夹持且已加热的片材中，也可用机械力移动框架将片材扣覆在模具上，使模具下表面边缘处产生一种密封效应，当软化的塑料与模具表面间达到良好密封时再抽真空使片材包覆于模具上而成型，经过冷却、脱模和修整即得制品，整个过程如图6-7所示。

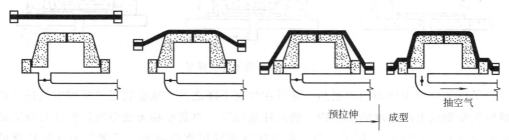

图6-7 覆盖成型

覆盖成型制品的特点是：①与差压成型一样，与模面贴合的一面表面质量较高，在结构上也比较鲜明和细致；②壁厚的最大部位在模具的顶部，而最薄的部分则在模具侧面与底面的交界区；③制品侧面上常会出现牵伸和冷却的条纹。这时由于片材各部分贴合模面时间上有先后之分，先接触模面的部分先被模具冷却，而在后继的扣覆过程中，其牵伸行为就不如没有冷却的部分强。这种条纹通常以接近模面顶部的侧面处最多。

6.1.3.3 柱塞助压成型

差压成型的凹形制品底部偏薄，而覆盖成型的凹形制品侧壁偏薄，为了克服这些缺陷，产生了柱塞助压成型方法。这种成型又常分为柱塞助压真空成型和柱塞助压气压成型两种。

真空法是先用夹持框将片材压入模具型腔，然后借助真空抽吸把片材拉离柱塞，并贴覆于模具型腔内壁。如图6-8所示。气压法的过程与真空法相似，只是当柱塞将片材压入

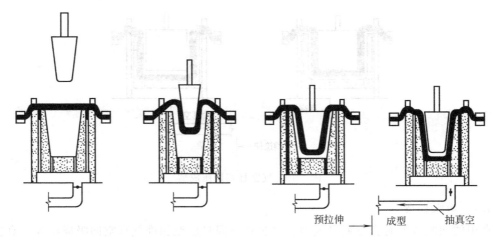

图6-8 柱塞助压真空成型

模具型腔后，随即通入压缩空气将片材吹制成型。如图6-9所示。柱塞压入片材的速度在条件允许的情况下，越快越好。而当片材一经真空抽吸或压缩空气吹压，柱塞立即抽回。成型的片材经过冷却、脱模和修整后，即成为制品。

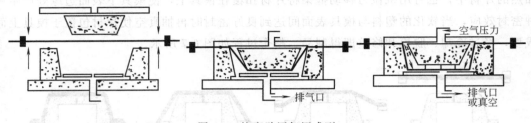

图 6-9 柱塞助压气压成型

为了得到厚度更加均匀的制品，还可在柱塞下降之前，从模底送进压缩空气使热软的片材预先吹塑成上凸适度的泡状物，然后柱塞压下，再真空抽吸或空气压缩使片材紧贴模具型腔而成型。如图6-10所示。前者称气胀柱塞助压真空成型，后者称为气胀柱塞助压气压成型。气胀柱塞助压成型是采用阴模得到厚度分布均匀制品的最好办法，它特别适合于大型深度拉伸制品的制作，如冰箱的内箱等。

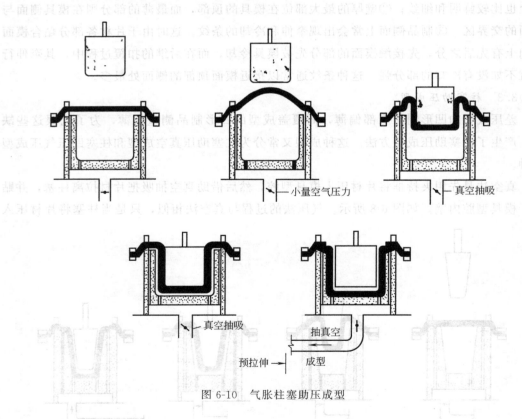

图 6-10 气胀柱塞助压成型

6.1.3.4 回吸成型

常用的回吸成型有真空回吸成型、气胀真空回吸成型和推气真空回吸成型等。真空回吸成型如图6-11所示。其最初的几步，如片材夹持、加热和真空吸进等都与真空成型相似。当加热的片材已被吸进模内而达到预定的深度时，则将模具从上部向已弯曲的片材中伸进，直至模具边沿完全将片材封死在抽空区上为止。而后，打开抽空区底部的气门并从模具顶部进行抽空。这样，片材就被回吸而与模面贴合，然后冷却，脱模和修整后即成为制品。

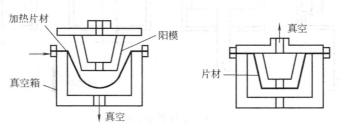

图 6-11　真空回吸成型

气胀真空回吸成型如图 6-12 所示。这种成型技术使片材弯曲的方法不是用抽空而是靠压缩空气。压缩空气从箱底引入，使加热后的片材上凸成泡状物，达到规定高度后，用柱模将上凸的片状物逐渐压入箱内。在柱模向压箱伸进的过程中，压箱内维持适当气压，利用片材下部气压的反压作用使片材紧紧包住柱模，当柱模伸至箱内适当部位使得模具边缘顶部完全将片材封死在抽空区时，打开柱模顶部的抽气门进行抽空。这样片材就被回吸而与模面贴合，即完成成型，在冷却、脱模和修整后即成为制品。

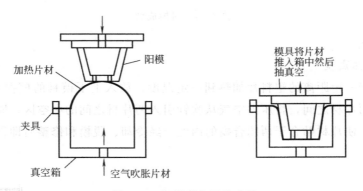

图 6-12　气胀真空回吸成型

推气真空回吸成型如图 6-13 所示。在成型时片材预热成泡状物不是用抽空和气压而是靠边缘与抽空区作气密封紧的模具上升。模具升至顶部适当位置时，即停止上升。随之就从其底部进行抽空而使片材贴合在模面上，经冷却、脱模和修整后即成为制品。

回吸成型可制得壁厚均匀、结构较复杂的制品。

6.1.3.5　对模成型

采用两个彼此配对的单模来成型。成型时，首先将片材用框架夹持于两模之间并用可移动的加热器对片材进行加热，当片材加热到一定温度时，移去加热器并将两片合拢。在合拢的过程中，片材与模具间的空气由设置在模具上的气孔向外排出。成型后经冷却、脱模和修整后即得制品，如图 6-14 所示。

对模成型可制得复制性和尺寸准确性好、结构复杂的制品，厚度分布在很大程度上依

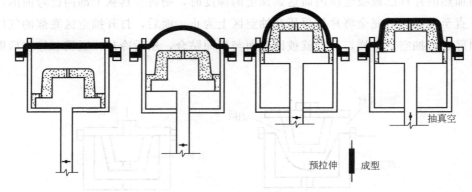

图 6-13 推气真空回吸成型

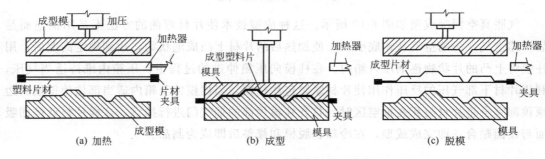

(a) 加热　　　　　　　(b) 成型　　　　　　　(c) 脱模

图 6-14 对模成型

6.1.3.6 双片热成型

将两片相隔一定距离的塑料片加热到一定温度，放入上下模具的模框上并将其夹紧，一根吹针插入两片材之间，将压缩空气从吹针引入两片材之间的中空区，同时在两闭合模具壁中抽真空，使片材贴合于两闭合模的内腔，经冷却、脱模和修整后即得中空制品。如图 6-15 所示。

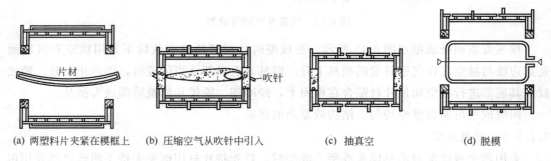

(a) 两塑料片夹紧在模框上　(b) 压缩空气从吹针中引入　(c) 抽真空　(d) 脱模

图 6-15 双片热成型

另外还有一种比较有意思的热成型方法，就是"固相压力成型"。它的命名已经包含这类成型的含义。这种热成型法只用压力使塑料从片状成型为其最终形状。这种成型法的关键因素是片材的受热情况。在这种热成型中，热塑性塑料片材不加热至片材软化达到几乎流动而呈可成型状态的正常程度。塑料片材受热仅达到保持其呈固态的程度。基本上，需要进行热成型的任何加热不足的塑料片材都可列为固态成型的对象。然而，大多数热塑性塑料的本性不允许在固态下拉伸或成型。大多数通用热塑性塑料在轻微受热下和仍为固态时能撕裂或破碎，只有当其达到正常软化温度时方能成型。仅在非常有限的塑料中才有例外，聚丙烯即是其中之一。

6.1.4 热成型工艺及控制

热成型工艺过程包括片材的准备、夹持、成型、加热、冷却、脱模和制品的后处理等，其中加热、成型和冷却、脱模是影响质量的主要因素。

（1）加热

在热成型工艺中，片材是在热塑性塑料高弹态的温度范围内拉伸造型的，故成型前必须将片材加热到规定的温度。加热片材时间一般占整个热成型周期时间的 50%～80%，而加热温度的准确性和片材各处温度分布的均匀性，将直接影响成型操作的难易和制品的质量。

片材经过加热后所达到的温度，应使塑料在此温度下既有很大的伸长率又有适当的拉伸强度，保证片材成型时能经受高速拉伸而不致出现破裂。虽然较低温度可缩短成型物的冷却时间和节省热能，但温度过低时所得制品的轮廓清晰度不佳；而过高的温度会造成聚合物的热降解，并从而导致制品变色和失去光泽。在加热温度范围内，随着温度提高，塑料的伸长率增大，制品的壁厚减少（如图 6-16 所示），可成型深度较大的制品，但超过一定温度时，伸长率反而降低。在热成型过程中，片材从加热结束到开始拉伸变形，因工位的转换总有一定的间隙时间，片材会因散热而降温，特别是较薄的、比热容较小的片材，散热降温现象就更加显著，所以片材实际加热温度一般比成型所需的温度稍高一些。

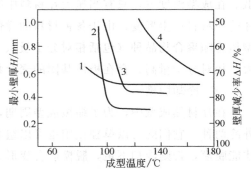

图 6-16 成型温度与最小壁厚的关系
（成型深度 $H/D=0.5$，板厚 2mm）
1—ABS；2—聚乙烯；3—聚氯乙烯；4—聚甲基丙烯酸甲酯

片材加热所必需的时间主要由塑料的品种和片材的厚度确定，通常加热时间随塑料导热性的增大而缩短，随塑料比热和片材厚度的增大而延长，但这种缩短和延长都不是简单的直线关系，如表 6-1 所示。合适的加热时间，通常由实验或参考经验数据决定。

表 6-1 加热时间与聚乙烯片材厚度的关系

项 目	片材厚度/mm		
	0.5	1.5	2.5
加热到 121℃需要的时间/s	18	36	48
单位厚度加热时间/(s/mm)	36	24	19.2

适宜的加热条件还应保持整个片材各部分在加热过程中都均匀地升温。为此，首先要求所选用的片材各处的厚度尽可能相等。由于塑料的导热性差，在加热厚片时，若为了快

速升温而采用大功率的加热器或将片材紧靠加热器，就会出现片材的两面温度相差较大的现象，甚至紧靠加热器的一面被烧伤。为改变这种不利的加热情况，改用可使片材两个表面同时受热的双面加热器，也可采用高频加热或远红外线加热来缩短加热时间。

（2）成型

各种成型方法的成型操作主要是通过施力，使已预热的片材按预定的要求进行弯曲与拉伸变形。对成型最基本的要求是使所得制品的壁厚尽可能均匀。造成制品壁厚不均的主要原因，一是成型片材各部分被拉伸的程度不同，另一是拉伸速度的大小，也就是抽气、充气的气体流率或模具、夹持框和预拉伸柱塞等的移动速度的不同。一般来说，高的拉伸速度对成型本身和缩短周期时间都比较有利，但快速拉伸常会因为流动的不足而使制品的凹、凸部位出现壁厚过薄现象；而拉伸过慢又会因片材过度降温引起的变形能力下降，使制品出现裂纹。拉伸速度的大小与片材成型时的温度有密切关系，温度低，片材变形能力小，应慢速拉伸。若要采用高的拉伸速度，就必须提高拉伸时的温度。由于成型时片材仍会散热降温，所以薄型片材的拉伸速度一般大于厚型的。

压力的作用使片材产生形变，但材料有抵抗形变的能力，其弹性模量随温度升高而降低。在成型温度下，只有当压力在材料中引起的应力大于材料在该温度时的弹性模量时，才能使材料产生形变。由于各种材料的弹性模量不一样，且对温度有不同的依赖性，故成型压力随聚合物品种（包括相对分子量）、片材厚度和成型温度而变化，一般分子的刚性大、相对分子量高、存在极性基团的聚合物等需要较高的成型压力。

（3）冷却脱模

在片材热成型中，为了缩短成型周期，一般都要采用人工冷却的方法。冷却分内冷和外冷两种，它们既可以单独使用也可以组合使用。成型好的制品必须冷却到变形温度以下才能脱模，否则冷却不足，脱模后会变形。冷却降温速率与塑料的导热性和成型物壁厚有关。合适的降温速率，应不致因造成过大的温度梯度而在制品中产生大的内应力，否则在制品的高度拉伸区域，会由于降温过快而出现微裂纹。

除因片材加热过度出现聚合物分解或因模具成型面过于粗糙而引起脱模困难外，热成型制品很少有黏附在模具上的倾向，如果偶有粘模现象，也可在模具的成型面上涂抹脱模剂。脱模剂的用量不宜过多，以免影响制品的光洁度和透明度。热成型常用的脱模剂是硬脂酸锌、二硫化钼和有机硅油的甲苯溶液等。

6.2 机械加工

在工业中所使用的高分子零件，大多数是用注塑方法而制成的，也常采用切削加工工艺，但工程塑料在切削加工时却不像金属加工那样有一定的规范性。在以下情况下对高分子制品采取机械加工：①采用模塑成型的方法达不到制品精度要求时；②产品批量较小，花费大量基本投资进行设计与制造注塑模具和模压模具不合算时，用切削方法加工零件来代替传统的成型方法较适宜。在有些情况下，甚至完全用机械加工方法获得塑料零件也是合算的，因为这样可以利用本厂现有的金属切削设备；③作为其他加工方法的辅助手段，例如对于以板材、棒材和管材供货的原材料，需经过切断、截料方能成为零件；④在很多情况下，只能用机械加工方法。例如，只有用车削、钻孔、扩孔、磨孔和攻丝等方法进行切削加工，方能达到机器零件要求的尺寸精度和表面粗糙度；⑤清理塑料坯件的浇口、冒口、飞边、毛刺和注塑成型时产生的伤疤等，只有用机械加工方法才能达到目的。由上述可见，塑料的机械加工不仅仅只是指钻削和切断，而且广泛地利用铣削、车削、拉削、磨削、焊接、粘接和冲切等加工方法，方可获得更精确、更复杂的零件。

高分子制品的机械加工是采用机械方法对高分子制品进行加工的总称。对高分子制品进行机械加工的类型，主要有裁断、冲切、车削、钻削、铣削、锉削、磨削、抛光、滚光、喷砂等。

6.2.1 高分子制品的机械加工性能

高分子制品的机械加工，通常可以采用金属、木材机械加工时的设备，但由于高聚物本身有不同于金属和木材的特点，加工时采用的刀具有所不同，加工工艺也有自身的特点。

(1) 塑料的热性能

与金属相比，热塑性塑料的熔点很低，而且，在温度尚未达到熔点之前就已软化，又由于比热容和导热系数皆小，导热性能要差得多，在使用刀具进行切削时，因摩擦所产生的热不易传导散失，容易引起局部过热，使局部温度迅速上升，引起塑料降解、变色，甚至燃烧，影响加工。对于热塑性塑料，升温使塑料软化，与刀具刃口接触处极易变形。另一方面，若在过低的温度下加工，许多塑料因性脆而易于碎裂。因此，一般应很好掌握塑料切削的温度，对于材料本身过分低时，应预热到室温再进行加工。对热塑性塑料，加工工具的刃口会压入材料并使其变形，应充分注意加工速度，并加强冷却。反之，若温度过低，则又因材料的韧性降低，容易碎裂。所以，塑料的机械加工，应尽可能在室温下进行（如20℃左右，但剪切、冲切除外），当温度很低时，还应将材料加热，再行加工。

与金属相比，塑料的线胀系数又大得多，所引起的制品尺寸变化是相当可观的，对制品尺寸控制很不利。对热塑性塑料（热胀系数为金属的1.5~10倍）的加工，即使温度变动不大，也会对加工尺寸产生相当大的影响，这不利于制品尺寸精度和表面质量的控制。因此，在切削加工时，一般均需使用冷却剂加以冷却。冷却剂多采用压缩空气、水或其他冷却液，最常用的是压缩空气。

(2) 塑料的弹性模量

塑料的弹性模量比金属小一个数量级以上（一般为1/16~1/10），热塑性塑料（如尼龙66）的弹性模量只及钢材的1/100，热固性塑料（如玻璃纤维增强酚醛环氧树脂）也只有1/7，切削加工时，若夹具、刀具对塑料施压过大，会产生较大的弹性变形，甚至引起塑料变形，从而影响到塑料的加工精度和公差。另外，塑料的切削力较小。如切削钢材的切削力是热塑性塑料的14倍，是热固性塑料的7倍，因此，在设计夹具时，仅需具有很小夹紧力。因此，夹具的夹紧程度适当即可，刀具的切削刃口应锋利。在许多情况下应对工件支承，以防变形。例如，在车削细长的热塑性塑料时，还应配备中刀架、跟刀架，或采取其他措施，以获得满意的加工精度。

塑料为高分子材料，具有与时间有关的黏弹性，切削过程中，材料受力变形，这种变形在应力解除后随时间而松弛,即所谓弹性回复不公会导致切削表面与刀具后角面的摩擦力增加,产生更多的摩擦热,引起刀具过多磨损,刀具切削后的弹性回复,会造成车削工件存放后收缩等制品尺寸变化,例如钻孔和攻丝的螺孔变小或带有锥度。

（3）塑料切屑

在车削热塑性塑料时,通常形成带状切屑,往往缠绕在工件或刀具上,积压成团,遇冷硬化,影响切削工作的正常进行,用压缩空气将切屑吹向排除方向,利于排屑,同时,还可冷却车刀。塑料进行高速切削时,切削下来的塑料刀屑呈熔融胶黏状态,常黏附在刀具上,这些熔融态切屑遇冷会很快硬化,黏附在刀具的切屑对切削有一定影响,避免这种现象的方法是改变刀具角度和增大切削深度。

塑料切削时会产生粉尘（尤其是热固性塑料）,有些塑料切削时会因升温降解,也常有气味出现,因此应采取通风除尘措施。对于切屑粉尘,必须采取有效的通风除尘措施,使空气中粉尘的含量符合国家规定的标准。

（4）玻璃纤维增强塑料的切削特点

与热塑性塑料相比,玻璃钢的耐热性好,加工温度可高达600℃,加上力学强度高,线胀系数小,利于提高机械加工速度和加工精度。玻璃钢和玻璃纤维增强热塑性塑料,都是由树脂基体和玻璃纤维组成的复合体系,两种材料的硬度相差很大,切削时是对两种材料相间的断续切削,冲击的频率很高（数百万次/分钟）,致使切削条件恶化,很容易使切削刃磨损变钝,同时由于切削的摩擦热和振动,容易发生分层和撕裂现象,特别是制品的边缘和皮层,切削时应特别注意。

（5）切削时的冷却

塑料的热膨胀系数一般比金属大3～10倍。切削热使塑料产生膨胀,从而使刀具和工件的磨损加剧,导致产生更多的热量,产生塑料切削过程中的恶性循环。因此,在塑料的机械加工中,应当加强冷却。冷却方式可用压缩空气、水或其他冷却液。切削塑料一般不采用水或水溶液进行冷却,因很多塑料（如聚醚胺、聚碳酸酯、聚酰亚胺以及ABS塑料）在切削高温下易发生膨胀而大量吸水,影响塑料制品的尺寸精度和表面质量。使用冷却液还会减小塑料的摩擦系数,容易打滑,所以采用压缩空气进行冷却较好,有条件时可用专门器具进行快速导热。高温不易膨胀且吸水性低的塑料,如有机玻璃、聚乙烯、聚氯乙烯、聚苯乙烯、聚丙烯、聚甲醛和氟塑料,则可采用水或乳化液进行冷却。对赛璐珞进行切削时,则必须用水冷却,以避免切削高温使其燃着的危险。冷却液的选择应当以不妨碍操作和降低制品的内在质量为原则。

由以上分析可知,对高分子制品进行机械加工时,必须采用刃口锋利的刀具,避免局部过热,及时清除切屑。

6.2.2　高分子制品的机械加工方法

高分子制品的机械加工方法主要有切削、裁切、冲切、钻削、螺纹加工、激光加工等方法。根据对高分子制品不同的加工要求采用不同的机械加工方法。

6.2.2.1　切削

（1）塑料切削的理论基础

切削加工是用切削工具将坯料或工件上的多余材料切除掉，以获得具有所需的几何形状、尺寸和表面质量的机器零件。切削加工的方法很多，切削过程也不尽相同，但大多有一些共同的规律，诸如切削工具和工件之间都具有相对运动（即切削运动），切削过程都要产生一些物理现象等。此外，切削加工不仅要满足加工精度和表面粗糙度等要求，还必须注意提高生产率和降低生产成本。

切削运动必须具备主运动和进给运动两种运动，是主运动和进给运动的组合。主运动即使工件由机床或人力提供的与刀具产生相对运动，使刀具前面接近工件从而使多余的金属层转变为切屑以进行切削的最基本运动。主运动的速度最高，所消耗的功率最大。在切削运动中，主运动只有一个。它可以由工件完成，如图 6-17 所示，也可以由刀具完成，如刨削，如图 6-18 所示。可以是旋转运动，也可以是直线运动。主运动的速度称为切削速度，用 V_c 表示，车削外圆时的主运动是工件的旋转运动。

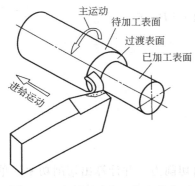

图 6-17　车削运动和工件上的表面

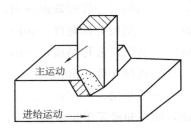

图 6-18　刨削

进给运动是指由机床或人力提供的运动，它使刀具和工件之间产生附加的相对运动，加上主运动，即可不断地或连续地切除切屑，并得到具有所需几何特性的已加工表面，如图 6-17、图 6-18 所示。进给运动一般速度较低，消耗的功率较少，可由一个或多个运动组成。它可以是连续的，也可以是间断的；可以是工件的运动，如刨削；也可以是刀具的运动，如车削。车削外圆时的进给运动是车削沿平行于工件轴线方向的连续直线运动。进给运动的速度称为进给速度，以 V_f 表示，单位 mm/s 或 mm/min。进给速度还可以每转或每行程进给量 f（mm/r 或 mm/st）、每齿进给量 f_z（mm/z）表示。

切削用量三要素由切削速度 V_c、进给量 f（或进给速度 V_f）和背吃刀量 a_p 组成，它是调整机床以及计算切削力、切削功率和工时定额的重要参数。

切削速度指刀具切削刃上选定点相对于工件的主运动的瞬时速度，单位为 m/s 或 m/min。外圆车削时，其计算公式为：

$$V_c = \frac{\pi d_w n}{1000} \tag{6-2}$$

式中　　d_w——待加工件表面的直径，mm；

　　　　n——单位时间内工件的转数，r/min。

切削加工时，在刀具的作用下，被切削层金属、切屑和工件已加工表面金属都要产生弹性变形和塑性变形，这些变形所产生的抗力分别作用在前刀面和后刀面上；同时，由于切屑沿前刀面流出，刀具与工件之间产生相对运动，所以还有摩擦力作用在前刀面和后刀面上。这些作用在刀具上的合力就是总切削力 F，简称切削力。

切削力 F_c 是总切削力在主运动方向上的分力。因此，它垂直于基面，是切削力中最大的一个切削分力，其所消耗的功率占总功率的 95%～99%。它是计算机床动力，校核刀具、夹具的强度与刚度的主要依据之一。

目前，生产中计量切削分力的经验公式可分为两类：一类是指数公式；另一类是按单位切削力进行计算。

用单位切削力计算切削力和功率时，单位切削力 P 是单位切削层公称横截面积（m^2）上的切削力（N），所以：

$$P = \frac{F_c}{A_D} = \frac{10^6 F_c}{b_D h_D} \approx \frac{10^6 F_c}{a_p f} \tag{6-3}$$

或

$$F_c = 10^{-6} P d_D h_D \approx 10^{-6} P a_p f \tag{6-4}$$

式中　F_c——切削力，N；
　　　A_D——切削层公称横截面面积，m^2；
　　　b_D——切削层公称宽度，mm；
　　　h_D——切削层公称厚度，mm；
　　　a_p——切削深度，mm；
　　　f——进给量，mm/r。

因此，如果知道了单位切削力 P，就可计算出切削力，并计算出切削功率。单位切削力的具体数值可在有关文献中查到。

(2) 切削热

切削过程中所消耗的能量，绝大部分都转变成了热量（称作切削热）。只有 1%～2% 的功以形成新表面和改变晶格等作为应变能被贮存在工件材料中。切削热主要来自三个方面：单位时间内被加工材料的弹、塑性变形功转变的热量 Q_b；单位时间内刀具前刀面与切屑底部摩擦所产生的热 Q_q；单位时间内刀具后刀面与工件表面摩擦所产生的热 Q_h。因此，切削过程中单位时间内所产生的热量 Q 为：

$$Q = Q_b + Q_q + Q_h \tag{6-5}$$

如果忽略在进给运动中所做的功，则单位时间内所产生的热量等于在主运动中单位时间内所做的功。

$$Q = F_c V_c \tag{6-6}$$

式中　F_c——切削力；
　　　V_c——切削速度。

切削区里所产生的切削热，在切削过程中分别由切屑、工件、刀具和周围介质传导出去。因此，在热平衡状态下，单位时间内所产生的热量就应该等于由切屑、工件、刀具以及介质所传出去热量，即

$$Q = Q_{ch} + Q_f + Q_w + Q_m \tag{6-7}$$

式中　Q_{ch}——单位时间内传给切屑的热量；
　　　Q_f——单位时间内传给刀具的热量；
　　　Q_w——单位时间内传给工件的热量；
　　　Q_m——单位时间内传给周围介质的热量。

各部分传出的热量，随不同的工件材料、刀具材料、切削用量、刀具几何角度及加工方式而不同。在切削条件下，通常大部分切削热由切屑带走，其次为工件和刀具，介质传出的热量则最少。切削过程中，某一瞬时工件、切屑、刀具上各点的温度通常是不相同的，而且温度的分布，也就是温度场是随时间而变化的。一般所说的切削温度，是指前刀面与切屑接触区域的平均温度。

影响切削温度的主要因素包括工件材料、切削用量、刀具几何参数、刀具磨损和切削液等。一般地，工件材料的强度和硬度越高，产生的切削热就越多，因而切削温度越高；工件材料的传热系数越小，传热速度越慢，切削温度也越高。切削用量中对切削温度影响最大的是切削速度，其次是进给量，切削深度影响最小。刀具几何参数中对切削温度影响较大的是前角和主偏角。切削温度随前角增大而降低，在前角由 10° 增大至 18° 范围内，切削温度的减小最为明显；前角继续增大到 25° 时，因刀头散热体积减小，切削温度降低减缓。减小主偏角，切削层公称宽度增大，公称厚度减小，又因刀头散热体积增大，故切削温度下降。切削温度随着刀具的磨损而逐步增高，在后刀面的磨损值达到一定数值后，对切削温区的影响增大，而且切削速度越高，影响越显著。

在切削过程中，使用切削液降低摩擦可以减少热量的产生，而且随切削液的流动还可带走一部分热量，从而使切削温度降低。切削液的导热性能、比热容、流量、浇注方式和切削液的温度对切削温度均有很大影响。从导热性能来看，油类切削液不如乳化液，乳化液不如水基切削液。

切削温度的测量方法很多，目前应用较广且简单可靠的测量切削温度的方法是自然热电偶法和人工热电偶法。

(3) 塑料切屑的形成

塑料切削过程中，通过切削运动，刀具从工件上切除多余的塑料层，形成切屑和已加工表面。塑料切屑的形成过程，受切削刀具挤压而成，工件材料变形服从虎克定律。如图 6-19(a) 所示，当类似刀具的以压力 F 压在塑料工件上时，被压的塑料开始产生弹性变形，此后是塑性变形。当压力 F 达到塑料的剪切强度时，则沿着滑移面 AO 滑移破坏。当使用前角 γ_0 和后角 α_0 的切刀切削塑料工件时，如图 6-19(b)，其作用过程类似图 6-19(a)，切刀继续运动，则材料被破坏，在 OMA 区域内滑移并形成切屑沿前刀面流出。因此，塑料的切削过程实际上是一个挤压过程。

由于塑料种类不同，切削条件也不相同，切削过程中变形程度也不一样，因而形成的切屑类型也有不同。在切削过程中，会形成不同形状的切屑。切屑种类反映了切削过程的特点，影响切削力的稳定性、加工表面质量和已加工表面粗糙度的大小。

(4) 刀具的选择及磨损

刀具的磨损形式可分为磨损和破损两大类。前者是连续的逐渐磨损，后者包括脆性破

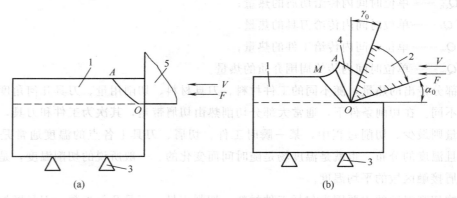

图 6-19 塑料切屑的形成

1—塑料工件；2—刀具；3—夹具；4—塑料切削；5—压头

损（如崩刃、碎断、剥落、裂纹破损等）和塑性破损两种。磨损有三种基本形式，即前刀面磨损，后刀面磨损，前、后刀面同时磨损等。磨损的形式与待加工工件材料以及切削速度等因素密切相关。

为了减小刀具的磨损，首先应当选用适当的刀具。由于塑料的强度、硬度和刚度比金属低许多，其弹性模量只有金属的 1/60～1/10，因此加工时的切削力很小。故应采用大前角、大后角的切削刀具；另外因塑料具有较大的回弹力和热膨胀性能，导致加工尺寸不稳定，这也应注意。如钻头钻孔时，钻头的尺寸要大一些。

6.2.2.2 裁切

可采用多种方法对塑料进行裁切，如锯切、剪切，当然也可以用其他一些不属于机械加工的方法，如电热丝切割、激光切割、超声切割等。裁切的材料主要有塑料板材、管、棒等型材。

塑料的裁断，可以采用多种方法，如锯切、剪切、铣切、砂轮切割、激光切割、电热丝切割、超声波切割、高压水流（水刀）切割等。对棒状或管状塑料材料的裁切，也可使用车床。

(1) 锯切法

对塑料锯切，可进行直线锯切，也可进行曲线锯切。直线锯切可使用圆片锯、带锯、砂轮锯、手工锯等。曲线锯切可使用手工锯，但圆形曲线锯切的专用锯是圆筒锯。用于塑料锯切的各种锯的锯齿，都应保持锋利。

① 圆锯　圆锯的一般结构如图 6-20 所示。圆锯主要用于直线锯切，也可用于制品的修饰。用于锯切塑料的圆锯片可分为：平圆锯片、单面右偏锥形圆锯片、单面左偏锥形圆锯片、双面锥形圆锯片和刨削片等，但主要是平圆锯片和刨削圆锯片。圆锯的规格可随具体的塑件选择。锯片直径、厚度、齿距、齿高、齿错等应随工件的厚度增大而增大。

锯切时的进锯方式一般有两种，一种是工具固定，工件移动；另一种是工件固定，工具移动。对于管、棒材的锯切，多采用工具移动；对于板材，工具移动；尺寸小者，工件移动。修饰用圆锯，一般都是装在轻便工具上使用，例如修整有机玻璃制件时即是这样。

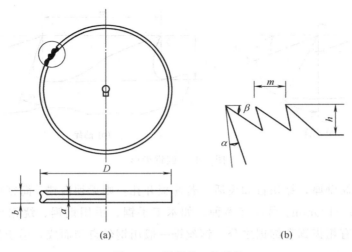

图 6-20　圆锯的一般结构

D—圆锯外径；a—锯片厚度；b—锯路宽度；m—齿距；α—锯齿前角；β—锯齿后角；h—齿高

修饰用锯一般无防护罩，操作时要特别注意。

锯切进锯时，若工具固定，工件的移动需紧贴工作台面，移动方向应与锯片严格平行，以免跳动发生危险。进锯速度应保持自然，不能进行加速，以减少锯片发热或损坏，造成事故，并避免物料粘接，锯齿阻塞，使锯切面过于粗糙。当锯切将达终点时，应减小锯切速度，以防工件崩裂或截角。锯切时，多数情况下无需冷却，但对较厚制品或锯切速度较快时，为防止过热而发黏，可采用气冷或液冷。

圆锯锯切的工艺参数不仅与锯切的塑料材料品种及其厚度有关，也与锯切目的及圆锯的结构参数有关。在锯切时，如工具固定，需按紧工件，使工件紧贴台面，并与锯片平行移动，以免跳动和发生意外。进给速度应严格控制并保持平稳。如果强行加速，就会使锯片发热以致物料粘接，锯齿阻塞，锯切面过于粗糙，甚至损坏锯片，造成工伤。在接近锯切终点时，锯切速度要降低，以免工件截角或崩裂。锯切有覆盖纸的板材时，可使用胶合板或硬纸做成的滑动夹具，让其在工作台上滑动，以防止覆盖低破损而影响表面质量。

② 带锯　带锯主要用于直线锯切，也可用于曲线锯切或制品修饰，其结构参数与圆锯雷同，但其锯切厚度大，可切断厚度大于 25mm 的塑料板材，生产率也比圆锯高。用带锯锯切时的工艺与用圆锯时类似，所不同的是：带锯散热情况比圆锯好，一般不需要采取冷却措施，且适于较厚工件的锯切。对于泡沫塑料的锯切，多数情况下采用高速无齿带锯，也可用有齿锯或刀片切割。

就齿背形状来说，带锯有直背和凸背两种（图 6-21），前者主要用于锯切较软的热塑性塑料，后者多用于锯切以纸、玻璃纤维等为增强材料的热固性层压塑料和大型塑料件，因其容屑空间小，排屑不如前者。带锯材料一般是碳素工具钢，并不适宜热固性塑料的锯切，特别是玻璃纤维增强热固性塑料。

③ 筒锯和弓锯　筒锯是一种圆形锯切工具，其锯齿排列在圆筒的底端，另一端由轴固定，并可安装在钻床上。在筒锯的顶端有孔，可以取出锯下的塑料片。筒锯的锯齿有齿

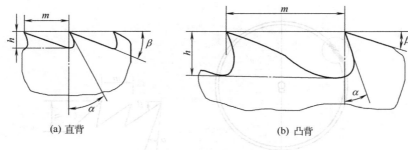

图 6-21 圆锯齿形

错,其锯路宽于筒壁厚,锯切自如灵活。若薄板开孔,则无须齿错。筒锯用于开大孔,它的直径一般为 16~100mm。弓锯有多种,如木工手锯、手用钢锯、绕锯等。适于塑料锯切的木工草锯,有粗齿锯和细锯之分。钢丝锯一般用钢丝自制而成,适于锯割几何形状特别复杂的制件。

手用弓锯的共同特点是锯割速度慢,锯割表面质量较差。但有些手工锯,如钢丝锯和绕锯,可以灵活地作曲线锯割,能加工形状十分复杂的制件,这是机动锯无法相比的。

④ 其他锯切方法

a. 砂轮锯。用这种锯锯切,摩擦系数小、导热快,与金属片锯比较,不仅可提高锯切速度,也可减小磨损,改善工件表面质量;

b. 金刚石圆片锯。其特点是锯切速度快,质量好,不易损坏,操作方便、省力、安全,锯缝也小(不超过 3mm)。

(2) 剪切

用于将塑料制品剪断的工具,应根据塑料性质加以选择,一般说来,硬制品采用剪床和铡床;软制品采用切纸机、电剪刀和普通剪刀。这里仅介绍用剪床的剪断作业。剪床的剪断原理如图 6-22 所示。

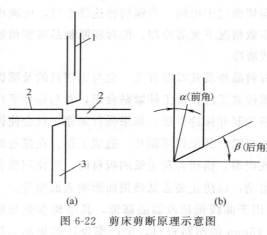

图 6-22 剪床剪断原理示意图

1—动刀;2—工件;3—定刀

带斜刃的剪床,不宜用于层压板和其他脆性塑料的剪断,因为用它剪断时会产生弯曲应力,使材料表面出现缺陷,如人字状裂纹。剪切操作时应注意:剪刀刃口经常保持锋利,两刀保持平行;两刀的间隙应调至最小,且在整个剪刀刃长度上均匀一致,不允许一端过紧,另一端过松,过紧端会发生卡死现象,过松端又会出现过大间隙;剪切附箔塑料时,附箔一面应该朝向定刀;剪床本身应装设调节压力的装置,以便于不同工件的压紧。

(3) 其他裁切方法

① 小刀划裁 用小刀划裁塑料,虽费时费力,但不失为一种最简单的裁断方法,因为划刀可以用废旧钢锯条磨成。若将划刀加工成一定形状,可以提高划裁效果。划裁时应

施力均匀,并使划刀与工件表面呈一定夹角(图 6-23)。在裁剪部位可先划槽,然后折断。

小刀划裁仅适用于厚度不大于 4mm 的制品。

② 电热丝切断　电热丝切断,是利用赤热的电热丝将塑料熔融而达到切断的目的,主要用于泡沫塑料和塑料薄膜、塑料薄板的切断。

③ 超声波裁切　超声波裁切主要用于塑料注塑制品浇口凝料的切除,用超声波切除后的表面具有相当低的粗糙度,可以免除以后的整饰工序。

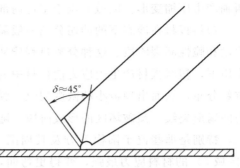

图 6-23　小刀划裁操作方法

凡是能够用超声波焊接的塑料品种,都可以用超声波切口浇口,但对很软或很硬脆的塑料,切除效果不好。硬脆塑料切除时易断裂,软塑料不能有效地传递超声波振动,无法切除,例如低密度聚乙烯和软聚氯乙烯。

6.2.2.3　冲切

在塑料制品应用中,有许多制品是由塑料板材用冲切方法制成的。冲切方法有冲裁、冲孔、切口、剖切、修边、整修等,但用得最多的是冲裁和冲孔。

(1) 冲切原理

塑料板在冲切过程中,在阴、阳模一对刀刃之间的工作区域内,按其受力方向和变形特征,可分为六个特定的变形区(见图 6-24)。区域 1 为最大变形区,形状似椭圆,长轴和冲切工具刀刃的连接线的中心相交。长轴的倾角不是固定值,而是与工具间隙和压紧力有关。区域 1 长轴方向产生拉伸变形,短轴产生压缩变形,与长轴平面垂直的第三方向,当工具间隙小时为压缩变形,当正常间隙和较大间隙时为拉伸变形。区域 2 环绕着阳模,位于长轴的延长线。区域 3 位于材料出口处,靠近阴模刃口。区域 2 沿着与阳模运动方向重合的轴产生压缩变形,其他两轴产生拉伸变形。区域 3 的三个轴向皆为拉伸变形,为对强度最不利的变形形式。区域 4 位于阳模刃口下方,三个轴向皆为压缩变形,为对强度最有利的变形形式。区域 5 位于阴模刃口上方,该区沿平行刃口的方向产生拉伸变形,其他

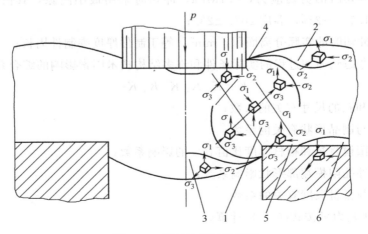

图 6-24　板材冲切时的变形

两轴产生压缩变形。区域6位于工件内部,与区域2相邻,变形情况也与区域2相似。

塑料板材在冷态下的冲切分离一般需经三个阶段,弹性变形阶段、预破坏区强烈形成阶段和脆性断裂阶段。这种分离过程皆从微观裂纹出现开始。弹性变形阶段中,在冲切力作用下,塑料板材产生内应力使板材中的树脂和填料均产生弹性变形,树脂和填料也发生重新分布,从而出现极小的微观裂纹。弹性变形阶段结束时,阳模下方材料中出现迅速消失的扇形裂纹。预破坏区的形成阶段,随载荷的增大,阴、阳模切削刃附近应力集中也增大,特别是那些位于阳模下方及其周围(区域2),靠近阴模(区域3)和阴模刃口上方(区域5)的材料应力最强,变得更弯曲,促使形成初步破坏区,其中布满了突然发展起来的裂纹,说明这一区域中树脂和填料的破坏。这种预破坏过程伴随着材料颜色的变化,如有机玻璃表面光泽微微变浊,聚乙烯、聚氯乙烯等颜色的浓淡变化,其中聚氯乙烯从暗褐色一直变到亮玫瑰色和白色。颜色与应力的强弱有关。随载荷继续增大,当阳模达到某一临界深度后,开始了脆性断裂,并伴随冲切压力急剧下降。

冲裁和冲孔时,影响冲切过程的主要因素是阴、阳模间的间隙,阳模和卸料器之间的间隙,压紧力大小,被冲切塑料的温度等。经验表明,采用大间隙冲孔时,剪切裂纹按近似抛物线规律发展。不论所冲的孔是什么形状,剪切裂纹总是向废料内部发展,而位于阴模上部的材料,处于体积压缩状态,并不产生裂纹。这种情况说明,进行冲孔,不仅可以用变通阳模,也可以用阶梯形阳模,在刃口锐利的阴模上冲孔,当制具有锐角的特异形孔时,产生的应力会显著减少。但是,这时所采用的阳模,其圆角半径不能太大,不应超过板材厚度的3%~8%。

(2) 冲床

对塑料板材进行冲切时,为正确选择冲床并设计冲模,应先计算所需冲切力和压紧力。以下对最常用的冲裁和冲孔时的冲切力进行计算。

冲裁和冲孔所需的力可用式(6-8)算出。

$$F_1 = K\sigma_s^0 A \tag{6-8}$$

式中 F_1——冲裁和冲孔所需要的力,0.1MPa;

σ_s^0——冲切时的剪切应力,0.1MPa,冲切时采用最小间隙,其值取板材厚度的1.5%~2%,温度20℃±2℃;

A——冲切时的实际分离面积,mm²,等于制件厚度乘制件周长;

K——考虑到冲切过程的实际条件和许多结构技术因素影响的综合系数。

$$K = K_1 K_2 K_3 K_4 K_5 \tag{6-9}$$

式中 K_1——和孔的尺寸有关的系数;

K_2——与制品形状有关的系数;

K_3——阳模直径和板材厚度比值 d/s 的影响系数;

K_4——冲孔阳模端部形状影响系数;

K_5——与板材温度有关的系数。

冲切时的压紧力可按式(6-10)计算。

$$F_2 = \sigma_1 A \tag{6-10}$$

式中 F_2——冲切时的压紧力,N;
σ_1——冲切分离面上所需单位压紧力,MPa;
A——冲切分离面实际面积,mm²。

从阳模上卸下制件所需力的计算可按式(6-11)计算。

$$F_3 = K_6 F_1 \tag{6-11}$$

式中 F_3——从阳模上卸下制件时所需的力,N;
K_6——比例常数;
F_1——冲裁和冲孔所需要的冲切力,N。

推出制件和废料所需的力可按式(6-12)计算。

$$F_4 = K_7 F_1 \tag{6-12}$$

式中 F_4——推出制件的废料所需的力,N;
K_7——比例常数;
F_1——冲裁和冲孔力,N。

(3) 冲模

用于塑料板材冲切的模具,种类繁多,结构各异,但就基本特点而言,大体可分为冲裁和对冲模两类。冲裁只有阳模和垫板,不用阴模。对冲模有阴、阳模,不用垫板。

① 冲裁模 冲裁模又称裁切模或刀状切模。图 6-25 是冲裁模结构示意图。

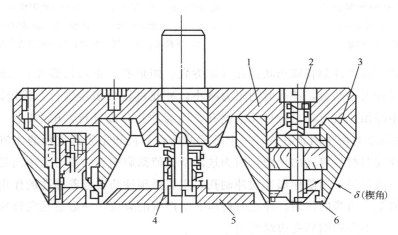

图 6-25 冲裁模结构示意图
1,3—刀具;2,4—弹簧;5,6—顶料器

冲裁模的阳模,一般用厚度 6~10mm 的碳素工具钢制造,将切削刃淬火 RC50~55,切削刃的楔角对热塑料可取 18°~25°,对热固性塑料可取 30°~40°。

用冲裁模即可以冲制各种形状的垫片和毛坯,也可以用来制造某些日用品,如皮革、聚氯乙烯人造革、聚氯乙烯、有机玻璃、乙酸纤维素和热固性塑料层压板等材料的毛坯或制品中。

② 对冲模 对冲模用于冲制各种形状的孔。一般对冲模用于冲制圆形单个孔,其结构示意图如图 6-26 所示。对冲模的阳模、阴模和卸料器工作表面的粗糙度,对于冲切热

固性塑料的模具，不应低于 $0.8\mu m$，对于冲切热塑性塑料的模具，不应低于 $0.1\sim 0.4\mu m$。对冲模工作时阳模进入阴模的深度不应超过 $0.5\sim 0.8mm$。阴、阳模单边间隙应不大于制件厚度的 $1.5\%\sim 2.0\%$。

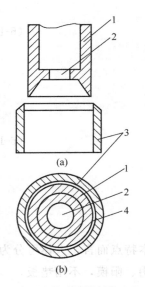

图 6-26 圆形对冲模结构（一般用与阳模直径的比例表示）
1—阳模；2—卸料器安装孔；3—阴模；4—间隙；

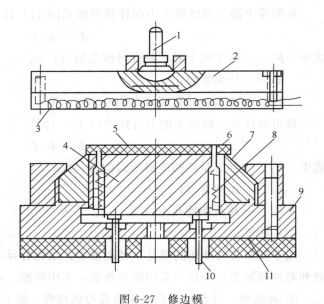

图 6-27 修边模
1—游动式模柄；2—阳模座；3—垫板（代阳模）；4—顶料器；5—制件；6—活动定位销；7—阴模；8—活动定位销的弹簧；9—下模板；10—缓冲装置；11—夹布胶木垫板

阶梯式冲模用于冲制特殊形状的孔（如方孔、矩形孔、正六边形孔）。所谓阶梯式冲模，是将冲模加设冲凸台，冲孔时的阻力减小，冲孔过程分多步进行。采用阶梯式冲模，被冲材料可不经预热就可冲出特形孔或圆孔，因为冲孔分步进行，K_4 减小，使冲孔所需力 F_1 减小的程度与两个因素有关，一个是预冲凸台直径和主阳模直径的比值，另一个是预冲凸台的高度与材料厚度的比值，因为这两个比值都影响着阴模刀刃中间那部分材料被破坏的程度。可以说，用阶梯形冲模冲制孔，主要是预冲凸台起着冲孔的作用，阳模主体实际上仅起修整孔边缘的作用。冲孔时材料上所产生的裂纹，一般总是向被冲掉的那部分材料上发展，故不会影响到孔边缘的质量。

阶梯式冲模主要适用于脆性材料的冷冲孔。阶梯式冲模预冲凸台的形状，首先取决于孔的形状，也与被冲材料的种类和厚度有关，凸台的端面形状通常应尽可能接近主阳模形状。阶梯式冲模可为单阶，也可为多阶，需根据被冲材料的性质和厚度确定。对于硬度高厚度大的材料，可采用多阶凸台。

有些塑料冲切制件，因材料较厚或刚性过大，由于冲切分离过程的变形特点，冲切后尚不能达到应有的质量要求，需要对冲切边缘进行修整，这时可采用修边模达到这一目的。修边模结构比较简单，其结构如图 6-27 所示。修边的余量与塑料品种、厚度、制件外形、冲切方法等皆有关系，一般是按塑料品种和厚度加以选择。修边模结构虽不复杂，但制造精度要求高，单边模结构尽可能地小。

③ 冲模参数对剪切应力的影响 冲切中剪切应力的影响因素主要有冲孔尺寸、d/s 比值、凸台参数、对冲模圆角半径、冲孔形状等。

塑料冲切时，剪切应力随冲孔尺寸减小而增大；冲孔尺寸增大（阳模直径增大），剪应力都不同程度减小，但对于不同材料，变化程度则有所不同。冲孔直径 d 与材料厚度 s 的比值对剪切应力也有影响。塑料冲切时，一般地，随所用材料厚度的增加，剪切应力减小，反之则增大。经分析证明，这时影响剪应力的不仅是材料厚度的变化，冲切孔径与材料厚度比值 d/s 的变化也有影响，呈现较复杂的关系。

(4) 冲切工艺

高分子制品冲切的一般工艺条件：

① 剪切力与塑料温度的关系 在其他各项工艺参数相同的情况下，冲切时的剪应力总是随材料的温度升高而减小。

② 剪应力与冲切速度的关系 冲切过程中，随冲切速度的增加，剪切应力总有一定程度的增大，但幅度不大。

③ 剪切力与冲程的关系 冲切时随冲程的变化，剪应力会急剧变化。

④ 参考工艺参数 常温下塑料的冲切范围是可冲切塑料板材厚度达 5～8mm。制件尺寸是可冲制直径 2.8mm 以上的一系列圆、边长 3mm 以上的一系列方孔。可冲切的制件厚度取决于冲模中弹簧力量，对于材料的加热冲切，冲切厚度可适当增加。

对于厚度不到 1mm 的聚氯乙烯人造革、聚乙烯、氟塑料和其他塑料板材，皆可多层叠置进行冲切。多层冲切适于制造各种毛坯垫板、垫片以及其他衬垫等非常重要零件。多层冲切所使用的冲床与单层冲切相同，冲模结构没有不同，但要求模具保持锐利，同时应层叠的棉线材叠后固定，避免冲切时错位。塑料板材厚度增大，尽管冲切时的剪切应力可以减小，但由于冲切的分离面增大，实际所需要的冲切力还是增大。为了有利于厚塑料板材的冲切，实际上采取的两个措施是：对材料进行加热；采用阶梯式阳模。

对大孔进行冲切时，可分为三步工序完成：①采用阶梯式阳模，先冲出形状相近但孔径较小的预冲孔；②在间隙较大的模具上将孔冲到要求的形状和尺寸；③在修边模上对孔进行修边。

在选定的冲床和冲模中冲切塑件时，影响冲切件尺寸误差的因素有：塑料品种、材料厚度、冲切温度和对材料的固定方式等。

6.2.2.4 钻削

钻孔是塑料制品加工最普通的工序，塑料钻削作业的目的就是钻孔，它不仅可在各种钻床上进行，也可在车床、铣床、镗床上进行，还可使用手钻。钻削是塑料加工中发展最快、在塑料机械加工中占的比例较大、应用广泛的一种机械加工方法。因为它可达到较高的尺寸、几何形状及相互位置精度，高的表面质量以及其他特殊性能，这是注射、挤出、吹塑、压制、浇铸等成型方法难以实现的，而且还可以进行直径 1mm 以下的微细孔钻削，完成精密微细孔的成型加工。

钻孔所用的工具是钻床和钻头。一般机械加工中使用的标准钻床、排钻床、手钻等皆适于塑料的钻孔。塑料钻孔可以选用麻花钻、扁钻、群钻、金刚石钻和飞钻。

但是，由于塑料与金属材料性能不同，它们的可切削性、切削规律、刀具结构和钻削工艺等都有所不同，进行切削加工时，容易出现这样那样的加工难点和质量问题。

(1) 高分子制品钻削加工的特点

钻削是完成孔面的加工。切削刀具钻头尺寸受孔尺寸限制，大大影响钻头的刚度。又因它是利用刀具尺寸来保证被加工孔的尺寸，刀具的磨损、运动精度及材料的热性能都影响孔加工精度和质量。孔面是半封闭的，在半封闭内切削时，散热及排屑不好，冷却不易，切削温度上升快，会加剧刀具的磨损，降低刀具寿命，影响加工质量。因而孔的加工条件较难控制，若是小孔、深孔或精度要求较高的孔，加工就更不容易。

塑料的热性能对塑料钻孔影响较大。切削塑料时，一般有剪切、弯曲同时作用，有时还有拉伸，因为切除加工余量，产生的切削热量大。切削热一是来源于切削层塑料发生弹性变形和塑性变形，二是来源于切屑与前刀面、已加工面与后刀面之间的摩擦。由于塑料耐热性低，钻孔时产生过热，容易使加工表面软化、熔化，甚至会分解，出现"烧焦"现象。但是，加工时温度又不能太低，温度过低塑料发脆，也不能进行加工。钻削时，塑料导热性差使热量向工件内部传递速度很慢，其中只有小部分热量被刀具带走，散热不好，大部分热在切削狭窄的区域内形成高温。高温一方面会加剧刀具的磨损，另一方面使被加工材料软化，某些塑料还会处于半熔化状态，变软或熔化的塑料会涂抹在已加工的孔壁表面上，使孔表面粗糙度恶化，易造成裂纹，还使钻入和钻出处易产生毛刺、缺陷。塑料热膨胀系数大，会使钻后冷却的孔径缩小，直接影响孔尺寸，给保证孔尺寸精度带来困难。塑料的弹性回复大，也使孔收缩，有时收缩量很大，若钻孔的深度和直径比小于或等于1.5mm时，收缩量达0.03~0.20mm。塑料的切屑遇冷硬化，硬化的切屑会刮伤加工的孔面。冷却液使塑料的摩擦降低，造成刀具切削刃口与加工孔壁打滑，影响切削。

在塑料上钻孔，尤其是对钻的孔，除本身有要求外，还有相互位置的要求，加之孔径小于1~2mm，加工很困难。例如，在PVC板上钻削直径0.8mm、孔深10mm、孔距为5mm均匀分布的孔。由于切削温度不应超过60℃，在钻孔中往往有微粒、碎末或其他物体与孔壁发生摩擦，钻孔由于内应力而产生裂纹，切削时形成连续的带状切屑，切屑容易堆起，粘在刀具棱边和堵住钻头螺旋槽等。实践表明容易出现以下具体问题：钻头易于折损；钻孔圆柱度不易保证，钻孔尺寸上下不一；孔间距不易保证；钻通孔的次数不能少，一般不能小于6次；钻孔速度不易控制，如小于5000r/min时，由于切削速度较低，切削温度较高，使钻削难以进行，大于10000r/min时，易产生圆锥度形状误差；钻孔在钻入和钻出处易产生缺陷；钻削时冷却对切削影响大等。又例如，钻削印制电路板时，容易引起钻削孔内表面粗糙、孔口塌欠、孔底剥离、树脂残留、炭化、裂缝，由于钻削时热效应作用，使塑料变软，涂抹于铜箔层上，因塑料热膨胀引起沿孔边缘铜箔层出现毛刺，这些问题的存在，可能造成废品及产品质量下降。

影响塑料钻削质量的因素很多，而塑料的热性能是重要的原因。经实践分析，塑料热性能的直接或间接影响，研究塑料钻削的规律和工艺方法对保证钻削质量至关重要。塑料的热性能在一定的切削温度下才表现出来。钻削时切削力与切削温度相互影响。一般地，温度越高，切削力越小，使加工孔的裂纹减少或不产生。也由于温度高，塑性大，使材料不易产生裂纹。反过来，切削力大小又引起切削温度的变化，一般切削力越大，切削温度越高。

钻削塑料的切削力一般取决于切削用量，切削力会引起切削温度的变化，切削温度的高低通过塑料热性能影响着钻削质量。因而研究和选取钻削塑料的切削用量是非常重要的。不同的塑料种类和切削条件，切削用量是不同的。

各种塑料本身的性能往往决定钻孔加工性的好坏，其中主要的因素之一是塑料热性能对钻削的影响，改善塑料的钻削性能，提高加工质量，应从研究塑料热性能入手；选取合适的切削用量、刀具的结构尺寸以及其他切削条件的配合；塑料的微细孔钻削，特别对选取切削用量敏感，要谨慎对待。

(2) 高分子制品钻削工艺

高分子制品的钻削工艺条件，主要根据塑料性能、钻头形式和孔径来选择。一般说来，塑料硬度越高，可产生的弹性变形越小，钻削时钻头转速应越大，进钻速度应越小，孔径越大，转速应越小。

钻削操作中，应注意下述几个问题：因塑料塑性较大，应选择比公称直径稍大的钻头，一般应大出 0.05~0.25mm，最好使用加工塑料的专用钻头。操作时，钻头不可在钻穴中空转，以免引起局部过热，同时应勤退出钻头，及时清除切屑。钻削时使用的冷却液应依塑料品种选择，避免使用可引起塑料变质的冷却液，例如机油可使有机玻璃变黄、发脆，不宜用作冷却液。对于聚苯乙烯或聚碳酸酯，不可使用含氯化烃或芳烃的冷却液，以免应力开裂和溶解。对于层压塑料，应尽可能避免在与层间平行方向上钻孔。如果必须在此方向钻孔，应该用夹具夹紧工件，以防开裂。

例如对尼龙制品，钻床转速应较慢，以 100r/min 为宜。如果需要钻 10mm 以上大孔，应先用小钻头钻出小孔，逐渐扩大，以防开裂。又因尼龙吸水性大，冷却剂宜用油冷和风冷，而不宜用水冷。

金刚石钻头专用于玻璃纤维增强塑料的钻孔。钻削玻璃钢时，若孔径不超过 40mm，转速可取 4000r/min，进钻速度 25~35mm/min，用水冷却；钻削高模量复合材料，如硼纤维-环氧复合材料时，可使用金刚石包心钻头，用钢作为垫背支持，转速可在 50~5000r/min 的很大范围内变化，用自动流动式或淹没式冷却液冷却。为延长钻头寿命，钻削过程中应将钻头退出数次，钻完后将新的切屑除去。

6.2.2.5 螺纹加工

与金属件相同，塑料的螺纹加工可以在车床或铣床上铣削，也可以用手工，使用丝锥和螺纹板牙进行，此外，还有采用砂轮加工的方法。

(1) 螺纹加工的刀具

用于塑料螺纹加工的刀具有螺纹车刀、螺纹铣刀、丝锥和板牙。

① 螺纹车刀　螺纹车刀属于成型车刀的一种，有杆形、菱形和圆盘形三种。杆形螺纹车刀，结构简单，可加工三角形或梯形的内、外螺纹，应用最广，特别适用于加工大螺距、高精度螺纹。螺纹车刀的刃磨角度及安装质量好坏直接影响车出的螺纹质量。螺纹车刀的刀尖角要比工件上螺纹齿间角（三角形螺纹为 60°，英制螺纹为 55°）小 30′或更多，

这是因为螺纹车出后有弹性恢复，而齿根处塑料较多，弹性恢复较大之故。车削精密螺纹时，刀具前角α应当等于0，否则齿形会有误差。

图6-28是杆式螺纹车刀结构示意图，这类车刀的刀刃可为高速钢或YG类硬质合金。可加工三角形或梯形的内螺纹和外螺纹，应用很广，特别适于加工大螺距、高精度的螺纹。图6-28(a)所示车刀用于车削外螺纹，车刀为高速钢，也可在结构钢刀杆上焊上YG类硬质合金刀片；图6-28(b)所示车刀用于车削内螺纹，车刀的切削部分用高速钢或YG类硬质合金制成；图6-28(c)所示车刀装有可转位的硬质合金刀片，并可调位。

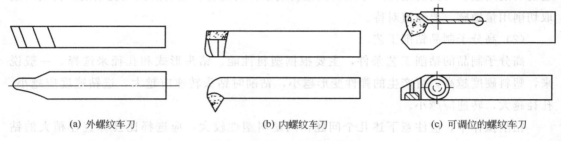

(a) 外螺纹车刀　　　　(b) 内螺纹车刀　　　　(c) 可调位的螺纹车刀

图6-28　杆式螺纹车刀示意图

② 螺纹铣刀　在成批及大批量生产中，广泛采用铣削法加工螺纹。铣削螺纹所用的铣刀有圆盘形铣刀，如图6-29(a)所示。用圆盘铣刀铣削螺纹时，铣刀要偏斜安装，所偏斜的角度等于辊纹牙的升角，如图6-29(b)所示。圆盘铣刀的刀刃是直刃，加工中不能得出直线廓形螺纹，因此加工是近似的，精度不高，一般用于粗加工，再用车削方法精加工，且只能用于外螺纹加工。

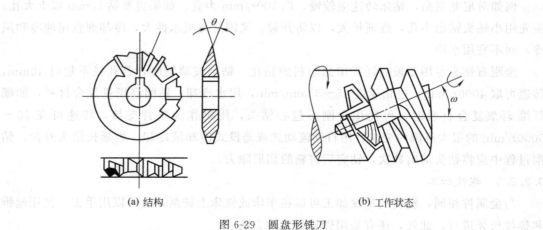

(a) 结构　　　　　　　　(b) 工作状态

图6-29　圆盘形铣刀

③ 丝锥和板牙　丝锥是用于加工内螺纹的刀具，形状类似螺栓，但带有若干纵向沟槽，沟槽之间形成丝锥的切削刀，沟槽本身也可起排屑作用，如图6-30所示。

板牙是加工或校正外螺纹的标准刀具之一，是和所加工外螺纹相配合的螺母。板牙结构简单，使用方便，是目前加工塑料外螺纹工件中应用广泛的一种刀具。其结构参数如图6-31所示。

(2) 螺纹加工工艺

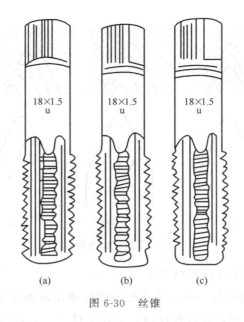

图 6-30 丝锥

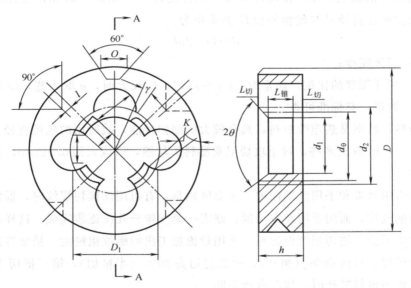

图 6-31 板牙

① 外螺纹加工 小直径的螺纹可用手工加工,大直径螺纹用车削或铣削方法加工。用杆形车刀车螺纹时进刀方式有如图 6-32 所示的三种。图 6-32(a) 所示为垂直进刀,即车刀垂直于工件轴线进刀,这时车刀的两个主切刃同时参与切削,刀具负荷大,排屑也不畅,因而需要较多的排屑次数,生产率低,适合于加工螺距小于 1.5mm 以下的螺纹。图 6-32(c) 是车刀沿螺纹槽的一侧吃力,这时车刀主要是由一个切削刃工作,减轻了刀具的负荷,排屑也畅,但螺纹的另一侧产生摩擦,粗糙度大,牙形精度也较低,仅适于粗车。图 6-32(b) 是介于以上两种方法之间,取长补短,效果较好,但进刀比较费事。

在成批或大批生产中,为减轻切刀负担并提高生产率,常用圆盘形螺纹车刀(亦称梳

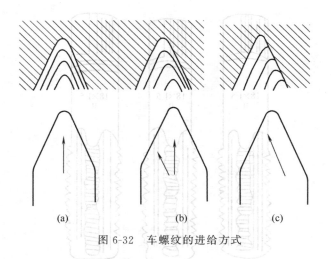

图 6-32 车螺纹的进给方式

刀）或菱形螺纹车刀代替上述杆形单刀车刀。

② 内螺纹加工 与外螺纹一样，小直径的螺纹使用丝锥用手工加工，大直径（大于 6mm）螺纹用车削加工。用丝锥攻螺纹时，应在制件上先钻出一底孔，孔径应稍大于丝锥底径。所钻底孔直径 d 与丝锥外径 D 的关系为

$$d = D - 2nh \tag{6-13}$$

式中　h——螺牙深度；

　　　n——螺牙深度的比例，通常取 50%～75%，D 较大时，n 取大些，D 和 n 的对应数值，有标准可查。

由于塑料，特别是热塑性塑料，具有较大的回弹性能，故所用的丝锥直径，应比要求的直径大 0.05mm 或更多些，对于攻切尼龙塑料的丝锥，则应大到 0.12mm，在选取丝锥时需加注意。

丝锥有机用丝锥和手用丝锥两种，主要区别是：有机用丝锥切螺纹时，通常是用一把丝锥一次切削成功，而用手用丝锥切削，则需一套丝锥分几次逐步完成，这样将切削负荷分成几把丝锥承受，使切削变得容易。手用丝锥加工出的螺纹粗糙度、精度皆高于机用丝锥。第一把可切去材料 60%（粗切），第二把切去 30%（半精切），第三把切去所剩 10%（精切）。但切削塑料螺孔时，情况有所不同。

每套手用丝锥，一般都有三只：头锥、二锥、三锥。对穿孔的螺孔加工时只用头锥，攻丝操作时，要经常将丝锥退回，清除切屑，以免使螺纹损坏。对层压塑料攻内螺纹时，必须将工件用夹具夹紧，以免胶层开裂。

③ 塑料件螺纹的其他加工方法

a. 用圆板牙加工 圆板牙一般用合金工具钢制成，可用以加工小直径外螺纹，加工前，应先将工件的前端制成 45°倾角，倾角所及的长度，应达到一个牙深。

b. 用砂轮加工 由于玻璃纤维增强塑料的磨蚀性很强，如用硬质合金等车刀加工，每加工一只工件，就要重磨一次车刀，刀具的耐用度很低，而废品率很高。用砂轮磨削，则可避免此类缺陷，砂轮转速可达 2400r/min，工件转速为 8～11r/min。砂轮的磨削部

分，每修磨一次，可加工 20~25 只工件，且废品率低，但砂轮仅能加工外螺纹。

6.2.2.6 激光加工

激光束的功率很高，在近代工业中正得到广泛应用。激光的方向性和单色性较好，能量高度集中的平行光，它的性能密度可达 $10^7 W/cm^2$ 以上，这种光束，可在瞬间将塑料熔融并裂解，甚至气化，达到烧蚀裁断的目的。激光的利用对许多塑料的加工具有很多优点：能量高度集中；加工速度快；加工部位表面光滑；无应力集中；非加工部位不受任何影响；操作成本低；可完成直线和各种曲线裁断等多种加工；激光光速很细，所以加工缝隙很小（约 0.025~1.2mm）；对各种纤维增强热塑性塑料的加工，可以解决机械加工难以克服的刀具磨蚀层间分离、粉尘飞扬等问题。尤其使加工速度快、成本低、工种变化多。

利用激光实现塑料的加工的机理是，塑料能将吸收的光迅速转化成为热能，并在很短的时间内将塑料本身烧蚀。如果将激光集中在塑料工件的某一点上，则激光就能在其光束所触及的范围沿着激光前进的方向将塑料全部摧毁。这样，在塑料制品不作任何移动时，指定照射的部位就会被激光打成孔眼；而当工件移动时就能被它"切"成长缝。由激光转化成的热能向非照射部分的传递接近于零。

绝大部分塑料可用激光加工，但有些塑料是不适宜的，如聚氯乙烯用激光加工会有刺激性气体放出；酚醛、环氧等热固性塑料，在加工过程中会产生气泡；硝酸纤维素则易燃。在塑料二次加工中，激光不仅可用于裁断，还可用于塑料打孔、焊接、刻印等。

二氧化碳激光器可分为气体封闭型和气体流动型两种。前者激光束稳定，噪声低，操作简单，生产费用少，操作位置灵活，但功率小（100W），运转寿命短；后者具有较大的功率（目前市售设备最大功率为 500~2000W）。塑料激光加工，一般需 80~750W 的功率，故可根据要求，任选其一。

就获得激光的工作物质来说，激光器有多种，如红宝石、钕玻璃、掺钇铝石榴石、砷化镓、氦氖、二氧化碳等。在塑料二次加工中，除刻印采用掺钇铝石榴石激光器以外，广泛采用的是二氧化碳激光器，它结构简单、造价低、工作效率高并且波长容易为塑料吸收并转化为热能。这种激光器的激光波长是 $10.6\mu m$，能被塑料大量吸收，能将 10%~15% 的输入功率转换为输出功率，是钇铝石榴石激光器的 10~15 倍，而且，这种激光器的结构简单，造价较低。

在对塑料加工过程中用激光，因不用刀具也无机械接触工件，不会使工件产生振动或位移，所以具有无刀具亦无夹具的特点，也就不存在刀具和夹具的维修和更新等问题，在加工仅需用吸尘器吸去细尘状烧蚀残渣即可。

打孔一般采用脉冲式激光，对薄片（壁）材料来说，一个脉冲足以打一只孔，如果一次打不透，可以再打一次或若干次。若需钻一系列孔，可通过控制脉冲速率和工件的传送速度来调节，因脉冲持续的时间不足 $10^{-3}s$，所以，不必考虑工件的停顿动作。采用一般透镜系统聚焦的光束，孔的直径范围为 0.0064~1.2mm，若要打更大的孔，可采取移动工件，使激光沿孔边切割的方法，或采用特殊透镜将激光变为空心光柱，再行打孔。

实际上，激光并不是完全的平行光束，所成之孔，略呈圆锥形，尺寸精度也不是最好。例如，在厚度为 0.25mm 的聚酯片材上打直径为 0.3mm 的小孔时，其尺寸偏差为 $^{+0.025}_{-0.024}$mm。

一般采用连续激光，其操作方法有两种：一是工件不动，将垂直于工件的激光光束沿着工件的平行方向移动；二是光束不动，工件沿水平方向移动。被光束照射的塑料被烧蚀，达到裁断的目的。表 6-2 为一些塑料的激光加工工艺条件。

表 6-2 激光加工工艺条件

塑料材料	加工内容	厚度/mm	切割线速度或打孔时间	孔径/mm	切缝宽度/mm	平均功率/W
聚乙烯	切割	4.0	16mm/s	—	0.5	45
	成型件修边	1.0	356mm/s	—	—	250
	成型阀打孔	1.0	0.0025s	0.15	—	40
	切管(φ30)	0.5	1s	—	—	50
聚丙烯	切割	5.0	3.3mm/s	—	0.7	35
	切割	1.5	93.75mm/s	—	—	150
	切割	1.1	76mm/s	—	—	250
	导管打孔	0.6	0.04s	—	—	5
聚氯乙烯	切割	10.0	7.5mm/s	—	—	160
	切割	3.2	60mm/s	—	—	300
	纺织物板打孔	0.28	166.7mm/s	—	—	80
		0.8	127mm/s	—	—	250
	管打大孔	0.6	0.005s	0.25	—	50
		3.8	1.5s/φ12.7	—	—	250
聚碳酸酯	切割	0.6	6.4mm/s	—	—	250
	板打孔	0.9	0.003s	0.15	—	250
聚丙烯酸酯	切割	30.0	2.5mm/s	—	0.5	400
	切割	25.4	2.5mm/s	—	—	200
	切割	10.0	2.5mm/s	—	0.4	200
	切割	8.0	2.5mm/s	—	0.4	200
	切割	6.0	2.5mm/s	—	0.4	200
	切割	4.0	2.5mm/s	—	0.4	200
	切割	3.1	2.5mm/s	—	—	300
	切割	2.0	2.5mm/s	—	0.4	350
	切割	1.5	2.5mm/s	—	—	350

6.3 表面整饰

高分子材料的表面整饰，包括机械修饰、涂饰、烫印、上金等，其目的在于美化高分子材料制品的表面或改变制品的表面性能。

6.3.1 机械修饰

机械修饰包括锉削、磨削、抛光和滚光，现分述于后。

6.3.1.1 锉削

实际上也是切削，其操作多用作模塑制品和片材的修平、除废边、去毛刺及修改尺寸等，也用来锉成斜面、制曲面。

锉削所用的刀具有多种规格，选用锉刀的类型应与锉削塑料的硬度、脆性、柔曲性和耐热形相适应，锉刀的形状和尺寸应与制品被锉部位的形状和尺寸相适应。

对热塑性塑料模塑制品的锉削，通常选用倾斜角为45°的单纹剪齿形粗锉（平的或半圆的）为好。粗齿和长角的锉刀，有利于锉屑的自落。锉削板、片材的边缘时，宜采用铣齿锉，锉刀与被锉边缘，最好成20°角去除废边。

锉刀只供一个方向锉削，所以在锉削时只能在一个方向上施加压力，在返回时应该放松。从实践得知，当锉削较精制或细小的制品时，如果锉刀来回都能施加平稳的压力，则能得到较好的表面，但对锉刀的损害较大。当锉削采用轻而锉程较长的锉法，使锉刀的两端都能发挥作用，又不易损伤制品的表面。

在大批量生产时，圆形或筒形制品的废边，可采用半自动的方法来清除，其方法是将制品夹持好，并沿其轴向旋转，利用踏板将已装好的锉刀或砂轮推至制品的废边上，即能达到目的。锉削法适于硬度高又耐热的塑料制品去除废边。

6.3.1.2 磨削

用砂带或砂轮清除塑料制品的废边或铸口残根的方法称为磨削。此外，磨削还常用于磨平或粗化表面（如供作粘合用）、制作斜面、修改尺寸等。

热塑料塑料制品，可采用砂带或砂轮（包括油砂轮）打磨，用砂带居多。砂带的磨料是碳化硅，用耐水黏合剂将其黏附于带基上。

磨削有干磨和湿磨两种方法。湿磨的优点是无灰尘飞物、不致过热，磨带使用寿命长以及磨出的表面细等；缺点是磨后的制品必须清洗与干燥。干磨的优缺点正好与湿磨相反。

对有机玻璃制品的研磨，应将研磨膏涂在旋转的毡轮上打磨，也可用砂布、砂纸或磨石在普通磨床上用手工打磨。打磨时，将水砂纸包在较软的物体（如毛毡）上，用水或肥皂水为润滑剂，作圆周运动对其表面作轻微打磨。研磨面的直径，应等于缺陷长度的2~3倍。磨平的工作是先用粗砂纸而后用细砂纸分几次完成的。先用220~280号水砂纸磨，而后，按顺序为300或400号到500或600号砂纸磨，每次磨后都要清洗。

对热固性塑料制品，常用干磨法。采用砂带时，其线速度为900~1200m/min。采用砂轮时，其转速为1750~1200r/min。磨料细度为40~120号。

对高模量的硼环氧复合材料的磨削，最好采用金刚砂砂轮。为防止黏结剂分解，需使用冷却剂。

6.3.1.3 抛光

用表面附有磨蚀料或抛光膏的旋转布轮对塑料制品表面进行处理的作业统称为抛光。但随要求的不同（具体反映在布轮表面上附加的物料种类）又可分为灰抛（亦称砂磨）、磨削抛光和增泽抛光等三种。

灰抛主要用于清除制品表面上不能用湿磨去掉的冷疤和斑疤，适用于热塑性塑料制品的抛光。灰抛的抛轮以软布为好，抛光的物料是轻浮石粉，浮石粉的细度以100~150目为宜。由于轻浮石容易被旋转的布轮甩脱，所以必须有防护罩。灰抛后的制品经清洗和干燥后才能进行增泽抛光。

磨削抛光是指将粗糙的平面抛光为平滑的表面。抛光的物料是矿物性细粉，如二氧化硅细粉。根据要求，可加或不加蜡脂，通常采用绿油（主要用于有机玻璃、聚苯乙烯等透明而硬度不高的塑料）。所用布轮的柔软程度视其具体情况而定，但应比灰抛更柔软。磨削后的制品有时还需要增泽抛光。

增泽抛光的目的是将平滑的表面变成光泽的表面。增泽抛光所使用的布轮，比前两种抛光所用的抛轮更柔软，可用呢绒。抛光物料大多是脂膏一类，也可加入少量极细的矿物性物料，如氧化铬30%和石蜡70%。也可用高级牙膏或润湿的去污粉。如果制品表面上附着的脂膏太多，可用干净而又柔软的棉布轮再度抛光。

对热固性塑料制品的抛光，抛轮的速度可以稍大，可用不含脂膏的细粉作抛光物料。在清除表面斑痕时，可采用1500m/min的线速度；在用伴有脂膏的细粉作抛光物料磨削抛光时，可采用1200~1800m/min的线速度；用石蜡、氧化铬脂膏作抛光物料的增泽抛光时，可采用1200~1500m/min的线速度。

6.3.1.4 滚光

将磨料和塑料制品同时加入转鼓。利用转鼓的转动，对塑料制品进行表面处理的作业称为滚光。它适用于小型塑料制品的打光，转鼓由木材或金属制成，里面衬有软材料（如橡胶、木材、毛毡等），为了便于搅拌和搓磨，转鼓应该是多棱的（四棱~八棱）。在转鼓中，加入转鼓容积1/4的制品、1/4的抛光膏。此外，还需加入有棱木块，以使转鼓内的制品产生参差不齐的运动，从而有利于彼此之间的摩擦，取得更好的效果。转鼓的转速为30r/min，滚磨时间视制品尺寸而定，一般为2~3h。经过滚磨的制品，需用脱脂棉或绒布擦干。通过滚光操作，可以圆角，去废边，减小尺寸，磋光表面（如乒乓球的表面）等。

6.3.2 表面处理

塑料与传统的材料（如金属、木材、玻璃）相比，具有质轻、防潮、耐腐、价廉、易成型和比强度高等优点，所以塑料材料在工业和现实生活中的应用日益广泛，特别是在航空航天、电子电器、建筑建材、汽车及包装材料等领域。然而，由于许多聚合物固有的表面性质不很理想，如较差的亲水性、染色性以及生物相容性；很差的粘接性、印刷性使粘接不牢，印刷易脱落等等，给这些材料的实际应用带来许多困难，从而也限制了这些材料的应用范围。为此在塑料制品一次成型加工之后，常常需对制品进行表面处理二次加工，通过物理或化学方法使塑料制品表面性能发生变化，增强塑料制品的表面化学活性与表面能，改善润湿性和附着力，使塑料制件在保持其本体性能不变的同时，获得不同于本体的表面特性。

塑料表面处理的目的主要可分为两大类，一类是以直接应用为目的的表面处理，另一类是以间接应用为目的的表面处理。直接应用的表面处理是指可以直接获得应用的一些表面改性，具体有表面光泽度、表面硬度、表面耐磨性及摩擦性、表面防老化、表面阻燃、表面导电及表面阻隔等，这方面的塑料表面处理方法近年来应用开发很快，如在塑料阻隔改性方面，表面阻隔改性占有很重要的地位。间接应用的表面处理是指为直接应用打基础的一些表面改性，具体如为改善塑料的粘接性、印刷性及层化性等而进行的提高塑料表面张力的改性，主要是通过改善塑料的表面极性，降低接触角，提高表面能及制品表面的粗糙度，消除制品表面的弱界面层来实现表面处理的目的。

塑料制品表面处理的种类很多，按不同的分类方法可分为如下几类。①按是否发生化学反应分为表面物理处理和表面化学处理。表面物理处理方法包括表面机械整饰（抛光、喷砂等）、表面涂饰、表面真空镀、电镀和喷射处理等，这些处理方法在塑料表面不发生化学反应。表面化学处理方法包括表面火焰处理、放电处理、辐射处理、溶液处理、接枝聚合处理、渗氮及化学气相沉积等，在这些方法处理过程中在塑料表面有化学反应发生。②按表面干、湿状态分为干式表面处理和湿式表面处理。干式表面处理包括表面机械处理、火焰处理、放电处理、真空镀、离子镀、溅射、喷射、静电喷涂、高温喷涂、等离子喷涂和射线辐射等。湿式表面处理包括溶液处理、表面接枝聚合、渗氮、电镀、刷涂、人工喷涂及离子喷涂等。③按表面是否增加其他物质分为未增加和增加物质两种。表面未增加其他物质的表面处理包括表面火焰处理、表面机械处理、表面放电处理、表面溅射刻蚀及表面射线辐射处理等。表面增加其他物质的包括表面溶液处理、表面接枝聚合处理、表面渗氮处理及表面层化处理等。

下面主要概述塑料表面化学处理的一些方法，它们包括火焰处理、放电处理、辐射处理、溶液处理和接枝聚合处理等。

6.3.2.1 火焰处理

与其他塑料表面处理技术相比，火焰处理最经济实用，操作简单，无毒，而且处理效果也较好，所以它们在工业生产上应用较为广泛，但火焰方法不适于处理膜、片类等薄壁制品，只适于厚壁制品。影响火焰处理效果的因素较为复杂，了解与掌握其原理及影响因素是保证处理效果的关键。

(1) 原理及装置

火焰处理是用燃烧可燃气体产生的火焰与被处理的塑料表面相接触，从而使被处理塑料材料表面粗化（结晶型塑料产生晶体）并发生复杂的化学反应，使表面产生极性基团（如羰基等）从而改变表面性能的方法。其原理是在高温下使塑料材料表面的大分子发生氧化反应产生极性基团，另外还对表面分子聚集的结构形态产生影响，如结晶性塑料表面球晶尺寸增大，从而增大了塑料材料的表面粗糙度和表面极性，达到提高印刷质量和粘接强度的目的。火焰处理装置比较简单，可根据处理产品的类型进行自制，主要部分为供气装置与燃烧喷口，燃烧喷口要保证燃气充分燃烧且能够调节火焰大小。对塑料包装膜（片）进行火焰处理时，需将膜紧贴在冷却的金属辊筒上，以防止处理时塑料包装材料发生软化变形甚至熔化。当处理塑料包装容器时，要求能对容器四周进行均匀的火焰处理。

(2) 影响火焰处理效果的主要因素

影响火焰处理效果的主要因素有混合气体的比例、处理的时间、火焰与塑料的相对位置等。用于对塑料材料进行火焰处理的主要燃气有煤气、天然气、液化石油气等，这些燃气燃烧是否完全与产生的火焰温度高低与混合比例关系很大。如使用煤气，煤气与空气比例为1:1时，则产生的温度低于1000℃，处理效果不理想；若改为煤气：空气：氢气为3:5:1时，则火焰温度可高于1000℃，火焰处理的效果要好些。对于天然气，空气：天然气为12:1时，燃烧产生的火焰对塑料材料表面处理的效果较好。如用液化石油气作为

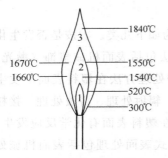

图 6-33 火焰的温度分布
1—火焰内层；2—还原焰；
3—氧化焰

燃气，则要求该燃气充分燃烧，火焰呈青蓝色时火焰温度较高，处理效果较为理想。火焰处理时间长不能过长，否则塑料会出现熔化、变形、分解等现象，特别是处理塑料薄膜类包装材料时，一般要求对着火焰的时间需控制在最短限度内，以保证材料不熔化、不烧焦。火焰与被处理塑料件的相对位置也很重要，塑料件离火焰过远或过近都不是以最高火焰温度对塑料进行处理，故处理的效果均不理想。火焰的温度分布见图 6-33，一般要求让塑料表面与火焰的最高温度处"氧化焰"的中部进行接触以提高火焰处理的效果，这是因为"氧化焰"不但温度最高，而且还具有一定的氧化性，能使塑料表面的大分子发生氧化反应而产生极性基团，提高塑料表面活性以利于提高印刷、粘接质量。对聚丙烯表面火焰处理的研究表明，最佳的聚烯烃表面与内焰的距离为 0.5~1.0cm。

6.3.2.2 放电处理

塑料表面放电处理是在电磁能作用下，将空气、惰性气体或可反应气体进行激发、离解和电离，使之与塑料表面发生化学作用，形成醚、醇、酮、醛、羧及羰等极性基团，从而改善塑料表面的附着性能。放电处理的优点为改性效果好，操作简便，成本低廉，对环境不构成污染等。

按放电处理是在空气状态下进行或在真空状态下进行，可将放电处理分为电晕放电处理和等离子体放电处理两大类。

（1）电晕放电处理

① 电晕放电处理原理及装置　电晕放电处理被广泛应用于薄膜印刷、涂布和复合加工前的表面处理。电晕放电处理是在非真空条件下将被处理的塑料制件置于高压电极与地电极之间，在大气压下使两极电压控制为 15kV 左右，导致两极之间的空气发生电离，电离后产生的各种等离子在高频交变电场的作用下加速冲击两极间的塑料表面，这些等离子、粒子能量一般在几至几十电子伏特，与塑料分子的化学键相接近，使塑料表面性能发生改变。研究表明，经电晕放电处理后，塑料材料其表面张力与表面极性均增大，主要是因为电晕处理的过程中塑料表面有羰基等极性基团生成（各种粒子高速冲击塑料表面，空气中的氧与材料表面分子发生了复杂的化学反应），提高了油墨、粘接剂在其表面的润湿性及它们之间的作用力。常见塑料包装材料经电晕放电处理后其表面张力变化见表 6-3。

表 6-3　常见塑料包装材料电晕放电处理后表面张力的变化

表面张力	PE	PP	PVC	PET
$\sigma_{处理前}$/(mN/m)	35.6	29.8	44.0	43.8
$\sigma_{处理后}$/(mN/m)	48.5	45.1	57.0	55.2

电晕放电处理装置按振荡方式不同主要有三种类型，即火花间隙式、电子管式和固态式，它们各有特点，其中固态式电晕放电装置效率高、质量稳定、能耗低，是电晕处理的首选装置。三种电晕放电装置的比较见表 6-4。

表 6-4　电晕放电处理装置的比较

比较项目	火花间隙式	电子管式	固态式
消耗品	有	有	无
电频率	高频	高频	低频
电晕种类	流光性电晕	放电高频电晕	放电固态式电晕
放电效率	50%	50%	80%
稳定性	不调整火花间隙时不稳定	因频率变动,故不易稳定	很稳定
能量消耗	大	大	小

电晕放电产生电晕的类型有膜状电晕、火花电晕、梳状电晕等，对塑料材料进行电晕处理的电晕一般以梳状电晕较好，如图 6-34 所示。电晕处理设备的关键部分是高压电源，传统的电晕表面处理设备的逆变电源采用可控硅作为功率开关器件。用可控硅作开关器件存在很多弊端：a. 由于可控硅的关断和开通时间较长，使逆变器的工作频率受到限制，2kW 以上的设备中，频率均在 13kHz 以下，由此变压器体积大，成本高，电极制作也相应复杂。b. 可控硅的关断方式为自然过零点关断，输出波形不理想，使离子在电场中的加速作用减缓，处理效果降低。c. 负载的变化对逆变电路工作影响较大，严重时能导致逆变失败。目前研究中有用新型的大功率开关器件——绝缘栅双极晶体管 IGBT 取代可控硅，研制并生产出表面处理设备用于塑料的电晕处理，该逆变电源工作频率在 25000～33000Hz，波形好，表面张力可达 45dyn（$1dyn=10^{-5}N$）以上，与可控硅作为主功率器件的塑料表面处理设备相比，表面处理效果远超出之，处理效果极佳，塑料处理的速度也比原设备提高 20%～40%，且克服了可控硅的缺点，使之体积小，重量轻，效率高，性价比高，有望进一步得到开发应用。

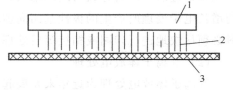

图 6-34　梳状电晕示意图

1—电极；2—电晕；3—塑料

② 电晕放电处理的影响因素　影响电晕放电处理效果的因素很复杂，主要影响因素有：电极与塑料的相对位置、输出电流、处理时间、环境温度、环境湿度、处理后存放材料时间等。电极与被处理塑料制品的相对位置决定了电晕与被处理材料的接触程度大小，当电极与被处理塑料相距过大，电晕不能充分冲击塑料，处理效果差；当电极与被处理塑料相距过近，冲击粒子未被充分加速，处理效果也不理想。故电极与被处理塑料包装材料间有一最佳距离，且不同类型的电晕处理装置最佳距离不同，对于梳状电晕一般 3～5mm 为宜。电晕处理时输出电流大小对处理的效果影响也很大，当输出电流过低时，电晕处理效果差；当输出电流达到某临界值后，电晕处理的效果增加不多，即对某种塑料材料进行电晕处理时有一最佳输出电流，如 PE 包装膜的电晕处理效果与输出电流之间的关系如图 6-35 所示。

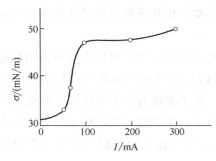

图 6-35　PE 膜表面张力与电极电流的关系

塑料材料电晕处理时间的适当延长对处理效果

有好处，但处理时间过长会导致处理过度，塑料会产生异味，对于薄膜制品则还会发生粘连，若塑料中含有某些助剂，有时由于过度处理会导致助剂向表面迁移，影响透明度。故处理的时间不能过长，以不影响产品质量为度。电晕处理塑料材料时的环境温度、湿度对处理的效果也有较大的影响。环境温度高，处理的效果好，如处理热膜比处理冷膜的效果好得多，原因是温度高时，发生的化学反应快，反应的程度也大，但处理后产品存放的环境温度高，电晕处理的效果消退也快，这在生产中要予以注意。环境的湿度大，电晕处理的效果会变差，这可能是空气中的水分子捕捉了部分由电晕使空气电离而产生的各种粒子，使对塑料材料进行处理的电晕粒子能量减少，从而影响了处理的效果。对塑料材料进行电晕处理后，随着存放时间的增长，处理的效果会下降，原因可能是因为随着存放时间的增长电晕处理所产生的极性基团向塑料内部迁移的结果。所以，经电晕处理后的塑料材料必须尽快地进行印刷或粘接等后处理，以保证使用效果。

（2）等离子体放电处理

等离子体放电处理为近年来发展起来的一种材料表面处理技术，具有工艺简单、操作方便、加工速度快、处理效果好、环境污染小、节能等优点，在塑料表面改性中广泛的应用。所谓等离子体为气体在真空状态下的一种放电形式，被电磁能激活和电离的气体可为惰性气体及可反应气体，如氦、氩、氮或氧、氢、氨、卤素、烃类、炔类及氯乙烯、苯乙烯反应单体等。等离子体是物质受到高能量作用时，组成物质的单元离解为阴阳带电粒子而变成电离气体，其实质是一种气体。但它与普通气体相比，处于高度激发的不稳定状态，而且不服从经典气体的规则，因而被称之为物质继固、液、气之后的第四状态。等离子体中含有大量的活性粒子，如电子、离子、亚稳态分子和原子、自由基、光子等。这些活性粒子中电子起主导作用。电子在电场中被加速获得能量，这些电子又与周围气体中大量的分子、原子发生碰撞，将能量传递给这些分子、原子，使它们电离产生新的离子、电子或变为激发态（很快跳回基态并发出光子）或变为亚稳态或生成自由基。

选择适宜的放电方式可获得不同性质和应用特点的等离子体。通常，冷等离子体装置是在密封容器中设置两个电极形成电场，用真空泵实现一定的真空度，随着气体愈来愈稀薄，分子间距及分子或离子的自由运动距离也愈来愈长，受电场作用，它们发生碰撞而形成等离子体，这时会发出辉光，故称为辉光放电处理。辉光放电时的气压大小对材料处理效果有很大影响，另外与放电功率，气体成分及流动速度、材料类型等因素有关。不同的放电方式、工作物质状态及上述影响等离子体产生的因素，相互组合可形成各种低温等离子体处理设备。

低温等离子体中粒子的能量一般约为几个至几十电子伏特，大于聚合物材料的结合键能（几个至十几电子伏特），完全可以破裂有机大分子的化学键而形成新键；但远低于高能放射性射线，只涉及材料表面，不影响基体的性能。处于非热力学平衡状态下的低温等离子体中，电子具有较高的能量，可以断裂材料表面分子的化学键，提高粒子的化学反应活性（大于热等离子体），而中性粒子的温度接近室温，这些优点为热敏性高分子聚合物表面改性提供了适宜的条件。

等离子体对塑料表面的作用包括物理和化学作用。物理作用为带电粒子高速撞击塑料表面，在塑料表面上产生斑点、侵蚀；同时，塑料材料表面分子中有一部分碳原子的化学键被活性粒子打断而游离出来成为碳的自由基，碳自由基与氧自由基结合生成 CO 或 CO_2 气体，这些气体在抽气过程中被抽掉，而在材料表面留下了大量的空位，从而生成了大量的"微坑"、"微沟"，使表面变得粗糙、坑坑洼洼（在电子显微镜下才能看见）。这就是等离子体对材料表面的刻蚀作用。刻蚀作用能增加材料表面与粘接剂、油墨、油漆、镀膜等表面覆盖物质间机械嵌合的作用。当等离子体所含的活性粒子轰击高分子材料表面时，如果活性粒子的能量大于材料表面分子的键能，就能将材料表面分子间的化学键打开，生成自由基，甚至使有机材料大分子的分子键发生断裂、分解，在塑料表面形成活性基团，如羟基、醚基、酯基、羧基及羰基等，因而能显著提高无极性塑料材料表面的粘接性、印刷性。

通过低温等离子体表面处理，塑料表面发生多种的物理、化学变化；或产生刻蚀而粗糙；或形成致密的交联层；或引入含氧极性基团；使材料的亲水性、粘接性、可染色性、生物相容性及电性能分别得到改善。用几种常用的等离子体对硅橡胶进行表面处理，结果表明 N_2、Ar、O_2、CH_4-O_2 及 $Ar-CH_4-O_2$ 等离子体均能改善硅橡胶的亲水性，其中 CH_4-O_2 和 $Ar-CH_4-O_2$ 的效果更佳，且不随时间发生退化。用低温等离子体在适宜的工艺条件下处理 PE、PP、LDPE 等材料，材料的表面形态发生的显著变化，引入了多种含氧基团，使表面由非极性、难粘性转为有一定极性、易粘性和亲水性，有利于粘接、涂敷和印刷，不同等离子体处理塑料的粘接强度提高率如表 6-5 所示。塑料、橡胶、纤维等高分子材料在成形过程中加入的增塑剂、引发剂及残留单体和降解物等低分子物质很容易析出而汇集于材料表面，形成无定形层，使润湿性等性能变差。尤其对医用材料，低分子物渗出会影响到生物机体的正常功能。低温等离子体技术可在高分子材料表面形成交联层，成为低分子物渗出的屏障。研究中也有采用不同等离子体改性 PI、PET、PP 薄膜，发现经处理的薄膜表面电阻降低了 2~4 个数量级，材料的介电损耗和介电常数也发生了变化。将该技术运用于微电子技术领域，可使电子元件的连接线路体积大为缩小，运行可靠性明显提高。

表 6-5 不同等离子体处理的塑料粘接强度提高率

等离子体		He		O_2		Ne
处理时间		30s	30min	30s	30min	60min
粘接强度提高率/%	LDPE	236	256	433	288	276
	HDPE	193	892	167	673	1011
	PP	21.6	-45.9	405	732	71.1

大多数有机物气体在低温等离子体作用下，聚合并沉积在固体表面形成连续、均匀、无针孔的超薄膜，可用作材料的防护层、绝缘层、气体和液体分离膜以及激光光导向膜等，应用于光学、电子学、医学等许多领域。等离子聚乙烯膜沉积于硅橡胶表面后，硅橡胶对氧气的透过系数明显降低。由含氮单体制备反渗透膜，最高可阻出 98% 的食盐。生物体内的缓释药物一般采用高分子微囊，亦可采用等离子体聚合技术在微囊表面形成反渗透膜层。等离子体聚合物膜在传感元件上的应用研究表明，放电功率等因素对膜电阻值有

较大影响。用各种乙烯基单体和 Ar 辉光放电处理织物，其疏水性及染色性能在极短时间里便有改善。以聚甲基丙烯酸甲酯或聚碳酸酯塑料均可制成价廉且易于加工的光学透镜，但其表面硬度太低，易产生划痕。采用有机氟或有机硅单体，利用低温等离子体聚合技术在透镜表面沉积出 10nm 的薄层，可改善其抗划痕性和反射指数。国外还有等离子体化学气相沉积技术应用于塑料窗用玻璃、汽车百叶窗和氖灯、卤天灯的反光镜的报道。等离子体聚合膜具有多种性能，可使同样的基材应用于很多领域。在金属和塑料上涂敷金刚石碳耐磨涂料的化学气相沉积技术是把含碳气体导入等离子体中，该涂层耐化学药品、无针孔、不渗透，能防止各种化学药品侵蚀基材。同样还可将减摩涂料涂于挡风玻璃雨刮器上，或将低摩涂层涂于计算机磁盘上以降低磁头磁撞。

不同的塑料品种往往采用不同的气体进行等离子体处理。如 PE 可用氯乙烯或四氯化碳等离子体，而 PVC 可用乙炔等离子体。等离子体处理塑料制件的表面深度为 1~100nm。等离子体对塑料材料表面的刻蚀作用和在材料表面引进大量极性基团这两种因素共同作用使得处理后塑料的表面性能发生变化，例如聚四氟乙烯用氮等离子体处理 30s 后，其表面接触角由原来的 81°下降为 33°。

等离子体放电处理可以克服火焰和电晕放电处理的一些缺点，如火焰处理时容易将被处理物品烧变形，处理不均匀，处理效果欠佳，而且处理效果的时效短，一般处理后 2~3h 就无效了。另外，火焰处理要明火作业，不安全，而且无法处理任意形状的塑料制品；电晕放电处理时，表面可能产生分解物，形成新的弱界面层。而等离子体处理效果好，且时效长（几天内均有效），耗能少，处理成本低廉，可以处理任意的形状的异形塑料制品，不影响被处理材料的外观和强度，不污染环境，是一种有潜力的塑料表面处理方法。有关等离子体接枝聚合的内容在后面塑料的接枝聚合处理章节中进行详细介绍。

6.3.2.3 辐射处理

塑料表面辐射处理是一种利用各种射线的能量将塑料制品表面上聚合物的非主链化学键切断，从而改变其原有性能结构，实现提高表面附着性的一种改性方法。

塑料表面射线辐射处理与塑料辐射交联改性两者主要区别在于辐射能量和穿透程度。辐射交联所用射线的辐射能量大，可以穿透到塑料制品的内部，可以发生大分子主链的断裂及反应；而辐射表面处理所用射线的能量小，只能穿透塑料制品表面很薄厚度，并且不能引发大分子主链断裂及化学反应。

可以用于塑料表面辐射处理的射线有很多种，包括紫外光、激光、电子束、X 射线、γ射线及电磁波等，在这些方法中，以紫外光引发的表面接枝聚合（表面光接枝）具有两个突出的特点：①紫外光比高能辐射对材料的穿透力差，故接枝聚合可严格地限定在材料的表面或亚表面进行，不会损坏材料的本体性能；②紫外辐射的光源及设备成本低，易于连续化操作，故近年来发展较快，极具工业应用前景。

(1) 表面光接枝原理及方法

表面光接枝是指利用紫外光（UV）预照射或直接照射塑料制品，当使用光敏剂进行活化时，在塑料表面就可以引发接枝聚合反应，将一系列特定的官能团引入到聚合物表面，从而改变塑料材料的表面性质。

通常，表面光接枝的实验方法按接枝反应时单体所处的状态可划分为气相接枝和液相接枝。气相接枝是指聚合物与单体溶液一同置于充有惰性气体的密闭容器中，通过加热或减压使溶液蒸发，聚合物与处于气态下的单体分子在 UV 照射下进行接枝聚合。液相接枝则是指将聚合物置于单体溶液之中进行光接枝聚合，其缺点是均聚物难以避免，难以实现连续化作业。为此 B. Ranby 等人 1986 年发明了连续液相法，其工艺装置如图 6-36 所示。聚合物基体可为纤维或薄膜，在电机 19 牵引下经由溶有光敏剂和单体的预浸液 2 进入反应腔 16 内，UV 射线穿过石英窗 7 对其进行辐照。反应腔内充有氮气及挥发的溶剂、引发剂和单体的蒸气，UV 辐照时间随电机速度变化而相应改变。反应完毕以合适的溶剂除去基材上剩余的单体、引发剂及均聚物，置于空气中干燥并收卷。该方法最突出的优点有两个：①基体通过预浸液后形成一极薄的液层表面，因此自屏蔽效应最小；②实现了对纤维和薄膜的连续化反应作业，利于工业推广。

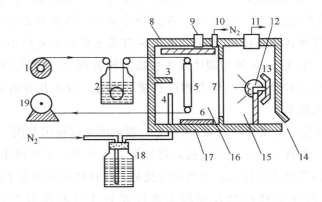

图 6-36 一个连续液相反应装置

1—进料辊；2—预浸液；3—热电偶；4—反应蒸汽入口；5—运输辊；6—盛单体的容器；7—石英窗；
8—冷却水管道；9—出气口；10—氮气进气口；11—空气出气口；12—紫外光灯；
13—抛物面反射镜；14—空气进气口；15—灯匣；16—反应腔；
17—电子加热器；18—反应溶液；19—电机

(2) 表面光接枝影响因素

影响表面光接枝的因素很多，不同的实验方法和具体条件都会对接枝率、接枝速率、接枝效率、接枝产物的表面形态及最终性能产生影响。这些实验条件包括有无光敏剂、氧气存在与否、光照时间、体系温度、光敏剂类型和浓度、聚合物类型、单体类型和浓度、溶剂类型及体系中其他多官能团的存在与否等。各国科学家对这些因素的影响作了一系列的研究。生成表面接枝聚合物的首要条件是生成表面引发中心——表面自由基，因而光敏剂在表面光接枝中起着重要作用，它们可以吸收紫外光，使聚合物活化进而与单体发生接枝聚合。常用的光敏剂有氧杂蒽酮（Xanthone）、二苯甲酮（BP）和 H_2O_2 等。一般先将聚合物浸泡在光敏剂溶液中，使光敏剂扩散到聚合物表面，然后取出干燥，再与单体一起进行 UV 照射接枝。近来，人们逐渐发展了一些新技术，可以不用在体系中加入光敏剂。这时一般先需对聚合物进行预处理，即利用等离子体，电晕放电或 UV 预照射使聚合物表面生成一层过氧化物，然后再与单体一起经 UV 照射，通过过氧化物分解生成的自由基引发接枝聚合。在这些预处理方法中，用 UV 照射对聚合物进行预处理最为简单易行。也有研究利用 UV 预照射气相光接枝方法实现了丙烯酸对聚四氟乙烯的表面接枝改性，使膜的亲水性及染色性得到明显改善，其性能要好于以 BP 为光敏剂的接枝体系得到的产物。M. Ulbuicht 等利用可见光将聚丙烯腈（PAN）超滤膜溴化活化后，用 UV 照射使其接枝上了丙烯酰胺或甲基丙烯酸。这也是一个无光敏剂的体系，并可得到薄而光滑的接枝层，但其缺点是膜表面对溴有吸附，而且活化过程也会影响超滤膜的表面形态。

一般来说，氧气的存在会抑制烯类单体的自由基聚合反应，所以在光接枝实验中，就需要一个抽气系统来抽去氧气，或通入惰性气体除去氧气。但这种除氧过程对工业上大量应用光接枝改性聚合物膜来说是个不利因素。为此，人们迫切需要找到一个不用通过抽气系统或通入惰性气体来除氧，或者根本不必保持惰性气氛的光接枝体系。E. Uchida 等发现了一种不除氧，不加光敏剂，在微量 $NaIO_4$（约为 10^{-3} mol/L）存在下即可利用 UV 照射在 PET 膜表面进行接枝聚合的方法。在这种方法中，体系只需密封即可。用此法将水溶性单体和离子型单体等接枝到 PET 膜上，使其亲水性和对异性小分子量离子的吸附性等性质大为改善。Y. Uyama 等发现体系中在加入核黄素后，也不用除氧，只需密封即可在 UV 照射下，引发经预处理的聚合物进行接枝聚合。以上几种表面光接枝体系都不要求通入惰性气体来除氧。

H. Kubota 等研究了低密度聚乙烯（LDPE）膜表面光接枝甲基丙烯酸（MAA）的气相体系和液相体系。发现如果是气相接枝，接枝聚合占优势，接枝链不仅分布在膜表面，且深入到膜内层；如果是液相接枝，则均聚占优势，接枝链主要分布于膜表面。因此，在相同的接枝率下，液相接枝产物表面的亲水性要好于气相接枝产物表面的亲水性。D. Ruckert 等的研究认为单体及光敏剂在聚合物表面的扩散现象会影响接枝反应的发生。W. Yang 与 B. Ranby 对表面光接枝影响因素的研究表明：①随光照时间的增加，接枝率上升；②在 25~70℃范围内，接枝效率（聚合转化率、接枝转化率）随温度的升高而增大；③在以 LDPE 膜为基材，BP 为光敏剂时，一些单体光聚合与光接枝的活性顺序如下：丙烯酸（AA）＞甲基丙烯酸（MAA）＞丙烯酸正丁酯（BA）＞丙烯酸缩水甘油酯（GA）＞丙烯腈（AN）＞VAc＞N 乙烯基吡咯烷酮（NVP）＞苯乙烯（ST）＞甲基丙烯酸甲酯（MMA）＞4-乙烯基吡啶（4-VP）；④当以 AA 为接枝单体、BP 为光敏剂时，一些聚合物的光接枝活性顺序为：Nylon＞PET＞PP＞LDPE＞HDPE＞OPP（取向聚丙烯）＞PC（聚碳酸酯）；⑤体系中多官能团单体（双甲基丙烯酸 1,4-丁二醇酯）的加入会显著提高接枝效率；⑥溶剂对单体溶解程度不同，也会影响接枝率，例如，用水作溶剂会促进 AA 在 LDPE 膜上的接枝，而用丙酮作溶剂则会抑制 AA 在 LDPE 膜上的接枝。

从以上的研究结果可以看出：在表面光接枝中，照射时间的增加会使接枝率增加；温度的升高和多官能团单体的加入，会使接枝速率和接枝效率增大；单体浓度的增大，会提高接枝率；光敏剂的浓度也会影响接枝率和接枝效率。其他因素对接枝的影响则各有区别。因此，对具体的接枝体系，必须考虑到实验的各个影响因素，控制相应的实验条件，才能得到理想的结果。

6.3.2.4 溶液处理

塑料表面溶液处理是指用一类可与塑料表面发生某种程度物理或化学作用而改变其性能的溶液进行处理的一类改性方法。

依溶液所起的作用可将表面溶液处理分为氧化剂化学氧化法、溶剂浸渍法、脱脂剂处理法和硅酸处理法等。

(1) 氧化剂化学氧化法

氧化剂化学氧化法是用强氧化剂对塑料制品表面进行处理,使其表面发生氧化反应生成极性基团,从而提高表面润湿性的一种表面处理方法。

氧化法的关键是氧化剂的选择和使用。对于聚烯烃而言,化学氧化法常用的氧化剂有无水铬酸-四氯乙烷系、铬酸-醋酸系、重铬酸-硫酸系、氯酸-硫酸系以及 $(NH_4)_2S_2O_3$-$AgNO_3$ 系等,上述氧化剂主要用于聚烯烃塑料制品的表面处理,其中以重铬酸-硫酸系和 $(NH_4)_2S_2O_3$-$AgNO_3$ 系最为常用。对于氟塑料制品而言,常采用碱金属氨分散液、芳香稠环化合物及醚类进行处理。其中碱金属有 Na、K、Li 及 Se 等,分散液有液态氨;芳香稠环化合物有萘、联苯、蒽、菲、茚及 α 或 β 甲基萘等;醚类有四氢呋喃、乙二醇、二甲醚、二甲基乙基醚及甲基乙基醚等。例如,钠萘分散液即由钠和萘等摩尔比在四氢呋喃、乙二醇及二甲醚等活性醚中溶解或络合而成。

氧化剂不同,化学氧化表面处理的机理也不同。下面分别介绍几种氧化剂的表面处理机理。

① 重铬酸钾-硫酸体系处理聚烯烃　以 37.5% 的 $K_2Cr_2O_7$ 溶液 200mL 与浓硫酸 1500mL 混合组成氧化剂体系,两者发生如下反应:$K_2Cr_2O_7+4H_2SO_4 \longrightarrow Cr_2(SO_4)_3 + K_2SO_4+4H_2O+3[O]$。上述反应中生成的初生态氧 [O] 可对聚烯烃表面进行强烈的氧化,在其表面生成羟基 (—OH)、羰基 (=C=O) 及羧基 (—COOH) 等;尤其是羰基的生成,可极大提高聚烯烃表面的活性。经过上述氧化体系处理后,LDPE 的接触角可由 88°下降为 30°～60°,HDPE 的接触角可由 65°下降为 15°～30°。

② 碱金属氧化剂对氟塑料氧化原理　碱金属对氟塑料而言是将氟塑料制品表面 C—F 键中的 F 除去,留下深度为 0.05～1μm 的碳化层和—CH、—CO、—C=C 及—COOH 等含氧官能团及极性基团,使其表面极性大大提高。经过处理的氟塑料对水的接触角可由 109°～93°下降为 52°～16°,表面张力可由 18mN/m 增加到 50mN/m。

将氟塑料制品浸在钠的处理液中,氟树脂表层中的氟原子受到钠的络合物电子吸引并结合在一起,使 C—F 键断裂,而变成了 C—C 键。这一点可从键能在 290eV 和 292eV 处出现新的吸收体中看出,说明生成了新的键。氧化处理的结果是在氟塑料表面残留下一种聚集的、高活性的海绵状结构。它与处理液分开后,还能与大气中的氧与水起反应,得到一个粗糙疏松的含有极性基团的表面层,其中含有不饱和基团及羰基与羧基。

为提高化学氧化法的处理效果,首先要认识到表面预处理的重要性。实验发现,在氧化处理前,采用适当的溶剂,如 CCl_4 进行预浸渍,可除掉弱边界层,在制品表面上形成凹凸不平的孔穴,增加表面粗糙度,使氧化液与制品表面接触面积增加,从而提高氧化处理效果。对 LDPE 和 HDPE 采用 CCl_4 溶剂预处理时,温度控制在 60℃ 以下,时间约为20min。

表面处理的最佳效果为在不影响原制品性能条件下,制品表面润湿性越高越好。但如果氧化程度太大,有过量羰基生成,会引起塑料表面老化,反而影响粘接强度。为此,要合理控制如下的氧化条件。①酸度。不同酸度下,对塑料制品表面的氧化效果不同。以 $(NH_4)_2S_2O_3$ 为例,当 H_2SO_4 为5mL,加入不同量的水时,润湿角变化为:当 H_2O 的加入量为30mL,润湿角最大;当 H_2O 的加入量小于30mL,酸度太大,易导致 $(NH_4)_2S_2O_3$ 分解太快;当 H_2O 的加入量大于30mL,酸度太小,氧化效果差。因此以 $H_2SO_4=5mL$, $H_2O=30mL$ 为宜。所以,对氧化剂体系必须严格控制酸度以保证氧化处理的效果。②温度。温度对氧化剂的氧化效果影响较大。一般随温度升高,氧化能力增强,但温度也不宜过高。温度如过高,$(NH_4)_2S_2O_3$ 分解加快,反而使氧化效果下降。对 $(NH_4)_2S_2O_3-H_2SO_4$ 体系而言,温度在60℃左右最佳。③时间。随时间的延长,氧化效果增加;但达到一定程度后,变化趋于平缓。一般氧化时间HDPE控制在6min左右,LDPE控制在3min左右。

(2) 溶液浸渍法

溶液浸渍法使用适当的溶剂处理塑料表面,溶剂与塑料表面发生溶解、吸附及化学反应等作用,从而达到除去表面油污、溶解弱边界层、增加表面粗糙度及提高表面极性等效果,提高塑料的粘接性、印刷性及层化性。

塑料的溶液浸渍法在50℃左右温度下进行处理效果好。

溶剂的选择要与具体塑料品种相适应,一是要求两者的溶度参数要相近,二是溶剂不应对塑料制品表面有侵蚀作用。对于聚烯烃类塑料而言,选用的溶剂品种有:二氯甲烷、三氯甲烷、四氯化碳、丙酮、二甲苯、醇类、己烷类及20%的苛性钠等。

不同溶剂对塑料表面的处理作用不同,其中大部分溶剂的作用为去污,但有些溶剂还具有更深层的作用。例如,用溶剂处理ABS塑料时,ABS中的共聚成分丁二烯首先被溶解,从而增加表面粗糙度。再如,PC和PET用1,6-己二胺水溶液或 N,N-二甲基-1,3-丙二胺水溶液进行处理时,会发生某种化学反应,使表面活化,从而改善印刷性能。

(3) 脱脂剂处理法

用脱脂剂处理塑料制品表面的主要作用是去掉油污,以提高其粘接性能。脱脂剂可以分成碱性脱脂剂和酸性脱脂剂两种。

① 碱性脱脂剂处理法　碱性脱脂剂为利用热碱液对油脂的皂化作用,即油脂在碱的作用下可水解生成可溶性脂肪酸钠的作用,除去可皂化动物油脂。如果在热碱液中加入少量乳化剂,如硅酸钠及皂粉、乳化剂等,还可一起除去非皂化的植物油污。

具体的操作方法为将碱性洗涤剂配成适当浓度的水溶液,将待处理塑料制品浸入其中,加热至50~60℃,浸渍3~5min即可。如在常温下浸渍,可通入超声波,以提高去污效果。

② 酸性脱脂剂处理法　酸性脱脂剂为有机酸或无机酸与表面活性剂混合而成,其作用为氧化分解除去塑料表面的污垢。

(4) 硅酸处理法

硅酸处理法主要用于 PTFE 的表面活化处理，它是将多孔的 PTFE 用 SiX_4 进行处理后，再经水解，生成的磺酸吸附在多孔的 PTFE 表面，从而提高 PTFE 的表面粘接性能。硅酸处理 PTFE，在不改变 PTFE 的固有化学结构的前提下，可以达到表面活化的目的。其中 SiX_4 可以为 $SiCl_4$ 及 SiF_4 等。

具体处理方法为：将 PTFE 膜放入不锈钢制成的高压釜 A 中，抽成真空，充入定量的 SiX_4 气体，如 SiF_4、$SiBr_4$ 和 $SiCl_4$ 等，使 PTFE 暴露在 SiX_4 氛围中。在 30min 内，将高压釜 A 加热到 150℃（对 SiF_4 和 $SiBr_4$ 气体）或 110℃（对 $SiCl_4$ 气体），恒温 60min，然后骤冷至 100℃（$SiBr_4$）、65℃（对 $SiCl_4$）或 40℃（对 SiF_4），使低分子的 SiX_4 充分渗透到多孔 PTFE 中。接着氮气（1.2MPa）将高压釜 B 中的水压入高压釜 A 中，使水喷在 PTFE 表面上并吸收之，将 PTFE 内渗透的 SiX_4 水解成硅酸，牢牢地粘在 PTFE 薄膜表面上，使其活化而达到改性目的。分析表明，当硅酸的浓度大于 14％以后，硅醇基几乎可以覆盖整个 PTFE 膜表面。

例如，用 1％SiF_4 处理微孔 PTFE 膜，可使其对水的接触角由原来的 152°下降为 101°。再如，用 15％$SiCl_4$ 处理微孔 PTFE 膜，可使其对水的接触角由原来的 152°下降到不足 10°，几乎可以完全润湿。

6.3.2.5 接枝聚合处理

接枝聚合是塑料表面处理的重要方法。它通过基体上接枝大分子链而对表面进行改性，其主要优点是可通过选择不同的单体对同一聚合物进行改性而使表面具有截然不同的特性，例如聚烯烃的表面接枝改性常用于制备多层膜、复合膜、荧光材料以及防雾材料等方面。表面接枝处理按引发方式可分为化学接枝、等离子体引发接枝、高能辐射引发接枝、光引发接枝、放电引发接枝等，最近还出现了超声处理进行表面接枝改性的研究。光接枝聚合表面改性具有较好的选择性，等离子体接枝聚合表面改性正处于蓬勃发展时期，辐照接枝聚合表面改性虽存在防护屏蔽问题，但有其特有的优点，仍是一种理想的表面改性方法。利用表面接枝改进聚合物的某些性能，正受到高分子科学工作者的重视，近年来，利用等离子体、光、辐照接枝聚合改善聚合物表面性能的基础研究和应用研究都十分活跃，显示出其广阔的研究、应用前景。

从机理上讲表面接枝处理中所发生的反应与本体接枝改性相类似，只是反应发生的部位不同而已，因而许多本体改性中的研究成果也可应用于表面改性中。但由于其本身的特殊性，也有许多与本体接枝改性不同的地方。杨万泰等在研究 LDPE 与丙烯酸体系光接枝表面改性中发现近紫外光照射不及远紫外光（$\lambda<300nm$）的表面改性效果好，且随着单体向内的扩散，反应能在膜中较为均匀的进行。这也说明，表面接枝改性中的方法也有望能在本体接枝改性中得到应用。

(1) 等离子体接枝聚合

等离子体是一种全部或部分电离了的气体，它的组分十分复杂，但处理过程中对材料表面起作用的主要是电子，其次是亚稳态粒子和光子等。这些活性粒子与材料表面相互作用的基本过程如图 6-37 所示。

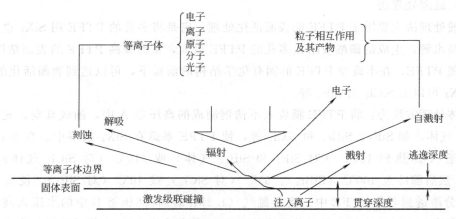

图 6-37 等离子体与材料表面间的作用过程

利用等离子体改性塑料表面的方法通常分成等离子体处理、等离子体聚合、等离子体接枝聚合。等离子体接枝聚合是先对塑料材料进行等离子体处理，用其表面产生的活性自由基引发单体在材料表面进行接枝聚合。等离子体改性方法的比较见表 6-6。由表 6-6 可知：等离子体接枝聚合弥补了等离子体处理、等离子体聚合的缺点。

表 6-6 等离子体改性方法的比较

方法	改性层厚度	改性程度	性能衰退	改性层牢度
等离子体处理	约 0.1μm	小—中	快	好
等离子体聚合	约 1.0μm	中—大	快	差
等离子体接枝	约 10μm	中—大	快	好

等离子体接枝聚合多采用低温等离子体。选择适宜的放电方式可获得不同性质和应用特点的等离子体。通常，热等离子体是气体在大气压下电晕放电产生，冷等离子体由低压气体辉光放电形成。近年来涌现了大量有关等离子体接枝聚合的文献，通过等离子体技术在聚合物表面进行接枝聚合是聚合物表面改性显示巨大潜力的一个领域。

以等离子体接枝聚合进行材料表面改性，接枝层同表面分子以共价键结合，可获得优良、耐久的改性效果，使亲水性、粘接性、可染色性、生物相容性及电性能分别得到改善。等离子体聚合物膜在传感元件上的应用研究表明，放电功率等因素对膜电阻值有较大影响。用各种乙烯基单体和 Ar 辉光放电处理织物，其疏水性及染色性能在极短时间里便有改善。

等离子体接枝聚合方法有气相法、液相法、常压液相法、同时照射法。等离子体接枝聚合遵循自由基机理，等离子体接枝聚合的影响因素包括：等离子体处理参数、气体、改性聚合物种类、单体、接枝聚合条件等。研究得较多的聚合物有 PE、PP 等，常用的单体有 AA、丙烯酰胺等。

用微波冷等离子体激活聚乙烯表面后，与甲基丙烯酸甲酯（MMA）进行表面接枝反应的也有研究。采用可调功率微波源（2450MHz），用一带短路活塞的 TE103 谐振腔，于石英介质管中激发氩气产生冷等离子体，对聚乙烯膜处理，处理后的样品迅速转入

MMA-丙酮溶液（50℃，经通氮脱气）中进行接枝反应。与常规的化学方法相比，该方法不需要引发剂，改性仅涉及聚乙烯表面，而其体相性质不受影响。

(2) 光引发接枝聚合

光引发接枝聚合是指用光直接照射聚合物时，在加入的光敏剂进行活化时，在聚合物表面就可以引发接枝聚合反应，将一系列特定的官能团引入到聚合物表面，改变聚合物的表面性质。所用的光源一般为紫外光（UV），以紫外光引发的表面接枝聚合（表面光接枝）具有两个突出的特点：①紫外光比高能辐射对材料的穿透力差，故接枝聚合可严格地限定在材料的表面或亚表面进行，不会损坏材料的本体性能；②紫外辐射的光源及设备成本低，易于连续化操作，故近年来发展较快，极具工业应用前景。

有关表面光接枝的方法及影响因素在 6.3.2.3 节内已有详细总结，在此不再赘述。

(3) 高能辐射接枝聚合

高能辐射接枝聚合是指利用高能射线对塑料材料进行辐照，用其表面产生的活性自由基引发单体在材料表面进行接枝聚合。一般分为过氧化法和共辐照法，共辐照法根据单体的状态又可分成气相法和液相法。高能辐射接枝表面改性所使用的单体有苯乙烯类、丙烯腈类、丙烯酸类、甲基丙烯酸酯类、丙烯酰胺、乙烯吡啶、氯乙烯等。

聚合物表面辐照接枝时，必须考虑所选择的单体对辐照的敏感度、单体对基体聚合物和接枝聚合物的溶解性、单体浓度、辐照强度及辐照剂量、溶剂、温度等接枝反应条件，这些因素都影响接枝速率，进而影响表面改性效果。Ratzsch 等认为辐射引发接枝改性中单体的反应活性决定于三个方面：①单体及其自由基的反应活性；②单体/聚合物对的吸收和扩散性能；③辐射条件。依此可将接枝单体划分为两类：有反应活性的单体和无（或者低）反应活性的单体。前者在接枝反应中以长链形式接枝到 PO 分子链上，并伴随有单体的均聚反应；而后者多以独立单元或短链的形式接枝到 PO 分子链上。

聚烯烃由于其结构的单一性限制了其应用范围，通过辐照接枝改性聚烯烃可赋予材料新的性能，从而满足应用要求。PP 接枝甲基丙烯酸，其热性能得到显著改善。PP 表面辐照接枝 2-羟乙基丙烯酸甲酯所制得的透析膜改进了其对脲及脲酸的渗透性，渗透系数提高 5~19 倍，采用预照射法将苯乙烯接枝到 FEP 膜上，然后磺化可制得交换膜，且在整个接枝率范围内，接枝了苯乙烯的 FEP 膜表面均匀。PP 辐照接枝氯甲基苯乙烯可提高其染色性。PP 辐照接枝丙烯酸可改进吸湿性、染色性、抗静电性及黏合能力。Gawish 等的研究表明：通过预辐照法将甲基丙烯酸 2N-吗啉代乙酯接枝到 PP 纤维上，随接枝率增加，PP 的吸湿性和染色性增加。将 PE 片材接枝丙烯酸甲酯后可提高 PE 的粘接强度，且效果较等离子体处理更好。PE 薄膜价格便宜，用途广泛，但由于没有极性基团不能粘接和印刷，用电晕放电方法进行表面改性，印刷性能有所改善，但仍不尽如人意。近年来采用放射线照射进行表面改性，粘接性能明显提高，在 γ 射线照射接枝聚合中，剥离强度随接枝率的提高而增大。PP 接枝甲基丙烯酸酯可增加粘接性，聚四氟乙烯表面辐照接枝苯乙烯可改善其粘接性能。聚烯烃膜接枝丙烯酸酯类或丙烯腈可表现出良好的隔氧特性。纤维经 γ 射线处理接枝可改进染色性、吸湿性、耐燃性等。目前辐射接枝的方法也广泛应用于改进生物医学材料的性能。将难粘塑料膜置于一些可聚合的单体如苯乙烯、反丁烯二酸、甲基丙烯酸酯等中，用^{60}Co辐射，使单体在难粘塑料膜的表面发生化学接枝聚合，从而使难粘高分子材料表面形成一层易于粘接的接枝聚合物，接枝后表面变粗糙，粘接表面积增大，粘接强度提高。

高能辐射接枝聚合的优点是操作简单、处理时间短、速度快，但改性后的表面耐久性差，且^{60}Co辐射源对人伤害较大。

用 ArF 做激元的激光器处理法是目前国外采用的新方法。以日本都市大学 Murhara 教授领导的研究小组最有代表性。它的基本原理是用激光器照射某物质，使它与难粘高分子材料的表层发生反应，其一，可使该物质与膜表面发生基团反应，引进易黏合的物质；其二，可使膜表层形成自由基，引发单体与其形成接枝共聚物，这样就可达到改善粘接强度的目的。这种方法的优点是简便、安全，还可以根据实际需要对难粘塑料的表面进行有选择的改性：如选择 [B(CH$_3$)$_3$]$_3$ 做反应物质，则改性后的表面是亲油性的，而选择 NH$_3$、B$_2$H$_6$、N$_2$H$_4$ 或 H$_2$O$_2$ 等做反应物质，则改性后的表面是亲水性的，选择芳香族化合物，则改性后的表面是油溶性的。

（4）电火花接枝聚合

塑料表面电火花接枝聚合是指高压、高频电流通过电极时产生电火花，使环境气氛（空气或 N$_2$、O$_2$、Ar、He 等）发生电离，气体电离产生的各种粒子轰击处于电极间的高分子材料表面，引起材料表面发生化学变化。电火花接枝聚合技术具有设备简单、易于控制、适用范围宽、能连续化生产及工业安全性等特点越来越受到各国学者的重视。利用电火花处理后材料表面部分分子激发或氧化这一活化过程，引发单体表面接枝共聚，在材料表面引入永久性官能团，生成稳定的活性表面，是一项非常有意义的研究工作，可克服一般放电处理的存放退化效应，不需在表面处理后尽快地进行粘接、印刷、复合或涂布。

与等离子体接枝、光化学接枝、辐射接枝等对比，电火花接枝改性的研究国际上起步较晚，文献报道少。电火花接枝聚合的机理还不是很清楚，一般认为电火花激发、电离所产生的粒子能量一般在几至几十电子伏特，高于 C—C 键键能（2.54eV）和 C—H 键键能（3.79eV），电火花产生的离子、电子和激发的分子、原子、光子等轰击高分子材料，将其能量传递给材料表面引发化学键断裂，生成自由基，在含氧气氛中，自由基迅速与氧气结合，形成过氧化物，过氧化基团进一步衍生羰基、羟基、醚基等含氧官能团。Iwata 等认为电火花放电引发纤维表面接枝聚合是由表面产生的自由基直接引发的，纤维链间由氢键牢牢结合，产生的自由基很难与空气中的氧气结合，自由基较稳定，而 PE 分子链上无极性基团，氧分子易透过。因此，电火花处理 PE 表面形成的自由基很快与氧结合生成过氧化物，过氧化物受热分解产生自由基引发接枝聚合。如图 6-38 所示。

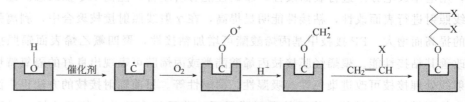

图 6-38 电火花引发表面接枝聚合的机理

① 电火花接枝聚合对塑料制品表面结构与性能的影响

a. 表面化学结构。电火花将能量传递给塑料材料表面引发化学键断裂，生成自由基，在有氧条件下，自由基迅速与氧气结合生成含氧官能团。红外光谱和表面光电子能谱（ESCA）（图6-39）等研究表明电火花在塑料材料表面引入了醛、酮、羧酸、羰基、羟基、酯、过氧化物等含氧极性基团。

b. 表面形态。塑料制品在空气、氧气、二氧化碳气氛下经电火花接枝聚合后，由于分子链氧化降解，产生刻蚀作用，表面粗糙度发生明显变化。扫描电子显微镜照片观察表明表面粗糙度随电火花处理温度的升高、处理时间的增长而增大。而在氢、氮、氩等无氧气氛下的电火花处理，材料表面形态几乎不变，可能是由于没有发生氧化降解的缘故。

c. 表面张力。塑料制品经电火花处理后，表面与水的接触角下降，表面张力增大。临界表面张力的增加主要是极性分量贡献的结果，而色散分量在处理前后基本不变，甚至还略有下降的趋势。这

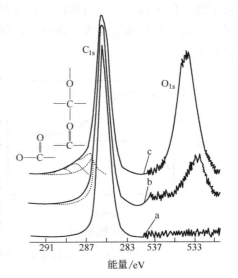

图 6-39　LDPE 及电火花处理 LDPE 的 ESCA 谱图

a 为未处理 LDPE；b 和 c 分别为空气电火花处理 8s 和 30s 的 LDPE

可能是由于表面的氧化反应使材料表面极性分量增加，而非极性部分减少所致。

d. 润湿性。经电火花处理后塑料表面引入了含氧极性基团，使其表面润湿性得到改善。在电火花处理初期（几十秒内），材料表面与水的接触角迅速下降，此后，进一步延长处理时间，由于表面引入的含氧极性基团逐渐达到平衡，并向次表面层发展，故接触角的变化逐渐趋缓（图6-40）。

e. 粘接强度。塑料薄膜成型后，由于表面污染和低分子添加剂从本体内部向表面层迁移、扩散，形成弱边界层。电火花接枝聚合塑料薄膜，既可消除表面的弱边界层，又可在表面引入含氧极性基团，增大表面粗糙度，从而大大提高了薄

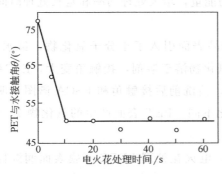

图 6-40　电火花处理时间对 PET 与水接触角的影响

膜的粘接强度。但当薄膜处理过度，表面降解严重，粘接强度反而有所下降。

② 电火花接枝聚合效果的影响因素

a. 处理时间和气体种类的影响。塑料制品表面有效的电火花处理时间一般为几秒至几十分钟，处理时间的长短与气体种类有关。不同的气氛下在相同的时间内处理的效果和达到最佳处理效果的时间不同。氧气、空气及二氧化碳等含氧气体的效果最好，氮气次之。氢气的处理效果最差，对粘接强度几乎无影响。

b. 处理温度的影响。若电火花处理的时间较短，则升高温度，将提高黏合强度，但表面张力无太大变化，如图6-41所示。当处理时间超过一定值后，升高处理温度黏合强度下降。但表面张力随时间的延长有所增加。这是由于随处理时间延长、温度升高，高分子材料表面降解程度增大，降解后的低分子氧化物在表面积聚，形成弱边界层，使其粘接强度下降。

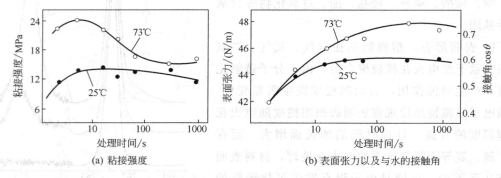

图6-41　不同温度下空气电火花处理PE的性能随处理时间的变化

c. 湿度的影响。Briggs等发现要达到相同的印刷性能，电火花处理时间随环境湿度的增大而延长。他们认为水分子可与电火花处理过程中塑料材料表面所产生的自由基结合生成醇（ROH），而—OH对油墨的印刷性无贡献。塑料制品表面的粗糙度与电火花处理时的湿度和能量有关，在相同条件下，材料表面粗糙度随湿度的增加而增大。

d. 功率的影响。电火花处理所采用的功率大小主要是由输出功率、两电极之间的距离（即气体间隙）、电极绝缘层、处理薄膜的性质和厚度以及对处理效果的要求共同决定的。功率的大小直接决定着电火花产生的各种粒子的能量，增大处理功率和延长处理时间是等效的。

e. 洗涤溶剂的影响。电火花接枝过程中塑料制品表面引入了小分子氧化物，经水、乙醇、甲醇等极性溶剂清洗处理后的样品，小分子氧化物溶于溶剂，接触角变大，ESCA谱图中O/C含量比降低。而用非极性溶剂如正己烷，清洗前后接触角和ESCA谱图无明显变化。不同的材料水洗后，表面小分子氧化物变化不同。PET表面产生的氧化物75%能被水洗掉，PE表面的氧化物只有50%是水溶性的。

f. 存放时间的影响。随空气中存放时间的延长，电火花处理LDPE薄膜表面润湿性逐渐变差，与水的接触角增大。许多研究者认为这一现象是由于高分子材料分子链的自由旋转所致。随存放时间的延长，表面上引入的极性基团逐渐转移到本体内部，因而表面的润湿性、表面张力及黏合性能下降，与水的接触角增加。实验还发现在高温环境下存放，润湿性能变化更显著。M. Strobel等认为这是由于高温可加速电火花处理所产生的小分子氧化物迁移到材料本体或小分子氧化物气化所致。

(5) 热接枝聚合

现在有许多人尝试用热引发聚烯烃制品表面的接枝聚合来增加其表面能及极性，以提高其可粘接性。M. C. Zhang等先用Ar等离子体处理LDPE膜表面，然后涂上甲基丙烯酸甘油酯，做成三明治形的试件，放入烘箱内在不使用交联剂的情况下进行热接枝聚合。表面接枝共聚的有效性与等离子体处理的时间、接枝浓度、热接枝/层压温度、时间等有很大关系。测得剥离强度为 2.6N/cm，破坏为内聚破坏。也有用自由基引发剂分别与丙烯酸、顺丁烯二酸酐等不饱和单体配制成接枝液，涂敷于聚丙烯板表面，然后放入烘箱在一定温度下恒温一定时间，使表面进行接枝反应，尔后用环氧树脂胶黏剂进行粘接，于80℃固化 6h 后再室温放置 12h 测其剪切强度。表 6-7 是采用不同的处理方法所得结果数据的比较。

表 6-7 PP 表面处理方法和剪切强度

处理方法	剪切强度/MPa	处理方法	剪切强度/MPa
溶剂擦洗(A)	0.549	A+表面接枝(C)	1.125
A+打磨(B)	0.903	A+B+C	1.546

6.3.3 表面涂饰

6.3.3.1 涂料涂饰

高分子材料的涂料涂饰是将合成或天然树脂加入溶剂而制成的溶液（又称涂料或油漆），通过喷涂、辊涂、浸涂、淋涂、帘涂、刷涂等方法直接涂在高分子材料制品的表面上。各种涂饰方法的比较见表 6-8。

表 6-8 各种涂饰方法的比较

涂饰方法	优缺点	适用涂料			适用范围（工件）	作业效率	设备费用
		溶剂挥发速度	黏度	种类			
刷涂	工具简单，机动灵活，消耗涂料最少，但速度慢，质量差，劳动强度大，劳动保护差	挥发慢好	稀、稠均可	调和漆，合成磁漆，水性漆	小面积、小批量工件	低	小
刮涂	一次可得厚涂层	取初期挥发慢者	塑性流动大者	腻子	较平滑的工件	低	小
手工喷涂	设备简单，投资少，无高压电设备，速度快，质量比刷涂好，但消耗涂料最多，劳动强度大，劳动保护最差	取挥发速度快者	取触变性小者	挥发性涂料	小批量大面积工件	高	中
自动喷涂	设备不甚复杂，无高压电设备，可密闭操作，劳动保护好，劳动强度不大，涂料消耗较多	同上	同上	同上	小面积大批量工件	高	中
高压无空气喷涂	设备组件较少，体积小，质量轻，携带方便，操作简易，机动灵活，涂料消耗量较多，劳动保护差，劳动强度大	取挥发稍慢者	同上	同上	小批量大面积工件	高	中
静电喷涂	涂层均匀度、光泽度、附着力均好，涂料消耗少，速度快，效率高，易于自动化、远距离、密闭操作，劳动强度低，劳动保护好，但设备较复杂，并设有高压电设施，涂料消耗比刷涂多	取挥发慢者	同上	溶液型涂料	大批量工件，但不适于特大工件	高	大

续表

涂饰方法	优缺点	适用涂料 溶剂挥发速度	适用涂料 黏度	适用涂料 种类	适用范围（工件）	作业效率	设备费用
辊涂	连续操作,无涂料飞扬,用料省,速度快,质量好,劳动保护好,劳动强度低,但只可涂布连续膜片材料				连续膜片	高	小
浸涂	操作简单,可自动化,涂层均匀,涂料利用率较高,但工件表面全被涂布,涂层难免泪滴、流痕、淌流,溶剂损耗大	取挥发稍慢者	取有塑性流动者	磁漆等	连续平片或其他形状工件	高	中
淋涂	设备简单,可封闭自动操作,用料比浸涂省,但难用触变涂料和金属涂料	同上	同上	同上	各种形状不规则工件	高	中
帘涂	可用各种涂料,包括热熔型,溶液型,水分散型涂料的涂布,但在表面凹处易夹带空气	取挥发快者	取触变性小者	硝基漆,磁漆,丙烯酸漆	不连续的片材和形状不规则的工件	高	大

目前，除聚四氟乙烯、聚乙烯等表面能极低的塑料外，大多数塑料都有适宜的表面涂料。对硬塑料，一般以保护性涂饰为主，因此，涂层应有足够的层次和厚度，才能消除涂层中的孔隙，阻止外界的水分或化学腐蚀介质，由孔隙侵入涂层内部，延长涂饰件的使用寿命，达到保护的目的；对软塑料的涂饰多为装饰性的，不仅要掩盖缺陷，而且要改善光泽和手感，涂层本身应有良好的耐曲折性能。

此外，硬塑料在涂饰前若有内应力，也会影响涂层的牢度和使用寿命，在这种情况下，在涂饰前，最好对工件进行热处理以消除内应力。

对硬聚氯乙烯材料，用耐老化的涂料（如过氯乙烯漆）涂饰；对软聚氯乙烯材料，可用过氯乙烯漆、聚氯乙烯漆、乙烯基树脂漆、丙烯酸漆、聚氨酯漆、醇酸树脂漆、酚醛树脂漆、环氧树脂漆等，应视具体产品品种及其使用要求选用涂料。除了主要成膜物质以外，还要加入溶剂和适量的非迁移性增塑剂、稳定剂等。溶解度参数值与聚氯乙烯接近的环己酮、1,2-二氯乙烷等，可用作主溶剂，起溶解作用；醋酸丁酯等可作助溶剂，起局部溶胀作用；二甲苯等芳香族碳氢化合物，可作稀释剂。表6-9和表6-10是用于软聚氯乙烯的涂料的参考配方。

表 6-9 聚氯乙烯鞋上光涂料的参考配方

原料			浸涂				手工喷涂				静电喷涂		
			一	二	三	四	五	六	七	八	九	十	十一
聚氨酯	广州 4#	甲	—	—	30	—	30	30	—	—	30	30	—
		乙	—	—	70	—	70	70	—	—	70	70	—
	上海	7110甲	41	—	—	—	—	—	—	—	—	—	—
		7110乙	59	—	—	—	—	—	—	—	—	—	—

续表

原料			浸涂				手工喷涂				静电喷涂		
			一	二	三	四	五	六	七	八	九	十	十一
聚氨酯	上海	685甲 856乙	—	75 25	—	—	—	—	—	—	—	—	—
	上海	7160 344-2	—	—	—	—	—	—	—	87 13	—	—	—
	天津	甲 乙	—	—	—	60 40	—	—	—	—	—	—	—
	兰州	甲 乙	—	—	—	—	—	—	60 40	—	—	—	60 40
聚氯乙烯清漆			—	—	200	250	—	25	20	20	—	30	20
环己酮			59	75	150	200	40	50	60	60	60	100	80
醋酸丁酯			—	—	120	100	30	45	45	45	45	70	90
乙酸乙酯			294	300	—	—	—	—	—	—	—	—	—
二甲苯			—	—	150	100	30	65	45	45	45	80	70
有机锡			0.3%~ 0.5%①	0.3%~ 0.5%②	0.1	0.1	0.5	0.1~ 0.4	0.1~ 0.2	—	0.5	0.1~ 0.3	0.1

① 凡未作特殊说明者，所有用量皆为质量份。下同。
② 此用量分别以7110甲或685甲为基准的百分数。

表6-10 后涂工艺人造革涂料的参考配方

原料	有光	无光	原料	有光	无光
聚氯乙烯树脂	1	1	乙酸丁酯	4	4
372塑料①	0.5~1	0.5~1	丁醇	1	1
环己酮	6	6	二氧化硅	—	0.6

① 372为甲基丙烯酸甲酯85%和苯乙烯15%的共聚体。

ABS塑料耐溶剂性较差，对涂料的成分和溶剂，均需严格挑选。用环氧树脂漆和聚氨酯漆不仅漆膜坚牢，且耐化学药品性优良。

对聚苯乙烯塑料可使用丙烯酸树脂、醇酸树脂、环氧树脂、聚氨酯、有机硅和酚醛树脂等涂料，使得聚苯乙烯表面改性、形成交联的树脂层，以提高聚苯乙烯制品的冲击强度、耐磨性、耐划伤性、耐溶剂性。

聚碳酸酯制品在接触某些溶剂后容易开裂，应选用含有酯链的涂料为好。如醇酸树脂、环氧树脂、丙烯酸树脂、乙烯基树脂、聚氨酯和有机硅树脂等涂料。

聚烯烃由于极性低，结晶化程度高，与涂料的附着力小，所以，不仅要选择合适的涂料，而且还要进行表面处理（火焰处理、电晕处理、化学处理），才能获得附着力良好的漆膜。如聚烯烃选用环氧树脂漆、聚氨酯漆、醇酸树脂漆等作为防护漆或底漆，在这些漆涂饰前工件必须经过预处理。而选用氯化聚烯烃涂料（包括氯化聚乙烯清漆、氯化无规聚丙烯、乙烯-丁烯共聚氯化物、丙烯-顺丁烯二酸酐接枝共聚物氯化物、聚烯烃的悬浮氯化物等涂料）和氯化聚烯烃-丙烯酸涂料，则聚烯烃工件表面无须处理，附着力良好。

6.3.3.2 表面彩饰

彩饰是对高分子制品表面添加彩色图案、花纹或文字的一种作业，也称施彩。它包括凸版印刷、凹版印刷、丝网印刷、平版（胶版）印刷、渗透印刷（扩散印刷）、喷墨打印、热转移、移印、烫印等。印刷所使用的油墨是由树脂、颜料（或染料）、填充料、助剂及溶剂经研磨分散而制成。现对最常用的方法作一简述。

(1) 凸版印刷

凸版印刷的主要特征是印版的图文部分凸起，非图文部分凹下，当涂有油墨的墨辊滚过印版表面时，其凸起的图文部分沾有均匀的一层油墨，而凹下的空白部分不沾油墨，这样，承印物通过压印机构，在压力的作用下，着墨部分（图文部分）的油墨就转移到承印物的表面，从而留有清晰的印迹，获得图案或文字的印刷品。此法可套印，多用于彩色图案印刷及小批量多色的塑料包装袋的印刷。

(2) 凹版印刷

与凸版印刷相反，凹版印刷的版面，其低凹部分是接受油墨的着墨部分，凸起部分则是空白部分。在印刷时，凹版（版辊）在墨槽里滚过后，其表面涂满油墨，而后，用刮墨刀刮去版辊上凸起部分的油墨，仅留下低凹部分的油墨转移到承印物上。凹纹越深、墨层越厚，转印后颜色越深。

凹版印刷的墨层厚实，层次丰富，清晰度高，印版使用寿命长，油墨适应性强，印刷速度快，适用于印刷精美的画册和连续印刷塑料薄膜。

凹版印刷油墨有聚酰胺型、氯化聚丙烯型、橡胶型、丙烯酸型、聚氨酯型及硝基纤维素型等，所用溶剂一般为烃类、醇类、酮类及酯类等，此类油墨属挥发干燥型。

(3) 丝网印刷

丝网印刷又称网孔版印刷、蜡版印刷、绢印，这是由于制网版的材料有丝绢、尼龙丝、蜡纸、铜丝、不锈钢丝等。印版的图文部分是由细小的纤维孔或按一定经纬、一定孔隙均匀排列的编织物组成，其丝网眼的粗细是以筛孔多少来表示，大多用 100～300 筛孔/英寸。

丝网印刷由橡胶辊（或刮刀）和丝网组成。橡胶辊是推挤油墨通过丝网的工具，丝网版是印花的底版，它要求油墨在丝网上时，不能穿过网眼；在刮墨刀刮墨时，应像稀的液体一样快速流过细小的网眼；一旦穿过网眼，涂在承印物上，又能迅速流平形成连续的涂层，但又不能过分流动，以保证图文清晰。此法适用于旅行袋、毛巾及玩具等塑料制品的印刷，还可用于曲面印刷，如塑料容器的圆筒形表面的印刷。由于墨层厚，富于立体感。

目前常用的丝网油墨有挥发干燥型、化学反应型、特种类型。油墨所用的树脂有：环化橡胶、聚酰胺树脂、丙烯酸树脂、乙烯类树脂、环氧树脂、三聚氰胺甲醛树脂、酚醛树脂、等。与凹版油墨相比，可选用挥发速度慢的溶剂，防止网眼堵塞。

(4) 渗透印刷

渗透印刷亦称扩散印刷，是让染料扩散和渗透进入加热的塑料表面的一种印刷方式。渗透的深度，随染料和塑料基材的种类、渗透温度的不同而异，通常为 0.07～0.15mm。此法得到的印刷品，具有相当优异的图文清晰度、光泽度、耐磨性、耐化学药品性，适用于仪表或玩具上的触摸面板和打字机、计算机、文字处理机的塑料键帽、键盘的印刷。

目前，采用渗透印刷的承印物多数是较为通用的塑料如：聚碳酸酯、聚酯、聚酰胺、聚氯乙烯、丙烯酸树脂、环氧类树脂、三聚氰胺树脂。

渗透印刷油墨也含有树脂、染料、有机溶剂或水，必要时，加入多种添加剂，以改善其流动性、黏附性，或加入匀涂剂、转移促进剂、颜色稳定剂、凝胶抑制剂等。

(5) 烫印与热转印

塑料的热转印，是在热和力（压力）的作用下加工成印刷图文，实际上包括两种类型。其一：将事先印刷在基材上的图案或文字转移到塑料或其他材料上，此称热压贴花；其二：利用刻有图案或文字的热模，在一定的压力下，将烫印材料上的彩色铝箔转移到塑料表面上，从而获得有金属光泽的、精美的图案或文字，此称烫印。烫印箔主要由装饰复合层和载体薄膜构成。

装饰复合层是烫印箔起装饰作用的主要部分，其结构层次取决于烫印箔的品种，一般为 4～13 层，如保护层（单功能或复合功能保护层）、装饰效果层（金属层，颜料层或印刷图文层等）、遮盖层（或底漆层）和胶黏剂层等。

载体塑料薄膜主要起装饰复合层的加工和支承作用，多数为聚酯薄膜，也可为聚乙烯、聚丙烯、聚酰胺等薄膜。

6.3.3.3 表面上金

上金是用电镀、真空电镀（淀积）、喷镀等方法，在塑料表面上覆盖薄层金属的作业。与塑料件相比，可达到装饰效果外，还可以提高表面硬度、力学强度、耐水性、耐油性、耐候性，并赋予导电性及焊锡附着性；与金属件相比，减轻了重量、降低成本、耐腐蚀。但是，上金塑料件的强度和使用温度仍远低于金属。

塑料上金的工艺，有湿法和干法两类。湿法工艺有化学浸镀、电镀、喷导电涂料等；干法工艺有真空蒸镀、熔融喷镀、真空喷镀、阴极溅射、离子镀等。现对最常用的方法作一简述。

(1) 真空蒸镀

在高真空条件下，将金属加热蒸发而使其蒸气压在塑料表面凝结成为均匀的金属薄膜，称为真空蒸镀（称或真空镀膜）。它属物理气相沉积方法。可用于真空蒸镀的金属有铝、金、银、铜、锌等，常用的是铝。可真空蒸镀的塑料有：聚酯、聚碳酸酯、非增塑 PVC、聚苯乙烯、ABS、聚丙烯酸酯、聚乙烯、双向拉伸的聚丙烯、聚砜和聚酰胺等。其真空蒸镀塑料制品已广泛用作包装材料、功能材料、装饰材料、烫印材料等。

一般镀膜制品的结构如图 6-42。蒸镀过程工艺是预处理→涂底漆→真空蒸镀→上面漆→涂表层。

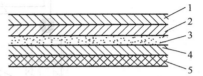

图 6-42　一般镀膜制品结构示意图
1—表层；2—面漆；3—金属镀层；
4—底漆；5—塑料件

① 制件的预处理　预处理的主要目的是除去塑料制品表面上的污垢、油腻、灰尘和脱模剂等，以保证镀膜后的产品无表面缺陷和粘接不牢的缺点。常用的预处理方法是溶剂清洗法。选择溶剂以不伤害塑料制品表面又能快速挥发为好，对聚苯乙烯和酚醛塑料，常用乙醇浸洗 4～5min 即可；醋酸纤维制品以乙醇、丁醇和石蜡油等比例混合的溶剂为好。一般脱模剂很难除净，凡需要真空镀膜的模塑制品最好不用脱膜剂。

对聚乙烯和聚丙烯塑料制品经过溶剂清洗还不够。在清洗后，必须再用高温（1100～2800℃）的火焰或重铬酸钾-硫酸溶液作短时间的处理，使其表面氧化、提高附着力。

存有内应力的制品，应事先经过热处理清除内应力，否则在清洗和涂底漆时，常会开裂或翘曲。对聚酰胺和热固性塑料制品，即使不存在内应力，也须经过热处理，其目的是排除塑料中一些低分子物，否则，在抽真空时会逸出，影响真空度和镀层质量。

② 上底漆　一般塑料制品可以不上底漆。但若制品表面有水分及微孔吸留惰性气体或蒸汽或含有挥发性物质，如各种增塑剂及化学试剂等，将严重影响镀膜效果，才需要上底漆。表 6-11 为几种底漆应用实例。

表 6-11　几种底漆应用实例

填料名称	固化条件	适用范围
685号树脂	60～70℃/h	ABS、聚酰胺、聚氯乙烯
甲基透明树脂	60～70℃/10h	ABS、聚酰胺、聚苯乙烯
FOH 酚醛树脂	60～70℃/h	ABS、聚酰胺、聚苯乙烯

③ 真空蒸镀　以真空镀铝为例，选用非连续单件式真空镀膜机（见图 6-43）。其工艺过程如下：

a. 预抽真空。将已处理好的塑料制件置于镀膜室内的镀件台上，将已清洁过的高纯度铝丝或铝箔挂在钨丝加热电极上，并在室内放入 P_2O_5 干燥剂，而后，关闭室门，用机械泵抽真空。

放入的铝丝是经过计量的，它的用量取决于镀层的厚度、投影的角度、铝丝与镀件的垂直距离、镀膜金属的密度等，可按下式作近似计算。

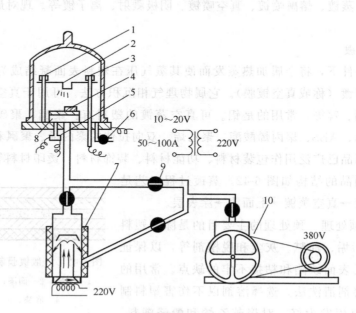

图 6-43　圆形钟罩垂直升降式真空镀膜机
1,3—蒸发电极；2—挂在钨丝上的待蒸镀金属；4—待镀件；5—真空计；
6—放气阀；7—扩散泵；8—镀件台；9—阀门；10—机械泵

$$G = 10^{-6} \times \frac{\pi S h^2 \rho}{\tan^2 \alpha} \qquad (6\text{-}14)$$

式中 G——镀膜金属总质量，g；

S——镀层厚度，μm；

h——镀膜金属与镀件的垂直距离，mm；

ρ——镀膜金属的密度，g/cm^3；

α——投影角，(°)。

蒸镀参数如图 6-44 所示。

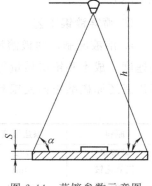

图 6-44 蒸镀参数示意图

b. 离子轰击。电压调至 1.5kV，电流约为 150~160mA，进行 15~20min 的离子轰击，其目的是进一步清洁塑料制件的表面，以使镀膜有良好的黏附力。但在一般情况下，可不经此步处理。

c. 抽高真空。加热扩散泵的油，待其沸腾，开启开关，镀膜室的真空度即逐步上升。

d. 加热铝丝。当真空度达到 0.013~0.0013Pa 时，接通加热电源，加热铝丝，当其温度达到约 1000℃时，撤去挡板，金属蒸发，蒸发完毕，即停止，时间约为 5~15s。

镀层厚度一般在 1μm 以下，若为 0.04μm，反射率达到 90%，若小于 0.04μm，反射率太低，若太厚，则镀层附着力差，易脱落，光亮度降低，一般厚度控制在 0.04~0.1μm。

④ 上面漆 为使真空镀膜后的制品在使用中能够抗御摩擦、潮湿、氧化、腐蚀等保护作用，镀膜后在表面再上一层水白色或其他色泽的透明漆。

⑤ 涂表层 在真空镀膜工业中，这是指施于面漆上的装饰性涂层，可以是透明、半透明或不透明的，如无特殊要求，此步可省。

(2) 喷雾镀银

喷雾镀银是一种古老的工艺，与真空蒸镀相比，因具有设备简单、投资少、适应性广（可喷镀较大制件）、易连续化操作等优点，近些年来，仍受到人们重视。

喷雾镀银的原理是基于银盐溶液和醛溶液之间的氧化还原反应（即以醛还原硝酸银），使其银离子成为金属银，与制镜过程相似。其基本步骤是：①制品的表面处理；②上底漆；③底漆层表面的清洗和活化；④喷雾镀银；⑤清洗；⑥上面漆。其中①、②和⑥与真空镀膜法完全相同，故不再赘述，其他几个步骤分述于后。

① 底漆层表面的清洗和活化 清洗的目的是使底漆表面具有被水溶液全部浸湿的性能，清洗方法是用肥皂水或洗涤剂溶液及热水漂洗，以保证喷雾的银层均匀并附着牢固。对清洗后的制件，为使缩短银层形成时间、改善银层的均匀性和附着力，进行敏化处理。在此举一例敏化液配方：40g/L 的氯化亚锡和 40mL/L 的盐酸。因氯化亚锡在中性水中极易水解生成碱式氯化亚锡，所以最好先将氯化亚锡溶于盐酸中，待溶化后加水稀释，成为酸性溶液。

敏化液在空气中长期放置，会因空气中氧的作用而失去还原能力，因此，最好随配随用，放置时间最多不能超过一天，为防止氧化，还可在溶液中放入纯锡块。

敏化方法是将敏化液喷涂在工件表面,或将工件置于敏化液中浸泡2～3min。敏化后的工件,还必须用蒸馏水彻底洗净,以免喷镀的银层出现黑斑。洗净后的工件,可在60～65℃干燥。

② 喷雾镀银工艺

a. 溶液配制。喷镀溶液有银盐溶液和还原溶液两种,两种溶液的配方,随着对镀银的速度、成本和银层质量等要求的不同,可以有很多的变化。但其作用原理都是相同的,即以醛还原硝酸银而使银离子成为金属银,附于工件的表面。表6-12是一种参考配方。

表6-12 喷雾镀银溶液配方

原料	银盐溶液	还原溶液	原料	银盐溶液	还原溶液
硝酸银	72g	—	乙二醛(30%)	—	100mL
氢氧化铵	60mL	—	三乙醇胺	—	25mL
蒸馏水	3900mL	3875mL			

配制镀银溶液时,宜先将硝酸银溶液倒入2000mL蒸馏水中,而后在强烈的搅拌下加入氨水,最后加足蒸馏水,使溶液的总容积达到4000mL。配制还原溶液时,直接按配方计量,混合搅拌即可。

b. 喷镀操作。使用双头喷枪,两头同时分别喷出银盐溶液和还原溶液。为保证银层的质量,喷镀操作最好在通风橱中进行,以便对空气的湿度和温度进行控制。此外,使用的空气应该是清洁的,不容许有灰、油、硫存在。镀银后用水清洗,再经干燥后涂上面漆为成品。

(3) 电镀法

电镀法是利用电化学的方法对金属和非金属制品进行表面加工的一种工艺,塑料电镀就是用电镀的方法给塑料制品穿上一件金属"外衣",这层金属"外衣"称为电镀层。塑料制品表面镀上金属后,可以改善制品的耐热性、耐腐蚀性和力学性能,并可根据不同要求对制品表面施以装饰性外观。

目前可进行电镀的塑料有ABS、聚丙烯、聚苯醚、聚砜、改性聚苯乙烯、聚甲基丙烯酸甲酯、环氧树脂、聚酰胺、聚氯乙烯、聚甲醛、聚碳酸酯、聚酯、聚酰亚胺等。电镀用的金属主要有铜、镍、铬,铜锡合金、铜锌合金、铜镍锡合金、镍锡合金、镍钴合金,贵金属,如金、银、铑、钯、铂等。

塑料的电镀过程,包括表面处理、制导电层、电镀、后处理等步骤。电镀制品的性能不仅与上述步骤有关,还与电镀前制件的造型设计有关。例如,制件有锐边、尖角则会造成边角镀层隆起、使平面不平等现象以致影响使用寿命。另外,待电镀的塑料件,如有内应力,会影响塑料与镀层之间的结合力,在浸蚀处理时会发生浸蚀不均匀甚至开裂的现象。所以在电镀之前应将制件放入冰醋酸中浸泡2min后检查制件的内应力。如存在内应力,则在有内应力的部分产生白色裂纹。对于有内应力的制件,需要预先进行热处理。

对于非金属材料制品,在电镀前通常需利用化学镀的方法镀一层导电膜,所以许多文献将化学镀和电镀统称为电镀,即把化学镀看成是电镀的前处理过程。由于化学镀上金的速度较慢,镀层厚时表面粗糙,缺乏光泽,所以需要在化学镀的基础上再电镀才能达到厚度和外观要求。

塑料件在电镀之前，通常需要进行传统的除油、化学粗化、敏化、活化、还原、化学镀等预处理，使其表面有一层导电层，再进行电镀。最近几年也出现了不需化学镀，在用钯-锡活化或用导电聚合物膜处理后直接电镀的例子。

塑料件经过化学镀以后，表面附着一层 $0.05\sim0.2\mu m$ 厚的金属导电薄膜，但这层薄膜不能满足产品在防腐、装饰、耐磨、耐热、导电、焊接等方面的性能要求，一般需用电镀的方法加厚镀层，即根据需要再电镀铜、镍、铬、银、金等金属。

6.4 焊接和粘接

采用加热和加压或其他方法，使热塑性塑料制品的两个或多个表面熔合成为一个整体的方法，称为塑料焊接。焊接是制造大型设备、复杂构件不可缺少的，同时可完成修残补缺的任务。在焊接时，可使用塑料焊条或不用焊条。焊接适用于热塑性塑料（除硝酸纤维素外）制件的接合。

在黏合剂的作用下，将被粘物表面连接在一起的过程，称为粘接或胶接。用粘接的方法，可以使小的、简单的部件成为大的、复杂的构件，借以弥补模塑制品的不足。此外，粘接还可以用于点缀装饰，修残补缺。

6.4.1 高分子制品的常用焊接方法

由于加热方式不同，焊接有很多方法，大体包括热焊接、摩擦（发热）焊接和电磁（发热）焊接三类，其中较重要的是热气焊接、加热工具焊接、摩擦焊接、高频焊接、超声焊接和感应焊接。部分焊接方法及其简况见表6-13。

表 6-13 部分焊接方法及其简况

传热方式	焊接方法	设备、材料等	塑料焊件	接头形式	焊缝强度
对流	热气焊接	焊枪,空气压缩装置,滤气器,焊条等	板-板,管-管,板-管,其他材料	对接,搭接,套接,插接	接近或低母材
辐射	热辐射焊接	电炉板(盘)	管-管,棒-棒,管-棒	对接,贴(补)接	较差,不稳定
	红外线辐射焊接	高能量红外光辐射电加热器	管-管,棒-棒,管-棒	对接	—
传导	热板焊接	热板及其加热装置	管-管,棒-棒,管-棒某些型材	对接为主	略次于旋转摩擦焊接
	特别管状铬铁	管状铬铁	管-管,管-套	套接,插接	等于或接近母材
	热环焊接	网状加热环(作工具,焊后取出)	管-管,管-套,管-棒,套-棒	套接,插接	等于或接近母材
	辊压焊接	热压辊	薄膜(片)之间	压接	等于或接近母材
直接	热元件焊接	塑料平行铜芯线,漆包铜芯线,电热扁带	管-管,管-套,管-棒,棒-套	套接,插接(永久性插入)	等于或接近母材
间接(机械)	超声波焊接	专用设备	薄膜(片)板,某些型材等	对接,铆接,镶嵌,锻接,点接	等于或接近母材
	高频焊接	高频介质焊接机	薄膜(片)之间	压接	等于或接近母材

续表

传热方式	焊接方法	设备、材料等	塑料焊件	接头形式	焊缝强度
间接（机械）	高频焊接	高频发生器,网状金属套管	管-管,管-套,管-棒,棒-套	套接,插接	等于或接近母材
	振动摩擦焊接	专用设备	—	—	接近母材
	旋转摩擦焊接	车床,钻床	管-管,棒-棒,管-棒,棒-板	对接或锥面连接	接近母材
	电磁感应焊接	高频发生器(5~8MHz),辅助装置	对材料、尺寸、形状没有限制	对接	约为母材强度的50%
间接（其他）	压注焊接	手枪式注射器,塑料粒料	板-板,管-管,其他材料	对接,搭接,管接,插接	等于或接近母材
	挤压焊接	携带式挤出机,塑料粒料	板-板,管-管,其他材料	除上列以外,还可模接	等于或接近母材
	绕包热烤焊接	喷灯,塑料带,耐热软带	管-管,管-棒,棒-棒	对接,套接	等于或接近母材

6.4.1.1 热气焊接

压缩空气（或惰性气体），经过焊枪中的加热器，被加热到焊接塑料所需的温度，然后，用这种经过预热的气体加热焊件和焊条，使之达到黏稠状态，在不大的压力下，使之接合，这种焊接方法称为热气焊接或热风焊接。此法与金属的气焊颇为相似，只是无需让焊条熔融成珠粒。

热气焊接法的优点是：工具简单、价廉，操作费用低，通用性强，不仅能焊接轻型制件，也可焊接重型设备，还可用它做临时点焊。与接触焊接相比，对零件相互配合的要求较低，熔融的热塑性塑料不会粘在工具上。

热气焊接适用于厚度≥1.5mm的材料，包括板、管等。手工热气焊接，最适用于象角、短缝、小半径弧形接头等难焊接头。此法主要用于聚氯乙烯、聚乙烯、聚丙烯、聚甲醛、聚酰胺等塑料的焊接，也可用于聚苯乙烯、ABS、聚碳酸酯、氯化聚醚、聚乙烯、氯化聚氯乙烯、聚四氟乙烯等塑料的焊接。近年来，热气焊接已逐渐被其他高生产率的焊接方法所替代。当不能使用别的焊接方法时，才使用这种方法。

热气焊接的主要设备，是由供气系统、焊枪、调压变压器及其他附属设备组成，如图6-45所示。所用的气体，随焊件的种类而异。对PVC用空气，而聚乙烯、聚丙烯等因易氧化，最好用氮气或二氧化碳。

热风焊接的焊缝强度，主要取决于焊件和焊条的塑料种类、焊缝结构、待加工面的机械加工质量和焊接技术。

通常焊条的化学组成与焊件相同，但也可用主要成分相似的焊条。一般焊条呈圆杆状，其直径大，焊缝被加热的次数减小，焊缝强度高。但焊条直径过大（超过5mm），则焊条塑化不透，外表和内部受热不均，可能产生裂缝。故焊条直径应不大于3.5mm。圆形焊条有单焊条和双焊条之分，后者为双条并联中间有槽的焊条，与单焊条相比，它具有受热面积大而均匀，延伸率低，焊接强度可提高60%~70%，焊缝小，外观美等特点。

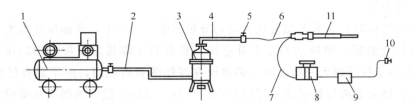

图 6-45 热气焊接的设备及配制情况

1—空气压缩机；2,4—输气管；3—过滤器；5—气流阀；6—输气软管；7—电线；
8—调压变压器；9—漏气自动切断器；10—插头；11—焊枪

在实际焊接过程中焊缝根部先用细的（直径 2mm 左右）单焊条打底。后用粗的单焊条或双焊条焊接。

焊缝结构应根据材料的厚度、制件结构的特点、使用场合、焊接操作方便及经济性加以选择。

6.4.1.2 加热工具焊接

利用加热工具，如热板、热带或烙铁等，对被焊接的两个塑料表面直接加热，直至其面层发生足够的熔化，抽开加热工具并立刻将两个表面压拢，直到熔化部分冷却、硬化，就能使塑料部件彼此连接，这种焊接方法称为加热工具焊接。就材料来说，此法适用于焊接聚氯乙烯、聚乙烯、聚丙烯、聚苯乙烯、聚碳酸酯、ABS、有机玻璃、氟塑料等；就制品来说，可用以焊接管、棒、板、型材、薄膜（片）等。

为工作需要，加热工具的型样有不同的变化。焊接设备有简单手提轻便式的，也有全自动固定式的。不同设备大小，操作原理均相同。加热工具一般由钢、铜或铝制成。为防止被焊塑料熔化而玷污加热工具，工具表面通常镀镍或涂有聚四氟乙烯。镀镍或覆盖涂层还另有一种意义，即避免铜或钢制的工具在高温下促使某些塑料的降解。加热工具一般可随焊接不同塑料而控制在一定温度范围。

焊接聚甲基丙烯酸甲酯为 320～350℃；高密度聚乙烯约 200～205℃；低密度聚乙烯约 150～200℃；增塑聚氯乙烯约 160～180℃。压向焊接处的压力约 0.02～0.08MPa。压拢时，接合处的气泡应完全排除，以保证焊缝的强度。加热时间一般在 4～10s。自加热工具移出至被焊部件接合的时间，最好不超过 1s，时间愈长，焊接强度愈低。

由于焊接时施压，焊接处总会鼓出一道焊痕。如果接合后还须进一步成型，例如管材弯成适当角度或板材热成型等，这道焊痕可暂不除去，因为成型时接合处常会发生下陷。如果不需要再成型，焊痕可用砂磨法除去。

6.4.1.3 感应焊接

将金属嵌件放在被焊接的塑料表面之间，并以适当的压力保护暂时结合在一起，随后将其置于高频磁场内，使金属嵌件因感应生热致使塑料熔化而接合，冷却后即为焊接制品，此法称为感应焊接，是迅速而多样化的焊接方法之一。对有些焊件只需要 1s 的焊接时间，一般焊件需要 3～10s。此法适用于热塑性塑料。

金属嵌件可以是冲制的薄片、标准金属嵌件或其他形状的金属件。采用此法都可以得到理想的焊接效果。

设计焊面结构时，主要考虑使压力均匀分布在整个焊件上，所施压强愈大，塑料与金属件之间的接触愈紧，塑料的温度上升愈快，愈有利于焊接。通常所用的压强为 0.6～0.7MPa，有些塑料可以大一些。嵌件必须放在焊件两表面之间，而不能有任何部分露在外面。否则，将会造成加热过快和焊接不牢的结果。另外，设计的焊面结构应有利于金属嵌件的固定，以免感应线圈的吸力而移动位置。

6.4.1.4 超声焊接

超声焊接也属于热焊接。当超声波被引向待焊的塑料表面时，塑料质点被超声波激发而快速振动（其频率范围为 20～40kHz）而产生质点之间的摩擦，由机械功转变为热能，使被焊件的温度升高至熔融而连接。而非焊接表面无摩擦，温度不会升高，因而不受到损伤。

超声焊接的热量只集中在焊接部分，生产率高，焊接厚度大、功率消耗低、材料性能变化小，是一种有效的塑料焊接方法。

利用超声波可以焊接以下几种塑料：硬聚氯乙烯塑料、聚乙烯、聚氯乙烯、尼龙，不同厚度的有机玻璃及其他塑料等。焊接接头在所有情况下都是沿整个母材破坏的。特别对于那些熔点较低、弹性模量较大的热塑性塑料，应用超声波焊接效果最好。对于那些无法采用摩擦焊的非圆柱形的零件也可以采用这种方法。常用塑料超声波焊接的强度如表 6-14。

表 6-14 常用塑料超声波焊接的强度

塑料种类	ABS	HIPS	PMMA	MPPO	PP
ABS	○	934N	○	△	△
HIPS	934N	1835N	1247N	○	△
PMMA	○	1247N	○	255N	△
MPPO	△	1247N	255N	○	△
PP	△	△	△	△	1382N

注：○为焊接处不断裂而塑料本身断裂；△为不相容，焊接后基本无强度。

塑料超声波焊接时，与金属超声波焊接有所不同：超声振动方向与所加压力方向是一致的；焊接处产生的应力是法向的，而不是像焊接金属时的切向的。

超声焊接机的结构可以是多种多样的，但都是由高频电流发生器、换能器、调幅杆、加压系统、焊接头及底座等几个基本部分组成。如图 6-46 所示。

① 高频电流发生器　此构件的作用是将输入的低频电流转换为高频电流输出。高频电流的频率范围与超声电流的频率相同。一般为 20～40kHz，在焊接大件时，可使用 10kHz。

② 换能器　其作用是将高频的电能转换为

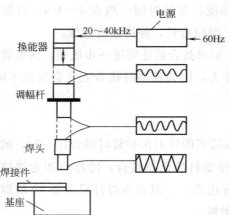

图 6-46　塑料超声焊接机示意图

高频的机械能,即超声能。完成这一转换的常用方法有两种:利用压电效应和磁致伸缩效应。对某些不对称的晶体,如天然的石英晶片和合成的钛酸锂或钛酸钡及锆钛酸铅等晶片,当处于交变电场时,随着电压的变化而发生相同频率的机械变形或尺寸的伸缩变化,这种现象即为压电效应。利用这种压电效应可将高频电能转变为超声能。磁致伸缩效应是指钛、钴、镍一类过渡元素或它们的合金在交变磁场中发生的收缩和膨胀现象。利用这种效应,同样也可以将高频电能转化为超声能。由上述两种方法转换的超声波振幅都不大。声强(即声能)正比于声波振幅平方,因此尚需适当放大,方能使用。

③ 变幅杆　也称为传振杆或波导管。其作用是将换能器所转换的机械能量传到焊头上,其结构形式多样,根据不同要求,可以用来改变机械振动的振幅,起聚能作用。

④ 焊接头　也称为焊头、振动头或工具头,将超声能传送给待焊塑料件的工具。通常是由铝、钛等作成的圆锥体,锥体有利于将超声能集中于焊件上。为防止焊接头与塑料接触部分的磨损,在焊接头顶端镶有碳化钨头,即振动头。其直径随焊接工件的具体情况而异,通常在12～120mm之内。

⑤ 底座　底座是支撑待焊塑料件接受超声的冲击。其相对位置随机的结构而变化。当振动头的波导管位于下方,则底座应在上方。

6.4.1.5 摩擦焊接

利用热塑性塑料间摩擦时所产生的摩擦热,使摩擦面发生熔融,在加压下使其接合,称为摩擦焊接。此法适用于棒、管或两半球等圆制件的对接,如图6-47。

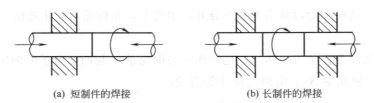

(a) 短制件的焊接　　　　(b) 长制件的焊接

图6-47　旋转摩擦焊接原理图

操作时,一般将一半部件固定在车床或钻床的车头上使其旋转(旋转线速度为100～450m/min),而将另一半部件静止地固定在车床尾部或钻床底部。焊接面所受的压强,视被焊件的刚度和强度而定。硬质PVC焊接压强为0.3～0.6MPa,玻璃纤维增强聚丙烯为0.2～0.6MPa。待塑料熔化后即停车使其冷却。冷却时两焊件的压强应大于摩擦时的压强,以防止接合处存有气泡。

焊接实心部件时,接合面由中心至边缘有速度梯度(即温度由中心向边缘递增),因此应将接合面加工成微具球面状,使摩擦先在接合面中心发生,而后逐渐推向边缘。

对中空焊件,内外壁都有焊痕,当焊接压强过大,焊接时间过时,焊痕更严重。因此严格控制焊接压强和时间及旋转速度之外,采用如图6-48的设计,可减少或避免突起的焊痕。该设计的内外壁均有部分切除,留

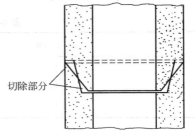

图6-48　摩擦焊接中空制品
接合面结构的设计

出空位，以容纳多余的熔融塑料。

6.4.2 高分子制品的粘接理论

使用胶黏剂将两个或多个制件接合在一起的作业称为粘接。粘接接头是一个多相体系，由三个均匀相（胶黏剂黏料和两个被粘物）和两个界面所构成。界面的黏合作用，是以黏合力为基础，包括主价键力（化学键力）、次价键力、静电力、机械力等。

实际上，胶黏剂与固体表面之间，通常并不产生化学键。因此，在粘接中引起吸附作用的次价键力，尤其是范德华力，是产生黏合的主要作用力。在次价键力中，除色散力外，其他几种力都需要在具备某些特定条件时才能发生。

在黏合作用中，各种力究竟起多大作用，目前尚不清楚，但已出现了多种理论，以解释粘接现象。

6.4.2.1 吸附理论

吸附理论把黏附力归诸于胶黏剂和被粘物表面之间的物理吸附作用。吸附理论认为，黏合作用是由胶黏剂和被粘物分子在界面上接触并产生次价键力所引起的。黏附力的形成，分为两个阶段：第一阶段，是胶黏剂大分子（黏料）借助于布朗运动，向被粘物的表面扩散，并逐渐靠近被粘物表面，这是浸润过程。加压及胶黏剂因受热而黏度降低，皆有利于这个过程。在无溶剂时，则不利于这个过程。第二阶段，是产生吸附作用，当胶黏剂分子被粘物表面的分子间距离接近 1nm 时，次价键力便开始起作用，并随距离的进一步缩短而增至最强。

应当说明，这两个阶段并不能截然分开，事实上，在胶黏剂固化之前，这两个过程都在进行。

物理吸附是由范德华力引起的，这种作用力的能量 U 与两个分子间的距离 S，以及它们的偶极距 p、极化率 X_e、电离电位 J 等有关：

$$U = -\left\{ \frac{2p^4}{3KT} + 2X_e p^2 + \frac{3}{4} J X_e^2 \right\} \frac{1}{S^6} \tag{6-15}$$

由式得知，胶黏剂黏料与被粘物的极性（p）越大，它们之间接触得越紧（S 越小），越充分（即实现物理吸附的分子数目越多），物理吸附对于黏合力的贡献就越大。其中，分子之间的距离 S 有突出的影响。

前已述及，范德华力是色散力、取向力和诱导力的统称，表 6-15 是根据计算所得色散力与分子间距离的关系。

表 6-15 色散力与分子间距离的关系

距离 S/nm	作用力/MPa
0.5	103～10297
1.0	10～1029
10	0.01～1.03

由此可见，能否促使胶黏剂与被粘物表面达到分子间距离 $S<0.5$nm，是能否获得高的粘接强度的关键。

通过进一步研究，很多学者指出，在充分湿润的情况下，聚合物及被粘物的色散作用已能产生足够大的黏合力，粘接体系分子接触区的稠密程度是决定黏合力大小最主要的因素。

吸附理论在相当大的程度上可以解释粘接现象，但仍存在一些问题。例如，运用热力学的方法，测定表面张力和接触角所得的平衡热力学黏附功（$10^{-5}\sim10^{-4}\text{J/cm}^2$），比实际测得的黏附功（$10^{-3}\sim10\text{J/cm}^2$）小得多，这一结果说明，黏附功并不是单纯分子间作用力的结果，而且已经证明，粘接强度随剥离层的剥离速度而有差异。此外，吸附理论也不能很好地解释非极性聚合物胶黏剂的良好粘接问题。故此，分子间的吸附力是提供黏合力的重要因素，但不是唯一的因素。

6.4.2.2 静电理论

静电理论把黏附力归诸于粘接界面形成双电层之间的静电引力。

物质是由原子或由原子构成的分子所组成，原子核对电子具有吸引力，吸引力大的，对电子亲和力大，反之，亲和力小。不同的物质，对电子有不同的亲和力，因此，当两种具有不同电子亲和力的物质接触时，会引起电子的转移，由对电子亲和力小的物质（如金属或其他极性材料）转移到对电子亲和力大的物质（如聚合物或其他非极性材料），从而产生了接触电势，在界面形成了电荷性质相反的双电层，此称接触起电。实验证明，在胶黏剂和被粘物的界面上，也会产生双电层。

在干燥环境中，有人研究以聚合物为基础的胶膜与玻璃、金属及其他材料表面剥离时，当其剥离速度超过 10cm/s 时，在黑暗中曾见到发光现象，并听到轻微的放电声，这是因为，聚合物带负电荷，而玻璃、金属带正电荷，其间形成了双电层，产生了静电引力。

在胶黏剂和被粘物界面上，双电层构成一个电容器，根据电容器原理，因这种双电层存在而产生的黏附功可用下式表示：

$$W_\text{A}=\frac{2\pi\sigma^2 h}{\varepsilon} \tag{6-16}$$

式中　W_A——黏附功；

　　　σ——表面电荷密度；

　　　h——放电间隙；

　　　ε——介质的介电常数。

因此，要分开此双电层所形成的电容器的两个极板，就必须克服所存在的静电引力。

实验证实，快速剥离时的剥离功，比慢速剥离时大许多倍，这是因为，在快速剥离时，双电层的电荷未能及时逃逸，测得的剥离功内，包含了静电引力，在慢速剥离时，大部分电荷从极片中逃逸，这就解释了实测黏附功大于平衡热力学黏附功的问题。

然而，静电作用仅存在于能够形成双电层的粘接体系，不具有普遍性，此外，双电层中的电荷密度必须达到 10^{21} 个电子$/\text{cm}^2$ 时，静电引力才能对粘接强度产生较为明显的影响。所以，虽然静电引力确实存在于某些特殊的粘接体系，但在粘接中绝不是起主导作用的因素。

6.4.2.3 扩散理论

扩散理论认为，两种同为极性或非极性的聚合物材料相互粘接时，可以借助于高分子链或链段的相互扩散，这种扩散，是穿越胶黏剂与被粘物的界面进行的，扩散的结果，导致界面的消失和过渡区域的产生，从而相互缠结，形成牢固的接缝。

这种扩散应包括两种情况：

① 被粘聚合物分子与胶黏剂的高分子（黏料）的相互扩散。这种情况，见之于聚合物材料的相互粘接，而且，被粘聚合物要能够被胶黏剂中的溶剂所溶解或溶胀时，才能形成高分子间的相互扩散，获得高的粘接强度。

② 两种被粘聚合物中的高分子互相扩散。在使用溶液型胶黏剂的情况下，扩散愈强烈，粘接强度愈高，在使用溶剂粘接时，这种扩散更显重要，如果没有这种扩散，就不能达到粘接的目的。

上述高分子间的相互扩散，实质上就是一种溶解现象。可以将扩散过程看成是一种聚合物溶解于另一种聚合物的现象。不难理解，这种扩散理论只适于分子能够移动，并具有相溶性的线性聚合物之间的粘接。在粘接过程中，界面附近逐渐形成胶黏剂与被粘聚合物相互扩散混溶区。因此，根据两种聚合互溶性的好坏，就可以判断它们粘接的效果的优劣。两种聚合物间的互溶性，主要取决于它们的结构与极性是否相似。如果黏合物和被粘物属于同一种聚合物，其混溶区最终会消失。

运用扩散理论，可以解释黏度、时间、温度、聚合物类型及其分子量等因素对粘接强度的影响。

然而，扩散理论不能解释聚合物与金属、玻璃或其他硬质固体的粘接，因为大分子很难向这些材料扩散。

6.4.2.4 化学键理论

化学键理论认为，某些胶黏剂黏料与被粘物表面之间可以形成化学键。这种化学键，对黏附力，特别对粘接接缝抗环境老化的能力是有贡献的。已经证明，在异氰酸酯胶黏剂与橡胶轮胎帘子线之间，在酚醛、环氧、聚氨酯等树脂与金属铝表面之间，特别是在使用有机硅偶联剂作玻璃纤维预处理剂的情况下，确实形成了化学键。由于化学键的形成，大大提高了粘接强度。

就作用力而言，氢键介于化学键和范德华力之间，但对粘接来说，却是一个不可忽视的因素。在一般情况下，两个氧原子能接近的距离（范德华力结合）是 0.3nm 以上。但在上述情况下：

$$R-C\genfrac{}{}{0pt}{}{O-H\cdots O}{O\cdots H-O}C-R$$

两个氧原子的距离只有 0.267nm。这是因为，氢键使两个分子中氧原子的距离缩短了。若要将这两个分子分离到不发生引力的最小距离，需要能量为 21~42kJ/mol。这种氢键对提高胶黏剂的凝聚力有重要的作用，如果胶黏剂与被粘物之间存在氢键，则该胶黏剂往往是良好的。如环氧树脂对木材、纤维素、金属即具备这种作用，并有强的黏合力

（如图6-49）。金属之所以具备这种作用，那是经过化学处理后金属表面有层氧化膜，该氧化物与环氧树脂形成氢键。

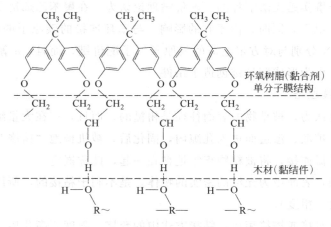

图6-49　环氧树脂对木材的粘接

然而，如果胶黏剂本身的分子之间存在氢键，同种分子间的凝聚力提高了，它可能显示出高的结晶性，高的熔点，这样，黏合力反而下降。例如，高熔点尼龙本身有氢原子结合，黏合力就不好（如图6-50）。

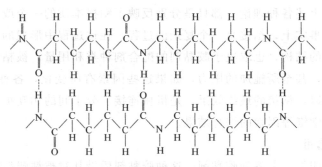

图6-50　尼龙66大分子之间的氢键

在化学键理论中，还有一种配价键理论。它由成键的两个原子的一个原子单独提供一个电子对而形成的共价键，称配价键。

粘接时，胶黏剂的分子、链段、基团，会产生布朗运动。如果胶黏剂分子存在带电荷的基团，通常是带孤对电子或π电子的基团（如—OH，—NH$_2$，—CN，—COOH等），而被粘物材料带相反电荷部分（如金属离子，金属原子，缺电子链节等），当这两种电荷相反部分之间的距离因布朗运动而小于0.5nm时，就会相互作用，形成配价键。由氢元素形成的氢键，是特殊的配价键。

配价键一旦形成，就有较大的结合能，故强度较高，同时，胶黏剂分子与被粘物分子成键后，距离更为接近，这样，没有成键的链段，也会因范德华力而结合，此外，在个别情况下，也会形成离子键或共价键。

用配价键理论可以很好地解释极性胶黏剂粘接非极性材料。例如α-氰基丙烯酸乙酯胶黏剂粘接聚苯乙烯，虽然 α-氰基丙烯酸乙酯可以溶解聚苯乙烯，产生分子间的扩散作用，但是，极性分子与非极性分子之间很难相互渗透、互相吸引，因此，它们之间的粘接强度高达 9.8MPa 这个事实是无法解释的。配价键理论认为，在聚苯乙烯链节中，由于苯环的存在，可以提供 π 电子，同时，由于它的影响，与苯环连接的碳原子的电子云密度降低，这样，苯环和—CN 分别与对方带电荷的氢原子形子配价键，而且，α-氰基丙烯酸乙酯能够溶解聚苯乙烯，也为形成配价键创造了条件。

6.4.2.5　机械连接理论

机械连接理论认为，被粘物的表面往往是粗糙的，而且，存在大量细小的孔隙，胶黏剂黏料的分子由于扩散、渗透而进入孔隙内，固化后，被机械地"镶嵌"在孔隙中，从而形成许多微小的机械连接，将被粘物牢牢地粘在一起，此称嵌定。

由此理论得知，表面极为光滑的密实的物体，是不利于粘接的，所以，被粘物的表面应有恰当的粗糙度（粗度）。

实践证明，与对接或搭接相比，粘接方式中的套接，强度要高几倍。在套接中，由于间隙较小，胶黏剂固化过程较为迅速，外溢机会少，胶层膨胀产生胀紧力，从而使被粘物得以更牢固地连接。

以上介绍了五种粘接理论，还有一些其他理论，如极性理论、可逆水解理论、可变形层理论等。运用这些理论，都可以分别解释粘接过程中的一部分现象，但又不能解释所有的现象。就是说，上述各种理论，都只是分别反映了粘接本质的一个或几个方面，而不是所有的各个方面。事实上，粘接是一个复杂的过程，在这过程中形成的各种作用力，不仅取决于胶黏剂黏料的结构，也取决于胶黏剂的配合剂种类和用量，被粘物的材料和表面状况，以及固化温度，甚至所施加的压力，如果这些因素有所变化，各种力对粘接的贡献，也就随之变化，所以，粘接的最终效果，是机械连接、分子间的相互扩散、物理吸附、静电引力以及形成化学键等因素的综合结果。

6.4.3　胶黏剂的选用

胶黏剂可分为四类：①溶剂胶黏剂。这种胶黏剂凭借其对被粘塑料的溶解能力及黏合过程中的挥发作用，使塑料相互粘接；②溶液胶黏剂。它是溶剂和被粘塑料或与它相似的聚合物所组成的溶液，实质上是改进的溶剂胶黏剂；③活性胶黏剂。它是与被粘物相同或相容的单体、促进剂组成的混合物。它们在粘接后都能于室温或比被粘塑料软化点低的温度下进行完全的聚合。这类胶黏剂凭借价键力和机械结合力使被粘的物料连接在一起。使用部分聚合产物作胶黏剂时，被粘塑料不必限定其化学类型和胶黏剂相同，例如，不少热塑性塑料都可以用环氧树脂和硬化剂的混合物黏合；④热熔胶黏剂。它是由基体聚合物、增黏树脂、脂类和抗氧剂混合而成。为改善其黏附性、流动性、耐热或耐寒性，还可适当加入增塑剂、填料和其他低分子化合物。粘接时将其加入熔融、涂在粘接件的表面，冷却后即固化，使塑料粘接。表 6-16 和表 6-17 分别列出常见塑料与塑料、塑料与非塑料黏合用的胶黏剂品种。

能满足各种要求，适用于所有被粘物的胶黏剂并不存在。到目前为止，对钢、铝、铜等金属材料，可用多种胶黏剂进行有效地粘接，但对塑料的粘接，却并非尽如人意，特别

表 6-16 常用塑料采用活性胶黏剂（不包括单体）的品种

塑料种类	胶黏剂品种①	塑料种类	胶黏剂品种①	塑料种类	胶黏剂品种①
聚乙烯	2,3,9	聚对苯二甲酸乙二酯	4,8	聚酯玻璃钢	2,3,4,7
聚丙烯	2,3,9	聚甲醛	2,7	三聚氰胺甲醛塑料	2,3,4,6,7
PVC	4,7,8	聚酰胺	1,2,4,6	脲甲醛塑料	2,3,6,7
聚苯乙烯	2,3,4,7,8	聚氨酯	2,4,7,8	环氧塑料	2,3,4,6,7
纤维素塑料	4,7,8	聚四氟乙烯	1,2		
聚甲基丙烯酸甲酯	3,4,8	酚醛塑料	2,3,4,6,7,8		

① 本项中所列数字代表品种：1—间苯二酚-甲醛或酚-间苯二酚甲醛树脂；2—环氧树脂；3—酚甲醛-聚乙烯缩丁醛树脂；4—聚酯树脂；5—天然橡胶；6—氯丁橡胶；7—丁腈橡胶；8—聚氨酯橡胶；9—天然或合成橡胶（水基）。

表 6-17 塑料与非塑料黏合的胶黏剂

塑料种类	金属	陶瓷	橡胶	织物	木材	皮革
聚乙烯	5	5,9	2,9	5,9	5,9	5,9
聚丙烯	5	5,9	2,9	5,9	5,9	5,9
聚苯乙烯	3,	9	8	6,8	3,4	3,8
聚氯乙烯	4,6,7	7,8	7,8	7,8	4,7	7,8,13
聚四氟乙烯	1,2	2	2	1	2	1
聚甲基丙烯酸甲酯	6,7	6,7	5~8	7	6,7	6,7
纤维素塑料	6,7	7		7	6,7	6,7
聚碳酸酯	2	2,4	4,8	2,4	2,4	2,4
聚酰胺	2,6	2,7	6	6,7	6,7	6,7
聚对苯二甲酸乙二酯	4	4	4	4,8	4	4,8
环氧塑料	2,3	2,3	7	7	2,3	7
三聚氰胺甲醛塑料	7	6	6,7	7	6	6,7
酚醛塑料	6	6	6,7	7	6	6,7
聚酯塑料	8	6	5~8	7	6	8
脲甲醛塑料	6,7	7	5~8	7	6	6,7
聚甲醛	2,7	7		7	2	2,7
聚氨酯	7,8	7	4,8	4,8	4	7,8

注：表中数字代表的意义同表 6-16。

是聚乙烯、聚丙烯、氟塑料、聚酰胺等塑料。一般根据被粘物的性能来选择胶黏剂，还应该考虑其他因素。例如：被粘物接头的形状和接合面的面积，接头承受应力的类型、数值和持续时间，固化时允许的最高温度和压力，制件使用的环境条件（温度、介质等），对毒性的限制条件，并考虑成本和设备条件等。

未经表面处理的低表面能塑料，如聚乙烯、聚四氟乙烯等，可用非极性胶黏剂粘接；这些塑料表面，如果经过特殊处理，则可用极性胶黏剂粘接，并获得较高的粘接强度。是否经过表面处理，应根据成本和现有条件等综合考虑。

当塑料与无机材料（如金属、玻璃等）粘接并在高温或低温环境中使用，两者热膨胀系数的差异，必然带来影响，此时应选用具有弹性的胶黏剂，或者在胶黏剂中添加无机填料。

在粘接不同材料时，会遇到胶黏剂只对某一种被粘物有较好的黏附性能，而对另一种则很差，此时可选用一种底胶，其要求是：对难粘的一种被粘物和胶黏剂层有好的黏附性。例如，在尼龙和钢粘接时，间苯二酚甲醛胶黏剂对尼龙有很好的黏附性，但对钢的黏附性很差，此时，可用酚醛-丁腈或环氧树脂胶涂于钢表面，固化后，再用间苯二酚甲醛胶将两者粘接起来，效果良好。

溶剂有时也可作为塑料的胶黏剂，这是塑料粘接的特别之处，也是塑料粘接最简单、最经济的方法。此法适用于非结晶型热塑性塑料的粘接，如PVC薄膜用丙酮溶剂粘接。溶剂粘接包括两种方法，一是用溶剂直接进行粘接，另一是将被粘塑料溶于溶剂中，配成溶液，再进行粘接。在采用溶剂粘接时，必须找到可以溶解这些塑料的溶剂，还应考虑溶剂的挥发性。一般说来，高挥发性的溶剂，其溶解性能往往是好的，但是，由于蒸发潜热的关系，有可能使空气中的水分凝聚，对粘接产生不利的影响。为了解决这个矛盾，可以采用多种溶剂的混合物，这种混合溶剂中的各个组分，可按沸点顺序依次挥发，甚至可以抑制某些低沸点溶剂过早挥发。所以，粘接效果良好，混合溶剂中常加入沸点及SP值较高的溶剂。

6.4.4 粘接工艺

在粘接之前，对粘接表面应进行处理，使表面平整无油并具有一定的粗糙度，以提高胶黏剂对粘接表面的浸润性，从而增加粘接强度。表面处理有机械法（如喷砂、打磨、高压水冲等），物理法（如放电、辐射、火焰、涂布等）以及化学法（如氧化、置换法、接枝、交联等）。目前常用的有化学腐蚀法、火焰、电晕法。对本身难以粘接的，又要求粘接强度高的，可用化学腐蚀法。对一般塑料、经打磨和去油即可粘接。

粘接过程包括胶黏剂的准备、涂胶、晾置、叠合固化和修整等。

除单组分胶黏剂（如溶剂胶黏剂）外，双组分或多组分胶黏剂均应在使用前按规定配比和方法进行配制，尤其是多组分活性胶黏剂，一般活性期较短，应随配随用。

涂胶方法一般有喷涂、刷涂、辊涂、刮涂、浸涂，还有注射法和层压法等。具体选用，取决于被粘物的形状、胶黏剂的性质、粘接方式、工作量大小等。一般对连续粘接采用辊涂和刮涂法。对溶剂型或溶液型胶黏剂选用刷涂或喷涂法，可以多次薄层涂胶，便于溶剂充分挥发和控制胶层厚度。胶黏剂涂层越薄，被粘物分子间距离越小，黏附力越大，粘接强度高。因此，在不欠胶的情况下，胶层尽可能薄。胶层厚度，一般控制在$0.08\sim0.1\text{mm}$为好。对于使用溶剂作胶黏剂的粘接，除刷涂和喷涂外，还可采用浸涂和注射法。浸涂法就是将粘接面浸入溶剂，待润湿并溶胀后，立即与另一粘接面黏合并夹紧。注射法是先将被粘物叠放好或夹紧，而后，用医用注射器将溶剂注入接缝，放置，最好加压。用氯仿粘接有机玻璃就是采用此法。在涂胶过程中，应避免空气混入，形成气泡使粘接强度下降。

晾置的目的，是让胶黏剂的溶剂挥发，黏度增大以及充分浸润被粘物的表面。对无溶剂且无需空气中的氧或水与之反应的胶黏剂，则无需晾置。晾置的时间随溶剂的挥发速度和活性剂的活性期而异。如时间过长，胶膜硬化，粘接不牢，反之溶剂挥发不够，造成粘接强度下降。

晾置以后，可以将两个涂胶面合拢，并在规定的温度下固化。固化后，最好在室温下放置 16～24h，以消除内应力并让胶黏剂进一步固化。在固化过程中，最好对粘接件施压，使粘接件达到紧密配合，并使胶黏剂在压力下产生流动，排出多余胶料，减少胶层厚度，从而保证整个胶层厚薄均匀、致密。同时还可以防止某些胶黏剂（如酚醛树脂类胶黏剂）在加热固化时因产生挥发物而出现气泡。所施压力以粘接件不变形为度。

修整工作必须在胶黏剂完全固化后进行，其目的主要是去掉被挤出粘接接头外的多余的边角，以使接头美观。

第7章 高分子材料加工技术新进展

7.1 IMD 模内装饰技术

IMD 即模内覆膜技术，又叫模内镶件注塑成型装饰技术，是目前国际流行的表面装饰技术。IMD 是英文（in-mold decoration）的简称，从英文的字面意思可以很好地理解这种技术的方法和目的。"in-mold"就是把什么东西放在模具里面；"decoration"就是装饰的意思。工艺原理是：表面硬化透明薄膜，中间印刷图案层，背面注塑层。由于油墨在中间，可使产品防止表面被刮花和耐摩擦，并可长期保持颜色的鲜明不易退色。

这种技术在 20 世纪七八十年代已经在使用，只不过因为成本、材料技术及市场需求等原因，并没有非常广泛地使用。近年来，消费类电子产品及汽车市场的竞争都进入白热化，为了使自己的产品能区别于竞争对手，在第一时间抓住客户，每个厂家在产品外型颜色上不惜工本。正是在这种市场情况下，此技术越来越受到众人的瞩目。在中国，此技术最早应用在家电方面，比如洗衣机、微波炉、空调等的面板。后来，手机的大厂比如 Motorola 最先开始应用这项技术在翻盖手机的 A 盖上，国内众多厂家群起跟风，涌现了一批 IMD 的供应商。

模内装饰（IMD）是一种相对新的自动化生产工艺。与其他工艺相比 IMD 能简化生产步骤和减少拆件组成部件，因此能快速生产节省时间和成本；同时还具有提高质量，增加图像的复杂性和提高产品耐久性的优点。应用在产品外观上，IMD 是目前最有效率的方法，它是在薄膜表面上施以印刷、高压成型、冲切，最后与塑料结合成型，免除二次作业程序及其人力工时。IMD 可以取代许多传统的制程，如热转印、喷涂、印刷、电镀等外观装饰方法。尤其一般在需背光、多曲面、仿金属、发线处理、逻辑光纹、肋骨干涉等印刷喷漆制程无法处理的时候，更是使用 IMD 制程的时机。

本书所讲的 IMD，国内更多的人把它称作 IML，也就是最终的产品带一层 PC 或 PET 薄膜。还有一种 IMD 技术，代表厂商为日本的 Nissha 和德国的 Kurz，他们的 IMD 技术其实是所谓的热转印技术，也就是先把图案印刷在 PET 薄膜载体上，然后在注塑时，把印刷在薄膜上的图案转移到注塑的成品表面，然后薄膜剥离，最终产品最外层是一层油墨。本书以下所分析的 IMD 技术不是指 Nissha 的热转印技术，而是指最终产品表面有一层 PC/PET 膜的技术。IMD 技术涉及片材、油墨、塑料粒子三种材料。

7.1.1 IMD 片材

IMD 的工艺特殊，要求质量稳定的片材。片材的具体要求如下。

① 片材要求清晰度高，低雾度和低黄色系数，光雾面效果一致连贯，显示效果清晰。

② 片材要求注塑遇热时有良好的稳定性，在高温时收缩率低，适应多层印刷。
③ 片材要有卓越的耐摩擦、耐刮伤和耐化学性能。
④ 能满足成型要求，具有强韧的机械性能和弯曲性能，也能提供高耐弯性能。
⑤ 在材料表面印刷后对油墨有很好的附着力。
⑥ 高拉伸时不会出现硬化层拉裂的状况等。

一般片材的材质为 PC、PET 及 PMMA。由于 PC 和 PET 的成型及加工都较优良，表面光泽度、耐磨性也能达到客户要求，因此被广泛应用为片材材质。一般情况下 PC 片材用于 IMD 深成型；PET 片材用于 IMD 浅成型。

7.1.2 油墨

IMD 技术因为有其特殊性，所以对油墨有特定的要求。PC、PET 透明片材背面网印专用 IMD 油墨有溶剂型高温油墨和紫外光固化型专用油墨。

(1) 耐温性

因为 IMD 的工序是在印刷之后再进行注塑，所以油墨必须要耐 200℃ 以上的，否则会被注塑的料流冲走。

(2) 延展性

在注塑之前有热成型，油墨当然也随薄膜一起做拉伸，如果油墨不具有延展性，在做热成型之后，油墨可能会漏光、出现裂纹等等。

7.1.3 塑料粒子

塑料粒子的选择最主要取决于制件性能的要求，目前 PC、PC 合金、ABS、PMMA 都有使用，PC 的好处是抗冲击性好，在汽车和手机方面 PC 居多。PMMA 注塑温度比较低，透光率和表面硬度都比较高，所以在一些镜片类的产品上用得比较多。

值得一提的是，目前 PC 合金的技术进展很快，一些 PC 合金既保留了 PC 的强度又降低了注塑温度，提高了流动性，比如 GE 公司新出的 PC/Polyester 合金 XylexX8303，其注塑温度大概在 240～260℃，抗冲击性比普通高流动的 PC 还要好。不同注塑料，其注塑温度也有区别，如表 7-1 所示。

表 7-1 不同注塑材料的温度差别

注塑树脂	注塑温度/℃	注塑树脂	注塑温度/℃
PC	280～300	PS	200
PC/ABS	240～260	PA	240～260
PMMA	220～260	TPU	190～200
ABS	220～240		

7.1.4 IMD 的成型工序及设备

IMD 的工序大概由如下四步组成。

(1) 印刷

印刷对于 IMD 来讲非常重要，常用网版印刷机在透明薄膜上印刷客户想要的图案。印刷的好坏、选取油墨的适当与否会关系到后面其他工序的容易与否。比如油墨没选对，干燥不够,那么后面工序当中将非常容易产生冲墨的现象。

总体上来讲,油墨最好要选择专门的 IMD 油墨,如果是溶剂型的油墨,干燥一定要足够,丝网的目数要大于 300。

(2) 成型

注塑行业很多人把注塑过程叫做成型。这里我们所说的成型不是这种意思,而是指把印刷好的薄膜加工成客户需要的形状。你需要手机壳,就成型成手机壳的形状;你需要笔记本,就加工成笔记本的形状。成型的时候对于薄膜和油墨都有一定程度的拉伸。

成型需要的是成型机。高中低档差别很大:最简单的低档的热成型机就是油压机,很简单。高档些的有真空或高压成型机,模具有阴模或阳模,加热薄膜之后高压气体一冲或一吸,也有二者结合的。高压或真空就比较贵了,设备也有单工位或双工位,也会导致价格的不同。

(3) 冲切

薄膜壳子成型好后,必然有一些部分是不需要的,所以要把不需要的部分切掉。这部分也是 IMD 当中很重要的一部分,有些三维的形状很不好切,切的精准程度,切刀的形状都有很多经验在里面,尤其是一些对包边要求高的产品。

(4) 注塑

注塑是最后一步。工艺的调节、模具的结构、注塑料的选用对于最终的成品率都有很大的影响。这里没有一个普遍的规律,因产品形状图案形状差别比较大,只能依靠经验。总的来讲,模具的浇口尽量不要是点浇口,注塑料尽量选用低黏度、高流动性的材料。

IMD 注塑对于设备并没有太高的要求,普通的注塑机就可以。但是做很多产品的时候,立式的注塑机带来了很多方便,比如做没有孔的产品,薄膜可以直接放在模具上而不需要另做定位的设施。

7.2 纳米复合材料成型技术

高分子复合材料是指由高聚物和各种填充材料或增强材料所组成的多相复合体,由于"复合"赋予了材料各种优良的性能,如高强度、优良的电性能、耐热性、耐化学腐蚀性、耐磨性、耐燃性、耐烧蚀性及尺寸稳定性等,产品广泛用于机械、化工、电机、建筑、航天等各种领域。

纳米复合材料是指分散相尺寸为纳米尺度的复合材料,其中以聚合物作为连续相,这样的材料就称为聚合物基纳米复合材料。由于纳米分散相的小尺寸效应、强界面结合效应和量子隧道效应等特性,可显著提高聚合物材料的力学性能、物理性能、气体阻隔性能、阻燃性能、导电和导热性能等,在聚合物研究领域具有巨大的应用潜力,并被誉为是本世纪最有前景的材料。根据目前开发水平以及纳米分散相的性质,聚合物基纳米复合材料主要研究方向包括无机/聚合物基纳米复合材料和聚合物/聚合物基纳米复合材料。其中,无机/聚合物基纳米复合材料实现了无机与有机纳米尺寸范围的结合,兼备无机物和有机聚合物的特性,制备方法相对简单,所以在聚合物基纳米复合材料中占主导地位。制备开发和应用聚合物基纳米复合材料是当今高科技材料部门的重要课题,是当今纳米复合材料研究的重要方向之一。

聚合物基纳米复合材料的制备成型，其关键技术是解决纳米粒子在聚合物基体中的均匀分散。根据聚合物基体的不同和纳米相性质的不同，其成型方法也有很多种，以下简单介绍几种纳米复合材料的成型技术。

(1) 直接共混法

直接共混法是将聚合物与纳米填料混合，通过高速机械剪切或超声搅拌制备纳米复合材料的一种方法。按照聚合物与纳米填料的状态，其又分为溶液共混、乳液共混、熔融共混以及机械共混。共混法的优点为纳米填料与材料的合成分步进行，可控制纳米填料的形态、尺寸；不利之处是纳米填料很容易产生团聚，共混时实现填料的均匀分散有一定的困难。因此采用常规的共混法无法制得纳米级复合材料，必须通过化学或物理的方法打开纳米填料团聚体，将其均匀分散到聚合物基体中，并与其有良好的亲和性。实际应用中可以通过纳米填料的表面改性、加入相容剂和基体表面改性等方法来提高基体和纳米填料之间的界面相互作用，从而改善纳米填料在基体中的分散效果。

① 熔融共混法　熔融共混法是工业生产中加工热塑性聚合物最常用的方法，材料可以直接成型，不必考虑保存问题，具有规模化工业生产的优势，是一种简便的方法。

在共混过程中，只需将纳米相与熔融状态下的聚合物通过机械强制剪切混合，就可以制备出纳米复合材料。通常认为，粒子间作用能是排斥位能和引力位能的综合作用，引力位能与粒径成正比，排斥位能与粒径的平方成正比。对于纳米粒子而言，引力位能随粒径减小的速度远小于排斥位能减小的速度。因此纳米粒子自身的聚集体内表现出极强的引力作用，要使其保持原生粒子状的分散是很困难的。目前的办法有两个：一是增加混合塑化过程的机械力，使之均匀分散；二是进行适当的表面处理使之保持分散。拉伸流动对粒子的分散效果要比剪切流动好。但在实际分散过程中，获得高剪切比获得高拉伸容易。影响粒子分散效果除了剪切速率（拉伸速率）外，还与塑料熔体的黏度、粒子间距离和粒子材料的特性有关，对于同一种材料，提高剪切速率（拉伸速率）有利于分散效果的提高。在聚合物的填充改性中，为了改善聚合物无机填料的界面粘接强度和促进无机粒子分散，往往要对粒子进行表面处理，最常用的方法就是采用高速混合设备进行干法处理，该方法对微米级的粒子效果较好。但是，对纳米 $CaCO_3$ 用上述方法处理效果不佳。

大量文献在研究黏土/聚合物基纳米复合材料的制备时，都采用首先采用溶融共混法制备了纳米复合材料，并结合纳米黏土表面改性等，实现其在聚合物基体中的插层式均匀分散。其他纳米粒子如 SiO_2、CNFs 等，都经常采用溶融共混法制备聚合物基纳米复合材料。然而，由于熔融聚合物的黏度较大，即使在较高的剪切速率下，纳米粒子的完全分散仍然较难，尤其是当纳米粒子粒径较小时的分散更加困难。熔融共混法适合将平均粒径较大的球形纳米粒子分散到聚合物基体中。

② 溶液共混法　溶液共混法通过添加溶剂降低体系黏度，可以借助超声、磁力搅拌等实现纳米粒子在体系中较好的分散，其对纳米粒子的分散性显著优于熔融共混法。然而，共混时引入的溶剂在加热挥发时由于动力学因素很容易使纳米粒子发生二次团聚，并且溶剂的完全去除也非常困难。为了解决溶剂挥发时纳米粒子的二次团聚问题，很多研究

者采用反溶剂沉淀技术，即制备均匀分散的混合液后，再将分散液迅速倾倒入大量反溶剂中，聚合物在较短时间内从溶剂体系中沉淀和固化，最大限度地解决了纳米粒子在聚合物基体中的团聚，能够较好地实现纳米粒子在聚合物体系中均匀分散。

(2) 原位聚合法

原位聚合法是先使纳米填料在聚合物单体中均匀分散，然后再引发单体发生聚合的方法。聚合反应可以是自由基聚合，也可以是缩聚反应。该方法适用于大多数聚合物基有机-无机杂化材料的制备。由于聚合物单体分子较小、黏度低，表面有效改性后的无机纳米填料容易均匀分散，因此保证了体系的均匀性及各项物理性能。典型的代表有纳米氧化硅/PMMA 纳米复合材料、纳米氧化铝/环氧树脂纳米复合材料、碳纳米管/尼龙纳米复合材料等。原位聚合法反应条件温和，制备的复合材料中纳米填料分散均匀，填料的纳米特性完好无损，同时在聚合过程中，只经一次聚合成型，不需热加工，避免了由此产生的降解，从而保持了基本性能的稳定。

(3) 溶胶-凝胶法

这种方法从 20 世纪 80 年代已开始应用，它是将硅氧烷金属化合物等前驱体溶于水或有机溶剂中，溶质经水解生成纳米级粒子并形成溶胶，溶胶经蒸发干燥后转变为凝胶，再进一步干燥可制得纳米复合材料。溶胶-凝胶法根据制备过程的不同又可细分为以下四种不同的步骤：①前驱物溶于聚合物溶液中，再溶胶凝胶；②生成溶胶后，与聚合物共混，再凝胶；③在前驱物存在的条件下先进行单体聚合，再凝胶化；④前驱物和单体溶于溶剂中，水解和聚合同时进行，使一些不溶的聚合物靠原位生成而嵌入无机网络中。溶胶凝胶法的优点是能够在温和的反应条件下进行，两相分散比较均匀，通过控制反应条件和两相组分比率，就可制得无机纳米颗粒改性的聚合物复合材料；但缺点也很明显，如在凝胶干燥过程中，由于溶剂、小分子、水的挥发很可能导致材料收缩脆裂；前驱物价格昂贵且有毒；因找不到合适的共溶剂，难以制备 PS、PE、PP 等常见的聚合物基纳米复合材料。

(4) 插层法

它是利用层状无机物（硅酸盐黏土，石墨等）作为主体，将有机高聚物（或单体）作为客体插入主体的层间，从而制备出聚合物基纳米复合材料。自从 Okada 等报道用插层聚合方法制备出尼龙 6/黏土纳米复合材料以来，插层法作为一种制备聚合物基纳米复合材料的方法被广泛采用，并发展出各种不同形式的制备方法。按聚合物插入到层状无机物方法的不同，插层法又可细分为：①插层原位聚合法；②聚合物溶液插层法；③聚合物熔融插层法等三种方法。利用插层法制备纳米复合材料具有工艺简单，原料来源丰富等特点，且不污染环境，很容易由目前的塑料加工工艺来实现，因而应用前景很大。通过这种方式制备出来的纳米复合材料能够实现纳米微粒在聚合物基体中的均匀分散、并与基体有较强的界面结合力，从而具备常规聚合物/无机填料复合材料无法比拟的优点，如：优异的力学性能，较高的耐热和气体阻隔性等。采用这种方法制备纳米复合材料时，须对作为分散相的层状物进行必要地有机化处理，这样一方面能够提高层状材料与基体的相容性，另一方面也有利于层状材料的分层和增大层间距，从而提高材料的综合性能。有关插层法制备纳米复合材料的报道有很多，其中一部分已经转化为生产力，并被大规模工业化生产。

(5) 纳米粒子表面改性技术

解决纳米颗粒在聚合物基体中的分散性和与聚合物基体相容性的问题上,纳米颗粒的表面改性处理已经成为一项常用的方法和技术,且随着工艺技术的进步,其处理手段日趋多样化。根据表面处理剂与纳米颗粒之间有无化学反应,表面处理可以分为表面吸附包覆改性处理和表面化学改性处理。

① 表面吸附包覆改性　它是指基体和改性剂之间除了范德华力、氢键或配位键相互作用外,不存在离子键或共价键的作用。纳米颗粒表面常用的吸附包覆改性剂一般为高分子型,如高分子表面活性剂和聚合物。无机纳米颗粒表面与聚合物之间的作用力,除了静电作用、范德华力之外,有些还能形成氢键和配位键。许多纳米颗粒表面层内含有官能团,如 SiO_2 或硅酸盐表面的 Si—OH,Si—OH⋯H,这些官能团往往是聚合物吸附的地方。纳米颗粒表面吸附了一层高分子后,不仅减小了范德华力,而且由于聚合物的吸附产生了一种新的斥力——空间位阻斥力,因而吸附了高分子的纳米颗粒再发生团聚将十分困难。

② 表面化学改性　对纳米颗粒进行表面化学改性的常用方法可分为三种:a. 表面活性剂法:它是利用具有表面活性的有机官能团与纳米颗粒表面层原子发生化学吸附或化学反应。从而使表面活性剂覆盖或接枝于纳米颗粒表面,以此来改善纳米颗粒的分散性和相容性,防止团聚的发生。常用的表面改性剂有:硅烷、钛酸酯类偶联剂、硬脂酸、有机硅、高分子表面活性剂等。到目前为止,表面化学改性法是用得最为普遍的一种方法。b. 纳米微粒表面接枝改性:它也是近年来为了解决纳米颗粒分散性问题而经常采用的一种表面处理方法。其具体思路为:通过各种途径在纳米微粒表面引入具有引发能力的活性种子(如自由基、阳离子或阴离子),再引发单体在颗粒表面聚合;或者由于纳米微粒表面含有能与单体共聚的活性基团,从而在一定条件下能够直接进行接枝聚合;或者在纳米颗粒表面引入双键,然后与单体共聚。c. 高能量法表面改性:无机纳米颗粒表面有许多原子团(如—OH),用一般的化学方法难以使这些原子团产生活性,但如果采用高能辐射、等离子体等方法处理,则能够使这些原子团产生具有引发活性的活性种(如自由基、阳离子或阴离子等),从而使单体能够在其表面聚合。

7.3　主要加工技术新进展

7.3.1　挤出成型技术

目前挤出成型的新进展主要集中在开发新型螺杆和拓宽挤出成型的用途等方面。普通螺杆存在熔融效率低、塑化混合不均匀等缺点,往往不能很好适应一些特殊塑料的加工或进行混炼、着色等工艺过程。针对普通螺杆存在的问题,人们在对挤出过程进行深入研究的基础上,发展了各种新型螺杆。这些新型螺杆克服了常规全螺纹三段螺杆存在的缺点,在提高挤出产量,改善塑化质量,减少产量波动、压力波动和温度波动,特别是提高混合均匀性和分散性等方面都取得了满意的效果。同时热固性塑料的挤出成型和反应性挤出成型技术也得到长足发展。

7.3.1.1 新型高效螺杆

新型高效螺杆主要有排气式螺杆、屏障型螺杆、销钉型螺杆、波型螺杆、分配混合型螺杆、组合型螺杆。这些螺杆的共同特点是在螺杆的末端（均化段）设置一些剪切混合元件，以达到促进混合、熔化和提高产量的目的。

(1) 排气式螺杆

用排气式挤出机螺杆可连续从聚合物中抽出挥发物。这种挤出机在其料筒上设置一个或多个排气孔以便挥发物逸出。排气式挤出机可用于排出单体、低聚物、缩聚反应物（如水）、聚合物配料的挥发组分和亲水聚合物（ABS、PA、PC等）的水分。

图 7-1 是一根典型的两阶排气式挤出机螺杆，它至少有 5 个不同几何形状的功能段。头三段为加料、压缩和计量，与通用螺杆相同。在计量段之后，用排气段相接以迅速解除压缩，其后便是迅速压缩和泵出段。为了排气良好，有两个重要的功能要求：一是排气孔下聚合物的压力为零，以避免聚合物熔体从排气孔逸出。这可用保证排气段的螺槽只为聚合物部分充填来实现。当螺槽未完全充填时，至少在沿螺槽方向就没有压力发生的可能。为了达到部分充填，排气段的深度必须比计量段的深度大得多，一般至少是 3 倍，而泵送段的输送能力要比计量段的输送能力为大。如果泵送段的输送量不够，聚合物熔体将在泵送段积滞并从排气孔逸出。因此，泵送段螺槽深度与计量段深度之比，一般取 1.5～2.0。二是排气孔的聚合物是完全熔化的。否则排气孔和加料口之间的密封不好，就不能达到所要求的真空度，影响挥发物的排出；另一原因是挤出机的排气是受扩散过程控制的，而扩散系数对温度有颇大的依赖性。如果聚合物温度低于熔点，扩散则在极低的速率下进行。因此，聚合物温度应在熔点以上，以增大扩散速率，从而也提高了排气效率。所以聚合物应处于熔融态，扩散系数则会随熔体温度的升高而增大。此外，聚合物处于熔融态，表面可以更新，这会大大加快排气过程。表面更新的程度对螺杆设计有重要作用，多螺纹、大螺距的排气段将增进排气效率。所以，为求高排气效率，聚合物进入计量段应在较高温度下并完全熔化。

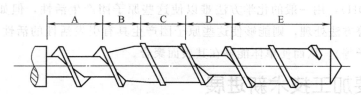

图 7-1　两阶排气式挤出机螺杆

A—加料段；B—压缩段；C—计量段；D—排气段；E—泵出段

(2) 屏障型螺杆

由于用作屏障螺杆螺纹结构的不同，屏障型螺杆也有多种，这类螺杆的共同特点是在压缩段的螺纹旁再加一道辅助螺纹（称为屏障螺纹），于是将螺杆主螺纹的前缘一边分为熔体槽，而其后缘一边分为固体槽。屏障螺纹与料筒的间隙比主螺纹的间隙大 5～9 倍，这只能允许固体槽中由固体床生成的熔体进入熔体槽，而未熔化的塑料则被阻隔。典型的屏障型螺杆如图 7-2 所示，这根屏障螺纹具有将固体与熔体分离之功能（故又称为分离型螺杆),在固体床崩溃时可避免固体粒子与熔体混合在一起。另外,屏障螺纹的螺距比主螺纹的大,这种几何结构使固体槽截面积减小,起到减小固体槽深度和宽度的作用,而熔体槽的截面积则增大,起到增大槽深和槽宽的作用。屏障螺纹跨越螺槽而在固体槽宽度为零处终止,熔体槽宽度则增大到主螺槽的宽度。屏障螺纹不仅能促进熔化,同时也有助于内压的升高。这种屏障螺杆是由 Mailefer 首先研制成的,因此,也称 Mailefer 螺杆。

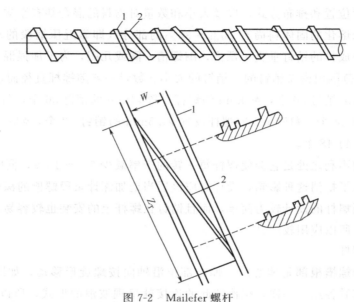

图 7-2 Mailefer 螺杆

1—主螺棱;2—屏障螺棱;W—主螺棱的螺距;Z_T—屏障螺棱长度

另一种形式的屏障型螺杆称为 Barr 螺杆,它的起始部分是与 Mailefer 螺杆相同的。当熔体槽足够宽时,屏障螺纹开始与主螺纹平行。因此,固体槽和熔体槽两者的宽度保持恒定。但当物料沿着螺杆前进方向移动时,固体槽逐渐变浅,从而将固体床推压在料筒表面上并使其熔化。另一方面,熔体槽的深度却逐渐增加以适应塑料熔体不断增加的需要。这种螺杆有两个主要优点:一是不需要固体床有任何的变形;二是固体床对料筒表面的接触面积显著增加,因此就增加了塑料在螺杆中的熔化量。这种型式螺杆的产率比常用型式的多 20%~30%。但是,这种屏障螺纹是从主螺纹前缘一边开始的,会使主螺纹的宽度突然在前缘一边增加到大约为送料段原螺槽宽度的三分之一。螺槽宽度的急剧增加将明显地影响螺槽的横截面积,并使体积流动速率大为降低。如果主螺纹宽度在后缘增加,原来的主螺纹变为屏障螺纹而加宽的后缘边则为主螺纹。这种更换的几何形状被认为能降低对熔体的干扰。然而,突然增加螺纹宽度也要减小螺槽的横截面积和妨碍熔体的流动。

(3) 销钉型螺杆

这种螺杆是因在靠近熔化段末端到计量段这一区间设置一组或几组起混合作用的销钉而得名的(见图 7-3)。固体床崩溃时所产生的塑料粒子往往会与熔体混在一起,由于得到热量的机会少,不易熔化,甚至这些物料在到达螺杆端部时也不能完全熔化。如果在这一区域设置销钉,就必然会使料流发生搅动,并从而产生局部的高剪切以增进固体粒子的熔化。此外,设置的销钉还将有助于内压力的提高,借此还可保证螺槽被充满和压实。从实践的情况可知设有销钉的螺杆的确能达到上述目的。

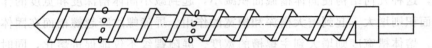

图 7-3 销钉型螺杆

销钉的设置位置和排布方式，以及大小和数量对物料的混合都有影响。设置位置一般以螺杆轴向上未熔化的固体料尚有 20%～30% 的部分（即靠近压缩段的末端）为好。排布方式一般是使成排的销钉垂直于螺槽，围螺槽一圈或几圈，为了加强混合效果，也有在离计量段末 $3D$ 范围内密布销钉的。销钉的大小和数量一般随螺杆直径而定。例如 $\phi50mm$ 的螺杆设置 $\phi3mm$ 销钉 30 个，$\phi90mm$ 的螺杆设置 $\phi4mm$ 的销钉 36 个，$\phi115mm$ 的螺杆设置 $\phi5mm$ 的销钉 36 个，$\phi150mm$ 的螺杆设置 $\phi5.5mm$ 的销钉 42 个，$\phi200mm$ 的螺杆则设置 $\phi6.4mm$ 的销钉 48 个。

销钉螺杆的不利之处是它会使螺杆每一转的产率减少 5%～15%，同时还使熔体温度相应地增加。为了抵消这种影响，设计时应该适当地加深计量段螺槽的深度。

由于销钉型螺杆的设计较为简单，而且销钉在螺杆上的安装也较容易，即使在塑料加工厂也能做到，所以应用较广。

(4) 波型螺杆

这种螺杆的螺槽根部是偏心的，偏心部位沿轴向按螺旋形移动，如图 7-4(a) 所示。由于螺槽深度前后各点不一样，螺槽彼此的连接就呈现波浪的形式，所以称为波型螺杆。在塑料压缩阶段，固体床的宽度会随其前进而逐渐缩小，熔体池则逐渐增大。当熔体池达

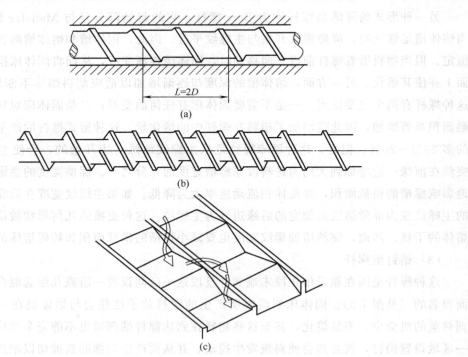

图 7-4 波型螺杆

到 40%～70%时，固体床的崩溃就会发生。如果固体床的崩溃在此时是加速的，则未熔化的物料将产生细小的颗粒，增加表面积，从而促进物料的熔化。

在波型螺杆转动的同时，螺槽根部会产生周期性的一起一伏运动。因此，随静止料筒和转动螺槽之间的速率来运动的固体床就会受到重复的压缩和膨胀作用。因此，固体床的崩溃将加速，对物料混合十分有效。

另一种波型螺杆是轴向波型螺杆，在主螺纹之间套有一根间隙扩大一倍的辅助螺纹，而且由辅助螺纹隔开的两种螺槽波度都沿轴发生变化［见图 7-4(b)］。在这种情况下，当同一个节距中的一种螺槽深度增加时，另一螺槽深度的变浅是按这一种方法来进行的，即在几个节距的一段距离内，螺槽深度的关系是变换进行的。利用这种设计，一个节距中由辅助螺纹所分开的两个螺槽横截面积的比值就具有周期性的变化。因此，当物料在螺槽内向前移动时，在跨越辅助螺纹的同时有流进的也有流出的，因而促进了物料的混合。

与屏障型螺杆相比，波型螺杆没有一点可以使物料的流动受到阻止。所以，挤出量是大的，但是物料温度的提高却有所减少。基于这种理由，这种螺杆是适合于高速挤压操作的。关于熔体在流动方向上的均匀性，波型螺杆所产生的结果与用屏障型螺杆的不相上下。

(5) 混合螺杆

所谓混合是指降低组分非均匀性的过程。或者将混合定义为改变组分在空间的有序或堆集状态的原始分布，从而增加在任一特定点上任一组分的一粒子或体积元的概率，以便达到合适的空间概率分布。单螺杆挤出机虽有这种混合功能，但混合效果有一定限制。为此，对单螺杆挤出机的螺杆结构作了许多改进，研制出了各种混合元件，根据混合功能的不同可分为分配混合元件和分散混合元件，从而产生了各式的混合螺杆。

为了改进通用螺杆的分配混合程度，一般在计量段设置分配混合元件，使螺槽中的速度分布扰乱，以产生分配混合。所谓分配混合是指所混合的组分都是流体，而无屈服点存在，它既有层状变形也有在成束的线形料流之间产生相对位置的变化。常用的分配混合元件（或段）如图 7-5 所示，所用分流元件是密集的销钉、钩槽和凹穴等。图中的静态混合器是不属于螺杆主体的，而与螺杆分离并设置于螺杆的端部。

在实际挤出操作中，聚合物往往要添加着色剂、填充剂和改性剂等，或者挤薄型薄膜，这时良好的分散混合往往比分配混合更为严格。这就要求在螺杆上设置分散混合元件，产生强大的局部作用，以克服附聚粒子的内聚力。另一方面，剪切力的作用时间也很重要。图 7-6 是常用的分散混合元件。可见，所有屏障型螺杆均能产生不同程度的分散混合作用，因为物料屏障间隙中经受很高的剪切，这种剪切力是很大的，足以使熔体中的粒子或附聚物粉碎。这种元件有时也称为剪切元件。

以上两类混合元件，可根据需要单独设置在螺杆上，或者两者结合，或者加上排气功能，以构成多阶混合螺杆。

7.3.1.2 反应性挤出

反应性挤出（reactive extrusion，REX）是聚合物反应性加工的一种技术，是指聚合性单体或低聚物熔体在螺杆挤出机内发生物理变化的同时发生化学反应，从而挤出直接获

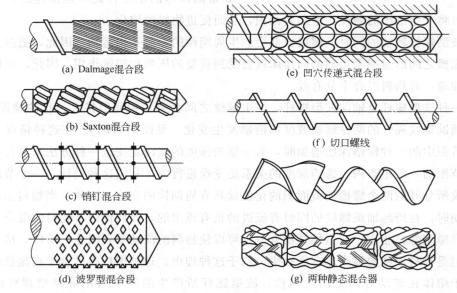

图 7-5 分配混合元件

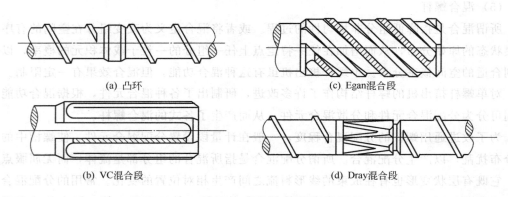

图 7-6 分散混合元件

得高聚物或制品的一种新的挤出工艺方法。

（1）反应性挤出的特点

与传统的釜式反应需经聚合、分离、纯化、再挤出造粒和成型加工相比，反应性挤出技术将单体原料的连续合成反应和聚合物的熔融加工合并为一体，在短暂的螺杆挤出停留时间内一步形成所需的材料或制品，其优势显而易见。设备投资低，生产周期短，能耗低，无溶剂后处理过程，环境污染小，可小批量也可大批量进行连续反应和加工生产。

反应性挤出技术的主要设备是螺杆挤出机，通过对螺杆挤出机的螺杆和筒体模块式组合，选择螺头形状和螺块排布及配接，一方面对反应温度、停留时间及分布进行控制，使之满足化学反应的要求；另一方面高度的混合和捏合性能使产物获得预定的物理形态，实现聚合反应过程和成型加工过程一体化，既可生产粒料，也可直接连上后续单元，生产型材、薄膜及纤维等不同形式的材料。

反应性挤出的发展依赖于双螺杆挤出机，20 世纪 60 年代后期首先进行尼龙 6 的反应性挤出研究，首次用双螺杆挤出机制备尼龙 6。随着双螺杆挤出机的发展，反应性挤出技术的研究工作得到进一步深入，至 80 年代后期，反应性挤出的研究日趋增多，到 90 年代中期已成为热门课题。

从 20 世纪 80 年代到 90 年代，由反应性挤出技术开发的聚合物品种有：聚烯烃、PET、PA、PMMA、PU、POM、聚酰亚胺等。其中工业化的品种迄今已有 POM、PA6、PU、PMMA 等。目前反应性挤出技术在工业化品种、研究水平与深度上正在不断扩展和深入。这一领域的研究和开发对于传统的聚合工艺的改造和简化、新的聚合物及其合金的创制具有特殊的意义。

（2）反应性挤出加工的反应类型及制备聚合物类型

适用于反应性挤出并已试验可行的反应类型有六类：

① 本体聚合　从一种单体、多种混合物、低相对分子质量的预聚物或单体与预聚物的混合物出发，通过加聚或缩聚，制备得到高相对分子质量的聚合物。这一类反应加聚实例有：聚氨酯、聚酰胺、聚丙烯酸酯和相关共聚物、聚苯乙烯和相关共聚物、聚烯烃、聚硅氧烷、聚环氧化合物、聚甲醛等；缩聚实例有：聚醚酰亚胺、聚酯等。

② 接枝反应　由聚合物与单体得到接枝型或共聚型聚合物的反应。例子有：PS-马来酸酐，EVA-丙烯酸，聚烯烃-马来酸酐等。

③ 链间形成共聚物反应　由两种或两种以上聚合物通过离子键或共价键形成接枝或嵌段共聚物的反应。如 PS-聚烯烃。

④ 偶联/交联反应　由带有多官能偶联或枝化剂的聚合物通过链增长或支化提高相对分子质量的反应；由带有缩合剂的聚合物通过链增长提高相对分子质量的反应；由带有交联剂的聚合物通过交联提高熔体黏度的反应。如 PBT-二异氰酸酯-环氧树脂即属这一类。

⑤ 可控降解反应　控制高相对分子质量的聚合物降解到一定的相对分子质量或控制降解到单体。例如：PP-过氧化物通过加热剪切降解达到改善加工性；PET-乙二醇通过降解反应使之适于纺丝。

⑥ 官能化-官能基团的改性反应　在聚合物分子骨架、末端、侧链上引进官能化基团或对现有基团的改性，以满足某种特殊反应的要求。

反应性挤出是指在挤出机内发生化学反应最终形成聚合物材料的过程。反应性挤出可应用于制备聚合物，类型有如下几种：

① 直接由单体的聚合反应制备高聚物。

② 以其他途径制得预聚体或低聚物，再进入螺杆挤出机内进一步提高相对分子质量得到高聚物。

③ 将预先得到的聚合物进入挤出机中经某种反应改性而得具有功能性的高聚物。

④ 共混物在挤出机内通过与增容剂反应得到具有优异性能的高分子合金。

⑤ 聚合在挤出机内进行可控降解反应，从而获得具有某种特定性能的聚合物。

（3）反应性挤出加工对设备的要求及工艺控制要点

在反应性挤出聚合过程中，从单体转化到聚合物，体系黏度急剧上升，一般从 10Pa·s 变化到 10000Pa·s。另一方面，反应性挤出聚合过程必须将多个化学过程操作集中在单一装置内,同时,还要求产物具有高的空间和时间效率及连续性。

这诸多的要求在传统的化学反应器中一般是不可能实现的,而挤出机作为反应器具有同时处理低黏度和非常高黏度的能力,并具有进料、熔化、混合、运送、挤出、造粒的功能,能解决上述的问题。除此以外,挤出机反应器还必须具备以下几个特性,使其适用于反应加工:①螺杆和筒体配合使物料有极好的分散和分布性能;②温度可以得到控制,供、排热方便;③对停留时间分布可控制;④反应可在压力下进行;⑤能连续进料、连续加工;⑥未反应单体和小分子副产物可脱除;⑦黏性熔体易于排出。

目前用于反应性挤出的挤出机一般为双螺杆或多螺杆,采用同向啮合式更合适。螺杆作为挤出机的重要部件由多节各式各样的螺纹块或捏合块套穿在芯轴上而构成的,为模块组合结构,可按不同工艺的要求排列组合。

反应性挤出加工过程控制是制备聚合物材料成功的关键。控制必须根据反应特性和物理变化特性,最重要的特性有四个方面。

① 黏度变化 这是体系流变形态问题,主要控制参数包括:螺杆组合形成和接配,不同阶段体系的温度,进料量等。

② 停留时间 这关系到聚合物的相对分子质量和相对分子质量分布,一般通过控制螺杆转速、进料速度、挤出牵伸速度来实现。

③ 聚合热 关系到体系热量的供给或转移,要控制供热和排热。

④ 脱挥 即体系中小分子的排除,包括单体、未反应物、低聚物的脱除,一般通过压力控制。

反应性挤出技术制备高聚物具有快速、过程简化的特点。反应原料形态可多样化,进料以固体、液体、气体、熔体、混合物、熔融低分子化合物、预聚体熔体均可;无后处理步骤和溶剂回收问题,环境污染小,产品无溶剂杂质、品质高;反应时间在 10～600s 之间,停留时间短,分子量分布窄,且受热降解少,生产效率高;反应温度在室温～500℃范围内可控;反应挤出始终处于传质传热的动态过程,物料不断受剪切,表面更新,热均匀,且物料不滞留,具自清理能力。

7.3.1.3 热固性塑料的挤出成型

不同于热塑性塑料,热固性塑料在压力下加热发生不可逆的化学变化。因此热固性塑料挤出的方法不同于适用于热塑件塑料材料的方法。热固性塑料挤出时,不能仅靠加热,而且还需要使材料受几十兆帕的压力,要求如此高的压力,就无法采用螺杆挤出机。另一方面,由于热固性塑料在挤出机内受热而固化,结果使拆卸和清理螺杆遇到困难,因此不能采用连续螺杆挤出技术来挤出热固性塑料。

热固性塑料挤出通常采用往复式液压机,如图 7-7 所示。干燥的粉状或片状热固性塑料从安装在加料口上面的加料斗进入由水间接冷却的压机或料室中,这种进料方式与注射机的进料非常类似。液压机活塞推动水冷的冲头,冲头在前进的过程中将加料口关闭,并将料室中的物料推向前并顶至前次物料的后面而予以压缩。这一过程在冲头的每一次行程中重复进行,于是物料便在加热的模头中逐渐向前移动,同时在相当大的压力下改变它的形状和温度。物料从柱塞冲头的圆形截面形状向所需的断面形状的变化主要发生在流动区域，在这一阶段中，物料完全软化，并被压缩成最终所需的形状。此后物料进入一个基本上是平行的固化区，在此阶段，物料起初仍是可塑的，但当它进入最后部分时就开始固化。为了适应物料在固化过程中的收缩，固化区的最后部分略呈锥形状。柱塞冲头所施加的压力是为了克服在模头固化区中对制件造成的摩擦阻力，这段模头固化区的长度一般为225～300mm。如果这样还不能产生所需的压力，则可采用模头夹盘（弹性夹头）作为附加控制，来增加模壁对制品的控制压力。

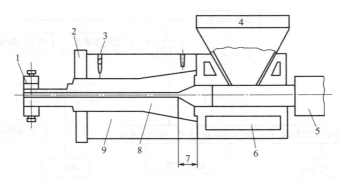

图 7-7 热固性塑料挤出过程示意图
1—模头夹盘；2—后模板；3—恒温控制装置；4—加料斗；5—柱塞；
6—水冷却段；7—流动区；8—模头；9—模框

7.3.1.4 气辅挤出成型

非牛顿塑料熔体由于在挤出口模中的复杂流动，使得其各点的剪切速率不能完全一致，对制品形状产生影响，形成离模膨胀。气体辅助挤出成型（以下简称气辅挤出技术）由英国的 R. F. Liang 等在 2000 年首次提出。这是一种全新的挤出成型技术。解决传统挤出成型工艺的关键是口模与熔体之间的减黏降阻，气辅挤出成型技术是在挤出过程中使挤出熔体和口模内壁之间形成一层薄且稳定的气垫膜层。因为气体的摩擦系数非常低，所以气垫膜层的建立可以降低模壁对挤出熔体的摩擦阻力，使挤出由非滑移黏着挤出方式转换成完全滑移非黏着挤出方式，挤出物呈柱塞状，是一种完全不同于传统挤出成型机理的全新口模挤出方式。气辅挤出技术具有巨大的发展潜力和实际应用价值，不仅可以使口模压降减小约 40%，而且可以使挤出制品的内应力和翘曲变形大大减低。挤出胀大基本消除。气辅挤出技术不仅可以提高挤出制品的质量，还能够大幅度的降低能量消耗，为自动精确控制塑料制品挤出过程提供了前提条件。它有许多传统挤出成型无法比拟的优点，是一项具有广阔应用前景的新技术。气辅挤出成型的关键在于在挤出口模内壁和流动熔体之间建立一层薄而稳定的气垫膜层，主要的控制因素有以下两点：

① 气体的压力　从口模入口处到出口处熔体压力逐渐降低，为了保证气体能够在整个口模内将壁面和熔体分离，气体入口处的气体分配系统的设计是关键问题。气体的压力太高对挤出制品的表面质量会产生不良影响，压力过低不能够使熔体和壁面分离，所以控制气体压力的大小是个重要的环节，一般压力选择稍高于熔体压力的大小。

② 气体温度　聚合物具有发泡温度，当气体温度高于发泡温度时会穿透挤出物表面而使它发泡。但当温度过低时会影响熔体的流动，所以气辅挤出中气体温度都要低于聚合

物的发泡温度。

气辅挤出成型用设备主要包括挤出机、气体控制系统和气辅挤出口模。二者结合使口模内壁和流动熔体间形成稳定的气垫膜层，因为气体的摩擦系数很低，所以气辅挤出能够降低口模内壁对熔体的阻力，达到减黏降阻的目的，使挤出物呈柱塞状挤出，提高制品精度。气辅挤出成型需要在传统口模的基础上进行重新设计，需要设置气体入口并和气体控制系统有机地结合起来。气辅挤出成型流程图如图 7-8 所示。

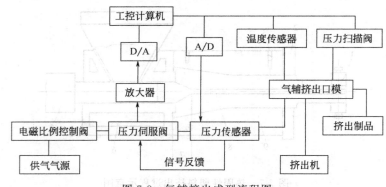

图 7-8　气辅挤出成型流程图

7.3.2　注射成型技术

7.3.2.1　反应注射成型

反应注射成型（react injection moulding，RIM）是一种将两种具有化学活性的低相对分子质量液体原料在高压下撞击混合，然后注入密闭的模具内进行聚合、交联固化等化学反应而形成制品的工艺方法。这种将液态单体的聚合反应与注射成型结合为一体的新工艺具有混合效率高、节能、产品性能好、成本低等优点，可用来成型发泡制品和增强制品。目前开发的应用领域越来越广泛。

（1）反应注射成型工艺特点

反应注射与塑料注射的不同之处在于：一是直接采用液态单体和各种添加剂作为成型原料而不是用配制好的塑料，而且不经加热塑化即注入模腔，从而省去了聚合、配料和塑化等操作，简化了制品的成型工艺过程；二是由于液体原料黏度低，流动性好，易于输送和混合，充模压力和锁模力低，这不仅有利于降低成型设备和模具的造价，而且适宜生产大型及形状很复杂的制品；另外只要调整化学组分就可注射性能不同的产品，而且反应速度可以很快，生产周期短。因此，反应注射成型受到各国的重视，发展得很快。表 7-2 是反应注射成型与典型的热塑性塑料注射成型工艺的比较。

表 7-2　RIM 与热塑性塑料注射成型工艺的比较

比较项目	RIM	热塑性塑料注射成型
反应成型物的温度/℃	约 60	200～300
模具温度/℃	约 70	视品种而异
注射压力/MPa	<14	70～150
锁模力/(kgf/m^2)	0.03	6～13
原料黏度/Pa·s	0.01～1	10^2～10^5
模型造价	低	高

RIM 在 20 世纪 60 年代初首创，70 年代正式投入生产，随着 RIM 成型机械和反应原料的改进，进入 80 年代得到很快的发展，应用领域也已十分广泛。一般能以加成聚合反应生成树脂的单体都可以作为 RIM 的成型物料基体，工业上已采用的主要包括聚氨酯、不饱和聚酯、环氧树脂、聚酰胺、甲基丙烯酸系共聚物、有机硅等几种树脂的单体，但目前 RM 产品以聚氨酯体系为多。主要应用在汽车工业、电器制品、民用建筑及其他工业承载零件等方面。

(2) RIM 成型设备

反应注射成型的传统设备是一组带有轴向活塞泵的计量装置，主要由组分储存槽、过滤器、轴向柱塞泵、电动机以及带有混合头的液压系统所组成。RIM 成型设备要求有很高的灵活机动性和计量精度。近年来，在设备的计量控制和调节方面取得很大的发展，采用电脑控制对计量装置、工艺操作程序和工艺参数实现高级的控制。

① RIM 对设备的要求

a. 流量及混合比率要准确，原料各组分的流量及混合比率是保证 RIM 制品的两大因素，只有准确的配比、均匀的混合才能保证 RIM 制品的最终质量；

b. 快速加热或冷却原料，能在较短的时间内达到所需的加热温度，这样不但节省了时间，而且提高了生产能力；

c. 两组分应同时进入混合头，不允许某一组分超前或滞后，两组分在混合头内能获得充分的混合；

d. 混合头内的原料以层流形式注射入模内，入模后固化速度快，能进行快速的成型循环。

② RIM 设备的工作原理　RIM 设备的工作过程如图 7-9 所示。它包括加料比例的控制、组分的均匀混合及注射入模等。高反应活性的液状单体或预聚物是用计量泵或使用活塞位移来精确控制比例以获得准确的化学计量。两组分反应液体以很高的速度通过喷嘴孔进入混合头进行强烈碰撞以获得充分混合，然后混合物通过流道进入模具，并快速进行化学交联反应而成型制品。

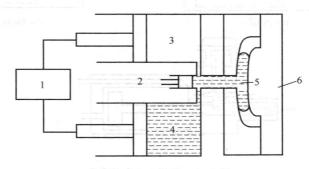

图 7-9　RIM 设备的工作原理
1—比例控制；2—混合头；3—单体 A；4—单体 B；5—聚合物混合物；6—模具

③ RIM 设备的组成　RIM 设备主要由以下三个系统组成：蓄料系统、计量和注射系统、混合系统。基本结构如图 7-10 所示。

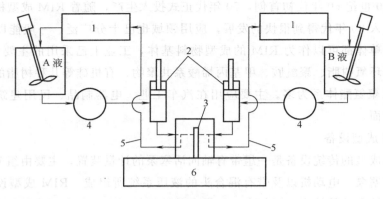

图 7-10　RIM 设备的基本组成
1—换热器；2—置换料筒；3—混合头；4—泵；5—循环回路；6—模具

a. 蓄料系统。主要有蓄料槽和接通惰性气体的管路系统。其作用是分别独立贮存两种原料，防止贮存时发生化学反应，同时用惰性气体保护，防止空气中的水分进入贮罐与原料发生反应。

b. 计量和输送系统（液压系统）。由泵、阀及辅件组成的控制液体物料的管路系统和控制分配缸工作的油路系统所组成，其作用是使两组分物料能按准确的比例进行分别输送。

c. 混合系统。即混合头，使两组分物料实现高速均匀混合，并加速混合液从喷嘴流道注射到模具中。混合头的设计应符合流体动力学原理，具有自动清洗作用。混合头的活塞和混合阀芯在油压控制下进行操作，其动作如图 7-11 所示。

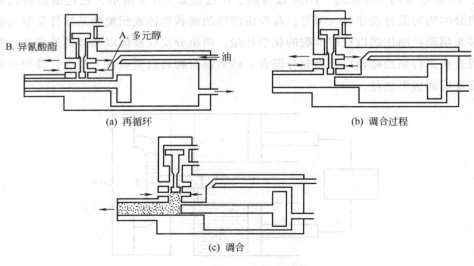

图 7-11　循环头工作示意图

ⓐ 再循环：柱塞和混合阀芯在前端时，喷嘴被封闭，A、B 两种液体互不干扰，做各自的循环 [如图 7-11(a)]。

ⓑ 调合过程：柱塞在油压作用下退至终点，喷嘴通道被打开 [如图 7-11(b)]。

ⓒ 调和：混合阀芯退至最终位置，两种液体被接通，开始按比例撞击混合，混合后的液体从喷嘴高速射出［如图 7-11(c)］。

图 7-12 是一种典型的混合头结构。

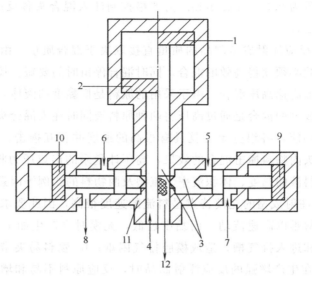

图 7-12　Henneke 混合头结构图

1—注射位置上的液压柱塞；2—循环位置上的液压柱塞；3—注射位置上的清洗柱塞；
4—循环位置上的清洗柱塞；5—组分 A 进料口；6—组分 B 进料口；7,8—回路；
9,10—柱塞；11—冲击喷嘴；12—A、B 两组分冲击混合流向

(3) 反应注射成型工艺流程和控制

反应注射成型工艺过程就是单体或预聚物以液体状态经计量泵按一定的配比输送入混合头均匀混合，混合物注入模具内进行快速聚合、交联固化后，脱模成为制品。工艺流程如图 7-13 所示。

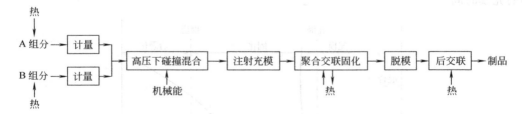

图 7-13　反应注射成型工艺流程

精确的化学计量、高效的混合和快速的成型速度是反应注射成型最重要的要求。因此要对反应注射成型工艺进行控制。

① 两组分物料的贮存加热　为了防止贮存时发生化学变化，两组分原料应分别贮存在独立的封闭的贮槽内，并用氮气保护。同时用换热器和低压泵，使物料保持恒温及在贮槽、换热器和混合头中不断循环（即使不成型时，也要保持循环），以保证原料中各组分的均匀分布，一般温度维持在 20~40℃，在 0.2~0.3MPa 的低压下进行循环。原料喷出

时则经置换装置由低压转换为设定的高压喷出。

② 计量　由于化学计量对制品性能的影响极为重要，因此在整个注射阶段，对各组分物料必须精确计量。原料经液压定量泵计量输出，一般选用轴向柱塞高压泵来精确计量和高压输送，其流量为 2.3~91kg/min。为严格控制注入混合头各反应组分的准确配比，要求计量精度达到±1.5%。

③ 撞击混合　反应注射成型制品的质量直接取决于混合质量。由于反应速度快而分子扩散又较慢，因此必须获得高效的混合，同时混合停留时间要短。反应注射成型的最大特点是撞击混合，即高速高压混合。由于采用的原料是低黏度的液体，因此有条件发生撞击混合。反应注射成型的混合是通过高压将两种原料液同时注入混合头，在混合头内原料液的压力能转换为动能，各组分单元就具有很高的速度并相互撞击，由此实现强烈的混合。为了保证混合头内物料撞击混合的效果，高压计量泵的出口压力将达到 12~24MPa。混合质量一般与原料液的黏度、体积流率、流型及两物料的比例等因素有关。

④ 充模　反应注射成型的充模特点是料流的速度很高，因此要求原料液有适当的黏度。过高黏度的物料难以高速流动。而黏度过低，充模时会产生如下问题：a. 混合料易沿模具分型而泄漏和进入排气槽，造成模腔排气困难；b. 物料易夹带空气进入模腔，造成充模不稳定；c. 在生产增强的反应注射制品时，反应原料不易和增强物质（如玻璃纤维）均匀混合，甚至会造成这些增强物质在流动中沉析，不利于制品质量均匀一致。充模时一般规定反应物的黏度不小于 0.10Pa·s。

在反应注射成型过程中，充模初期物料黏度要求保持在低黏度范围内，这样就能保证高速充模和高速撞击式混合的顺利实现，随后由于化学交联反应的进行，黏度逐渐增大而固化理想的混合物要求在黏度上升达到一定值之前必须完成充满模腔。在充模期间，混合物应在充满模腔之后尽快凝胶化，模量迅速增加，以缩短成型周期。图 7-14 为反应注射成型工艺过程的物料流变曲线，由此曲线可以预先确定现有模具是否完成充模过程。在实际生产中，有些可以加一些抑制剂，延迟反应发生，目的是在化学反应迅速开始之前有足够的充模时间。

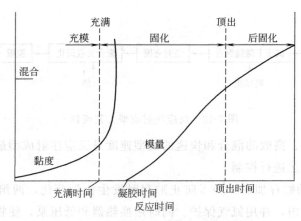

图 7-14　RIM 生产中物料黏度和模量的变化

⑤ 固化定型　制品的固化是通过化学交联反应或相分离及结晶等物理变化完成的。

对化学交联反应固化,反应温度必须超过达到完全转换成聚合物网络结构的玻璃化温度 T_g。适当提高模具加热温度不仅能缩短固化时间,而且可使制品内外有更均一的固化度,因此材料在反应末期往往温度仍很高,制品处在弹性状态,尚不具备脱模的模量和强度,这就应延长生产周期,等制品冷却到 T_g 以下再进行脱模。有些材料由于反应活性很高,物料注满模腔后可在很短的时间内完成固化定型。由于塑料的导热性差,大量的反应热使成型物内部的温度高于表层温度,所以制品的固化是从内向外进行的。在这种情况下,模具应具有换热功能,起到散发热量的作用,以控制模具的最高温度低于树脂的热分解温度。

对于相分离固化体系,在聚合反应中,硬化段联结成一些能够结晶的区域,其实际上起着刚性粒子的作用,使反应体系的黏度迅速上升直至凝胶化。

制品的脱模必须使其取得足够的强度才可进行,这主要由材料的固化时间决定的,而固化时间受制品的配方和制品尺寸影响。

有些反应注射成型制品,从模内脱出后还要进行热处理,其主要作用是补充固化,但对于在模腔内固化程度低的制品,在热处理过程中易发生翘曲变形。

目前,反应注射成型又发展了用碳纤维、玻璃纤维、木质纤维等短纤维和玻璃织物、玻纤毡等作为增强材料的增强反应注射成型(RRIM)。

7.3.2.2 气体辅助注射成型

气体辅助注射成型(gas-issisted injection mouding,GAIM)技术是国外 20 世纪 80 年代发展的一种新的注射成型工艺。是自移动螺杆注射机问世以来,注射成型技术最重要的发展之一,在技术上和实际应用上也是较为成功的。气体辅助注射成型是将结构发泡成型和注射成型的优点结合在一起,既可降低模具型腔内熔体的压力,又可避免结构发泡产生的表面粗糙等许多缺点,对于注射厚壁制品可解决产品收缩不良等问题,而且可在保证产品质量的前提下,大幅度降低生产成本,具有很好的经济效益。目前这种新技术已在欧美、日本被广泛应用于汽车和家电行业的塑料制品生产,我国近年也有一些厂家开始使用这项技术。

(1) 气体辅助注射成型工艺过程

气体辅助注射成型可以看作是注射成型与中空成型的复合,其与普通注射成型相比,多了一个气体注射阶段,即在原来注射成型的保压阶段,由压力相对低的气体而非塑料熔体的注射压力进行保压,成型后的制品中就有由气体形成的中空部分。

气体辅助注射成型工艺过程如图 7-15 所示,先往模具型腔中注入经准确计量的塑料熔体[图 7-15(a)],再向塑料熔体中注入压缩气体,气体在型腔中塑料熔体的包围下沿阻力最小的方向扩散前进,对塑料熔体进行穿进透和排空,气体作为动力推动塑料充满模具型腔的各个部分[图 7-15(b)],并对塑料进行保压,待塑料冷却后开模取出制品[图 7-15(c)]。制品具有中空断面而保持完整的外形。

气体辅助注射成型周期可分为六个阶段:

① 塑料充模阶段 这一阶段与普通注射成型基本相同,只是普通注射成型时塑料熔体是充满整个型腔,而气体辅助注射成型时塑料熔体只充满局部型腔,其余部分要靠气体

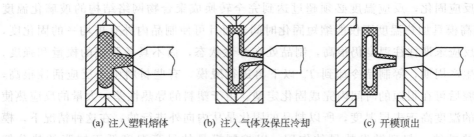

(a) 注入塑料熔体　　(b) 注入气体及保压冷却　　(c) 开模顶出

图 7-15　气体辅助注射成型过程示意图

补充。

② 切换延迟阶段　这一阶段是塑料熔体注射结束到气体注射开始时的时间,这一阶段非常短暂。

③ 气体注射阶段　此阶段是从气体开始注射到整个型腔被充满的时间,这一阶段也比较短,但对制品质量的影响极为重要,如控制不好,会产生空穴、吹穿、注射不足和气体向较薄的部分渗透等缺陷。

④ 保压阶段　熔体内气体压力保持不变或略有上升使气体在塑料内部继续穿透,以补偿塑料冷却引起的收缩。

⑤ 气体释放阶段　使气体入口压力降到零。

⑥ 冷却开模阶段　将制品冷却到具有一定刚度和强度后开模取出制品。

(2) 气体辅助注射成型设备

气体辅助注射成型是通过在注射成型机上增设气辅装置和气体喷嘴实现的。

① 注射机　与普通注射机基本相同,但是由于气体辅助注射成型制品的中空率和气道的形状是由注入模具型腔的塑料量来控制的,所以要求注射机的注射量和注射压力有较高的精度,一般要求注射量精度误差应在±0.5%以内,注射压力波动相对稳定,而且控制系统控与气体控制单元匹配。

② 气辅装置　气辅装置由气泵、高压气体发生器、气体控制单元和气体回收装置组成。气体发生器提供注射所需的压缩气体,一般使用的压缩气体为氮气,其价廉易得,且不与塑料熔体发生反应。气体控制单元用特殊的压缩机连续供气,用电子控制阀进行控制使气体压力保持恒定。气体压力和纯度由成型材料的制品形状决定,压力一般在5~32MPa,最高为40MPa。气体回收装置用于回收气体注射通路中残留的氮气,但不包括制品气道中的氮气,因为制品气道中的氮气会混合如空气或挥发的添加剂等气体,如被回收会影响以后成型的制品质量。

③ 气体喷嘴　高压气体在每次注射中,以设定的压力定时从气体喷嘴注入。气体喷嘴有两类:一类是主流道式喷嘴,即塑料熔体和气体同一个喷嘴,塑料熔体注射结束后,喷嘴切换到气体通路上实现气体注射;另一类是气体通路专用喷嘴,这一类又有嵌入式和平面式两种。

(3) 气体辅助注射成型方法

根据成型过程中气体注射和熔体前进的方式不同,气体辅助注射成型可分为四种方法：

① **标准成型法** 标准成型法是先向模具型腔注入准确计量的塑料熔体，再通过浇口和流道注入压缩空气，推动塑料熔体充满模腔并保压，待塑料冷却到具有一定刚度和强度后开模取出制品。如图 7-16 所示。

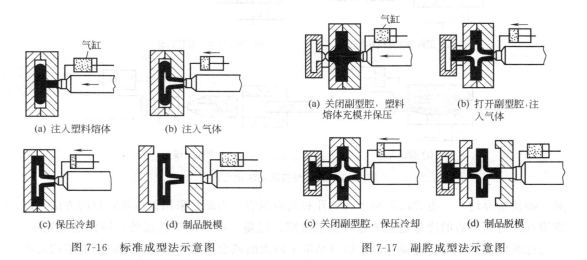

图 7-16 标准成型法示意图　　　　　图 7-17 副腔成型法示意图

② **副腔成型法** 在模具型腔之外设置一可与型腔相通的副型腔，成型时先关闭副型腔，向型腔中注射塑料熔体，并充满型腔进行保压，然后开启副型腔，向型腔内注入气体，气体的穿透作用使多余出来的熔体流入副型腔，当气体穿透到一定程度时关闭副型腔，升高气体压力对型腔中的熔体进行保压补缩，最后冷却开模取出制品。如图 7-17 所示。

③ **熔体回流法** 此法与副腔成型法类似，只是模具没有副型腔，气体注入时多余的熔体不是流入副型腔，而是流回注射机的料筒。见图 7-18。

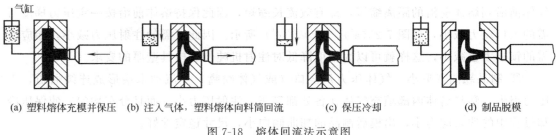

图 7-18 熔体回流法示意图

④ **活动型芯法** 在模具的型腔中设置活动型芯，开始时使型芯位于最长伸出的位置，向型腔中注射塑料熔体，并充满型腔进行保压，然后注入气体，气体推动熔体使活动型芯从型腔中退出，让出所需的空间，待活动型芯退到最短伸出位置时升高气体压力，实现保压补缩，最后制品脱模。见图 7-19。

（4）**气体辅助注射成型特点**

普通注射成型制品要求的壁厚均匀，否则易造成制品缩孔、缩痕或变形。对厚壁制

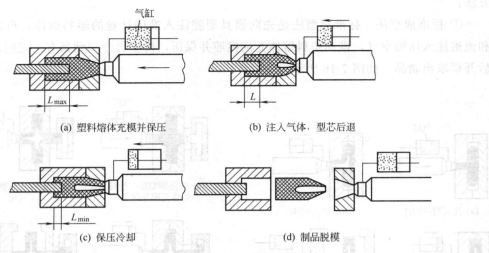

图 7-19 活动型芯活动法示意图

品,即使壁厚均匀,也难以避免出现缩孔和表面缩痕。为此常采用保压和补料的方法,以克服在注射充满后的冷却过程中物料发生收缩。但是,在离浇口较远处,即使过量充模,压力也难以达到,而且过量充模常给制品带来较大的残余应力。结构发泡成型能够均匀收缩和生成均匀的气泡,因而可避免制品内部缩孔和表面缩痕,但结构发泡制品外观质量不好,表面粗糙,而且,结构发泡成型也不适于壁厚不均匀的制品。

气体辅助注射成型主要是以克服上述成型方法的缺陷为目的,具有如下的优点:

① 注射压力低 塑料熔体的流动速度与压力梯度的数值和熔体的流动性成正比,当熔体的流长增加而又要求流动速率不变时,入口压力就必定要增加以保持一定的压力梯度,这就是普通注射成型中入口压力不断增加的原因,如图 7-20(a)、(b)、(c) 所示。在气体辅助注射成型中,由于气体是非黏性的,可以有效地把气体入口压力传递到气体与熔体的交界面而不产生明显的压力降,当气体推动熔体前进时,由于气体在熔体中的穿透,气体前沿到熔体前沿的距离缩短,即有效流长缩短,因此保持熔体前沿按一定压力梯度所需的入口压力减小,如图 7-20(a′)、(b′)、(c′) 所示。因此所需的注射压力减小,相应所需的锁模力也减小,这样就可以大幅度降低对注射机吨位和模具壁厚的要求。

② 制品翘曲变形小 气体压力从浇口(或气体喷嘴)至流动末端形成连续通道,无压力损失,塑料熔体内部填充气体在各处都等压,注射压力小,而且分布均匀,使保压冷却过程中的残余应力小,出模后制品的翘曲倾向小,尺寸稳定性好。

③ 表面质量提高 在气体辅助注射成型的保压过程中,气体的二次穿透可以补偿塑料的收缩,制品不会出现凹陷,气体辅助注射成型又可使制品的较厚部分成为中空,以减少甚至消除制品的缩痕。

④ 可成型壁厚差异较大的制品 气体辅助注射成型可以使制品较厚部分成为中空形成气道,从而保证了制品的质量。因此可以将采用普通注射成型时因壁厚不均匀必须分为几个部分单独成型的制品合并起来,实现一次成型,这就提高了制品设计的自由度。

⑤ 制品的刚度和强度提高 在不增加制品质量的情况下,可以在制品上设置气体加

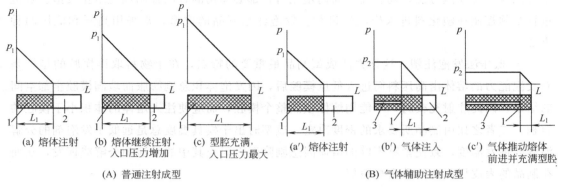

图 7-20 型腔内压力分布示意图

1—塑料熔体；2—未充满的型腔部分；3—注入的气体

p—压力；L—流长方向的距离；p_1—熔体的入口压力；p_2—气体入口压力；L_1—有效流长

强筋和凸台结构，以增加制品截面惯性矩，从而增加制品的刚度和强度。各种常见气体加强筋的截面形状如图 7-21 所示。

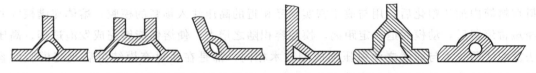

图 7-21 常见气体加强筋的截面形状

⑥ 可通过气体的穿透使制品中空，减少质量，缩短成型周期。

气体辅助注射成型也有其不足，主要有如下几点：

① 需要供气装置和进气喷嘴，增加了设备的投资。

② 在注入气体和不注入气体部分，制品表面光泽有差异。

③ 对注射机的注射量和注射压力的精度有更高的要求。

④ 制品质量对模具温度和保压时间等工艺参数更加敏感。

7.3.2.3 结构泡沫的注塑成型

目前注塑已成为制造热塑性塑料泡沫制品的重要成型技术之一，用发泡注塑技术既能制得密度为 $0.1 \sim 0.3 \mathrm{g/cm^3}$ 的低密度泡沫制品，也能制得密度为 $0.4 \sim 0.9 \mathrm{g/cm^3}$ 的高密度泡沫制品。使用广泛的高密度泡沫塑料制品，由于具有足够高的机械强度，因此也称为机械泡沫塑料制品。有两种类型的机械泡沫塑料制品，一类制品整体全为泡沫塑料，另一类制品仅芯部为泡沫塑料而表层为密实塑料。后者实际上就是泡沫夹芯制品。

（1）整体泡沫制品的发泡注塑

由发泡注塑制得的整体泡沫塑料制品，其外部总包覆着一层密实塑料，而且从表皮到芯部密度逐渐减小。故常将这种泡沫塑料制品称作结皮泡沫塑料制品。注射成型结皮泡沫塑料制品时，一般是将含有分解性或挥发性发泡剂的物料加进料筒后，在发泡剂的分解温度或挥发温度之上加热塑化，也可在塑化过程中往料筒中的物料吹入气体以代替发泡剂。

不论用哪一种发泡方法，物料在料筒内塑化时，都必须用高背压强制性地阻止发泡。发泡过程必须控制在塑化料进入模腔后进行。发泡注塑制品的成型，常采用高压和低压两种方法。

① 低压法发泡注塑　这种方法成型制品最重要的特点，在于物料取得模腔的型样是有发泡能力的熔体由高压料筒进入低压模腔后，因发泡体积急剧膨胀而填满模腔全部空间的结果。因此注射充模时，不能用熔体填满整个模腔，而应使注入熔体的体积小于模腔的容积，二者之比由制品所要求的密度决定。成型时由于模具温度总是远低于发泡剂的分解温度或挥发温度，致使紧贴模壁的熔体因急剧降温而阻止其中的发泡剂分解或挥发，从而在制品的表皮形成薄的致密塑料层。

借助发泡膨胀而获得模腔型样的成型物，经过一定时间的冷却，在表层足够刚硬后即可启模顶出。但应注意，从模内脱出的泡沫塑料制品，其芯部仍可能处在熔融状态，且其中的发泡剂可能还在继续发泡。若情况确实如此，芯部发泡剂分解所产生的热量在向外传导时，就会使已经硬化的表层重新变软，从而导致制品明显膨胀变形。为避免这种现象的发生，可将从模内脱出的制品立即喷水冷却。

② 高压法发泡注塑　用这种方法成型结皮泡沫制品的主要特点是，含有发泡剂的物料在料筒内加热塑化后，用与成型密实制品相近的高压注入锁紧的模腔；熔体充满模腔并经短暂停留后，动模后退一定距离，模腔容积随之增大，使熔体能够完成发泡过程。高压法发泡注塑技术与前述之注射压缩成型技术相同，都是在注射充模结束后改变模腔的容积，只不过前者是动模后退使模腔容积增大，而后者是动模前进位模腔容积减小；因此，高压法发泡注塑成型制品时也要采用带密封边的位移式型腔模具，而且是通过改变模腔容积的增加量来控制发泡制品的密度。

与低压法发泡注塑相比，高压法发泡注塑制品的成型周期较短。若在表层冷硬后就将品从模内顶出，用高压法发泡注塑的制品从模具中脱出后同样需立即喷水冷却。高压法发泡注塑制品与低压法发泡注塑制品相比，表面的结皮更为坚硬，芯部的泡孔也更加均匀。这种发泡注塑的另一个优点是，可制得表面有精细图案的美观制品。

一般来说，用发泡注塑技术成型结皮泡沫塑料制品，有节约原材料、制品易大型化、不会出现应力翘曲、密度小、刚性好和厚壁制品不会出现表面凹痕和内部缩孔等优点。

（2）泡沫夹芯制品的发泡注塑

夹芯注塑是随着结构发泡制品的生产和发展而出现的。由于塑料在汽车制造业、电气和生活用品领域内的广泛应用，对厚壁（大于5mm）刚性较高的塑料制品的需求增加。普通的注塑制品，因收缩率大，制品表面易出现塌坑，影响外观和平整度。结构发泡注塑虽解决了这一问题，但是采用低压结构发泡注塑，因塑料中含有发泡剂，制品表面常有旋痕和气体痕迹。采用高压结构发泡注塑，模具结构复杂，费用昂贵，从而出现了夹芯注塑成型工艺。

夹心注塑是20世纪70年代投入工业化生产的。至70年代中期又制造出双流道喷嘴和三流通喷嘴，这种夹心注射模塑如图7-22所示。设置有两个独立的料筒和塑化装置，采用特殊的喷嘴。两个料筒的注射顺序可以任意调节。

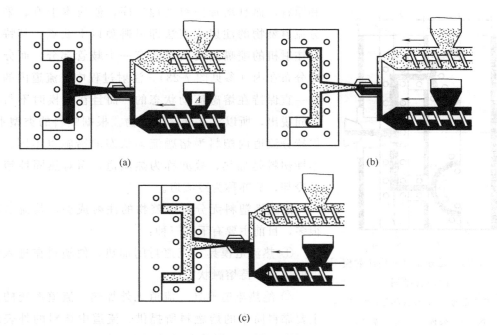

图 7-22 夹心注射模塑

夹心注射模塑用于生产夹芯发泡制品时，先注射表层材料（即不含发泡剂的 A 材料），随后将内层材料（含发泡剂的 B 材料）经同一浇口的另一流道与还在注射的 A 材料同时注入模具，最后再次注入 A 材料使浇口封闭，去掉浇口后的制品就具有闭合的、连续不发泡的表皮和发泡结构的芯层。

夹芯注塑制品，由于具有特殊的夹芯结构，还可以根据不同的需要选择内、外层材料，将不同塑料各自的优良特性"组合"在一起，得到一般塑料加工无法得到的特殊制品，因而应用较为广泛。但是，当内外层材料不同时，要考虑到两种材料之间的黏合性和材料收缩率的差别，否则内外层材料会发生剥离现象。

夹芯注塑成型除用于成型内层发泡、外层不发泡和外层发泡、内层不发泡的结构泡沫制品外，还可成型以下制品：

① 外层采用增强塑料，内层为非增强塑料。主要用于承受弯曲应力和负载作用在表面的制品，可大大降低成本。

② 内层为增强塑料，外层为高光洁度材料，以达到制品外观美和强度高的统一。

③ 内层为高强度材料，外层为耐磨材料，用于成型表面耐磨，具有低的摩擦因数，同时整体又具有较高强度的制品，如袖套、齿轮等零件。

④ 内层为导电、导磁材料，外层为绝缘材料的制品。内层采用导电、导磁材料，成型内层具有导电、导磁的能力，能进行电磁屏蔽；而外层为普通塑料，具有绝缘作用，可防止电气元件壳体发生短路现象。

上述制品大量用于仪表电气、办公设备、计算机壳体等。

7.3.2.4 无分流道赘物的注射成型

通常注射成型制品都带有浇口和流道赘物，事后需要除去。这不仅浪费注射机的能量

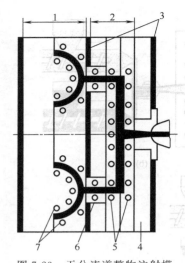

图7-23 无分流道赘物注射模
的歧管排列

1—热模部分；2—歧管部分；3—绝热层；4—夹板；5—冷却水孔；6—喷头；7—电热筒

和原料，而且增加回料处理工序，使成本上升。采用无分流道赘物的注射成型法即可避免以上缺点。其特点是在注射机的喷嘴到模具之间有一个歧管部分，而分流道即分布在内（参见图7-23）。注射过程中，流道内的塑料是一直保持在熔融流动状态的，而且在脱模时不与制品一同脱出，所以没有分流道赘物。根据塑料的类型不同，保持分流道内塑料为熔融流动状态的措施也不同。对热塑性塑料是加热，故亦称为热流道，而对热固性塑料则是冷却，故亦称为冷流道。

热塑性塑料无分流道赘物的注射成型，其流道形式很多，目前主要有下列三种：

① 热流道模具　流道封闭加热，使塑料在进入模腔以前一直保持熔融状态。

② 绝热流道模具　流道无外加热，流道系统的热量主要靠料筒来的熔融料所提供。流道中熔料的外表层虽会凝固，但中心始终保持熔融态。

③ 带加热探针的绝热流道　其原理和绝热流道相同，只是在浇口处设有加热探针，以便物料顺利通过浇口。上述三种热流道，以第三种用得较多。

对热固性塑料无分流道赘物的注射成型是采用冷流道模具。冷流道注射模的歧管及流道部分，周围均用水冷却，以保持较低的温度，而模套和模芯则采用电加热，具有较高的温度。在这两部分之间必须要有良好的绝热。控制歧管部分流道的温度很重要，温度过低，物料不能畅流；温度过高，物料在流道内易发生硬化。

7.3.2.5　共注射成型

共注射成型是指用两个或两个以上注射单元的注射成型机，将不同的品种或不同色泽的塑料，同时或先后注入模具内的成型方法。此法可生产多种色彩或多种塑料的复合制品。共注射成型的典型代表有：双色注射和双层注射，亦可包括夹层泡沫塑料注射，不过后者通常是列入低发泡塑料注射成型中。已如前述，因此这里只简单介绍双色注射成型。

双色注射成型这一成型方法有用两个料筒和一个公用的喷嘴所组成的注射机，通过液压系统调整两个推料柱塞注射熔料进入模具的先后次序，来取得所要求的不同混色情况的双色塑料制品的。也有用两个注射装置、一个公用合模装置和两副模具制得明显分色的混合塑料制品的。注射机的结构如图7-24所示。此外，还有生产三色、四色和五色的多色注射机。

近几年来，随着汽车部件和台式计算机部件对多色花纹制品需要量的增加，又出现了新型的双色花纹注射成型机，其结构特点如图7-25所示。该机具有两个沿轴向平行设置的注射单元，喷嘴通路中还装有启闭机构。调整启闭阀的换向时间，就能制得各种花纹的制品。不用上述装置而用花纹成型喷嘴（图7-26）也是可以的，此时旋转喷嘴的通路，即可得到从中心向四周辐射形式的不同颜色和花纹的制品。

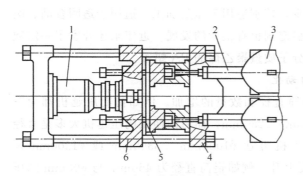

图 7-24 双色注射机示意图

1—合模油缸；2—注射装置；3—料斗；4—固定模板；5—模具回转板；6—动模板

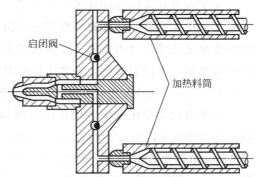

图 7-25 双色花纹注射成型机结构图

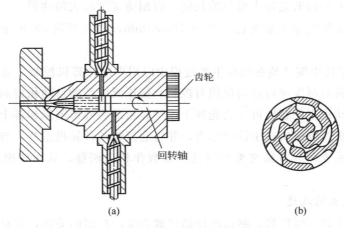

图 7-26 成型花纹用的喷嘴和花纹

7.3.3 压延成型技术

近年来，压延制品在品种、质量、产率等方面都有显著提高，这归因于原材料和压延设备的不断改进。总的来说，压延成型是向着大型、高速、自动、精密、多用等方面发展。

7.3.3.1 压延成型用原料的进展

聚氯乙烯树脂虽然已有多年的生产历史，但仍然有新的发展，市场出现不少新的产品。这些新产品的共同特点是质量均匀，对提高压延薄膜很有利。二步本体聚合法聚氯乙烯树脂的应用有所扩大，这种原料具有特殊的颗粒结构形态，吸收增塑剂的性能十分优良，特别适用于制造软质透明薄膜。氯乙烯与乙烯或丙烯的共聚树脂在生产硬质制品时，可降低加工温度，热稳定性也较好。用作冷冻食品包装的聚氯乙烯硬质片材要求有较高的韧性，老的办法是掺加氯化聚乙烯或 ABS 树脂，制品透明度受影响。目前用于生产透明聚氯乙烯薄膜和硬质片材的改性剂，如 MBS 树脂和聚丙烯酸酯树脂（ACR）已日益增多。

为了满足高速压延的要求，出现了一些新的稳定剂，例如含镉量较高的镉钡稳定剂，热稳定作用非常好。液体镉钡稳定剂析出少，特别适用于压延加工。适用于透明食品、医用硬质聚氯乙烯片材生产的多种有机锡类稳定剂也有很大的发展。近年来还开发了一定数量的压延加工专用润滑剂，如属于低相对分子质量聚乙烯的 PA 蜡等。

7.3.3.2 压延机的大型、高速、精密、自动化

压延机的大型化主要表现在压延机辊筒直径和数量的增加。例如初期压延机都为三辊，其大小是 $\phi 350mm \times 1000mm$ 或 $\phi 450mm \times 1250mm$，而目前使用的压延机大多是直径为 600mm 以上的四辊压延机，大型压延机可达 $\phi 1000mm \times 3300mm$ 或 $\phi 1200mm \times 2740mm$。压延机的大型化可使产量大幅度上升。例如辊筒直径为 450mm 与 600mm 的压延机相比，后者辊筒直径增加 0.3 倍，但在相同转速下产量可提高 0.7 倍。不管从投资或维持费用来说，大型化都是有利的。如果生产速度相同，大型压延机转速可降低，对生产控制有利。此外，辊筒直径加大后还可以使辊筒的挠曲度减小，使制品的横向厚度均匀。增大辊筒直径的另一目的是加大辊筒的长度，以制造宽度较大的薄膜。

目前一般压延机的加工速度已达 80～100m/min，最大可达 300m/min。压延精度可达 $\pm 0.0025mm$。

20 世纪 70 年代中期开始在压延生产过程中应用程序计算机控制，通过制品面积重量测定对生产中的制品厚度进行自动反馈与控制，使压延生产的自动化得到重大推进。程序计算机控制的自动化生产装置可在荧光屏上连续显示薄膜外形图像和各个辊隙的图形，通过测量仪测得由辊筒负荷所产生的轴承力，并将它反馈给计算机系统，与规定的参数相对比较，自动控制系统即会对轴交叉等装置的参数作相应调整，从而精确地控制整个生产过程。

7.3.3.3 冷却装置的改进

随着压延速度的不断提高，制品的冷却已成为生产控制的关键，它对制品的性能，特别是收缩性能，影响很大。

压延成型的冷却装置过去大多采用直径为 400～600mm 的辊筒，数量约 4 个，辊筒之间有较大距离，有时还在大冷却辊之间设置小冷却辊。目前的冷却辊筒特点是："小、多、近"：直径为 60～120mm，数量有 9 个以上，它们分组控温，分组驱动，辊筒之间距离仅约 2mm。冷却装置这样改进以后，因为辊筒直径小，有较好的传热效果，并且有利于消除高速运转时夹在薄膜与辊筒之间的空气。压延制品在不同温度下缓慢冷却，内应力减少，使收缩率降低。此外，由于前面几个冷却辊筒温度较高，有利于去除薄膜表面的挥发物质，因而制品手感爽滑，同时还可避免薄膜黏附在辊筒表面。

生产硬质聚氯乙烯片材时，冷却辊筒直径可以更小些，但数量要增加。

7.3.3.4 异径辊筒压延机

在异径辊筒压延机中，至少有一个辊筒的直径与其他辊筒不同（图 7-27）。采用异径辊筒后，压延机的分离力和驱动扭矩减少，因而具有节能、高速和提高制品精度的优点。

当辊筒直径增大时，对两个等径辊筒来说，进料角度就会减小。若要维持存料高度不变，就要增加钳住区面积。采用异径辊筒就可以避免这种现象。例如两个直径为 550mm

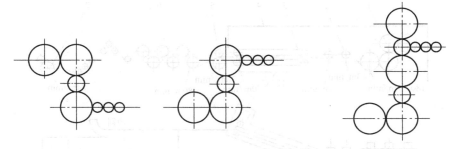

(a) 适用于加工软聚氯乙烯薄膜　(b) 适用于加工硬聚氯乙烯薄片　(c) 适用于加工极薄的拉伸薄膜

图 7-27　不同形式的异径辊筒压延机

的等径辊筒,进料角度为 21.7°;若把其中一个辊筒的直径减为 350mm,进料角度就增大到 25.7°。如果要求存料高度为 10mm,那么存料区的横截面积就从前者的 211mm² 降为后者的 147mm²,存料量可减少 30%。由于存料量减少,不但降低了压延机的驱动功率,而且空气也不易为物料包覆,这当然对提高制品质量有利。只要小径辊与上下两大辊之间的辊隙和存料量基本相同,那么上下两大辊对小辊的作用力便可抵消,因而小辊的挠度很小,制品厚度公差可控制到 ±0.0025mm。此外,大辊与小辊之间摩擦热减少,可缩短制品的冷却时间,因而生产速度可以提高。

7.3.3.5　压延牵伸（拉伸扩幅）

如果在压延机后配备一台扩幅机,就可利用较小规格的压延机生产宽幅软质薄膜。这对节约设备投资、减少动力消耗及利用现有的中、小型压延机生产较宽幅制品有一定意义。

扩幅装置的主要部分是设置在轧花辊以前左右两边的一对环形皮带（图 7-28）。环形皮带由前后两个皮带轮支承,若两皮带轮中心距较大,则可在两轮之间增添适当小托辊,以使压力均匀。两边的环形皮带各有一套传动装置,

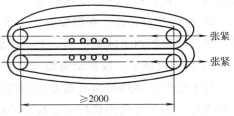

图 7-28　环形皮带示意图

由直流电机经减速带动下面环形皮带的前皮带轮转动。前皮带轮座能前后移动,以便将环形皮带张紧。左右两边的环形皮带可沿着后部皮带轮摆动。改变环形皮带摆动的角度,便可获得不同幅宽的制品。

工作时,当薄膜从引离辊引出后,立即将薄膜的两边夹在左右两侧的环形皮带上,然后在环形皮带的前进中薄膜就逐步向两边扩幅。如果进入的薄膜幅宽为 2.3m,经扩幅后可达到 4.3m,切去两端边料后,可得到 4m 左右宽的成品。此装置最大扩幅率（扩幅后与扩幅前薄膜宽度之比）约为 1.85 左右,厚度之比与此值相同。扩幅装置示意图见图 7-29。

7.3.4　中空吹塑成型技术

7.3.4.1　中空吹塑的一些新技术

（1）多维挤出吹塑

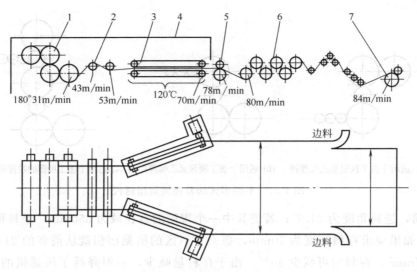

图 7-29 扩幅装置示意图

1—压延机；2—引离辊；3—扩幅机；4—保温罩；5—压花辊；6—冷却辊；7—卷取装置

多维挤出吹塑是指吹塑不规则多维形状中空制品的吹塑技术。例如汽车进气管等。

多维挤出吹塑有以下几种形式：

① 挤出机在 X-Y 方向上可移动，机头在 Z 方向移动。

② 下模板可倾斜，并能在 X-Y 方向上移动，型坯直接挤在模腔内，转动、调整下模板并与上模板合模，然后吹塑成型。

③ 模板左右合模。在模板的上、下部设有挡板，模具在闭合状态下，由机头挤出型坯，型坯在模腔内下降到底部，上下挡板闭合，然后进行吹塑成型。

④ 采用机械手。按规定将型坯放置在模腔中合模、吹塑。

按上述四种多维挤出吹塑方法制造的制品与普通挤出吹塑制品比较，可减少 80% 以上的废边，因而可选用螺杆直径较小的挤出机，设备投资低，节约能耗。

(2) 偏平吹塑成型

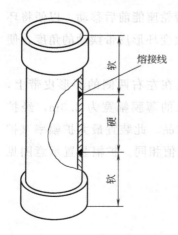

图 7-30 交替挤出吹塑产品示意图

生产偏平中空产品，如缓冲器、保险杠、配电盘等一般多采用挤出圆形型坯吹塑形成偏平状中空制品。因此废边多，壁厚不均匀。

采用偏平型坯生产偏平中空制品时具有以下优点：制品壁厚均匀；废边少；后续工序少；加工周期缩短。

(3) 交替挤出吹塑

交替挤出吹塑可制备非单一塑料的中空制品。具有交替吹塑机头，能生产软、硬塑料组合的中空制品。产品如图7-30所示。

交替吹塑要关注软、硬塑料之间的熔接强度。软、硬塑料的组合如表7-3所示。

表 7-3　软、硬塑的组合

硬	软	硬	软
PP	TPO	PA66(GF)	TPAE(PA11、PA12)
PP6	TPAE(PA11、PA12)	HDPE	TPO
PA6(GF)	TPAE(PA11、PA12)	HDPE	LDPE

7.3.4.2　中空吹塑的发展

随着树脂新牌号的不断出现，吹塑和成型技术水平的提高，中空吹塑将朝着进一步节约能源，提高产品质量，扩大应用领域和专门化的方向发展。

① 精密控制型坯壁厚，制造厚度分布更为均匀的吹塑制品；
② 采用高速注射，制造薄壁和超薄壁中空制品；
③ 采用多机头以提高设备的生产能力；
④ 制造形状复杂的工业用中空制品；
⑤ 单独设计瓶颈口的成型定径技术；
⑥ 开发模内和模外自动修边运转程序的机械化装置；
⑦ 开发硬聚氯乙烯粉状混料的中空吹塑容器；超高相对分子质量聚乙烯和超高相对分子质量聚氯乙烯的中空制品；
⑧ 开发热塑性工程塑料中空制品，扩大其应用范围。

目前主要的研究工作包括：

(1) 原材料的开发

聚合物从挤出机挤出转移到模具的过程中，首先通过口模时受高剪切力（$10^3 s^{-1}$）作用，然后物料呈现挤出膨胀及垂缩现象，在形成下垂的型坯时，其膨胀率接近为零（$10^{-4} s^{-1}$）。接着型坯被吹胀紧贴在模具上，这时呈现低的膨胀率（$10 s^{-1}$）。过度的口模膨胀会产生废品；过度的垂缩导致制件的顶端到底部壁厚厚度不均匀，严重的甚至不能成型。在选择合适吹塑的聚合物时，必须弄清其剪切及膨胀的黏弹特性。

尽管 PET 占据再加热吹塑成型材料的主要份额，但其作为单分子层聚合物，水气、氧气和挥发性油蒸气尚能微量渗透。故 PET 必须通过热定型，以提高应用于蒸煮或热填充容器的热稳定性。在 PEN/PET 共混料或共聚物或多层型坯进行吹塑成型时，需将防氧渗透和防水气渗透性树脂如 EVOH 和 HDPE 与 PET 形成复合层，并产生锚联层，以改善 PEN/PET 料的渗透性和热稳定性，即使增加了成本也是必要的。目前正研究开发将 HDPE 与尼龙 6 树脂采用多层吹塑成型生产燃油油箱。混合再生料加工困难，是多层结构材料实用寿命的最大阻碍。

HDPE 作为试验型塑料应用于吹塑的原因，首先是 HDPE 热稳定性好，开发出多种改性产品，因而 HDPE 成为吹塑成型中应用最广泛的塑料。尽管研究开发吹塑成型已有几十年经验，但对于 HDPE 塑料的性能与温度、压力、剪切速率等有关加工条件的相互关系，目前尚未充分弄清楚和认识。

间歇式型坯吹塑成型理论上适用于结构板材和大型制件的二次加工。许多的应用可能要求使用工程塑料，如阻燃型 ABS、增强 PVC、mPPO 和 PC 等。这类挤出型塑料的耐高温性能差，目前仅有极少数的几个品级树脂可长时间停留在熔融状态，是专门特制可在常规设备上吹塑成型大型制件。

(2) 设备与工艺进展

加工机械设备已有很大的改进。较新的开发成果有以下几种：采用改进型红外加热技术进行再吹塑成型；非常高速的旋转挤塑压力，尤其是应用在牛奶瓶的生产上；模具附设在梭式压机上以补偿喷流现象；多层连续挤出吹塑成型防渗透性容器；通过对取向结晶和热结晶、预成型坯和模温、吹气压力以及型坯在模腔内停留时间的严格控制，进行连续性热定形 PET 瓶的生产。

尽管吹塑成型机械在整个吹塑加工市场仅占较小的份额，还是引起机器制造商们极大的关注。由于市场对复杂、曲折的输送管材制件的需求，推动了偏轴挤出吹塑技术的开发，这种技术笼统称为 3D 或 3 维吹塑成型。理论上，该工序十分简单。型坯挤出后，被局部吹胀并贴在一边模具上，接着不是挤塑机头转动就是模具转动，按 2 轴或 3 轴已编程序转动。当类似肠型的管坯充满模具的顶端时，另一边模具合闭并包紧管坯，使之与后续的型坯分离，这时管坯被吹胀并紧贴在模腔的两边上。难点在于具有非常大惯性量的大型吹塑机械要求在高速合模时误差要低于 10％。图 7-31 为偏轴挤出吹塑流程简图。

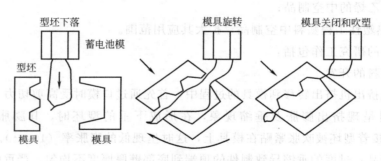

图 7-31　偏轴挤出吹塑流程简图

型坯的程序控制已有数十年的经验。主要问题是型坯可拉坯变薄的最薄程度（如瓶颈部位），增厚的型坯拉坯的最大程度（如容器瓶体或边角部位），以及设计一个壁厚度变化部位，例如凹边和瓶肩等。最初的程序控制使用凸轮驱动气芯。目前，广泛采用微机控制伺服-驱动口模唇和/或气芯。对坯壁厚的控制作用往往被夸大，其实挤出速度、熔体在口模的温度、熔体温度的均匀性（包括径向和轴向）、挤出膨胀度、垂缩现象和塑料流变特性的一般性变化都对每组定型型坯快速通过程序变化口模间隙时的流动特性产生影响，由于全部型坯组织都是恒定相同的，因而通常在局部壁厚内，可看得见细微的变化。

在已定的产品设计标准范围内，设计某一制件时为了使原材料的用量减至最小，设计人员既要考虑预成型坯和型坯的壁厚厚度，也要考虑最终制件的壁厚。综上所述，考虑影响型坯壁厚的大量工作重点应集中在所使用塑料的黏弹性特性上。对试管状的预成型坯壁厚的厚度的预计，也就是设计具有防渗透作用的型坯最佳壁厚厚度的选择根据。这是由预成型坯的结晶程度，所使用塑料与温度相关的应力-应变弹塑特性，以及由注塑加工形成的冻结应力程度和分布等情况来决定的。

一般而言，预成型坯的吹胀过程类似于橡胶气球的吹胀过程，局部开始拉坯，形成一个近似等直径的动脉瘤，以改进预成型坯的长度。目前仍然缺乏完整的数理推算，可理解为对有限的因素的分析。假设型坯吹胀处于高的应变速度，则塑料在快速冷却情况下显示出超弹性特性，而不是黏弹性。根据这一假设，早在 1980 年，通用电子（General Electric）公司就为热成型和吹塑成型开发了 PITA 程序设计。目前，有关这两项成型技术程序编制的开发成果已被人们普遍认识。型坯吹塑成型的控制软件必须综合考虑如下因素：不均匀的型坯壁厚；型坯截坯口和环绕型吹塑管材截口；在合模前预先吹胀型坯；吹胀过程控制和截坯口开设的部位，以及结构件吹塑成型中对型坯边缘的裁切定位等。

7.3.5　纺丝成型技术

静电纺丝以其制造装置简单、纺丝成本低廉、可纺物质种类繁多、工艺可控等优点，成为制备纳米纤维材料的主要途径之一。静电纺丝是指聚合物溶液/熔体在外加高压静电场下，针头处的聚合物液滴或者熔体表面会诱导带电，液滴或熔体受到两种静电力作用：表面电荷间的静电排斥力和外加电场的库伦力，在这两种静电力的相互作用下液滴变成泰勒锥，一旦外加电场强度超过某一临界值，静电力将克服溶液/熔体的表面张力，就会有聚合物射流从泰勒锥处喷出，带有电荷的射流由于静电力的作用而鞭动和拉伸，在此过程中溶剂挥发或熔体冷却，从而在接收板上形成纤维。如图 7-32 所示。

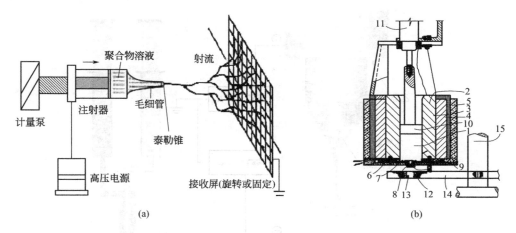

图 7-32　静电纺丝装置（a）和熔融静电纺丝机（b）示意图

1—不锈钢圆筒；2—不锈钢壁；3—传热夹套；4—加热管；5—保温层；6—热电偶；7—不锈钢圆筒下口；8—不锈钢毛细管；9—石棉板；10—活塞；11—液压泵；12—金属压板；13—喷丝孔；14—绝缘体；15—调节器

通过调整纺丝溶液的浓度或添加其他材料来改变纺丝溶液的物理性质（如电导率、表面张力和黏度等）便可得到不同直径和形态的超细纤维，也可以改变操作条件（电压、温度、空气湿度、毛细管内径、流体速率、接收距离和收集板形状等）来获得形貌、尺寸各异的超细纤维。在静电纺丝的过程之中，在施加的电场力大于纺丝液体表面张力的情况下，带上静电的纺丝液体就会以纤维束的形式从喷丝头喷射而出，并且迅速地飞向收集板。此过程大致上可以分成三个阶段：①形成纤维束，并沿其轴向伸长；②纤维束的弯曲移动及劈裂细化；③溶剂不断挥发，引起纤维束的固化，并最终在收集板上形成纳米纤维。

已有的研究结果表明，在静电纺丝过程中，所得到纳米纤维的最终形态主要受到以下因素的影响：

① 原料参数，包括溶剂的物理性质（如沸点等）、高聚物的分子量及分布和大分子链的结构；

② 溶液参数，包括溶液黏度、电导率、表面张力及介电常数等；

③ 控制参数，包括施加的电压、接收距离（电极间距）、进料速率；

④ 环境参数，包括纺丝室内温度、湿度和空气流动速度。

7.3.5.1 同轴静电纺丝技术

同轴静电纺丝技术就是利用同轴复合喷嘴来代替单一喷嘴，产生同轴射流而进行静电纺丝的方法。此法制得的壳-核型纤维具有两种聚合物的性能，若只在外层中加入纺丝溶液，则最后可以得到中空的管状纤维。同轴静电纺丝采用复合针头。如图 7-33 所示，复合针头由同轴的两个毛细管相互嵌套而成，内层与外层之间留有一定的缝隙以保证壳层液流的畅通，核层液体则通过内层毛细管在针头尖端与壳层液流汇合形成复合液滴，由于复合液滴在电场中鞭动拉伸的时间极短，两层聚合物基本上不存在扩散，最终形成核/壳结构纳米纤维。

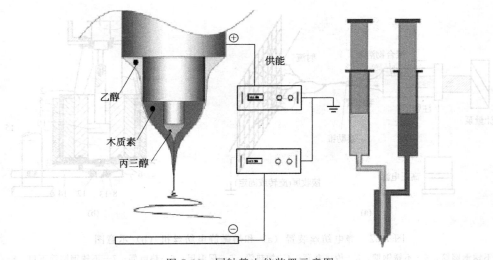

图 7-33 同轴静电纺装置示意图

7.3.5.2 多流道静电纺丝技术

图 7-34 为多流道静电纺丝的装置，在该装置中两个核层不是同轴的套合，而是对称的分布在外层流道的轴线两侧，合理控制电纺参数可以制备多流道纳米管。

7.3.5.3 扫描探针电纺技术

这种方法制备纳米纤维的具体过程如图 7-35 所示。大致可分为三个步骤：①将探针与聚合物溶液表面接触一下；②吸取一滴液体作为静电纺丝的原料，随后离开液体表面；③通过与探针相连的一根金丝对液滴施加电压，当电压大小达到一定值来克服表面张力

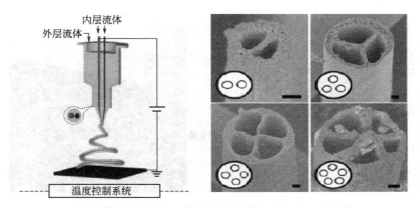

图 7-34 多流道静电纺丝喷头示意图及多孔道纤维 SEM 照片

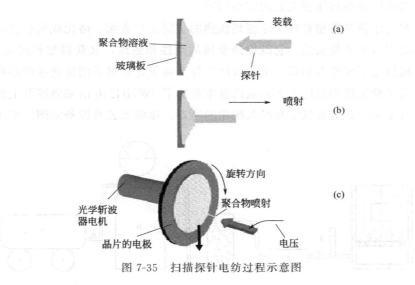

图 7-35 扫描探针电纺过程示意图

时，探针尖上的纺丝液滴便形成泰勒圆锥，当电压进一步增加时，纤维束就会从液滴表面喷射而出，通过高速转动收集电极，纤维就会在具有特定结构的表面上定向沉积。

7.3.5.4 多喷头静电纺丝技术

多喷头静电纺丝法即是将不同的聚合物溶液分别放置在不同的喷丝头里，并且收集滚筒可以高速往复移动，最终得到含有不同聚合物的混合纳米纤维。多喷头静电纺丝过程要比单喷头静电纺丝过程复杂，因为每股射流都带有相同的电荷，此装置克服了单一喷头纺丝效率太低的缺点，为以后的大规模生产提供了可能；同时也可以将不能溶解在同一溶剂中，或不能在同一条件下加工的高分子纳米纤维均匀地混合在一起，使同一片纤维膜具有多种功能。该方法的缺点是，喷头之间电极电场发生相互干扰，引起电场的变化，有待进一步改进。多喷头电纺过程示意图及实物图如图 7-36 所示。

7.3.6 涂覆成型技术

近几十年塑料涂覆技术无论是在原材料配方的开发、新涂覆成型方法、开拓新涂覆领域方面都取得了长足的进展，下面将简单介绍一下近年来出现的一些新动向。

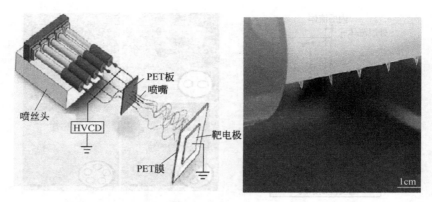

图 7-36 多喷头电纺过程示意图（左）及实物图（右）

（1）活塞薄膜泵塑料涂覆工艺的实验研究

沸腾法塑料涂覆是将塑料粉末涂覆到预热的金属工件表面、熔化成具有流动性的胶状液体经冷却凝固后形成覆盖层。它既保持金属的刚性和强度，又获得塑料耐腐蚀的性能。福建省农业机械化研究所在铝基合金制成的工件上将氯化聚醚采用流化床的塑料涂覆新工艺，通过正交试验法找到最优工艺参数已基本解决了 3WHG240 活塞隔膜泵上的以铝代铜问题。它具有重量轻、造价低廉和经久耐用的特点。涂覆工艺及设备如图 7-37 所示。

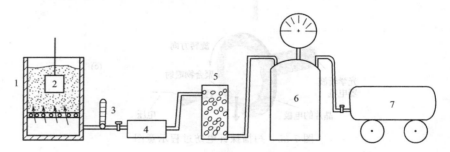

图 7-37 流化床法涂覆设备装置示意图
1—流化床；2—被涂工件；3—空气流量剂；4—空气预热器；
5—油水过滤器；6—贮气罐；7—空气压缩机

（2）一种在风机风叶上涂覆塑料防腐涂层的新方法

国内研究人员最近发明了一种在风机风叶上涂覆塑料防腐涂层的新方法。具体方法是将风机风叶整体均匀加热到 200~400℃，将热透的风机风叶套装在滚动轴上并与之固定连接并将其整体安置在内装塑料粉末的硫化床箱内开动硫化床箱鼓风机同时均速转动滚动轴带动风叶在硫化床箱内滚动，滚动方式为顺时针与逆时针交替进行，塑料粉末膨起后因受热熔化而黏覆在风机风叶上并达到所要求的厚度。发明方法与现有技术相比具有生产工艺简单，加工成本低和防腐效果明显等优点。

（3）芳纶纤维在涂覆织物制品中的应用

采用 Kevlar 纤维制作的涂覆织物的强力和撕裂强度比传统尼龙和聚酯等胶布材料至少高出 2 倍，伸长率小得多，且制成品的质量和厚度有效降低，其耐刺扎、抗紫外线和阻燃性能好。唯一的缺点是屈挠性能不及其他有机纤维，但可以通过调整织物结构得以改善。Kevlar 纤维在涂覆织物制品中的应用不断增加。

美国 Maravia 公司制造一种性能优异的充气舟。采用 Kevlar 纤维替代聚酯而且采用聚氨酯涂层替代乙烯基高聚物涂层。产品不仅质量小，而且强度高，通过在峡河流中试用证明是一种理想的产品。

国外胶布贮油容器通常采用的织物材料为尼龙。而美国尤尼罗伊尔公司采用 Kevlar 纤维制作军用油罐，该贮油罐的涂层为一步法聚氨酯胶，用喷涂法涂覆，并采用 Kevlar 纤维织物套筒，从而大大提高了强力。

美国 Keeves 兄弟公司试验制作一种救生滑梯，采用 Kevlar-29 作基材织物，用聚氨酯涂覆，不仅产品质量比尼龙-聚氨酯滑梯减小了 10%，而且厚度也减小了 30%。

参 考 文 献

[1] N. G. McCrum, Principles of Polymer Engineering, Oxford University Press, Second edition, 1997.
[2] Joel R. Fried, Polymer Science and Technology, University of Cincinnati, Prentice-Hall International, Inc., 1995.
[3] 黄锐, 曾邦禄. 塑料成型工艺学. 第2版. 北京: 中国轻工业出版社, 2010.
[4] 周达飞, 唐颂超. 高分子材料成型加工. 第2版. 北京: 中国轻工业出版社, 2006.
[5] 赵素合. 聚合物加工工程. 北京: 中国轻工业出版社, 2006.
[6] 瞿金平. 聚合物成型原理及成型技术. 北京: 化学工业出版社, 2001.
[7] 黄锐. 塑料工业手册——塑料的热成型和二次加工. 北京: 化学工业出版社, 2005.
[8] 王贵恒. 高分子材料成型加工原理. 北京: 化学工业出版社, 2001.
[9] James M. Mckelvey. Polymer Processing. John Wiley and sons Inc., 1962.
[10] 周持兴, 俞炜. 聚合物加工理论. 北京: 科学出版社, 2004.
[11] [美] D. G. 贝尔, D. I. 科利斯主编. 聚合物加工设计与原理. 西鹏等译. 北京: 化学工业出版社, 2004.
[12] [美] D. R. 保罗, [英] C. B. 巴克纳尔主编. 聚合物共混物: 组成与性能 (上卷). 殷敬华, 韩艳春, 安立佳等译校. 北京: 科学出版社, 2004.
[13] B. V. 法凯等编著. 合成纤维. 张书绅, 陈政, 林其凌等译. 北京: 纺织工业出版社, 1987.
[14] 董纪震, 孙桐, 古大治等编. 合成纤维生产工艺学: 上册. 北京: 纺织工业出版社, 1999.
[15] 徐佩弦. 高聚物流变学及其应用. 北京: 化学工业出版社, 2003.
[16] 许健南. 塑料材料. 北京: 中国轻工业出版社, 2011.
[17] [美] M. D. 贝贾尔编. 塑料聚合物科学与工艺学. 贾德民, 姚钟尧, 缪桂韶, 吴振耀译. 广州: 华南理工大学出版社, 1991.
[18] 刘敏江. 塑料加工技术大全. 北京: 中国轻工业出版社, 2001.
[19] [美] 詹姆士 F. 史蒂文森 编著. 聚合物成型加工新技术. 刘廷华, 张弓, 陈利民, 柳凌译. 北京: 化学工业出版社, 2004.
[20] 贾毅, 张立侠. 橡胶加工使用技术. 北京: 化学工业出版社, 2004.
[21] 徐定宇, 张英, 张文芝 编著. 塑料橡胶配方技术手册. 北京: 化学工业出版社, 2002.
[22] 肖卫东, 何本桥, 何培新等编著. 聚合物材料用化学助剂. 第2版. 北京: 化学工业出版社, 2004.
[23] 曾光廷, 董详忠, 刘晓波. 材料成型加工工艺及设备. 北京: 化学工业出版社, 2002.
[24] Timings R L. Engineering Materials. 2nd. 北京: 世界图书出版社, 1998.
[25] James A. Jacobs Thomas F. Kilduff. Engineering Materials Technology, Structures, Processing, Properties and Selection, Prentics Hall Upper Saddle River, New Jersey Columbus, Ohio, 4th2001.
[26] Gregg Bruce R. Mileta M. Tomovic John E., Modern Materials and Manufacturing Processes, Prentics Hall Upper Saddle River, New Jersey Columbus, Ohio, 2th1998.
[27] [美] I. 塔莫尔, I. 克莱因. 塑化挤出工程原理. 夏廷文等译. 北京: 轻工业出版社, 1984.
[28] [美] S. 米德而曼. 聚合物加工基础. 赵得禄等译. 北京: 科学出版社, 1984.
[29] [美] I. 塔莫尔等. 聚合物加工原理. 耿孝正译. 北京: 化学工业出版社, 1990.
[30] [美] C. D. 韩. 聚合物加工流变学. 徐僖等译. 北京: 科学出版社, 1985.
[31] [苏] 拉普辛. 热塑性塑料注塑原理. 林师沛译. 北京: 轻工业出版社, 1983.
[32] [美] C. D. 韩. 聚合物加工流变学. 徐僖等译. 北京: 科学出版社, 1985.
[33] [美] L. I. 纳斯. 聚氯乙烯大全: 第二卷. 黄锐等译. 北京: 化学工业出版社, 1985.
[34] [美] L. I. 纳斯. 聚氯乙烯大全: 第三卷. 韩宝仁等译. 北京: 化学工业出版社, 1987.
[35] 吴培熙, 张留城. 聚合物共混改性. 北京: 中国轻工业出版社, 1998.
[36] 丁浩主编. 塑料工业实用手册. 第2版: 上册. 北京: 化学工业出版社, 2004.

[37] 北京化工学院,天津轻工业学院主编.塑料成型机械.北京:轻工业出版社,1982.
[38] 龚云表,石安富.合成树脂与塑料手册.上海:上海科学技术出版社,1993.
[39] 日本高分子学会.塑料合金.北京:中国轻工业出版社,1992.
[40] 蔡忠龙,冼杏娟.超高模聚乙烯纤维增强复合材料.北京:科学出版社,1997.
[41] 赵德仁,张慰盛.高聚物合成工艺学.第2版.北京:化学工业出版社,1997.
[42] 吴培熙,王祖玉主编.塑料制品生产工艺手册.第3版.北京:化学工业出版社,2004.
[43] 聚氯乙烯加工手册编写组.聚氯乙烯加工手册.北京:轻工业出版社,1990.
[44] 李祖德主编.塑料加工技术应用手册.北京:中国物资出版社,1997.
[45] 轻工业部塑料加工应用研究所.塑料废弃物回收对策及再生关键技术.1991.
[46] 唐志玉.塑料模流变学设计.北京:国防工业出版社,1991.
[47] 邱明恒.塑料成型工艺.西安:西北工业大学出版社,1994.
[48] 龚浏澄等.塑料成型加工实用手册.北京:北京科学技术出版社,1990.
[49] 欧国荣,倪礼忠.复合材料工艺及设备.上海:华东化工学院出版社,1991.
[50] [德] C. 劳温代尔.塑料挤出.第2版.陈文英等译.北京:中国轻工业出版社,1996.
[51] [美] H. A. 萨维特尼克主编.聚氯乙烯糊.陈文英译.北京:中国轻工业出版社,1975.
[52] [美] L. P. B. M. 詹森.双螺杆挤出.耿考正译.北京:轻工业出版社,1987.
[53] 王天兴.注射成型技术.北京:化学工业出版社,1991.
[54] 张华,李德群.气体辅助注射成型技术.塑料工业,1997,(05).
[55] 黄汉雄.塑料吹塑技术.北京:化学工业出版社,1996.
[56] 陈昌杰,李惠康等.塑料滚塑与搪塑.北京:化学工业出版社,1997.
[57] 吴舜英,徐敬一.泡沫塑料成型.第2版.北京:化学工业出版社,2000.
[58] 梁斌,胡国有.计算机在塑料加工中的应用.塑料加工,1994,(4).
[59] 栾华.塑料二次加工.北京:中国轻工业出版社,1999.
[60] 刘亚青.工程塑料成型加工技术.北京:化学工业出版社,2006.
[61] 张丽叶.挤出成型.北京:化学工业出版社,2001.
[62] 张增红,熊小平.塑料注射成型.北京:化学工业出版社,2005.
[63] 沈新元主编.高分子材料加工原理.北京:中国纺织出版社,2009.
[64] 张瑞志.高分子材料生产加工设备.北京:中国纺织出版社,1999.
[65] 何继敏.新型聚合物发泡材料及技术.北京:化学工业出版社,2008.
[66] 吴大诚,杜仲良,高绪珊.纳米纤维.北京:化学工业出版社,2003.
[67] 严东生,冯端.材料新星——纳米材料科学.北京:化学技术出版社,1997.
[68] 薛增泉.纳米科技探索.北京:清华大学出版社,2002.
[69] Ramakrishna Seeram、Fujihara Kazutoshi, Teo Wee-Eong, etc. An introduction to electrospinning and nanofibers, World Scientific Publishing Co. Pte. Ltd, 2005.
[70] 朱复华.挤出理论及应用.北京:中国轻工业出版社,2001.
[71] 张春吉等.塑料挤出成型发展概况.工程塑料应用,2004,(2).
[72] 张攀攀,王建,谢鹏程,杨卫民.微注射成型与微分注射成型技术.中国塑料,2010,(6).